Theofaneia Rizou

Zugang zu Gerichten im Umweltrecht

Eine vergleichende Studie
des deutschen und griechischen Rechts

PETER LANG
Europäischer Verlag der Wissenschaften

Bibliografische Information Der Deutschen Bibliothek
Die Deutsche Bibliothek verzeichnet diese Publikation in der Deutschen Nationalbibliografie; detaillierte bibliografische Daten sind im Internet über <http://dnb.ddb.de> abrufbar.

Zugl.: Mainz, Univ., Diss., 2006

Gedruckt auf alterungsbeständigem,
säurefreiem Papier.

D 77
ISSN 1614-838X
ISBN 3-631-55712-4

Printed in Germany 1 2 3 4 5 7

www.peterlang.de

Vorwort

Die vorliegende Untersuchung habe ich im Juli 2005 abgeschlossen. Der Fachbereich Rechts- und Wirtschaftswissenschaften der Johannes Gutenberg – Universität Mainz hat sie im Wintersemester 2005/2006 als Dissertation angenommen. Für die Drucklegung wurde das Manuskript vereinzelt um Literatur und Rechtsprechung ergänzt.

Mein Dank für die Förderung und die ausgezeichnete Betreuung der Promotionsschrifft gilt zunächst meinem Doktorvater, Herrn *Professor Dr. Udo Fink*, der dieser Untersuchung von Beginn an sein besonderes Interesse entgegen gebracht hat. Des Weiteren möchte ich ihm meinen Dank für die Aufnahme der nunmehr vorliegenden Arbeit in die von ihm betreute Schriftenreihe „Öffentliches und Internationales Recht" beim Verlag Peter Lang aussprechen.

Besonders hervorheben möchte ich an dieser Stelle die Unterstützung, die mir durch den leider viel zu früh verstorbenen *Prof. Dr. Jörg Lücke* zuteil wurde. Er hat sich für mein Promotionsvorhaben tatkräftig eingesetzt und für mein gutes Einleben in Deutschland gesorgt. Seinem Andenken sei die Arbeit in herzlichster Dankbarkeit gewidmet.

Herrn *Professor Dr. Friedhelm Hufen* gebührt mein aufrichtiger Dank für die Erstellung des Zweitgutachtens und die wertvollen Hinweise auf weitere Literatur.

Den größten Teil meines vierjährigen Aufenthaltes in Mainz hat die griechische Stiftung für staatliche Stipendien in Athen (IKY) durch ein Promotionsstipendium finanziert.

Dank schulde ich darüber hinaus meinen Eltern, die mir ein Promotionsstudium im Ausland erst ermöglicht haben.

Nicht zuletzt bleibt Herr *Sören Nolte* zu erwähnen, der das Korrekturlesen des Manuskripts mit großer Zuverlässigkeit bewältigt hat. Dafür bleibe ich ihm sehr verbunden.

Theofaneia Rizou

Ioannina, im Juni 2006

Anmerkung

Bei der Übersetzung fremdsprachlicher Gesetzestexte, Literaturtitel und Fachbegriffe ergibt sich regelmäßig das Problem der Entscheidung zwischen wörtlicher, d.h. originaltreuer und freier, d.h. sprachlich ansprechenderer Übersetzung. Bei der vorliegenden Arbeit wurde versucht, ein Gleichgewicht zwischen den beiden Formen in der Weise herzustellen, dass die Formulierungen der Originalfassung grundsätzlich beibehalten wurden, an den Stellen, wo dies vertretbar war, aber eine freie Übersetzung gewählt wurde. Wo dies für das Verständnis des mit dem griechischen Recht nicht vertrauten deutschen Lesers zwingend erforderlich schien, wurden in den Fußnoten inhaltliche Ergänzungen vorgenommen. Fachtermini sind, wenn es für sinnvoll erachtet wurde, auch in der griechischen Sprache in Klammern wiedergegeben.

Das *„έννομο συμφέρον“* (ennomo symferon = rechtliches Interesse, im Genitiv: *„εννόμου συμφέροντος“*, Plural: *„έννομα συμφέροντα“*), als Zentralbegriff dieser Untersuchung, wird in der griechischen Sprache beibehalten, damit das griechische Institut abgegrenzt werden kann und Assoziationen bzw. Verwechslungen mit dem „rechtlichen“, „berechtigten“ oder „rechtlich geschützten“ Interesse i.S. der deutschen Rechtsordnung vermieden werden.

INHALTSVERZEICHNIS

3. TEIL: BESONDERHEITEN IM UMWELTRECHT

ABKÜRZUNGSVERZEICHNIS
DER VERWENDETEN GRIECHISCHEN ABKÜRZUNGEN

ΑΕΔ	Ανώτατο Ειδικό Δικαστήριο	Oberster Sondergerichtshof *Zitiert als* AED
ΑΠ	Άρειος Πάγος	Areopag *Zitiert als* AP
Αρμ.	Αρμενόπουλος	gr. Zeitschrift *Zitiert als* Arm.
ΑρχΝ	Αρχείο Νομολογίας	gr. Zeitschrift *Zitiert als* ArchN
ΒασΝομ	Βασική Νομολογία	gr. Zeitschrift *Zitiert als* BasNom
ΓΟΚ	Γενικός Οικοδομικός Κανονισμός	Allgemeine Bauordnung *Zitiert als* GOK
Δ	Δίκη	gr. Zeitschrift *Zitiert als* D
ΔΔ	Διοικητική Δίκη	gr. Zeitschrift *Zitiert als* DD
ΔιΔικ	Διοικητική Δικαιοσύνη	gr. Zeitschrift *Zitiert als* DiDik
ΕΔΔΔ	Επιθεώρηση Δημοσίου και Διοικητικού Δικαίου	gr. Zeitschrift *Zitiert als* EDDD
ΕΕΝ	Εφημερίς Ελλήνων Νομικών	gr. Zeitschrift *Zitiert als* EEN
ΕλλΔνη	Ελληνική Δικαιοσύνη	gr. Zeitschrift *Zitiert als* EllDni
ΕφΔΔ	Εφαρμογές Δημοσίου Δικαίου	gr. Zeitschrift *Zitiert als* EfDD
ΝοΒ	Νομικό Βήμα	gr. Zeitschrift *Zitiert als* NoB
ΠερΔικ	Περιβάλλον και Δίκαιο	gr. Zeitschrift *Zitiert als* PerDik
ΣτΕ	Συμβούλιο της Επικρατείας	Staatsrat *Zitiert als* StE
ΤοΣ	Το Σύνταγμα	gr. Zeitschrift *Zitiert als* ToS
Φ.Ε.Κ.	Φύλλο Εφημερίδας της Κυβερνήσεως	Regierungsbulletin der Griechischen Republik *Zitiert als* F.E.K.

Anmerkung:

Hinsichtlich der in diesem Werk verwendeten deutschen Abkürzungen wird verwiesen auf: **KIRCHNER**, Hildebert, *Abkürzungsverzeichnis der Rechtssprache*, 5. Aufl., Berlin, 2003

Einleitung

1. Allgemeines

In der Wildnis der Erde läuft ein tödlicher Countdown. Ob in Wäldern, Flüssen oder Meeren, überall auf der Welt schwindet zusehends die biologische Vielfalt. Allein innerhalb der letzten 25 Jahre wurde rund ein Drittel der natürlichen Lebensgrundlagen vernichtet. Gleichzeitig nimmt der Druck auf die Natur durch die menschlichen Aktivitäten immer mehr zu. Die Verbrennung von Kohle, Öl und Gas erzeugt Kohlendioxid und heizt die Erde auf. Alarmierende Auswirkungen des Klimawandels wie starke Stürme und Überschwemmungen häufen sich[1].

Umweltschutz ist heute aus keinem Bereich der Gesellschaft mehr wegzudenken. Damit ist die wichtigste Voraussetzung für die Festlegung von Rechtsnormen gegeben. Mit „Umweltschutz" im Sinne dieser Untersuchung soll ein tendenziell weiterer Begriff verstanden werden, als die Fälle, die sich nach deutscher Dogmatik in das Gebiet „Umweltrecht" einordnen ließen. Unter „Umweltrecht" sind demnach alle Rechtsnormen zu verstehen, die den Schutz der Umwelt zum Gegenstand haben. Der Schutz der Umwelt ist der Berührungspunkt schlechthin zwischen europäischem und innerstaatlichem öffentlichem Recht: das nationale Umweltrecht besteht nunmehr zumeist aus Normen europarechtlichen Ursprungs. Ein dem deutschen Umweltrecht entnommenes Verständnis würde demzufolge schon deswegen Schwierigkeiten bereiten, weil die Umweltbegriffe unterschiedlich verstanden werden.

Der supranationale Charakter des Europarechts und die Rechtsprechung des Europäischen Gerichtshofes nehmen immer stärkeren Einfluss auf das nationale Verwaltungsrecht[2]. Inzwischen haben sich auf europäischer Ebene eigene

---

1 Vgl. Living Planet Report 2004 des WWF, abrufbar auf English unter: <http://www.panda.org/downloads/general/lpr2004.pdf>; im Living Planet Report gibt der WWF periodisch einen Überblick über den Zustand der Ökosysteme und misst mit dem sog. ökologischen Fußabdruck den Druck, dem diese durch den Konsum natürlicher Ressourcen durch die Menschheit ausgesetzt sind. Unter: <http://www.wwf.de/imperia/md/content/pdf/presse/5.pdf> ist eine Zusammenfassung auf Deutsch abrufbar; zur Situation der Umwelt in der EU s. Tietmann in Rengeling (Hrsg.), Handbuch zum europäischen und deutschen Umweltrecht, Bd. I, 13 ff.

2 Vgl. z.B. Erichsen/Frenz, Gemeinschaftsrecht vor deutschen Gerichten, Jura 1995, 422; Rodríguez Iglesias, Gedanken zum Entstehen einer Europäischen Rechtsordnung, NJW 1999, 1; Schwarze (Hrsg.), Das Verwaltungsrecht unter europäischem Einfluss;

Institute gebildet. Wenn sie dann abweichend vom nationalen Recht ausgestaltet sind, wird die Forderung nach Einflussnahme auf diese Entwicklungen gestellt. Den Weg zu einer solchen Einflussnahme weist der EuGH bei der Ausbildung der „allgemeinen Rechtsgrundsätze der Rechtsordnungen der Mitgliedstaaten"[3]. Im Zuge der Ermittlung dieser Rechtsgrundsätze greift der EuGH immer wieder auf rechtsvergleichende Erkenntnisse zu den in Frage stehenden Instituten zurück[4]. Die Rechtsvergleichung als Erkenntnismethode gewinnt damit im öffentlichen Recht an Bedeutung[5]. Mit ihrer Hilfe läßt sich die Lösung eines bestimmten Sachproblems in mehreren Rechtsordnungen darstellen. In dieser Hinsicht vermittelt sie fruchtbare Denkanstöße für die Diskussion im nationalen Recht. Auf dieser Grundlage können fremde Lösungsansätze bei struktureller Gleichartigkeit der Rechtssysteme entweder übertragen oder bei struktureller Ungleichartigkeit von den anderen Lösungen abgegrenzt werden[6]. Die vorliegende Untersuchung ist bestrebt, sich diese zuletzt genannte Funktion der Rechtsvergleichung zunutze zu machen.

Die Besonderheit des Umweltschutzrechts ist mit der Polymorphie der Umwelt verschlungen. Die Sehweise kommt auf den Standpunkt an, auf dem man steht: als Bestandteil des öffentlichen Interesses stellt der Schutz der Umwelt eine Aufgabe bzw. eine Pflicht der öffentlichen Gewaltträger dar. Der Umweltschutz ist allerdings kein rein öffentliches Interesse, ein Interesse der Allgemeinheit, an dem der Einzelne nicht individuell beteiligt sein kann. Ab einem gewissen Grad der Beeinträchtigung schlägt der Schutz des Allgemeingutes Umwelt in den Schutz der Rechte des Einzelnen um. Umweltschutz kann demgemäß auch als individuelles Recht gewährleistet werden, um ökologisch ausgewogene Lebensbedingungen oder die Teilnahme des Einzelnen an dem Entscheidungsverfahren zu sichern, wenn Entscheidungen drohen, seine Lebensbedingungen aus dem Gleichgewicht zu bringen. Solche individuellen Rechte entstehen folglich vorwiegend im Zusammenhang mit potentiell umweltbeeinträchtigenden Tätigkeiten, insbesondere der Genehmigung von Anlagen.

Sommermann, Konvergenzen im Verwaltungsverfahrens- und Verwaltungsprozessrecht europäischer Staaten, DÖV 2002, 133 (136).

3 Dazu Rengeling in: Schweizer, Europäisches Verwaltungsrecht, 40 ff.

4 Vgl. Schmidt-Aßmann, Zur Europäisierung des allgemeinen Verwaltungsrechts, FS Lerche, 513 (517 ff.); Schwarze, Grundzüge und neuere Entwicklungen des Rechtsschutzes im Recht der Europäischen Gemeinschaften, NJW 1992, 1065 (1070).

5 Vgl. Sommermann, Die Bedeutung der Rechtsvergleichung für die Fortentwicklung des Staats- und Verwaltungsrechts in Europa, DÖV 1999, 1017 (1024 ff.); ders., Konvergenzen im Verwaltungsverfahrens- und Verwaltungsprozessrecht europäischer Staaten, DÖV 2002, 133; zu den Funktionen insbesondere der Umweltrechtsvergleichung vgl. Kloepfer, Umweltrecht, 722 ff. m.w.N.

6 Vgl. Skouris, Verletztenklagen und Interessentenklagen im Verwaltungsprozess, 2; Sommermann, Konvergenzen im Verwaltungsverfahrens- und Verwaltungsprozessrecht europäischer Staaten, DÖV 2002, 133 (136f.).

Dementsprechend kann Umweltschutz im Sinne der Verhinderung umweltbelastender Tätigkeiten das Endziel eines verwaltungsgerichtlichen Verfahrens sein und als „Klageinteresse“[7] den Rechtsweg für diejenigen öffnen, die sich darauf berufen, um Verwaltungsentscheidungen bzw. Maßnahmen anzugreifen.

Die europäische Rechtsordnung sieht sich mit diesen beiden Aspekten des Umweltschutzes konfrontiert: obwohl der europäische Umweltschutzmechanismus seine Grundlage immer noch in der Betätigung und gegenseitigen Kontrolle der zuständigen gemeinschaftlichen und nationalen Behörden hat, nimmt doch auch der Einzelne eine strukturelle Rolle in diesem System ein[8]. Die europäische Rechtsordnung kennt nicht nur die allgemeine Pflicht der öffentlichen Gewaltträger, die Umwelt zu schützen. Die Durchsetzung des Umweltrechts obliegt zwar in erster Linie den Behörden und hängt von zahlreichen Faktoren ab, beispielsweise von den verfügbaren Mitteln oder der politischen Bedeutung, die dem Umweltschutz beigemessen wird. Die sich daraus ergebenden Unterschiede führen zu erheblichen Diskrepanzen zwischen den Systemen der Mitgliedstaaten und infolgedessen auch zu einem unterschiedlich hohen Umweltschutz. Die mangelnde Durchsetzung des Umweltrechts ist aber nur allzu häufig darauf zurückzuführen, dass der Rechtsschutz nur auf die Personen beschränkt ist, die direkt vom Rechtsverstoß betroffen sind. Ausgehend von den Mängeln bei der Umsetzung des Umweltrechts[9] und der Idee, dass eine stärkere Beteiligung und Sensibilisierung der Bürger in Bezug auf Umweltprobleme zu besserem Umweltschutz führt[10], existiert auch eine Anzahl von Regelungen[11], auf denen sich der Einzelne

---

7 „Interest to sue“: s. van Dijk, Judicial review of governmental action and the requirement of an interest to sue; s. auch Wahl, in Schoch/Schmidt-Aßmann/Pietzner, VwGO Kommentar, Stand 2004, Vorb. § 42 Abs. 2, Rn. 10.

8 Vgl. z.B. Classen, Der Einzelne als Instrument zur Durchsetzung des Gemeinschaftsrechts? Zum Problem der subjektiv-öffentlichen Rechte kraft Gemeinschaftsrechts, VerwArch 1997, 645; Masing, Die Mobilisierung des Bürgers für die Durchsetzung des Rechts, passim.

9 Vgl. Kommission der Europäischen Gemeinschaften, SEK (2003) 804, Vierter Jahresbericht über die Durchführung und Durchsetzung des Umweltrechts der Gemeinschaft von 07.07.2003 (er bezieht sich auf das Jahr 2002), abrufbar unter: <http_//europa.eu. int/comm/environment/law/4th_de.pdf>. Der Grad der Einhaltung ist in den einzelnen Mitgliedstaaten sehr unterschiedlich, die schlechtesten Ergebnisse verzeichnen Frankreich, Griechenland, Irland, Italien und Spanien. Auch Deutschland wurden mehrere Mahnungen wegen Verstößen gegen das EU-Umweltrecht übermittelt (wegen unbefriedigender Umsetzung der Altfahrzeugrichtlinie und der Wasserschutzrichtlinie und fehlender Pläne zur Verbesserung der Luftqualität).

10 Vgl. Beschluss Nr. 1600/2002/EG des Europäischen Parlaments und des Rates vom 22. Juli 2002 über das sechste Umweltaktionsprogramm der Europäischen Gemeinschaft, ABl. L 242 vom 10.9.2002, S. 1.

11 Vgl. z.B. die Richtlinie 2003/4/EG des europäischen Parlaments und des Rates vom 28. Januar 2003 über den Zugang der Öffentlichkeit zu Umweltinformationen (ABl. L Nr. 41 vom 14.02.2003, S. 26) und die Richtlinie 2003/35/EG des Europäischen

und die Umweltverbände[12] berufen können, um ihre ökologische Besorgnis zum Ausdruck zu bringen: es handelt sich um die individuelle bzw. kollektive Dimension des Umweltschutzes.

Die materiellen Rechtsnormen verlieren aber an Bedeutung, wenn dazu keine Bestimmungen hinzutreten, welche den Weg zur gerichtlichen Kontrolle ermöglichen[13]. Die Anwendung des Umweltrechts lässt sich auch dadurch verbessern, dass einzelne Personen und Personenvereinigungen, die sich für den Umweltschutz einsetzen, auch Zugang zu Gerichten erhalten. Damit stellt sich die Frage nach der Verknüpfung von individuellen Rechten und Klagemöglichkeiten. Diese Verknüpfung läßt sich unterschiedlich ausgestalten.

Die Aufgabe, den Rechtsschutz zu gewährleisten, der sich für die Bürger aus der unmittelbaren Wirkung des Europarechts ergibt, obliegt – entsprechend dem in Art. 10 EGV[14] ausgesprochenen Grundsatz der Mitwirkungspflicht – den innerstaatlichen Gerichten. Die Europäische Verfassung[15] sieht nunmehr in Art. I – 29 § 1 Abs. 2[16] diese Pflicht ausdrücklich vor[17].

Parlaments und des Rates vom 26. Mai 2003 über die Beteiligung der Öffentlichkeit am Entscheidungsprozess in Umweltangelegenheiten (ABl. Nr. L 156 vom 25.06.2003, S. 17), durch die die zwei Säulen des Übereinkommens von Århus ins Europarecht umgesetzt wurden; dazu Louis, Die Übergangsregelungen für das Verbandsklagerecht nach den §§ 61, 69 Abs. 7 BNatSchG vor dem Hintergrund der europarechtlichen Klagerechte für Umweltverbände auf Grund der Änderungen der IVU- und der UVP-Richtlinie zur Umsetzung des Aarhus-Übereinkommens, NuR 2004, 287.

12 Vgl. Epiney, Gemeinschaftsrecht und Verbandsklage, NVwZ 1999, 485.

13 Vgl. Henke, Juristische Systematik der Grundrechte, DÖV 1984, 1 (8).

14 Art. 10 EGV: Die Mitgliedstaaten treffen alle geeigneten Maßnahmen allgemeiner oder besonderer Art zur Erfüllung der Verpflichtungen, die sich aus diesem Vertrag oder aus Handlungen der Organe der Gemeinschaft ergeben. Sie erleichtern dieser die Erfüllung ihrer Aufgabe. Sie unterlassen alle Maßnahmen, welche die Verwirklichung der Ziele dieses Vertrags gefährden könnten.

15 Am 29. Oktober 2004 unterzeichneten die Staats- und Regierungschefs der 25 EU-Mitgliedstaaten und der drei Kandidatenländer den Vertrag über eine Verfassung für Europa, den sie am 18. Juni 2004 einstimmig angenommen hatten. Bevor die europäische Verfassung in Kraft treten und wirksam werden kann, müssen alle 25 Mitgliedstaaten, je nach juristischer und geschichtlicher Tradition der einzelnen Länder durch parlamentarisches Verfahren oder Volksabstimmung, und das Europaparlament zustimmen. Der Ratifizierungsprozess soll bis 2006 abgeschlossen sein. Für den Fall eines Scheiterns der Ratifikation gibt es keine offizielle Regelung. Allerdings sind die Staats- und Regierungschefs der 25 Mitgliedstaaten die politische Verpflichtung eingegangen, sich im Europäischen Rat mit der Frage zu befassen und sich um eine Lösung zu bemühen, wenn die Verfassung zwei Jahre nach ihrer Unterzeichnung von vier Fünfteln der Mitgliedstaaten ratifiziert wurde und in einem Mitgliedstaat oder mehreren Mitgliedstaaten Schwierigkeiten bei der Ratifikation aufgetreten sind. Vgl. dazu Pascal, Die Europäische Verfassung: Rechtliche Möglichkeiten, falls ein Mitgliedstaat nicht ratifiziert, in FS Ress, 497 ff. Über den aktuellen Stand des Ratifizierungsverfahrens informiert das offizielle Portal der Europäischen Union unter: <http://europa.eu.

Der Zugang zum Gemeinschaftsrichter ist nicht ausgeschlossen. Die Anwendung des europäischen Umweltrechts ist dennoch in den meisten Fällen Aufgabe des nationalen Richters. Der Einzelne wird sich an die innerstaatlichen Gerichte wenden, wenn die nationalen Behörden sich nicht nach den europäischen Umweltrechtsbestimmungen richten. Auch wenn der Verstoß gegen das Europarecht den Gemeinschaftsorganen zu unterstellen ist, steht die Umweltbelastung und die damit bestehende Rechts- bzw. Interessenverletzung in engerem Zusammenhang mit den Handlungen der nationalen Behörden, mit denen der Verstoß zustande kommt. Aus diesen Gründen werden der nach Umweltschutz strebende Einzelne und die Nichtregierungsorganisationen und Umweltverbände häufiger im nationalen Rechtssystem nach Rechtsschutz suchen.

Die Bestimmung der zuständigen Gerichte und die Ausgestaltung des Verfahrens für die Rechtsbehelfe, die den Schutz der Rechte der Bürger gewährleisten sollen, sind mangels einer europarechtlichen Regelung Sache der innerstaatlichen Rechtsordnung der einzelnen Mitgliedstaaten[18]. Die durch das Europarecht gewährten Rechte werden also nach den nationalen Verfahrensregeln verfolgt[19]. Bis vor wenigen Jahren galt tatsächlich die Regelung des Rechtsschutzes und der gerichtlichen Kontrolle im Umweltrecht im Wesentlichen als Kompetenz des nationalen Gesetzgebers. Während sich die Rechtsvorschriften der Gemeinschaft bisher vor allem auf eine Änderung des materiellen Umweltrechts konzentriert haben, sind die verfahrensrechtlichen Vorschriften und Verfahren, die eine wirksame Anwendung des gemeinschaftlichen Umweltrechts sicherstellen, von einem zum anderen Mitgliedstaat sehr unterschiedlich. Das hat zusammen mit anderen Faktoren zu beträchtlichen Unterschieden in der praktischen Anwendung des gemeinschaftlichen Umweltrechts geführt. Die Regelungen des gerichtlichen Zugangs sind dennoch auch zunehmend einer Europäisierung in dem Sinn ausgesetzt, dass sich die europarechtlichen Vorgaben in diesem Bereich mehren.

---

int/constitution/ratification_en.htm>; zur EU-Verfassung s. Kadelbach, Die Europäische Verfassung und ihr Stil, in FS Ress, 527 ff.; Ruffert, Perspektiven der europäischen Verfassungsgebung, ThürVBl. 2005, 49 ff. m.w.N.; Calliess/Ruffert, Vom Vertrag zur EU-Verfassung?, EuGRZ 2004, 542 ff.; Schmidt-Bleibtreu/Hofmann, in Schmidt-Bleibtreu/Klein, GG, 10. Aufl., Einleitung, Rnn. 118 ff.

16 „Die Mitgliedstaaten schaffen die erforderlichen Rechtsbehelfe, damit ein wirksamer Rechtsschutz in den vom Unionsrecht erfassten Bereichen gewährleistet ist".

17 Zum Text des Vertrags über eine Verfassung für Europa s. unter: <http://ue.eu.int/igcpdf/de/04/cg00/cg00087.de04.pdf>.

18 EuGH 16.12.1976, Rs. 33/76, REWE/Landwirtschaftskammer Saarland, Slg. 1976, S. 1989 (1998, Rn. 5); die Europäische Verfassung sieht die Entwicklung einer justitiellen Zusammenarbeit in Zivil- (Art. III-269; vgl. Art. 65 EGV) und Strafsachen (Art. III-270; vgl. Art. 31 Abs. 1 EUV) vor, es fehlt aber an einer entsprechenden Bestimmung im Verwaltungsprozessrecht.

19 Vgl. Epiney, Gemeinschaftsrecht und Verbandsklage, NVwZ 1999, 485 (486f.).

Am 25. Juni 1998 wurde im dänischen Århus[20] das Übereinkommen über den Zugang zu Informationen („erste Säule"), die Öffentlichkeitsbeteiligung an Entscheidungsverfahren („zweite Säule") und den Zugang zu Gerichten in Umweltangelegenheiten („dritte Säule")[21] unterzeichnet[22]. Am 30 Oktober 2001 ist das Århus Übereinkommen in Kraft getreten. Es ist der erste völkerrechtliche Vertrag, der jeder Person Rechte im Umweltschutz zuschreibt[23] und wurde von allen EU-Mitgliedstaaten sowie die EU selbst gezeichnet. Am 17.02.2005 hat die EU das Übereinkommen von Århus ratifiziert[24].

Das Übereinkommen von Århus sieht in Art. 9 auch vor, dass durch innerstaatliches Recht die Möglichkeit der „betroffenen Öffentlichkeit"[25] gewährleistet werden muss, Handlungen und Unterlassungen von Behörden in Umweltangelegenheiten gerichtlich anzufechten. Die dritte Säule regelt nämlich den Zugang zu Gerichten für den Fall der Verweigerung des Informationszuganges im Sinne der ersten Säule, zur Überprüfung von Genehmigungsentscheidungen, die im Sinne der zweiten Säule der Öffentlichkeitsbeteiligung unterliegen, und allgemein bei Verstößen gegen umweltrechtliche Vorschriften.

Eine im Oktober 2003 vorgeschlagene Richtlinie[26] soll diese dritte Säule des Übereinkommens von Århus umsetzen und den Zugang der Öffentlichkeit zu Gerichten in Umweltangelegenheiten gewährleisten. Die Richtlinie tritt in Kraft, nachdem sie vom Europäischen Rat und dem Europäischen Parlament beraten und verabschiedet wurde und enthält grundlegende, gemeinsame Vorschriften für den Zugang zu Gerichten in allen EU-Mitgliedstaaten, so dass die Bürger die

---

20 In der einschlägigen Literatur findet man ebenso „Aarhus", des Weiteren wird sowohl von dem Århus-„Übereinkommen" als auch von der Århus-„Konvention" gesprochen.

21 Der dritte Grundsatz gewährleistet den Zugang zu Gerichten in Umweltangelegenheiten, d.h. das Recht, ein Verwaltungs- oder Gerichtsverfahren einzuleiten, um gegen eine Handlung von Privatpersonen oder Behörden oder die Unterlassung von Handlungen vorzugehen, die gegen Umweltrecht verstoßen.

22 Eine offizielle deutsche Fassung ist abrufbar unter: <http://www.unece.org/env/pp/documents/cep43g.pdf>.

23 Ziel des Übereinkommens (s. Art. 1) ist, zum Schutz des Rechts jeder Person auf ein Leben in einer ihrer Gesundheit und ihrem Wohlbefinden zuträgliche Umwelt beizutragen.

24 Dazu unter: <http://www.unece.org/env/pp/ctreaty.htm>. Die Bundesrepublik Deutschland hat das Übereinkommen unterzeichnet, jedoch noch nicht ratifiziert. Ein Gesetzentwurf der deutschen Bundesregierung zur Ratifikation des Übereinkommens (Aarhus-Vertragsgesetz) vom 11.04.2005 ist unter: <http://www.bmu.de/files/buergerbeteiligungsrechte/downloads/application/pdf/aarhus_gesetz.pdf> abrufbar. Griechenland hat die Konvention zwar unterzeichnet, jedoch noch nicht ratifiziert: kritisch dazu Worowinis, Griechenland hat das Übereinkommen von Århus „vergessen", (Artikel vom 28.03.2005), abrufbar unter: <http://www.energia.gr/indexgrgr.php?newsid=6873> (auf Griechisch).

25 Zur Legaldefinition s. Art. 2 Abs. 4 und 5 des Übereinkommens von Århus.

26 Abrufbar unter: <http://europa.eu.int/eurlex/de/com/pdf/2003_0624de01.pdf>.

Möglichkeiten haben, gegen Maßnahmen oder Versäumnisse der Behörden, die gegen das Umweltrecht verstoßen, vorzugehen[27].

Auch bei der Umsetzung europarechtlicher Regelungen bleiben dem nationalen Gesetzgeber, in Einklang mit dem Subsidaritätsprinzip[28], immer gewisse Umsetzungsspielräume[29], was die Einzelheiten für die Umsetzung in einzelstaatliches Recht angeht[30]. Demzufolge ist der Rechtsschutz des Einzelnen auf die nationalen verfahrensrechtlichen Besonderheiten angewiesen.

Der Vorrang unmittelbar anwendbaren Europarechts vor nationalem Recht sowie die Verpflichtung der Mitgliedstaaten, Widersprüche zwischen beiden Rechtsordnungen zu beseitigen, können zu Konflikten führen. Das mag der Fall sein, wenn z.B. europarechtliche Regelungen dem einzelnen Bürger die Möglichkeit eröffnen, Maßnahmen der mitgliedstaatlichen Verwaltungen auch in solchen Fällen gerichtlicher Kontrolle zuzuführen, in denen nach nationaler Rechtsdogmatik die Klage als unzulässig abgewiesen werden würde[31].

2. Die Funktion der verwaltungsgerichtlichen Kontrolle und das Klageinteresse

Die Überprüfung der Verwaltungstätigkeit auf ihre Rechtmäßigkeit bzw. auf ihre Zweckmäßigkeit[32] ist als unmittelbare Auswirkung des Rechtsstaatsprinzips[33] anzusehen. Auch die Träger der öffentlichen Gewalt unterliegen Irrtümern,

---

27 Die Richtlinie (COD/2003/0246) sollte am 1. Januar 2005 in Kraft treten. In erster Lesung am 31. März 2004 stimmte das Europäische Parlament vorbehaltlich einiger Änderungen zu. Es sind 26 Amendements enthalten. Am 29. April 2004 befürwortete auch der Europäische Wirtschafts- und Sozialausschuss den Vorschlag. Entscheidend wird nun die Rolle des Rates für das weitere Schicksal dieses Dossiers sein. Die 26 Amendements bilden die Basis für die Zweite Lesung, die erst beginnen kann, wenn der Rat einen gemeinsamen Standpunkt fasst. Zu den Arbeiten der Institutionen s. unter: <http://www2.europarl.eu.int/oeil/file.jsp?id= 237502>.

28 Art. 5 Abs. 2 EGV; dazu Streinz, Europarecht, 64f.

29 Art. 249 Abs. 3 EGV; s. Streinz, Europarecht, 158 ff.

30 Die Bestimmungen der vorgeschlagenen Richtlinie lassen z.B. das Recht eines Mitgliedstaates unberührt, Maßnahmen beizubehalten oder zu ergreifen, die einen besseren Zugang zu Gerichten gewährleisten, als dies in der Richtlinie vorgesehen ist.

31 EuGH Slg. 1991, I-825 (867); Slg. 1991, I-2567 (2600f); Slg. 1991, I-2607 (2631); Slg. 1991, I-4983 (5023); zurückhaltender EuGH ZUR 1994, 195.

32 Zur Abgrenzung s. Ibler, Rechtspflegender Rechtsschutz im Verwaltungsrecht, 47 ff.; vgl. auch Dagtoglou, Allgemeines Verwaltungsrecht, 467f. (auf Griechisch).

33 Vgl. Art. 1 Abs. 3 GG: „Die nachfolgenden Grundrechte binden Gesetzgebung, vollziehende Gewalt und Rechtsprechung als unmittelbar geltendes Recht.“; Art. 20 Abs. 3 GG: „Die Gesetzgebung ist an die verfassungsmäßige Ordnung, die vollziehende Gewalt und die Rechtsprechung sind an Gesetz und Recht gebunden.“; Art. 1 § 3 Gr.

so dass fehlerhafte Entscheidungen nicht auszuschließen sind. Verwaltungsmaßnahmen müssen mithin kontrollierbar und korrigierbar sein. Die Bindung der Verwaltung an das objektive Recht hat zwangsläufig zur Folge, dass wirksam gesetzte Hoheitsakte auch außer Kraft gesetzt werden können, wenn sie rechtswidrig sind. Das Verfassungsrecht auf Rechtsschutz[34] gewährleistet diese Möglichkeit.

Unter Rechtsschutz versteht man allgemein die Gewährleistung rechtlich geschützter Anliegen, und dabei zwar vorrangig die Begehren Einzelner, mittelbar aber auch den Schutz der Rechtsordnung schlechthin. Fragen des Rechtsschutzes stellen sich im Umweltrecht in ganz unterschiedlichen Zusammenhängen. Üblicherweise wird darunter der Schutz der betroffenen Öffentlichkeit vor umweltschädigenden Vorhaben verstanden. Trotzdem kann in vielen Fällen auch der Schutz von Unternehmerinteressen im Vordergrund stehen, im Falle einer untersagten Genehmigung oder einer belastenden Maßnahme, welche eine Behörde zum Schutz der Umwelt erlassen hat. Die Rechtsstellung des Unternehmers und das oft widerstreitende Recht Einzelner und der Allgemeinheit nach ausreichendem Umweltschutz müssen im Wege eines schonenden Ausgleichs miteinander in Einklang gebracht werden. Rechtsschutz bedeutet im Umweltrecht demnach nicht nur verbesserten Umweltschutz, sondern vielmehr die allgemeine Durchsetzung des Umweltrechts sowie – unabhängig vom jeweiligen Träger – der darin festgelegten Umweltrechte und Umweltpflichten.

Die vorliegende Untersuchung konzentriert sich dennoch auf den Rechtsschutz der „Mitglieder der Öffentlichkeit“[35] gegen eventuelle Umweltbelastungen. Damit werden einzelne natürliche Personen (eine oder mehrere), juristische Personen sowie, nach Maßgabe des innerstaatlichen Rechts, die von diesen

---

Verf.: „Alle Gewalt geht vom Volke aus, besteht für das Volk und die Nation und wird ausgeübt, wie es die Verfassung vorschreibt.“; Art. 25 § 1 S. 1 und 2 Gr. Verf. (Fassung 2001): „Die Rechte des Menschen als Person und Mitglied der Gesellschaft und das Prinzip des sozialen Rechtsstaats werden vom Staat gewährleistet. Alle Staatsorgane sind verpflichtet, deren ungehinderte und effektive Ausübung sicherzustellen“. Auf den Grundsatz der Rechtsstaatlichkeit beruht auch die Europäische Union (s. Europäische Verfassung Teil II Präambel Abs. 2 S. 2); s. auch Weber in: Schweizer, Europäisches Verwaltungsrecht, 73f.

34 Art. II-107 Abs. 1 Europäischer Verfassung: „Jede Person, deren durch das Recht der Union garantierte Rechte oder Freiheiten verletzt worden sind, hat das Recht, nach Maßgabe der in diesem Artikel vorgesehenen Bedingungen bei einem Gericht einen wirksamen Rechtsbehelf einzulegen.“; Art. 19 Abs. 4 S. 1 GG: „Wird jemand durch die öffentliche Gewalt in seinen Rechten verletzt, so steht ihm der Rechtsweg offen.“; Art. 20 § 1 Gr. Verf.: „Jeder hat das Recht auf Rechtsschutz durch die Gerichte und kann vor ihnen seine Rechte oder Interessen nach Maßgabe der Gesetze geltend machen“.

35 Zur Begriffbestimmung vgl. Art. 2 Abs. 1 Lit. b der vorgeschlagenen Richtlinie über den Zugang zu Gerichten in Umweltangelegenheiten.

Personen gebildeten Vereinigungen, Organisationen oder Gruppen (auch ohne juristische Persönlichkeit) gemeint. Diesem Rechtsschutz kommt eine herausragende Bedeutung zu. In der Praxis dürfte der Gang vor Gericht nur das äußerste Mittel zur Durchsetzung des Umweltrechts sein. Sein Stellenwert eröffnet sich, wenn man den Widerstand weiter Bevölkerungskreise gegen alle umfangreicheren Vorhaben bedenkt, bei deren Durchführung schädliche Umwelteinwirkungen befürchtet werden. Es ist von entscheidender Bedeutung, dass dabei die Einhaltung der Umweltschutzvorschriften gerichtlich überprüft werden kann.

Dank der Struktur des Umweltrechts, das sich auf staatliche Eröffnungskontrolle gründet und in den meisten Fällen auf ein Genehmigungserfordernis hinausläuft, sieht die typische Konstellation der Rechtsschutzproblematik in diesem Bereicht so aus: Verfahren gegen mögliche Umweltbelastungen werden meistens von Privatpersonen bzw. Vereinigungen geführt, die nicht unmittelbar an dem angegriffenen Verwaltungsverhältnis beteiligt sind, sondern die sich gegen die einem anderen erteilte staatliche Genehmigung einer potenziell umweltbelastenden Tätigkeit wenden. Es handelt sich damit um das dreipolige Verhältnis zwischen dem Verursacher der eventuell umweltbeeinträchtigen Handlung, der die Genehmigung erteilenden Behörde und dem gegen diese Begünstigung – vom Kläger jedoch als Belastung empfundene – Rechtsschutz suchenden Einzelnen. Der Rechtsschutz beginnt natürlich nicht erst vor den Gerichten: bereits dem regelmäßig vorgeschalteten Verwaltungsverfahren kann hierfür erhebliche Bedeutung zukommen. Für gewöhnlich werden dennoch derartige Auseinandersetzungen im Rahmen eines gerichtlichen Verfahrens ausgetragen, in dem der Kläger die Aufhebung dieser Genehmigung begehrt.

Zur Anwendung gelangt bei umwelterheblichen Sachverhalten vorwiegend das öffentliche Umweltrecht. Mit „Umweltschutz" im Sinne dieser Untersuchung soll aber, wie schon erwähnt, ein tendenziell weiterer Begriff verstanden werden, als die Fälle, die sich nach deutscher Dogmatik in das Gebiet Umweltrecht[36] einordnen ließen. Rechtsvergleichend würde ein dem deutschen Umweltrecht entnommenes Verständnis schon deswegen Schwierigkeiten bereiten, weil die Umweltbegriffe unterschiedlich verstanden werden[37]. Durch diesen weiteren Begriff sind beispielsweise mit Einschränkungen Fälle aus dem Baurecht aufgenommen worden, die man in Deutschland möglicherweise nicht zum Bereich Umweltschutz rechnen würde.

Die erste Frage, die vor der Eröffnung des Rechtsweges gestellt wird, ist, wer eine gerichtliche Kontrolle überhaupt auslösen können soll. Der klare Akzent der vorliegenden Untersuchung liegt auf dieser Frage des gerichtlichen

---

36 Zum deutschen öffentlichen Umweltrecht zählen die Sondervorschriften des Immissions-, Gewässer- und Naturschutzrechts, des Kreislaufwirtschafts- und Abfallrechts wie auch des Atom- und Strahlenschutz- und Gentechnikrechts.

37 Vgl. Art. 2 Abs. 1 Lit. g der vorgeschlagenen Richtlinie über den Zugang zu Gerichten in Umweltangelegenheiten.

Zugangs. Die Entscheidung hängt eng mit dem Ziel zusammen, das mit dem angestrengten Verfahren verfolgt wird. Léon Duguit klassifizierte die einzelnen Klagearten nach der ihnen zugrunde liegenden Streitfrage[38]: Geht es darum, die objektive Rechtmäßigkeit einer Verwaltungsmaßnahme zu überprüfen, handelt es sich um ein objektives Kontrollverfahren. Ein Verfahren des subjektiven Rechtsschutzes hat hingegen den Schutz subjektiver Rechte zum Ziel.

Die unterschiedlichen Ansatzpunkte dieser Wahl haben grundsätzliche Auswirkungen auf die Struktur und Bedingungen des Verwaltungsrechtsschutzes[39], insbesondere auf die Feststellung des subjektiven Verhältnisses zwischen dem Rechtsschutz suchenden Einzelnen und dem Gegenstand des gerichtlichen Verfahrens. Die Befugnis über das behauptete, im Prozess streitige Recht, im eigenen Namen einen Rechtsstreit zu führen, bezeichnet man als „Prozessführungsbefugnis“ [40]. Entsprechend der Parteirolle ist zwischen aktiver und passiver Prozessführungsbefugnis zu unterscheiden. In der deutschen VwGO wird die prozessuale Rechtsmacht, eine Klage zu erheben, als „Klagebefugnis“ bezeichnet[41]. Im Folgenden wird unter der Bezeichnung „Klagebefugnis“ nur das deutsche Institut gefasst. Im Übrigen wird von „aktiver Prozessführungsbefugnis“ die Rede sein.

Objektive Kontrollverfahren ließen sich theoretisch als actio popularis ausgestalten[42]. Klageberechtigt wäre schlechthin jedermann und der Anfechtende müsste sich in keiner Weise legitimieren. Der objektiven Rechtmäßigkeit dient vorwiegend auch die „Interessentenklage“. Im Gegensatz zum quivis ex populo muss der Interessent eine Beziehung zum Verfahren nachweisen. Strittig kann im Einzelfall nur der Grad sein, der erreicht werden muss, damit man von einer individuellen Betroffenheit sprechen kann[43]. Verfahren des subjektiven Rechts-

---

38 Duguit, Traité de droit constitutionnel, Bd. 2, Aufl. 2, 308 ff. (324f.); vgl. Sommermann, Konvergenzen im Verwaltungsverfahrens- und Verwaltungsprozessrecht europäischer Staaten, DÖV 2002, 133 (142) m.w.N.: Diese klassische Dichotomie beginnt brüchig zu werden.

39 Vgl. Wahl, in Schoch/Schmidt-Aßmann/Pietzner, VwGO Kommentar, Stand 2004, Vorb. § 42 Abs. 2, Rn. 4 ff.

40 Dagtoglou, Verwaltungsprozessrecht, 407 (auf Griechisch); Schenke, Verwaltungsprozessrecht, 182.

41 Schenke, Verwaltungsprozessrecht, 152; Über die korrekte Bezeichnung der in § 42 Abs. 2 Hs. 2 VwGO normierten Prozessvoraussetzungen herrschte lange Zeit Streit. So wurden Begriffe gebraucht wie „Klagerecht“ (Laubinger, Der Verwaltungsakt mit Doppelwirkung, 115), „Prozessführungsbefugnis“ (Bartlsperger, Der Rechtsanspruch auf Beachtung von Vorschriften des Verwaltungsverfahrensrechts, DVBl. 1970, 30), „Anfechtungsbefugnis“ (BVerwGE 11, 331, 333), „Anfechtungslegitimation“ (Skouris, Verletztenklage und Interessentenklage im Verwaltungsprozess, 63). Die Bezeichnung „Klagebefugnis“ hat sich dennoch durchgesetzt.

42 Vgl. Ibler, Rechtspflegender Rechtsschutz im Verwaltungsrecht, 146.

43 Vgl. Gassner, Anfechtungsrechte Dritter und „Schutzgesetz“, DÖV 1981, 615.

schutzes basieren hingegen auf dem Rechtsverständnis, dass der Bürger keinen allgemeinen Gesetzesvollziehungsanspruch hat[44], und erscheinen dementsprechend als „Verletztenklagen"[45]. Die unterschiedlichen Rechtsschutzsysteme im Verwaltungsrecht der Rechtsordnungen Europas lassen sich unter Inkaufnahme der notwendigen Vergröberungen zwischen den Polen der Interessentenklage einerseits und der Verletztenklage andererseits einordnen[46].

In Deutschland setzte sich die süddeutsche Tradition durch und wurde die Systementscheidung für den subjektiven Rechtsschutz getroffen[47]. Kennzeichnend für dieses Modell ist die Verkoppelung der verwaltungsgerichtlichen Einklagbarkeit von Rechtspositionen mit dem subjektiven, genauer subjektiv-öffentlichen, Recht[48]. Deren Bestimmung ist Gegenstand der auf Ottmar Bühler[49] zurückgehenden Schutznormtheorie[50]. Der Kläger, der ein rein öffentliches Interesse geltend macht, wird nicht zur Klage zugelassen. Er muss zumindest auch ein privates Interesse vorbringen können. Die im Umweltschutz zu beobachtende Vermengung privater und öffentlicher Interessen ist aus diesem Grund prädestiniert, zu Unsicherheiten zu führen[51]. Die Frage des Rechtsschutzes im Bereich

---

44 BVerwGE 22, 129 (132); ausführlich dazu Koch, Der Grundrechtsschutz des Drittbetroffenen, 405 ff.

45 Vgl. Skouris, Verletztenklagen und Interessentenklagen im Verwaltungsprozess, 10.

46 Die Gemeinschaftsrechtsordnung ist selbst „interessenorientiert": dazu Epiney, Gemeinschaftsrecht und Verbandsklage, NVwZ 1999, 485.

47 Ausdrucke dieser Systementscheidungen sind insb. Art. 19 Abs. 4 S. 1 GG, §§ 42 Abs. 2, 47 Abs. 2, 113 VwGO; dazu im Einzelnen Schmidt-Aßmann, in: Schoch/Schmidt-Aßmann/Pietzner, VwGO Kommentar, Stand 2004, Einl. Rn. 18 ff.; Wahl, in: Schoch/Schmidt-Aßmann/Pietzner, VwGO Kommentar, Stand 2004, Vorb. § 42 Abs. 2 Rn. 11 ff.

48 Darüber hinaus markiert das subjektive Recht grundsätzlich die dem Gericht eröffnete Sachprüfungskompetenz (§ 113 Abs. 2 S. 1 und Abs. 5 S. 1 VwGO; s. Gerhardt, in: Schoch/Schmidt-Aßmann/Pietzner, VwGO Kommentar, Stand 2004, § 113 Rn. 7).

49 Bühler, Die subjektiven öffentlichen Rechte und ihr Schutz in der deutschen Verwaltungsrechtsprechung, insbes. S. 21.

50 Vgl. aus unübersehbarer Anzahl der Literatur: Bauer, Altes und Neues zur Schutznormtheorie, AöR 1988, 582 ff.; Bleckmann, Die Klagebefugnis im verwaltungsgerichtlichen Anfechtungsverfahren, Entwicklung der Theorie des subjektiven öffentlichen Rechts, VBlBW 1985, 361; Ehlers, Die Klagebefugnis nach deutschem, europäischem Gemeinschafts- und U.S.-amerikanischem Recht, VerwArch 1993, 139; Huber, in v. Mangoldt/Klein/Starck, GG, Bd. I, Art. 19 Abs. 4, Rn. 400 ff.; Krebs, Subjektiver Rechtsschutz und objektive Rechtskontrolle, FS Menger, 1985, 191 ff.; Triantafyllou, Zur Europäisierung des subjektiven öffentlichen Rechts, DÖV 1997, 192.

51 Zu der besonders heftig geführten Diskussion im Umweltrecht: Blankenagel, Klagefähige Rechtspositionen im Umweltrecht – Vom subjektiven Recht eines Individuums zum Recht eines individualisierten Subjekts, Die Verwaltung 1993, 1 ff.; Zuleeg, Hat das subjektive öffentliche Recht noch eine Daseinsberechtigung?, DVBl. 1976, 509 ff.; Krings, Die Klagbarkeit europäischer Umweltstandards im Immissionsschutzrecht, UPR 1996, S. 89; Winter, Individualrechtsschutz im deutschem Umweltrecht unter

des Umweltschutzes gewinnt damit an Bedeutung, da im Falle der Verletzung umweltrechtlicher Vorgaben regelmäßig nicht nur eigene Interessen bzw. Rechte potenzieller Kläger, sondern auch und gerade Allgemeininteressen betroffen werden.

Im Gegensatz dazu verfolgt der Verwaltungsprozess in Frankreich das Ziel, die Verwaltung zur Rechtmäßigkeit zu zwingen[52]. Den französischen Verwaltungsgerichten geht es mehr um eine Kontrolle der Verwaltung als um den Schutz der Bürger. Zwar kennt auch das französische Verwaltungsprozessrecht das potentiell beschränkende Erfordernis der aktiven Prozessführungsbefugnis. Doch knüpfen sich hieran vergleichsweise geringe Anforderungen. Regelmäßig genügt die Geltendmachung eines Interesses, das sich nicht notwendig von den Interessen größerer Bevölkerungskreise oder der Allgemeinheit unterscheiden muss[53]. Aus dem Grund kann das französische Verwaltungsprozessrecht als paradigmatisch für die Interessentenklage herangezogen werden. Wenn einmal der Kläger als klagebefugt anerkannt ist, kann er jede beliebige Rechtswidrigkeit geltend machen, auch wenn die gerügte Illegalität ihn in keiner Weise in seinen Rechten oder Interessen berührt[54].

Zwischen dem deutschen und dem französischen Rechtsschutzsystem steht das griechische Verwaltungsrecht. Dieser doppelte Einfluss von den Vorstellungen von zwei sehr unterschiedlichen Verwaltungsrechtsordnungen stellt Griechenland in den Brennpunkt der Untersuchung, die ihren Ausgangspunkt in der Frage nach der aktiven Prozessführungsbefugnis bei umweltrelevanten Klagen nimmt.

Im Bereich des Umweltschutzes kann die auf Individualrechtsschutz ausgerichtete deutsche Systementscheidung aus der Sicht der betroffenen Bürger zu unbefriedigenden Ergebnissen führen[55]. Daher hat gerade der Ruf nach effekti-

---

dem Einfluss des Gemeinschaftsrechts, NVwZ 1999, 467, sowie aus rechtsvergleichender Perspektive: Ruffert, Subjektive Rechte im Umweltrecht der Europäischen Gemeinschaft, 90 ff.

52 Fromont, Rechtsschutz im französischen Umweltrecht, UPR 1983, 186; Sommermann, Konvergenzen im Verwaltungsverfahrens- und Verwaltungsprozessrecht europäischer Staaten, DÖV 2002, 133 (142); vgl. Woehrling, Rechtsschutz im Umweltrecht in Frankreich, NVwZ 1999, 502 (503), der unterstreicht, dass der Schutz der Interessen und Rechte der Bürger in jüngerer Zeit auch in Frankreich immer stärker betont wird.

53 Wegener, Rechte des Einzelnen: die Interessentenklage im europäischen Umweltrecht, 141 ff.

54 Vgl. Woehrling, Die französische Verwaltungsgerichtsbarkeit im Vergleich mit der deutschen, NVwZ 1985, 21 (23).

55 Der 56. Deutsche Juristentag 1986 in München hat eine ganze Abteilung dem Thema „Ausbau des Individualschutzes gegen Umweltbelastungen als Aufgabe des bürgerlichen und des öffentlichen Rechts“ gewidmet. Das Gutachten von Marburger beschäftigt sich zum überwiegenden Teil mit der Frage nach dem Ausbau des öffentlichrechtlichen Schutzinstrumentariums.

vem Umweltschutz die Frage aufgeworfen, ob das subjektive öffentliche Recht durch andere Figuren ersetzt werden müsste[56]. Trotz dieser Kritik hat die Dogmatik bis heute nicht von der Figur des subjektiven öffentlichen Rechts als Ausgangs- und Zielpunkt der Schutznormtheorie Abschied genommen. Es ist offensichtlich, dass erhebliche Reibungspunkte entstehen können, wenn das Europarecht einer anderen Konzeption folgt. Nachfolgend wird gezeigt, wie die deutschen nationalrechtlichen Zulässigkeitsvoraussetzungen mit den europarechtlichen Vorgaben in Einklang zu bringen sind.

Bei der Eingliederung europarechtlicher Rechtspositionen in das griechische Rechtsschutzsystem ergeben sich hingegen keine solchen konzeptionellen Schwierigkeiten. Wie sich zeigen wird, lässt sich ein der materiellen Dimension der subjektiven öffentlichen Rechte vergleichbares Institut in der griechischen Rechtsordnung nicht finden. Das griechische Verwaltungsgerichtsverfahren kennt aber mit dem *„έννομο συμφέρον"* ein Institut, das die genannte Funktion für das verwaltungsgerichtliche Verfahren erfüllt und darüber hinaus die Aufnahme des Umweltschutzes in die aktive Prozessführungsbefugnis ohne größere Schwierigkeiten ermöglicht.

Der prinzipielle Ansatzpunkt der vorliegenden Arbeit liegt im Vergleich dieser Institutionen, deren Funktion darin besteht, aus einer potentiell unbegrenzten Anzahl von Einzelklägern diejenigen auszuordnen, die kein wie auch immer geartetes Interesse an dem gesamten Verfahren nachweisen können. Die Popularklage als Form gerichtlicher Kontrolle ist nämlich im Prinzip in keiner der zwei Rechtsordnungen verwirklicht[57]. Der Schwerpunkt der Untersuchung wird nicht in der Suche nach inneren Strukturmerkmalen im Rahmen der deutschen Rechtsordnung liegen, sondern darin, mit Blick auf die griechischen Problemlösungen den Zugang zu den Aussagen der Schutznormtheorie und dem subjektiven öffentlichen Recht zu finden. Verschiedene gesetzgeberische und richter-

---

56 Besonders pointiert: Sening, Rettung der Umwelt durch Aufgabe der Schutznormtheorie?, BayVBl. 1982, 428 ff.

57 Zum ungeachtet bereichsweiser Ausnahmen und praktischer Annäherungen grundsätzlichen Ausschluss der actio popularis in ihrer theoretisch reinen Form in den europäischen Rechtsordnungen, vgl. nur GA F. Capotorti, Schlußantr. zu EuGH, Rs. 158/80, 7.7.1981, REWE-Butterfahrten, Slg. 1981, 1805 (1850); GA G. Cosmas, Schlußantr. zu EuGH, Rs. C-321/95 P, 2.4.1998, Greenpeace, Slg. 1998, I-1651, Ziff. 53; letzterer mit dem Hinweis auf die jedenfalls teilweise abweichende Rechtslage in Spanien und Portugal, wo die verfassungsrechtliche Verankerung des Rechts auf den Erhalt der Umwelt zur Anerkennung der Popularklage in Umweltschutzsachen geführt hat. Das Übereinkommen von Århus regelt auch nicht die Frage der aktiven Prozessführungsbefugnis, sondern räumt jeder Vertragspartei die Möglichkeit ein, deren Umfang in ihren innerstaatlichen Rechtsvorschriften festzulegen. Die Kommission hat bei der vorgeschlagenen Richtlinie über den Zugang zu Gerichten in Umweltangelegenheiten auch gegen eine Popularklage entschieden, da sie mit dem Subsidiaritätsprinzip nicht zu vereinbaren ist.

rechtliche Entwicklungen haben jedoch dazu geführt, dass die Europäisierungstendenzen im Bereich des Rechtsschutzes durchaus auch in Deutschland spürbar sind. Der Vergleich mit der griechischen Rechtsordnung ist bestrebt zu erläutern, dass das Erfordernis der Individualisierung auch durch andere Kriterien erfüllt werden kann, als das subjektive öffentliche Recht, die auch den Besonderheiten des Umweltschutzes Rechung tragen.

Die Antworten des griechischen Rechts auf die Fragen, welche Argumente ein vor den Verwaltungsgerichten klagendes Individuum vorbringen muss, um mit seiner umweltrelevanten Klage zugelassen zu werden, welcher Art die Interessen sein können und wie sie in Verbindung mit der Systementscheidung für ein objektives Kontrollverfahren oder ein Verfahren des subjektiven Rechtsschutzes gebracht werden, sollen auf ihre Übertragbarkeit bzw. Systemgebundenheit untersucht werden. Es wird sich erweisen, dass gerade kleinere Länder wie Griechenland oft die gleichen Fragen anders zu stellen vermögen, trotz des Einflusses von Verwaltungsrechtssystemen, die weiter ausgebildet sind. Mit der nötigen Distanz und aus einer differenzierten nationalen Perspektive gelangen sie nicht selten zu vermittelnden Lösungen. Damit leisten sie einen Beitrag zur Ausbildung der „allgemeinen Rechtsgrundsätze" in der Europäischen Union[58].

3. Gang der Untersuchung

Die Untersuchung beschränkt sich auf den gerichtlichen Rechtsschutz gegen behördliche Entscheidungen im Bereich des Umweltschutzes. Damit geht es um die Überprüfung der Rechtmäßigkeit von Verwaltungsakten. Ausgeklammert bleiben damit zivilrechtliche Aspekte, etwa im Rahmen des Nachbarnrechts wie auch das gesamte Staatshaftungsrecht, das Ausgleichs- bzw. Ersatzansprüche gewährt. Im Mittelpunkt steht die Frage des gerichtlichen Zugangs.

Im ersten Teil soll aufgezeigt werden, ob und wieweit die Vergleichsländer unterschiedliche Systementscheidungen treffen und wie sich diese Unterschiede auf die Berücksichtigung des Umweltschutzes im Rahmen des Klageinteresses auswirken. Um die nötige Übersicht über das System der Verwaltungskontrolle in den Vergleichsländern zu gewinnen, sind zunächst die grundsätzlich zur Verfügung stehenden Klageverfahren dargestellt. Gleichzeitig wird ermittelt, welches dieser Verfahren für die in Frage stehenden Drittklagen im Umweltschutzrecht am bedeutsamsten ist. Der Rechtsvergleich soll zunächst

58 Vgl. Efstratiou, in: Schwarze/Schmidt-Aßmann (Hrsg.), Das Ausmaß der gerichtlichen Kontrolle im Wirtschaftsverwaltungs- und Umweltrecht, 111 ff. (112); vgl. auch Sommermann, Konvergenzen im Verwaltungsverfahrens- und Verwaltungsprozessrecht europäischer Staaten, DÖV 2002, 133 (143).

getrennt nach den zwei Staaten erfolgen, um zu ermöglichen, dass den besonderen Charakteristika innerhalb der zwei Rechtsordnungen Rechnung getragen wird.

In einem zweiten Schritt ist der Rechtslage in Bezug auf den gerichtlichen Zugang nachzugehen. Es geht darum, die Klagevoraussetzungen für die Drittanfechtungsklage zu betrachten, insbesondere das Klageinteresse, das speziell für diese Verfahren gefordert wird. Es wird anschließend die Frage danach behandelt, inwieweit in diesem Prüfungspunkt öffentliche Interessen ohne Schwierigkeiten berücksichtigt werden können.

Im dritten Teil ist herauszuarbeiten, wie sich der Umweltschutz als Gegenstand eines individuellen Rechts bzw. eines *„εννόμου συμφέροντος"* in die ermittelte Systementscheidung integrieren läßt. Zur Vermeidung von Assoziationen bzw. Verwechslungen mit dem „subjektiven Recht" i.S. der deutschen Rechtsordnung wird in dieser Arbeit generell von „individuellen Rechten" gesprochen. Umfasst sind davon alle dem Einzelnen zugeordneten Rechtspositionen aus der Gesamtrechtsordnung, die der Einzelne geltend machen und gegebenenfalls gerichtlich durchsetzen kann und an die der Staat gebunden ist. Unter der Bezeichnung „subjektives öffentliches Recht" wird dagegen nur das i.S. der deutschen Rechtsordnung individuelle Recht gefasst. Damit man ein plastischeres Bild von den Gemeinsamkeiten und Unterschieden der Vergleichsordnungen erhalten kann, soll anhand einzelner Fälle anschaulich gemacht werden, wann das Klageinteresse bejaht und wann es verneint wird.

Im vierten Teil soll schließlich die Ausgestaltung des Rechtsschutzes im Umweltrecht vor dem Hintergrund der diesbezüglichen europarechtlichen Anforderungen betrachtet werden und mögliche Perspektiven für die Ausgestaltung des gerichtlichen Zugangs in Umweltangelegenheiten in den Vergleichsländern entwickelt werden, damit die nationalrechtlichen Zulässigkeitsvoraussetzungen mit den europarechtlichen Vorgaben, soweit erforderlich, in Einklang gebracht werden.

1. TEIL: RECHTSSCHUTZ GEGEN DIE ÖFFENTLICHE GEWALT

1. Rechtsschutz gegen die öffentliche Gewalt in Deutschland

1.1 Verwaltungskontrolle und verwaltungsgerichtlicher Rechtsschutz

Nach Art. 1 Abs. 3 und Art. 20 Abs. 3 GG ist die vollziehende Gewalt in Deutschland an Grundrechte, Gesetz und Recht gebunden. Außerdem erfordert das Demokratiegebot des Art. 20 Abs. 1 und 2 GG die Legitimität des staatlichen Handelns. Folgerichtig darf die Verwaltungstätigkeit nicht gegen geltendes Recht verstoßen. Diese Prinzipien wären ohne wirksame Verwaltungskontrolle nicht durchsetzbar[59]. Die Verwaltung wird in vielfältiger Weise überprüft[60]. Das Bestreben, sie durch unabhängige Richter kontrollieren zu lassen, gehörte schon im 19. Jahrhundert als eine unabdingbare Form der Begrenzung der staatlichen Macht zu den zentralen Forderungen der Freiheitsbewegung[61].

Das Grundgesetz misst dem Rechtsschutz gegen Maßnahmen öffentlicher Gewalt besonderes Gewicht bei, indem es in Art. 19 Abs. 4 den Rechtsweg für den Fall eröffnet, dass jemand durch die öffentliche Gewalt in seinen Rechten verletzt wird. Neben der verwaltungsinternen Kontrolle, die auf eine „Selbstreinigung" der Verwaltung abzielt, sind damit auch dem Bürger verwaltungsexterne gerichtliche Kontrollmöglichkeiten eingeräumt, denen Art. 19 Abs. 4 GG sogar den Vorrang gibt[62].

Für den Bürger sind die ihm eingeräumten Rechtsbehelfe von besonderer Bedeutung. Diese unterscheiden sich in formlose und förmliche[63]. Das Wesen des förmlichen Rechtsbehelfs besteht darin, dass der Staatsbürger seine Beschwerde unabhängigen Gerichten vorlegen und zu einer Entscheidung in der Sache selbst bringen darf.

---

59 Vgl. Sodan, in Sodan/Ziekow, VwGO, Stand 2003, § 40, Rn. 4.

60 Dazu Hufen, Verwaltungsprozessrecht, 22f.

61 Zu Verfassungsgeschichtlichen Aspekten s. Schulze-Fielitz, in Dreier (Hrsg.), Grundgesetz Kommentar, 2. Aufl., Bd. I, Art. 19 Abs. 4, Rnn. 1 ff.

62 Hufen, Verwaltungsprozessrecht, 11; Ibler, Rechtspflegender Rechtsschutz im Verwaltungsrecht, 140.

63 Nach Art. 17 GG hat jedermann das Recht, sich einzeln oder in Gemeinschaft mit anderen schriftlich an die zuständigen Stellen bzw. an die Volksvertretung zu wenden. Einen Anspruch auf positive Bescheidung der Beschwerde gibt jedoch das Petitionsrecht nicht; s. Hufen, Verwaltungsprozessrecht, 23 ff.; Schenke, Verwaltungsprozessrecht, 1f.

Die Kontrolle der Verwaltung wird der unabhängigen Verwaltungsgerichtsbarkeit zugewiesen. Art. 19 Abs. 4 GG schreibt zwar keinen bestimmten Rechtsweg vor[64], Art. 95 GG sieht aber ausdrücklich das Bundesverwaltungsgericht als obersten Gerichtshof auf dem Gebiet der Verwaltungsgerichtsbarkeit vor. Die Verwaltungsgerichtsbarkeit wird in den Ländern von den Verwaltungsgerichten bzw. den Oberverwaltungsgerichten und im Bund vom Bundesverwaltungsgericht ausgeübt[65]. Die Geltungskraft der Grundrechte und der rechtsstaatlichen Verfahrensgebote hängt in vieler Hinsicht von einer wirksamen Verwaltungsgerichtsbarkeit ab, die eine Form der Begrenzung der staatlichen Macht darstellt und daher als Eckpfeiler des Rechtsstaates zu betrachten ist[66].

Die Verwaltungsgerichtsbarkeit kennt in Deutschland eine lange Tradition[67]. Die bundeseinheitliche Verwaltungsgerichtsordnung ist im Jahre 1960 in Kraft getreten und hat seither zahlreiche Änderungen erfahren[68]. Die Kompetenz der Verwaltungsgerichte ist in § 40 VwGO geregelt. Die Einführung der Generalklausel bedeutet eine Abkehr von Enumerativsystemen[69]: Die Verwaltungsgerichte sind nicht darauf angewiesen, dass ihnen bestimmte Rechtsmaterien ausdrücklich zur Entscheidung zugewiesen sind, sondern nach § 40 Abs. 1 VwGO ist der Verwaltungsrechtsweg in allen öffentlich-rechtlichen Streitigkeiten nicht verfassungsrechtlicher Art gegeben, es sei denn, dass die Streitigkeiten aufgrund eines Bundesgesetzes ausdrücklich einem anderen Gericht zugewiesen wurden[70].

Es muss klargestellt werden, dass verfassungsrechtliche Streitigkeiten der Zuständigkeit der Verwaltungsgerichte generell gemäß § 40 VwGO entzogen sind. Diese Bemerkung ist hinsichtlich des Vergleichs mit der griechischen

---

64 Hofmann, in Schmidt-Bleibtreu/Klein, GG, 10. Aufl., Art. 19, Rnn. 35 ff.; Huber, in v. Mangoldt/Klein/Starck, GG, Bd. I, Art. 19 Abs. 4, Rn. 455; Sodan, in Sodan/Ziekow, VwGO, Stand 2003, § 40, Rn. 6 ff.; BVerfGE 31, 364, 368.

65 §§ 1, 2 VwGO; zur Aufbau der Verwaltungsgerichtsbarkeit s. Hufen, Verwaltungsprozessrecht, 49 ff.; Schenke, Verwaltungsprozessrecht, 6f.

66 Vgl. Ibler, Rechtspflegender Rechtsschutz im Verwaltungsrecht, 186.

67 Zur Geschichte der deutschen Verwaltungsgerichtsbarkeit s. Hufen, Verwaltungsprozessrecht, 26 ff.; Sodan, in Sodan/Ziekow, VwGO, Stand 2003, § 40, Rn. 17 ff.; Stelkens, in Schoch/Schmidt-Aßmann/Pietzner, VwGO Kommentar, Stand 2004, § 1 Rn. 1 ff.; s. auch in FS Menger die Beiträge von Rüfner („Verwaltungsrechtsschutz in Preußen im 18. und in der ersten Hälfte des 19. Jahrhunderts“, S. 3 ff.), Grawert („Verwaltungsrechtsschutz in der Weimarer Republik“, S. 35 ff.), Stolleis („Die Verwaltungsgerichtsbarkeit im Nationalsozialismus“, S. 57 ff.) und Ule („Die geschichtliche Entwicklung des verwaltungsgerichtlichen Rechtsschutzes in der Nachkriegszeit“, S. 81 ff.).

68 Zur Geschichte der VwGO und ihrer Änderungen s. Schmidt-Aßmann, in Schoch/Schmidt-Aßmann/Pietzner, VwGO Kommentar, Stand 2004, Einleitung, Rn. 89 ff.

69 Zur Bedeutung der Generalklausel s. Hufen, Verwaltungsprozessrecht, 172 ff.; Sodan, in Sodan/Ziekow, VwGO, Stand 2003, § 40, Rn. 33 ff.

70 Ähnlich wie die ordentlichen Gerichte (vorbehaltlich spezieller Sonderzuweisungen) für alle bürgerlichen Rechtsstreitigkeiten und Strafsachen zuständig sind (§ 13 GVG).

Rechtsordnung von besonderer Bedeutung: Ein mit umfassenden Kompetenzen ausgestattetes Verfassungsgericht im deutschen Sinn kennt die griechische Rechtsordnung nicht. Im Gegensatz zu den deutschen, sind **alle** griechische Gerichte verfassungsrechtlich berechtigt, wie auch verpflichtet, ex officio Fragen der Verfassungskonformität zu berücksichtigen[71]. Insofern kann sich der Rechtsschutz in Griechenland leicht zur Verfassungsmäßigkeitskontrolle verwandeln.

Eine Streitigkeit ist verfassungsrechtlich, wenn im Kern um Fragen des materiellen Verfassungsrechts gestritten wird – hierbei handelt es sich abschließend nur um das Grundgesetz und die Landesverfassungen – und sich auf beiden Seiten des Rechtsstreits am Verfassungsleben unmittelbar beteiligte Rechtsträger (Verfassungsorgane) gegenüberstehen[72]. Wenn sich der Bürger in Deutschland durch einen Akt der Verwaltung in seinen Grundrechten verletzt sieht, kann er, nach Erschöpfung des Verwaltungsrechtsweges, das Bundesverfassungsgericht mit der Verfassungsbeschwerde anrufen[73]. Zugleich wird durch die Verfassungsbeschwerde die Möglichkeit eröffnet, sich gegen prozessuales Unrecht zur Wehr zu setzen, das der Einzelne eventuell im Zuge des verwaltungsgerichtlichen Verfahrens erlitten hat.

In § 40 VwGO wird die verfassungsrechtliche Rechtsweggarantie des Art. 19 Abs. 4 GG konkretisiert[74]. Der Gesetzgeber hat damit eine Einrichtung geschaffen, die dem Einzelnen Rechtsschutz gegen Maßnahmen der Verwaltung gewährt, indem jeder, der durch Maßnahmen der öffentlichen Gewalt in seinen Rechten verletzt wird, die Verwaltungsgerichte anrufen kann[75]. Der Verwaltungsrechtsweg wird – sofern nicht eine Sonderzuweisung erfolgt – dabei für alle Streitigkeiten des öffentlichen Rechts überhaupt eröffnet. Abdrängende Sonderzuweisungen sind nicht nur aufgrund von Bundesgesetzen, sondern auch aufgrund von Landesgesetzen möglich. Durch eine abdrängende Sonderzuweisung wird eine Streitigkeit aufgrund formeller Bundes- oder Landesgesetze mit der Streitentscheidung an ein anderes Gericht mit anderer Gerichtsbarkeit (ordentliche, Finanz- oder Sozialgerichte) verwiesen[76]. Zunächst soll deshalb die öffent-

---

71 Vgl. Art. 93 § 4 und 87 § 2 Gr. Verf.; s. dazu Dagtoglou, Die gerichtliche Kontrolle der Verfassungsmäßigkeit von Gesetzen, NoB 1988, 721; Manitakis, Historische Merkmale und logische Voraussetzungen der gerichtlichen Kontrolle der Verfassungsmäßigkeit von Gesetzen in Griechenland, abrufbar unter: <http://tosyntagma.antsakkoulas.gr/theoria/item.php?id=821> (alles auf Griechisch).

72 Dazu s. Hufen, Verwaltungsprozessrecht, 189 ff.; Redeker/v. Oertzen, VwGO, 2004, § 40, Rn. 3 ff.; Sodan, in Sodan/Ziekow, VwGO, Stand 2003, § 40, Rn. 217 ff.

73 Art. 93 Abs. 4a GG.

74 Lorenz, Die verfassungsrechtlichen Vorgaben des Art. 19 Abs. 4 GG für das Verwaltungsprozessrecht, FS Menger, 143 (145f.)

75 Zum Verhältnis zu anderen Gerichtsbarkeiten s. Redeker/v. Oertzen, VwGO, 2004, § 40, Rn. 37 ff.; Sodan, in Sodan/Ziekow, VwGO, Stand 2003, § 40, Rn. 96 ff.

76 Ausführlich dazu s. Sodan, in Sodan/Ziekow, VwGO, Stand 2003, § 40, Rn. 131 ff; Zu einzelnen Regelungen Rn. 502 ff.; vgl. auch Hufen, Verwaltungsprozessrecht,

lich-rechtliche Streitigkeit von privatrechtlichen Streitigkeiten abgegrenzt werden. Auf eine Legaldefinition der öffentlich-rechtlichen Streitigkeiten hat der Gesetzgeber bewusst verzichtet[77]. Die Klärung bleibt damit der Rechtsprechung und der Rechtswissenschaft überlassen. Eine öffentlich-rechtliche Streitigkeit liegt vor, wenn der Streitgegenstand unmittelbar im öffentlichen Recht wurzelt, d.h. wenn sich das Klagebegehren als Folge eines Sachverhalts darstellt, der nach öffentlichem Recht zu beurteilen ist[78]. Es muss also geklärt werden, welche Rechtsvorschriften für den Streitgegenstand maßgeblich sind und ob diese dem Bereich des öffentlichen Rechts zuzuordnen sind. Entschieden werden die streitigen Abgrenzungsfragen teils von den Gerichten, teils von der wissenschaftlichen Dogmatik. Eine einheitliche, allgemein anerkannte Lehre hat sich dennoch nicht durchgesetzt[79]. Die Rechtsprechung und Lehre zeichnen sich durch eine reichhaltige Kasuistik aus[80]. Der verwaltungsgerichtliche Rechtsschutz besteht allerdings typischerweise dann, wenn eine Unterordnung des Einzelnen gegenüber der staatlichen Verwaltung vorliegt und er sich gegen konkrete Akte staatlicher Gewalt zur Wehr setzen will[81].

Umweltstreitigkeiten, bei denen sich der Kläger bzw. Antragsteller gegen ihn belastende umweltrechtliche Maßnahmen der Exekutive wendet, z.B. Umweltpläne, Schutzgebietsausweisungen, Planfeststellungen und Genehmigungen, sind dementsprechend von der Verwaltungsgerichten zu führen. Sachlich zuständig ist gemäß § 45 VwGO grundsätzlich das Verwaltungsgericht. Von diesem Grundsatz gibt es jedoch einige bedeutsame Ausnahmen: Über Normenkontrollanträge (im Umweltrecht z.B. über Schutzgebietsausweisungen und Umweltpläne) entscheidet nämlich gemäß § 47 Abs. 1 VwGO das Oberverwaltungsgericht, sofern das Landesrecht dies bestimmt. Das Oberverwaltungsgericht ist darüber hinaus gemäß § 48 VwGO erstinstanzlich zuständig für zahlreiche Streitigkeiten

---

192 ff.; Schoch, Zuständigkeit der Zivilgerichtsbarkeit in öffentlich-rechtlichen Streitigkeiten kraft Tradition (§ 40 Abs. 2 VwGO), FS Menger, 305 ff.

77 BT-Drs. III/55, 30.

78 Ehlers, in: Schoch/Schmidt-Aßmann/Pietzner, VwGO Kommentar, Stand 2004, § 40, Rn. 204.

79 Zu den verschiedenen Theorien s. Ehlers, in: Schoch/Schmidt-Aßmann/Pietzner, VwGO Kommentar, Stand 2004, § 40, Rn. 220 ff.; Finkelnburg, Zur Entwicklung der Abgrenzung der Verwaltungsgerichtsbarkeit im Verhältnis zu anderen Gerichtsbarkeiten durch das Merkmal der öffentlich-rechtlichen Streitigkeit, FS Menger, 279 ff.; Hufen, Verwaltungsprozessrecht, 169 ff.; Schenke, Verwaltungsprozessrecht, 33 ff.; Sodan, in Sodan/Ziekow, VwGO, Stand 2003, § 40, Rn. 287 ff.

80 Bezeichnendenweise verzichten Redeker/v. Oertzen, VwGO, 2004, § 40, Rn. 6 ff. weitgehend auf generelle Abgrenzungskriterien und gehen bereichsspezifisch vor.

81 Verwaltungsrechtsschutz kann aber auch dann gewährt werden, wenn ein „Subordinationsverhältnis“ fehlt, so bei Streitigkeiten zwischen Gleichgestellten, wie z.B. bei Streitigkeiten zwischen den Parteien eines öffentlich-rechtlichen Vertrages oder bei Streitigkeiten zwischen zwei Trägern öffentlicher Gewalt.

über die Zulassung umweltbelastender Großvorhaben, wie z.B. kerntechnischer Anlagen, Abfallbeseitigungsanlagen, Verkehrsflughäfen und Bundesfernstraßen.

1.2 Die Systementscheidung für den Individualrechtsschutz

Die Bindung der Verwaltung an das objektive Recht hat zwangsläufig zur Folge, dass Verwaltungsmaßnahmen vor allem kontrollierbar und auch korrigierbar sein müssen. Für die Durchsetzung des Rechtmäßigkeitsgebots ist eine wirksame Verwaltungskontrolle unabdingbar. Mit dieser Feststellung wird aber die Frage nach dem Hauptzweck der Kontrolle der Verwaltungstätigkeit noch nicht beantwortet. Als Bezugspunkt der Verwaltungskontrolle kann nämlich entweder grundsätzlich die objektive Rechtmäßigkeit des Verwaltungshandelns oder vorwiegend der Schutz subjektiver Rechte gelten[82].

Schon die Formulierung des Art. 19 Abs. 4 GG zeigt, dass das Grundgesetz keine objektive Rechtmäßigkeitskontrolle intendiert[83]. Rechtsschutz wird nicht um des Staates, sondern um des Einzelnen willen gewährt, der in einem Spannungsverhältnis vor allem zur vollziehenden Gewalt gedacht wird. Der Streit fiel damit zugunsten der Systementscheidung für den Individualrechtsschutz aus[84]. Auch der Standort des Art. 19 Abs. 4 am Ende des Grundrechtsteils des Grundgesetzes weist darauf hin, dass die Vorschrift dem Schutz des Einzelnen dient[85]. Die Rechtsschutzgarantie des Art. 19 Abs. 4 GG geht von einem Doppelverständnis des Leitbegriffes des subjektiven Rechtsschutzes aus. Er begreift zwei inhaltliche Elemente in sich: Zum einen ist er Schutz des Individuums, und nicht der objektiven Rechtsordnung. Der Schutzbereich des Art. 19 Abs. 4 GG umfasst insoweit nur eine rechtliche Betroffenheit des Klägers i.S. eines „Rechtswidrigkeitszusammenhangs“[86] der Art, dass nicht schon der Verstoß gegen objektives Recht, sondern erst die dadurch begründete Verletzung des subjektiven Rechts speziell des Klägers zum Klageerfolg führen muss[87]. Er ist aber auch **Rechts**schutz, d.h. er schützt das (möglicherweise) verletzte Recht des Einzelnen und nicht etwa dessen bloße Interessen[88].

---

82 Duguit, Traité de droit constitutionnel, Bd. 2, Aufl. 2, 308 ff. (324f.).

83 Hufen, Verwaltungsprozessrecht, 10; Ibler, Rechtspflegender Rechtsschutz im Verwaltungsrecht, 167.

84 Huber, in v. Mangoldt/Klein/Starck, GG, Bd. I, Art. 19 Abs. 4, Rn. 355; Ibler, Rechtspflegender Rechtsschutz im Verwaltungsrecht, 167; Krebs, Subjektiver Rechtsschutz und objektive Rechtskontrolle, FS Menger, 191 (197); Schoch, Die Europäisierung des verwaltungsgerichtlichen Rechtsschutzes, 9; Schulze-Fielitz, in Dreier (Hrsg.), GG Kommentar, 2. Aufl., Bd. I, Art. 19 Abs. 4, Rnn. 8f.

85 Ibler, Rechtspflegender Rechtsschutz im Verwaltungsrecht, 169.

86 Schultze-Fielitz, in Dreier (Hrsg.), GG Kommentar, 2. Aufl., I, Art. 19 Abs. 4, Rn. 76.

87 Schultze-Fielitz, in Dreier (Hrsg.), GG Kommentar, 2. Aufl., I, Art. 19 Abs. 4, Rn. 76; vgl. Huber, in v. Mangoldt/Klein/Starck, GG, Bd. I, Art. 19 Abs. 4, Rn. 356f.

88 Hofmann, in Schmidt-Bleibtreu/Klein, GG, 10. Aufl., Art. 19, Rn. 58; vgl. Art. 20 § 1

Die deutsche Systementscheidung für den Individualrechtsschutz lässt sich als Ergebnis des historischen Kompromisses zwischen bürgerlichem Freiheitsverlangen und monarchischem Herrschaftsanspruch erklären. Im deutschen Konstitutionalismus des 19. Jahrhunderts wurde zwar die Frage nach dem Zweck der Verwaltungskontrolle nicht einheitlich beantwortet. Die Kontrollmodelle traten in regional unterschiedlicher Ausprägung hervor[89]. Unter dem Einfluss Rudolf von Gneists herrschte in Preußen die Ansicht vor, dass Verwaltungskontrolle der objektiven Rechtmäßigkeitskontrolle des Verwaltungshandelns dient. Im Gegensatz dazu wurde in Süddeutschland unter dem Einfluss Otto von Sarweys akzeptiert, dass Verwaltungskontrolle um des Schutzes subjektiver Rechte willen besteht. Trotz dieser Unterschiede entfaltete sich das Rechtsschutzsystem, unter dem Einfluss der Rechtsprechung, immer deutlicher auf den Individualrechtsschutz hin. Der Individualrechtsschutz wurde auf diese Weise wesentlicher Baustein des konstitutionellen Arrangements[90], das insbesondere nach der Reichsgründung 1871 von weiten Teilen des Bürgertums getragen und bejaht wurde.

Am Ende der Monarchie, in der Novemberrevolution von 1918, erschienen der Rechtsstaat, der Verwaltungsrechtsschutz und das subjektive öffentliche Recht als zentrale Eroberungen des Bürgertums, und mit dem Übergang zur demokratischen Republik hat sich das Modell des reinen Individualrechtsschutzes konsolidiert. Trotz der Kritik an der „liberal-individualistischen" Konzeption des subjektiven Rechts, führte die nachfolgende nationalsozialistische „Rechtserneuerung"[91] und die Konsequenzen der auf Entrechtung gerichteten Gemeinschaftsideologie zu einer Traumatisierung der deutschen Demokraten, welche die unmittelbare Nachkriegszeit prägte[92]. Die Totalität der nationalsozialistischen Formeln „Du bist nichts, dein Volk ist alles" und „Gemeinnutz geht vor Eigennutz"

Gr. Verf., Art. 24 Abs. 1 und Art. 113 Abs. 1 S. 1 Italienischer Verfassung, Art. 20 § 1 S. 1 Portugiesischer Verfassung und Art. 24 § 1 S. 1 Spanischer Verfassung, die Rechtsschutz sowohl den Rechten wie auch den **Interessen** des Einzelnen gewähren. In *Italien* ist allerdings an diese Unterscheidung noch eine Spaltung des Rechtswegs geknüpft: besteht es lediglich ein legitimes Interesse an der Rechtsmäßigkeitsprüfung, sind die Verwaltungsgerichte zuständig; anderenfalls (wenn es um die Durchsetzung subjektiver Rechte geht) sind grundsätzlich die ordentlichen Gerichte zuständig. Vgl. dazu Sommermann, Konvergenzen im Verwaltungsverfahrens- und Verwaltungsprozessrecht europäischer Staaten, DÖV 2002, 133 (142 Fn. 124) m.w.N.

89 Ausführlich dazu s. Schmidt-Aßmann, in Schoch/Schmidt-Aßmann/Pietzner, VwGO Kommentar, Stand 2004, Einleitung, Rn. 76 ff.

90 Wegener, Rechtsschutz für gesetzlich geschützte Gemeinwohlbelange als Forderung des Demokratieprinzips?, abrufbar unter: <http://www.humboldt-forum-recht.de/3-2000/Drucktext.html>, S. 6.

91 Dazu Stolleis, Die Verwaltungsgerichtsbarkeit im Nationalsozialismus, FS Menger, 57 ff.

92 Vgl. Ule, Die geschichtliche Entwicklung des verwaltungsgerichtlichen Rechtsschutzes in der Nachkriegszeit, FS Menger, 81 ff.

fand ihre juristische Entsprechung in Phrasen wie denen von „Volksgemeinschaft statt subjektiver Rechte“[93] und der „volksgenössischen Rechtsstellung“, nicht um des Einzelnen, sondern um der Gemeinschaft willen. Insofern erschien die im Art. 19 Abs. 4 GG verankerte Garantie des individuellen Rechtsschutzes als einzige angemessene Antwort auf die „im Namen des Volkes“ erfolgte Unterdrückung des Einzelnen[94]. Mit dem Inkrafttreten des Grundgesetzes war die Diskussion um den Zweck der verwaltungsgerichtlichen Kontrolle nicht beendet. Geltung hat sich dennoch die Ansicht verschaffen, wonach der Verwaltungsprozess ursprünglich dem Schutz subjektiver Rechte dient, während die notwendig damit verbundene objektive Rechtskontrolle sich als ein bloßer Nebeneffekt erweist[95].

Die Verletzung subjektiver (öffentlicher) Rechte lässt sich als Angelpunkt der Rechtsschutzgarantie des Art. 19 Abs. 4 GG ausweisen. Es wird von „Rechten“ und nicht nur von „Grundrechten“ gesprochen. Dies folgt aus einer Gegenüberstellung des Wortlauts mit Art. 19 Abs. 1 bis 3[96], wo ausdrücklich von den Grundrechten gesprochen wird. Dagegen weist der auf „Rechte“ bezogene Abs. 4 seinen „Rechte“-Begriff über die Grundrechte hinaus und greift bei Individualrechten jeder Art. Er schützt demgemäß auch subjektive Rechte des einfachen Rechts[97]. Damit erhebt das Grundgesetz den Schutz von Individualität und Personalität zum Leitbild der grundrechtlich geprägten Rechtsordnung[98].

In Deutschland erfolgt die gerichtliche Kontrolle der Verwaltungstätigkeit nicht ex officio, sondern nur nach Anrufung des Gerichtes vom durch die öffentliche Gewalt in seinen Rechten verletzten Bürger. Die Ausübung der Freiheit des Individuums und deren Schutz hängen von der eigenverantwortlichen Entscheidung des Einzelnen ab. Die Betroffenheit des Klägers in subjektiven öffentlichen Rechten darf deshalb nicht nur Anstoß, sondern muss eigentlicher Gegenstand und Legitimationsgrund des Verfahrens sein[99]. Die objektive Rechtmäßigkeitskontrolle ist demgemäß für den Verwaltungsprozess nicht maßgeblich: es geht vielmehr um die Durchsetzung der dem Einzelnen kraft gesetzlicher Entscheidung oder Einzellfallregelung zukommenden subjektiven Rechte. Der Streitgegenstand des Verwaltungsprozesses bestimmt sich demzufolge nach der Rechts-

---

93 So der Titel des Beitrages von Krüger, Deutsche Verwaltung 1937, 37 ff.

94 Wegener, Rechtsschutz für gesetzlich geschützte Gemeinwohlbelange als Forderung des Demokratieprinzips?, abrufbar unter: <http://www.humboldt-forum-recht.de/3-2000/Drucktext.html>, S. 8.

95 Huber, in v. Mangoldt/Klein/Starck, GG, Bd. I, Art. 19 Abs. 4, Rn. 356f.; Wahl, in Schoch/Schmidt-Aßmann/Pietzner, VwGO Kommentar, Stand 2004, Vorb. § 42 Abs. 2, Rn. 13.

96 Vgl. auch Art. 1 Abs. 3 GG.

97 Hofmann, in Schmidt-Bleibtreu/Klein, GG, 10. Aufl., Art. 19, Rn. 58; Zuleeg, Hat das subjektive öffentliche Recht noch eine Daseinberechtigung?, DVBl. 1976, 509 (510).

98 Ibler, Rechtspflegender Rechtsschutz im Verwaltungsrecht, 170.

99 Krebs, Subjektiver Rechtsschutz und objektive Rechtskontrolle, FS Menger, 191 (194).

behauptung des Einzelnen, die Verwaltungseinzelmaßnahme (oder deren Unterlassung) sei rechtswidrig und verletze ihn in seinen subjektiven öffentlichen Rechten.

Dabei stellt die Rechtsschutzgarantie des Art. 19 Abs. 4 GG für die subjektive Rechtsschutzfunktion des Verwaltungsprozesses lediglich Mindestanforderungen an den Gesetzgeber. Ihm steht die Einführung zusätzlicher, über das Kernprogramm hinausgehender Kontrollmöglichkeiten grundsätzlich offen[100]. Art. 19 Abs. 4 GG garantiert somit die Verletztenklage, schließt jedoch nicht aus, dass sich der einfache Gesetzgeber für die Popular- oder Interessentenklage entscheidet[101]. Diese Möglichkeit findet jedoch ihre Grenzen an der Funktionsfähigkeit des Individualrechtsschutzes[102]. Die Möglichkeit, über diese Minimalgarantie hinaus mehr Rechte zu gewähren, hat jedoch der Gesetzgeber bei der Normierung der VwGO grundsätzlich verkannt.

1.3 Die Natur des angegriffenen Aktes

Es ist ein entscheidendes Merkmal der Verwaltung, dass sie einseitig ohne Mitwirkung oder Einverständnis des Betroffenen, für diesen verbindliche Anordnungen treffen kann. Der Verwaltungsakt stellt sich damit als das typische Gestaltungsmittel des Verwaltungsrechts dar. Einzelne Gebote und Verbote, Erlaubnisse und Begünstigungen sind die alltäglichen Erscheinungsformen der Rechtsbeziehungen zwischen Staat und Bürger. Die Exekutive kann natürlich auch durch Rechtsnormen dem Bürger gegenübertreten. Dennoch bedürfen selbst untergesetzliche Normen der Konkretisierung durch einen Verwaltungsakt[103]. Aus diesem Grund steht der Verwaltungsakt im Mittelpunkt des verwaltungsgerichtlichen Rechtsschutzes.

Die verwaltungsprozessuale Generalklausel bewirkt allerdings, dass die Möglichkeiten für den in seinen Rechten verletzten Einzelnen, Klage zu führen, nicht ausschließlich von einer bestimmten Handlungsform der Verwaltung abhängen[104]. Die Verwaltung muss nicht in der Form eines Verwaltungsaktes

---

100 Battis/Weber, Zum Mitwirkungs- und Klagerecht anerkannter Naturschutzverbände – BVerwGE 87, 63, JuS 1992, 1012 (1016); Schulze-Fielitz, in Dreier (Hrsg.), GG Kommentar, 2. Aufl., Bd. I, Art. 19 Abs. 4, Rn. 79; Wahl, in: Schoch/Schmidt-Aßmann/Pietzner, VwGO Kommentar, Stand 2004, Vorb. § 42 Abs. 2, Rn. 11 ff.; Sodan, in Sodan/Ziekow, VwGO, § 42, Rn. 358; vgl. BVerwGE 87, 62 (72); E 89, 28 (35f.).

101 Contra Lorenz, Die verfassungsrechtlichen Vorgaben des Art. 19 Abs. 4 GG für das Verwaltungsprozessrecht, FS Menger, 143 (148 ff.).

102 Schultze-Fielitz, in Dreier (Hrsg.), GG Kommentar, 2. Aufl., Bd. I, Art. 19 IV, Rn. 67; vgl. Huber, in v. Mangoldt/Klein/Starck, GG, Bd. I, Art. 19 Abs. 4, Rn. 462 ff. m.w.N.: Art. 19 Abs. 4 GG gewährleistet **effektiven** Rechtsschutz.

103 Vgl. Hufen, Verwaltungsprozessrecht, 14f.

104 Hufen, Verwaltungsprozessrecht, 237; Schenke, Verwaltungsprozessrecht, 59.

tätig geworden bzw. muss nicht zum Handeln in der Form eines Verwaltungsaktes verpflichtet sein, damit gegen sie gerichtlich vorgegangen werden kann. Wenn aber nicht die Möglichkeit, so hängt doch die Art der Klage von der Handlungsform der Verwaltung ab. Aus dem Grund sind für die Rechtsvergleichung insbesondere hinsichtlich des Verwaltungsaktsbegriffs folgende Erläuterungen unerlässlich.

Gemäß § 35 VwVfG ist ein Verwaltungsakt jede Verfügung, Entscheidung oder andere hoheitliche Maßnahme, die eine Behörde zur Regelung eines Einzelfalls auf dem Gebiet des öffentlichen Rechts trifft und die auf unmittelbare Rechtswirkung nach außen gerichtet ist[105].

Die Einzelfallregelung eines Verwaltungsaktes ist von der allgemeinen Regelung abzugrenzen. Die Abgrenzung erfolgt anhand von verschiedenen inhaltlichen Kriterien[106]. Inhaltlich kann eine Regelung hinsichtlich des zu regelnden Sachverhalts konkret (wenn sie einen bestimmten Sachverhalt betrifft) oder abstrakt (wenn sie eine unbestimmte Vielzahl von Fällen betrifft), hinsichtlich des von ihr betroffenen Adressatenkreises individuell (wenn sie sich an eine genau bezeichnete Person oder an einen im Zeitpunkt ihres Erlasses bestimmten oder bestimmbaren Personenkreis richtet) oder generell (wenn im Zeitpunkt ihres Erlasses noch nicht feststeht, wer von ihr betroffen sein kann) sein. Aus diesen Kriterien läßt nun ableiten, ob ein Verwaltungsakt vorliegt oder nicht.

Eine abstrakt-generelle Regelung enthält keine Einzelfallregelungen. Bei ihr handelt es sich nicht um einen Verwaltungsakt, sondern um eine Rechtsnorm[107]. Konkret-individuelle Regelungen betreffen hingegen einen Einzelfall. Sie stellen eine Einzelverfügung und damit einen Verwaltungsakt dar. Bei abstrakt-individuellen Regelungen (Sammelverfügungen) liegt auch ein Verwaltungsakt vor, da sie künftige Fälle gleicher Art ebenso erfassen wollen.

Konkret-generelle Regelungen sind dagegen normalerweise nicht als Verwaltungsakte zu betrachten, da hier noch kein bestimmter Personenkreis feststeht, wohl aber ein bestimmter Sachverhalt. Doch hierzu gibt es Ausnahmen[108]: die adressatenbezogene Allgemeinverfügung[109], die sich an einen nach allgemeinen Merkmalen bestimmten oder bestimmbaren Personenkreis richtet, gilt als Verwaltungsakt. Die Abgrenzung zur Rechtsnorm erfolgt durch den Bezug auf einen konkreten Sachverhalt, z.B. wenn die Polizei die Teilnahme an einer konkret geplanten Versammlung verbietet. Auch die sachbezogene Allgemeinverfü-

---

105 Zu den einzelnen Merkmales des Verwaltungsaktsbegriffs s. Schenke, Verwaltungsprozessrecht, 64 ff.; ausführlich dazu Stelkens P./Stelkens U., in Stelkens/Bonk/Sachs, Verwaltungsverfahrensgesetz, 2001, § 35, Rn. 37 ff.

106 Vgl. Hufen, Verwaltungsprozessrecht, 239 ff.

107 Schenke, Verwaltungsprozessrecht, 69.

108 Pietzcker in: Schoch/Schmidt-Aßmann/Pietzner, VwGO Kommentar, Stand 2004, § 42 Abs. 1 Rn. 70 ff.

109 § 35 Abs. 2 Alt. 1 VwVfG.

gung[110] stellt einen Verwaltungsakt dar. Hier handelt es sich um eine Maßnahme, die die öffentlich-rechtliche Eigenschaft einer Sache betrifft, z.B. die Widmung bzw. Entwidmung einer Straße[111]. Eine Maßnahme, die die Benutzung einer Sache durch die Allgemeinheit regelt, d.h. eine Regelung, durch die Rechte und Pflichten der Benutzer einer Sache festgelegt werden, z.B. die Lichtzeichen einer Verkehrsampel, stellt eine benutzungsbezogene Allgemeinverfügung dar und gilt auch als Verwaltungsakt[112].

Verwaltungsakte, die erst nach der Zustimmung bzw. dem Einverständnis einer anderen Behörde oder eines anderen Verwaltungsträgers erlassen werden dürfen, bezeichnet man als mehrstufige Verwaltungsakte[113]. Hier ist der Mitwirkungsakt der anderen Behörde nur als außenwirksame Regelung und als eigenständiger Verwaltungsakt zu betrachten, wenn er gegenüber dem Bürger einen selbstständigen Regelungsgehalt besitzt. Davon ist auszugehen, wenn der mitwirkenden Behörde gegenüber der Ausgangsbehörde bestimmte Aufgaben zur alleinigen Wahrnehmung übertragen worden sind oder sie alleine besondere Gesichtspunkte geltend zu machen hat[114].

1.4 Die verwaltungsgerichtlichen Klagearten

Art. 19 Abs. 4 GG und § 40 VwGO bewirken, dass für jede hoheitliche Handlung, die in die Rechte eines Bürgers eingreift, eine statthafte Klageart zur Verfügung stehen muss[115]. Der Rechtsschutz wird aber immer im Rahmen der jeweils geltenden Prozessordnung bzw. im Rahmen bestimmter Klagearten und unter bestimmten Zulässigkeitsvoraussetzungen gewährt[116]. Die Klageart richtet sich nach der Art der Handlung, die der Kläger abwehren, bzw. erreichen will. In der VwGO lassen sich die folgenden Klagearten unterscheiden: Zur Abwehr

---

110 „Dinglicher Verwaltungsakt", § 35 Abs. 2 Alt. 2 VwVfG; vgl. Hufen, Verwaltungsprozessrecht, 253; Peine, Allgemeines Verwaltungsrecht, 97f., 108; Stelkens P./Stelkens U., in Stelkens/Bonk/Sachs, Verwaltungsverfahrensgesetz, 2001, § 35, Rn. 192 ff.

111 Vgl. § 2 FStrG; § 6 StrWG NW – „Widmung ist die Allgemeinverfügung, durch die Straßen, Wege und Plätze die Eigenschaft einer öffentlichen Straße erhalten"; zur Umstufung s. etwa § 2 Abs. 4 FStrG, zur Einziehung oder Entwidmung § 2 Abs. 5 StrG. Aus der Rechtsprechung z. B. OVG RP NJW 1987, 1284.

112 § 35 Abs. 2 Alt. 3 VwVfG.

113 Hufen, Verwaltungsprozessrecht, 256; Peine, Allgemeines Verwaltungsrecht, 90, 148 ff.; vgl. Stelkens P./Stelkens U., in Stelkens/Bonk/Sachs, Verwaltungsverfahrensgesetz, 2001, § 45, Rn. 91 ff.

114 Peine, Allgemeines Verwaltungsrecht, 90; Vgl. Schenke, Verwaltungsprozessrecht, 75f.

115 Lorenz, Die verfassungsrechtlichen Vorgaben des Art. 19 Abs. 4 GG für das Verwaltungsprozessrecht, FS Menger, 143 (150).

116 Vgl. Hofmann, in Schmidt-Bleibtreu/Klein, GG, 10. Aufl., Art. 19, Rn. 40; Schulze-Fielitz, in Dreier (Hrsg.), GG Kommentar, 2. Aufl., Bd. I, Art. 19 Abs. 4, Rn. 79.

staatlicher Eingriffe stehen dem Einzelnen die Anfechtungsklage, die Unterlassungsklage, die (negative) Feststellungsklage und die Normenkontrolle zur Verfügung.

Bei Vorliegen eines belastenden Verwaltungsaktes kann der Kläger den Weg der Anfechtungsklage gehen (§ 42 Abs. 1 Alt. 1 VwGO)[117], wenn er geltend macht, durch den Verwaltungsakt in seinen Rechten verletzt zu sein[118]. Der Begriff des Verwaltungsaktes in § 42 VwGO entspricht dem in § 35 VwVfG[119]. Die Anfechtungsklage kommt damit gegen alle Arten von Verwaltungsakte in Betracht: befehlende, gestaltende, feststellende Verwaltungsakte genauso wie Allgemeinverfügungen und Planfeststellungsbeschlüsse können mit der Anfechtungsklage angegriffen werden. Im Gegensatz zum begünstigenden[120], ist der belastende Verwaltungsakt nicht legaldefiniert. Darunter versteht man jede nachteilige Regelung[121]. Die Belastung ist vom Kläger, nicht notwendig vom Adressaten des Verwaltungsaktes aus zu bestimmen. Ein den Adressaten begünstigender Verwaltungsakt kann nämlich einen Dritten belastend in seinen Rechten berühren (sog. Verwaltungsakt mit Drittwirkung oder Doppelwirkung)[122]. Mit der Anfechtungsklage begehrt der Kläger seine Aufhebung d.h. der Verwaltungsakt ist bereits erlassen worden und bis dahin wirksam. Zulässigkeitsvoraussetzung der Anfechtungsklage ist gemäß § 68 VwGO die Durchführung eines Widerspruchsverfahrens[123]. Gegenstand der Anfechtungsklage ist der ursprüngliche Verwaltungsakt in der Gestalt, die er durch den Widerspruchsbescheid gefunden hat[124]. Wenn der Verwaltungsakt als rechtswidrig zu qualifizieren ist und der Kläger dadurch eine Rechtsverletzung erlitt, hebt das Gericht den Verwal-

---

117 Hufen, Verwaltungsprozessrecht, 237; Schenke, Verwaltungsprozessrecht, 61; Pietzcker in: Schoch/Schmidt-Aßmann/Pietzner, VwGO Kommentar, Stand 2004, § 42 Abs. 1 Rn. 7 ff.

118 § 42 Abs. 2 VwGO.

119 Pietzcker in: Schoch/Schmidt-Aßmann/Pietzner, VwGO Kommentar, Stand 2004, § 42 Abs. 1 Rn. 23; Sodan, in Sodan/Ziekow, VwGO, Stand 2003, § 42, Rn. 98.

120 § 48 Abs. 1 S. 2 VwVfG; ausführlich dazu s. Sachs, in Stelkens/Bonk/Sachs, Verwaltungsverfahrensgesetz, 2001, § 48, Rn. 124 ff.

121 Peine, Allgemeines Verwaltungsrecht, 99.

122 Hufen, Verwaltungsprozessrecht, 245f.; Pietzcker in: Schoch/Schmidt-Aßmann/Pietzner, VwGO Kommentar, Stand 2004, § 42 Abs. 1 Rn. 9; vgl. auch Sachs, in Stelkens/Bonk/Sachs, Verwaltungsverfahrensgesetz, 2001, § 50, Rn. 12 ff.; ausführlich dazu Laubinger, Der Verwaltungsakt mit Doppelwirkung; Fromm, Verwaltungsakte mit Doppelwirkung, VerwArch 1965, 26.

123 Ausführlich dazu s. Hufen, Verwaltungsprozessrecht, 65 ff.

124 Gem. § 79 Abs. 1 Nr. 2 VwGO kann auch der Abhilfebescheid oder der Widerspruchsbescheid alleiniger Gegenstand der Anfechtungsklage sein, wenn dieser erstmalig eine Beschwer enthält. Der Widerspruchsbescheid kann gem. § 79 Abs. 1 Nr. 2 VwGO alleiniger Gegenstand der Anfechtungsklage sein, wenn er gegenüber dem ursprünglichen Verwaltungsakt eine zusätzliche selbstständige Beschwer enthält.

tungsakt auf[125]. Das Anfechtungsurteil kann aber den Verwaltungsakt nicht ändern. Die Besonderheit einer Anfechtungsklage liegt darin, dass dem Urteil eine Gestaltungswirkung zukommt: Es ändert unmittelbar die Rechtslage, indem es die vom wirksamen Verwaltungsakt geschaffenen Rechtswirkungen mit Eintritt der Rechtskraft beseitigt. Eine weitere Umsetzung durch die Verwaltung ist nicht nötig. Dadurch ist die Anfechtungsklage gegenüber den anderen in der VwGO enthaltenen Klagearten rechtsschutzintensiver und stellt sich als die „klassische" Klageart des Verwaltungsprozesses heraus.

Die Feststellungsklage (§ 43 VwGO) dient der Feststellung des Bestehens oder Nichtbestehens eines Rechtsverhältnisses[126] sowie der Feststellung der Nichtigkeit eines Verwaltungsaktes[127]. Die Feststellung kann nur begehrt werden, wenn der Kläger ein berechtigtes Interesse an der baldigen Feststellung hat[128]. Diese Klageart kommt nicht in Betracht, wenn eine andere Klageart zur Verfügung steht[129].

Die Fortsetzungsfeststellungsklage (§ 113 Abs. 1 S. 4 VwGO) gibt sich schon der Bezeichnung nach als Sonderfall der Feststellungsklage zu erkennen. Mit der Fortsetzungsfeststellungsklage kann der Kläger die Rechtswidrigkeit eines angefochtenen Verwaltungsaktes feststellen lassen, wenn sich nach Erhebung der Anfechtungsklage, aber noch vor ihrer Entscheidung, der Verwaltungsakt erledigt hat. Die Fortsetzungsfeststellungsklage kann auch auf die Verpflichtungsklage und die Fälle angewandt werden, in denen sich der Verwaltungsakt schon vor der Erhebung der Anfechtungsklage erledigt hat[130].

Eine Besonderheit des deutschen verwaltungsgerichtlichen Verfahrens ist die Existenz von Leistungsklagen[131]. Dadurch hat der Kläger die Möglichkeit, die Verurteilung der Verwaltung zu einer Leistung zu erreichen. Hinter einer solchen Klageart steht zunächst ein spezielles Verständnis von Gewaltenteilung. Durch den Erlass eines Verpflichtungsurteils übernimmt die Judikative gelegentlich Funktionen der Exekutive: Die auf ein solches Urteil hin ergehende Entscheidung stammt nur formal, nicht jedoch inhaltlich von der Verwaltung[132].

---

125 § 113 Abs. 1 S. 1 VwGO.

126 Ausführlich zur allgemeinen Feststellungsklage s. Hufen, Verwaltungsprozessrecht, 348 ff.; Schenke, Verwaltungsprozessrecht, 121 ff.

127 Dazu s. Hufen, Verwaltungsprozessrecht, 360 ff.

128 Dazu s. Hufen, Verwaltungsprozessrecht, 354 ff.

129 § 43 Abs. 2 VwGO.

130 Ausführlich dazu s. Hufen, Verwaltungsprozessrecht, 364 ff.; Schenke, Verwaltungsprozessrecht, 102 ff.

131 Auch Skouris (Verletztenklagen und Interessentenklagen im Verwaltungsprozess, 2) sieht in der Leistungsklage eine aus rechtsvergleichender Sicht „Eigentümlichkeit" der deutschen Rechtsordnung.

132 Ausnahmsweise mag die Behörde aber noch Differenzierungsmöglichkeiten bei der Erfüllung der Verpflichtung haben, vgl. VGH BW NVwZ 1991, 1197.

Die Verpflichtungsklage (§ 42 Abs. 1 Alt. 2 VwGO) ist auf Verurteilung der Verwaltung zum Erlass des begehrten Verwaltungsaktes gerichtet. Mit ihr wird vornehmlich eine Genehmigung, Erlaubnis oder Zulassung begehrt (z.B. im Bau- oder Gewerberecht) oder eine bestimmte Leistung der Verwaltung (z.B. Sozialhilfe). Terminologisch kennzeichnet man den Normalfall einer Verpflichtungsklage nach vorangegangener Ablehnung auch als „Weigerungsgegenklage"[133] im Unterschied zur bloßen „Untätigkeitsklage"[134].

Im Falle der Weigerungsgegenklage richtet sich die Klage auf die Verpflichtung zu einer Leistung, und nicht etwa gegen die Versagung. Sie ist also von der Anfechtungsklage abzugrenzen. Diese Bemerkung ist für den Rechtsvergleich maßgeblich: einen Antrag, die beklagte Behörde zu verurteilen, eine bestimmte Maßnahme vorzunehmen, gibt es im griechischen Verwaltungsprozessrecht nicht. Der Aufhebungsantrag bzw. die Beschwerde kann dennoch auch gegen eine „Unterlassung der Verwaltung", im Sinne einer ausdrücklichen oder fingierten Ablehnung der beantragten Handlung, gestellt werden. Wenn der Antrag auf Vornahme des Verwaltungsaktes abgelehnt worden ist, ist vor Erhebung der Verpflichtungsklage ein Widerspruchsverfahren durchzuführen[135]. Wenn über einen Widerspruch bzw. Antrag auf Vornahme eines Verwaltungsaktes in einer angemessenen Frist von grundsätzlich drei Monaten sachlich nicht entschieden worden ist, ist die Untätigkeitsklage ohne Vorverfahren zulässig[136].

Das Verpflichtungsurteil gestaltet die Rechtslage nicht um, es gewährt dem Kläger den begehrten Verwaltungsakt also nicht selbst, sondern erlegt dem Beklagten, d.h. der Verwaltung, die vollstreckbare Verpflichtung zum Erlass des Verwaltungsaktes auf, soweit deren Ablehnung oder Unterlassung rechtswidrig und der Kläger dadurch in seinen Rechten verletzt ist[137]. Bei fehlender Spruchreife, d.h. wenn die Behörde noch über Ermessen verfügt, steht im Rahmen der Verpflichtungsklage der Bescheidungsantrag zur Verfügung[138].

Die Verpflichtungsklage ist von der allgemeinen Leistungsklage abzugrenzen. Mit der allgemeinen Leistungsklage (§ 43 Abs. 2, § 111, § 113 Abs. 4 VwGO) macht der Kläger einen Anspruch geltend, der nicht einen Verwaltungsakt, sondern ein sonstiges Tun, Dulden oder Unterlassen[139] der Verwaltung zum

---

133 Auch „Versagungsgegenklage" oder „Vornahmeklage" genannt, s. Hufen, Verwaltungsprozessrecht, 318; Redeker/v. Oertzen, VwGO, 2004, § 42, Rn. 7

134 Pietzcker in: Schoch/Schmidt-Aßmann/Pietzner, VwGO Kommentar, Stand 2004, § 42 Abs. 1 Rn. 93; Schenke, Verwaltungsprozessrecht, 85.

135 § 68 Abs. 2 VwGO.

136 § 75 VwGO.

137 § 113 Abs. 5 S. 1 VwGO; Pietzcker in: Schoch/Schmidt-Aßmann/Pietzner, VwGO Kommentar, Stand 2004, § 42 Abs. 1 Rn. 90.

138 § 113 Abs. 5 S. 2 VwGO.

139 Zur Unterlassungsklage als Unterform der allgemeinen Leistungsklage s. Hufen, Verwaltungsprozessrecht, 331 ff.

Gegenstand hat. Die allgemeine Leistungsklage ist also auf den Erlass eines Realaktes gerichtet[140].

Es entspricht der Systementscheidung der deutschen Rechtsordnung für den Individualrechtsschutz, dass die objektive Rechtmäßigkeitskontrolle für den Verwaltungsprozess, wie schon erwähnt, nicht maßgeblich ist. Als Gegenstand der gerichtlichen Kontrolle der Verwaltung stellt sich vielmehr die subjektive Rechtswidrigkeit, d.h. die Verletzung der subjektiven Rechte des Klägers dar[141]. Die objektive Rechtswidrigkeit und die Beeinträchtigung subjektiver Rechte müssen kumulativ vorliegen und im Kausalzusammenhang stehen. Daher lassen sich die Klagen des subjektiven Rechtsschutzes als Verletztenklagen qualifizieren[142].

Die objektive rechtsstaatliche Bindung an Gesetz und Recht (Art. 20 Abs. 3 GG) hängt nichtsdestoweniger so eng mit dem subjektiven Recht zusammen, dass sich Elemente objektiver Kontrolle ebenfalls im Verwaltungsprozess integrieren lassen[143]. Das ist der Fall bei der Normenkontrolle. Normenkontrolle ist die Überprüfung von Rechtsnormen, also nicht von Verwaltungsakten, die als solche unmittelbar oder auch inzident, d.h. bei der gerichtlicher Entscheidung über einen auf ihrer Grundlage ergangenen Verwaltungsakt, kontrolliert werden können[144]. Die Normenkontrolle steht in Deutschland im Normalfall der Verfassungsgerichtsbarkeit zu. § 47 Abs. 1 VwGO sieht dennoch die gerichtliche Kontrolle gewöhnlicher abstrakt-genereller Verwaltungshandlungen vor, nämlich Satzungen[145] und Rechtsverordnungen[146] nach BauGB und andere im Rang unter dem Landgesetz stehende Rechtsvorschriften, sofern das Landesrecht dies bestimmt[147]. Schutzgebietsausweisungen, Umweltpläne und Umweltprogramme sind dementsprechend im Wege der Normenkontrolle überprüfbar, wenn sie als Rechtsverordnungen oder Satzungen erlassen worden sind[148]. Anders als bei § 113 VwGO prüft das Gericht nicht, ob der Antragsteller in seinen Rechten verletzt ist. Die Normenkontrolle ist damit kein subjektives Rechtsverletzungs-

---

140 Ausführlich zur allgemeinen Leistungsklage s. Hufen, Verwaltungsprozessrecht, 342 ff.; Schenke, Verwaltungsprozessrecht, 112 ff.

141 § 113 VwGO; vgl. Weyreuther, Die Rechtswidrigkeit eines Verwaltungsaktes und die „dadurch“ bewirkte Verletzung „in [...] Rechten“ (§ 113 Abs. 1 Satz 1 und Abs. 4 Satz 1 VwGO), in FS Menger, 681 ff.

142 Skouris, Verletztenklagen und Interessentenklagen im Verwaltungsprozess, 10.

143 Vgl. Huber, in v. Mangoldt/Klein/Starck, GG, Bd. I, Art. 19 Abs. 4, Rn. 358.

144 Ausführlich dazu s. Hufen, Verwaltungsprozessrecht, 378 ff.

145 Vgl. §§ 10 Abs. 1, 16 Abs. 1, 34 Abs. 4, 132, 142 Abs. 3, 162 Abs. 2 S. 1 BauGB.

146 § 246 Abs. 2 BauGB.

147 Die Möglichkeit der verwaltungsgerichtlichen Normenkontrolle besteht in den meisten Bundesländern, mit Ausnahme von Nordrhein – Westfalen, Hamburg und Berlin; vgl. dazu Hoppe/Beckmann/Kauch, Umweltrecht, 258 Fn. 84.

148 Zum Rechtsschutz gegenüber Planungen s. Kloepfer, Umweltrecht, 597 ff; vgl. auch Sparwasser/Engel/Vosskuhle, Umweltrecht, 244f. und 256 ff.

verfahren, sondern eine Kontrolle der objektiven Rechtmäßigkeit der angegriffenen Norm[149]. Die angegriffene Rechtsvorschrift wird vom Gericht auf ihre Vereinbarkeit mit höherrangigem Recht ohne Rücksicht auf klagefähige Rechte des Antragstellers überprüft.

Wie schon erwähnt, verhindern Art. 19 Abs. 4 GG und § 40 VwGO einen „numerus clausus“ der Klagearten im Verwaltungsprozess. Der Kreis der Klagearten der VwGO ist dementsprechend nicht abschließend[150]. Weitere besondere Klagearten, die eine geringere Rolle spielen, stellt die VwGO durch Verweis auf entsprechende Vorschriften der Zivilprozessordnung zur Verfügung[151].

Im Mittelpunkt dieser Untersuchung steht die Möglichkeit des Einzelnen, den Umweltschutz verwaltungsprozessrechtlich zu fördern, indem er Entscheidungen und Maßnahmen angreift, die sich umweltbelastend auswirken können. Üblicherweise handelt es sich dabei um eine erteilte staatliche Genehmigung einer potenziellen umweltbelastenden Tätigkeit bzw. um einen Planfeststellungsbeschluss auf dem Gebiet des Umweltrechts. Damit steht die Anfechtungsklage im Vordergrund: Es stellt sich die Frage nach den Anfechtungsmöglichkeiten solcher behördlicher Zulassungsakte.

1.5 Die Anfechtungsklage als Verletztenklage

Eine Anfechtungsklage ist begründet und damit erfolgreich, wenn (a) der Verwaltungsakt rechtswidrig ist (b) der Kläger in seinen Rechten verletzt ist und (c) Rechtswidrigkeit und Rechtsverletzung in spezifischer Weise – „dadurch“ – miteinander verknüpft sind (§ 113 Abs. 1 VwGO).

Mit diesen Bedingungen für die Begründetheit einer Anfechtungsklage trifft § 113 VwGO die dem Prozessrecht obliegende Entscheidung über das verwaltungsgerichtliche Rechtsschutzsystem, das die Anfechtungsklage zu verwirklichen hat, nämlich das System des Individualrechtsschutzes[152].

Die Anfechtungsklage ist ein Instrument zur Durchsetzung und Verteidigung der subjektiven Rechte gerade des Klägers. Prozessgegenstand ist ein aus einer Verletzung eines dieser Rechte hervorgegangener Beseitigungsanspruch, dessen Bestehen sich nach dem jeweils einschlägigen materiellen Recht bestimmt[153]. Deshalb reicht es für die Begründetheit einer Anfechtungsklage

---

149 Gerhardt, in Schoch/Schmidt-Aßmann/Pietzner, VwGO Kommentar, 2004, § 47 Rn. 3.

150 Hufen, Verwaltungsprozessrecht, 420.

151 Hufen, Verwaltungsprozessrecht, 420 ff.

152 Krebs, Subjektiver Rechtsschutz und objektive Rechtskontrolle, FS Menger, 191 (198); Weyreuther, Die Rechtswidrigkeit eines Verwaltungsaktes und die „dadurch“ bewirkte Verletzung „in [...] Rechten“ (§ 113 Abs. 1 Satz 1 und Abs. 4 Satz 1 VwGO), in FS Menger, 681 (682).

153 Gerhardt, in Schoch/Schmidt-Aßmann/Pietzner, VwGO Kommentar, Stand 2004, Vorb. § 113, Rn. 4; Weyreuther, Die Rechtswidrigkeit eines Verwaltungsaktes und die

nicht aus, wenn ein Verwaltungsakt gegen Normen des objektiven Rechts verstößt. Vorschriften, deren Beachtung nicht dem Schutz der Rechtssphäre des Klägers dient, bleiben als Prüfungsmaßstab außer Betracht. Zur objektiven Rechtswidrigkeit muss hinzukommen, dass der Verwaltungsakt auch subjektiv rechtswidrig ist[154]. Andererseits ist mit der Bejahung eines durch den angefochtenen Verwaltungsakt negativ betroffenen subjektiven Rechts des Klägers noch nicht gesagt, dass er jede Abweichung von der Rechtsordnung geltend machen kann. Wie das Wort „dadurch" zeigt, muss die Verletzung subjektiver Rechte die Folge der Rechtswidrigkeit sein, mit ihr also in dem Sinne verbunden sein, dass sich die objektive Rechtswidrigkeit gleichsam spiegelbildlich als Verletzung eines subjektiven Rechts des Klägers darstellt[155].

Die Anfechtungsklage ist demzufolge als Verletztenklage ausgestaltet. Dabei geht es um die Abwehr eines andauernden rechtswidrigen Eingriffs in subjektive Rechte des Klägers. Ziel der Anfechtungsklage ist, die Verletzung eines subjektiven Rechts, die in einer fehlerhaften Gestaltung oder Konkretisierung der Rechtslage durch die Behörde besteht, durch die Wiederherstellung der Rechtsstellung des Klägers zu beseitigen[156].

Das Erfordernis der Verletzung eines subjektiven Rechts hat grundsätzliche Bedeutung. Die Zulässigkeit einer Anfechtungsklage hängt entsprechend davon ab, ob der Kläger die Verletzung eigener Rechte geltend macht. Dies ist bei der Klagebefugnis zu prüfen (§ 42 Abs. 2 VwGO). Die Antwort auf die Frage, wie angesichts der Doppelung beim subjektiven Recht der Prüfungsstoff auf § 42 Abs. 2 VwGO einerseits und auf § 113 Abs. 1 S. 1 VwGO andererseits wiederholungsfrei verteilt werden kann, lautet, dass die Klagebefugnis schon gegeben ist, wenn die Verletzung eigener Rechte des Klägers nur **möglich** ist[157]. Zur Zulässigkeitsprüfung gehört also, wer sich überhaupt als „Dritter" gegen die Begünstigung eines anderen wenden kann und ob der Kläger die Verletzung eigener Rechte als möglich dargeboten hat. Ob eigene Rechte des Klägers

---

„dadurch" bewirkte Verletzung „in [...] Rechten" (§ 113 Abs. 1 Satz 1 und Abs. 4 Satz 1 VwGO), in FS Menger, 681 (686f.).

154 Weyreuther, Die Rechtswidrigkeit eines Verwaltungsaktes und die „dadurch" bewirkte Verletzung „in [...] Rechten" (§ 113 Abs. 1 Satz 1 und Abs. 4 Satz 1 VwGO), in FS Menger, 681 (683); zur Unterscheidung von objektivem Recht und subjektiven Rechten vgl. Scherzberg, Grundlagen und Typologie des subjektiv-öffentlichen Rechts, DVBl. 1988, 129 (130).

155 Ausführlich dazu Weyreuther, Die Rechtswidrigkeit eines Verwaltungsaktes und die „dadurch" bewirkte Verletzung „in [...] Rechten" (§ 113 Abs. 1 Satz 1 und Abs. 4 Satz 1 VwGO), in FS Menger, 681 (687 ff.).

156 Gerhardt, in Schoch/Schmidt-Aßmann/Pietzner, VwGO Kommentar, Stand 2004, Vorb. § 113, Rn. 4 und § 113 Rn. 7.

157 Vgl. Huber, in v. Mangoldt/Klein/Starck, GG, Bd. I, Art. 19 Abs. 4, Rn. 504; vgl. auch Rupp, Kritische Bemerkungen zur Klagebefugnis im Verwaltungsprozess, DVBl. 1982, 144.

tatsächlich verletzt sind, so dass der Aufhebungsanspruch in seiner Person besteht, ist dagegen erst im Rahmen der Begründetheit neben der Rechtswidrigkeit des Verwaltungsaktes zu prüfen[158].

Der Begründetheitsprüfung ist folgerichtig zuzuordnen, ob dem Kläger das behauptete subjektive Recht wirklich zusteht, auf welche Rechtswidrigkeitsgründe er sich berufen kann[159], ob der Verwaltungsakt, soweit vom Gericht zu überprüfen, rechtswidrig ist[160], ob es Gegengründe gibt, die den grundsätzlich gegebenen Aufhebungsanspruch ausschließen[161] und schließlich ist die Reichweite der Aufhebung zu ermitteln („Soweit der Kläger [...] verletzt ist")[162].

2. Rechtsschutz gegen die öffentliche Gewalt in Griechenland

2.1 Verwaltungskontrolle und verwaltungsgerichtlicher Rechtsschutz

Nach Art. 25 § 1 S. 1 und 2[163] Gr. Verf. ist Griechenland ein sozialer Rechtsstaat. Die vollziehende Gewalt ist an Verfassung und Recht gebunden und die Verwaltungstätigkeit darf nicht gegen die Verfassung bzw. geltendes Recht verstoßen. Das Demokratiegebot erfordert darüber hinaus eine ununterbrochene Legitimationskette vom Volk zu den mit staatlichen Aufgaben betrauten Organen[164]. Die Durchsetzbarkeit der Prinzipien des Rechtsstaates sowie auch die Geltungskraft der Verfassungsrechte hängen in vieler Hinsicht von einer wirksamen Verwaltungskontrolle ab. Wirksam gesetzte Hoheitsakte sollen außer Kraft gesetzt werden können, wenn sie rechtswidrig sind. Im griechischen Recht sind die Möglichkeiten, die Verwaltung durch eine weitere Instanz überprüfen zu lassen, ebenso wenig auf gerichtliche Verfahren beschränkt wie in Deutschland[165]. Die vorliegende Untersuchung bezieht sich auf die verwaltungsgerichtli-

---

158 Kopp/Schenke VwGO, 13. Aufl., § 42, Rn. 59; Rupp, Kritische Bemerkungen zur Klagebefugnis im Verwaltungsprozess, DVBl. 1982, 144 (145).

159 Dazu Gerhardt, in Schoch/Schmidt-Aßmann/Pietzner, VwGO Kommentar, Stand 2004, § 113 Rn. 11 ff.

160 Dazu Gerhardt, in Schoch/Schmidt-Aßmann/Pietzner, VwGO Kommentar, Stand 2004, § 113 Rn. 20 ff.; Spannowsky, in Sodan/Ziekow, VwGO, Stand 2003, § 113, Rn. 20 ff.

161 Dazu Gerhardt, in Schoch/Schmidt-Aßmann/Pietzner, VwGO Kommentar, Stand 2004, § 113 Rn. 25 ff.; Spannowsky, in Sodan/Ziekow, VwGO, Stand 2003, § 113, Rn. 34 ff.

162 Dazu Gerhardt, in Schoch/Schmidt-Aßmann/Pietzner, VwGO Kommentar, Stand 2004, § 113 Rn. 31 ff.

163 Zum Text der Griechischen Verfassung s. unter: <http://www.verfassungen.de/griech/verf75.htm>.

164 Art. 1 § 3 Gr. Verf. „Alle Gewalt geht vom Volke aus, besteht für das Volk und die Nation und wird ausgeübt, wie es die Verfassung vorschreibt".

165 Die griechische Rechtsordnung sieht drei Arten der Verwaltungskontrolle vor: die

che Kontrolle der Verwaltung bzw. auf den verwaltungsgerichtlichen Rechtsschutz. Art. 95 § 1 Buchst. α Gr. Verf. sieht ausdrücklich die Möglichkeit der verwaltungsgerichtlichen Aufhebung von vollstreckbaren Akten der Verwaltungsbehörden wegen Befugnisüberschreitung oder Gesetzesverletzung vor.

Die griechische Rechtsordnung wurde bereits 1834 von den Verwaltungsfachleuten des bayerischen Regenten Otto I. aufgebaut. Daher folgt die grundsätzliche Einteilung der Gerichte in Zivil-, Straf- und Verwaltungsgerichte bis heute weitgehend dem deutschen Rechtsystem[166]. Was das Verwaltungsrecht angeht, steht dennoch Griechenland zwischen dem deutschen und dem französischen Rechtsschutzsystem: das griechische Verwaltungsrecht ist zu etwa gleichen Teilen von den Vorstellungen dieser sehr unterschiedlichen Verwaltungsrechtsordnungen beeinflusst worden.

Bei der Frage des Verwaltungsrechtsschutzes hat das griechische Recht eigentlich mit drei verschiedenen Rechtsschutzsystemen wertvolle Erfahrungen gesammelt: durch die Verfassung von 1844 wurde nach dem angloamerikanischen Modell das System der einheitlichen Gerichtsbarkeit eingefügt. Auf der Grundlage der Verfassungen von 1911 und 1927 wurde durch das Gesetz 3713/1928 der Staatsrat[167] gegründet, der im Mai 1929 seine Tätigkeiten aufnahm[168]. Durch dessen Gründung nach dem Vorbild des französischen Conseil d' Etat wurde die objektive Verwaltungskontrolle eingeführt[169]. In jüngerer Zeit, seit der geltenden Verfassung von 1975/1986/2001, richtet sich der individuelle Rechtsschutz durch eine voll ausgebaute Verwaltungsgerichtsbarkeit am deutschen Beispiel aus[170].

Die Verfassung von 1975 hat dem Recht der Verwaltungsstreitigkeiten einen besonderen Stellenwert eingeräumt, indem sie ihm die Sicherung und Erweiterung des Rechtsschutzes des Bürgers anvertraute. Die Verwaltungsgerichtsbarkeit wird zusammen mit den allgemeinen Bestimmungen über die Rechtsprechende Gewalt geregelt. Die Kompetenz der Verwaltungsgerichte ist in Art. 94 § 1 Gr. Verf. geregelt. Für Verwaltungsstreitigkeiten sind der Staatsrat

---

parlamentarische Kontrolle, die Verwaltungsselbstkontrolle und die gerichtliche Kontrolle; ausführlich dazu s. Dagtoglou, Allgemeines Verwaltungsrecht, 460 ff. (auf Griechisch).

166 Art. 93 § 1 Gr. Verf. „Die Gerichte unterscheiden sich in Verwaltungs-, Zivil- und Strafgerichte; ihr Aufbau ist in besonderen Gesetzen geregelt".

167 *Συμβούλιο της Επικρατείας* (Symvoulio tis Epikrateias), im Folgenden zitiert: StE.

168 Dagtoglou, in: K.-D. Grothusen (Hrsg.), Griechenland, Südosteuropa-Handbuch, 30f.; ders., in: Kerameus/Koryzis (Eds), Introduction to Greek Law, 26f.; ders., Verwaltungsprozessrecht, 139f.

169 Ausführlich zur Errichtung des Staatsrates s. Gerontas, Das griechische Verwaltungsrecht, 25f. und 91 ff.

170 Vgl. Dagtoglou, in: K.-D. Grothusen (Hrsg.), Griechenland, Südosteuropa-Handbuch Bd. III, 51f.; ders., in: Kerameus/Koryzis (Eds.), Introduction to Greek Law, 42f.

und die ordentlichen Verwaltungsgerichte, unter Vorbehalt der Zuständigkeiten des Rechnungshofes[171], zuständig.

Ein mit umfassenden Kompetenzen ausgestattetes Verfassungsgericht im deutschen Sinn kennt die griechische Rechtsordnung nicht. **Alle** griechischen Gerichte sind verfassungsrechtlich berechtigt, wie auch verpflichtet, ex officio Fragen der Verfassungskonformität zu berücksichtigen[172]. Wenn über die materielle Verfassungswidrigkeit eines formellen Gesetzes widersprechende Entscheidungen des Staatsrates, des Areopags oder des Rechnungshofes ergangen sind[173], wird ein Oberster Sondergerichtshof[174] errichtet. Ihm obliegen die endgültige Überprüfung der Verfassungsmäßigkeit von Parlamentsgesetzen und die Entscheidung von Streitigkeiten über den Sinn von Bestimmungen eines formellen Gesetzes. Nur dieses Sondergericht kann auch ein Gesetz mit Aufhebungswirkung für verfassungswidrig erklären. Eine für verfassungswidrig erklärte Gesetzesbestimmung ist unwirksam mit Verkündung der entsprechenden Entscheidung oder von dem Zeitpunkt an, den die Entscheidung festsetzt. Die Entscheidungen des Gerichtshofes unterliegen nicht der Revision[175].

Unter dem Einfluss der französischen Gerichtsorganisation kannte die griechische Rechtsordnung, im Gegensatz zu der deutschen, keine allgemeinen Verwaltungsgerichte. Stattdessen gab es den Staatsrat und hinzu kamen zahlreiche „besondere“ Verwaltungsgerichte, die darauf angewiesen waren, dass ihnen

---

171 Der Rechnungshof regelt strittige Finanzangelegenheiten; s. Art. 98 Gr. Verf.

172 Vgl. Art. 93 § 4 und 87 § 2 Gr. Verf.; s. dazu Dagtoglou, Die gerichtliche Kontrolle der Verfassungsmäßigkeit von Gesetzen, NoB 1988, 721; Manitakis, Historische Merkmale und logische Voraussetzungen der gerichtlichen Kontrolle der Verfassungsmäßigkeit von Gesetzen in Griechenland, abrufbar unter: <http://tosyntagma.ant-sakkoulas.gr/theoria/item.php?id=821> (alles auf Griechisch).

173 Wenn ein Senat des Staatsrates oder des Areopags oder des Rechnungshofes eine Bestimmung eines formellen Gesetzes als verfassungswidrig ansieht, wird diese Frage obligatorisch an das entsprechende Plenum verwiesen, es sei denn, dies wurde durch eine frühere Entscheidung des Plenums oder des obersten Sondergerichts festgestellt. Das Plenum tritt in gerichtlicher Form zusammen und entscheidet endgültig.

174 *Ανώτατο Ειδικό Δικαστήριο* (Anotato Idiko Dikastirio), im Folgenden zitiert als AED (Art. 100 Gr. Verf.): Er besteht aus dem Präsidenten des Staatsrates, des Areopags und des Rechnungshofes sowie aus weiteren Mitgliedern des Staatsrates und des Areopags und zwei ordentlichen Professoren der Rechtswissenschaften. Die Organisation und Tätigkeit des Gerichtshofes, die Bestimmung, Stellvertretung und Unterstützung seiner Mitglieder sowie das Verfahren vor ihm regelt ein Gesetz; s. N. 2479/1997.

175 Der Oberste Sondergerichtshof ist auch zuständig für die Konfliktbehebung zwischen Gerichten und Verwaltungsbehörden oder zwischen dem Staatsrat und den allgemeinen Verwaltungsgerichten einerseits und den Zivil- und Strafgerichten andererseits oder zwischen dem Rechnungshof und den übrigen Gerichten. Daneben fungiert es ebenso als Prüfungsgericht von Wahlen und Volksabstimmungen sowie als einzige Entscheidungsinstanz in Fragen der Unvereinbarkeit oder des Verlustes des Abgeordnetenmandats.

bestimmte Rechtsmaterien zur Entscheidung zugewiesen wurden. Aus dem Grund wurde auch in der griechischen Rechtslehre der Terminus „ordentliche Gerichte" als Oberbegriff für die Zivil- und Strafgerichte benutzt. Die Errichtung von allgemeinen „ordentlichen" Verwaltungsgerichten erweist sich damit als wichtigste Neuerung der Verfassung von 1975 auf dem Gebiet der Verwaltungsgerichtsbarkeit. Eine einheitliche Verwaltungsgerichtsordnung, die für die ordentlichen Verwaltungsgerichte gilt, ist erst im Jahre 1999 in Kraft getreten[176]. In materiellen Streitfällen zwischen Staat und Bürger sind nunmehr die Gerichtshöfe der ersten Instanz und die Berufungsgerichte zuständig (Art. 2 und 4 Gr. VwGO), es sei denn, dass die Streitigkeiten aufgrund eines Gesetzes einem anderen Gericht zugewiesen worden sind (Art. 2 Gr. VwGO)[177].

Die Zuständigkeit des Staatsrates wird in Art. 95 Gr. Verf. geregelt. Des Weiteren gilt für den Staatsrat die PVO 18/1989[178], die alle vorherigen Normen kodifiziert. Mit Ausnahme der gutachterlichen Ausarbeitung sämtlicher Rechtsverordnungen[179], ist der griechische Staatsrat, anders als sein französisches Vorbild[180], hauptsächlich ein Gericht. Als oberster Gerichtshof entscheidet er zum einen über Berufungen[181] bzw. Revisionen[182] gegen Entscheidungen der unteren Instanzen. Zum anderen ist er ein Verwaltungsgericht erster und letzter Instanz, das vor allem über Aufhebungsanträge[183] sowie bestimmte materielle Verwaltungsstreitigkeiten[184] entscheidet. In dieser zweifachen Rolle konnte der Staatsrat eine Verwaltungs- und Verfassungsrechtsprechung entwickeln, die viel zum Schutze der Privaten vor rechtswidrigen Verwaltungsentscheidungen sowie

176 N. 2717/1999 – F.E.K. 97A-17.05.1999, geändert durch N. 2873/2000, 2915/2001 und 2944/2001.

177 Ausnahmen von dieser grundsätzlichen Verteilung der Verwaltungsstreitigkeiten auf Staatsrat und ordentliche Verwaltungsgerichte sieht Art. 95 § 1 Buchst. c und § 3 Gr. Verf. vor.

178 Zitiert als „Staatsratsgesetz".

179 Art. 95 § 1 Buchst. δ Gr. Verf., Art. 15 des Staatsratgesetzes.

180 Ursprünglich war der Conseil d' Etat ein Organ, das als Berater der Regierung in die Gesetzgebungstätigkeit eingeschaltet war. In der Folgezeit entsprach es jedoch bald ministerieller Übung, den Verlautbarungen des Conseil d' Etat zu folgen, und zwar insbesondere bei Beschwerden von Privatpersonen gegen die Verwaltung. So entwickelte er sich zur echten Gerichtsbarkeit. Noch heute übt er beide Funktionen aus: die eines Gerichts und die eines Konsultationsorgans; vgl. Müller, Der Conseil d' Etat, AöR 1992, 337 ff.; Sommermann, Konvergenzen im Verwaltungsverfahrens- und Verwaltungsprozessrecht europäischer Staaten, DÖV 2002, 133 (141) m.w.N.; Woehrling, Die französische Verwaltungsgerichtsbarkeit im Vergleich mit der deutschen, NVwZ 1985, 21 ff.; für ausführlichere Informationen zur Geschichte und Tätigkeit des Conseil d' Etat s. unter: <http://www.conseil-etat.fr/ce/histoi/index_hp_ ne00.shtml>.

181 Art. 58 ff. des Staatsratsgesetzes.

182 Art. 95 § 1 Buchst. β Gr. Verf., Art. 53 ff. des Staatsratsgesetzes.

183 Art. 95 § 1 Buchst. α Gr. Verf., Art. 45 ff. des Staatsratsgesetzes.

184 Art. 95 § 1 Buchst. γ Gr. Verf.

zur Verfeinerung und Verfestigung der Regeln und Dogmen des allgemeinen und besonderen Verwaltungsrechts in materiellrechtlicher wie prozessrechtlicher Hinsicht beigetragen hat[185].

Der Aufbau der griechischen Verwaltungsgerichtsbarkeit unterscheidet sich damit nicht unerheblich von der deutschen. Der Verwaltungsrechtsweg wird zwar für alle Streitigkeiten des öffentlichen Rechts eröffnet. Zunächst sollen deshalb Verwaltungsstreitigkeiten von privatrechtlichen Streitigkeiten abgegrenzt werden. Eine Verwaltungsstreitigkeit liegt vor, wenn der Streitgegenstand unmittelbar im Verwaltungsrecht bzw. im öffentlichen Recht wurzelt[186]. Eine Verwaltungsstreitigkeit entsteht immer, wenn es um die Rechtmäßigkeit der Verwaltungshandlungen geht[187]. Des Weiteren ist aber die Unterscheidung zwischen Aufhebungsstreitigkeiten[188] und materiellen Streitigkeiten[189] für die Zuständigkeit des Verwaltungsgerichts maßgeblich. Diese Unterscheidung hat ihre Wurzel im französischen Recht[190] und stützt sich, wie schon erwähnt, auf verfassungsrechtliche Ansätze.

2.2 Die Systementscheidung für eine mittlere Lösung zwischen subjektiv- und objektivrechtlicher gerichtlicher Kontrolle

Seit dem Entstehen der Verwaltungsgerichtsbarkeit in Griechenland wird heftig darüber diskutiert, ob ihre Hauptfunktion darin besteht, die Rechtmäßigkeit der Verwaltung, also die Einhaltung des objektiven Rechts, zu prüfen, oder die individuellen Rechte des Einzelnen zu sichern[191]. Die unterschiedlichen Ansatzpunkte dieser Systementscheidung haben grundsätzliche Auswirkungen auf die Struktur und Bedingungen des Verwaltungsrechtsschutzes.

Ausgangspunkt des verfassungsrechtlichen Status der rechtsprechenden Funktion ist Art. 20 § 1 Gr. Verf., der jedermann das Recht auf gerichtlichen Rechtsschutz und rechtliches Gehör gewährt[192]. Das Recht auf rechtliches Gehör des Betroffenen gilt auch bei jeder Tätigkeit oder Maßnahme der Verwaltung zu Lasten seiner Rechte oder Interessen[193]. Die Rechtsschutzgarantie des Art. 20

---

185 Vgl. Efstratiou, in: Schwarze/Schmidt-Aßmann (Hrsg.), Das Ausmaß der gerichtlichen Kontrolle, 111 ff. (117).

186 Dagtoglou, Verwaltungsprozessrecht, 111 ff. (auf Griechisch).

187 Dagtoglou, Verwaltungsprozessrecht, 113 (auf Griechisch).

188 Art. 95 § 3 Gr. Verf.

189 Art. 94 §§ 1 und 2, Art. 95 § 1 Buchst. γ Gr. Verf.

190 Contentieux administratifs d'annulation/de pleine juridiction.

191 Zum Zweck des Prozesses vor den Verwaltungsgerichten s. Soilentakis, Der Zweck des Verwaltungsprozesses, DiDik 1992, 242 ff.; ders., Philosophische und Historische Begründung der Verwaltungsgerichtsbarkeit, EDDD 1991, 32 (alles auf Griechisch).

192 „Jeder hat das Recht auf Rechtsschutz durch die Gerichte und kann vor ihnen seine Rechte oder Interessen nach Maßgabe des Gesetzes geltend machen".

193 Art. 20 § 2 Gr. Verf.

unterwirft die ganze Verwaltungstätigkeit der gerichtlichen Kontrolle, mit der Folge, dass es keinen Bereich administrativer Tätigkeit gibt, der davon ausgeschlossen wäre[194].

Die Bestimmungen der griechischen Verfassung weichen von der eindeutigen Entscheidung Deutschlands für das subjektive System entschieden ab. Das griechische System wird durch Art. 20 Gr. Verf. geprägt, der den effektiven Schutz nicht nur der „Rechte", sondern auch der „Interessen" des Einzelnen garantiert[195].

Gleichzeitig ermächtigt Art. 95 § 1 Buchst. α Gr. Verf. den Staatsrat zur Aufhebung vollstreckbarer Akte der Verwaltungsbehörden im Falle der Befugnisüberschreitung oder der Gesetzesverletzung und damit zur Kontrolle der Legalität des Verwaltungshandelns[196]. Darüber hinaus sind nach Art. 87 § 2 die Richter bei der Wahrnehmung ihrer Aufgaben nur der Verfassung und den Gesetzen unterworfen und sie dürfen sich in keinem Fall Bestimmungen fügen, die in Auflösung der Verfassung erlassen wurden. Nach Art. 93 § 4 dürfen die Gerichte ein Gesetz, dessen Inhalt gegen die Verfassung verstößt, nicht anwenden[197]. Ein mit umfassenden Kompetenzen ausgestattetes Verfassungsgericht im deutschen Sinn kennt die griechische Rechtsordnung nicht. Es besteht somit ein Verfassungsauftrag an alle Gerichte, aufgrund der Rechtsschutzgarantie, die Recht- bzw. Verfassungsmäßigkeit zu wahren, indem sie die Rechte und Interessen der rechtsuchenden Privaten schützen[198]. Die griechische Verfassung scheint demnach eine Entscheidung zugunsten eines objektiven Systems getroffen zu haben.

---

194 Dagtoglou, Verwaltungsprozessrecht, 47f. (auf Griechisch); Gerontas, Das griechische Verwaltungsrecht, 91.

195 Vgl. Art. 24 Abs. 1: „Jedermann kann zum Schutze seiner **eigenen Rechte** und seiner **rechtmäßigen Interessen** die Gerichte in Anspruch nehmen" und Art. 113 Abs. 1 S. 1 Italienischer Verfassung: „Zum Schutze von Rechten und rechtmäßigen Interessen steht gegen die Handlungen der öffentlichen Verwaltung stets der Rechtsweg zu den Organen der ordentlichen Gerichtsbarkeit und der Verwaltungsgerichtsbarkeit offen."; Art. 20 § 1 S. 1 Portugiesischer Verfassung: „Jedem ist zur Verteidigung seiner **legitimen Rechte und Interessen** der Rechtsweg und der Zugang zu den Gerichten gewährleistet"; Art. 24 § 1 S. 1 Spanischer Verfassung: „Alle Personen haben bei der Wahrnehmung ihrer **legitimen Rechte und Interessen** das Recht auf wirksamen Schutz durch Richter und Gerichte".

196 Vgl. Art. 106 § 1 Spanischer Verfassung: „Die Gerichte kontrollieren die Verordnungsgewalt und die Gesetzmäßigkeit des Verwaltungshandelns sowie die Beachtung der Zwecke, die es rechtfertigen".

197 Dagtoglou, Die gerichtliche Kontrolle der Verfassungsmäßigkeit von Gesetzen, NoB 1988, 721; Manitakis, Historische Merkmale und logische Voraussetzungen der gerichtlichen Kontrolle der Verfassungsmäßigkeit von Gesetzen in Griechenland, unter: <http://tosyntagma.ant-sakkoulas.gr/theoria/item.php?id=821> (alles auf Griechisch).

198 Dagtoglou, Verwaltungsprozessrecht, 14f. und 47 ff. (auf Griechisch).

Die Verfassung schränkt aber andererseits selbst den Zugang zu den Gerichten ein. Die Rechtsschutzgarantie beschränkt nämlich den gerichtlichen Schutz des Einzelnen auf Maßnahmen, die die Ausübung seiner Rechte bzw. Interessen beeinträchtigen. Dadurch verlangt die Rechtsschutzgarantie ihrer Grundstruktur nach selbst eine Legitimation, was jedoch nicht zwingend für dieses Verfassungsrecht war. Der Verfassungsgeber hätte es auch ohne materiellrechtlichen Bezug als abstraktes Recht auf Gerechtigkeit, auf Zugang zu den Gerichten, als Recht auf Verfahren oder als Recht auf gerichtliche Rechtsgewährung formulieren können. Nunmehr gewährt er zwar eine prozessuale Rechtsmacht, die aber allein von der Behauptung einer Betroffenheit in Rechten oder Interesse abhängt. Die Funktion der Legitimation ist demgemäß nicht darin zu sehen, die Freiheit des Einzelnen in der Ausübung seiner individuellen Rechte zu gewährleisten. Vielmehr ist nicht das begrenzende, sondern das klageeröffnende Element entscheidend: Jeder ist grundsätzlich befugt, doch muss er nachweisen, dass seine Rechts- bzw. Interessenssphäre durch die öffentliche Gewalt beeinträchtigt ist.

2.3 Die Unterscheidung der Verwaltungsstreitigkeiten

Für die verwaltungsgerichtliche Kontrolle der Exekutive ist, wie schon erwähnt, die Unterscheidung zwischen Aufhebungsstreitigkeiten[199] und materiellen Streitigkeiten[200] maßgeblich.

Es wird die Auffassung vertreten, dass Aufhebungsstreitigkeiten und materielle Streitigkeiten sich prozessrechtlich wie auch materiellrechtlich unterscheiden[201]. Dieser Ansicht nach sind materielle Verwaltungsstreitigkeiten diejenigen, welche sich aus Handlungen oder Unterlassungen der Verwaltung ergeben und sich auf Bestehen, Anerkennung, Reichweite oder auf die Verletzung von „subjektiven öffentlichen Rechten“ beziehen (wie z.B. das Recht auf Entlohnung für die geleistete Arbeit). Im Gegensatz dazu sind Aufhebungsstreitigkeiten diejenigen, welche sich auf Interessen des Antragstellers beziehen (wie z.B. das Interesse – nicht aber das Recht – an einer Gehaltserhöhung). Der beantragte Rechtsschutz bezieht sich bei einer materiellen Verwaltungsstreitigkeit auf die Anerkennung des jeweiligen Rechts, die Feststellung der Rechtsverletzung und des Ausmaßes des Schadens und die Wiederherstellung des Rechtsverhältnisses. Im Gegensatz dazu beruft sich der Aufhebungsantragsteller nicht auf Rechte, sondern bestreitet einfach die Rechtmäßigkeit bestimmter Verwaltungsvorschriften, die seine Interessen verletzten, und verlangt bloß die Aufhebung des angegriffenen Verwaltungsaktes.

---

199 *Ακυρωτικές διαφορές* (Akyrotikes diafores).

200 *Διαφορές ουσίας* (Diafores ousias).

201 Vgl. Gerontas, Das griechische Verwaltungsrecht, 101f.; s. auch StE 2371/1988.

Nach der richtigen Auffassung jedoch, unterscheiden sich materielle Streitigkeiten und Aufhebungsanträge nicht materiellrechtlich, sondern nur prozessrechtlich, d.h. im Hinblick auf den Umfang der gerichtlichen Kontrolle, der sie unterworfen sind[202]. Diese Ansicht findet in der Rechtsprechung des Obersten Sondergerichtshofes ihre Stütze[203]. Danach sind materielle Verwaltungsstreitigkeiten, für die die allgemeinen ordentlichen Verwaltungsgerichte zuständig sind, diejenigen, die sich entweder aus Verwaltungsverträgen oder aus Handlungen der Verwaltungsorgane ergeben, die nicht den Charakter eines vollziehbaren bzw. vollstreckbaren Aktes aufweisen. Im zweiten Fall unter der Bedingung, dass das Gesetz vorsieht, dass der Bürger vor Gericht die Anerkennung eines individuellen Rechts oder einer Rechtsbeziehung des öffentlichen Rechts oder einer Leistung verlangen darf. Im Fall eines vollziehbaren bzw. vollstreckbaren Verwaltungsaktes geht es nur dann um eine materielle Verwaltungsstreitigkeit, wenn es das Gesetz speziell und ausdrücklich vorsieht und nur wenn es um die Anerkennung eines individuellen Rechts oder einer Rechtsbeziehung des öffentlichen Rechts oder um den Anspruch auf eine Leistung geht[204].

Zusammenfassend ist eine Verwaltungsstreitigkeit als materiell zu qualifizieren, nur wenn sie vom Gesetz als solche bezeichnet und der Zuständigkeit der ordentlichen Verwaltungsgerichte unterworfen wird[205]. In allen anderen Fällen handelt es sich um eine Aufhebungsstreitigkeit.

Die Aufhebungskontrolle stellt sich damit als Regelfall dar. Ihre Allgemeinheit wie auch die Spezialität der materiellen Kontrolle im oben genannten Sinn gehen auf historische Ursprünge zurück, die mit der Entwicklung des Verwaltungsrechtsschutzes in Frankreich zusammenhängen: In der Tat kennt das französische Recht neben der Aufhebungskontrolle, die sich dort als Regelfall darstellt, Ausnahmen vollständiger gerichtlicher Überprüfung[206]. Solche Fälle müssen speziell im Gesetz vorgesehen sein und sie betreffen immer die Verletzung von individuellen Rechten des Beschwerdeführers, während der „recours pour excès de pouvoir" (=Aufhebungsantrag) in Frankreich hauptsächlich die Wiederherstellung der objektiven Rechtmäßigkeit der Verwaltung bezweckt.

---

202 Dagtoglou, Verwaltungsprozessrecht, 115f. (auf Griechisch); Efstratiou, in: Schwarze/Schmidt-Aßmann (Hrsg.), Das Ausmaß der gerichtlichen Kontrolle, 111 ff. (123f).

203 AED 1/1991 und schon AED 10/1989 und 39/1989; vgl. auch StE 1315/1992 und 2772/1993.

204 Zur Unterscheidung vgl. auch Spiliotopoulos, Verwaltungsrecht, 419 ff. (auf Griechisch); vgl. auch StE 1095/1987, 1315/1992, 1573/2000, 3133/2000.

205 Die wichtigsten Kategorien sind die beamten-, renten-, steuer- und sozialrechtlichen Streitigkeiten; vgl. z.B. Art. 18 § 5, 94, 95, 103 Gr. Verf., 41 PVO 18/1989, 47 § 5 N. 1969/1991, 1 PVO 341/1978, 7 N. 702/1977, 1 N. 1406/1983, 14 – 18 N. 703/1977, 10 N. 2289/1995, 18 N. 1644/1986, 119 N. 1065/1980, 71 N. 1026/1980, 42 § 7 N. 1892/1990, 18 N. 2130/1993, 13 § 9 N. 2523/1997, 29 §§ 2 – 4 N. 2721/1999.

206 Contentieux de pleine Juridiction.

Auch wenn sich in Griechenland die gesetzliche und gerichtliche Ausgestaltung des Aufhebungsantrages von ihrem ursprünglichen Vorbild, den „recours pour excès de pouvoir", entfernt hat, wurde die materielle Kontrolle der Verwaltungsakte nur in bestimmten speziell vorgesehenen Fällen zugelassen[207].

2.4 Die Natur des angegriffenen Aktes

Die griechische Verwaltungsrechtswissenschaft betrachtet den Verwaltungsakt[208] als das typische Gestaltungsmittel des Verwaltungsrechts. Ein terminologischer und sachlicher Unterschied zwischen der deutschen und der griechischen Rechtsordnung besteht bei der Lehre vom „Verwaltungsakt" darin, dass nach deutscher Auffassung nur Einzelfallregelungen Verwaltungsakte sind. Der griechische Begriff umfasst dagegen nach dem französischen Vorbild[209] sowohl die individuellen Verwaltungsakte[210] als auch die normativen Verwaltungsakte[211] (Rechtsverordnungen). Dieser Einfluss des französischen Verwaltungsrechts hat sich als so stark erwiesen, dass einige Versuche in der Verwaltungsdogmatik, den Begriff des Verwaltungsaktes nur auf die Individualakte zu beschränken, ohne Erfolg blieben. Unter „Verwaltungsakt" ist jede Verwaltungsmaßnahme zu verstehen, die unmittelbar rechtsverbindlich ist und Wirkung nach außen hat[212].

Sachlich hat dies vor allem Auswirkungen auf den Rechtsschutz. So ist in Griechenland für den Normalfall des Aufhebungsantrages nicht von Bedeutung, ob der angefochtene Akt der Verwaltung eine Einzelmaßnahme oder einen untergesetzlichen Normerlass darstellt. Jede Entscheidung der Verwaltung, die eine nachteilige Wirkung für den Kläger erzeugt, ist ein anfechtbarer Verwaltungsakt. Daher können in Griechenland, anders als im deutschen Recht, auch Rechtsverordnungen mit dem Aufhebungsantrag angegriffen werden[213]. Die

207 Dagtoglou, Verwaltungsprozessrecht, 463 (auf Griechisch).

208 *Διοικητική πράξη* (dioikitiki praxi); zur Definition s. Spiliotopoulos, Verwaltungsrecht, 104 ff. und 115 ff. (auf Griechisch).

209 Im französischen Verwaltungsrecht stellt das Handeln einer Behörde einen Verwaltungsakt dar, sofern es in Rechte Dritter eingreift (acte faisant grief). Dazu zählen sowohl „actes individuels" wie „actes réglementaires ", selbst wenn diese nicht unmittelbar in Rechte eingreifen, sondern eines durchführenden individuellen Verwaltungsaktes bedürfen; s. Bleckmann, Das schutzwürdige Interesse als Bedingung der Klagebefugnis am Beispiel des französischen Verwaltungsrechts, VerwArch 1958, 213; Fromont, Rechtsschutz im französischen Umweltrecht, UPR 1983, 186 (188); Woehrling, Die französische Verwaltungsgerichtsbarkeit im Vergleich mit der deutschen, NVwZ 1985, 21(25).

210 *Ατομικές* διοικητικές πράξεις (atomikes dioikitikes praxeis).

211 *Κανονιστικές* διοικητικές πράξεις (kanonistikes dioikitikes praxeis).

212 Vgl. Art. 2 Abs. 1 Lit. d des Vorschlags für eine Richtlinie über den Zugang zu Gerichten in Umweltangelegenheiten.

213 Art. 50 § 1 des Staatsratsgesetzes sieht die Aufhebung normativer Verwaltungsakte

Klagebedingungen sind dieselben wie beim Aufhebungsantrag gegen einen individuellen Verwaltungsakt. In Deutschland hingegen sind die Möglichkeiten, exekutivische Normsetzung vor die Verwaltungsgerichte zu bringen, auf § 47 VwGO begrenzt. Danach können bundesweit nur Satzungen nach dem Baugesetzbuch vom Individuum angegriffen werden. Im Übrigen bedarf es eines Landesgesetzes. Damit ist nicht einzig und allein entscheidend, mit welcher Intensität die Verwaltung das Individuum betroffen hat, sondern es bleibt von Bedeutung, welche Mittel sie ergriffen hat.

Andererseits stellt auch in Griechenland nicht jedes Verwaltungshandeln einen Verwaltungsakt dar. Trotz der umfassenden Rechtsschutzgarantie des Art. 20 § 1 Gr. Verf. kommt es im griechischen Recht auf die Form des Verwaltungshandels entscheidend an, nicht nur für die Bestimmung der Klageart, sondern vielfach schon für die Frage der Eröffnung des Rechtswegs[214]. Für die Zulässigkeit des Aufhebungsantrages ist zunächst von Bedeutung, genau wie bei der deutschen Anfechtungsklage, ob es sich bei der angegriffenen Maßnahme um einen Verwaltungsakt handelt. So bestimmt Art. 45 Abs. 1 des Staatsratsgesetzes[215], dass der Aufhebungsantrag nur gegen die vollziehbaren[216] bzw. vollstreckbaren Akte der Verwaltungsbehörden und der juristischen Personen des öffentlichen Rechts zulässig ist[217]. Darunter sind nur einseitige administrative Akte im technischen Sinn zu verstehen, und zwar nach der griechischen Rechtsformenlehre individuelle Verwaltungsakte und Rechtsverordnungen einschließlich der sog. Allgemein- oder Sammelverfügungen[218]. Pläne der Verwaltung, wie sie vor allem im Bauplanungs- und Umweltrecht häufig vorkommen, können ebenfalls mit dem Aufhebungsantrag angegriffen werden, soweit sie den Charakter

---

ausdrücklich vor; ausführlich dazu s. Deligiannis, Gedanken über die Bedeutung und die gerichtliche Kontrolle der normativen Verwaltungsakte, FS StE I, 1979, 584 – 590; Siouti, Das *„έννομο συμφέρον"* beim Aufhebungsantrag, 69 ff. (alles auf Griechisch); vgl. Fromont, Rechtsschutz im französischen Umweltrecht, UPR 1983, 186 (188); Woehrling, Rechtsschutz im Umweltrecht in Frankreich, NVwZ 1999, 502: Der Aufhebungsantrag in Frankreich („recours pour excès de pouvoir") kann sowohl gegen Rechtsnormen als auch gegen individuelle Verwaltungsakte gerichtet sein.

214 Vgl. Dagtoglou, Verwaltungsprozessrecht, 375f. (auf Griechisch).

215 PVO 18/1989.

216 Nach griechischem Verständnis umfasst die Definition des Verwaltungsaktes nur einseitige vollziehbare Akte. Der Begriff „vollziehbar" ist damit überflüssig: er wurde vom französischen Verwaltungsrecht übernommen. In Frankreich werden allerdings auch die öffentlich-rechtlichen Verträge unter dem Begriff „Verwaltungsakt" verstanden, die Abgrenzung von „décision exécutoire" hat dementsprechend einen Sinn. Vgl. Dagtoglou, Allgemeines Verwaltungsrecht, 244f. (auf Griechisch).

217 Vlg. auch Art. 95 § 1 Buchst. α Gr. Verf.

218 Dazu ausführlich s. Dagtoglou, Allgemeines Verwaltungsrecht, 15f. insb. S. 17, 71 ff.; Spiliotopoulos, Verwaltungsrecht, 123 ff. (alles auf Griechisch); Gerontas, Das griechische Verwaltungsrecht, 32 ff.

eines administrativen Aktes im oben genannten Sinn aufweisen[219]. Als vollziehbarer Akt gilt auch der aus der Untätigkeit einer Behörde im Wege der Fiktion nach Ablauf einer Frist von grundsätzlich drei Monaten resultierende „negative individuelle Verwaltungsakt"[220].

Bei materiellen Verwaltungsstreitigkeiten werden mutatis mutandis nur administrative Akte im technischen Sinn angegriffen[221]. Die Beschwerde ist aber nicht gegen normative Akte der Verwaltung zulässig, sondern nur gegen individuelle Verwaltungsakte, und zwar lediglich gegen jene individuellen Verwaltungsakte, bei denen das Gesetz dies vorsieht[222].

2.5 Die verwaltungsgerichtlichen Klagearten

Die Einteilung der Klagearten im griechischen Verwaltungsprozessrecht unterscheidet sich beträchtlich von der deutschen VwGO. Vor allem ist dem griechischen Verwaltungsprozessrecht die Trennung von Anfechtungs- und Verpflichtungsklage[223] fremd. Anders als im deutschen Recht setzt der Rechtsweg vor den Verwaltungsgerichten in Griechenland nicht immer voraus, dass vorher die betroffene Behörde oder eine andere verwaltungsinterne Stelle Gelegenheit gehabt hat, die streitige Sache nochmals zu prüfen. Ausnahmen sind gesetzlich bestimmt[224].

Herkömmlicherweise werden die dem Bürger zur Verfügung stehenden Rechtsbehelfe nicht nach dem Streitobjekt klassifiziert, wie in Deutschland, sondern nach dem Umfang der gerichtlichen Kontrolle der Verwaltung, zu der sie führen. Mit diesem Kriterium lassen sich zwei große Gruppen trennen: zum einem die Verfahren nach Aufhebungsantragstellung, in denen der Richter den angegriffenen Akt bzw. Unterlassung der Verwaltung aufheben kann (aufhebende Kontrolle). Die zweite große Gruppe stellen die Verfahren nach Beschwerde-

---

219 Vgl. Dagtoglou, Allgemeines Verwaltungsrecht, 75f. (auf Griechisch); Efstratiou, in: Schwarze/Schmidt-Aßmann (Hrsg.), Das Ausmaß der gerichtlichen Kontrolle, 111 ff. (137); vgl. auch StE 2108/1956, 2387/1972, 4046/1980 (Bebauungspläne); StE 1477/1978, 4067/1981 (Aufteilung landwirtschaftlicher Flächen); StE 3333/1983 (Bestimmung der Grenzlinien der Küste).

220 Art. 45 Abs. 4 PVO 18/1989; vgl. auch Dagtoglou, Verwaltungsprozessrecht, 385 (auf Griechisch); ders., in: Kerameus/Koryzis (Eds.), Introduction to Greek Law, 43; vgl. StE 1278/1978, 4677/1983; vgl. auch Art. 2 Abs. 1 Lit. e des Vorschlags für eine Richtlinie über den Zugang zu Gerichten in Umweltangelegenheiten: danach ist das Versäumnis einer Behörde, eine Verwaltungsmaßnahme zu ergreifen, wenn sie rechtlich dazu verpflichtet ist, als „Unterlassung eines Verwaltungsakts" anzusehen.

221 Art. 63 Gr. VwGO.

222 Art. 63 Abs. 1 Gr. VwGO; vgl. auch Dagtoglou, Verwaltungsprozessrecht, 463 ff.

223 Vgl. § 42 Abs. 1 VwGO.

224 Dagtoglou, Allgemeines Verwaltungsrecht, 470f. (auf Griechisch); vgl. Art 45 § 2 des Staatsratsgesetzes.

erhebung, in denen der Richter der Verwaltung eine Geldleistung auferlegen oder einen Verwaltungsakt bzw. Unterlassung aufheben bzw. ganz oder teilweise ändern kann (materielle Kontrolle)[225].

Der Aufhebungsantrag[226] ist in Griechenland der allgemeine und damit auch der wichtigste und effektivste Rechtsbehelf gegen Entscheidungen der Verwaltung, sowohl gegen Einzelfallregelungen wie auch gegen normative Verwaltungsakte[227]. Der Aufhebungsantrag stellt dementsprechend das Kernstück des Verwaltungsrechtsschutzes dar.

Die Aufhebungskontrolle ist im Prinzip eine Rechtmäßigkeitskontrolle[228]. Schon der Begriff *„αίτηση“* (=Antrag) – im Gegensatz zur „Klage“ – deutet darauf hin, dass es sich um ein objektives Beanstandungsverfahren handelt. Gegenstand der Kontrolle ist die Feststellung der Übereinstimmung einer bestimmten administrativen Handlung mit dem Gesetz, ohne dass nach den Auswirkungen der Rechtswidrigkeit gefragt wird. Die Maßnahme der Verwaltung wird daraufhin überprüft, ob sie mit den einschlägigen Rechtsnormen in Einklang steht, d.h. ob sie mit der objektiven Rechtsordnung vereinbar ist[229]. Auf eine Beurteilung der Tatsachen, die die Voraussetzungen der Anwendung der einschlägigen materiellen Vorschriften darstellen, geht das Gericht nur in dem Fall ein, dass diese Beurteilung unmittelbar mit der Kontrolle der äußeren Grenzen des Verwaltungsermessens in Verbindung steht. Dass es schwierig ist, eine Zweckmäßigkeit auszublenden, versteht sich von selbst[230]. Die Trennung von Recht- und Zweckmäßigkeit widerspricht nämlich dem Ziel der Verwaltungskontrolle, richtiges Staatshandeln zu sichern. Ein Weg, diesen Widerspruch zu beseitigen, ist der Versuch, das Einräumen des Ermessens durch strenge Form- bzw. Verfahrensanforderungen zu beschränken.

Aufhebungsgründe sind[231]: (a) Die Unzuständigkeit der Verwaltungsbehörde, die den Verwaltungsakt erlassen hat. (b) Erhebliche Form- bzw. Verfahrensfehler, d.h. Nichteinhaltung der für den Erlass des Verwaltungsaktes vorgeschriebenen Form bzw. die Nichteinhaltung des vorgeschriebenen Verfahrens.

---

225 Vgl. „contentieux de l'annulation“ bzw. „contentieux de pleine juridiction“; dazu Sonnenberger/Autexier, Einführung in das französische Recht, 97f.

226 *Αίτηση ακυρώσεως* (aitisi akiroseos).

227 Art. 95 § 1 Buchst. α Gr. Verf. „Der Staatsrat ist insbesondere zuständig für die Aufhebungsanträge gegen vollstreckbare Akte der Verwaltungsbehörden wegen Befugnisüberschreitung oder Gesetzesverletzung“.

228 Zur Aufklärung der Begriffe „Rechtmäßigkeitskontrolle“ und „Zwecksmäßigkeitskontrolle“ s. Dagtoglou, Allgemeines Verwaltungsrecht, 467f. (auf Griechisch); Ibler, Rechtspflegender Rechtsschutz im Verwaltungsrecht, 147 ff.

229 Art. 95 § 1 Buchst. α Gr. Verf., Art. 45 § 1 und 48 des Staatsratsgesetzes.

230 Zur Abgrenzungsproblematik s. Ibler, Rechtspflegender Rechtsschutz im Verwaltungsrecht, 148; zur Kontrolle der äußeren Grenzen des Verwaltungsermessens im Umweltrecht s. Koutoupa – Rengakos, Umweltrecht, 146 ff. (auf Griechisch).

231 Art. 48 des Staatsratsgesetzes.

(c) Der Verstoß gegen materielles Gesetz: Als Rechtswidrigkeit kann auch die Verletzung oder die Nichtausführung von internationalen bzw. europarechtlichen Normen oder Anweisungen geltend gemacht werden[232]. (d) Der Befugnismissbrauch[233]: Das ist der Fall, wenn der Verwaltungsakt zwar als rechtmäßig erscheint, die Behörde sich aber offensichtlich nicht vom gesetzlichen Zweck der Eingriffsgrundlage leiten lässt. In solchen Fällen kommt wieder die Abgrenzungsschwierigkeit zwischen Recht- und Zweckmäßigkeit zum Vorschein. Abgrenzungsregeln werden, wenn überhaupt, nicht logisch, sondern nur dogmatisch festgelegt.

Die Aufzählung mehrerer Aufhebungsgründe wurde aus Frankreich eingeführt[234]. Eigentlich gibt es nur einen Aufhebungsgrund, und zwar der Verstoß gegen eine Rechtsnorm. Stellt das Gericht die Rechtswidrigkeit des Aktes fest, hebt es die betreffende Handlung auf, es annulliert sie[235]. Die Aufhebung wirkt erga omnes[236]. Insofern entspricht der Aufhebungsantrag seiner Funktion nach der Anfechtungsklage des deutschen Rechts. Das Feld der gerichtlichen Nachprüfung ist beim Aufhebungsantrag dennoch breiter gefasst.

Gegenstand des Aufhebungsauftrages ist nicht die Feststellung der Verletzung eines subjektiven Rechts des Klägers, sondern eine **objektive** Rechtswidrigkeit[237]. Die Feststellung eines Aufhebungsgrundes reicht, damit der Verwaltungsakt aufgehoben wird. Die Prüfung der übrigen Gründe ist dann überflüssig[238]. Dies kann dazu führen, dass ein Verwaltungsakt wegen eines Verfahrens- bzw. Formfehlers aufgehoben wird, ohne dass das Gericht zur materiellen Rechtmäßigkeit der Verwaltungsentscheidung Stellung nimmt. Die wichtigsten Streitpunkte werden häufig gar nicht gelöst. Zudem haben solche Aufhebungsgründe nur beschränkte praktische Auswirkungen: das Verfahren muss neu durchgeführt werden; in dem neuen Verfahren kann allerdings dieselbe Entscheidung getroffen werden.

Im Gegensatz dazu ist in Deutschland die Anfechtungsklage nur begründet, wenn gegen Rechtsnormen verstoßen worden ist, die dem Kläger subjektive Rechte verleihen. Dass der Verwaltungsakt rechtswidrig ist, weil er gegen andere

---

232 Dagtoglou, Verwaltungsprozessrecht, 449f. (auf Griechisch).

233 Dazu s. Dagtoglou, Allgemeines Verwaltungsrecht, 184f.; Koutoupa – Rengakos, Umweltrecht, 148 ff. (alles auf Griechisch).

234 Gründe des französischen recours pour excès de pouvoir sind: incompétence, vice de forme ou de procédure – irrégularité substantielle –, violation de la loi, détournement de pouvoir; dazu s. Dagtoglou, Verwaltungsprozessrecht, 432 (auf Griechisch).

235 Art. 95 § 1 Buchst. α Gr. Verf., Art. 50 § 1 des Staatsratsgesetzes.

236 St. Rechtsprechung seit StE 1078/1937; Art. 50 § 1 des Staatsratsgesetzes.

237 Art. 95 § 1 Buchst. α Gr. Verf.: „Der Staatsrat ist insbesondere zuständig für die Aufhebungsanträge gegen vollstreckbare Akte der Verwaltungsbehörden gegen Befugnisüberschreitung oder Gesetzesverletzung".

238 St. Rechtsprechung, s. z.B. StE 3538/1970.

Rechtsnormen verstößt, die aber keine Schutznormen sind, verhilft der Anfechtungsklage nicht zum Erfolg, denn § 113 Abs. 1 VwGO verknüpft Rechtswidrigkeit und Rechtsverletzung durch das Merkmal „dadurch". Wenn der Kläger zwar geltend machen kann, der Verwaltungsakt verstoße möglicherweise gegen Rechtsnormen, die ihm tatsächlich subjektive Rechte geben, sich aber bei der Überprüfung des Verwaltungsaktes im Rahmen der Begründetheit herausstellt, dass diese Normen nicht verletzt sind, ist die Anfechtungsklage unbegründet, weil jeweils eine der beiden Bedingungen des § 113 Abs. 1 VwGO nicht vorliegt.

Der Aufhebungsantrag kann auch gegen die Untätigkeit der Verwaltung gestellt werden, die im Wege der Fiktion auch als vollziehbarer Akt gilt. Das griechische Verwaltungsprozessrecht kennt keine spezielle Untätigkeitsklage bzw. Verpflichtungsklage[239]. Einen Umweg hat die Rechtsprechung allerdings gefunden, um über den Aufhebungsantrag wenigstens teilweise die Wirkungen einer Verpflichtungs- bzw. allgemeinen Leistungsklage zu erreichen. Wird nämlich dem Bürger von der Verwaltung eine Leistung vorenthalten, auf die er einen Anspruch zu haben glaubt, dann wird nach dem Ablauf von drei Monaten die Untätigkeit der Verwaltung als ausdrückliche Ablehnung gedeutet[240]. Diese fingierte Ablehnung stellt einen Verwaltungsakt dar, gegen den der Bürger mit dem Aufhebungsantrag vorgehen kann. In diesem Fall kann das Gericht die Unterlassung für rechtswidrig erachten und die Sache an die zuständige Behörde zur Vornahme der gebotenen Handlung zurückverweisen[241]. Das Gericht kann aber nicht die Verwaltungsentscheidung an sich ziehen.

Was den materiellen Verwaltungsrechtsschutz betrifft, ist der deutsche Einfluss sowohl auf den Aufbau der ordentlichen Verwaltungsgerichtsbarkeit wie auch auf den Unfang der gerichtlichen Kontrolle unverkennbar. Als wichtigster Unterschied lässt sich feststellen, dass die materielle Kontrolle ausdrücklich vorgesehen sein muss. Beschwerde[242] kann folglich nur in den Fällen eingelegt werden, die die Verfassung oder das Gesetz ausdrücklich der materiellen Kontrolle der Verwaltungsgerichte unterstellt hat (sog. materielle Verwaltungsstreitigkeiten)[243] und tangiert nur individuelle Verwaltungsakte. Ansonsten beschränkt sich die materielle Kontrolle nicht auf die Feststellung der Rechtmäßigkeit, sondern es findet auch eine Prüfung und Beurteilung des Sachverhalts

239 Vgl. Woehrling, Die französische Verwaltungsgerichtsbarkeit im Vergleich mit der deutschen, NVwZ 1985, 21 (22): Einer Verpflichtungsklage steht das französische Verständnis des Gewaltentrennungsprinzips entgegen.

240 Art. 45 § 4 des Staatsratsgesetzes.

241 Art. 50 § 3 des Staatsratsgesetzes; vgl. Dagtoglou, Verwaltungsprozessrecht, 117 (auf Griechisch); ders., in: Kerameus/Koryzis (Eds.), Introduction to Greek Law, 43; Gerontas, Das griechische Verwaltungsrecht, 99.

242 *Προσφυγή* (prosfigi).

243 Art. 63 § 1 Gr. VwGO.

statt[244]. Es wird also auch die Zweckmäßigkeit überprüft, d.h. ob das Vorliegen der tatsächlichen Voraussetzungen, auf die sich der Verwaltungsakt stützt, materiell richtig beurteilt wurde oder ob ein Ermessensfehlgebrauch der Verwaltung vorliegt. Im Fall einer rechtswidrigen Rechtsverletzung legt das Gericht das Ausmaß des Schadens fest und ordnet die Wiederherstellung des Rechtsverhältnisses nach den einschlägigen Rechtsnormen an. Das Verwaltungsgericht kann den angefochtenen Verwaltungsakt nicht nur aufheben, sondern darüber hinaus auch abändern[245]. Eine Abänderung des Verwaltungsaktes zum Nachteil des Beschwerdeführers ist dennoch im Prinzip unzulässig[246]. An dieser Stelle zeigt sich, dass die Frage, welches Ziel mit einem gerichtlichen Verfahren gegen die Verwaltung verfolgt wird, nicht getrennt von den richterlichen Befugnissen und den möglichen Urteilsfolgen betrachtet werden kann.

Beschwerdeerhebung ist auch gegen Unterlassungen denkbar, wenn das Gesetz vorsieht, dass durch die Unterlassung eine materielle Verwaltungsstreitigkeit entsteht[247]. Eine Unterlassung wird angenommen, wenn die Verwaltung gegen ihre gesetzliche Verpflichtung die Erlassung eines individuellen Verwaltungsaktes unterlässt. Nach dem Ablauf der gesetzlich festgesetzten Frist (oder, falls es keine gibt, nach drei Monaten) wird nämlich die Untätigkeit der Verwaltung als ausdrückliche Ablehnung gedeutet [248]. In diesem Fall kann das Gericht die Unterlassung für rechtswidrig erachten und die Sache an die zuständige Behörde zur Vornahme der gebotenen Handlung zurückverweisen[249]. Das Gericht kann allerdings auch hier weder den aufgehobenen Verwaltungsakt durch einen neuen ersetzen noch die rechtswidrig unterlassene Handlung selbst vornehmen[250].

Die Beschwerde erweist sich als die wichtigste Klageart im Rahmen der materiellen Kontrolle des Verwaltungshandelns. Ihrer Funktion nach entspricht sie sowohl der Anfechtungsklage wie auch der Verpflichtungsklage der deutschen VwGO und ihre Ausgestaltung richtet sich ebenfalls nach dem deutschen Vorbild. Ihre Bedeutung wird aber dadurch relativiert, dass sie keinen allgemeinen Rechtsbehelf gegen Eingriffe der Exekutive darstellt und nur in den Fällen erhoben werden kann, wo es das Gesetz ausdrücklich vorsieht.

Gegen administrative Akte steht den Betroffenen auch die Schadensersatzklage[251] zur Verfügung. Diese richtet sich gegen sonstiges rechtswidriges

---

244 Art. 79 § 1 Gr. VwGO.

245 Art. 79 § 2 Gr. VwGO.

246 Verbot der reformatio in peius; Art. 79 § 5 Gr. VwGO.

247 Art. 63 § 1 Gr. VwGO.

248 Art. 63 § 2 Gr. VwGO.

249 Art. 79 § 4 Gr. VwGO.

250 Vgl. Dagtoglou, Verwaltungsprozessrecht, 117 (auf Griechisch); Gerontas, Das griechische Verwaltungsrecht, 100.

251 Zu diesem Thema s. Dagtoglou, Verwaltungsprozessrecht, 482 ff. (auf Griechisch).

Verwaltungshandeln, ungeachtet der Rechtsform. Dabei erlangt der Betroffene allerdings oft einen nur sekundären Rechtsschutz. Die Klage bezieht sich auf die Rechtswidrigkeit des Verwaltungsaktes nur insofern, als der Schadensersatzanspruch begründet werden soll: das Gericht kann dem Antragsteller lediglich den beanspruchten Schadensersatz zubilligen, den Verwaltungsakt aber nicht abändern oder aufheben. Für diese Untersuchung, deren Sinn der primäre Rechtsschutz ist, d.h. die Möglichkeiten des Einzelnen, die Verwaltungshandlungen direkt anzugreifen, besitzt die Schadensersatzklage keine große Bedeutung und wird nicht weiter analysiert. Das gleiche gilt für die weiteren Rechtsbehelfe des Verwaltungsrechts, wie z.B. die Feststellungsklage[252].

Die Verwaltung hat sich den Gerichtsentscheidungen zu fügen (Art. 95 § 5 Gr. Verf., Art. 50 § 4 des Staatsratsgesetzes, Art. 198 Gr. VwGO). Das Nähere soll nach Art. 95 § 5 Gr. Verf. ein Gesetz regeln[253]. Die Anpassung der Verwaltung an den Gerichtsentscheidungen kann in der Vornahme einer Handlung (Erlass eines Verwaltungsaktes oder Realaktes) oder der Zahlung von Geldbeträgen bestehen[254].

Der Schwerpunkt dieser Untersuchung liegt darin, die Möglichkeiten der betroffenen Öffentlichkeit den Umweltschutz verwaltungsprozessrechtlich zu fördern, indem Verwaltungsentscheidungen und Maßnahmen angegriffen werden, die sich umweltbelastend auswirken können, darzustellen. Für gewöhnlich werden derartige Auseinandersetzungen im Rahmen eines gerichtlichen Verfahrens gegen eine erteilte staatliche Genehmigung einer potenziellen umweltbelastenden Tätigkeit ausgetragen. Solche Streitigkeiten sind in Griechenland nicht der materiellen Kontrolle unterworfen: d.h. sie unterliegen der (allgemeinen) Aufhebungszuständigkeit des Staatsrates. Im Fokus der vorliegenden Untersuchung liegt damit der Aufhebungsantrag, und die weitere Darstellung beschränkt sich daher auf dieses Verfahren.

---

252 Ausführlich dazu Dagtoglou, Verwaltungsprozessrecht, 311 ff. und 482 ff. (auf Gr.).

253 Zur Anpassung der Verwaltung an Gerichtsentscheidungen s. N. 3068/2002 (F.E.K. 274 A v. 14.11.2002); vgl. Giannakopoulos, Die Anpassung der Verwaltung an die Entscheidungen des Staatsrates bezüglich des Aufschubs der Vollziehung von Verwaltungsakten, in FS StE zum 75. Jubiläum, 525 (auf Griechisch).

254 Das Gesetz muss demzufolge das zuständige für die Vornahme dieser Handlungen Organ bestimmen. Es könnte ein unabhängiges Verwaltungsorgan sein. Der neue Art. 94 § 4 Abs. 2 Gr. Verf. (Fassung 2001) führt sogar eine Ausnahme des strengen Gewaltenteilungsprinzips ein, indem er vorsieht, dass die Zuständigkeit für die Vornahme von Maßnahmen, damit die Verwaltung sich den Gerichtsentscheidungen fügt, den Gerichten zugewiesen werden darf. Das Gesetz 3068/2002 sieht im Art. 2 ein dreiköpfiges aus Richter bestehendes Gremium vor. Der gewährleistete Rechtsschutz bleibt aber sekundär, denn das Gremium darf nicht selbst die unterlassenen Verwaltungshandlungen vornehmen (kritisch dazu s. Spiliotopoulos, Die Anpassung der Verwaltung an Gerichtsentscheidungen, in FS StE zum 75. Jubiläum, 875, 886f. – auf Griechisch), sondern nur Geldsanktionen über die Verwaltung verhängen (Art. 3 § 3 N. 3068/2002).

2.6 Die Aufhebungskontrolle als Übergangsform zwischen subjektiv- und objektivrechtlicher Verwaltungskontrolle

Wie schon dargestellt, ist die Verwaltungsgerichtsbarkeit in Griechenland nicht einheitlich ausgestaltet. Man kann aus dem Grund nicht von einer einheitlichen Systementscheidung sprechen. Das griechische Recht kennt auch den durch die Verwaltung in seinen Rechten verletzten Kläger. Nur erscheint dieser Kläger nicht in den Aufhebungsverfahren, sondern vor allem in den auf Schadensersatz ausgerichteten Verfahren und im Allgemeinen in den Verfahren vor den ordentlichen Verwaltungsgerichten. Dank aber des Ausnahmefallcharakters der materiellen Kontrolle lässt sich die ordentliche Verwaltungsgerichtsbarkeit in diesem Zusammenhang ausklammern. Die materielle Kontrolle dient, dem deutschen Vorbild entsprechend, ohne Zweifel dem Individualrechtsschutz[255].

Demgegenüber ist die Aufhebungskontrolle sowohl nach ihrem Gegenstand (individuelle und normative Verwaltungsakte) wie auch ihrem Prüfungsmaßstab (der Verwaltungsakt wird auf seine Vereinbarkeit mit höherrangigem Recht ohne Rücksicht auf klagefähige Rechte des Antragstellers überprüft) eindeutig als Rechtsbeanstandungsverfahren ausgewiesen[256]. Die Trennung von Recht- und Zweckmäßigkeit stellt auch eine typische Begrenzung des Modells der objektiven Kontrolle dar[257]. In Griechenland, genau wie in Deutschland, erfolgt die gerichtliche Kontrolle der Verwaltungstätigkeit nicht ex officio, sondern nur nach Anrufung des Gerichtes durch den rechtsschutzsuchenden Bürger[258]. Nachdem der Aufhebungsantrag zugelassen wurde, erfolgt aber die Prüfung der Aufhebungsgründe von Amts wegen[259]. Für den Erfolg des Aufhebungsantrages kommt es nur auf die objektive Rechtswidrigkeit des angegriffenen Verwaltungsaktes an.

Der Staatsrat hat in einer seiner ersten Entscheidungen betont, dass seine Zuständigkeit darin besteht, die Verwaltungstätigkeit nachzuprüfen zum Zwecke der Effektivität der öffentlichen Dienste. Er schützte das jeweils verletzte individuelle Recht damit nur inzident[260]. Dennoch zieht ein solches Verständnis des Aufhebungsverfahrens die Frage nach sich, warum der Einzelne überhaupt ein Interesse nachweisen muss, um zum Antrag zugelassen zu werden. Als wichtigste subjektive Zulässigkeitsvoraussetzung des Aufhebungsantrages stellt sich nämlich das Vorliegen eines *„εννόμου συμφέροντος“* dar[261]. Wenn die Haupt-

---

255 Vgl. Art. 79 Gr. VwGO.

256 Vgl. Siouti, Das *„έννομο συμφέρον“* beim Aufhebungsantrag, 41f. (auf Griechisch); Krebs, Subjektiver Rechtsschutz und objektive Rechtskontrolle, FS Menger, 191 (192).

257 Ibler, Rechtspflegender Rechtsschutz im Verwaltungsrecht, 467.

258 Vgl. Dagtoglou, Verwaltungsprozessrecht, 14 (auf Griechisch).

259 Dagtoglou, Verwaltungsprozessrecht, 226f. (auf Griechisch).

260 StE 51/1929; s. auch StE 478/1945 und 1650, 1653/1948.

261 Art. 47 des Staatsratsgesetzes.

funktion der Aufhebungskontrolle die Wahrung der objektiven Rechtmäßigkeit der Verwaltung wäre, dann hätte jeder Bürger das Recht und unter Umständen sogar die Pflicht, jedes rechtswidrige Verhalten der Verwaltung vor dem Staatsrat anzufechten[262]. In einem Rechtsstaat hat der Grundsatz der Gesetzmäßigkeit der Verwaltung eine derart grundlegende Bedeutung, dass seine Verletzung ohnehin gegen ein vorrangiges öffentliches Interesse verstößt, was allein schon die Stellung des Aufhebungsantrages rechtfertigen könnte. Der Antragsteller würde dann als Sachwalter dieses verletzten öffentlichen Interesses agieren und es wäre rechtlich irrelevant, ob das rechtswidrige Verhalten der Verwaltung zugleich auch seine Rechte oder Interessen berührte.

Der griechische Gesetzgeber hat jedoch die Popularklage ausgeschlossen und damit die Einlegung eines Rechtbehelfes nicht jedermann überlassen, der sich für das rechtlich einwandfreie Funktionieren der Verwaltung interessiert[263]. Der Grund für diese Einschränkung ist nicht bloß pragmatischer Natur. Es kommt nicht nur darauf an, dass eine Überflutung der Gerichte verhindert werden soll. Der Gesetzgeber hat zur Hauptaufgabe der Verwaltungsgerichtsbarkeit, sowohl der ordentlichen Verwaltungsgerichte wie auch des Staatsrates[264], den Rechtsschutz des Bürgers gegen die öffentliche Verwaltung erhoben und daraufhin den Kreis der klageberechtigten Personen auf diejenigen beschränkt, die plausibel geltend machen können, dass der angegriffene Akt oder die Unterlassung ihre *„έννομα συμφέροντα"* verletzt[265].

Auch wenn es nicht um die Verteidigung subjektiver Rechte geht, dient der Aufhebungsantrag auf jeden Fall dem Schutz von Individualbelangen. Auf diese Weise ist gleichzeitig jeder innerhalb seiner Sphäre auch Wächter und Vollstrecker des Gesetzes. Das konkrete Klagerecht, das er hat, ist eine Ermächtigung, aus Anlass seines eigenen Interesses für das Gesetz in die Schranken zu treten und dem Unrecht zu wehren. Das Interesse und die Folgen seiner Handlungsweise gehen daher über seine Person weit hinaus[266]. Der Aufhebungsantrag richtet sich zwar auf eine objektive Kontrolle. Er dient aber zumindest auch dem subjektiven Rechtsschutz. Das Gericht darf keinen Verwaltungsakt aufheben,

---

262 Vgl. Dagtoglou, Verwaltungsprozessrecht, 407 (auf Griechisch).

263 Vgl. StE 3606/1971, 4037/1979, 2638/1980, 3608/1980, 2855/1985, 271/1986, 602 und 684/1987.

264 Vgl. StE 174, 3012/1970. Auch in Frankreich wird in jüngerer Zeit immer stärker der Schutz der Interessen und Rechten der Bürger betont; s. dazu Sommermann, Konvergenzen im Verwaltungsverfahrens- und Verwaltungsprozessrecht europäischer Staaten, DÖV 2002, 133 (142) m.w.N.

265 Art. 47 des Staatsratsgesetzes; vgl. Art. 64 § 1 Gr. VwGO.

266 Vgl. Krebs, Subjektiver Rechtsschutz und objektive Rechtskontrolle, FS Menger, 191 (192f.); zur Funktion der Drittklage als wichtigem Anreiz zur effektiven Durchsetzung von Umweltstandards und den Gefahren, die sich mit ihrer Beschränkung im deutschen Recht verbinden, vgl. Jarass, Drittschutz im Umweltrecht, in: FS Lukes, 57 (57, 63).

dessen Aufhebung nicht beantragt wurde[267]. Das subjektive Element kommt vor allem im Erfordernis des *„εννόμου συμφέροντος“* zum Ausdruck. Damit ein Aufhebungsantrag zulässig ist, genügt es nicht, dass der Antragsteller behauptet, dass der angegriffene Verwaltungsakt das generelle, öffentliche, allgemeine usw. Interesse tangiere; er muss vielmehr plausibel geltend machen, dass dieser Akt sein **eigenes** Interesse berührt[268]. Der Aufhebungsantrag gewährt also letztlich individuellen Schutz: er bewahrt nicht die Allgemeinheit von rechtswidrigen Verwaltungsakten, sondern schützt nur denjenigen, dem durch diese Verwaltungsakte Nachteile entstehen.

Die individualistische Struktur des Aufhebungsantrages lässt sich insbesondere in folgenden Wesenmerkmalen erkennen: Nach Art. 29 § 1 des Staatsratsgesetzes ist der Aufhebungsantrag im Falle der Annahme des Verwaltungsaktes unzulässig. Das gleiche gilt, wenn der angegriffene Verwaltungsakt begünstigend für den Antragsteller ist[269], er auf Antrag des Antragstellers erlassen wurde[270] oder wenn der Antragsteller für den Erlass des Verwaltungsaktes seine Einwilligung gegeben hat[271]. Unzulässig ist auch der Aufhebungsantrag, wenn der Kläger sein eigentliches Klageziel mit der begehrten gerichtlichen Entscheidung nicht erreichen kann[272]. Darüber hinaus darf der Antragsteller (Art. 30 des Staatsratsgesetzes) seinen Antrag bis zur mündlichen Verhandlung zurücknehmen. Die Antragzurücknahme hat zur Folge, dass der Antrag als nicht erhoben anzusehen ist[273]. Zuletzt wirkt die Ablehnung des Aufhebungsantrages lediglich inter partes: damit ist nichts über die Rechtmäßigkeit des Verwaltungsaktes gesagt[274]. Die Ausgestaltung der Verfahrenseinleitung deutet indes auf eine Übergangsform zwischen subjektiv- und objektivrechtlicher Verwaltungskontrolle und qualifiziert damit den Aufhebungsantrag in Griechenland als Interessentenklage[275].

---

267 Vgl. Dagtoglou, Verwaltungsprozessrecht, 226 f. (auf Griechisch).

268 Vgl. das *intérêt pour agir* als klagebegründende Interesse in Frankreich: Der C.E. hat eine immer großzügigere Auslegung des Begriffs entwickelt.

269 StE 474/1974.

270 StE 1275/1978, 694/1982; vgl. auch BVerwGE 54, 278

271 StE 2356/1964; s. auch StE 941/1969, 3808/1993: die Einwilligung soll freiwillig gewesen sein und vollständig, speziell und ausdrücklich bewiesen werden; s. auch Siouti, Das *„έννομο συμφέρον“* beim Aufhebungsantrag, 201 ff. (auf Griechisch); die Beteiligung des Antragstellers am Erlass des Verwaltungsaktes bedeutet nicht unbedingt seine Einwilligung, insbesondere wenn er sein Bedenken über die Gesetzmäßigkeit des Aktes geäußert hat.

272 StE 1137/1961, 532/1964, 2866/1964, 210/1979, 277/1983, 2633/1983, 376/1986, 994/1987.

273 Art. 30 § 5 des Staatsratsgesetzes.

274 Art. 50 § 2 des Staatsratsgesetzes.

275 Vgl. Skouris, Verletztenklagen und Interessentenklagen im Verwaltungsprozess, 11f.

3. Zwischenergebnis

Die verwaltungsgerichtliche Kontrolle der Exekutive ist einerseits als unmittelbare Auswirkung des Rechtsstaatsprinzips und des Demokratiegebots anzusehen; andererseits gewährleistet das Verfassungsrecht auf Rechtsschutz dem Bürger die Möglichkeit, die Verwaltungsgerichtsbarkeit anzurufen, wenn er sich von Maßnahmen der öffentlichen Gewalt in seiner Rechtsstellung beeinträchtigt fühlt. Die erste Frage, die vor der Eröffnung des Rechtsweges gestellt wird, ist, wer eine gerichtliche Kontrolle überhaupt auslösen können soll.

Die Entscheidung hängt eng mit dem Ziel zusammen, das mit dem angestrengten Verfahren verfolgt wird. Geht es zuvorderst darum, die objektive Rechtmäßigkeit einer Verwaltungsmaßnahme zu überprüfen, handelt es sich um ein objektives Kontrollverfahren. Dabei soll das Allgemeininteresse daran durchgesetzt werden, dass der Staat stets rechtmäßig handelt. In einem Verfahren des subjektiven Rechtsschutzes wird hingegen festgestellt, ob ein Recht des Klägers besteht, ob es zu einer Verletzung dieses Individualrechts durch das Verwaltungshandeln gekommen ist und wie diese Verletzung ausgeglichen werden soll. Subjektive Rechte enthalten stets objektives Recht. Da sie aber eben nicht das ganze objektive Recht in sich tragen, ist entsprechend die Prüfung, ob eine Verletzung eines subjektiven Rechts vorliegt, enger als eine objektive Kontrolle.

Das Ergebnis, zu dem diese Systementscheidungen kommen, ist im Endeffekt nicht von erheblichem Unterschied. Die objektivrechtliche Kontrolle verhilft auch dem Bürger zu seinem Recht, denn die Prüfung, ob die Exekutive objektiv rechtmäßig handelt, schützt zugleich jeden Einzelnen davor, rechtswidrig belastet zu werden, während durch den Individualrechtsschutz auch die Einhaltung der objektiven Legalität und die Wahrung des allgemeinen Interesses erreicht wird, denn auch hier wird die objektive Rechtmäßigkeit des Verwaltungshandelns kontrolliert. Dennoch entbehrt die Wahl nicht einer praktischen Bedeutung, weil die unterschiedlichen Ansatzpunkte grundsätzliche Auswirkungen auf die Struktur und Bedingungen des Verwaltungsrechtsschutzes haben.

In Deutschland liegt die Funktion der Verwaltungsgerichtsbarkeit darin, den Bürger gegen die Verletzung seiner subjektiven Rechte zu schützen. Kennzeichnend für dieses Modell ist die Verkoppelung der verwaltungsgerichtlichen Einklagbarkeit von Rechtspositionen mit dem subjektiven, genauer subjektiv-öffentlichen Recht und dementsprechend die Trennung von subjektiven Rechten, Rechtsreflexen, privaten und öffentlichen Interessen.

In Griechenland hingegen ist der Ausbau des Verwaltungsrechtsschutzes vorwiegend dem Staatsrat zu verdanken, durch dessen Gründung, nach dem Vorbild des französischen Conseil d' Etat, die objektive Verwaltungskontrolle eingeführt wurde. Seit der geltenden Verfassung richtet sich der individuelle Rechtsschutz zwar am deutschen Beispiel aus, trotzdem bleibt der Aufhebungsantrag vor dem Staatsrat der Standard-Rechtsbehelf gegen Entscheidungen der Verwaltung.

Im Umweltrecht stellen sich Fragen des Rechtsschutzes in ganz unterschiedlichen Zusammenhängen. Für die vorliegende Untersuchung ist der Schutz der betroffenen Öffentlichkeit vor umweltschädigenden Vorhaben maßgeblich. Die Struktur des Umweltrechts gründet sich auf staatlicher Eröffnungskontrolle und läuft in den meisten Fällen auf ein Genehmigungserfordernis hinaus. Solche Maßnahmen kommen häufig in Form eines Verwaltungsaktes vor. Für gewöhnlich werden Dritte im Rahmen eines gerichtlichen Verfahrens gegen eine erteilte staatliche Genehmigung einer potenziellen umweltbelastenden Tätigkeit vorgehen und dessen Aufhebung verlangen. Ebenso wie das deutsche kennt auch das griechische Umweltrecht die tatsächliche Konstellation der Dritt- oder Nachbarklage.

Nicht alle Klagen haben aus der Sicht von Dritten die gleiche Bedeutung. Als geeigneter Rechtsbehelf gegen staatliche Maßnahmen, die sich eventuell umweltbelastend auswirken können, erweist sich die Anfechtungsklage der deutschen VwGO bzw. der Aufhebungsantrag vor dem griechischen Staatsrat. Die weitere Darstellung beschränkt sich daher auf diese Verfahren. Im Folgenden geht es darum, die subjektiven Zulässigkeitsvoraussetzungen für die Anfechtungsklage bzw. den Aufhebungsantrag zu betrachten.

2. TEIL: ZUGANG ZU VERWALTUNGSGERICHTEN

1. Die aktive Prozessführungsbefugnis

Die erste und wichtigste Frage, die bei der Zulässigkeitskontrolle einer verwaltungsgerichtlichen Klage beantwortet werden muss, ist, wer über die prozessuale Rechtsmacht verfügt, gegen ein Handeln der öffentlichen Gewalt eine Klage zu erheben. Diese Rechtsmacht wird dem Einzelnen wegen eines besonderen Rechtsverhältnisses zwischen ihm und dem Gegenstand der Klage vom Gesetzgeber gewährt[276]. Die Befugnis, über das behauptete im Prozess streitige Recht im eigenen Namen einen Rechtsstreit zu führen, bezeichnet man als „Prozessführungsbefugnis"[277]. Entsprechend der Parteirolle ist zwischen aktiver und passiver Prozessführungsbefugnis zu unterscheiden. Die aktive Prozessführungsbefugnis ist die Befugnis, über ein behauptetes Recht als Kläger bzw. Antragsteller im eigenen Namen ein Verfahren zu führen[278].

In der Rechtsgeschichte war der Zugang zu den Gerichten zwar immer an subjektive Voraussetzungen geknüpft. Die aus dem Römischen Recht hervorgegangene Verknüpfung der Klagemöglichkeit an die Verfügbarkeit über das geltend gemachte Recht prägte jahrhundertelang das Verfahrensrecht. Doch erst die Lösung vom „aktionenrechtlichen" Denken führte zu der Unterteilung in Zulässigkeit und Begründetheit[279]. Die daraus folgende Lockerung der materiellen Rechte von ihrer prozessualen Komponente ermöglichte erst die Regelung einer Prozessführungsbefugnis. Sie steht demjenigen zu, der im eigenen Namen Rechts Rechtsschutz begehrt und dient dazu, die eigenmächtige Prozessführung materiell Unbeteiligter in fremden Angelegenheiten (außer im Falle zulässiger Prozessstandhaft) zu unterbinden.

In Deutschland hat die aktive Prozessführungsbefugnis im Verwaltungsprozessrecht eine spezialgesetzliche Regelung erfahren: in § 42 Abs. 2 VwGO entspricht die aktive Prozessführungsbefugnis der **Klagebefugnis**[280].

---

276 Sinaniotis, Materielle Begründung der Legitimation, in FS Geimer, 2002, 1175.

277 Dagtoglou, Verwaltungsprozessrecht, 407 (auf Griechisch); Schenke, Verwaltungsprozessrecht, 182.

278 Für diese Sachentscheidungsvoraussetzung sind im Schrifttum verschiedene Begriffe verwandt worden, wie Anfechtungsberechtigung, Klagerecht, Rechtsschutzbehauptung u.a.; s. dazu Sodan, in Sodan/Ziekow, VwGO, § 42, Rn. 355.

279 Zum römischen Aktionenrecht s. Wesel, Geschichte des Rechts, 175 ff.

280 Der Ausdruck „Klagebefugnis" wird wie selbstverständlich benutzt: Schenke, Verwaltungsprozessrecht, 182; vgl. Hufen, Verwaltungsprozessrecht, 224f.; Sodan, in Sodan/

Im griechischen juristischen Alltag wird häufig der Begriff *„ενεργητική νομιμοποίηση“* (=Aktivlegitimation) verwendet, wo eigentlich die aktive Prozessführungsbefugnis gemeint ist. Dabei wird häufig auf die in der Zivilprozessordnung geltenden allgemeinen Gründsätze der aktiven Prozessführungsbefugnis bzw. „Aktivlegitimation“[281] zurückgegriffen. Art. 64 und 71 gr. VwGO sind mit dem Titel „Aktivlegitimation“ versehen. Dabei stellt sich als wichtigste subjektive Zulässigkeitsvoraussetzung das Vorliegen eines *„εννόμου συμφέροντος“* dar. Art. 47 des Staatsratsgesetzes, der die aktive Prozessführungsbefugnis beim Aufhebungsantrag regelt, trägt allerdings den Titel *„έννομο συμφέρον“*.

Im Folgenden geht es darum, die subjektiven Zulässigkeitsvoraussetzungen für die Drittanfechtungsklage zu betrachten, insbesondere das Klageinteresse, das speziell für diese Verfahren gefordert wird. Es nimmt innerhalb der Sachentscheidungsvoraussetzungen zur verwaltungsgerichtlichen Anfechtungsklage bzw. zum Aufhebungsantrag eine Sonderstellung ein, indem es sich auf die Position des Einzelnen gegenüber dem Staat bezieht. Die übrigen Zulässigkeitsfragen sind hingegen in dem Sinne objektiv, dass sie sich unabhängig von dieser Position beantworten. Es wird anschließend die Frage behandelt, inwieweit öffentliche Interessen ohne Schwierigkeiten in diesem Prüfungspunkt berücksichtigt werden können. Das Vorliegen der aktiven Prozessführungsbefugnis wirft die Frage danach auf, welche Argumente eine vor den Verwaltungsgerichten klagende Person bzw. Vereinigung vorbringen muss, um mit ihrer umweltrelevanten Klage zugelassen zu werden. Diese Frage wird in den zwei Vergleichsländern unterschiedlich beantwortet. Die Bedeutung der Prozessführungsbefugnis im Verfahren richtet sich danach, für welches System der verwaltungsgerichtlichen Kontrolle sich der Gesetzgeber entschieden hat. In Deutschland verlangt das Vorliegen der Klagebefugnis einen (widerrechtlichen) Eingriff in „subjektive öffentliche Rechte“[282], während in Griechenland von (rechtswidriger) Beeinträchtigung von *„έννομα συμφέροντα“* (= „legitimen Interessen“) die Rede ist[283]. Welcher Art diese Interessen sein können und wie sie in Verbindung mit der Systementscheidung für ein Verfahren des subjektiven Rechtsschutzes bzw. ein objektives Kontrollverfahren gebracht werden, ist im Folgenden zu erläutern.

Ziekow, VwGO, § 42, Rn. 355.

281 Ausführlich dazu s. Sinaniotis, Materielle Begründung der Legitimation, in FS Geimer, 2002, 1175 (1181): Sinaniotis betont, dass sich die Legitimation vom materiellen Rechtsverhältnis unterscheidet (S. 1181f.); s. aber Happ, in Eyermann, VwGO Kommentar, 2000, § 42 Abs. 2 Rn. 77; Hufen, Verwaltungsprozessrecht, 225 und Schenke, Verwaltungsprozessrecht, 183: sie betrachten das Bestehen der Aktivlegitimation als Frage der Begründetheit; zur Unterscheidung von Zulässigkeit und Begründetheit s. Ehlers, in Schoch/Schmidt-Aßmann/Pietzner, VwGO Kommentar, Stand 2004, Vorb. § 40 Rn. 1 ff.

282 § 42 Abs. 2 VwGO.

283 Art. 47 des Staatsratsgesetzes.

2. Die Klagebefugnis in Deutschland – § 42 Abs. 2 VwGO

Das Grundgesetz eröffnet in Art. 19 Abs. 4 den Rechtsweg für den Fall, dass jemand durch die öffentliche Gewalt in seinen Rechten verletzt wird. Der Rechtsschutz wird immer im Rahmen der jeweils geltenden Prozessordnung gewährt[284]. Die Ausgestaltung des Verwaltungsprozesses und seiner Voraussetzungen wird allerdings von der Systementscheidung für den subjektiven Rechtsschutz geprägt.

Die deutsche VwGO stellt demgemäß primär ein System des Individualrechtsschutzes dar[285] und setzt für die Zulässigkeit den Nachweis einer Klagebefugnis voraus. Die Korrektur von rechtswidrigen Handlungen zur Wahrung der Gesetzmäßigkeit des Verwaltungshandels wird nur sekundär bedient. Damit knüpfte der bundesdeutsche Gesetzgeber bei der Kodifizierung der Verwaltungsgerichtsordnung an eine über 100-jährige Tradition an[286].

Als Klagebefugnis wird in Deutschland die Kompetenz bezeichnet, eine bestimmte Klage erheben zu dürfen[287]. Sie wird in § 42 Abs. 2 VwGO geregelt. Keine Einigkeit besteht dabei allerdings darüber, ob es sich bei der Klagebefugnis um eine gesetzliche Regelung der aktiven Prozessführungsbefugnis, um eine besondere Form des Rechtsschutzbedürfnisses oder um ein eigenständiges prozessuales Institut handelt. Nach heute vorherrschender Meinung stellt die Klagebefugnis eine Ausprägung der Prozessführungsbefugnis, und nicht des Rechtsschutzbedürfnisses dar[288]. Die Beantwortung dieser Frage ist im Wesentlichen von nur theoretischer Bedeutung[289]. Die aktive Prozessführungsbefugnis ist bei der Anfechtungsklage, die im Vordergrund dieser Untersuchung steht, grundsätzlich mit der Klagebefugnis gleichzusetzen[290]. Die Klagebefugnis des § 42 Abs. 2

284 Vgl. Schmidt-Bleibtreu, in Schmidt-Bleibtreu/Klein, GG, 10. Aufl., Art. 19, Rn. 30; Schulze-Fielitz, in Dreier (Hrsg.), Grundgesetz Kommentar, 2. Aufl., Bd. I, Art. 19 Abs. 4, Rn. 79; s. auch BVerfGE 27, 297 ff.; E 31, 463 ff.

285 BVerwGE 78, 347, 348 spricht vom „das deutsche Verwaltungsstreitverfahren tragenden Prinzip des Schutzes subjektiver Rechte".

286 S. dazu Gierth, Klagebefugnis und Popularklage, DÖV 1980, 893 (Fn. 5 – 9).

287 Schenke, Verwaltungsprozessrecht, 152.

288 Ehlers, in: Schoch/Schmidt-Aßmann/Pietzner, VwGO Kommentar, Stand 2004, Vorb. § 40, Rn. 77; ders., Die Klagearten und besonderen Sachentscheidungsvoraussetzungen im Kommunalverfassungsstreitverfahren, NVwZ 1990, 105 (111); Erichsen, Die Klagebefugnis gem. § 42 Abs. 2 VwGO, Jura 1989, 220; Kopp/Schenke VwGO, 13. Aufl., § 42 Rn. 60; Krebs, Grundfragen des verwaltungsgerichtlichen Organstreits, Jura 1981, 569 (580); kritisch Wahl, in: Schoch/Schmidt-Aßmann/Pietzner, § 42 Abs. 2 Rn. 13 ff., 17; a.A. BVerwGE 36, 192 (199).

289 Vgl. Jarass, Die Gemeinde als „Drittbetroffener", DVBl. 1976, 732 (733); Schenke, Verwaltungsprozessrecht, 152.

290 So auch Schenke, Verwaltungsprozessrecht, 182.

VwGO stellt sich damit als eine der prozessualen Ausprägungen der Systementscheidung des deutschen Verwaltungsgerichtsverfahrens dar und nimmt innerhalb der Sachentscheidungsvoraussetzungen zur verwaltungsgerichtlichen Anfechtungsklage eine Sonderstellung ein[291]. Fehlt es an ihr, ist die Klage unzulässig.

Positive Funktion des § 42 Abs. 2 VwGO ist die Konkretisierung der Rechtsschutzgarantie des Art. 19 Abs. 4 GG. In Verbindung mit Art. 20 Abs. 3 GG basiert hierauf letztlich der materiellrechtliche Anspruch jedermanns gegenüber der öffentlichen Gewalt, dass diese sich bei der Ausübung ihrer Gewalt ihm gegenüber rechtmäßig verhält[292]. Die Klagebefugnis bezieht sich also auf die materiellrechtliche Position des Einzelnen gegenüber dem Staat. Der Kläger muss dabei die Verletzung in eigenen Rechten geltend machen.

Diese Rechte bestimmen nach § 113 Abs. 1 und 5 Satz 1 VwGO auch die gerichtliche Kontrolle des Verwaltungshandelns. Im Rahmen der Begründetheit kann nicht jeder Rechtsmangel des Verwaltungsakts untersucht werden: Eine Prüfung der objektiven Rechtmäßigkeit gibt es im deutschen Verwaltungsprozess nicht.

2.1 Die Geltendmachung einer Rechtsverletzung

Es wurde schon dargestellt, dass in einem System subjektiven Rechtsschutzes die Verletztenklage die Regel ist. Bei der subjektiven Rechtskontrolle steht die „subjektive Rechtswidrigkeit“ und mit ihr der Träger des subjektiven Rechts im Mittelpunkt des Verfahrens. Er allein bestimmt, wann das Verfahren beginnen soll. Unbeteiligte, d.h. in ihren Rechten nicht verletzte Dritte hingegen können das Verfahren nicht einleiten, da eine solche Klage nicht primär dem Schutz ihrer Rechte dienen würde und damit keine bestimmungsgemäße Funktion ausübe.

§ 42 Abs. 2 VwGO eröffnet jedenfalls den Weg zur Überprüfung eines Hoheitsakts durch das Verwaltungsgericht nicht beliebig vielen Bürger, sondern nur denen, die eine dadurch bewirkte Rechtsverletzung geltend zu machen vermögen. Das geltende Prozessrecht gewährt damit aus sich heraus kein „Klagerecht“, weist also nicht individuelle Rechtsmacht zu, sondern verweist insoweit auf das materielle Recht. Durch dieses Erfordernis der Klagebefugnis wird die Anfechtungsklage, die im Mittelpunkt der vorliegenden Untersuchung steht, als Verletztenklage ausgestaltet[293]. Dadurch soll eine Erweiterung der Initiativbe-

---

291 Wahl, in Schoch/Schmidt-Aßmann/Pietzner, VwGO Kommentar, Stand 2004, Vorb. § 42 Abs. 2, Rn. 1.

292 Gassner, Anfechtungsrechte Dritter und „Schutzgesetz“, DÖV 1981, 615 (616) m.w.N.

293 Hiervon abweichend sollte die Klage nach der 1. Regierungsvorlage (BT-Drucks III/ 55, 7, § 42 II), zulässig sein, „wenn der Kläger behauptet, durch den Verwaltungsakt (oder seine Ablehnung oder Unterlassung) **beschwert** zu sein“. Die entsprechende

rechtigung über den durch Art. 19 Abs. 4 GG gestreckten Rahmen hinaus verhindert werden[294].

Für die weitere Untersuchung ist als Fazit festzuhalten, dass § 42 VwGO die Popular- wie auch die Interessentenklage ausschließt[295], obwohl Art. 19 Abs. 4 GG nicht zu einer solchen Auslegung zwingt. Es wird aber sich erweisen, dass im Konzept der VwGO neben diese Verletztenklage als Ausnahmen und Ergänzungen die Interessenten- oder die Verbandsklage treten können. Die Möglichkeit eines Abweichens vom Prinzip der Verletztenklage hat der Gesetzgeber in § 42 Abs. 2 Alt. 1 VwGO vorgesehen. Auf jeden Fall darf an „Rechten" i.S.d. § 42 Abs. 2 VwGO nicht weniger zuerkannt werden, als das Grundgesetz in Art. 19 Abs. 4 dem Bürger gewährt. Das Normelement „in seinen Rechten verletzt" setzt sich aus drei Bestandteilen zusammen, nämlich aus der „Verletzung" eines „Rechts", wobei eine solche nicht hinsichtlich jeden Rechts genügt, vielmehr nur beim Geltendmachen einer Verletzung in „seinen" Rechten die Klage zulässig sein soll.

Der Aufbau der Prüfung ist demgemäß von folgenden Elementen bestimmt[296]: Zunächst ist zu fragen, ob der Kläger selbst unmittelbarer Adressat eines belastenden Verwaltungsaktes ist. Mit dem Aufkommen der „Adressatentheorie" hat sich der Schwerpunkt der Problemwahrnehmung bei der Prüfung der Klagebefugnis auf dem Bereich der Drittklagen verlagert[297]. Die Adressatentheorie bietet nämlich einen Hinweis darauf, dass die Klagebefugnis unproblematisch ist und verkürzt behandelt werden darf. Wenn der Kläger hingegen nicht Adressat des angefochtenen Verwaltungsaktes ist, wie dies der Fall in umweltrelevanten Anfechtungsklagen meistens ist, sondern er in der Rechtsbeziehung zwischen Behörde und einem Dritten eingreifen will, bedarf die Klagebefugnis einer genaueren Prüfung. Dann ist nämlich nacheinander zu fragen, ob der Kläger ein Recht (im Unterschied zum bloßen Interesse, Situationsvorteil usw.), die Zuordnung dieses Rechts als subjektives Recht zum Kläger (im Unterschied zum Recht der Allgemeinheit oder eines Dritten), und die Möglichkeit der Verletzung dieses Rechts durch den angefochtenen Verwaltungsakt geltend machen kann.

Begründetheitsvorschrift machte nur die (objektive) Rechtswidrigkeit des Verwaltungsakts zur Voraussetzung der Kassation. Ob die Bundesregierung mit ihrem Entwurf die Anfechtungs- und Verpflichtungsklage als Interessentenklagen ausgestalten wollte, läßt sich den spärlichen Aussagen der Gesetzesmaterialien nicht entnehmen; dazu Skouris, Verletztenklagen und Interessentenklagen im Verwaltungsprozess, 30.

294 Wahl/Schütz, in: Schoch/Schmidt-Aßmann/Pietzner, VwGO Kommentar, Stand 2004, § 42 Abs. 2, Rn. 2.

295 Ehlers, Die Klagebefugnis nach deutschem, europäischem Gemeinschafts- und U.S.-amerikanischem Recht, VerwArch 1993, 139 (141).

296 Vgl. Hufen, Verwaltungsprozessrecht, 274.

297 In der älteren Literatur und Rechtsprechung wurde dagegen hinsichtlich der Klagebefugnis kein Unterschied zwischen dem Adressaten und betroffenen Dritten gemacht; s. Bernhardt, Zur Anfechtung von Verwaltungsakten durch Dritte, JZ 1963, 302 (303).

Manche Gesetze, wie z.B. im Planungsrecht, sehen abgestufte Verfahren vor, so dass Feststellungen erfolgen können, die noch keinem oder nur bestimmtem Dritter gegenüber Verwaltungsakt-Charakter haben und erst später Verwaltungsakte ergeben, die durch den betroffenen Einzelnen angegriffen werden können. Gestufte Verfahren sind häufig auch dergestalt vorgesehen, dass die Behörde z.B. bei der Genehmigung eines Vorhabens zunächst durch einen Verwaltungsakt grundsätzlich über die Gesamtkonzeption entscheidet und dann in stufenweise fortschreitender Konkretisierung über weitere Teile. In diesen Fällen ist die Klagebefugnis entsprechend zu differenzieren. Es kommt nämlich nur auf die jeweilige Teilregelung und die davon betroffenen Rechtspositionen an[298]. Bei mehrstufigen Verwaltungsakten können die Mängel des Mitwirkungsaktes grundsätzlich gegen den abschließenden Verwaltungsakt geltend gemacht werden. Die Klagebefugnis für die Anfechtung des abschließenden Verwaltungsakts ist zu bejahen, wenn die in Frage stehenden Mitwirkungsakten anderer Behörden fehlerhaft sind[299]. Eine Anfechtungsklage gegen die Mitwirkungsakte selbst kommt in Betracht, wenn sie ausnahmsweise unmittelbar den Kläger in seiner Rechtstellung berühren.

Zur Bejahung der Klagebefugnis soll der Kläger geltend machen, bereits **gegenwärtig** und **unmittelbar** durch den angefochtenen Verwaltungsakt (möglicherweise) in seinen Rechten verletzt zu sein[300].

2.1.1 Die Rechtsverletzung

Eine objektive Rechtsverletzung ist gegeben, wenn die Verwaltung bei ihrem Handeln gegen Rechtsvorschriften verstoßen hat, wenn sie Normen nicht beachtet hat, bzw. nicht oder nicht richtig angewandt hat. In all diesen Fällen hat die Verwaltung das objektive Recht verletzt[301].

Grundsätzlich setzt die Klagebefugnis eine Belastung des Klägers in „seinen" Rechten voraus[302]. Die Frage, ob eine Rechtsverletzung im Sinne von § 42

---

298 Kopp/Schenke VwGO, 13. Aufl., § 42, Rnn. 73f.

299 Kopp/Schenke VwGO, 13. Aufl., § 42, Rnn. 166 ff.

300 Kopp/Schenke VwGO, 13. Aufl., § 42, Rn. 73. Gegenüber zukünftigen Rechtsverletzungen kommt beim Vorliegen der entsprechenden Voraussetzungen **vorbeugender Rechtsschutz** in Betracht; vgl. Huber, in v. Mangoldt/Klein/Starck, GG I, Art. 19 IV, Rn. 428; Sodan, in Sodan/Ziekow, VwGO, Stand 2003, § 42, Rn. 376; zum Zeitpunkt des Entstehens subjektiver Rechte s. Kopp/Schenke VwGO, 13. Aufl., § 42, Rn. 82.

301 Nicht identisch mit der Rechtsverletzung ist die Rechtswidrigkeit, wobei eine durch einen Verwaltungsakt verursachte Rechtsverletzung immer die Rechtswidrigkeit des Verwaltungsakt zur Folge hat, während eine Rechtswidrigkeit ohne Rechtsverletzung undenkbar ist. Rechtswidrig ist dementsprechend ein Verwaltungsakt, wenn er durch unrichtige Anwendung bestehender Rechtssätze zustande gekommen ist; vgl. dazu BVerwGE 13, 28, 31; E 31, 222, 223; Redeker/v. Oertzen, VwGO, 2004, § 42, Rn. 98.

302 Kopp/Schenke VwGO, 13. Aufl., § 42, Rn. 76.

Abs. 2 VwGO geltend gemacht werden kann, hängt daher davon ab, ob und welche subjektiven Rechte der Kläger in Bezug auf den angefochtenen Verwaltungsakt hat, d.h. ob und welche subjektiven Rechte der Verwaltungsakt berührt, indem er in sie eingreift bzw. rechtliche Auswirkungen haben kann. Im Schrifttum wird aus dem Grund nicht zwischen Rechtsverletzung und eigenen Rechten unterschieden. Als Rechtsverletzung wird gerade die Schmälerung bzw. Beeinträchtigung einer Rechtsposition verstanden, welche auf einen rechtswidrigen Verwaltungsakt zurückzuführen ist, wobei die Rechtswidrigkeit in einem Verstoß gegen eine den Betroffenen schützende Norm liegen muss[303].

Rechtsschutz bedeutet Schutz subjektiver Rechte vor Eingriffen. Der Eingriffsbegriff spielt also eine wichtige Rolle für den Umfang des Schutzes[304]. Bei Normen, die sehr konkrete Sachfragen regeln, wie z.B. welcher Grenzabstand einzuhalten ist oder welche Einwirkungen auf ein Nachbargrundstück zulässig sind, ist der Schutzbereich relativ einfach festzulegen. Verleiht hingegen die Norm eine abstraktere Rechtsposition, wird die Situation komplexer. Hierunter fallen vor allem die sog. absoluten Rechte, wie z.B. das Eigentum, die ihrem Inhaber die Befugnis zuerkennen, störende Einwirkungen anderer auszuschließen. Solche subjektiven Rechte können „imperativ" oder faktisch beeinträchtigt werden. Als imperative Beeinträchtigung lässt sich die für den Rechtsinhaber verbindliche Beschränkung des aus dem absoluten Recht resultierenden rechtlichen Dürfens und Könnens kennzeichnen. Es handelt sich um eine rechtliche Beeinträchtigung, die immer die Klagebefugnis begründen kann[305]. Schwierig ist die Abgrenzung von bloß rein tatsächlicher Betroffenheit, die für die Geltendmachung einer Rechtsverletzung grundsätzlich nicht ausreicht[306]. Als Eingriff in das jeweilige Rechtsgut wird die Belastung verstanden, die gezielt ein subjektives Recht schmälert[307]. Es stellt sich aber als äußerst schwierig heraus, einen gezielten Eingriff, eine gezielte Verschlechterung der rechtlichen Position des Einzelnen durch eine Behördenentscheidung nachzuweisen. Andererseits geht der

---

303 Z.B. Bettermann, Die Beschwer als Klagevoraussetzung, 20; Hufen, Verwaltungsprozessrecht, 462 ff.; Laubinger, Der Verwaltungsakt mit Doppelwirkung, 117.

304 Huber, in v. Mangoldt/Klein/Starck, GG I, Art. 19 IV, Rn. 410.

305 Jarass, Die Gemeinde als „Drittbetroffener", DVBl. 1976, 732 (734).

306 Schulze-Fielitz, in Dreier (Hrsg.), GG Kommentar, 2. Aufl., Bd. I, Art. 19 IV, Rn. 77; kritisch Bernhardt, Zur Anfechtung von Verwaltungsakten durch Dritte, JZ 1963, 302 (308).

307 „Klassischer Eingriffsbegriff": vgl. Dreier, in Dreier (Hrsg.), Grundgesetz Kommentar, 2. Aufl., Bd. I, Vorb. Art. 1, Rn. 124; Ibler, Rechtspflegender Rechtsschutz im Verwaltungsrecht, 157; Huber, in v. Mangoldt/Klein/Starck, GG I, Art. 19 IV, Rn. 424; s. aber was Eingriffe in grundrechtlich geschützte Interessen angeht BVerwGE 66, 307 ff.; E 71, 183 ff.; E 75, 109 ff.; E 82, 76 ff.; E 87, 37 ff.; E 90, 112 ff.; vgl. Dreier, in Dreier (Hrsg.), Grundgesetz Kommentar, 2. Aufl., Bd. I, Vorb. Art. 1, Rn. 125 ff.; Scherzberg, „Objektiver" Grundrechtsschutz und subjektives Grundrecht, DVBl. 1989, 1128 ff.

Staat von seinen traditionellen Lenkungsmitteln des Ge- und Verbots in zunehmendem Maße ab[308]. Angesichts dieses Befundes wird es als nicht mehr haltbar angesehen, den Rechtsschutz auf solche Einwirkungen zu beschränken, die dem Bürger gegenüber unmittelbar durch Eingriff erfolgen.

Subjektive Rechte können auch dadurch beeinträchtigt werden, indem der Staat zwar das rechtliche Dürfen und Können des Rechtsträgers nicht berührt, ihn jedoch in der Rechtsausübung z.B. durch Realakte hindert. Die Erteilung einer Baugenehmigung an sich, beschränkt nämlich den Nachbarn nicht in seinem rechtlichen Dürfen bzw. Können. Deren Realisierung berührt nichtsdestoweniger sein Eigentum. Eine rechtliche Betroffenheit durch das staatliche Handeln liegt vor, wenn das Gewicht dieser faktischen Belastung eine gewisse Schwelle überschreitet und nicht gerechtfertigt werden kann. Dann ist sie einer imperativen Beeinträchtigung bzw. einer Rechtsverletzung gleichzustellen. Ob die faktische Betroffenheit des Bürgers eine Qualität erreicht, die das jeweilige Gesetz rechtlich schützen will, ist eine Frage der Auslegung des Rechts und einer Würdigung der tatsächlichen Verhältnisse[309].

2.1.2 Die Unterscheidung von Adressaten und Nicht-Adressaten

Nach Art. 2 Abs. 1 GG (allgemeine Handlungsfreiheit) hat jedermann einen Anspruch darauf, durch die Staatsgewalt nicht mit einem Nachteil belastet zu werden, der nicht in der verfassungsmäßigen Ordnung begründet ist[310]. Daraus wird jedoch nicht geschlossen, dass jede Verletzung eines Gesetzes über das vom Gesetz geregelte Ausmaß hinaus (und damit ohne gesetzliche Grundlage) in die allgemeine Handlungsfreiheit eingreift, mit der Folge, dass das subjektive Recht eines nachteilig Betroffenen aus Art. 2 Abs. 1 GG verletzt ist[311]. Solches gilt nur für den unmittelbaren Adressaten von Staatsakten[312].

---

308 Erichsen, Freiheit – Gleichheit – Teilhabe, DVBl. 1983, 289, (293 m.w.N.).

309 Jarass, Die Gemeinde als „Drittbetroffener", DVBl. 1976, 732 (735); Kopp/Schenke VwGO, 13. Aufl., § 42, Rn. 73.

310 BVerfGE 9, 83, 88; E 19, 253, 257.

311 So aber Bernhardt, Zur Anfechtung von Verwaltungsakten durch Dritte, JZ 1963, 302 (306); Zuleeg, Hat das subjektive öffentliche Recht noch eine Daseinberechtigung?, DVBl. 1976, 509 (514 ff.): „Eines subjektiven öffentlichen Rechts als Bestandteil des Verwaltungsrechts bedarf es nicht mehr, das Grundrecht ist an seine Stelle getreten."; s. auch BVerwGE 79, 114.

312 **Materieller Adressat** ist derjenige, an den sich der Verwaltungsakt richtet und für den er bestimmt ist (§ 41 Abs. 1 S.1 Alt. 1 VwVfG). Dieser Begriff ist zur Unterscheidung zwischen dem eigentlichen Partner der Behörde im Verwaltungsrechtsverhältnis und „nur" Drittbetroffenen maßgeblich. Wer betroffen ist (§ 41 Abs. 1 S. 1 Alt. 2 VwVfG) oder in seinen rechtlichen Interessen berührt wird (§ 13 Abs. 2 S. 1 VwVfG), ist dadurch (wie auch der Umkehrschluss aus § 13 Abs. 2 VwVfG ergibt) noch nicht Adressat des Verwaltungsaktes (Bonk/Schmitz, in Stelkens/Bonk/Sachs, Verwaltungsverfah-

Voraussetzung für die Anerkennung eines subjektiven öffentlichen Rechts ist stets eine konkrete Betroffenheit in rechtlich geschützten Interessen[313]. Die Feststellung eines subjektiven öffentlichen Rechts bereitet für den Bereich bipolarer (Verwaltungs-) Rechtsverhältnisse zwischen dem Staat und dem Einzelnen kaum Schwierigkeiten[314]. Die Verwaltung greift hier unmittelbar und final auf Schutzgüter zu, so dass ihr praktisch jede herbeigeführte Beeinträchtigung von rechtlich geschützten Interessen auch zugerechnet werden kann. Wendet sich der Kläger gegen einen an ihn gerichteten, belastenden Verwaltungsakt, ist er stets klagebefugt[315]. In nahezu jeder solchen belastenden Maßnahme liegt gegenüber dem Adressaten ein Eingriff vor: jedes den Bürger belastende Staatshandeln, das nicht in den Schutzbereich spezieller Freiheitsrechte eingreift, beschränkt immer zumindest die aus Art. 2 Abs. 1 GG geschützte allgemeine Handlungsfreiheit, d.h. auch die Freiheit vor gesetzwidrigem Zwang[316], sodass eine Rechtsverletzung nicht **offensichtlich** ausgeschlossen ist. Dabei spielen die Schwere des Eingriffs, die Art und der Umfang der in Frage kommenden Interessen keine Rolle[317]. Ob ein Rechtsverstoß schließlich doch subjektivrechtlich irrelevant ist, ist eine Frage allein der Begründetheit[318]. Das hat im Bereich bipolarer Verwaltungsrechtsverhältnisse letztlich eine weitgehende Subjektivierung des Gesetzmäßigkeitsprinzips zur Folge. Die sog. Adressatentheorie[319] geht daher davon

---

rensgesetz, 6. Aufl., § 13 Rn. 21). Vom materiellen Adressaten ist zunächst der sog. **Inhaltsadressat** zu unterscheiden, den § 37 Abs. 1 VwVfG als denjenigen beschreibt, der von der Regelung des Verwaltungsaktes materiell betroffen, hieraus also verpflichtet bzw. berechtigt sein soll (P. Stelkens/U. Stelkens, in Stelkens/Bonk/Sachs, Verwaltungsverfahrensgesetz, 6. Aufl., § 37 Rn. 15). Vom Inhaltsadressaten ist der **Bekanntgabeadressat** zu unterscheiden. Das ist diejenige Person, an die der Verwaltungsakt bekannt zu geben ist bzw. bekannt gegeben werden soll. Im Regelfall sind Inhaltsadressat und Bekanntgabeadressat (wie sich aus § 41 Abs. 1 S. 1 ergibt) identisch.

313 BVerfGE 81, 329, 344f.

314 Sodan, in Sodan/Ziekow, VwGO, Stand 2003, § 42, Rn. 374.

315 BVerwG NJW 1988, 2752 (2753); NVwZ 1993, 884 (885); Gurlit, Die Klagebefugnis des Adressaten im Verwaltungsprozess, Die Verwaltung, 1995, 449 ff.; Wahl/Schütz, in: Schoch/Schmidt-Aßmann/Pietzner, VwGO Kommentar, Stand 2004, § 42 Abs. 2, Rn. 51; ebenso die gesamte verwaltungsprozessuale Lehrbuchliteratur: s. nur Hufen, Verwaltungsprozessrecht, 275; Schenke Verwaltungsprozessrecht, 167.

316 BVerfGE 6, 32, 36; E 9, 83, 88; E 12, 341, 387; E 19, 206, 215f.; E 24, 220, 235; E 29, 402, 408; E 33, 44, 48; E 36, 141, 161; E 42, 20, 27; E 44, 353, 373; E 50, 296, 319; E 74, 129, 151; E 75, 108, 154f.; 80, 137, 152 ff.; Sodan, in Sodan/Ziekow, VwGO, § 42, Rn. 374.

317 Bernhardt, Zur Anfechtung von Verwaltungsakten durch Dritte, JZ 1963, 302 (303).

318 Wahl/Schütz, in: Schoch/Schmidt-Aßmann/Pietzner, VwGO Kommentar, Stand 2004, § 42 Abs. 2, Rn. 70.

319 Dazu Gurlit, Die Klagebefugnis des Adressaten im Verwaltungsprozess, Die Verwaltung, 1995, 449; s. auch Wahl/Schütz, in: Schoch/Schmidt-Aßmann/Pietzner, VwGO Kommentar, Stand 2004, § 42 Abs. 2, Rn. 48f. und 70.

aus, dass der Adressat eines belastenden Verwaltungshandelns grundsätzlich einen umfassenden Anspruch auf dessen Rechtmäßigkeit besitzt – von der Zuständigkeit der Behörde über das Verwaltungsverfahren bis zur Beachtung des Verhältnismäßigkeitsprinzips[320]. In Bezug auf die Klagebefugnis sind Kläger und Gericht der Prüfung enthoben, in welchen Rechten genau der Kläger verletzt sein kann[321]: der Hinweis auf die Adressatenstellung des Klägers genügt[322]. Die Adressatentheorie ist unterschiedslos auf ausländische Staatsangehörige anwendbar. Der ausländische Betroffene kann sich nämlich sowohl auf Art. 19 Abs. 4 GG (Rechtsschutzanspruch) wie auch auf Art. 2 Abs. 1 GG berufen.

Ist der Kläger nicht Adressat, so ist die Möglichkeit einer subjektiven Rechtsverletzung genauer zu prüfen. Die Auffassung, dass jede Verletzung eines Gesetzes in die allgemeine Handlungsfreiheit eingreift, wird nicht auf jeden beliebigen Dritt-Belasteten ausgedehnt, denn es wird befürchtet, eine solche Auffassung würde zu der Begründung einer Popularklage aus Art. 2 Abs. 1 GG i.S. eines allgemeinen Gesetzesvollziehungsanspruchs führen[323]. Es gibt aber keinen solchen allgemeinen Gesetzesvollziehungsanspruch[324]. Auch aus den Grundrechten kann ein solcher nicht abgeleitet werden[325]. Der Bürger kann folglich nicht jede Rechtswidrigkeit rügen. Zur Bejahung der Klagebefugnis hat der Dritter geltend zu machen, dass er durch den angefochtenen Verwaltungsakt in seinen Rechten verletzt ist.

Auch Dritte, die nicht unmittelbar Adressat des staatlichen Handelns sind, können nämlich in ihren subjektiven Rechten verletzt sein[326], wenn die maßgeb-

---

320 Vgl. Bernhardt, Zur Anfechtung von Verwaltungsakten durch Dritte, JZ 1963, 302 (306).

321 Diese Haltung steht mit der Schutznormtheorie nicht in Einklang; s. Zuleeg, Hat das subjektive öffentliche Recht noch eine Daseinberechtigung?, DVBl. 1976, 509 (515).

322 Entsprechend werden bei der Verpflichtungsklage des abgewiesenen Antragstellers die Anforderungen an die Klagebefugnis herabgesetzt (sog. **Antragstheorie**: s. dazu Achterberg, Die Klagebefugnis – eine entbehrliche Sachurteilsvoraussetzung?, DVBl. 1981, 278, 279). Kritisch Ehlers, Die Klagebefugnis nach deutschem, europäischem Gemeinschafts- und U.S.-amerikanischem Recht, VerwArch 1993, 139 (146f.)

323 Gassner, Anfechtungsrechte Dritter und „Schutzgesetz", DÖV 1981, 615 (618); Scherzberg, „Objektiver" Grundrechtsschutz und subjektives Grundrecht, DVBl. 1989, 1128 (1129); Schulze-Fielitz, in Dreier (Hrsg.), GG Kommentar, 2. Aufl., Bd. I, Art. 19 IV, Rn. 70.

324 BVerwGE 22, 129, 132; Bartlsperger, Der Rechtsanspruch auf Beachtung von Vorschriften des Verwaltungsverfahrensrechts, DVBl. 1970, 30 (32); Fromm, Verwaltungsakte mit Doppelwirkung, VerwArch 1965, 26 (56f.); Gassner, Anfechtungsrechte Dritter und „Schutzgesetz", DÖV 1981, 615 (618); Koch, Der Grundrechtsschutz des Drittbetroffenen, 405 ff.; Laubinger, Der Verwaltungsakt mit Doppelwirkung, 28.

325 Wahl, Der Nachbarschutz im Baurecht, JuS 1984, 577 (583 Fn. 32); vgl. auch BVerwGE 28, 268, 271.

326 Bernhardt, Zur Anfechtung von Verwaltungsakten durch Dritte, JZ 1963, 302; Fromm, Verwaltungsakte mit Doppelwirkung, VerwArch 1965, 26 ff.

lichen Gesetzesnormen auch ihrem Schutz zu dienen bestimmt sind[327] oder wenn eine verfassungskonforme Auslegung des Gesetzesrechts ergibt, dass die Belastungen der Entscheidung wegen ihrer Erheblichkeit als grundrechtlich relevant und vom Gesetzgeber mitgeregelt zu qualifizieren sind[328]. Bei einem Dritten ist demgemäß entscheidend, ob eine Schutznorm vorhanden ist. Die Schutznormtheorie wirkt sich insofern nur „gegen" den Drittbetroffenen aus.

Ob dies mit der Verfassungslage vereinbar ist, bleibt fraglich[329]. Die in Art. 2 Abs. 1 GG garantierte Freiheit gilt nämlich in der gesamten Rechtsordnung, somit nicht nur für den Adressaten eines Verwaltungsaktes, sondern auch für Dritte, deren Interessenbereich durch einen Verwaltungsakt beeinträchtigt wird. Das gleiche gilt für die Bestimmungen des Art. 19 Abs. 4 GG wie auch für § 42 Abs. 2 VwGO: es wird kein erkennbarer Unterschied zwischen dem Adressaten und Dritten gemacht. Dass eine solche Auffassung zur Begründung einer Popularklage führen würde, ist nicht zutreffend, denn der Dritte bleibt darauf beschränkt, dass er nicht lediglich Interessen der Allgemeinheit geltend macht, sondern dass er in **schutzwürdigen** Belangen individuell konkret betroffen ist[330].

Die gegenwärtige Behandlung des Dritten ist mit Blick auf den historischen Hintergrund zu sehen. Bis zum Ende der Weimarer Republik gab es nämlich kein allgemeines subjektives Recht, frei von rechtswidrigen Beeinträchtigungen zu sein, und es wurde kein entsprechendes Klagerecht gewährt. Individuelle Rechtspositionen, und damit auch die Klagebefugnis, bedurften vielmehr jeweils einer speziellen Verankerung im positiven Recht[331]. Dies galt aber ohne Unterschied auch für den Adressaten.

Die einer Drittklage zugrunde liegende Konstellation ist dadurch gekennzeichnet, dass der Kläger (Dritte) gegen die Begünstigung eines anderen Privaten vorgeht, die ihn in seinen Interessen beeinträchtigt. Typische Konstellationen, die für diese Untersuchung von Bedeutung sind, sind die Anfechtung einer Baugenehmigung durch den Nachbarn und die Anfechtung einer immissionsrechtlichen Genehmigung. Es stellt sich damit die Frage, ob dem Dritten ein Abwehrrecht gegen die Erteilung der Genehmigung zusteht.

---

327 BVerwGE 27, 29, 32; E 2, 290, 294.

328 Jarass, Der Rechtsschutz Dritter bei der Genehmigung von Anlagen – Am Beispiel des Immissionsschutzrechts, NJW 1983, 2844 (2846f.)

329 Bernhardt, Zur Anfechtung von Verwaltungsakten durch Dritte, JZ 1963, 302 (303).

330 Vgl. Bernhardt, Zur Anfechtung von Verwaltungsakten durch Dritte, JZ 1963, 302 (306); Fromm, Verwaltungsakte mit Doppelwirkung, VerwArch 1965, 26 (28); Gassner, Anfechtungsrechte Dritter und „Schutzgesetz", DÖV 1981, 615; Zuleeg, Hat das subjektive öffentliche Recht noch eine Daseinberechtigung?, DVBl. 1976, 509 (516); **contra** Scherzberg, „Objektiver" Grundrechtsschutz und subjektives Grundrecht, DVBl. 1989, 1128 (1129): Solche Einschränkungen sind mit Art. 2 Abs. 1 GG unvereinbar, weil die Handlungsfreiheit jedes menschliche Verhalten erfasst.

331 Bernhardt, Zur Anfechtung von Verwaltungsakten durch Dritte, JZ 1963, 302 (303).

Fallkonstellationen, in denen der Dritte Interessen verfolgt, die denen des Adressaten parallel gelagert sind, und er sich deshalb gegen eine Belastung des Adressaten wendet, gehören dagegen nicht in diesen Zusammenhang und werden nicht erörtert. Dabei geht es um die Frage nach subjektivrechtlichem Schutz gegen solches Behördenhandeln, das sich über die Sphäre eines anderen als Belastung mitteilt[332].

2.1.3 Das geltend zu machende „Recht"

Als „Rechte", deren Verletzung der Kläger nach § 42 Abs. 2 VwGO geltend machen kann, kommen subjektive öffentliche Rechte in Betracht[333]. Der Begriff hat nunmehr historische Bedeutung und ist nicht mit den historischen subjektiven öffentlichen Rechten gleichzusetzen.

Das subjektive Recht wird stark von Wertungen geprägt[334]. Geschützte Rechte bzw. Rechtsgüter können aufgrund des objektiven Rechts zustehen. Der abstrakte Begriff des Rechtsguts bezeichnet das rechtlich geschützte Interesse einzelner Menschen („Individualrechtsgüter") und der Gesellschaft als solcher („Universalrechtsgüter", z.B. öffentliche Sicherheit und Ordnung). Jedes von der Rechtsordnung als schutzwürdig[335] anerkannte Individualinteresse ist also als subjektives „Recht" zu betrachten[336]. Es ist nicht erforderlich, dass die Norm, auf die der Kläger sich beruft, in dem Gesetz enthalten ist, auf das sich der angegriffene Verwaltungsakt stützt[337]. Dementsprechend sind Rechte i.S.d. § 42 Abs. 2 VwGO alle rechtlich geschützten Interessen[338]. Die verletzten Rechte können

---

332 Dazu Wahl/Schütz, in: Schoch/Schmidt-Aßmann/Pietzner, VwGO Kommentar, Stand 2004, Vorb. §§ 113–115, Rn. 335f.

333 Ehlers, Die Klagebefugnis nach deutschem, europäischem Gemeinschafts- und U.S.-amerikanischem Recht, VerwArch 1993, 139 (144f.); Sodan, in Sodan/Ziekow, VwGO, § 42, Rn. 373; Wahl/Schütz, in: Schoch/Schmidt-Aßmann/Pietzner, VwGO Kommentar, Stand 2004, § 42 Abs. 2, Rn. 43.

334 Vgl. Ibler, Rechtspflegender Rechtsschutz im Verwaltungsrecht, 171.

335 Das rechtlich geschützte Interesse darf nicht mit dem schützwürdigen Interesse verwechselt werden. Letzter ist dahingehend zu verstehen, dass dessen Schutz gewünscht wird, während das rechtlich geschützte Interesse das tatsächlich durch die Rechtsordnung geschützt ist. Das Erfordernis der Schutzwürdigkeit der Rechtsposition stellt sich als zusätzliche Voraussetzung der Klagebefugnis dar, deren Erfüllung unter Berücksichtigung des jeweiligen konkreten Falles geprüft wird. Keine Rechtsverletzung kann z.B. aus einer unerlaubten Nutzung hergeleitet werden; s. Kopp/Schenke VwGO, 13. Aufl., § 42, Rn. 89.

336 Kopp/Schenke VwGO, 13. Aufl., § 42, Rn. 78.

337 Jarass, Die Gemeinde als „Drittbetroffener", DVBl. 1976, 732 (737, Fn. 67); Kopp/Schenke VwGO, 13. Aufl., § 42, Rn. 88.

338 Diese Auffassung ist ganz herrschend, s. etwa Achterberg, Die Klagebefugnis – eine entbehrliche Sachurteilsvoraussetzung?, DVBl. 1981, 278 (279 Fn. 6 m.w.N.); Gassner, Anfechtungsrechte Dritter und „Schutzgesetz", DÖV 1981, 615 (616); Jarass,

sowohl materielle als auch formelle Rechte sein. Grundsätzlich müssen jedoch im Ergebnis subjektive materielle Rechte betroffen sein.

Bei den möglichen Grundlagen des subjektiven Rechts im Sinne des § 42 Abs. 2 VwGO treten Fragen auf. Es ist nämlich umstritten, ob auch subjektive Rechte des Privatrechts vor den Verwaltungsgerichten verteidigt werden können. Diese Frage verliert trotzdem an Bedeutung, wenn man bedenkt, dass die meisten durch das Privatrecht geschützten Interessen durch die Grundrechte geschützt sind. Im Schrifttum wird davon ausgegangen, dass eine Anfechtungsklage auch auf die Verletzung privater Rechte gestützt werden kann[339].

Privatrechtliche Interessen können zwar grundsätzlich nicht verwaltungsrechtlichem Schutz unterliegen. Ein Verwaltungsakt schränkt private Rechte nur aufgrund öffentlich-rechtlicher Normen ein: werden diese beachtet, liegt keine rechtswidrige Beeinträchtigung vor. Im Rahmen des § 42 Abs. 2 VwGO ist eine Rechtsverletzung nur denkbar, wenn solche Beschränkungsnormen des öffentlichen Rechts verletzt worden sind. Im Normalfall wird es daher genügen, wenn der Verstoß gegen öffentlich-rechtliche Normen geltend gemacht wird[340]. Eine Ausnahme kann es nur dann geben, wenn ein Kläger, z.B. ein Drittbetroffener eines belastenden Verwaltungsaktes, ansonsten keine Rechtsschutzmöglichkeit hätte[341]. Dieser Ansicht schließt sich das BVerfG an[342].

Nach Art 19 Abs. 4 GG hat jedermann das Recht auf Rechtsschutz, wo er durch die öffentliche Gewalt in seinen Rechten verletzt ist. Hierbei sind auch privatrechtlich begründete Rechte mit erfasst[343]. Steht dem Kläger zur Durchsetzung privatrechtlich begründeter subjektiver Rechte gegen die öffentliche Verwaltung der Zivilrechtsweg offen, so hat er diesen zu beschreiten. Ist in einem solchen Fall der Zivilrechtsweg durch Gesetz aber ausgeschlossen, so scheint es

---

Die Gemeinde als „Drittbetroffener", DVBl. 1976, 732 (733 Fn. 15); BVerwG, DVBl. 1969, 62 (63).

339 Bernhardt, Zur Anfechtung von Verwaltungsakten durch Dritte, JZ 1963, 302 (305); Fromm, Verwaltungsakte mit Doppelwirkung, VerwArch 1965, 26 (33); Kopp/ Schenke VwGO, 13. Aufl., § 42, Rn. 81; Zuleeg, Hat das subjektive öffentliche Recht noch eine Daseinberechtigung?, DVBl. 1976, 509.

340 Vgl. BVerwGE 28, 131, 134f.; Jarass, Die Gemeinde als „Drittbetroffener", DVBl. 1976, 732 (738).

341 Jarass, Der Rechtsschutz Dritter bei der Genehmigung von Anlagen, NJW 1983, 2844 (2846): z.B. § 14 BImSchG schließt privatrechtliche Abwehransprüche gegen eine genehmigungsbedürftige Anlage aus. Da es gegen eine Verletzung dieser Rechte sonst praktisch keinen Rechtsschutz gebe, müsste gegen sie im Rahmen einer verwaltungsrechtlichen Klage vorgegangen werden können. Jarass weist im Zusammenhang mit § 14 BImSchG aber darauf hin, dass es bei einer nach öffentlichem Recht genehmigten Anlage praktisch kaum zur Entstehung eines solchen Abwehranspruchs kommen dürfte.

342 BVerfG, DVBl. 1988, 446 (447).

343 Schulze-Fielitz, in Dreier (Hrsg.), GG Kommentar, 2. Aufl., Bd. I, Art. 19 IV, Rn. 61.

mit Art. 19 Abs. 4 GG nicht vereinbar, ihm auch den Verwaltungsrechtsweg zu versagen.

Darüber hinaus sind „Rechte“ im Sinne des § 42 Abs. 2 die Rechtspositionen im organschaftlichen Rechtskreis[344], welche als „subjektive öffentliche Rechte im weiteren Sinne“ bezeichnet werden[345]. Hierzu zählen die organschaftlichen Rechte des staatlichen Binnenbereichs sowie die Rechtspositionen von Gemeinden[346] und sonstigen Selbstverwaltungskörperschaften[347].

Im Folgenden wird die herrschende Terminologie angewandt, wonach das subjektive öffentliche Recht im weiteren Sinne verstanden wird und sowohl die traditionellen subjektiven öffentlichen Rechte einschließt als auch die rechtlich geschützten Interesse.

Rechtlich geschützt ist ein Interesse, dessen Befriedigung durch die Rechtsordnung gefördert wird. Es bleibt dennoch die Frage, ob eine Norm bestimmt ist, alle Interessen zu schützen, denen sie zugute kommt. Die Rechtsprechung nimmt an, dass eine Norm nicht alle Interessen schützt, die durch ihre Verletzung beeinträchtigt würden. Die allgemeine Tendenz scheint zu sein, nur materielle Eigeninteressen, nicht aber ideelle Interesse anzuerkennen[348] – es sei denn, sie sind geschützt durch das Persönlichkeitsrecht oder die Selbstverwaltungsgarantie –, wie z.B. das Ansehen einer Person oder der Ruf einer Vereinigung[349]. Keine geschützten Rechte sind damit bloße Erwerbschancen, wirtschaftliche[350] und politische Interessen, bloße Situationsvorteile geographischer oder infrastruktureller Art. Typische Individualrechtsgüter sind die durch die Grundrechte geschützten subjektiven Rechte, z.B. Menschenwürde, körperliche Unversehrtheit oder Eigentum. Rechtsgüter sind in der Regel „disponibel“. Der Inhaber eines Rechtsguts kann nach seinem freien Willen über seine Rechtsgüter verfügen. Die Unterscheidung zwischen rechtlich geschütztem und „nur“ wirtschaftlichem, kulturellem, ideellem und ähnlichem Interesse ist nicht unbedenklich, wenn sie nur hinsichtlich von Drittklagen gemacht wird. Wenn der Adressat eines belastenden Verwaltungsaktes stets klagebefugt ist, heißt es, er darf sich offensichtlich auch auf solche Interessen berufen, ohne dass es auf die Schwere

---

344 Dazu Kopp/Schenke VwGO, 13. Aufl., § 42, Rn. 80; Wahl/Schütz, in: Schoch/Schmidt-Aßmann/Pietzner, VwGO Kommentar, Stand 2004, § 42 Abs. 2, Rn. 91 ff.

345 Wahl/Schütz, in: Schoch/Schmidt-Aßmann/Pietzner, VwGO Kommentar, Stand 2004, § 42 Abs. 2, Rn. 43.

346 Wahl/Schütz, in: Schoch/Schmidt-Aßmann/Pietzner, VwGO Kommentar, Stand 2004, § 42 Abs. 2, Rn. 104 ff.

347 Dazu Wahl/Schütz, in: Schoch/Schmidt-Aßmann/Pietzner, VwGO Kommentar, Stand 2004, Vorb. §§ 113–115, Rn. 7; s. auch Maurer, Allgemeines Verwaltungsrecht, 152.

348 Hufen, Verwaltungsprozessrecht, 263f.

349 Zur Anfechtung der Begünstigung eines Konkurrenten s. Hufen, Verwaltungsprozessrecht, 264f.

350 Vgl. BVerwG, NVwZ 1993, 63: Der Hotelier hat kein Recht auf die staatliche Anerkennung seines Standortes als Heilbad.

des Eingriffs ankommt. Hat aber nicht jeder Bürger ein Recht darauf, dass seine Interessen nur in gesetzmäßiger Weise beschnitten werden? Meines Erachtens sollte daher zum Kriterium für die Abgrenzung gemacht werden, dass es sich um schutzwürdige Belange des Einzelnen handeln müsse[351].

Minimale Störungen des Wohlbefindens reichen nicht aus[352]. Die Bedrohung bloßer Annehmlichkeiten (wie z.B. der Gebrauch eines Produktes[353]) durch den angefochtenen Verwaltungsakt bzw. Unannehmlichkeiten, die durch den Verwaltungsakt entstehen (wie z.B. ästhetisches Unbehagen oder Ärger[354]), sind demgemäß keine Rechtsverletzungen.

Zu unterscheiden sind weiter subjektive öffentliche Rechte aus einfachen Gesetzen und Grundrechte. Die Grundrechte sind als Abwehrrechte des Einzelnen gegenüber dem Staat subjektive öffentliche Rechte „par excellence"[355] und wurden als „Prototyp der subjektiven öffentliche Rechte" bezeichnet[356]. Die in den Grundrechten garantierten Rechtspositionen bedürfen dennoch regelmäßig der gesetzlichen Ausformung, um in der Wirklichkeit des juristischen Alltags Gestalt zu gewinnen. Aus ihnen kann daher auch nicht die Klagebefugnis unmittelbar begründet werden[357]. Die Prüfung eines einfachen Gesetzes ist vorrangig, weil es spezieller ist und seine Verletzung eher in Betracht kommt[358].

Dies soll aber auf keinen Fall heißen, dass nur der einfache Gesetzgeber subjektive öffentliche Rechte gewähren kann. Der Regelung des Art. 19 Abs. 4 GG ist keine Unterscheidung zwischen einfachgesetzlich begründeten und sich aus den Grundrechten ergebenden Rechten zu entnehmen. Der Rechtsschutz ist also für alle Rechte gleich garantiert. Dies bedeutet nichts anderes als eine Entscheidung des Verfassungsgesetzgebers, dass sich subjektive öffentliche Rechte auch aus Grundrechten ergeben können[359].

Dem einfachen Recht ist durch Auslegung zu entnehmen, ob es sich um eine solche Rechte verleihende Norm handelt. Liegt eine gesetzliche Konkreti-

---

351 Vgl. Bernhardt, Zur Anfechtung von Verwaltungsakten durch Dritte, JZ 1963, 302 (307).

352 Zuleeg, Hat das subjektive öffentliche Recht noch eine Daseinberechtigung?, DVBl. 1976, 509 (517).

353 BVerwG, NJW 1993, 3003.

354 Vgl. Hufen, Verwaltungsprozessrecht, 276f.

355 Kopp/Schenke VwGO, 13. Aufl., § 42, Rn. 121; Wahl/Schütz, in: Schoch/Schmidt-Aßmann/Pietzner, VwGO Kommentar, Stand 2004, § 42 Abs. 2, Rn. 56.

356 Bauer, Subjektive öffentliche Rechte des Staates, DVBl. 1986, 208 (211).

357 Sodan, in Sodan/Ziekow, VwGO, § 42, Rn. 383 ff.; Wahl, Die doppelte Abhängigkeit des subjektiven öffentlichen Rechts, DVBl. 1996, 641 (645).

358 Hufen, Verwaltungsprozessrecht, 279; Maurer, Allgemeines Verwaltungsrecht, 80f.; Sodan, in Sodan/Ziekow, VwGO, § 42, Rn. 383; Wahl/Schütz, in: Schoch/Schmidt-Aßmann/Pietzner, VwGO Kommentar, Stand 2004, § 42 Abs. 2, Rn. 57.

359 Hoffmann – Becking, Zum Stand der Lehre vom Recht auf fehlerfreie Ermessensentscheidung, DVBl. 1970, 850 (855).

sierung vor, so ist zuerst diese heranzuziehen und nur, wenn keine gesetzliche Schutznorm in Betracht kommt, die Klagebefugnis unmittelbar aus Grundrechten zu prüfen. Andersherum: soweit der Gesetzgeber in verfassungsmäßiger Weise eine Entscheidung über die Zumessung und Begrenzung grundrechtlicher Freiheit getroffen hat, findet ein Rückgriff auf die Grundrechte nicht mehr statt.

2.1.4 Das geltend zu machende „subjektive" Recht

Der Kläger bezieht seine Anfechtungsbefugnis gerade aus der Tatsache, dass der angefochtene Akt der Verwaltung möglicherweise „subjektiv" rechtswidrig ist[360]. Demgemäß sind Anfechtungsklagen nur zulässig, wenn der Kläger eine Betroffenheit in **eigenen** subjektiven Rechten geltend macht. Was bei dem Ausdruck „seine Rechte" unter „seine" zu verstehen ist, ist seit jeher umstritten. Das Grundgesetz enthält keine Definition dessen, was „subjektives Recht" heißen soll. In Berücksichtigung des Zwecks des Art. 19 Abs. 4 muss dennoch von einer Offenheit des Begriffs ausgegangen werden. Der einfache Gesetzgeber hat den Begriff des subjektiven Rechts auch nicht definiert. Vielmehr wird er sowohl im Bereich des materiellen als auch des Prozessrechts als gegeben vorausgesetzt.

Zur Ausfüllung des Begriffs haben Rechtsprechung und Schrifttum auf das altüberkommene Institut des „subjektiven öffentlichen Rechts" zurückgegriffen[361]. Man versteht darunter die einem Rechtssubjekt durch eine Rechtsnorm zuerkannte Rechtsmacht, zur Verfolgung eigener Interessen von einem anderen ein bestimmtes Tun, Dulden oder Unterlassen zu fordern[362]. Das subjektive öffentliche Recht ist ein Institut des materiellen allgemeinen Verwaltungsrechts[363]. Die Probleme, die damit einhergehen, werden dennoch vor allem unter prozessrechtlichen Vorzeichen erörtert.

Die Grundlagen der heutigen Form des subjektiven öffentlichen Rechts wurden zu Beginn des 20. Jahrhunderts von Georg Jellinek[364] und Ottmar Bühler[365] gelegt. Die Ursprünge des subjektiven Rechts reichen aber bis weit ins

---

360 Bis zum Abschluss des Prozesses besteht daher die Möglichkeit, dass der Kläger, falls er Empfänger einer belastenden Verfügung ist, an der Ausübung seiner Rechte zu Unrecht gehindert wird. Diese Wirkung wird dadurch abgemildert, dass die Klage grundsätzlich aufschiebende Wirkung hat (§ 80 Abs. 1 VwGO). Das Gesetz räumt damit dem Recht des Einzelnen den Vorrang ein: Er darf sein Recht solange nutzen, bis gerichtlich die Rechtmäßigkeit der Verwaltungsmaßnahme festgestellt worden ist.

361 Gassner, Anfechtungsrechte Dritter und „Schutzgesetz", DÖV 1981, 615; Zuleeg, Hat das subjektive öffentliche Recht noch eine Daseinberechtigung?, DVBl. 1976, 509 (510).

362 Maurer, Allgemeines Verwaltungsrecht, 152.

363 Maurer, Allgemeines Verwaltungsrecht, 152 ff.

364 Jellinek, System der subjektiven öffentlichen Rechte.

365 Bühler, Die subjektiven öffentlichen Rechte und ihr Schutz in der deutschen Verwaltungsrechtsprechung.

19. Jahrhundert zurück[366]. Die Lehre vom subjektiven öffentlichen Recht versucht eine Antwort auf die Frage nach den Grenzen zwischen Recht, das konkreten Einzelpersonen Ansprüche gewährt (subjektive Rechte), und Recht, das dem Einzelnen keine Ansprüche gewährt (objektives Recht), zu geben[367]. Das subjektive öffentliche Recht im Bürger-Staat-Verhältnis kann demnach als die Rechtsmacht bezeichnet werden, eine normative Konfliktentscheidung den verpflichteten Rechtssubjekten gegenüber autonom geltend zu machen[368], d.h. die kraft öffentlichen Rechts verliehene Berechtigung, vom öffentlich-rechtlich oder privatrechtlich handelnden Staat oder einem anderen Träger öffentlicher Gewalt zur Verfolgung eigener Interessen ein bestimmtes Verhalten (Tun, Dulden oder Unterlassen) verlangen und durchsetzen zu können[369]. Die mit dem Inkrafttreten des Grundgesetzes ausgelösten Veränderungen für das gesamte öffentliche Recht ergriffen auch die Lehre vom subjektiven öffentlichen Recht[370]. Otto Bachof hat

366 Dazu ausführlich Erichsen, Verfassungs- und verwaltungsgeschichtliche Grundlagen der Lehre vom fehlerhaften belastenden Verwaltungsakt und seiner Aufhebung im Prozess, 171 ff. m.w.N.

367 Die Entwicklung des subjektiven öffentlichen Rechts in neuerer Zeit wird verständlich anhand der beiden am Ende des 19. Jahrhunderts existierenden Traditionen der Verwaltungsrechtspflege. Die preußische, auf von Gneist („Der Rechtsstaat und die Verwaltungsgerichte in Deutschland") zurückgehende Tradition verstand das Recht als objektive Ordnung. Die Beschwerderechte seien daher nicht subjektiver Natur, sondern Möglichkeit eines Beitrags des Bürgers zum Erhalt der objektiven Rechtsordnung (Gneist, Der Rechtsstaat und die Verwaltungsgerichte in Deutschland, 271). Hier wirkte der Kampf um die Überwindung des Feudalstaates nach. Der Bürger konnte dem Landesherren wohlerworbene Rechte entgegenhalten und auf dem ordentlichen Gerichtsweg durchsetzen. Subjektive Rechte gab es nach dieser Tradition im Verwaltungsrecht nicht. Das sog. süddeutsche System, dessen Vorkämpfer von Sarwey war („Das öffentliche Recht und die Verwaltungspflege"), betonte den Schutz und die Verteidigung subjektiver öffentlicher Rechte durch die Verwaltungsgerichtsbarkeit. Hier stand somit das subjektive öffentliche Recht im Zentrum des Interesses an einer Verwaltungsgerichtsbarkeit (von Sarwey, Das öffentliche Recht und die Verwaltungspflege, 79 und 112).

368 Wahl/Schütz, in: Schoch/Schmidt-Aßmann/Pietzner, VwGO Kommentar, Stand 2004, § 42 Abs. 2, Rn. 44.

369 Vgl. die klassische Definition von Bühler (Die subjektiven öffentlichen Rechte und ihr Schutz in der deutschen Verwaltungsrechtsprechung, 224): „Subjektives öffentliches Recht ist diejenige rechtliche Stellung des Untertanen zum Staat, in der er aufgrund eines Rechtsgeschäfts oder eines zwingenden, zum Schutz seiner Individualinteressen erlassenen Rechtsatzes, auf den er sich der Verwaltung gegenüber soll berufen können, vom Staat etwas verlangen kann oder ihm gegenüber etwas tun darf". Abgesehen davon, dass der Begriff des „Untertanen" heute durch den Begriff des Bürgers zu ersetzen ist, erfreuen sich die Begriffselemente und Voraussetzungen der klassischen Definition auch heute noch seitens der herrschenden Lehre ungebrochener Kontinuität. Das süddeutsche System hat sich somit letztendlich durchgesetzt.

370 Wahl, in Schoch/Schmidt-Aßmann/Pietzner, VwGO Kommentar, Stand 2004, Vorb.

die Lehre des subjektiven öffentlichen Rechts mit Rücksicht auf die mit dem Grundgesetz gebrachten Neuerungen weiter entwickelt[371]. Angesichts der Absicherung des Rechtsschutzes gegen die öffentliche Gewalt in Art. 19 Abs. 4 GG wurde der Nachweis einer besonderen Rechtsmacht nicht mehr verlangt[372]. Allein entscheidendes Abgrenzungsmerkmal wurde Bühlers zweites Kriterium, nach dem der Rechtssatz nicht nur den Schutz öffentlicher Interessen, sondern zumindest auch von Privatinteressen bezwecken muss (sog. Schutznormtheorie).

Als normative Konfliktentscheidung ist das Grundgesetz, insbesondere die Grundrechte, nach Maßgabe der Art. 23, 24 Abs. 1 und 25 GG auch das EG-Recht bzw. das Völkerrecht, die Verfassungen der Länder, das formelle Gesetz, das materielle Gesetz (Verordnung, Satzung) und das organschaftliche Binnenrecht (Geschäftsordnung, Satzung) zu verstehen[373]. Das subjektive öffentliche Recht kann sich demgemäß aus einfach-gesetzlichen Vorschriften, welche gerade gegenüber dem Kläger (Dritt-)Schutz entfalten oder aus öffentlich-rechtlichen Sonderbeziehungen (z.B. öffentlich-rechtlicher Vertrag, behördliche Zusage) ergeben[374]. Die Subjektivierung kann darüber hinaus durch richterrechtliche Ausfüllung gesetzlicher Lücken (z.B. das Gebot der Rücksichtsnahme) oder auch durch Gewohnheitsrecht bzw. allgemeine Grundsätze des ungeschriebenen Rechts geschehen[375].

2.1.4.1 Die Schutznormtheorie

Dem Ausgeführten zufolge ist für das Bestehen subjektiver öffentlicher Rechte primär das einfache Gesetzesrecht maßgebend. Das subjektive Recht erkennt den Bürger als Rechtssubjekt an und vermittelt ihm die Möglichkeit, die Beachtung der **ihn** betreffenden Gesetze zu verlangen[376].

Die Begründung eines subjektiven Rechts setzt eine Norm des objektiven Rechts voraus, die geeignet ist, eine Rechtsposition des Einzelnen zu begründen[377]. Ob die positive Rechtsordnung dem Einzelnen subjektive Rechte einräumt, unter welchen Voraussetzungen und mit welchem Inhalt, muss durch (verfassungskonforme) Auslegung der jeweiligen Rechtsnormen materiell- oder

---

§ 42 Abs. 2, Rn. 44.

371 Bachof, Reflexwirkungen und subjektive Rechte im öffentlichen Recht, GS Jellinek, 1955, 287.

372 BVerfGE 27, 297, 308; vgl. BVerwGE 1, 159, 161f.; s. auch Laubinger, Der Verwaltungsakt mit Doppelwirkung, 25.

373 Schenke, Verwaltungsprozessrecht, 127.

374 Sodan, in Sodan/Ziekow, VwGO, § 42, Rn. 376.

375 Kopp/Schenke VwGO, 13. Aufl., § 42, Rnn. 78 und 155 ff.

376 Maurer, Allgemeines Verwaltungsrecht, 153; Peine, Allgemeines Verwaltungsrecht, 58.

377 BVerfGE 51, 193, 211.

verfahrensrechtlicher Art ermittelt werden[378]. Rechtslogische Voraussetzung eines subjektiven öffentlichen Rechts als rechtlich geschütztes Interesse des Rechtssubjekts im Verhältnis zum Hoheitsträger ist eine auf objektivem Recht beruhende, den Staat treffende Rechtspflicht[379]. Wenn nämlich die öffentliche Gewalt den normativen Interessenausgleich stört, obwohl sie eine besondere Verpflichtung trifft, für dessen Gewährleistung zu sorgen, kommt es zu einer Schutzgutbeeinträchtigung. Die objektive Pflicht der Verwaltung ist streng zu unterscheiden von der Frage nach der subjektiven Berechtigung des Einzelnen, von der Verwaltung die Einlösung dieser Pflicht verlangen zu können. Nicht jedes Gesetz, welches ein Interesse schützt und der Verwaltung eine Rechtspflicht vorgibt, verschafft dem Interessenten ein Recht im subjektiven Sinn, d.h. einen Rechtsanspruch auf Gewährung dieses Schutzes[380]. Diese Erkenntnis ist Grundwurzel der Lehre vom subjektiven öffentlichen Recht. Unerheblich wäre auch der Fall, dass die Rechtspflicht zwar im Interesse einzelner Bürger, aber anderer Bürger als des Klägers besteht. Die Anfechtungsklage ist jedoch ein Instrument zur Durchsetzung und Verteidigung der subjektiven Rechte gerade des Klägers.

Zunächst muss aufgeklärt werden, dass das Verwaltungsrecht die Verwaltung regelt, indem es primär objektive Pflichten statuiert. Anders als im Zivilrecht, wo jeder Pflicht ein subjektives Recht korrespondiert, ist es im öffentlichen Recht denkbar, dass die Rechtspflicht des Staates ausschließlich im Interesse der Allgemeinheit, und nicht im Interesse einzelner Bürger besteht. Dies ist kein Defizit des öffentlichen Rechts[381]. Die Verwaltung wird nämlich als Sozialgestaltung im öffentlichen Interesse tätig[382]. Das öffentliche Recht ist demgemäß in seinem Kern nichts anderes als eine Ausgleichs- und Konfliktentscheidung über private Interessen – dies aber in einem anderen Modus als im Privatrecht. Das öffentliche Recht vereinfacht in seinem Anwendungsgebiet die Vielfalt wechselseitiger Interessenkonflikte zwischen der großen Zahl von Privaten dadurch, dass es Interessen vieler oder aller zu sog. öffentlichen Interessen

378 BVerfGE 78, 214, 226; Hofmann, in Schmidt-Bleibtreu/Klein, GG, 10. Aufl., Art. 19, Rn. 58; Huber, in v. Mangoldt/Klein/Starck, GG I, Art. 19 IV, Rn. 398; Schulze-Fielitz, in Dreier (Hrsg.), GG Kommentar, 2. Aufl., Bd. I, Art. 19 IV, Rn. 62; Wahl, Die doppelte Abhängigkeit des subjektiven öffentlichen Rechts, DVBl. 1996, 641.

379 BVerwGE 51, 211; Bachof, Reflexwirkungen und subjektive Rechte im öffentlichen Recht, GS Jellinek, 287 (289); Maurer, Allgemeines Verwaltungsrecht, 154; Scherzberg, Grundlagen und Typologie des subjektiv-öffentlichen Rechts, DVBl. 1988, 129 (130).

380 Hoffmann – Becking, Zum Stand der Lehre vom Recht auf fehlerfreie Ermessensentscheidung, DVBl. 1970, 850 (853).

381 Wahl, in Schoch/Schmidt-Aßmann/Pietzner, VwGO Kommentar, Stand 2004, Vorb. § 42 Abs. 2, Rn. 60.

382 Bachof, Reflexwirkungen und subjektive Rechte im öffentlichen Recht, GS Jellinek, 287 (290); Maurer, Allgemeines Verwaltungsrecht, 5.

erhebt[383]. Die Verfolgung dieser öffentlichen Interessen wird der öffentlichen Verwaltung als gebundener Amtsauftrag übertragen. Damit wird der Einzelne von deren eigenständigen Einforderung einerseits ausgeschlossen, andererseits aber auch entlastet[384].

Es liegt also in der Logik des öffentlichen Rechts, dass die von der Einforderung des öffentlichen Interesses „Begünstigten" nicht Subjekt der relevanten Rechtsverhältnisse werden. An ihrer Stelle nimmt die Verwaltung die öffentlichen Interessen wahr. Wenn eine Norm ein bestimmtes Verhalten von der Verwaltung ausschließlich im Interesse der Allgemeinheit verlangt, sie aber trotzdem dem Einzelnen eine Begünstigung gewährt, handelt es sich um Wirkung auf faktische Interessen des Betroffenen. Faktische Begünstigungen, d.h. Vorteile, die dem Einzelnen nicht um seiner selbst Willen, sondern nur im Interesse der Allgemeinheit eingeräumt sind, die weder vom Gesetz beabsichtigt noch von der Verfassung gefordert werden, sind demzufolge lediglich „Reflexe"[385] und keine subjektive Rechte. Der bloß tatsächlich Betroffene kann kein eigenes Klagerecht geltend machen.

Warum wird aber innerhalb des öffentlichen Rechts ein Teil der Beziehungen subjektiviert? Der Einzelne ist trotz Wahrnehmung der allgemeinen Interessen vom Staat kein bloßes Objekt: ihm bleibt eine individuelle Sphäre und wird eine Rechtsmacht eingeräumt, um übermäßige Geltendmachung öffentlicher Interessen abzuwehren[386]. Das subjektive öffentliche Recht erschließt sich demzufolge als der Bereich, der dem Einzelnen in seiner Subjektstellung zur eigenen Disposition und Interessenverfolgung zugeordnet ist[387].

Die erste entscheidende Frage lautet damit, unter welchen Voraussetzungen ein Gesetz dem Einzelnen eine Begünstigung um seiner selbst Willen, und damit ein subjektives (öffentliches) Recht gewährt, und wann es sich bei einem Vorteil lediglich um den Reflex einer ausschließlich im Allgemeininteresse bestehenden Regelung handelt. Dies ist im Wege der Auslegung anhand der

---

383 Das **öffentliche Interesse** ist im öffentlichen Recht geradezu allgegenwärtig und je öfter man sich darauf beruft, umso unklarer scheint der Begriff zu werden. Er ist von politischen Grundausrichtungen und staatstheoretischen Strömungen abhängig. In einer Demokratie wird das öffentliche Interesse vom demokratisch legitimierten Gesetzgeber durch Zielbestimmungen konkretisiert.

384 Wahl, in Schoch/Schmidt-Aßmann/Pietzner, VwGO Kommentar, Stand 2004, Vorb. § 42 Abs. 2, Rn. 58.

385 St. Rspr. BVerfGE 31, 33, 39 ff.; 39, 235, 237; 83, 182, 194; Bachof, Reflexwirkungen und subjektive Rechte im öffentlichen Recht, GS Jellinek, 287; zur historischen Begründung s. Schoch, Individualrechtsschutz im deutschen Umweltrecht unter dem Einfluss des Gemeinschaftsrechts, NVwZ 1999, 457.

386 Maurer, Allgemeines Verwaltungsrecht, 153.

387 Wahl, in: Schoch/Schmidt-Aßmann/Pietzner, VwGO Kommentar, Stand 2004, Vorb. § 42 Abs. 2 Rn. 60; vgl. auch Zuleeg, Hat das subjektive öffentliche Recht noch eine Daseinberechtigung?, DVBl. 1976, 509.

Kriterien der Schutznormtheorie zu klären[388]. Die Schutznormtheorie hat damit die Funktion, subjektive Rechte gewährende Normen von jenen Normen zu unterscheiden, die ausschließlich dem öffentlichen Interesse dienen wollen und lediglich rein tatsächliche Nebenwirkungen gegenüber dem Kläger haben. Danach beinhaltet eine Rechtsnorm ein subjektives öffentliches Recht[389], wenn sie nach dem objektiven Willen des Gesetzgebers nicht nur den Interessen der Allgemeinheit, sondern nach ihrer Zweckbestimmung zumindest auch der Rücksichtnahme auf Interessen eines individualisierbaren, d.h. eines sich von der Allgemeinheit unterscheidenden Personenkreises, zu dienen bestimmt ist[390].

Für die Annahme eines subjektiven öffentlichen Rechts muss dementsprechend eine Rechtsnorm des öffentlichen Rechts vorliegen, welche (a) die Verwaltung zu einem bestimmten Verhalten verpflichtet und (b) zumindest auch dem Schutz der Interessen einzelner Bürger dient, d.h. final auf dessen Schutz zielt[391]. Solche Normen werden als Schutznormen bezeichnet. Darüber hinaus muss (c) dem Kläger die Befugnis zur gerichtlichen Durchsetzung dieser Interessen eingeräumt worden sein.

Entscheidend ist dabei, dass es für das Vorliegen eines subjektiven Rechts gerade nicht ausreicht, in eigenen Interessen betroffen zu sein, sondern die Befugnis zur Rechtsdurchsetzung muss durch die einschlägigen Bestimmungen zuerkannt worden sein[392]. Die Waldspaziergänger zum Beispiel sind demgemäß nicht als solche vom Bundeswaldgesetz begünstigt, sondern lediglich als Nutznießer einer für die Allgemeinheit geschaffenen Ordnung, gleichgültig ob und wie sehr sie im Falle ihrer Verletzung betroffen sind.

Diese Diskrepanz zwischen Betroffenheit und Klagebefugnis stellt sich als eines der großen Probleme des deutschen Verwaltungsrechts und taucht besonders signifikant im Umweltrecht auf[393].

---

388 BVerfGE 51, 193, 211; BVerwGE 41, 58, 63; E 52, 122, 129; ausführlich dazu Bauer, Altes und Neues zur Schutznormtheorie, AöR 1998, 582; Zur Kritik an der Schutznormtheorie s. Sodan, in Sodan/Ziekow, VwGO, § 42, Rn. 380 ff. m.w.N.

389 Ausgangspunkt für die Bestimmung des subjektiven öffentlichen Rechts ist seit 1914 die Definition Ottmar Bühlers (Die subjektiven öffentlichen Rechte und ihr Schutz in der deutschen Verwaltungsrechtsprechung, 224; s. auch Bühler, Altes und Neues über Begriff und Bedeutung der subjektiven öffentlichen Rechte, GS Jellinek, 269).

390 BVerwGE 81, 329, 334; E 95, 333, 337f.; BVerwG NuR 1997, 504.

391 BVerfGE 31, 33, 39 ff.; E 1, 83; 27, 29, 31 ff. st. Rspr. E 72, 226, 229 f.; E 77, 70, 73; E 81, 329, 334; E 82, 343, 344; E 92, 313, 317; umfassende Nachweise bei Marburger, Ausbau des Individualschutzes gegen Umweltbelastungen als Aufgabe des bürgerlichen und des öffentlichen Rechts, Gutachten zum 56. Deutschen Juristentag, 18 ff.; Im Sinne der Schutznormtheorie auch BVerfGE 27, 297 (307); BVerfG NJW 1990, 2249; E 83, 182 (194).

392 Vgl. Scherzberg, Grundlagen und Typologie des subjektiv-öffentlichen Rechts, DVBl. 1988, 129 (130).

393 Vgl. Sailer, Subjektives Recht und Umweltschutz, DVBl. 1976, 521 (522).

Eine mögliche Rechtsverletzung liegt dementsprechend vor, wenn der angefochtene Verwaltungsakt gegen eine Norm des objektiven Rechts verstößt, die im Sinne der Schutznormtheorie die Interessen von Personen in der rechtlichen Situation, in der sich der Kläger befindet, schützen soll. Wie schon erwähnt, ist es nicht erforderlich, dass diese Norm in dem Gesetz enthalten ist, auf das sich der angefochtene Verwaltungsakt stützt[394]. Es genügt, dass der Verwaltungsakt solche geschützten Interessen berührt, gleichgültig, aus welchen Rechtsnormen sich dieser Schutz ergibt. Die Frage, ob der Verwaltungsakt tatsächlich dagegen verstößt, interessiert bei der Subsumtion unter § 42 Abs. 2 VwGO noch nicht. Hier interessiert erst, ob diese Norm dem Schutz des Klägers zu dienen bestimmt ist.

2.1.4.1.1 Der Schutznormcharakter einer Regelung

Gemäß der Schutznormtheorie ist also zu fragen, ob jede der einzelnen Voraussetzungen des Verwaltungsaktes – zumindest auch[395] – dem Schutz individueller Interessen des Klägers zu dienen bestimmt ist und ihm die Rechtsmacht zur Durchsetzung des geschützten Individualinteresses verleiht.

Was das bipolare Staats-Bürger-Verhältnis angeht, ist dabei zu berücksichtigen, dass im sozialen, demokratisch legitimierten und grundrechtlich verfassten Rechtsstaat des Grundgesetzes eine Vermutung für eine individuelle Berechtigung besteht, wenn der Einzelne durch das objektive Recht begünstigt wird[396]. Auf multipolare Konfliktfragen passt diese These hingegen nicht, weil ihre Anwendung hier zu einer einseitigen Begünstigung dessen führen würde, der als erster den Prozessweg beschreitet. Dementsprechend rückt hier die Schutzrichtung der in Frage stehenden Normen noch stärker in den Vordergrund.

Zunächst muss also das einfache Recht in all seinen einschlägigen Bestimmungen darauf untersucht werden, ob es eine (generell) drittschützende Norm für den in Rede stehenden Fall bereithält[397]. Der Kläger kann sich nur auf die Verletzung der Normen berufen, die einen solchen Schutznormcharakter besitzen. Welches tatsächliche Vorbringen hierfür relevant ist, ist nicht anhand faktischer Beeinträchtigung zu ermitteln, sondern ergibt sich aus dem sachlichen

---

394 Jarass, Die Gemeinde als „Drittbetroffener“, DVBl. 1976, 732 (737, Fn. 67); Kopp/Schenke VwGO, 13. Aufl., § 42, Rn. 88.

395 Vgl. BVerwG, DVBl. 1971, 268 (269).

396 Vgl. schon Bühler, Die subjektiven öffentlichen Rechte und ihr Schutz in der deutschen Verwaltungsrechtsprechung, 45: „Dann hat man im Zweifel wohl anzunehmen, dass ein Rechtssatz, der faktisch Individualinteressen zugute kommt, mindestens dann, wenn dies ohne weiteres vorauszusehen war, auch Zweck hat, ihnen zu dienen, und dass er daher geeignet ist, wenn auch die übrigen Voraussetzungen erfüllt sind, subjektive öffentliche Rechte für die Destinatäre dieses Rechtssatzes hervorzubringen“.

397 Kopp/Schenke VwGO, 13. Aufl., § 42, Rn. 83.

und personellen Schutzzweck der Schutznorm. Maßgeblich ist der gesetzlich bezweckte Interessenschutz[398]. Das BVerwG hat festgestellt, dass es entscheidend darauf ankommt, inwieweit in der in Frage kommenden Norm (a) das geschützte Privatinteresse (b) die Art der Verletzung und (c) der Kreis der geschützten Personen hinreichend deutlich klargestellt und abgegrenzt ist[399].

Es muss dementsprechend zunächst der sachliche Schutzzweck geklärt werden, d.h. ob die in Frage kommende Norm nur allgemeinen Interessen[400] oder zumindest auch Individualinteressen dient. Die Interessenrichtung ist der jeweils einschlägigen Rechtsvorschrift zu entnehmen. Hierbei sind Wertungen unvermeidlich, die mit der Zeit auch einem Wandel unterzogen sein können[401]. Als erstes muss geklärt werden, welche Interessen bzw. Rechtsgüter die betreffende Norm (gegebenenfalls auch erst im Zusammenhang mit anderen Normen) schützen will. Maßgeblich dafür ist auch, inwieweit in der betroffenen Norm die Art der Verletzung klargestellt wird. Es genügt nicht, dass ein Rechtsgut in irgendeiner Weise geschützt wird: es muss in Richtung auf den angefochtenen Verwaltungsakt geschützt sein[402]. Als drittes ist der Personenkreis abzustecken, der durch die Schutznorm geschützt wird. Die Entstehung eines subjektiven öffentlichen Rechts setzt nämlich in personeller Hinsicht voraus, dass der Kläger Träger des normativ geschützten Interesses, also vom personellen Schutzzweck der Schutznorm[403] erfasst ist. Damit ist auch deutlich, dass es „den" Nachbarn oder Dritten nicht gibt. Wer Nachbar ist, hängt vielmehr vom personellen Schutzzweck der Schutznorm ab.

Klagebefugt gegen Verwaltungsakte, die gegen einen Rechtsvorgänger ergingen, sind Rechtsnachfolger immer, aber auch nur, wenn und insoweit der Verwaltungsakt auch ihnen gegenüber Rechtswirkungen hat[404]. Bei Verwaltungs-

---

398 Wahl, in: Schoch/Schmidt-Aßmann/Pietzner, VwGO Kommentar, Stand 2004, Vorb. § 42 Abs. 2 Rn. 95.

399 BVerwGE 27, 29, 33; E 32, 173, 177; BVerwG, DVBl. 1973, 217 (219); die Formel stammt aus dem Zivilrecht zu § 823 Abs. 2 BGB, vgl. BGHZ 40, 306, 307.

400 Die Begriffe „öffentliche Interessen", „Gemeinwohl", „Allgemeinwohl" und „Interessen der Allgemeinheit" sollen zunächst nicht unterschieden werden. Sie entsprechen wohl eher dem Unterschied zwischen einem deontischen und einem funktionellen Ansatz in der sprachlichen Tiefenstruktur, als dass sie sachbezogene Bedeutungsunterschiede widerspiegeln.

401 Ein bekanntes Beispiel dieser Art ist die Fürsorgepflichtverordnung vom 13.02.1924 (Reichsgesetzblatt I, S. 100). Diese wurde bis zum Ende des Zweiten Weltkrieges dahin ausgelegt, dass sie keinen subjektiven Anspruch auf Fürsorgeleistungen gewähre. Unter dem Grundgesetz gelangte der einklagbare subjektive Anspruch auf Fürsorgeleistungen zur Anerkennung (BVerwGE 1,159, 161; E 5, 27, 31).

402 BVerwGE 55, 285.

403 Marburger, Ausbau des Individualschutzes gegen Umweltbelastungen als Aufgabe des bürgerlichen und des öffentlichen Rechts, Gutachten zum 56. Dt. Juristentag, 37.

404 BVerwGE 70, 157; für Beispiele s. Kopp/Schenke VwGO, 13. Aufl., § 42, Rn. 174.

akten mit höchstpersönlichem Charakter ist eine Rechtsnachfolge nicht möglich und damit auch die Klagebefugnis z.B. des Erben grundsätzlich ausgeschlossen[405].

Die Klage ist danach in zwei Fällen unzulässig: Erstens, wenn ein Verstoß nur gegen solche Normen in Betracht kommt, die nicht als Schutznormen anzusprechen sind; zweitens, wenn ein Verstoß gegen Schutznormen zwar möglich ist, der Kläger aber offensichtlich nicht von deren Schutzzweck erfasst ist.

Ob eine Norm allein dem Gemeininteresse oder wenigstens auch einem Individualinteresse zu dienen bestimmt ist, kann nicht generell für ein Rechtsgebiet oder einen Gesamtvorgang, sondern nur von Fall zu Fall entschieden werden[406]. Einfach liegen die Dinge, wenn die Rechtsnorm selbst die Frage ausdrücklich beantwortet. Im Hinblick auf die Anerkennung von subjektiven öffentlichen Rechten kann der Gesetzgeber nämlich einen Teil von Regelungsproblemen in der Form von abstrakt-generellen Normen formulieren. Der sachliche und personelle Schutzzweck ist in diesen Fällen durch eine Norm in abstrakt-generellen Tatbestandsmerkmalen typisierend umschrieben, so dass eine situations- und einzelfallbezogene Prüfung entbehrlich wird[407]. Hier wird abstrakt ein Zustand beschrieben, bei dem der angestrebte Schutz generell gewährleistet erscheint.

Auszugehen ist dabei stets vom Wortlaut der Norm (grammatische Auslegung). Ist diesem danach eindeutig ein subjektives öffentliches Recht zu entnehmen[408], kann auf die übrigen Auslegungsmethoden verzichtet werden. Dabei sind folgende Kriterien zu berücksichtigen: Begriffe wie „öffentliches Interesse" deuten auf nur objektives Recht hin. Begriffe hingegen wie „Nachbar"[409] lassen darauf schließen, dass dieser Personenkreis durch Einräumung eines subjektiven Rechts begünstigt werden soll[410]. Dass die Individualschützende Zweckrichtung

---

405 Hufen, Verwaltungsprozessrecht, 285.

406 BVerwGE 27, 29, 33; Bachof, Reflexwirkungen und subjektive Rechte im öffentlichen Recht, GS Jellinek, 287 (298); Laubinger, Der Verwaltungsakt mit Doppelwirkung, 58; Wahl, Der Nachbarschutz im Baurecht, JuS 1984, 577 (579).

407 Beispiel hierfür ist das Abstandsflächenrecht (etwa § 5 Abs. 7 S. 3 BwLBO), das genau vorschreibt, welcher Teil der vorgeschriebenen Abstandsfläche vom Einzelnen rechtlich durchsetzbar sein soll. Der Dritte hat ein subjektives öffentliches Recht auf Einhaltung dieser Abstandsflächen, ohne dass es darauf ankäme, ob ihre Unterschreitung ihn spürbar beeinträchtigt (vgl. Marburger, Ausbau des Individualschutzes gegen Umweltbelastungen als Aufgabe des bürgerlichen und des öffentlichen Rechts, Gutachten zum 56. Deutschen Juristentag, 37).

408 Z.B. § 4 i.V.m. §§ 11 ff. BSHG („auf Sozialhilfe besteht ein **Anspruch**") oder § 5 Abs. 1 BImSchG („erhebliche Nachteile und erhebliche Belästigungen für die Allgemeinheit und die **Nachbarschaft**").

409 Vgl. § 4 Abs. 1 BImSchG („die Allgemeinheit oder die **Nachbarschaft**") und § 5 Abs. 1 Nr. 3 GastG („**Bewohner** des Betriebsgrundstücks oder der **Nachbar**grundstücke")

410 So Jarass, Der Rechtsschutz Dritter bei der Genehmigung von Anlagen – Am Beispiel

im Wortlaut des Gesetzes selbst zum Ausdruck kommt, stellt sich aber als Ausnahme vor.

Lässt sich dem Wortlaut der Norm keine eindeutige Aussage entnehmen, so ist im Wege der Interpretation, nach dem traditionellen Methodenkanon, unter Heranziehung der Regeln über die historische, systematische und teleologische Auslegung zu ermitteln, ob und welchen Individualinteressen die im konkreten Fall einschlägige Norm – unter Berücksichtigung der gesamten Rechtsordnung und der in dieser wirksamen Schutz- und Zweckbestimmungen – zu dienen bestimmt ist, bzw. ob sie Drittschutz entfaltet. Insbesondere hochabstrakte Normen können einer Vielzahl von Bürgern zugute kommen. Während das ältere Schutznormdenken dem Gesetzgeberwillen primäre Bedeutung beilegte[411], soll es nach der neueren Schutznormlehre[412] für die Ermittlung des Schutzzweckes auf eine objektive Bewertung der Interessen ankommen. Dies muss für jede einzelne Norm durch umfassende, gegebenenfalls verfassungsorientierte bzw. verfassungskonforme Auslegung ermittelt werden: Der Gesetzgeber musste nämlich darüber bestimmen, welche Schutzgüter durch den Vollzug des zur Entscheidung anstehenden Normprogramms typischerweise betroffen werden. Diese hatte er in seiner Abwägung in Anschlag zu bringen und mit anderen Rechtsgütern gerecht auszugleichen[413]. Eine solche ausgleichende Norm wird grundsätzlich auch im Interesse der Betroffenen erlassen. Insoweit eignet sie sich auch als Grundlage subjektiver öffentlicher Rechte („potentieller Schutznormcharakter") [414].

Ergibt sich aus dem Zweck der Norm bzw. ihrer systematischen Stellung im bereichspezifischen Normengefüge, dass auch Individualinteressen geschützt werden sollen, so kann ein subjektives Recht nicht schon dann verneint werden, wenn der Normwortlaut auf „öffentliche Belange" abstellt[415]. So verneint z.B. § 123 BauGB einen Rechtsanspruch auf Erschließung. Bei Vorliegen bestimmter Voraussetzungen kann sich aber diese im Allgemeininteresse liegende gemeindliche Erschließungspflicht zu einem individuellen Anspruch verdichten[416].

---

des Immissionsschutzrechts, NJW 1983, 2844 (2845); vgl. auch BVerwG NVwZ 1987, 409.

411 Sodan, in Sodan/Ziekow, VwGO, § 42, Rn. 378; das Abstellen auf dem Willen des Gesetzgebers wird vom Schrifttum als unpraktikabel empfunden: Alexy, Das Gebot der Rücksichtnahme im baurechtlichen Nachbarschutz, DÖV 1984, 953 (961); Breuer, Baurechtlicher Nachbarschutz, DVBl. 1983, 431 (432); Zuleeg, Hat das subjektive öffentliche Recht noch eine Daseinberechtigung?, DVBl. 1976, 509 (511).

412 Bauer, Altes und Neues zur Schutznormtheorie, AöR 1998, 582 (596 ff.); Marburger, Ausbau des Individualschutzes gegen Umweltbelastungen als Aufgabe des bürgerlichen und des öffentlichen Rechts, Gutachten zum 56. Deutschen Juristentag, S. 35, Fn. 140; Sodan, in Sodan/Ziekow, VwGO, § 42, Rn. 382.

413 Kopp/Schenke VwGO, 13. Aufl., § 42, Rn. 83.

414 Huber, in v. Mangoldt/Klein/Starck, GG I, Art. 19 IV, Rn. 407.

415 Kopp/Schenke VwGO, 13. Aufl., § 42, Rn. 160.

416 BVerwGE 64, 186, 189f.: „Erhebt die Gemeinde Vorausleistungen auf den Erschlie-

Die Trennung von Privatinteresse und öffentlichem Interesse ist keinesfalls unkompliziert. Die Rechtsprechung hat hierzu eine umfassende Kasuistik entwickelt[417], wobei keine einheitlichen Kriterien erkennbar sind. Das gilt vor allem für den Nachbarschutz im öffentlichen Baurecht[418] und den Konkurrentenschutz im Gewerberecht. Die Abgrenzungsschwierigkeit war bereits im Anfang des Schutznormdenkens bekannt[419]. Georg Jellinek bemerkte, dass sich eine absolute Grenzlinie mit Sicherheit kaum ziehen lasse[420], während Ottmar Bühler einräumte, dass man zweifeln könne, ob der Hauptzweck einer Norm der Schutz von Individualinteressen oder Allgemeininteressen sei. Außerdem müsse man im Auge behalten, dass zwischen privaten und öffentlichen Interessen kein notwendiger Gegensatz bestehe[421]. Vielmehr könnten sie miteinander konvergierbar, sogar verschlungen sein[422].

In der Rechtspraxis sind zahlreiche Konstellationen geläufig, bei denen auf tatsächliche Umstände verwiesen werden muss. Subjektivierungskriterien lassen sich nämlich nicht immer abstrakt-generell formulieren. Damit wird die Frage gestellt, ob eine **tatsächliche** Betroffenheit oder konkrete Beeinträchtigung Voraussetzung für das Entstehen eines subjektiven öffentlichen Rechts ist oder nicht. Diese Frage wird negativ beantwortet[423]. Unter welchen Voraussetzungen ein subjektives öffentliches Recht vorliegt, ergibt sich vielmehr aus dem materiellen Recht. Für das Vorliegen eines subjektiven Rechts geht es um die **normative** Zuerkennung der Befugnis zur Rechtsdurchsetzung. Eine tatsächliche Beeinträchtigung oder faktische Betroffenheit ist daher nur dann Voraussetzung des subjektiven öffentlichen Rechts, wenn das einfache Recht auf die faktischen

---

ßungsbeitrag, wirkt die Pflicht zu konsequentem Verhalten verdichtend".

417 Kritisch dazu Bauer, Altes und Neues zur Schutznormtheorie, AöR 1998, 582 (603): Die von der Rechtspraxis in Anspruch genommenen Entscheidungsfreiheit über die Berücksichtigung der verschiedenen Auslegungsdirektiven führt zu einer Rechtsunsicherheit; Bernhardt, Zur Anfechtung von Verwaltungsakten durch Dritte, JZ 1963, 302 (305); Henke, Das subjektive Recht im System des öffentlichen Rechts, DÖV 1980, 621 (626 Fn. 21); Scherzberg, Grundlagen und Typologie des subjektiv-öffentlichen Rechts, DVBl. 1988, 129 (131f.); Zuleeg, Hat das subjektive öffentliche Recht noch eine Daseinberechtigung?, DVBl. 1976, 509 (510 ff.).

418 Vgl. Marburger, Ausbau des Individualschutzes gegen Umweltbelastungen als Aufgabe des bürgerlichen und des öffentlichen Rechts, Gutachten zum 56. Deutschen Juristentag, 22 ff.

419 Dazu Bauer, Altes und Neues zur Schutznormtheorie, AöR 1998, 582 (595).

420 Vgl. auch Bernhardt, Zur Anfechtung von Verwaltungsakten durch Dritte, JZ 1963, 302 (308).

421 Vgl. BVerwGE 77, 70, 74.

422 Vgl. Ladeur, Die Schutznormtheorie – Hindernis auf dem Weg zu einer modernen Dogmatik der planerischen Abwägung?, UPR 1984, 1 (6); Neumeyer, Die Klagebefugnis im Verwaltungsprozess, 20 und 37.

423 BVerwG, NVwZ 1985, 39; Peine, Allgemeines Verwaltungsrecht, 61.

Gegebenheiten verweist, also im eben beschriebenen Sinne unter Situationsvorbehalt steht[424]. Diese Frage lässt sich nicht generell beantworten: Hier ist die Differenzierung nach Sachgebieten, also eine bereichsspezifische Argumentation unerlässlich. Es gibt nämlich Sachbereiche, in denen abstrakt-generell formulierte Subjektivierungskriterien vorherrschen. Es gibt aber Sachbereiche oder auch einzelne Normen, in denen der Situationsvorbehalt mit seinem Verweis auf das Tatsächliche nötig ist. Dies erklärt zugleich, warum die Ermittlung des Schutzzweckes, trotz zunehmend ausdifferenzierter bereichsspezifischer Fallkasuistik, häufig mit erheblichen Unsicherheiten verbunden ist.

Wie problematisch die Abgrenzung von subjektiven öffentlichen Rechten und Rechtsreflexen vor allem hinsichtlich der sog. Drittbetroffenheit ist, wurde besonders deutlich am Fall eines Fischers, der sich gegen die Erteilung einer Erlaubnis zum Einbringen von Dünnsäure in das Meer gewendet hat. Gemäß Art. 2 Abs. 2 des EinbrG[425] darf eine solche Erlaubnis nur dann erteilt werden, wenn unter anderem die rechtmäßige Nutzung des Meeres nicht durch die Einleitung behindert wird. Der Fischer machte geltend, dass sein Fangbetrieb durch die Dünnsäureverklappung beeinträchtigt werde. Problematisch war hier, ob Art. 2 Abs. 2 nur den Interessen der Allgemeinheit zu dienen bestimmt ist oder auch drittschützende Wirkung entfaltet.

Das VG Hamburg führte aus, dass die Belange des Fischers durch die Einbringung der Dünnsäure beeinträchtigt werden. Aus Art. 2 Abs. 2 schloss es, der Fischer habe ein subjektives öffentliches Recht dahingehend, dass seine Belange bei der Erlaubniserteilung zu berücksichtigen seien. Da dies hier nicht geschehen sei, sei der Fischer als Drittbetroffener in seinem diesbezüglichen subjektiven öffentlichen Recht verletzt[426]. Das OVG Hamburg hat dagegen in Art. 2 Abs. 2 ein lediglich objektiv-rechtliches Gebot der Rücksichtnahme gesehen. Unter Hinweis auf den Grundsatz des Gebotes der Rücksichtnahme im Baurecht[427] sei aber festzustellen, dass bei Hinzutreten besonderer, die Pflicht der Rücksichtnahme qualifizierender und damit auch individualisierter Umstände auch ein solches objektiv-rechtliches Gebot drittschützende Wirkung entfalten könne. Erst aus diesem Grundsatz ergebe sich für den Fischer aus Art. 2 Abs. 2 ein subjektives öffentliches Recht, in dem er verletzt sei[428].

In der Literatur wurde schon zum Urteil des VG Hamburg ausgeführt, dass Art. 2 Abs. 2 EinbrG im Interesse der Allgemeinheit erlassen wurde und daher

---

424 „Schutznormen unter Situationsvorbehalt": dazu Wahl/Schütz, in: Schoch/Schmidt-Aßmann/Pietzner, VwGO Kommentar, Stand 2004, § 42 Abs. 2 Rn. 50.

425 Gesetz zu den Übereinkommen vom 15. Februar 1972 und 29. Dezember 1972 zur Verhütung der Meeresverschmutzung durch das Erbringen von Abfällen durch Schiffe und Luftfahrzeugen, Bundesgesetzblatt II, 1977, S. 165.

426 VG Hamburg, DVBl. 1981, 269 (270).

427 S. BVerwGE 52, 122 ff.

428 OVG Hamburg, JZ 1981, 701 (702f.).

rein objektiv-rechtlicher Natur ist und einem faktisch Drittbetroffenen somit kein subjektives öffentliches Recht einräume[429]. Dieser Ansicht schloss sich auch das Bundesverwaltungsgericht an. Es führte in dieser Sache weiter aus, dass das Gebot der Rücksichtnahme im Baurecht aus der Verflechtung der benachbarten Grundstücke resultiere. Diese Situation sei jedoch auf den vorliegenden Fall nicht ohne weiteres übertragbar. Eine Verletzung subjektiver öffentlicher Rechte des Fischers sei daher nur dann gegeben, wenn dieser durch die auf Erlaubniserteilung erfolgte Einleitung von seinen traditionellen Fischgründen abgeschnitten und hierdurch in seiner beruflichen Existenz gefährdet sei[430]. Wo Verwaltungsgericht und Oberverwaltungsgericht Hamburg also subjektive öffentliche Rechte eines Drittbetroffenen angenommen hatten, sah das BVerwG somit lediglich faktische Interessen tangiert[431].

Nach dem Inkrafttreten des Grundgesetzes hat man sich darum bemüht, eine verfassungsrechtliche Vermutung für die Begründung subjektiver Rechte aufzustellen. Im Zweifel ist nämlich diejenige Auslegung zu wählen, die dem Einzelnen ein subjektives öffentliches Recht gewährt[432]. Diese Auslegungsregel wurde aber bald vom Bundesverwaltungsgericht in Frage gestellt und relativiert[433].

Besondere Bedeutung bei der Auslegung kam jedenfalls nach der früheren Rechtsprechung der Frage zu, ob die Norm einen abgrenzbaren Kreis der geschützten Personen erkennen läßt[434]. Nach der Rechtsprechung des BVerwG soll

---

429 Peters, Anmerkung zum Zwischenurteil des VG Hamburg vom 04.07.1980, DVBl. 1981, 271f.

430 BVerwG, DÖV 1983, 342.

431 Das BVerwG hat dennoch die Klagebefugnis bejaht, obwohl es der einschlägigen Norm drittschützende Wirkung abspricht; kritisch Kloepfer, Rechtsschutz im Umweltrecht, VerwArch 1985, 371 (383f.); vgl. Gegenkritik: Breuer, Ausbau des Individualschutzes gegen Umweltbelastungen als Aufgabe des öffentlichen Rechts, DVBl. 1986, 849 (854).

432 BVerfGE 15, 275, 381f.: „Aus der – von Art. 19 Abs. 4 entscheidend mitgeprägten – Gesamtsicht des Grundgesetzes vom Verhältnis des Einzelnen zum Staat folgt, dass im Zweifel diejenige Interpretation eines Gesetzes den Vorzug verdient, die dem Bürger einen Rechtsanspruch einräumt“; vgl. auch Fromm, Verwaltungsakte mit Doppelwirkung, VerwArch 1965, 26 (32f.); s. auch Bachof, Reflexwirkungen und subjektive Rechte im öffentlichen Recht, GS Jellinek, 287 (299, 301, 303); Bartlsperger, Der Rechtsanspruch auf Beachtung von Vorschriften des Verwaltungsverfahrensrechts, DVBl. 1970, 30 (33); Bleckmann, Die Klagebefugnis im verwaltungsgerichtlichen Anfechtungsverfahren, Entwicklung der Theorie des subjektiven öffentlichen Rechts, VBlBW 1985, 361; Breuer, Baurechtlicher Nachbarschutz, DVBl. 1983, 431 (436); Gassner, Anfechtungsrechte Dritter und „Schutzgesetz“, DÖV 1981, 615 (617); Ibler, Rechtspflegender Rechtsschutz im Verwaltungsrecht, 162, 172 ff.; Zuleeg, Hat das subjektive öffentliche Recht noch eine Daseinberechtigung?, DVBl. 1976, 509 (518).

433 BVerwG NJW 1968, 2393 (2394).

434 BVerwG NJW 1967, 1770; NJW 1969, 1787; NJW 1978, 62.

eine Schutznorm das individuell geschützte private Interesse, seine Verletzung und den Kreis der unmittelbar geschützten Personen deutlich klarstellen und abgrenzen[435]. Bei völliger Offenheit und Unabgrenzbarkeit des Kreises der Begünstigten wird die subjektive Berechtigung verneint. Die Schutznorm muss nach dieser Ansicht eine „praktikable Abgrenzung eines berechtigten Personenkreises" ermöglichen, damit nicht ein „nicht mehr übersehbarer Kreis von angeblich Berechtigen" in den Schutz des Gesetzes kommt[436]. Hierbei greift das BVerwG auf eine Formel zurück, die im Zivilrecht zu § 823 Abs. 2 und § 839 Abs. 1 BGB entwickelt wurde[437].

Diese Judikatur hat das BVerwG in neuerer Zeit dahin modifiziert, dass es nicht darauf ankommt, ob die Norm einen geschützten Personenkreis räumlich abgrenzt[438], sondern darauf, dass sich aus individualisierenden Tatbestandsmerkmalen ein Kreis qualifiziert Betroffener oder ein sonst überschaubarer Personenkreis entnehmen lässt, der sich von der Allgemeinheit unterscheidet[439], und dass der Kläger in tatsächlicher Hinsicht zu diesem Kreis gehört.

Wiederum kann sich der personelle Schutzzweck der Norm durch Auslegung ihres Tatbestandes oder aber auch erst aus dem Blick auf die konkrete Situation ergeben. Aus dem Grund geht es stets bei der Frage nach der Reichweite des sachlichen und personellen Schutzes für den Rechtsanwender darum, Kriterien für ein spezifisches Näheverhältnis des belasteten zum begünstigten Privaten zu finden, welches die Subjektivierung erfordert[440]. Grundsätzlich wird eine engere, dauerhafte (räumliche und zeitliche) Beziehung des Klägers zum Sachverhalt verlangt[441].

So kennzeichnet das BVerwG den Nachbarbegriff i.S. der §§ 3 bis 5 BImschG als ein qualifiziertes Betroffensein, „das sich deutlich abhebt von den Auswirkungen, die den Einzelnen als Teil der Allgemeinheit treffen können; sie setzt im Interesse klarer und überschaubarer Konturen und damit letztlich im Interesse der Rechtssicherheit ein besonderes Verhältnis zur Anlage i. S. einer [...] engeren räumlichen und zeitlichen Beziehung des Bürgers zum Genehmigungsgegenstand voraus"[442].

---

435 BVerwGE 41, 58, 63; vgl. auch E 27, 29, 33; E 28, 268, 275f.; E 32, 173, 175; E 52, 122, 129; E 65, 167, 171; E 80, 259, 260.

436 BVerwGE 32, 173, 175.

437 BGHZ 40, 306, 307.

438 BVerwGE 94, 151, 158; BVerwG, DVBl. 1987, 476 (477).

439 BVerwG NVwZ 1987, 409; vgl. BVerwGE 78, 40, 43; E 94, 151, 158.

440 Wahl, in: Schoch/Schmidt-Aßmann/Pietzner, VwGO Kommentar, Stand 2004, Vorb. § 42 Abs. 2 Rn. 61.

441 BVerwGE 101, 157, 165.

442 BVerwG, DVBl. 1983, 183; vgl. Horn, Übersicht der Rechtsprechung zum Immissionsschutz des Bundesimmissionsschutzgesetzes, UPR 1984, 85 (86).

Die Schutznormtheorie ist unterschiedslos auch auf ausländische Staatsangehörige anwendbar, d.h. der ausländische Betroffene kann sich auch auf einfachgesetzliche Schutznormen bzw. Grundrechte berufen, soweit er Träger der entsprechenden subjektiven Rechte ist. Die Klagebefugnis endet auch nicht an der Staatsgrenze[443]. Das ist von besonderer Bedeutung z.B. für den im grenznahen Ausland wohnenden Nachbarn einer Anlage[444].

Zusammenfassend ist für die Anerkennung eines subjektiven öffentlichen Rechts erforderlich, dass Rechtsnormen eingreifen, die zumindest auch private Interessenkollisionen regeln und sie zum Ausgleich bringen. Wenn das Gesetz nämlich solche Konflikte zu schlichten bestimmt ist, ist das Entscheidungsprogramm grundsätzlich subjektiviert[445]. Schutznormen verleihen ein subjektives öffentliches Recht nach Maßgabe ihres sachlichen Schutzzwecks. Dieser kann abstrakt-generell umschrieben sein oder sich auch aus offenen Kriterien ergeben, die auf die konkrete Situation verweisen. Die Entstehung des subjektiven öffentlichen Rechts setzt schließlich in personeller Hinsicht voraus, dass der Bürger Träger des normativ geschützten Interesses ist. Eine rein tatsächliche Betroffenheit in eigenen Angelegenheiten genügt dahingegen nicht, um die Klagebefugnis zu begründen.

2.1.4.1.2 Fallgruppen

Bei der Frage nach der Reichweite des sachlichen und personellen Schutzes der in Betracht kommenden Norm geht es stets darum, Kriterien für ein spezifisches Näheverhältnis des belasteten zum begünstigten Privaten zu finden, welches die Subjektivierung erfordert. Dabei wurden vielfach bereichsspezifische Typisierungen herausgearbeitet[446].

Die Baunachbarklage[447] war entwicklungsgeschichtlich das Referenzgebiet für Ausbildung und Weiterentwicklung der Drittschutzdogmatik[448]. Rechtsschutz des Dritten kommt in Gestalt der Anfechtungsklage gegen eine erteilte Baugenehmigung (aber auch Teilbaugenehmigung und Bauvorbescheid) in Betracht.

---

443 Hufen, Verwaltungsprozessrecht, 284.

444 BVerwGE 75, 285, 289: Klagebefugnis eines Niederländers gegen ein grenznahes Atomkraftwerk.

445 Vgl. BVerwG, DVBl. 1987, 476: das Bundesverwaltungsgericht erkennt einen Drittschutz im öffentlichen Bauerecht nur an, wenn Vorschriften auch der Rücksichtnahme auf „individuelle Interessen oder deren Ausgleich dienen".

446 Zu den gesetzlichen Fallgruppen s. Hufen, Verwaltungsprozessrecht, 284 ff.

447 Wahl/Schütz, in: Schoch/Schmidt-Aßmann/Pietzner, VwGO Kommentar, Stand 2004, § 42 Abs. 2, Rn. 110 ff.

448 Wahl, Der Nachbarschutz im Baurecht, JuS 1984, 577 (579); vgl. auch Neumeyer, Die Klagebefugnis im Verwaltungsprozess, 22f.

Es ist nicht selbstverständlich, ob und wieweit der Nachbar gerade durch die Erteilung einer Baugenehmigung in seinen subjektiven Rechten verletzt ist. Kernproblem ist dabei der mögliche Verstoß gegen sog. nachbarschützende Normen. Bei der Anfechtungsklage gegen eine erteilte Baugenehmigung muss nämlich der Nachbar die Möglichkeit der Verletzung einer Norm dartun, die auch seinen Interessen zu dienen bestimmt ist (Schutznorm).

Die Gesetze des Bauplanungs- und Bauordnungsrechts begnügen sich im Hinblick auf die Baugenehmigung mit der Regelung formeller bzw. materieller Anforderungen und Versagungsgründe sowie eines Genehmigungsanspruchs des Bauherrn für den Fall, dass das Vorhaben den öffentlichen-rechtlichen Vorschriften entspricht. Die materiellen Anforderungen des öffentlichen Baurechts konkretisieren generell öffentliche Belange, die aber mit individuellen Belangen des Nachbarn verwoben sind[449].

In diesem Zusammenhang bedarf es einmal der Klärung, wer als Nachbar überhaupt in Betracht kommt, zum anderen inwieweit Normen nachbarschützend sind. Die Rechtsprechung des Bundesverwaltungsgerichts war schon frühzeitig an einer pragmatischen Betrachtung orientiert, was die Frage des nachbarschützenden Charakters baurechtlicher Vorschriften angeht, und hat die individualisierende Differenzierung auf die konkrete Betroffenheit angestellt. Dazu gibt es eine kaum noch zu übersehende Kasuistik. Dabei lässt sich zwischen generell und partiell nachbarschützenden Vorschriften unterscheiden[450]. Die letzteren sind häufig im Hinblick auf verfassungsrechtliche Vorgaben, vornehmlich aus dem Gebot der Rücksichtnahme, nachbarschützend.

Generell nachbarschützend sind demgemäß nachbar- und umgebungsbezogene Verunstaltungsverbote, Vorschriften über Grenzabstände, Brandschutz, spezifische Vorschriften zum Schutz vor Immissionen. Teilweise nachbarschützend sind die Vorschriften über Grenzgaragen und die Nutzung von Freidächern[451]. Diese Vorschriften sind aber nur dann nachbarschützend, wenn sie gerade den Kläger begünstigen. So kann sich ein Nachbar nicht auf die Einhaltung des Abstands zu einem dritten Grundstück berufen. Wird demgemäß gerügt, eine Gaststättenerlaubnis hätte wegen der zu erwartenden Lärmimmissionen nicht erteilt werden dürfen, so besteht die Möglichkeit der Verletzung einer Schutznorm (§ 4 Abs. 1 Nr. 3 GastG). Ist aber nach dem Vortrag des Klägers ausgeschlossen, dass gerade **sein** vorgebrachtes Ruhebedürfnis noch vom Schutzzweck der Norm erfasst ist, etwa weil am Wohnort des Klägers die zu erwartende Immissionsbelastung offensichtlich zumutbar ist, so ist die Klage deshalb als unzulässig abzuweisen.

---

449 Vgl. Wahl, Der Nachbarschutz im Baurecht, JuS 1984, 577 (579).

450 Kopp/Schenke VwGO, 13. Aufl., § 42, Rn. 98.

451 Hufen, Verwaltungsprozessrecht, 270; ausführlich dazu Kopp/Schenke VwGO, 13. Aufl., § 42, Rn. 99 ff.; Muckel, Der Nachbarschutz im öffentlichen Baurecht – Grundlagen und aktuelle Entwicklungen, JuS 2000, 132.

Die Rechtsprechung greift den Grundgedanken der Subjektivierung auf, nach dem es sich beim Drittschutz um die rechtliche Anerkennung einer gesonderten Nähebeziehung zwischen speziellen Privaten handelt, die zu unterscheiden ist von der Relation des Bauherrn zur Allgemeinheit. Notwendig ist damit im Ergebnis eine enge räumliche und zeitliche Beziehung zu dem Genehmigungsgegenstand. Hierfür ist dann jeweils eine Betrachtung der konkreten Umstände des Einzelfalls notwendig. In den einzelnen Rechtsgebieten ist dabei der Nachbarbegriff unterschiedlich weit gefasst. Was den Nachbarbegriff betrifft, wird im dritten Teil der Untersuchung analysiert.

Nicht nachbarschützend sind demgegenüber alle, das Haus selbst, dessen Sicherheit, Benutzbarkeit und auch Gestaltung betreffenden Normen, z. B. Sicherheitsnormen für die Bewohner, Bestimmungen zur Grundfläche, Geschoßhöhe und Geschoßflächenzahl und Bestimmungen zum Wärmeschutz.

Bauplanungsrechtliche Normen dienen nach der traditionellen Auffassung grundsätzlich der Bodenordnung und städteplanerischen Gestaltung im öffentlichen Interesse, sind also in der Regel nicht nachbarschützend. Das gilt insbesondere für die Vorschriften über Sanierung[452] und Stadtentwicklung. Für die eigentliche Bauleitplanung zeigt sich aber, dass einzelne Bestimmungen durchaus dem Schutz der privaten „Planbetroffenen" und damit auch „Planbegünstigten" gelten können[453].

So haben Baugrenzen und Baulinien nach der BauNVO (§ 23) regelmäßig nachbarschützende Wirkung zugunsten des an derselben Grundstücksseite liegenden Nachbarn[454]. Die Rechtsprechung hat auch Festlegungen des Bebauungsplans im Hinblick auf die Art der baulichen Nutzung nachbarschützende Wirkung zugesprochen[455]. Umstritten war von Anfang an, ob § 34 BauGB in der jeweils geltenden Fassung nachbarschützende Wirkung hat[456]. Dem Einzelnen wird ein subjektiver Anspruch unmittelbar aus § 34 Abs. 2 BauGB und den entsprechenden Normen der BauNVO auf Bewahrung des Gebietscharakters eingeräumt. Er kann sich also gegen gebietscharakterverändernde Vorhaben wehren[457]. Bei § 35 BauGB handelt es sich nicht um eine nachbarschützende Vorschrift, da hier der öffentliche Belang der Verhinderung einer Zersiedlung im Mittelpunkt steht, es also gerade keine Nachbarn geben kann[458]. Grundsätzlich nicht nachbarschützend sind Normen zur Erhaltung städtebaulicher Eigenart („Milieuschutz")[459].

452 BVerwG, NVwZ, 1997, 991.
453 Ausführlich dazu Hufen, Verwaltungsprozessrecht, 270 ff.
454 VGH Mannheim, NJW 1992, 1060.
455 BVerwGE 94, 151.
456 Dazu Hufen, Verwaltungsprozessrecht, 271f.
457 Vgl. BVerwG, NVwZ 1996, 787.
458 Vgl. aber BVerwGE 55, 122, 126; BVerwG, DVBl. 1971, 746 (748).
459 Vgl. OVG Greifswald, NVwZ-RR 2001, 719.

Bauplanungsrechtlicher Nachbarschutz beruht auf dem Gedanken des wechselseitigen Austauschverhältnisses. Weil und soweit der Eigentümer eines Grundstücks in dessen Ausnutzung öffentlich-rechtlichen Beschränkungen unterworfen ist, kann er deren Beachtung grundsätzlich auch im Verhältnis zum Nachbarn verlangen[460]. Der Hauptanwendungsfall für diesen Grundsatz sind die Festsetzungen eines Bebauungsplans über die Art der baulichen Nutzung.

Klarer sind die Grundlinien der Rechtsprechung im Immissionsschutzrecht, wenn es um klägerschützende Wirkung von Normen geht, die der Bekämpfung oder Einschränkung von Lärm, Abgasen und vergleichbaren Belastungen und Gefahren dienen. Im sonstigen Umwelt- und Naturschutzrecht ist die Rechtsprechung zurückhaltend mit der Zuerkennung von subjektiven Rechten. Der Drittschutz in diesen Bereichen ist im dritten Teil der Untersuchung zu erörtern.

Der Nachbarklage ähnlich ist die negative Konkurrentenklage[461], mit der sich der Kläger gegen die Begünstigung eines Konkurrenten durch dessen Zulassung oder Subventionierung wendet. Zu den Konkurrentenklagen gehört auch die positive Konkurrentenklage[462] bzw. Konkurrentengleichstellungsklage, bei der der Kläger die gleiche Begünstigung verlangt, die dem Konkurrenten gewährt wurde. Die Konkurrentenklage ist im Rahmen dieser Untersuchung nicht von Interesse und wird aus diesem Grund nicht weiter analysiert[463]. Das Gleiche gilt für sonstige Drittklagen[464] des Namenänderungsrechts, Wohnungbindungsrechts, des Rechts der offenen Vermögensfragen usw.

2.1.4.1.3 Kritik an der Schutznormtheorie

Während der Adressat eines belastenden Verwaltungsakts stets klagebefugt ist, denn hier wird regelmäßig in Anknüpfung an Art. 2 Abs. 1 GG ein subjektives Recht des Klägers betroffen sein, ist das für einen Dritten grundsätzlich nur dann der Fall, wenn der Kläger seine Klage auf eine Rechtsnorm des öffentlichen Rechts stützen kann, die zumindest auch dem rechtlichen Schutz seiner eigenen Interessen dient. Die Schutznormtheorie wird von der Rechtsprechung durchgängig praktiziert und ist auch im Schrifttum weitgehend anerkannt. Maßgeblich ist dabei, dass die jeweilige Norm nicht nur den Interessen der Allgemeinheit dient, sondern auch den Schutz des Einzelnen als solchen bezweckt und

---

460 BVerwGE 82, 61, 75; E 94, 151, 155.

461 Dazu Hufen, Verwaltungsprozessrecht, 278f. und 312f.

462 Dazu Hufen, Verwaltungsprozessrecht, 319f.

463 Ausführlich dazu Wahl/Schütz, in: Schoch/Schmidt-Aßmann/Pietzner, VwGO Kommentar, Stand 2004, § 42 Abs. 2, Rn. 287 ff.; s. auch Neumeyer, Die Klagebefugnis im Verwaltungsprozess, 35 ff.

464 Dazu Wahl/Schütz, in: Schoch/Schmidt-Aßmann/Pietzner, VwGO Kommentar, Stand 2004, § 42 Abs. 2, Rn. 330 ff.

ihn zur Rechtsdurchsetzung ermächtigen will. Sie stößt aber andererseits auf massive Kritik[465]. Insbesondere die Ermittlung des dem Rechtssatz zugrunde liegenden Schutzzwecks, also die Abgrenzung von faktischer Begünstigung und rechtlich geschütztem Interesse, ist mit erheblichen Unsicherheiten verbunden. In der von der Rechtsprechung hierzu entwickelten Kasuistik sind keine einheitlichen Kriterien erkennbar. Die Situation wird weiter kompliziert, wenn man feststellt, dass in einzelnen gerichtlichen Entscheidungen jede klare Erwähnung einer Individualinteressen schützenden Norm fehlt[466].

Die Abgrenzungsschwierigkeit war bereits im Anfang des Schutznormdenkens bekannt[467]. Außerdem muss man im Auge behalten, dass zwischen privaten und öffentlichen Interessen kein notwendiger Gegensatz besteht[468]. Vielmehr können sie miteinander konvergierbar, sogar verschlungen sein[469].

Für die Qualifikation einer Bestimmung als Schutznorm ist es notwendig, aber auch ausreichend, dass sie (zumindest auch) den Schutz eines nach sachlichen Zugehörigkeitskriterien abgrenzbaren Personenkreises bezweckt[470]. Lässt sich nämlich ein abgrenzbarer Personenkreis entnehmen, wird er auch individuelle Interessen haben, die schutzwürdig sind. Dass die Eingrenzung durchaus schwierig sein kann, zeigt sich insbesondere bei den Auswirkungen von Großanlagen. Für die Abgrenzung des geschützten Personenkreises verlangt die Rechtsprechung, dass sich aus individualisierenden Tatbestandsmerkmalen ein Kreis qualifiziert Betroffener oder ein sonst überschaubarer Personenkreis entnehmen lässt, der sich von der Allgemeinheit unterscheidet[471], und dass der Kläger in tatsächlicher Hinsicht zu diesem Kreis gehört. Das qualifizierte Betroffensein, worauf die Rechtsprechung abstellt, muss sich deutlich von den Auswirkungen unterscheiden, die den Einzelnen als Teil der Allgemeinheit treffen können. Notwendig ist damit eine enge räumliche und zeitliche Beziehung zu dem Genehmigungsgegenstand.

---

465 Vgl. z.B. Bauer, Altes und Neues zur Schutznormtheorie, AöR 1998, 582 (603): „Die von der Rechtspraxis in Anspruch genommenen Entscheidungsfreiheit über die Berücksichtigung der verschiedenen Auslegungsdirektiven führt zu einer Rechtsunsicherheit"; Bernhardt, Zur Anfechtung von Verwaltungsakten durch Dritte, JZ 1963, 302 (305).

466 S. Bernhardt, Zur Anfechtung von Verwaltungsakten durch Dritte, JZ 1963, 302 (305).

467 Dazu Bauer, Altes und Neues zur Schutznormtheorie, AöR 1998, 582 (595); vgl. auch Bernhardt, Zur Anfechtung von Verwaltungsakten durch Dritte, JZ 1963, 302 (308).

468 Vgl. BVerwGE 77, 70, 74.

469 Vgl. Ladeur, Die Schutznormtheorie – Hindernis auf dem Weg zu einer modernen Dogmatik der planerischen Abwägung?, UPR 1984, 1 (6); Neumeyer, Die Klagebefugnis im Verwaltungsprozess, 20 und 37.

470 Blankenagel, Klagefähige Rechtspositionen im Umweltrecht – Vom subjektiven Recht eines Individuums zum Recht eines individualisierten Subjekts, Die Verwaltung 1993, 1 (16 ff.).

471 BVerwG NVwZ 1987, 409; vgl. BVerwGE 78, 40, 43; E 94, 151, 158.

Derartige Einschränkungen werfen freilich die Frage danach, wie viele Personen allenfalls in ihrem Interesse betroffen sein dürfen, damit in diesem Sinne noch von einer „individuellen", statt von einer „allgemeinen" Beeinträchtigung gesprochen werden kann[472]. Die Rechtsprechung kommt folgerichtig in Schwierigkeiten bei einer großen Anzahl von Betroffenen. Augenscheinlich wird die Problematik des Kriteriums des überschaubaren und bestimmbaren Personenkreises bei der Bestimmung des Nachbarbegriffs. Während in der Rechtsprechung zur traditionellen Nachbarklage der Nachbarbegriff in einer Norm als kaum widerlegbares Indiz für bezweckten Drittschutz galt, so erweist sich in immissionsschutzrechtlichen und atomrechtlichen Normen die Bestimmung des Nachbarn als zusehends schwierig. Angesichts der Tatsache, dass Immissionen vielfach über viele Kilometer Betroffenheit erzeugen können, würde das Festhalten an einem grundstücksbezogenen Nachbarbegriff die Intention vieler immissionsschutzrechtlicher Normen aushebeln.

Darüber hinaus ist nicht ersichtlich, weshalb der Gesetzgeber daran gehindert sein soll, einer Vorschrift trotz ihrer Eignung, viele oder gar alle zu begünstigen bzw. zu schützen, einen subjektiven Rechtscharakter zu verleihen, so dass sich dann entsprechend viele Begünstigte darauf berufen können[473]. Ein Rechtssatz, der „alle" schützt, kann doch auch jeden Einzelnen schützen[474]. Private Interessen verlieren auch nicht dadurch ihren privaten Charakter, dass sie zugleich von Behörden als öffentliche geltend gemacht werden können[475]. Die öffentlichen Interessen sind ihrem Ursprung nach nichts anderes als Interessen der Einzelnen: die ursprünglich individuell und privat definierten Interessen mehrerer bzw. aller Bürger werden als Kollektivgut definiert und konstituiert. Der Rückbezug auf die Interessen der Einzelnen geht dabei nicht verloren[476]. Das öffentliche Interesse ist zwar mehr als die Summe von Einzelinteressen, es stammt aber seiner Herleitung nach auf jeden Fall von den Individualinteressen her. Es geht vielmehr darum, wem die Befugnis eingeräumt werden soll, einen solchen objektiven Schutz verwaltungsrechtlich durchzusetzen. Die Schutznormtheorie leidet damit an einem Grundwiderspruch: Von der Bedeutung her haben die Normen, die dem Allgemeininteresse dienen, ein höheres Gewicht, zumal dadurch ein

---

472 Vgl. Bauer, Altes und Neues zur Schutznormtheorie, AöR 1998, 582 (602f.).

473 Vgl. Classen, Der Einzelne als Instrument zur Durchsetzung des Gemeinschaftsrechts? Zum Problem der subjektiv-öffentlichen Rechte kraft Gemeinschaftsrechts, VerwArch 1997, 645 (668); Masing, Die Mobilisierung des Bürgers für die Durchsetzung des Rechts, 186.

474 Vgl. Bachof, Reflexwirkungen und subjektive Rechte im öffentlichen Recht, GS Jellinek, 287 (297).

475 Battis/Weber, Zum Mitwirkungs- und Klagerecht anerkannter Naturschutzverbände – BVerwGE 87, 63, JuS 1992, 1012 (1015f.).

476 Wahl, in: Schoch/Schmidt-Aßmann/Pietzner, VwGO Kommentar, Stand 2004, Vorb. § 42 Abs. 2 Rn. 57.

größerer Personenkreis geschützt wird. Trotzdem sind nach der Schutznormtheorie Normen im Allgemeininteresse bloß objektives Recht und damit nicht einklagbar, wodurch ihre Durchsetzbarkeit nicht gewährleistet ist. Bestimmungen, die im Interesse der gesamten Bevölkerung bestehen und diese in gleicher Weise betreffen, vermitteln kein subjektives Recht. Übertragen auf den Umweltschutzbereich zieht dies die paradoxe Konsequenz nach sich, dass mit der Zunahme des Betroffenenkreises die Klagemöglichkeiten sinken: Klagen gegen die behördliche Genehmigung für ein umweltbelastendes Verhalten können am Mangel rechtlicher Betroffenheit scheitern, was zu einem weitgehenden Vollzugsdefizit führen kann. Meines Erachtens soll für den Schutznormcharakter die tatbestandliche Bestimmtheit des Rechtssatzes maßgeblich sein, so dass ermittelbar ist, **wem** das subjektive Recht zusteht, und nicht um wie viele Begünstigte bzw. Berechtigte es sich handelt[477].

Das subjektive Recht als Zuerkennung von durchsetzbaren Rechtspositionen ist eine Entscheidung des Rechtssystems, ein Instrument zur Erreichung bestimmter Ziele[478]. Der Gesetzgeber sollte folgerichtig nicht im Allgemeinen bestimmen können, welche Interessen als Individualinteressen und welche als Allgemeininteressen zu gelten haben, sondern nur, wer in bestimmten Fällen berechtigt wird, ein rechtlich geschütztes Interesse wahrzunehmen und gerichtlich durchzusetzen. Der Gesetzgeber ist dabei nicht gehindert, auch einem großen, zahlenmäßig nicht von vornherein bestimmten Kreis von Personen subjektive Rechte einzuräumen[479].

Die Drittschutzrichtung der Norm ist damit objektiv zu beurteilen. Dahingegen ist die Frage nach dem Umfang des geschützten Personenkreises situationsbezogen zu beantworten. Es ist eine besondere Beziehung zum geschützten Interesse zu verlangen. Aus der Größe der Zahl der (faktisch) Betroffenen darf jedenfalls nicht auf das Nichtvorliegen individueller Rechtsbeeinträchtigungen geschlossen werden[480]. Ein sonst anzuerkennendes Ausgleichsbedürfnis kann nicht mit dem Argument verneint werden, dass es zwischen einer zu großen Anzahl von Privaten besteht[481]. Es kann nicht sein, dass Individualinteressen und

---

477 Vgl. Bachof, Reflexwirkungen und subjektive Rechte im öffentlichen Recht, GS Jellinek, (297); s. auch BVerwG, NVwZ 1987, 409.

478 Vgl. Blankenagel, Klagefähige Rechtspositionen im Umweltrecht – Vom subjektiven Recht eines Individuums zum Recht eines individualisierten Subjekts, Die Verwaltung 1993, 1 (21).

479 Vgl. BVerwGE 78, 40, 43; E 94, 151, 158; BVerwG, DVBl. 1987, 476 (477); **a.A.** BVerwGE 27, 29, 33.

480 Vgl. Sailer, Subjektives Recht und Umweltschutz, DVBl. 1976, 521 (530f.); **contra** Ossenbühl, Kernenergie im Spiegel des Verfassungsrechts, DÖV 1981, 1 (7).

481 Umgekehrt beweist ein beschränkter Interessentenkreis nichts für den Individualschutz, wenn z.B. eine Gruppe von Begünstigten genannt wird, die Behörde aber eine Auswahlmöglichkeit innerhalb dieser Gruppe hat. Der Einzelne kann dann wohl erwarten, dass sein Anliegen positiv berücksichtigt wird, ein subjektives Recht steht ihm den-

Nachbarinteressen ihren Charakter dadurch verlieren, dass eine große Zahl Träger dieser Interessen ist[482]. Dies widerspräche dem Art. 19 Abs. 4 GG, wonach dem Einzelnen der Rechtsweg gegen **jede** Rechtsverletzung durch die öffentliche Gewalt offen steht, unabhängig davon, wie viele andere durch das gleiche Handeln der öffentlichen Verwaltung auch in ihren Rechten verletzt werden. Die Rechtsbetroffenheit vieler liegt in der Natur bestimmter Verwaltungsmaßnahmen und hat insbesondere mit einer von vielen befürchteten Popularklage nichts zu tun[483]. Ein begrenzter und überschaubarer Personenkreis ist aber auf jeden Fall ein Indiz für ein subjektiv-öffentliches Recht[484].

An der Schutznormtheorie wird darüber hinaus beanstandet, dass die unterschiedliche Behandlung zwischen Adressaten und Dritten zu Lasten des Dritten nicht mit den einschlägigen verfassungsrechtlichen und gesetzlichen Bestimmungen übereinstimmt[485]. Im Einzelfall kann nämlich der Interessenbereich des Dritten stark betroffen sein, und es ist sehr bedenklich, ob für seinen Schutz allein entscheidend sein kann, ob eine Schutznorm nachweisbar ist. Die Forderung, dem Dritten müsse immer eine Schutznorm zur Seite stehen, läuft im Ergebnis auf ein Enumerationsprinzip hinaus[486]. Dies ist aber mit dem Rechtsschutzsystem des Grundgesetzes kaum zu vereinbaren. Das BVerfG legt nämlich Art. 2 Abs. 1 GG dahin aus, dass der Einzelne ein subjektives Recht auf Freiheit von allen nicht verfassungsmäßigen Belastungen hat[487]. Dieses Recht kann nicht nur vom Adressaten eines Gesetzesbefehls geltend gemacht werden[488]. Teilweise wird die Schutznormtheorie dementsprechend als weitgehend entbehrlich angesehen, weil sich der subjektive Grundrechtsschutz unmittelbar aus den Grundrechten ergebe[489]. Im Einzelfall müssen dann die Schranken des geltend gemachten subjektiven Rechts und der Umfang der Klagebefugnis geprüft werden. Daher sollte für die Klagebefugnis des Dritten nicht entscheidend sein, ob eine

---

noch nicht zu.

482 Vgl. Wahl, Der Nachbarschutz im Baurecht, JuS 1984, 577 (585).

483 Vgl. BVerwG, DVBl. 1967, 773, 774: „Dass die verkehrsbeschränkenden Anordnungen von einer unübersehbaren Zahl von Verkehrsteilnehmern angefochten werden könnte, liegt in der Natur als Massenverwaltungsakt begründet, hat aber mit der sog. Popularklage nichts zu tun"; s. auch Sailer, Subjektives Recht und Umweltschutz, DVBl. 1976, 521 (530f.).

484 So auch Jarass, Der Rechtsschutz Dritter bei der Genehmigung von Anlagen – Am Beispiel des Immissionsschutzrechts, NJW 1983, 2844 (2845).

485 Bernhardt, Zur Anfechtung von Verwaltungsakten durch Dritte, JZ 1963, 302 (303f.); Zuleeg, Hat das subjektive öffentliche Recht noch eine Daseinsberechtigung?, DVBl. 1976, 509 (511).

486 Bernhardt, Zur Anfechtung von Verwaltungsakten durch Dritte, JZ 1963, 302 (306).

487 Grundlegend BVerfGE 6, 32, 41; vgl. weiter BVerfGE 9, 3, 11f.

488 BVerfGE 13, 230, 232f.

489 Zuleeg, Hat das subjektive öffentliche Recht noch eine Daseinsberechtigung?, DVBl. 1976, 509 m.w.N.

speziell zu seinem Schutz bestimmte Norm feststellbar ist, sondern ob er in seinen Rechten tatsächlich betroffen ist. Damit ist nicht gesagt, dass jeder Dritte jeden Verwaltungsakt anfechten können soll. Er muss eine Verletzung **seiner** Rechte, d.h. eine individuelle konkrete Beeinträchtigung geltend machen, die persönlich wie auch sachlich abzugrenzen ist.

In Teilen des Schrifttums wird die Auffassung vertreten, dass das Bonner Grundgesetz eine Begründung subjektiver Rechte unabhängig vom Willen des Gesetzgebers und dem Gesetzeswortlaut gebietet[490]. Nach einer Ansicht verletzt jede Nichteinhaltung der gesetzlichen Vorschriften und Rechtsgrundsätze, samt den dazugehörigen Kompetenz- und Verfahrensvorschriften auch Dritte in ihren Rechten, sobald sie nur selbst durch die Maßnahme der Verwaltung betroffen sind[491]. Dem Bürger erwachse ein subjektives Recht, wenn dieser durch ein gesetzwidriges Verhalten der Verwaltung in „seinen Angelegenheiten" betroffen wird[492], wenn ein Gewaltunterworfener von einem Rechtssatz des öffentlichen Rechts „konkret" betroffen ist[493], er durch eine Rechtsverletzung der öffentlichen Gewalt in seinen Angelegenheiten berührt ist[494] oder er in seinem rechtlich geschützten Lebenskreis bzw. seinem Individualinteresse betroffen ist. Bei der sachlichen Begrenzung der Klagebefugnis wird nicht die Frage nach dem Schutzzweck der jeweils einschlägigen Normen gestellt, sondern wird die Geltendmachung einer „individuellen und nicht unerheblichen" Beeinträchtigung von „schutzwürdigen Belangen" des Klägers verlangt[495]. Die Grenze zwischen schutzwürdigen und schutzlosen Interessen wird dann anhand der Einzelfallbesonderheiten gezogen, unter Berücksichtigung der gesamten Rechtsordnung und ihrer Wertvorstellungen.

---

490 Appel, Grundrechte als Grundlage von Rechten im Sinne des § 42 II VwGO, 32.

491 Brohm, Verwaltungsgerichtsbarkeit im modernen Sozialstaat, DÖV 1982, 1.

492 Bartlsperger, Subjektiv öffentliches Recht und störungspräventive Baunachbarklage, DVBl. 1971, 723.

493 Bartlsperger, Der Rechtsanspruch auf Beachtung von Vorschriften des Verwaltungsverfahrensrechts, DVBl. 1970, 30 (33); ders., Subjektiv öffentliches Recht und störungspräventive Baunachbarklage, DVBl. 1971, 723 (731); vgl. Breuer, Baurechtlicher Nachbarschutz, DVBl. 1983, 431 (437): er verlangt konkrete Beeinträchtigung und Verletzung einer nachbarrelevanten Norm.

494 Bartlsperger, Der Rechtsanspruch auf Beachtung von Vorschriften des Verwaltungsverfahrensrechts, DVBl. 1970, 30 (33).

495 Bernhardt, Zur Anfechtung von Verwaltungsakten durch Dritte, JZ 1963, 302 (307); Nach Ansicht von Gallwas (Faktische Beeinträchtigungen im Bereich der Grundrechte, 147f.) ist Voraussetzung der Klagebefugnis, dass (a) der Kläger aufgrund einer Handlung aus dem Bereich des öffentlichen Rechts eine Beeinträchtigung seiner Interessen erlitten hat oder erleidet; auf die Intensität der Beeinträchtigung komme es nicht an und (b) der Kläger behauptet, dass die Beeinträchtigung ein Interesse betreffe, das im Gewährleistungsbereich seiner Grundrechte oder eines sonstigen öffentlichen Rechts liegt.

In der Literatur wird zudem von Vertretern der Rechtsverhältnislehre eine Neukonzeption der Dogmatik der subjektiven öffentlichen Rechte angestrebt. Hierbei wird davon ausgegangen, dass das Rechtsverhältnis im öffentlichen Recht die Grundfigur des dogmatischen Systems sei[496]. Das subjektive öffentliche Recht wird als integrierter Bestandteil der konkreten Rechtsverhältnisse begriffen[497]. Bei der Ermittlung von solchen Rechten wird nicht mehr primär auf eine Norm, die isolierte Anspruchpositionen des Bürgers begründet, und auf deren durch Auslegung ermittelten Schutzzweck abgestellt, sondern auf die wechselseitigen Beziehungen zwischen den am Rechtsverhältnis Beteiligten[498]. Auch sei hierdurch bei Drittbetroffenen eine sachangemessenere Bestimmung der Rechte und Pflichten aller Beteiligten möglich[499]. Eine dogmatisch fundierte, klare und damit grundlegende Neukonzeption der Figur des subjektiven öffentlichen Rechts wurde seitens der Vertreter der Rechtsverhältnistheorie – soweit ersichtlich – bisher nicht vorgelegt[500].

Trotzt aller Kritik hält die Rechtsprechung bis heute im Grundsatz daran fest, dass die Bestimmung des subjektiven öffentlichen Rechts für § 42 Abs. 2 VwGO gemäß den Kriterien der Schutznormtheorie zu erfolgen habe. Hinsichtlich der Bestimmung des Schutzzweckes stellt die Rechtsprechung auf den jeweiligen Einzelfall ab.

2.1.4.2 Das Gebot der Rücksichtnahme

Wenn sich nicht unmittelbar aus einer Vorschrift des einfachen Rechts Drittschutz ableiten lässt, muss geprüft werden, ob auf den Fall einzelne Bestimmungen des einfachen Rechts anwendbar sind, in denen das Gebot der Rücksichtnahme zum Ausdruck kommt (sog. partiell drittschützende Normen).

Die Verpflichtung zur Rücksichtnahme auf die berechtigten Belange anderer Personen stellt ein grundlegendes Prinzip in allen Rechtsbereichen dar, in denen verschiedene private oder öffentliche Interessen aufeinander stoßen[501] und ist allen Rechtsnormen, die dem Ausgleich privater Belange untereinander dienen,

---

496 Henke, Das subjektive Recht im System des öffentlichen Rechts, DÖV 1980, 621 (622 ff.); ders., Wandel der Dogmatik des öffentlichen Rechts, JZ 1992, 541 (542).

497 Bauer, Subjektive öffentliche Rechte des Staates, DVBl. 1986, 208 (217).

498 Bauer, Geschichtliche Grundlagen der Lehre vom subjektiven öffentlichen Recht, 174.

499 Bauer, Subjektive öffentliche Rechte des Staates, DVBl. 1986, 208 (217); ders., Geschichtliche Grundlagen der Lehre vom subjektiven öffentlichen Recht, 176.

500 Bauer stellt hierzu lakonisch fest (s. Geschichtliche Grundlagen der Lehre vom subjektiven öffentlichen Recht, 167), dass dies Untersuchungen von monographischer Länge erforderlich mache, und daher im Rahmen seiner Dissertation nicht geleistet werden könne.

501 Dürr, Das Gebot der Rücksichtnahme – eine Generalklausel des Nachbarschutzes im öffentlichen Baurecht, NVwZ 1985, 719 (722).

auch ohne besondere gesetzliche Regelung immanent[502]. Soweit das Gebot der Rücksichtnahme als allgemeingültiges Rechtsprinzip überhaupt einer normativen Begründung bedarf, kann allenfalls aus einer entsprechenden Anwendung des § 242 BGB abgeleitet werden. Das durch die Rechtsprechung des Bundesverwaltungsgerichts[503] entwickelte Rücksichtnahmegebot[504] ist eine Generalklausel des Nachbarschutzes im öffentlichen Baurecht, die die spezialgesetzliche Gewährung nachbarlicher Abwehrrechte ergänzt. Das BVerwG hat das Gebot der Rücksichtnahme aus einzelnen Tatbestandsmerkmalen der §§ 30 ff. BBauG bzw. aus § 15 BauNutzVO abgeleitet[505].

Baurechtliche Vorschriften sind nachbarschützend, soweit sie dem Ausgleich der Interessen des Bauherrn und seiner Umgebung dienen; § 34 BBauG und § 15 BauNutzVO entfalten daher nachbarschützende Wirkung[506]. Soweit die baurechtlichen Vorschriften keine Regelung des Interessenkonflikts zwischen dem Bauherrn und den Nachbarn enthalten, kann das Gebot der Rücksichtnahme Nachbarschutz begründen. Ein Bauherr habe demgemäß die Pflicht, bei Art und Ausmaß seines Bauvorhabens auf das Interesse seiner Nachbarn an einer angemessenen Nutzung ihres Eigentums Rücksicht zu nehmen. Er müsse demzufolge sein Bauvorhaben so gestalten, dass die Interessen der Nachbarn gewährt bleiben, soweit diese schutzwürdig seien[507].

Eine (rechtswidrige) Genehmigung verletzt in aller Regel das Eigentum des Nachbarn nicht. Eine Ausnahme ist dennoch zu machen, wenn ihre Ausnut-

---

502 Eine ausdrückliche Erwähnung der Pflicht zur Rücksichtnahme findet sich z. B. in § 1 StVO; die Verkehrsteilnehmer sind nach dieser Vorschrift zur gegenseitigen Rücksichtnahme verpflichtet. Der Soldat muss nach § 12 SoldG Rücksicht auf seine Kameraden nehmen; für den Schüler gilt dasselbe im Verhältnis zu seinen Mitschülern (BVerfGE 52, 223 = NJW 1980, 575). Der Raucher wird durch das Gebot der Rücksichtnahme zur Rücksicht auf die Nichtraucher verpflichtet (OVG Münster, NVwZ 1983, 485; VG Freiburg, NJW 1978, 2352). Im Immissionsschutzrecht zwingen §§ 3, 5, 22 BImSchG zur Rücksichtnahme auf das Schutzbedürfnis der Umgebung; diese Vorschriften können als spezialgesetzliche Ausprägung des Rücksichtnahmegebots angesehen werden (BVerwGE 68, 58). Schließlich hat auch der Benutzer eines öffentlichen Gewässers Rücksicht auf die Interessen anderer Gewässerbenutzer zu nehmen (BGH, DVBl. 1984, 32).

503 Grundlegend BVerwGE 52, 122; s. aber schon BVerwGE 28, 148, 153.

504 Ausführlich dazu Alexy, Das Gebot der Rücksichtnahme im baurechtlichen Nachbarschutz, DÖV 1984, 953; Dürr, Das Gebot der Rücksichtnahme – eine Generalklausel des Nachbarschutzes im öffentlichen Baurecht, NVwZ 1985, 719 m.w.N.; zur Entstehung s. Peine, Das Gebot der Rücksichtsnahme im baurechtlichen Nachbarschutz, DÖV 1984, 963 (965f.); s. auch Wahl, Der Nachbarschutz im Baurecht, JuS 1984, 577 (584f.); Wahl/Schütz, in: Schoch/Schmidt-Aßmann/Pietzner, VwGO Kommentar, Stand 2004, § 42 Abs. 2, Rn. 125 ff.

505 BVerwG, NVwZ 1985, 37.

506 BVerwG, NVwZ 1992, 977 und st. Rechtsprechung seit BVerwG, NVwZ 1999, 879.

507 BVerwGE 67, 334, 337f.

zung die vorgegebene Grundstücksituation nachhaltig verändern würde und dadurch den Nachbarn unzumutbar träfe. Das Gebot der Rücksichtnahme soll einen angemessenen Interessenausgleich gewährleisten und wird verletzt, wenn ein Vorhaben in unzumutbarer Weise die Nutzung eines Nachbargrundstückes beeinträchtigt, indem es an der gebotenen Rücksichtnahme auf geschützte Individualinteressen (Einzelinteressen) eines anderen (des Nachbarn) fehlt[508]. Zur Feststellung, ob dies der Fall ist, bedarf es einer Abwägung der unterschiedlichen Interessen wie z.B. Dauer und Intensität von Störungen durch das Vorhaben bzw. dessen Nutzung und demgegenüber die Schutzwürdigkeit des Nachbarn[509]. Dabei spielt die Frage der Zumutbarkeit eine entscheidende Rolle. Die dabei vorzunehmende Abwägung hat sich nämlich daran zu orientieren, was dem Rücksichtnahmebegünstigten und dem Rücksichtnahmeverpflichteten jeweils nach Lage der Dinge zuzumuten ist. Je empfindlicher und schutzwürdiger die Stellung des Rücksichtnahmebegünstigten ist, desto mehr kann an Rücksichtnahme verlangt werden. Je verständlicher und unabweisbarer die mit dem Vorhaben verfolgten Interessen sind, um so weniger braucht derjenige, der das Vorhaben verwirklichen will, Rücksicht zu nehmen. Berechtigte Belange muss er nicht zurückstellen, um gleichwertige fremde Belange zu schonen[510]. Dagegen muss er es hinnehmen, dass Beeinträchtigungen, die von einem legal genutzten vorhandenen Bestand ausgehen, bei der Interessenabwägung als Vorbelastungen berücksichtigt werden, die seine Schutzwürdigkeit mindern[511]. Für die Annahme einer unzumutbaren Betroffenheit reichen bloße Lästigkeiten nicht aus. Erforderlich ist vielmehr eine hierüber hinausgehende qualifizierte Betroffenheit des Nachbarn[512]. Bei der Beurteilung, ob das Rücksichtnahmegebot beachtet oder verletzt ist, kommt es immer auf die Besonderheit des Einzelfalles an[513]. Standard- oder Pauschalbeurteilungen sind daher an sich nicht möglich. Vielmehr ist auf die tatsächliche Situation abzustellen.

Die Rechtsprechung geht von einer öffentlich-rechtlichen Pflicht aus, die zunächst grundsätzlich immer nur objektiv-rechtlich ist, d.h. sie ist von der Baugenehmigungsbehörde gegenüber dem Bauherrn durchzusetzen, vom Nachbarn jedoch nicht einklagbar. Drittschützende Wirkung kommt dem Gebot der Rück-

---

508 BVerwGE 67, 334, 338; Peine, Das Gebot der Rücksichtsnahme im baurechtlichen Nachbarschutz, DÖV 1984, 963 (964).

509 Abwägungserheblich sind dabei nur rechtlich geschützte Interessen des Nachbarn, BVerwGE 52, 122 (126); NVwZ 1994, 686. Soweit die Landesbauordnungen die Unzulässigkeit von Vorhaben bei unzumutbarer Beeinträchtigung Dritter anordnen, wird das Gebot der Rücksichtnahme weitgehend verdrängt, vgl. BVerwGE 94, 151, 158 ff.

510 BVerwGE 52, 122, 126.

511 Vgl. BVerwGE 52, 122.

512 Vgl. BVerwGE 52, 122, 125.

513 Umfassende Nachweise s. Wahl/Schütz, in: Schoch/Schmidt-Aßmann/Pietzner, VwGO Kommentar, Stand 2004, § 42 Abs. 2, Rn. 129.

sichtnahme nur in solchen Ausnahmefällen zu, soweit in qualifizierter und zugleich individualisierter Weise auf schutzwürdige Interessen eines deutlich erkennbar abgrenzbaren Kreises Dritter Rücksicht zu nehmen ist[514]. Die Qualifizierung betrifft die Schwere und damit die Unzumutbarkeit des Eingriffs. Das gilt nur für diejenigen Ausnahmefälle, in denen die tatsächlichen Umstände handgreiflich ergeben, auf wen Rücksicht zu nehmen ist, und eine besondere rechtliche Schutzwürdigkeit des Betroffenen anzuerkennen ist[515]. Dies setzt voraus, dass der Kreis der Rücksichtnahmeberechtigten wegen der gegebenen Umstände für den Bauherrn durch die geringe Zahl der Betroffenen oder durch die hohe Intensität der Beeinträchtigung eindeutig erkennbar ist (= Sichtbarkeitskriterium) oder der Nachbar sich auf eine besonders geschützte Rechtsposition berufen kann (= besondere Schutzwürdigkeit). Dieses „Betroffensein", also die Beeinträchtigung, muss „handgreiflich" sein. Erforderlich ist hierfür, dass die Nutzung der Nachbargrundstücke durch die Nutzung der Baugenehmigung unzumutbar beeinträchtigt würde. Abzustellen ist in besonderem Maße auf den Einzelfall („je schutzwürdiger die Stellung des Dritten ist, desto mehr Rücksichtnahme ist geboten").

Zusammenfassend lassen sich fünf Kriterien dafür erkennen, wann das Gebot der Rücksichtnahme drittschützend wirkt[516]: die intensive Beeinträchtigung, die besondere Rechtsposition, die Handgreiflichkeit, die Individualisiertheit und die Eingegrenztheit des Berechtigtenkreises[517]. Der Kreis der Begünstigten wird damit nicht mehr durch die Norm selbst, sondern durch die Situation abgegrenzt[518].

---

514 BVerwGE 52, 122; E 67, 334; E 82, 343; s. auch Muckel, Der Nachbarschutz im öffentlichen Baurecht – Grundlagen und aktuelle Entwicklungen, JuS 2000, 132 (134); Peine, Das Gebot der Rücksichtsnahme im baurechtlichen Nachbarschutz, DÖV 1984, 963 (965); Wahl, Der Nachbarschutz im Baurecht, JuS 1984, 577 (584).

515 BVerwGE 67, 334.

516 Nach diesen Kriterien wurde in Verbindung mit dem Gebot der Rücksichtnahme den folgenden Normen drittschützende Wirkung zuerkannt: §§ 15 Abs. 1 S.2 BauNVO 31 Abs. 2, 34 Abs. 1 („in die Eigenart der näheren Umgebung einfügen"), 34 Abs. 2 (wenn ein Gebiet den Charakter eines Gebietstyps nach §§ 2-14 BauNVO hat), 35 Abs. 3 Nr. 3 BauGB (Schutz vor schädlichen Umwelteinwirkungen). Es begründet eine Verpflichtung, die Belange des Bauwilligen und der Nachbarschaft gerecht gegeneinander abzuwägen. Diese Grundsätze wendet das BVerwG (BVerwG, NVwZ 1987, 409) auch auf diejenigen Fälle an, in denen es nicht um die Planung als solche, sondern um Ausnahmen und Befreiungen vom Bebauungsplan (§ 31 BauGB) geht.

517 Alexy, Das Gebot der Rücksichtnahme im baurechtlichen Nachbarschutz, DÖV 1984, 953 (959).

518 Alexy, Das Gebot der Rücksichtnahme im baurechtlichen Nachbarschutz, DÖV 1984, 953 (956).

Die Rechtsprechung des BVerwG stieß auf teilweise massive Kritik[519]. Sie wendet vor allem ein, das Gebot der Rücksichtnahme stelle eine Durchbrechung der Schutznormtheorie dar, weil es nirgends normativ verankert sei und der Unterschied zwischen nachbarschützenden und nicht-nachbarschützenden Vorschriften verwischt werde. Dieser Kritik ist einzuräumen, dass es sich dabei um einen Akt richterlicher Rechtsfortbildung handelt[520]. Insoweit bestehen jedoch keine grundsätzlichen Bedenken; allgemein anerkannte Rechtsgrundsätze sind auf diese Weise entstanden. Voraussetzung für die richterliche Rechtsfortbildung ist freilich, dass eine Regelungslücke besteht, die dann durch Richterrecht ausgefüllt werden muss.

Das drittschützende Gebot der Rücksichtnahme gilt heute allgemein, also nicht nur im Baurecht, wo immer schutzwürdige Interessen eines Bürgers betroffen sind, eine objektive Verpflichtung der Verwaltung besteht und bestimmte qualifizierende und individualisierende Umstände hinzukommen. Der Bürger hat nämlich Anspruch darauf, dass die öffentliche Gewalt bei ihrer Entscheidung nicht seine schutzwürdigen Interessen willkürlich außer Acht lässt[521].

2.1.4.3 Klagebefugnis aus Grundrechten

Wenn keine Norm des einfachen Rechts (und sei es auch nur als Ausprägung des Rücksichtnahmegebots) dem Kläger Schutz gewährt, kann schließlich gefragt werden, ob sich Drittschutz unmittelbar aus Verfassungsrecht ergibt, d.h. ob sich der Kläger mit Erfolg auf Grundrechte berufen kann. Dass die Klagebefugnis bei der Möglichkeit der Verletzung eines Grundrechts verliehen wird, ist angesichts von Art. 1 Abs. 3 und 19 Abs. 4 S. 1 GG selbstverständlich[522]. Nach

---

519 Insb. Breuer, Das baurechtliche Gebot der Rücksichtsnahme – ein Irrgarten des Richterrechts, DVBl. 1982, 1065, spricht von „Patentformel"; s. auch Peine, Das Gebot der Rücksichtsnahme im baurechtlichen Nachbarschutz, DÖV 1984, 963 (969); vgl. Alexy, Das Gebot der Rücksichtnahme im baurechtlichen Nachbarschutz, DÖV 1984, 953 (955f.); s. auch Steinberg, Grundfragen des öffentlichen Nachbarrechts, NJW 1984, 457 (460): Das Gebot der Rücksichtnahme ist entbehrlich, da die Nachbarrechte normimmanent zu entwickeln sind, indem man auf den objektiven Regelungszweck der Norm abstellt.

520 Vgl. Dürr, Das Gebot der Rücksichtnahme – eine Generalklausel des Nachbarschutzes im öffentlichen Baurecht, NVwZ 1985, 719 (720).

521 Alexy, Das Gebot der Rücksichtnahme im baurechtlichen Nachbarschutz, DÖV 1984, 953 (955 m.w.N.).

522 Gassner, Anfechtungsrechte Dritter und „Schutzgesetz", DÖV 1981, 615 (616f.); Hoffmann – Becking, Zum Stand der Lehre vom Recht auf fehlerfreie Ermessensentscheidung, DVBl. 1970, 850 (855); Hufen, Verwaltungsprozessrecht, 278; Jarass, Der Rechtsschutz Dritter bei der Genehmigung von Anlagen – Am Beispiel des Immissionsschutzrechts, NJW 1983, 2844 (2847); Sodan, in Sodan/Ziekow, VwGO, Stand 2003, § 42, Rn. 383; Wahl/Schütz, in: Schoch/Schmidt-Aßmann/Pietzner, VwGO

allgemeiner Ansicht schützen die Grundrechte in ihrer Funktion als Freiheits- und Abwehrrechte den Bürger innerhalb ihres Schutzbereiches gegen staatliche Eingriffe durch verfassungswidrigen Rechts- oder Realakt[523] und treten als subjektive Abwehransprüche neben eine durch einfaches Gesetz möglicherweise eingeräumte weitere Rechtsposition[524]. Daher erlangen Grundrechte als Schutznormen sogar zunehmende Bedeutung zur Begründung der Klagebefugnis[525]. Die Grundrechte sind jedoch, wie schon erwähnt, nicht unmittelbare Grundlage subjektiver öffentlicher Rechte[526]. Die Ausgestaltung (auch) der grundrechtlich geschützten Lebensbereiche obliegt dem Gesetzgeber. Im Rahmen der Wahrnehmung dieser Gestaltungsaufgabe kann er grundrechtlich geschützte Rechtspositionen erweitern oder auch (zum Schutz anderer Grundrechte oder sonstiger Rechtsgüter) beschränken.

Im Schrifttum wird die Ansicht vertreten, dass dazu auch die Frage gehört, ob überhaupt die Interessen bestimmter Bürger rechtlich zu schützen sind, indem sie in den Rang von subjektiven Rechten erhoben werden[527]. Somit ist zu unterscheiden zwischen einem objektiv- und einem subjektiv-rechtlichen Aussagegehalt der Grundrechte. Dieses differenzierte Beziehungsgefüge wäre unterlaufen, wenn jedes durch staatliches Verhalten betroffene Interesse eines Bürgers zug-

---

Kommentar, Stand 2004, § 42 Abs. 2, Rn. 56; Zuleeg, Hat das subjektive öffentliche Recht noch eine Daseinberechtigung?, DVBl. 1976, 509; kritisch hinsichtlich des Durchgriffes auf Grundrechte s. Fromm, Verwaltungsakte mit Doppelwirkung, VerwArch 1965, 26 (59); Rupp, Kritische Bemerkungen zur Klagebefugnis im Verwaltungsprozess, DVBl. 1982, 144 (147, 148 Fn. 27). Vgl. auch Menger, Höchstrichterliche Rechtsprechung zum Verwaltungsrecht, VerwArch 1960, 373 (385): Ihm zufolge ergeben sich subjektive Rechte nur aus einfachen Rechtssätzen. Man dürfe sich bei der Klagebefugnis grundsätzlich nicht auf Verletzung der allgemeinen, durch die Verfassung garantierten Grundrechte berufen können, da ansonsten die Popularklage ermöglicht werde.

523 Henke, Juristische Systematik der Grundrechte, DÖV 1984, 1 (10); Scherzberg, Grundlagen und Typologie des subjektiv-öffentlichen Rechts, DVBl. 1988, 129 (134); Zuleeg, Hat das subjektive öffentliche Recht noch eine Daseinberechtigung?, DVBl. 1976, 509.

524 Scherzberg, „Objektiver" Grundrechtsschutz und subjektives Grundrecht, DVBl. 1989, 1128 (1133).

525 Bernhardt, Zur Anfechtung von Verwaltungsakten durch Dritte, JZ 1963, 302 (305); Jarass, Der Rechtsschutz Dritter bei der Genehmigung von Anlagen – Am Beispiel des Immissionsschutzrechts, NJW 1983, 2844 (2846).

526 Sodan, in Sodan/Ziekow, VwGO, § 42, Rn. 383 ff.; Wahl, Die doppelte Abhängigkeit des subjektiven öffentlichen Rechts, DVBl. 1996, 641 (645).

527 Gassner, Anfechtungsrechte Dritter und „Schutzgesetz", DÖV 1981, 615 (619); Hofmann, in Schmidt-Bleibtreu/Klein, GG, 10. Aufl., Art. 19, Rn. 58; Huber, in v. Mangoldt/Klein/Starck, GG, Bd. I, Art. 19 Abs. 4, Rn. 398; Maurer, Allgemeines Verwaltungsrecht, 160f.; Schulze- Fielitz, in Dreier (Hrsg.), GG Kommentar, 2. Aufl., Bd. I, Art. 19 IV, Rn. 63; s. auch BVerwGE 89, 69 ff. und E 78, 214, 226.

leich in den Rang eines durch die Grundrechte subjektiv-rechtlich geschützten Interesses gehoben werden würde[528]. Insoweit genießen die Vorschriften des einfachen Rechts als leges speciales einen Anwendungsvorrang[529].

2.1.4.3.1 Die norminterne Wirkung der Grundrechte

Der Gesetzgeber ist an die Grundrechte gebunden[530]. Soweit Akte der öffentlichen Gewalt den Schutzbereich von Grundrechten beeinträchtigen, liegt ein Eingriff in subjektive Rechte vor, der gerichtlich geltend gemacht werden kann[531]. Soweit dieser Eingriff nach Maßgabe geltenden Gesetzesrechts erfolgt und sich aus der Norm des einfachen Rechts kein klarer Befund ergibt, können die Grundrechte bei der Interpretation ergänzend und verdeutlichend herangezogen werden. Dabei handelt es sich um die sog. „norminterne“ Wirkung der Grundrechte[532]. Gewähren diese im konkreten Fall Abwehrrechte, ist dem (soweit methodisch zulässig) durch eine verfassungskonforme Auslegung i.S. einer Subjektivierung der einfachgesetzlichen Vorschriften Rechnung zu tragen.

Der Staat ist zum Schutz der Grundrechtsgüter verpflichtet. Diese Verpflichtung wird konkretisiert durch einfachgesetzliche Regelungen. Wie diese wiederum ausgestaltet werden müssen, wird durch die Normen geregelt, die das Verhältnis des Einzelnen zum Staat regeln, nämlich die Grundrechte. Hier werden die Rechtsgüter benannt, die in einer staatlichen Ordnung als für die Friedensordnung unabdingbar gehalten werden[533]. Die Grundrechte enthalten in gewissem Umfang ein Subjektivierungsgebot an den Gesetzgeber[534] und fordern ein Mindestniveau subjektiv-rechtlichen Schutzes, mit der Folge, dass die einschlägige einfachgesetzliche Norm im Zweifel einen Schutznormcharakter aufweist[535].

In diesem Zusammenhang stellt sich die Frage, ob gesetzliche Regelungen, die sich mit den **tatsächlichen** Voraussetzungen der Grundrechtsausübung

---

528 Henke, Juristische Systematik der Grundrechte, DÖV 1984, 1 (2).

529 Hufen, Verwaltungsprozessrecht, 279; Kopp/Schenke VwGO, 13. Aufl., § 42, Rn. 118; Maurer, Allgemeines Verwaltungsrecht, 80f.; Sodan, in Sodan/Ziekow, VwGO, § 42, Rn. 383; Wahl/Schütz, in: Schoch/Schmidt-Aßmann/Pietzner, VwGO Kommentar, Stand 2004, § 42 Abs. 2, Rn. 57; s. auch BVerwG, DVBl. 2000, 1614.

530 Art. 1 Abs. 3 GG.

531 Vgl. Dreier, in Dreier (Hrsg.), GG Kommentar, 2. Aufl., Bd. I, Vorb. Art. 1, Rn. 66.

532 Kopp/Schenke VwGO, 13. Aufl., § 42, Rn. 118 ff.; Sodan, in Sodan/Ziekow, VwGO, Stand 2003, § 42, Rn. 385; Wahl/Schütz, in: Schoch/Schmidt-Aßmann/Pietzner, VwGO Kommentar, Stand 2004, § 42 Abs. 2, Rn. 58.

533 Klein, Grundrechtliche Schutzpflicht des Staates, NJW 1989, 1633 (1636).

534 Kopp/Schenke VwGO, 13. Aufl., § 42, Rn. 119; Wahl, in: Schoch/Schmidt-Aßmann/Pietzner, VwGO Kommentar, Stand 2004, Vorb. § 42 Abs. 2 Rn. 54, 77.

535 BVerfGE 15, 275, 281f.; BVerfG, NJW 1990, 2249 (2249); Schulze-Fielitz, in Dreier (Hrsg.), GG Kommentar, 2. Aufl., Bd. I, Art. 19 IV, Rn. 71.

befassen, auch subjektive Rechte bieten können. Die Voraussetzungen der Grundrechtsausübung stehen zwar außerhalb des unmittelbaren Schutzbereichs der Grundrechte, dabei handelt es sich aber nichtsdestoweniger um Gegebenheiten, die deren Realisierung bedingen[536]: was nützt zum Beispiel das Grundrecht auf körperliche Unversehrtheit, wenn die Luft vergiftet ist? Dementsprechend ist die Frage gerechtfertigt, ob diese Gegebenheiten rechtlicher als auch tatsächlicher Natur am Grundrechtsschutz teilnehmen. Vom Standpunkt des Einzelnen aus stellt sich damit die Frage nach dem Charakter von mittelbaren faktischen Beeinträchtigungen, d.h. von nachteiligen Einwirkungen auf die tatsächlichen Bedingungen der Freiheitsausübung. Die traditionelle Grundrechtdogmatik kennt einen derartigen Schutz von Grundrechtsvoraussetzungen nicht. Im Rahmen des status negativus wird geschützt, was an Freiheit und Eigentum vorhanden ist. Die soziologischen Gegebenheiten haben sich natürlich seit der Konzipierung des liberalen Rechtsstaates des 19. Jahrhunderts grundlegend geändert. Die Möglichkeiten freier Entfaltung des Einzelnen werden heutzutage durch staatliche Einflussmaßnahme auf sein soziales, wirtschaftliches oder sonstiges Umfeld beschränkt. Heutzutage geht es dem Bürger nicht mehr bloß darum, vom Staat nicht belästigt zu werden, sondern in vielen wichtigen Lebensbereichen vielmehr darum, dass der Staat die Entfaltung seiner Freiheit erst ermöglicht, indem er die faktischen Voraussetzungen bewahrt bzw. zusätzlich schafft. Die grundrechtliche Gewährleistung umfasst dementsprechend auch die tatsächlichen Voraussetzungen der Grundrechtsausübung, soweit durch deren Beeinträchtigung die Grundrechtsausübung gefährdet wird[537].

Das Bundesverfassungsgericht interpretiert in ständiger Rechtsprechung die Grundrechte als Wertordnung[538], deren Verwirklichung verfassungsrechtlich garantiert ist. Hieraus ergibt sich auch das Verständnis, dass die Wirkung der Grundrechte nicht bei der negatorischen Funktion stehen bleiben darf, sondern für eine umfassende Geltung positive Leistungen verbürgen muss. Hierunter fällt die grundrechtliche Schutzgewähr. Das rechtlich gebotene Verhalten des Staates, Gefährdungen und Verletzungen grundrechtlich geschützter Güter abzuwehren, bezeichnet man als Schutzpflicht[539]. Grundrechtsausübung muss also generell möglich sein und damit ist auch der Schutz der hierfür unabdingbaren tatsächlichen Voraussetzungen notwendig. Darüber hinaus fordert die Sozialstaatsklausel

---

536 Kloepfer, Grundrechte als Entstehenssicherung und Bestandsschutz, 16.

537 Sailer, Subjektives Recht und Umweltschutz, DVBl. 1976, 521 (529); Scherzberg, „Objektiver" Grundrechtsschutz und subjektives Grundrecht, DVBl. 1989, 1128 (1136).

538 BVerfGE 6, 55, 71; E 7, 198, 205; E 33, 330; E 35, 79, 114; E 39, 1, 41f.; E 49, 89, 141; E 73, 261, 269; E 76, 1, 49.

539 Dazu Klein, Grundrechtliche Schutzpflicht des Staates, NJW 1989, 1633; Möstl, Probleme der verfassungsprozessualen Geltendmachung gesetzgeberischer Schutzpflichten, DÖV 1998, 1029.

die Schaffung der materiellen Grundrechtsvoraussetzungen und ermöglicht auf diese Weise erst die Entfaltung der klassischen Freiheitsrechte[540].

Das BVerfG hat im Zusammenhang mit der Errichtung von Kernkraftwerken Stellung zu den Schutzpflichten nehmen müssen. Im sog. Kalkar-Beschluss hat das Gericht festgestellt, dass Schutzpflichten gebieten können, rechtliche Regelungen so auszugestalten, dass auch die Gefahr von Grundrechtsverletzungen eingedämmt bleibt[541]. Ob, wann und mit welchem Inhalt sich eine solche Ausgestaltung von Verfassung wegen gebietet, hängt von der Art, der Nähe und dem Ausmaß möglicher Gefahren, der Art und dem Rang des verfassungsrechtlich geschützten Rechtsguts sowie von den schon vorhandenen Regelungen ab[542].

Infolgedessen müssen gesetzlich vorgesehene Gebote oder Verbote, die der Erhaltung von knapp gewordenen Grundrechtsvoraussetzungen dienen, auf Verlangen des Betroffenen beachtet werden, weil ihre Missachtung ebenfalls gegen den Grundrechtsschutz verstoßen würde[543].

2.1.4.3.2 Die normexterne Wirkung der Grundrechte

Fehlt im einfachen Recht eine Schutznorm zugunsten des Klägers, kann ausnahmsweise direkt auf Grundrechte zurückgegriffen werden (normexterne Wirkung der Grundrechte)[544]. Ein solcher direkter Rückgriff auf Grundrechte kommt erst in Frage, wenn es an einfachrechtlichen Vorschriften fehlt, die – ggf. nach verfassungskonformer, d.h. subjektiv-rechtlicher Auslegung – den verfassungsrechtlich geforderten Mindestschutz der Grundrechte gewährleisten. Für das Vorliegen der Klagebefugnis aus einem Grundrecht ist erforderlich, dass der Kläger als Träger des Grundrechts in Betracht kommt und dass das Grundrecht grundsätzlich einschlägig ist.

Bedeutung erlangt die normexterne Wirkung der Grundrechte vor allem in Verbindung mit mittelbaren faktischen Grundrechtseingriffen. Der Schutzbereich der Grundrechte erstreckt sich auf alle rechtswidrigen Eingriffe, d.h. auch auf

540 „Reale Freiheit“: s. BVerfGE 75, 40, 65f.

541 BVerfGE 49, 89, 142.

542 Im „Mühlheim-Kärlich-Beschluss“ (BVerfGE 53, 30, 57) sah das Gericht die Schutzpflicht als erfüllt an, da die Genehmigung des Atomkraftwerks von materiellrechtlichen und verfahrensrechtlichen Voraussetzungen abhängig gemacht war. In der „Fluglärm-Entscheidung“ (BVerfGE 56, 54, 78) hatte das BVerfG festzustellen, ob die staatliche Schutzpflicht auch die Pflicht zur Bekämpfung der gesundheitsgefährdenden Auswirkungen des Fluglärms umfasst. Dies hat das Gericht bejaht. Wie der Gesetzgeber diese Pflicht erfülle, könne vom BVerfG aufgrund des Prinzips der Gewaltenteilung jedoch nur begrenzt nachgeprüft werden.

543 Sailer, Subjektives Recht und Umweltschutz, DVBl. 1976, 521 (530).

544 Kopp/Schenke VwGO, 13. Aufl., § 42, Rn. 121 ff.; Sodan, in Sodan/Ziekow, VwGO, Stand 2003, § 42, Rn. 386.

faktische objektiv-rechtlich rechtswidrige Eingriffe in Grundrechte[545]. Als Rechtsverletzung im Sinne von § 42 Abs. 2 VwGO ist demgemäß auch anzusehen, wenn ein Verwaltungsakt in ein Grundrecht des Klägers eingreift und gegen Vorschriften verstößt, die allein öffentlichen Interessen dienen[546]. Dabei ist zwischen einer unmittelbaren, d.h. einer direkt im Verhalten öffentlicher Gewalt selbst liegenden beeinträchtigenden Wirkung, und einer mittelbaren Beeinträchtigung zu unterscheiden[547]. Die letztere liegt vor, wenn der nachteilige Effekt von mehreren Ursachen ausgelöst wird, wozu auch das Verhalten der öffentlichen Gewalt gehört.

Voraussetzung für das Vorliegen der Klagebefugnis direkt aus einem Grundrecht war stets eine qualifizierte Grundrechtsbeeinträchtigung[548]. Das ist der Fall, wenn der „Kernbereich" oder der „verfassungsfeste Garantiebereich" des Grundrechts betroffen ist[549]. Maßstab für die Beurteilung der für eine Grundrechtsverletzung erforderlichen Beeinträchtigungsintensität sind Schutzgut und Schutzzweck des einzelnen betroffenen Grundrechts[550]. Für die Beschreibung einer solchen Beeinträchtigung sind je nach Sachbereich leicht variierende Schlagworte gebräuchlich[551]. Für den allgemeinen Geltungsanspruch der Grundrechte, wonach deren Ausübung generell möglich sein soll, liegt aber bereits eine Grundrechtsbeeinträchtigung vor, wenn die generellen Möglichkeiten erheblich verringert werden. Daraus folgt die Möglichkeit eines grundrechtsunmittelbaren Abwehrrechts gegen Eingriffe in Grundrechtsvoraussetzungen[552]. Die Rechtsprechung erkennt solche mittelbaren faktischen Beeinträchtigungen als grundrechtsrelevant bei „schwerer und unerträglicher Betroffenheit" an[553].

---

545 Henke, Juristische Systematik der Grundrechte, DÖV 1984, 1 (3); vgl. BVerfGE 6, 41.

546 Kopp/Schenke VwGO, 13. Aufl., § 42, Rn. 126.

547 Maurer, Allgemeines Verwaltungsrecht, 160.

548 Kopp/Schenke VwGO, 13. Aufl., § 42, Rn. 122; Wahl/Schütz, in: Schoch/Schmidt-Aßmann/Pietzner, VwGO Kommentar, Stand 2004, § 42 Abs. 2, Rn. 58.

549 Für Beispiele s. Kopp/Schenke VwGO, 13. Aufl., § 42, Rn. 123.

550 BVerwG, NVwZ 1984, 514, 515.

551 Die Klage des Nachbarn im Baurecht z.B. konnte (früher) auf Art. 14 GG gestützt werden, wenn die Baugenehmigung eine „**nachhaltige** Situationsveränderung" bewirkte und den Nachbarn **„schwer und unerträglich"** traf. Seit BVerwGE 32, 173 st. Rspr.; s. etwa BVerwGE 36, 248; E 44, 244; E 50, 282. In der Literatur (s. Wahl/Schütz, in: Schoch/Schmidt-Aßmann/Pietzner, VwGO Kommentar, Stand 2004, § 42 Abs. 2, Rn. 124) wurde schon seit längerem darauf hingewiesen, dass der unmittelbare Rückgriff auf Art. 14 GG durch die Einführung des Gebots der Rücksichtnahme gegenstandslos geworden ist.

552 Sailer, Subjektives Recht und Umweltschutz, DVBl. 1976, 521 (530).

553 Vgl. BVerwGE 32, 173, 178f.; E 36, 248, 251; E 54, 211, 222f.; E 71, 183, 191f.; BVerwG, JZ 1989, 237.

2.1.4.3.3 Beispiele zu den einzelnen Grundrechten

In folgenden Fällen wurde die Klagebefugnis aus Grundrechten abgeleitet, teilweise in Verbindung mit einfachem Recht[554].

---

554 Über die im Folgenden dargestellten Grundrechte hinaus kommen auch weitere Grundrechte zur Begründung der Klagebefugnis in Betracht: Das **Gleichheitsgebot** und die besonderen Gleichheitssätze (Art. 3 Abs. 1, 21, 33 Abs. 2 GG) gewährleisten auch eigenständige subjektive Rechte. (vgl. Heun, in Dreier (Hrsg.), Grundgesetz Kommentar, 2. Aufl., Bd. I, Art. 3, Rn. 17; Morlock, in Dreier (Hrsg.), Grundgesetz Kommentar, Bd. II, Art. 21, Rn. 49 ff.: „Art. 21 Abs. 1 GG ist selbst kein Grundrecht, sondern eine objektiv-rechtliche Gewährleistung, um der Effektivität der Absicherung willen aber auch mit subjektiv-rechtlichen Elementen angesichert.“; Lübbe – Wolff, in Dreier (Hrsg.), Grundgesetz Kommentar, Bd. II, Art. 33, Rn. 50.) Sofern nicht bereits Schutznormen oder Freiheitsrechte die Klagebefugnis verleihen, kommt hier die Möglichkeit einer Rechtsverletzung in Betracht, wenn die Verwaltung zwei wesentlich gleiche Tatbestände ohne sachliche Begründung ungleich oder ungleiche Tatbestände gleichbehandelt. (BVerfGE 1, 14, 52; E 84, 133, 158) Die wichtigsten Anwendungsfälle (Kopp/Schenke VwGO, 13. Aufl., § 42, Rn. 129) sind die Verletzung der Chancengleichheit im Wahlkampf (BVerfGE 44, 125; E 82, 54; BVerwGE 75, 79; E 35, 342), die gleichheitswidrige Anwendung von Verwaltungsvorschriften und die Klage gegen eine Begünstigung des Konkurrenten. Bei Konkurrenzverhältnissen spielt auch Art. 5 GG **(Meinungs-, Rundfunk- und Pressefreiheit, Kunst- und Wissenschaftsfreiheit)** (dazu Kopp/Schenke VwGO, 13. Aufl., § 42, Rn. 131 m.w.N.) und Art. 12 und 33 GG **(Berufsfreiheit und Berufsbeamtentum)** (Kopp/Schenke VwGO, 13. Aufl., § 42, Rn. 134 m.w.N.) eine Rolle. Gerade bei Art. 12 GG ist der Schutz vor faktischen Grundrechtseingriffen von großer Bedeutung, um die Klagebefugnis gegen Maßnahmen zu begründen, die zwar nicht unmittelbar auf die berufliche Tätigkeit des Klägers abzielen, die aber trotzdem geeignet sind, den Schutzbereich des Art. 12 infolge ihrer tatsächlichen Auswirkungen erheblich zu beeinträchtigen. (Wieland, in Dreier (Hrsg.), Grundgesetz Kommentar, 2. Aufl., Bd. I, Art. 12, Rnn. 85 ff.; BVerfGE 13, 181, 185; E 61, 291, 308; E 70, 191, 214; E 81, 108, 121; BVerwG, NVwZ 1989, 1175). Art. 4 GG **(Glaubens- und Gewissensfreiheit)** kommt zur Begründung der Klagebefugnis in Betracht im Zusammenhang mit Klagen wie jene einer Biologiestudentin in Bezug auf die von ihr zum Erwerb eines Leistungsnachweises geforderte Teilnahme an Tierversuchen oder Übungen an zuvor getöteten Tieren (BVerwGE 105, 73), einer Kirchengemeinde gegen die Erteilung einer Konzession für den Betrieb einer Gaststätte neben einer Kirche (BVerwGE 10, 91) oder eines religiösen Vereines gegen die Verwehrung der Einreise seines geistigen Oberhaupts (BVerwG, NVwZ 2001, 1396f.). Erforderlich ist allerdings, dass in höchstpersönliche Rechte eingegriffen wird; als Mitglied eines Kollektivs ist der Einzelne nicht klagebefugt (Kopp/Schenke VwGO, 13. Aufl., § 42, Rn. 130). Aus Art. 6 GG **(Ehe und Familie)** ergibt z.B. die Klagebefugnis des Ehegatten gegen die Ausweisung des Ehepartners (BVerfGE 51, 136; BVerwGE 42, 142; vgl. auch BVerfGE 31, 67) oder die Versagung seiner Aufenthaltserlaubnis wegen der Beeinträchtigung der Ehe, die Klagebefugnis der Eltern gegen schulorganisatorische Maßnahmen gegenüber den Kindern, wegen Beeinträchtigung ihres Eltern- und Erziehungsrechts (BVerwGE 18, 42; E 68, 16; BVerwG NJW 2002, 232).

Das erste hier zu nennende Grundrecht ist die Eigentumsgarantie (Art. 14 GG). Ist diese von einer staatlichen Maßnahme direkt und gezielt betroffen, insbesondere durch Enteignung, dann ist die Klagebefugnis gegen den entsprechenden Verwaltungsakt immer gegeben[555]. Der Betroffene erreicht dann zumindest bei Abwägungsentscheidungen sogar eine „Vollprüfung" des Verwaltungsaktes auf dessen Rechtmäßigkeit, d.h. er kann sich auch auf die Verletzung solcher Normen berufen, die nicht seinem Schutz dienen[556]. Während die Rechtsprechung diese Konstellation in der Regel auf Abwägungsentscheidungen beschränkt[557], besteht nach richtiger Auffassung die Möglichkeit der Rechtsverletzung durch andere Rechtsfehler auch bei allen übrigen Verwaltungsakten[558]. Für die Klage eines Drittens reicht die pauschale Berufung auf Art. 14 GG nicht aus. Vielmehr muss der angefochtene Verwaltungsakt (z.B. die dem Bauherrn erteilte Baugenehmigung bzw. ihre Ausnutzung) die vorgegebene Grundstücksituation nachhaltig verändern und diese Veränderung muss den Dritten schwer und unerträglich treffen[559]. Die Rechtsprechung stellt hier auf die konkrete tatsächliche Situation ab.

Art. 2 Abs. 1 GG (allgemeine Handlungsfreiheit) kommt die größte Bedeutung zu, wie schon dargestellt, im Zusammenhang mit der Adressatentheorie. Problematisch ist jedoch, ob daraus auch bei rechtlicher oder tatsächlicher Belastung eines Nichtadressaten eines Verwaltungshandelns subjektive Abwehrrechte hergeleitet werden können. In der Literatur wird teilweise aus Art. 2 Abs. 1 GG die Garantie der Freiheit von allen rechtswidrig belastenden Maßnahmen, mithin ein subjektives Recht der Betroffenen auf Verfassungsmäßigkeit der Gesetzgebung und Gesetz- und Rechtmäßigkeit von Verwaltung und Rechtsprechung abgeleitet[560]. Hieraus wurde geschlossen, dass Art. 2 Abs. 1 GG bei jeder Beeinträchtigung eigener Interessen – wobei dem Grundrechtsträger frei steht, welches Interesse er als „eigene Angelegenheit" benennt – fruchtbar zu machen sei, die auf staatliches Handeln zurückführbar ist[561]. Die allgemeine Handlungsfreiheit stellt ohne Zweifel ein subjektives öffentliches Recht dar[562]. Unter seinem Schutzbereich fallen jedoch nicht alle Belange, an denen der Einzelne ein Interesse haben mag[563]. Sonst müsste Art. 2 Abs. 1 GG zu einem allgemeinen

555 BVerwGE 32, 173, 178, st. Rspr.

556 BVerwGE 67, 78; 74, 109; BVerwG, DVBl. 1989, 510; BVerwG, NVwZ 1999, 528; **einschr.** aber BVerwG, NVwZ 1994, 688; NVwZ 1996, 1011.

557 BVerwG, NVwZ 1983, 93.

558 Hufen, Verwaltungsprozessrecht, 279.

559 Wahl, Der Nachbarschutz im Baurecht, JuS 1984, 577 (583).

560 Bernhardt, Zur Anfechtung von Verwaltungsakten durch Dritte, JZ 1963, 302 (306).

561 Zuleeg, Hat das subjektive öffentliche Recht noch eine Daseinsberechtigung?, DVBl. 1976, 509 (514).

562 Hofmann, in Schmidt-Bleibtreu/Klein, GG, 10. Aufl., Art. 2, Rn. 4.

563 Vgl. Scherzberg, „Objektiver" Grundrechtsschutz und subjektives Grundrecht, DVBl.

Anspruch auf rechtsmäßiges Verhalten des Staates führen. Außerdem räumt die Schrankenregelung des Art. 2 Abs. 1 dem Gesetzgeber einen weiten Spielraum ein, was die Ausgestaltung der Handlungsfreiheit angeht. Von einer Rechtsverletzung kann unter teleologischen Gesichtspunkten nur dann die Rede sein, wenn der Schutzbereich des Grundrechts unzumutbar beeinträchtigt wird[564]. Ein stärkerer Schutz ergibt sich dann, wenn neben Art. 2 Abs. 1 zugleich die Menschenwürde (Art. 1 Abs. 1 GG) betroffen ist. Für die Klagebefugnis besonders bedeutsam ist die allgemeine Handlungsfreiheit für Ausländer, soweit sie sich nicht auf spezifische Bürgerrechte berufen können[565]. Nach allgemeiner Auffassung schützt Art. 2 Abs. 1 auch die Wettbewerbsfreiheit, z.B. gegen die Subventionierung eines Konkurrenten[566].

Das Grundrecht auf körperliche Unversehrtheit (Art. 2 Abs. 2 S. 1 GG) ist von besonderer Bedeutung für die umweltrechtliche Nachbarklage[567]. Der durch Umweltbelastungen in seiner Gesundheit gefährdete Bürger kann sich nach inzwischen gefestigter Rechtsprechung[568] nicht nur auf gesetzliche Schutznormen, sondern grundsätzlich auch auf Art. 2 Abs. 2 S. 1 GG berufen[569]. Da der Gesetzgeber in weitem Umfang Vorschriften erlassen hat, die dem Gesundheitsschutz dienen, spielt hier die norminterne Wirkung der Grundrechte eine Rolle.

Körperliche Unversehrtheit erfasst tatbestandlich die körperliche Gesundheit im engeren biologisch-physiologischen Sinne[570], die psychisch-seelische Gesundheit und die körperliche Integrität[571]. Art. 2 Abs. 2 S. 1 enthält ein Abwehrrecht gegen die verschiedenen Arten staatlicher Eingriffe. Eine Beeinträchtigung ist auch durch eine Gefährdung der Gesundheit möglich, wenn die Gefährdung unter Berücksichtigung des maßgeblichen Wahrscheinlichkeitsgrades, der Art, Nähe und Ausmaß der möglichen Gefahren und der Irreversibilität der möglichen Verletzung, einer Verletzung gleich zu erachten ist[572]. Probleme bestehen vor allem bei der Abgrenzung von bloßen Belästigungen und Behelligungen einerseits und echten Gesundheitsgefährdungen andererseits („Erheblichkeitsschwelle").

1989, 1128 (1129).

564 Vgl. Dreier, in Dreier (Hrsg.), Grundgesetz Kommentar, 2. Aufl., Bd. I, Art. 2 Abs. 1, Rn. 51; Scherzberg, „Objektiver" Grundrechtsschutz und subjektives Grundrecht, DVBl. 1989, 1128 (1130).

565 Hofmann, in Schmidt-Bleibtreu/Klein, GG, 10. Aufl., Art. 2, Rn. 5; Hufen, Verwaltungsprozessrecht, 282.

566 BVerwGE 30, 191, 198.

567 Dazu Steinberg, Grundfragen des öffentlichen Nachbarrechts, NJW 1984, 457 (458f.).

568 Seit BVerwGE 54, 211, 222; E 56, 54, 78; BVerwG, NVwZ 1997, 161.

569 Vgl. Klein, Grundrechtliche Schutzpflicht des Staates, NJW 1989, 1633.

570 BVerfGE 56, 54, 73 ff.

571 Schulze-Fielitz, in Dreier (Hrsg.), Grundgesetz Kommentar, 2. Aufl., Bd. I, Art. 2 Abs. 2, Rn. 33.

572 Vgl. BVerfGE 49, 89, 142; Schulze-Fielitz, in Dreier (Hrsg.), Grundgesetz Kommentar, 2. Aufl., Bd. I, Art. 2 Abs. 2, Rn. 43.

Nach noch vorherrschender Auffassung soll eine nur geringfügige Beeinträchtigung nicht in den Schutzbereich des Grundrechts eingreifen[573]. Andererseits sind auch geringfügige Beeinträchtigungen tatbestandlich relevant, sofern sie das Maß einer als sozialadäquat eingestuften Beeinträchtigung übersteigern[574].

Die praktische Bedeutung liegt nicht nur in der Heranziehung des Grundrechts selbst, sondern insbesondere darin, dass sich – im Unterschied zum Eigentum – auch der obligatorisch Berechtigte (z.B. Mieter, Arbeitnehmer am Gefahrenort) auf die Gesundheitsgefährdung berufen kann[575]. Für das Verhältnis von Grundrechtsschutz und Gesetz gilt, dass, soweit der Gesundheitsschutz durch das BImSchG und vergleichbare Gesetze hinreichend konkretisiert ist, ein Rückgriff auf Art. 2 Abs. 2 S. 1 GG nicht in Betracht kommt.

Von Bedeutung für die vorliegende Untersuchung ist auch das Grundrecht aus Art. 9 Abs. 1 GG (Vereinigungsfreiheit). Die Vereinigungsfreiheit steht nicht nur den Vereinsmitgliedern, sondern auch dem Verein selbst zu (sog. Doppelgrundrecht)[576] und könnte für die Begründung der Klagebefugnis von Vereinen bzw. Verbänden in Frage kommen. Der Vereinigungsfreiheitsschutz erfasst die Existenz und Funktionsfähigkeit des Vereins wie auch die eine Verwirklichung der Vereinsziele erstrebende Betätigung[577] – nicht aber den Erfolg dieser Betätigung[578]. Das Grundgesetz vermittelt nämlich einem gemeinsam verfolgten Zweck keinen weiteren Schutz als einem individuell verfolgten[579]. Demgemäß ist Art. 9 Abs. 1 GG nicht als verletzt zu betrachten, wenn durch eine Maßnahme lediglich die Verwirklichung der Vereinsziele beschwert bzw. unmöglich gemacht wird[580]. Insofern kann der Verein seine Klagebefugnis nicht allein mit Hinweis auf seine Vereinsziele rechtfertigen[581].

573 Schulze-Fielitz, in Dreier (Hrsg.), Grundgesetz Kommentar, 2. Aufl., Bd. I, Art. 2 Abs. 2, Rn. 49; vgl. BVerwGE 54, 211, 223.

574 Schulze-Fielitz, in Dreier (Hrsg.), Grundgesetz Kommentar, 2. Aufl., Bd. I, Art. 2 Abs. 2, Rnn. 50f.

575 BVerwG, NJW 1989, 2766.

576 BVerfGE 13, 174, 175; E 30, 227, 241; E 50, 290, 354; E 62, 354, 373; E 80, 244, 253; E 84, 372, 378; Bauer, in Dreier (Hrsg.), Grundgesetz Kommentar, 2. Aufl., Bd. I, Art. 9, Rn. 34.

577 Bauer, in Dreier (Hrsg.), Grundgesetz Kommentar, 2. Aufl., Bd. I, Art. 9, Rn. 44; zu den geschützten Tätigkeiten s. Kannengießer, in Schmidt-Bleibtreu/Klein, GG, 10. Aufl., Art. 9, Rn. 11; vgl. auch BVerfGE 30, 227.

578 Kopp/Schenke VwGO, 13. Aufl., § 42, Rn. 133.

579 BVerfGE 54, 237, 251; vgl. Kannengießer, in Schmidt-Bleibtreu/Klein, GG, 10. Aufl., Art. 9, Rn. 6.

580 BVerfG, NJW 1971, 1123.

581 Kopp/Schenke VwGO, 13. Aufl., § 42, Rn. 133.

2.1.4.4 Verfahrensfehler und Verfahrensrechte

Der Rechtsschutz beginnt nicht erst vor den Gerichten: bereits dem regelmäßig vorgeschalteten Verwaltungsverfahren kann hierfür erhebliche Bedeutung zukommen. Als eine Art Selbstkontrolle der Verwaltung dient das Verwaltungsverfahren der Durchsetzung und Verwirklichung des materiellen Rechts. Ausschlaggebend sind hier insbesondere die Beteiligungsmöglichkeiten von Betroffenen oder auch der Allgemeinheit, welchen im Laufe des Verfahrens bestimmte „Rechte“ eingeräumt werden, etwa ein Anhörungs- und Akteneinsichtsrecht, ein Beratungsrecht oder ein Auskunftsrecht. Das genaue Ausmaß der Mitwirkungsmöglichkeiten bestimmt sich nach den jeweiligen Sondervorschriften, daneben auch nach den Mindestanforderungen an allen Verwaltungsverfahren, die in den Verwaltungsverfahrensgesetzen des Bundes und der Länder niedergelegt sind. Mitunter kann die rechtzeitige Beteiligung am Verwaltungsverfahren auch eine Voraussetzung für spätere Schritte vor den Verwaltungsgerichten darstellen[582].

Die Aufhebung eines Verwaltungsaktes vom Gericht setzt zunächst dessen Rechtswidrigkeit voraus (§ 113 Abs. 1 S. 1 VwGO). Ein Verwaltungsakt ist rechtswidrig, wenn er auch nur in einer Beziehung mit dem geltenden Recht nicht im Einklang steht[583]. Voraussetzung eines rechtmäßigen Verwaltungsaktes ist unter anderem, dass die für seinen Erlass maßgeblichen Verfahrensvorschriften beachtet wurden (formelle Rechtmäßigkeit). Ein unter Verstoß des Verwaltungsverfahrensrechts ergangener Verwaltungsakt ist demgemäß rechtswidrig und damit aufhebbar[584]. Auch die in § 45 VwVfG genannten Verfahrensfehler führen immer – allein unter dem Vorbehalt der Heilung – zur Rechtswidrigkeit des Verwaltungsaktes[585].

Die Aufhebung eines Verwaltungsaktes setzt aber immer, über seine Rechtswidrigkeit hinaus, die durch diese Rechtswidrigkeit erfolgte Verletzung des Klägers in seinen Rechten voraus. Die Zulässigkeit einer Anfechtungsklage hängt entsprechend davon ab, ob der Kläger die Verletzung eigener Rechte geltend macht (§ 42 Abs. 2 VwGO). Es stellt sich damit zunächst die Frage, ob Verfahrensnormen überhaupt subjektive Rechte einräumen können und ob die Verletzung einer Verfahrensbestimmung die Möglichkeit einer Rechtsverletzung

582 Soweit z.B. das Gesetz (vgl. § 10 Abs. 3 S. 3 BImSchG) eine materielle Präklusion vorsieht, verliert derjenige, der verspätet bzw. unsubstantiiert Einwendungen erhebt, seine Rechtsposition mit Wirkung auch für das gerichtliche Verfahren.

583 Maurer, Allgemeines Verwaltungsrecht, 229; Sachs, in Stelkens/Bonk/Sachs, Verwaltungsverfahrensgesetz, 6. Aufl., § 44, Rn. 11.

584 Vgl. §§ 44 und 45 VwVfG und dazu Sachs, in Stelkens/Bonk/Sachs, Verwaltungsverfahrensgesetz, 6. Aufl., § 44, Rnn. 1 ff. und § 45 Rnn. 1 ff.

585 Dazu Hufen, Zur Systematik der Folgen von Verfahrensfehlern – eine Bestandsaufnahme nach zehn Jahren VwVfG, DVBl. 1988, 69 (70); ders., Heilung und Unbeachtlichkeit von Verfahrensfehlern, JuS 1999, 313 (315 ff.).

und damit die Klagebefugnis begründen kann. Davon zu trennen ist die Frage der Unbeachtlichkeit von Verfahrensverstößen gemäß §§ 45 und 46 VwVfG[586]. Während in Griechenland, wie schon dargestellt, erhebliche Verfahrensfehler einen Aufhebungsgrund darstellen, dessen Feststellung reicht, damit der Verwaltungsakt aufgehoben wird, kommt es in Deutschland vor allem auf das richtige Ergebnis an, so dass die **materielle** Richtigkeit der Entscheidung auf dem Prüfungsstand steht. In Griechenland ist es möglich, dass ein Verwaltungsakt wegen der Nicht-Einhaltung des für seinen Erlass vorgeschriebenen Verfahrens aufgehoben wird, ohne dass das Gericht zur materiellen Rechtmäßigkeit der Verwaltungsentscheidung Stellung nimmt. In Deutschland hingegen darf das Gericht den Verwaltungsakt nicht wegen eines Verfahrensfehlers aufheben, wenn es zum Ergebnis kommt, dass der Fehler wirksam geheilt wurde[587], bzw. wenn es offensichtlich ist, dass die Verletzung von Verfahrensvorschriften die Entscheidung in der Sache nicht beeinflusst hat. Die Unbeachtlichkeit des Verfahrensfehlers betrifft also den in § 113 Abs. 2 VwGO formulierten Aufhebungsanspruch und stellt sich als Ausnahme von der Regelfolge rechtswidrigen Verwaltungshandels dar[588]. Die Anfechtungsklage in diesem Fall ist infolgedessen als unbegründet, und nicht etwa als unzulässig abzuweisen[589].

Keine besonderen Probleme stellen sich im Hinblick auf die Klagebefugnis des Adressaten. Er ist immer klagebefugt[590]. Nur bei Dritten ist daher zu prüfen, ob mit dem Verstoß gegen Verfahrensvorschriften die Verletzung eines dem Kläger zugeordneten subjektiven Rechts in Betracht kommt. Hinsichtlich dieser Problematik sind in Schrifttum und Rechtsprechung verschiedene Phasen erkennbar.

In früheren Zeiten wurde der Prozess der Entscheidungsfindung in der öffentlichen Verwaltung als bloßes Verwaltungsinternum verstanden und das gesamte Verwaltungsverfahren wurde dem öffentlichen Interesse zugeordnet[591]. Verfahrensnormen dienten nicht dem Individualinteresse des Bürgers, sondern bildeten die innere Ordnung des Behördenwesens und dienten bloß dem materiellen Recht[592].

---

586 Ausführlich dazu Hufen, Fehler im Verwaltungsverfahren, 363 ff.

587 S. aber § 113 Abs. 1 S. 4 VwGO.

588 Hufen, Heilung und Unbeachtlichkeit von Verfahrensfehlern, JuS 1999, 313 (315).

589 Hufen, Heilung und Unbeachtlichkeit von Verfahrensfehlern, JuS 1999, 313 (319).

590 Hufen, Fehler im Verwaltungsverfahren, 325f.; ders., Zur Systematik der Folgen von Verfahrensfehlern – eine Bestandsaufnahme nach zehn Jahren VwVfG, DVBl. 1988, 69 (72) m.w.N.

591 In diesem Sinne noch BVerwGE 41, 58, 63.

592 Henke, Das subjektive öffentliche Recht, 65; Folgerichtig seien Verfahrensverstöße heilbar und damit unbeachtlich: vgl. Bettermann, Anmerkung zu VG Sigmaringen 17.09.1962, DVBl. 1963, 826 (827); ders., Die Anfechtung von Verwaltungsakten wegen Verfahrensfehler, in FS Ipsen, 271 (293); Czermak, Behördenverfahren und Verwaltungsprozess beim Zusammenwirken von Behörden, NJW 1963, 703; kritisch dazu

Demgegenüber hat Menger die Bedeutung der Formvorschriften betont[593]: Zum einem dienen sie der Verwirklichung fundamentaler rechtsstaatlicher Anliegen, zum anderen kann der Bürger auch durch rechtswidrige Verfahren in seinen Rechten beeinträchtigt werden[594].

Interessant in diesem Zusammenhang ist die Entscheidung des BVerwG vom 06.12.1967. Dort formuliert das Gericht[595]: „Im Allgemeinen sind zwar Verfahrensvorschriften auch im Interesse eines von dem Verwaltungshandeln etwa betroffenen Bürgers geschaffen, weil sie ihrer Natur nach grundsätzlich dazu dienen, die Geltendmachung von Rechten und Pflichten in eine bestimmte Ordnung zu bringen, dadurch ihre Durchsetzung in angemessener Zeit und mit richtigem Ergebnis zu gewährleisten und damit die Verwirklichung des materiellen Rechts zu ermöglichen[596].“ Im Weiteren schränkt das Gericht diesen Grundsatz allerdings wieder ein und stellt fest, dass es im Einzelfall nicht auszuschließen sei, dass eine Verfahrensvorschrift nicht den Interessen des Bürgers dient und ihm daher auch keine Verfahrensrechte einräumt.

Seit Mitte der 60er Jahre des 20. Jahrhunderts finden sich trotzdem nur noch vereinzelte Entscheidungen, in denen Klagen gegen verfahrensfehlerhafte Verwaltungsentscheidungen stattgegeben wurde. Es wird vielmehr hervorgehoben, dass das Anhörungsverfahren lediglich der Erforschung der allgemeinen Anschauung und damit der Unterstützung der Behörde bei der Entschließung diene[597].

Im Gegensatz dazu hat das BVerfG in seinem Mülheim-Kärlich-Beschluss[598] klargestellt, dass die Verfahrensbeteiligung von Drittbetroffenen im

---

Bartlsperger, Der Rechtsanspruch auf Beachtung von Vorschriften des Verwaltungsverfahrensrechts, DVBl. 1970, 30; Die Rechtsprechung des BVerwG war bis Mitte der 60er Jahre des 20. Jahrhunderts von der Forderung nach strikter Einhaltung des Verwaltungsverfahrensrechts geprägt: vgl. BVerwGE 9, 69, 72; BVerwG, NJW 1959, 2084 (2085); E 11, 195, 199; E 19, 216, 219 ff.; E 22, 342, 347f.

593 Menger, Höchstrichterliche Rechtsprechung zum Verwaltungsrecht, VerwArch 1965, 177 (190 ff.); s. auch Friauf, Die behördliche Zustimmung zu Verwaltungsakten anderer Behörden – Verwaltungsakt oder bloßes Verwaltungsinternum, DÖV 1961, 666; Haueisen, Verwaltungsverfahren und verwaltungsgerichtliches Verfahren, DVBl. 1962, 881; Kienapfel, Die Fehlerhaftigkeit mehrstufiger Verwaltungsakte nach dem Bundesbaugesetz und Bundesfernstraßengesetz, DÖV 1963, 96.

594 Menger, Höchstrichterliche Rechtsprechung zum Verwaltungsrecht, VerwArch 1965, 177 (191).

595 BVerwGE 28, 268, 270.

596 Vgl. auch Bartlsperger, Der Rechtsanspruch auf Beachtung von Vorschriften des Verwaltungsverfahrensrechts, DVBl. 1970, 30 (33).

597 BVerwGE 24, 23, 31; E 28, 131, 132f.; E 29, 282, 284; E 41, 58, 65; E 44, 235, 240 ff; **a.A.** BVerwG, DVBl. 1980, 1001 (1004); Bartlsperger, Der Rechtsanspruch auf Beachtung von Vorschriften des Verwaltungsverfahrensrechts, DVBl. 1970, 30 (33); BVerfGE 53, 30, 69, 80.

598 Dazu Battis, Grenzen der Einschränkung gerichtlicher Planungskontrolle, DÖV 1981,

atomrechtlichen Genehmigungsverfahren nicht nur der Information der Behörde und dem öffentlichen Interesse dient, sondern auch klägerschützende Wirkung hat[599]. Das Gericht hat nämlich festgestellt, dass Grundrechtsschutz weitgehend auch durch die Gestaltung von Verfahren zu bewirken ist, so dass die Grundrechte auch das Verfahrensrecht beeinflussen, soweit dieses für einen effektiven Grundrechtsschutz von Bedeutung ist. Demzufolge kann einem Verfahrensfehler verfassungsrechtliche Relevanz zukommen, wenn die Genehmigungsbehörde Vorschriften außer Acht lässt, die der Staat in Erfüllung seiner Pflicht zum Schutz der Grundrechte – in diesem Fall Leben und Gesundheit (Art. 2 Abs. 2 GG) – erlassen hat.

Heute besteht Einigkeit darüber, dass Verfahrensnormen auch den Interessen des Klägers zu dienen bestimmt sein können[600]. Wie auf dem Gebiet des materiellen Rechts ergibt sich auch für das Verfahrensrecht eine Beschränkung der Durchsetzbarkeit von Normen durch die Schutznormtheorie. Es ist also zu fragen, ob die entsprechenden Bestimmungen im Interesse des Klägers bestehen. Gerade im Verfahrensrecht wird aber die Verwobenheit von öffentlichen und privaten Interessen deutlich. Verfahrensbestimmungen haben zumindest dann klägerschützende Wirkung, wenn sie die Rechte der Verfahrensbeteiligten schützen[601]. Dementsprechend sind neben bestimmten allgemeinen Verfahrensgrund-

---

433; Czajka, Verfahrensfehler und Drittrechtsschutz im Anlagerecht, FS Feldhaus, 507; Dolde, Grundrechtsschutz durch einfaches Verfahrensrecht?, NVwZ 1982, 65; Grimm, Verfahrensfehler als Grundrechtsverstöße, NVwZ 1985, 865; Hufen, Heilung und Unbeachtlichkeit grundrechtsrelevanter Verfahrensfehler? – Zur verfassungskonformen Auslegung der §§ 45 und 46 VwVfG, NJW 1982, 2160; Jarass, Der Rechtsschutz Dritter bei der Genehmigung von Anlagen – Am Beispiel des Immissionsschutzrechts, NJW 1983, 2844 (2846); Ossenbühl, Zur Bedeutung von Verfahrensmängeln im Atomrecht, NJW 1981, 375.

599 BVerfGE 53, 30, 62 f.; exemplarisch für die Gegenauffassung z. B. noch BVerwGE 29, 282, 284.

600 Vgl. BVerwGE 87, 62, 69; zu den Grundlagen s. Rupp, Bemerkungen zum verfahrensfehlerhaften Verwaltungsakt, in FS Bachof, 151 (166); vgl. Bartlsperger, Der Rechtsanspruch auf Beachtung von Vorschriften des Verwaltungsverfahrensrechts, DVBl. 1970, 30 (33); Bettermann, Die Anfechtung von Verwaltungsakten wegen Verfahrensfehler, in FS Ipsen, 271 (291 m.w.N. Fn. 57); Hufen, Fehler im Verwaltungsverfahren, 326 ff.; Menger, Höchstrichterliche Rechtsprechung zum Verwaltungsrecht, VerwArch 1964, 73 (84); Scheidler, Rechtsschutz Dritter bei fehlender oder unterbliebener Umweltverträglichkeitsprüfung, NVwZ 2005, 863 (864); Wahl, in: Schoch/Schmidt-Aßmann/Pietzner, VwGO, § 42 Abs. 2 Rn. 72 ff.

601 Hufen, Fehler im Verwaltungsverfahren, 326 ff.; ders., Verwaltungsprozessrecht, 283; Diese Verfahrensrechte sind sogar **Verfassungsgebote**: vgl. Hufen, Heilung und Unbeachtlichkeit grundrechtsrelevanter Verfahrensfehler? – Zur verfassungskonformen Auslegung der §§ 45 und 46 VwVfG, NJW 1982, 2160 (2163); so auch Grimm, Verfahrensfehler als Grundrechtsverstöße, NVwZ 1985, 865 (869); Laubinger, Grundrechtsschutz durch Gestaltung des Verwaltungsverfahrens, VerwArch 1982, 60 (74);

sätzen, wie Chancengleichheit, Ausschluss befangener Amtsträger, Begründung (§ 39 VwVfG)[602] usw., die Ansprüche auf Beteiligung von Betroffenen am Verwaltungsverfahren (§ 13 Abs. 2 VwVfG)[603], auf Bekanntgabe (§ 41 VwVfG)[604], Akteneinsicht (§ 29 VwVfG)[605] und Anhörung (§ 28 VwVfG)[606] klägerschützend[607]. Auch die Sachaufklärung kann zumindest dann drittschützend sein, wenn sie sich auf bestimmte, dem Kläger zuzuordnende Aspekte und Belange bezieht[608]. Das gleiche gilt, wenn die Mitwirkung einer anderen Behörde zumindest auch dem Schutz eines Beteiligten dient[609].

Nach § 44a VwGO können Rechtsbehelfe gegen behördliche Verfahrenshandlungen grundsätzlich nur gleichzeitig mit den gegen die Sachentscheidung zulässigen Rechtsbehelfen geltend gemacht werden. Wird aber eine Beteili-

---

Scheidler, Rechtsschutz Dritter bei fehlender oder unterbliebener Umweltverträglichkeitsprüfung, NVwZ 2005, 863 (865).

602 Ausführlich dazu P. Stelkens/U. Stelkens, in Stelkens/Bonk/Sachs, Verwaltungsverfahrensgesetz, 6. Aufl., § 39, Rnn. 1 ff.; Hufen, Fehler im Verwaltungsverfahren, 192 ff.

603 Bonk/Schmitz, in Stelkens/Bonk/Sachs, Verwaltungsverfahrensgesetz, 6. Aufl., § 13, Rn. 4: § 13 selbst schafft ein solches (absolutes, isoliertes) Recht auf Verfahrensteilhabe nicht, steht ihr aber auch nicht entgegen; vgl. Peine, Umgehung der Bauleitplanungspflicht bei Großvorhaben, DÖV 1983, 909 ff.

604 P. Stelkens/U. Stelkens, in Stelkens/Bonk/Sachs, Verwaltungsverfahrensgesetz, 6. Aufl., § 41, Rnn. 1 ff.; Hufen, Fehler im Verwaltungsverfahren, 185 ff.

605 Ausführlich dazu Bonk/Kallerhoff, in Stelkens/Bonk/Sachs, Verwaltungsverfahrensgesetz, 6. Aufl., § 29, Rnn. 24 ff.; Hufen, Fehler im Verwaltungsverfahren, 145 ff.

606 Ausführlich dazu Bonk/Kallerhoff, in Stelkens/Bonk/Sachs, Verwaltungsverfahrensgesetz, 6. Aufl., § 28, Rnn. 1 ff.; Hufen, Fehler im Verwaltungsverfahren, 128 ff.

607 Hufen, Heilung und Unbeachtlichkeit grundrechtsrelevanter Verfahrensfehler? – Zur verfassungskonformen Auslegung der §§ 45 und 46 VwVfG, NJW 1982, 2160 (2163); ders., Fehler im Verwaltungsverfahren, 327f.

608 Hufen, Fehler im Verwaltungsverfahren, 328; ders., Verwaltungsprozessrecht, 283; anders aber BVerwG, NVwZ 1999, 535 – kein Klägerschutz aus §§ 24 und 26 VwVfG; vgl. auch Battis, Grenzen der Einschränkung gerichtlicher Planungskontrolle, DÖV 1981, 433 (438); Peine, Umgehung der Bauleitplanungspflicht bei Großvorhaben, DÖV 1983, 909 ff.; Scheidler, Rechtsschutz Dritter bei fehlender oder unterbliebener Umweltverträglichkeitsprüfung, NVwZ 2005, 863 (865).

609 Ausführlich dazu Kopp, Mittelbare Betroffenheit im Verwaltungsverfahren und Verwaltungsprozess, DÖV 1980, 504; so auch Scheidler, Rechtsschutz Dritter bei fehlender oder unterbliebener Umweltverträglichkeitsprüfung, NVwZ 2005, 863 (865); vgl. BVerwGE 28, 268, 270: „Gerade bei der Verpflichtung einer Behörde, andere Behörden oder Stellen mitwirken zu lassen, wird es gelegentlich an einem entsprechenden Recht des verfahrensbeteiligten Bürgers mangeln, jedenfalls dann, wenn die Mitwirkung anderer Stellen lediglich dazu dient, dieser Stelle die Möglichkeit zu geben, ihre Interessen am Ausgang des Verfahrens zu wahren.“ Das BVerwG hat in diesem Fall klargestellt, dass die Nichtbeteiligung der Gemeinde zwar deren Recht (hier: § 36 Abs. 1 BBauG), nicht jedoch Rechte anderer Personen (wie z.B. des Nachbarn des Bauwerbers) verletze; vgl. auch BVerwG, BayVBl. 1975, 395 (398).

gungsvorschrift als subjektives Recht qualifiziert, so ist eine Klage auf Erzwingung der Beteiligung zulässig. Daraus folgt aber nicht zwingend, dass jede einklagbare Verfahrensposition auch die Klagebefugnis gegen die Sachentscheidung begründen kann[610].

Nach der herrschenden Auffassung geht es nämlich bei § 42 Abs. 2 VwGO grundsätzlich um eine **materielle** Verletztenklage[611]. Das BVerwG bejaht für den Regelfall die Klagebefugnis nur dann, wenn dem Kläger eine materiell-rechtlich geschützte Position zusteht[612]. Als problematisch stellt sich dabei die Beurteilung der Möglichkeit einer Rechtsverletzung durch den Verstoß gegen Verfahrensvorschriften. Herbert empfindet aus diesem Grund eine Differenzierung zwischen „formellen" und „materiellen" subjektiven Verfahrensrechten als notwendig[613]. Der Rechtsschutz bei den formellen Verfahrensrechten bezieht sich nur auf die Verfahrensposition. Sie ermöglichen die isolierte Erzwingung der Beteiligung am Verwaltungsverfahren. Rechtsschutz gegen die Sachentscheidung können solche Beteiligungsrechte nur gewähren, wenn sie um weitere Elemente angereichert werden und zu „materiellen" subjektiven Verfahrensrechten erstarken.

Das ist der Fall, wo die Verfahrensvorschrift eine selbstständig durchsetzbare verfahrensrechtliche Rechtsposition gewährt (sog. „absolute Verfahrensvorschriften"[614]). Der Träger eines solchen Verfahrensrechts kann allein wegen des Verfahrensverstoßes die Aufhebung eines Verwaltungsaktes im Wege der Anfechtungsklage verlangen. Interessant hinsichtlich der Bewertung von Verfahrenspositionen als subjektive öffentliche Rechte ist eine Entscheidung des BVerwG im Jahre 1980. Danach räumt eine Verfahrensvorschrift im Einzelfall nur dann dem durch sie Begünstigten ein subjektives öffentliches Recht ein, wenn sie nicht nur der Ordnung des Verfahrensablaufs, insbesondere einer umfassenden Information der Verwaltungsbehörde dient, sondern dem betroffenen Dritten in spezifischer Weise und unabhängig vom materiellen Recht eine eigene, nämlich selbstständig durchsetzbare verfahrensrechtliche Rechtsposition gewähren will, sei es im Sinne eines Anspruchs auf die Durchführung eines Verwaltungsverfahrens überhaupt, sei es im Sinne eines Anspruchs auf die ordnungsgemäße Beteiligung an einem (anderweitig) eingeleiteten Verwaltungsverfahren[615]. Diese Auslegung von Verfahrensvorschriften bestimmt sich allein

610 Herbert, § 29 Abs. 1 BNatSchG: Verfahrensbeteiligung als „formelles" oder „materielles" subjektives Recht, NuR 1994, 218 (220); **a.A.** Krüger, Nochmals: Zur Beteiligung der Naturschutzverbände im Planfeststellungsverfahren, NVwZ 1992, 552.

611 Kopp/Schenke VwGO, 13. Aufl., § 42, Rn. 75; Wahl/Schütz, in: Schoch/Schmidt-Aßmann/Pietzner, VwGO Kommentar, Stand 2004, § 42 Abs. 2, Rn. 72.

612 BVerwGE 28, 131, 132; E 61, 256, 275; BVerwG, DVBl. 1967, 917.

613 Herbert, § 29 Abs. 1 BNatSchG: Verfahrensbeteiligung als „formelles" oder „materielles" subjektives Recht, NuR 1994, 218 (220).

614 So BVerwGE 29, 282, 284; Kopp/Schenke VwGO, 13. Aufl., § 42, Rn. 75.

615 BVerwG, DÖV 1980, 516 (517); s. auch BVerwGE 44, 235, 239; E 64, 225, 331; E 62,

nach der Zielrichtung und dem Schutzzweck der Verfahrensvorschrift selbst[616]. Unbeachtlich ist die Art und Beschaffenheit des materiellen Rechts, auf das sich das vorgeschriebene Verwaltungsverfahren bezieht[617]. Vielmehr muss sich aus dem Regelungsgehalt der Verfahrensvorschrift ergeben, dass die Regelung des Verwaltungsverfahrens mit einer eigenen Schutzfunktion zugunsten Einzelner ausgestattet ist, und zwar in der Weise, dass der Begünstigte unter Berufung allein auf einen ihn betreffenden Verfahrensmangel, d.h. ohne Rücksicht auf das Entscheidungsergebnis in der Sache, die Aufhebung einer verfahrensrechtlich gebotenen behördlichen Entscheidung gerichtlich durchsetzen können soll [618]. Von einer derartigen verfahrensrechtlichen Schutzfunktion kann nur ausgegangen werden, wo der der Rechtenorm zugrunde liegende Schutzzweck gerade in der Wahrung der Anhörungs- oder Mitwirkungsrechte selbst liegt[619]. Der Kreis der durch eine solche Norm begünstigten Betroffenen muss dabei durch individualisierende Tatbestandsmerkmale von der Allgemeinheit unterscheidbar sein[620].

Der Träger eines solchen „absoluten“ bzw. „materiellen“ Verfahrensrechts kann die Verfahrenseinleitung bzw. seine Beteiligung gegenüber der Verwaltung – entgegen § 44a VwGO – durch Leistungsklage durchsetzen (sog. Partizipationserzwingungsklage). Vor allem aber kann er allein wegen des Verfahrensverstoßes die Aufhebung auch einer materiell rechtmäßigen Sachentscheidung im Wege der Anfechtungsklage verlangen[621].

243, 246; E 68, 243, 246; kritisch dazu v. Danwitz, Zum Anspruch auf Durchführung des „richtigen“ Verwaltungsverfahrens, DVBl. 1993, 422 (425): Dem potenziell nachteilig betroffenen Bürger geht es doch nicht um die Ordnungsmäßigkeit des Verfahrensablaufs an sich, sondern um die Geltendmachung seiner Einwendungen.

616 BVerwG, DÖV 1980, 516; BVerwGE 44, 235, 239f.; BVerwGE 24, 23, 30, 31f.; E 28, 268, 270f.; E 41, 58, 63 ff; E 64, 325, 331f.

617 BVerwGE 44, 235, 240; E 64, 325, 331f.

618 BVerwG, DÖV 1980, 516 (517); s. auch BVerwGE 29, 282, 284; E 41, 58, 65; E 24, 23, 32; E 44, 235, 239f.; Dolde, Zur Beteiligung der Naturschutzverbände im Planfeststellungsverfahren – § 29 I Nr. 4 BNatSchG ein „absolutes Verfahrensrecht“?, NVwZ 1991, 960; Sening, Zur Verbandsklage im Hessischen Naturschutzgesetz, NuR 1983, 146.

619 BVerwGE 41, 58, 64; eine solche Schutzfunktion bejahten BVerwGE 9, 69, 72f. (zu § 35 Abs. 2 SchwerbeschädigtenG); BVerwGE 11, 195, 205f.; verneinten BVerwGE 28, 268, 269f. (zu § 36 Abs. 1 BBauG); BVerfG, DVBl. 1970, 578 (579); vgl. Jarass, Die Gemeinde als „Drittbetroffener“, DVBl. 1976, 732 (738).

620 BVerwGE 78, 40, 43; Peine, Umgehung der Bauleitplanungspflicht bei Großvorhaben, DÖV 1983, 909.

621 Battis/Weber, Zum Mitwirkungs- und Klagerecht anerkannter Naturschutzverbände – BVerwGE 87, 63, JuS 1992, 1012; Harings, Die Stellung der anerkannten Naturschutzverbände im verwaltungsgerichtlichen Verfahren, NVwZ 1997, 538 (539, 541) m.w.N.; Herbert, § 29 Abs. 1 BNatSchG: Verfahrensbeteiligung als „formelles“ oder „materielles“ subjektives Recht, NuR 1994, 218 (219 und 223f.); vgl. BVerwGE 41,

Eine Qualifizierung von Verfahrenspositionen als drittschützend im Sinne absoluter Verfahrensrechte hat die Rechtsprechung bislang nur in drei Fallgruppen vorgenommen. Die erste Gruppe bilden bestimmte enteignungsrechtliche Verfahrensvorschriften[622]. Im Enteignungsrecht geht es nämlich darum, die Eigentumsgewährleistung des Art. 14 GG auch in formeller Hinsicht auszugestalten. Anerkannt wurde zweitens das Recht der Gemeinden auf Anhörung und Information bei überörtlichen Planungen, die Auswirkungen auf den örtlichen Bereich der Gemeinde haben[623], im Verfahren zur Kommunalen Neugliederung[624] und im luftverkehrsrechtlichen Genehmigungsverfahren[625]. Die Nicht-Beteiligung verletzte nämlich eigene Rechte der Gemeinde bzw. des Gemeindeverbandes, die ihnen die verfassungsrechtliche kommunale Selbstverwaltungsgarantie und Planungshoheit einräumen. Schließlich wurde das subjektiv-öffentliche Beteiligungsrecht[626] des anerkannten Naturschutzverbandes bei Planfeststellungsverfahren gem. § 29 Abs. 1 Nr. 4 BNatSchG a.F. anerkannt[627]. Schon der Wortgebrauch „qualifiziertes Anhörungsrecht" innerhalb des Gesetzgebungsverfahrens[628] spricht für eine Bewertung, die über eine einfache Verfahrensvorschrift hinausgeht[629]. Danach waren anerkannte Naturschutzverbände bei

---

58, 65; E 87, 62, 71f.; Rehbinder, Die hessische Verbandsklage auf dem Prüfstand der Verwaltungsgerichtsbarkeit, NVwZ 1982, 666; Sening, Zur Verbandsklage im Hessischen Naturschutzgesetz, NuR 1983, 146 (147); Wolf, Zur Entwicklung der Verbandsklage im Umweltrecht, ZUR 1994, 1 (8).

622 BVerwG, U. v. 13.2.970 in Buchholz 1 1, Art. 14 GG, Nr. 106.

623 BVerwG, DVBl. 1969, 362 ff; BVerwGE 31, 263, 264; E 51, 6, 13f.; BVerwG, DVBl. 1978, 845 (953).

624 Dolde, Grundrechtsschutz durch einfaches Verfahrensrecht?, NVwZ 1982, 65 (66).

625 BVerwG, DÖV 1980, 516 (517).

626 Ausführlich zu den einzelnen Rechten s. Balleis, Mitwirkungs- und Klagerechte anerkannter Naturschutzverbände, 117 ff.

627 BVerwG, NVwZ 1991, 162; weitergehend Herbert, § 29 Abs. 1 BNatSchG: Verfahrensbeteiligung als „formelles" oder „materielles" subjektives Recht, NuR 1994, 218 (222 f.).; vgl. Battis/Weber, Zum Mitwirkungs- und Klagerecht anerkannter Naturschutzverbände – BVerwGE 87, 63, JuS 1992, 1012; Harings, Die Stellung der anerkannten Naturschutzverbände im verwaltungsgerichtlichen Verfahren, NVwZ 1997, 538; Krüger, Nochmals: Zur Beteiligung der Naturschutzverbände im Planfeststellungsverfahren, NVwZ 1992, 552; Rehbinder, Die hessische Verbandsklage auf dem Prüfstand der Verwaltungsgerichtsbarkeit, NVwZ 1982, 666 (667); Sening, Zur Verbandsklage im Hessischen Naturschutzgesetz, NuR 1983, 146; Schmidt, Die Rechtsprechung zum Naturschutzrecht 1983 – 1987, NVwZ 1988, 982 (987); kritisch dazu Dolde, Zur Beteiligung der Naturschutzverbände im Planfeststellungsverfahren – § 29 I Nr. 4 BNatSchG ein „absolutes Verfahrensrecht"?, NVwZ 1991, 960 (961 ff.): Das Anhörungsrecht solle auf keinen Fall ein Klagerecht gegen die Sachentscheidung begründen.

628 BT-Prot VII/247, S. 17514.

629 Battis/Weber, Zum Mitwirkungs- und Klagerecht anerkannter Naturschutzverbände –

Planfeststellungsverfahren über Vorhaben, die mit Eingriffen in Natur und Landschaft i.S. von § 8 BNatSchG verbunden sind, zu beteiligen. Der Umfang der Mitwirkung erstreckte sich auf die Gelegenheit zur Äußerung und auf die Einsichtsnahme der Sachverständigengutachten. Der Anerkennung einer daraus resultierenden Klagebefugnis und damit der Anfechtungsmöglichkeit nach Abschluss des Verwaltungsverfahrens liegt der Gedanke zugrunde, dass der Gesetzgeber mit der Anerkennung des Naturschutzverbandes das öffentliche Interesse am Natur- und Landschaftsschutz „versubjektiviert“ [630] und zur Wahrnehmung auf den Verein übertragen hat[631]. Damit wurde ihm die Vertretung der Belange von Naturschutz und Landschaftspflege als materielle Rechtsposition anvertraut. Dafür sprechen auch das besonders ausgestaltete Anerkennungsverfahren nach § 29 Abs. 2 BNatSchG[632] und der Wortlaut des § 29 Abs. 5 BNatSchG, der das Erlöschen des Beteiligungsrechts regelt, und nicht nur von einem Ende der Anhörungspflicht der Behörden spricht[633].

Eine Erweiterung der Kategorie absoluter Verfahrensrechte auf andere Klagen Drittbetroffener wegen einer Verletzung ihrer Beteiligungsrechte wird in stetiger Rechtsprechung abgelehnt, da es an vergleichbaren bereichsspezifischen Gründen fehle. Für den Regelfall ist anzunehmen, dass Verfahrensvorschriften den Schutz allein desjenigen materiellen Rechts bezwecken, auf das sich das vorgeschriebene Verfahren bezieht[634]. Nur wenn dem Kläger eine materiellrechtlich geschützte Rechtsposition zustehen könnte, kann er auch den Verfahrensfehler geltend machen[635].

Das BVerwG hat demzufolge wiederholt betont, dass die Vorschriften über Anhörung und Beteiligung Dritter, z.B. bei wasserrechtlichen Bewilligungen und fernstraßenrechtlichen Planfeststellungen, keine selbstständig durchsetzbare subjektivrechtliche Rechtsposition innerhalb des Verfahrens und erst recht kein subjektives Recht auf Durchführung eines Planfeststellungsverfahrens

---

BVerwGE 87, 63, JuS 1992, 1012 (1015).

630 Durch das neue BNatSchG von 2002 wurde allerdings ein **altruistisches** Vereinsklagerecht eingeführt. Damit kann ein anerkannter Naturschutzverein auch ohne die Geltendmachung einer Rechtsverletzung Rechtsbehelfe einlegen (§ 61 Abs. 1 BNatSchG). Der Problematik der Vereinsklage wird im Folgenden nachgegangen.

631 BVerwG, NVwZ 1991, 162 (165); a.A. Dolde, Zur Beteiligung der Naturschutzverbände im Planfeststellungsverfahren – § 29 I Nr. 4 BNatSchG ein „absolutes Verfahrensrecht“?, NVwZ 1991, 960.

632 Herbert, § 29 Abs. 1 BNatSchG: Verfahrensbeteiligung als „formelles“ oder „materielles“ subjektives Recht, NuR 1994, 218 (221f.); Sening, Zur Verbandsklage im Hessischen Naturschutzgesetz, NuR 1983, 146.

633 Sening, Zur Verbandsklage im Hessischen Naturschutzgesetz, NuR 1983, 146.

634 BVerwGE 41, 58, 64f.; E 75, 285, 291.

635 Wahl/Schütz, in: Schoch/Schmidt-Aßmann/Pietzner, VwGO Kommentar, Stand 2004, § 42 Abs. 2, Rn. 72 und st. Rspr.: BVerwGE 61, 256; E 88, 286; BVerwG, DVBl. 1996, 677 (681); BVerwG, NVwZ 1999, 876.

vermitteln[636]. Das Gleiche soll bei den Vorschriften über die Einhaltung der richtigen Verfahrensart gelten[637]. Der Einzelne soll also z.B. eine Genehmigung nicht mit der Begründung anfechten können, es sei ein Planfeststellungsverfahren erforderlich gewesen[638]. Solche Verfahrensnormen dienen nur dem öffentlichen Interesse, nämlich der Ordnung des Verfahrens und der möglichst vollständigen Unterrichtung der Behörde über den Sachverhalt. Aus der Öffentlichkeitsbeteiligung im atomrechtlichen Genehmigungsverfahren folgt auch nicht die Klagebefugnis des eine solche Verletzung rügenden Dritten[639]. In diesen Fällen kann ein Drittbetroffener weder aus seiner unterbliebenen Beteiligung in einem durchgeführten Verfahren noch aus der Nichtdurchführung eines objektiv erforderlichen Verfahrens die Klagebefugnis herleiten. Diese Rechtsprechung hat das BVerwG auch auf die in letzter Zeit stark an Gewicht gewonnene Umweltverträglichkeitsprüfung[640] übertragen[641].

Zusammenfassend bejaht das BVerwG die Klagebefugnis für den Regelfall nur dann, wenn dem Kläger eine materiellrechtlich geschützte Rechtsposition zusteht. Hinzu kommt, dass nach dem Grundsatz der „konkreten Kausalität“ (§ 46 VwVfG) nur solche Verfahrensmängel gerügt werden können, die entscheidungserheblich in dem Sinn gewesen sein könnten, dass bei Beachtung der einschlägigen Verfahrensvorschriften die Verwaltungsentscheidung anders ausgefallen wäre[642]. Die selbstständige Einklagbarkeit der Verletzung von Verfahrensvorschriften dürfte damit allenfalls in Ausnahmefällen möglich sein[643].

---

636 BVerwG, DÖV 1981, 719 (720); vgl. BVerwGE 41, 58, 63f.; E 44, 235, 239 für das Wasserrecht; BVerwG NJW 1981, 239 und E 64, 325, 331 für das fernstraßenrechtliche Planfeststellungsverfahren und die Entscheidung nach § 17 Abs. 2 S. 3 FStrG; BVerwG NVwZ 1983, 92: kein Recht auf baurechtliche Planaufstellung und Beteiligung hieran bei Großvorhaben; **a.A.** Peine, Umgehung der Bauleitplanungspflicht bei Großvorhaben, DÖV 1983, 909 ff.

637 Hufen, Fehler im Verwaltungsverfahren, 328.

638 BVerwGE 44, 235, 239; BVerwG, NJW 1983, 92; NVwZ 1991, 369; kritisch v. Danwitz, Zum Anspruch auf Durchführung des „richtigen“ Verwaltungsverfahrens, DVBl. 1993, 422; für die Zulässigkeit der Rüge der Vorenthaltung planerischer Abwägung jetzt BVerwG, NVwZ 2002, 346.

639 BVerwGE 61, 275. In einer Entscheidung zu den Öffentlichkeitsvorschriften des **abfallrechtlichen Planfeststellungsrechts** hat allerdings das BVerwG die Frage nach deren drittschützenden Charakter offen gelassen: s. BVerwG, DVBl. 1989, 509 (510).

640 Die UVP-Änderungsrichtlinie (RL 97/11/EG des Rates vom 03.03.1997) zur Änderung der RL 85/337/EGW über die Umweltverträglichkeitsprüfung wurde ins deutsche Recht durch das sog. Artikelgesetz vom 27.06.2001 (BGBl. I, 1950) umgesetzt.

641 BVerwG, NVwZ 1994, 688 (690); NVwZ 1993, 565; BVerwGE 98, 339, 362; E 100, 238, 252; E 104, 236, 244; BVerwG, Beschl. vom 09.07.2003 – 9 VR 1/03; s. dazu Scheidler, Rechtsschutz Dritter bei fehlender oder unterbliebener Umweltverträglichkeitsprüfung, NVwZ 2005, 863 (865 ff.).

642 BVerwGE 69, 256, 269f.; E 75, 214, 228; E 98, 339, 361f; E 100, 238, 252; E 104, 236, 241; vgl. Czajka, Verfahrensfehler und Drittrechtsschutz im Anlagerecht,

Etwas anderes gilt nur in den aufgezählten Ausnahmenfällen, wo der der Rechtsnorm zugrunde liegende Schutzzweck gerade in der Wahrung des Anhörungs- oder Mitwirkungsrechts selbst liegt und damit eine selbstständig durchsetzbare verfahrensrechtliche Rechtsposition gewährt wird. Es steht somit eine insgesamt restriktive Rechtsprechung im Raum, die von einem strengen Gegensatz zwischen absoluten Verfahrensrechten und rein objektiven Verfahrensnormen geprägt ist. Damit stellt aber das BVerwG seinen in der Entscheidung vom 06.12.1967 formulierten Grundsatz in Abrede, dass Verfahrensvorschriften „im Allgemeinen" auch im Interesse des Bürgers geschaffen seien. Die Rechtsprechung des BVerwG zur Kausalität zwischen Verfahrensfehler und möglicher anderweitiger Entscheidung ist im Schrifttum auf erhebliche Kritik gestoßen[644]. Schließlich können auch europarechtliche Bedenken, insbesondere hinsichtlich der Umweltverträglichkeitsprüfung, vorgebracht werden[645]. Handelt es sich nämlich um Verfahrensnormen, die in Umsetzung einer EU-Richtlinie erlassen wurden, sind auch die Erwähnungsgründe der umzusetzenden Richtlinie zur Auslegung mit heranzuziehen[646]. Die restriktive Auslegung des BVerwG dürfte aber verhindern, dass die Betroffenen ihre von der UVP-Richtlinie eingeräumte Rechtsstellung ausüben können[647]. Die Vorgaben für die Umsetzung von EU-

---

FS Feldhaus, 507 (512 ff.); Hien, Die Umweltverträglichkeitsprüfung in der gerichtlichen Praxis, NVwZ 1997, 422 (423f.). s. dazu Erbguth, Das Bundesverwaltungsgericht und die Umweltverträglichkeitsprüfung, NuR 1997, 261 (264); Scheidler, Rechtsschutz Dritter bei fehlender oder unterbliebener Umweltverträglichkeitsprüfung, NVwZ 2005, 863 (866); Schink, Die Umweltverträglichkeitsprüfung – Eine Bilanz, NuR 1998, 173 (179); Schoch, Individualrechtsschutz im deutschen Umweltrecht unter dem Einfluss des Gemeinschaftsrechts, NVwZ 1999, 457 (458).

643 Vgl. Czajka, Verfahrensfehler und Drittrechtsschutz im Anlagerecht, FS Feldhaus, 507 (514); Masing, Die Mobilisierung des Bürgers für die Durchsetzung des Rechts, 97 ff.

644 Erbguth, Das Bundesverwaltungsgericht und die Umweltverträglichkeitsprüfung; NuR 1997, 261 (265); zust. Schink, Die Umweltverträglichkeitsprüfung – eine Bilanz, NuR 1998, 173; s. auch Scheidler, Rechtsschutz Dritter bei fehlender oder unterbliebener Umweltverträglichkeitsprüfung, NVwZ 2005, 863 (867); Steinberg, Chancen zur Effektuierung der Umweltverträglichkeitsprüfung durch die Gerichte, DÖV 1996, 221 (228).

645 Erbguth, Das Bundesverwaltungsgericht und die Umweltverträglichkeitsprüfung; NuR 1997, 261 (266); Scheidler, Rechtsschutz Dritter bei fehlender oder unterbliebener Umweltverträglichkeitsprüfung, NVwZ 2005, 863 (867f.); Schoch, Individualrechtsschutz im deutschen Umweltrecht unter dem Einfluss des Gemeinschaftsrechts, NVwZ 1999, 457 (458); Steinberg, Chancen zur Effektuierung der Umweltverträglichkeitsprüfung durch die Gerichte, DÖV 1996, 221 (230).

646 Epiney, Dezentrale Durchsetzungsmechanismen im gemeinschaftlichen Umweltrecht, ZUR 1996, 229 (230); Scheidler, Rechtsschutz Dritter bei fehlender oder unterbliebener Umweltverträglichkeitsprüfung, NVwZ 2005, 863 (864).

647 Vgl. Erbguth, Entwicklungslinien im Recht der Umweltverträglichkeitsprüfung, UPR 2003, 321 (324).

Richtlinien werden im vierten Teil der vorliegenden Untersuchung ausführlich dargestellt.

In der neueren Rechtsprechung ist von „relativen“ Verfahrensrechten die Rede, welche die Klagebefugnis nur zusammen mit der Geltendmachung einer materiellen Rechtsbetroffenheit des Klägers begründen können[648]. Der Kläger muss also vortragen, dass sich die Nichtbeachtung der Verfahrensvorschrift auf seine materielle Rechtsposition ausgewirkt haben könnte[649]. Solche drittschützenden relativen Verfahrensrechte hat das BVerwG im Anschluss an das BVerfG im Atomverfahrensrecht und auch in der Beteiligungsregelung des § 10 BImSchG anerkannt. Im Atomrecht hat das BVerwG den drittschützenden Charakter von Beteiligungsvorschriften mit ihrer Funktion eines vorgezogenen Grundrechtsschutzes schon im Verwaltungsverfahren begründet[650]. Ähnlich hat das BVerwG einen solchen vorgezogenen Rechtsschutz im § 10 BImSchG erkannt[651]. Dagegen soll den Vorschriften über das vereinfachte Verfahren nach § 19 BImSchG keine drittschützende Wirkung zukommen, da insoweit keine Betroffenenbeteiligung und damit kein vorgezogener Rechtsschutz vorgesehen ist[652]. Anders als bei den absoluten Verfahrensrechten sind relative drittschützende Verfahrensrechte nicht durch Leistungsklage im laufenden Verwaltungsverfahren selbstständig durchsetzbar. Ihre wesentliche prozessuale Bedeutung liegt vielmehr in einer reduzierten Substantiierungslast hinsichtlich der Behauptung materiellrechtlicher Betroffenheit[653].

Die ausschließlich auf das materielle Recht abstellende Begründung ist abzulehnen[654]. Subjektive Rechte liegen nicht nur bei materiellen Rechtspositionen vor, sondern auch bei Verfahrenspositionen, wenn sie als solche dem Einzelnen zugeordnet sind, damit gerade möglicherweise verletzte Rechtsgüter vorgeklärt werden können[655]. Wenn z.B. der der Rechtsnorm zugrunde liegende Schutzzweck gerade in der Wahrung des Anhörungs- oder Mitwirkungsrechts selbst liegt, wird eine durchsetzbare verfahrensrechtliche Rechtsposition gewährt.

---

648 BVerwGE 61, 236, 275; E 75, 285, 291f.; BVerwG NJW 1983, 1507 (1508); NVwZ 1989, 1168.

649 BVerwGE 61, 256, 275; E 75, 285, 291; E 85, 368, 373.

650 BVerfGE 53, 30, 59f.; BVerwGE 61, 256, 275; E 75, 285, 291f.

651 BVerwG NJW 1983, 1507 (1508); E 85, 368, 374.

652 BVerwGE 85, 368, 374.

653 BVerwG NJW 1983, 1507 (1508); E 75, 285, 291 f.

654 Vgl. Hufen, Fehler im Verwaltungsverfahren, 333f.; ders., Verwaltungsprozessrecht, 284; a.A. Czajka, Verfahrensfehler und Drittrechtsschutz im Anlagerecht, FS Feldhaus, 507 (insb. 514 ff.).

655 Vgl. Bartlsperger, Der Rechtsanspruch auf Beachtung von Vorschriften des Verwaltungsverfahrensrechts, DVBl. 1970, 30 (33); v. Danwitz, Zum Anspruch auf Durchführung des „richtigen“ Verwaltungsverfahrens, DVBl. 1993, 422 (427); Peine, Umgehung der Bauleitplanungspflicht bei Großvorhaben, DÖV 1983, 909 (916).

Einen Umkehrschluss von dem Bestehen einer verfahrensrechtlichen Beteiligungsposition auf eine materielle Betroffenheit oder auch nur eine entsprechende Vermutung lehnt die Rechtsprechung ab[656]. Wer sich nicht auf die Verletzung eines ihm materiell zuzuordnenden Rechtsgutes berufen kann, sei auch nicht klagebefugt, wenn er am Verfahren hätte beteiligt werden müssen[657]. Nur in den Fällen, wo ein vorgezogener Grundrechtsschutz schon im Verwaltungsverfahren erblickt wurde, stellt das Gericht nicht allein darauf ab, ob schon bei der Zulässigkeitsprüfung das verletzte Rechtsgut dem Kläger zugeordnet werden kann.

Das überzeugt aber nicht. Der einfache Gesetzgeber kann auch in anderen Genehmigungsverfahren „vorgezogenen Rechtsschutz" und damit drittschützende Verfahrensrechte einräumen, unabhängig davon, ob dieser vorgezogene Rechtsschutz grundrechtlich bedingt ist oder nicht. Darüber hinaus verkennt diese Auffassung, dass es bei der Klagebefugnis immer um eine bloß in Betracht kommende Rechtsverletzung geht. Es kann nicht ausgeschlossen werden, dass bei ordnungsgemäßen Verfahren die Rechte des Klägers nicht oder weniger beeinträchtigt worden wären. Diese Vermutung soll nach der Möglichkeitstheorie für die Bejahung der Klagebefugnis ausreichen[658]. Ob dann das verletzte Rechtsgut dem Kläger zugeordnet werden kann, ist eine Frage der Begründetheit.

Die Frage muss dementsprechend lauten, unter welchen Voraussetzungen eine Verfahrensnorm als Schutznorm zu qualifizieren ist. Vorschriften, welche einen individualisierbaren und nicht übermäßig weiten Kreis der hierdurch Berechtigten erkennen lassen, dienen nicht allein öffentlichen Interessen. Normen, die der Einbeziehung der Interessen eines potentiellen Drittbetroffenen in das Verwaltungsverfahren dienen, in dem der in Frage stehende Verwaltungsakt ergangen ist bzw. ergehen hätte können, und ihrem Wortlaut bzw. ihrem systematischen Zusammenhand nach dessen Schutz im Verwaltungsverfahren bezwecken, sind dementsprechend als drittschützend anzusehen[659]. Die Klagebefugnis ist demgemäß zu bejahen, auch wenn der Kläger nur Verstöße gegen Verfahrensnormen geltend macht, soweit die Verfahrensnorm der Vorklärung und Zuord-

---

656 BVerwGE 61, 256, 271.

657 Vgl. Kopp/Schenke VwGO, 13. Aufl., § 42, Rn. 96.

658 Hufen, Fehler im Verwaltungsverfahren, 334; vgl. Grimm, Verfahrensfehler als Grundrechtsverstöße, NVwZ 1985, 865 (872): Beim Verstoß gegen grundrechtsschützende Verfahrensgarantien spricht im Zweifel eine Vermutung zugunsten des betroffenen Grundrechtsträgers und also für Ergebnisbeeinträchtigung.

659 Hufen, Fehler im Verwaltungsverfahren, 327f.; ders., Verwaltungsprozessrecht, 283; vgl. aber Wahl, in: Schoch/Schmidt-Aßmann/Pietzner, VwGO Kommentar, Stand 2004, § 42 Abs. 2, Rn. 78: Dieser abstrakte Schutzcharakter darf nicht pauschal für jegliche Verfahrensvorschriften angenommen werden. Erforderlich ist vielmehr, dass der Gesetzgeber Drittbetroffenen in hervorgehobener, qualifizierter Weise Anhörungs- oder Beteiligungsrechte einräumt und damit über die subsidiär geltenden allgemeinen Bestimmungen der VwVfG hinausgeht.

nung möglicherweise verletzten Rechtsgütern dient. Wenn z.B. die unterbliebene Anhörung von Beteiligten dem Kläger die Möglichkeit genommen hat, sich selbst ausreichend über seine materielle Betroffenheit zu vergewissern, kann eine solche Betroffenheit nicht ausgeschlossen werden[660]. Der Verfahrensfehler indiziert dann die Möglichkeit der Verletzung des dahinter stehenden materiellen Rechts[661]. Anderes gilt nur, soweit der Verfahrensfehler unter keinen Umständen zu einer Verletzung subjektiver Rechte des Klägers führen kann[662].

2.1.5 Das „Geltendmachen"

Die Klage ist nur zulässig, wenn der Kläger „geltend macht", durch den Verwaltungsakt (oder seine Ablehnung oder Unterlassung) in seinen Rechten verletzt zu sein. Es stellt sich damit die Frage nach der Darlegungslast des Klägers in Hinsicht auf sein subjektives öffentliches Recht[663]. Es ist zunächst fraglich, ob das Recht, dessen Verletzung gerügt wird, tatsächlich existent sein muss oder nur behauptet zu werden braucht. Nach herrschender Ansicht reicht die Behauptung aus[664].

Das Geltendmachen einer Rechtsverletzung ist trotzdem mehr als ein bloßes Verbalbehaupten[665]. Damit die Anfechtungsklage zugelassen wird, muss die konkrete Möglichkeit bestehen, dass die in Betracht kommenden Normen angesichts der für die Begründung der Klage relevanten Tatsachen verletzt sein können. Dem Kläger muss dementsprechend eine gewisse Substantiierungslast aufgebürdet werden: Er muss einen eigenen subjektivrechtlichen Bezug zum strittigen Sachverhalt herstellen können[666]. Das Gericht hat zum einen zu prüfen, ob nach dem Vortrag des Klägers Schutznormen verletzt sein könnten. Zum andern muss der Kläger Tatsachen vorbringen, die es möglich erscheinen lassen, dass er die Schutznorm in eigener Person zu aktualisieren vermag: Er muss substantiiert

---

660 Wahl, in: Schoch/Schmidt-Aßmann/Pietzner, VwGO Kommentar, Stand 2004, § 42 Abs. 2, Rn. 79; vgl. Peine, Umgehung der Bauleitplanungspflicht bei Großvorhaben, DÖV 1983, 909 (915f.).

661 Vgl. Jarass, Die Gemeinde als „Drittbetroffener", DVBl. 1976, 732 (738).

662 Kopp/Schenke VwGO, 13. Aufl., § 42, Rn. 72.

663 Ausführlich zum Tatbestandsmerkmal „geltend machen", die Wortbedeutung und seine Bedeutung in der ZPO s. Neumeyer, Die Klagebefugnis im Verwaltungsprozess, 98 ff.

664 Vgl. statt aller Laubinger, Der Verwaltungsakt mit Doppelwirkung, 119; anders aber BVerwG, NJW 1960, 1315; Bartlsperger, Subjektiv öffentliches Recht und störungspräventive Baunachbarklage, DVBl. 1971, 723 (729); Fromm, Verwaltungsakte mit Doppelwirkung, VerwArch 1965, 26 (31, Fn. 29).

665 Jarass, Die Gemeinde als „Drittbetroffener", DVBl. 1976, 732 (733); Sodan, in Sodan/ Ziekow, VwGO, § 42, Rn. 369; Wahl/Schütz, in: Schoch/Schmidt-Aßmann/Pietzner, VwGO Kommentar, Stand 2004, § 42 Abs. 2, Rn. 65; vgl. aber Skouris, Verletztenklagen und Interessentenklagen im Verwaltungsprozess, 163f.

666 BVerwG NJW 1961, 1393; NJW 1976, 2272; NVwZ 1985, 341.

vorbringen, dass er (z.B. als Nachbar) vom sachlichen und personellen Schutzzweck der Norm erfasst ist. Das heißt aber nicht, dass das tatsächliche Vorliegen der Rechtsverletzung schon bei der Prüfung der Klagebefugnis verlangt wird[667]. Die Frage, ob der Kläger tatsächlich in einem subjektiven öffentlichen Recht verletzt ist, gehört zur Begründetheit der Klage[668]. Schon die Möglichkeit einer Rechtsverletzung eröffnet den Rechtsweg[669]. Unter welchen Voraussetzungen der subjektivrechtliche Bezug als ausreichend hergestellt anzusehen ist, kann unterschiedlich beurteilt werden.

Der Schlüssigkeitstheorie[670] nach, ist eine „schlüssige" Behauptung des Klägers erforderlich, dass er – d.h. gerade er, und nicht ein anderer – durch den Verwaltungsakt in seinen Rechten verletzt werde, wenn sein Sachvortrag als wahr unterstellt wird, d.h. falls der Verwaltungsakt sich als objektiv rechtswidrig erweist[671]. Diese Theorie wurde von der Rechtsprechung bis 1963 wie auch vom älteren Schrifttum vertreten[672].

Demgegenüber ist gemäß der Möglichkeitstheorie[673] darauf abzustellen, ob die vom Kläger geltend gemachte Rechtsverletzung möglich ist. An die Möglichkeit einer Rechtsverletzung werden dabei nur geringe Anforderungen gestellt. Von der Rechtsprechung wird zumeist eine negativ gewendete Fassung verwendet: Die behauptete Rechtsverletzung soll demnach lediglich dann für das Gericht unmöglich und damit ausgeschlossen sein, wenn offensichtlich und eindeutig nach keiner Betrachtungsweise die vom Kläger behaupteten Rechte bestehen oder ihm zustehen können[674].

Richtig ist dennoch der positive Grundgedanke der Möglichkeitstheorie[675]: Der Kläger soll Tatsachen vortragen, welche die Rechtswidrigkeit des angegriffenen Verwaltungsaktes (bzw. seiner Ablehnung oder Unterlassung) und die

---

667 Schenke, Verwaltungsprozessrecht, 153.

668 Kopp/Schenke VwGO, 13. Aufl., § 42, Rn. 59; Sodan, in Sodan/Ziekow, VwGO, § 42, Rn. 369.

669 Vgl. Schulze-Fielitz, in Dreier (Hrsg.), Grundgesetz Kommentar, 2. Aufl., Bd. I, Art. 19 Abs. 4, Rn. 74 ff.

670 Wahl/Schütz, in: Schoch/Schmidt-Aßmann/Pietzner, VwGO Kommentar, Stand 2004, § 42 Abs. 2, Rn. 66.

671 Ebenso z.T. die ältere Rspr.: BVerwG NJW 1960, 1315; NJW 1961, 1129.

672 BVerwGE 8, 283; E 10, 122, 123; E 11, 331, 332; weitere Nachweise bei Achterberg, Die Klagebefugnis – eine entbehrliche Sachurteilsvoraussetzung?, DVBl. 1981, 278, Fn. 3; Fromm, Verwaltungsakte mit Doppelwirkung, VerwArch 1965, 26 (31 Fn. 29).

673 Wahl/Schütz, in: Schoch/Schmidt-Aßmann/Pietzner, VwGO Kommentar, Stand 2004, § 42 Abs. 2, Rn. 67.

674 BVerwGE 100, 299.

675 Ehlers, Die Klagebefugnis nach deutschem, europäischem Gemeinschafts- und U.S.-amerikanischem Recht, VerwArch 1993, 139 (146); Sodan, in Sodan/Ziekow, VwGO, § 42, Rn. 371; Wahl/Schütz, in: Schoch/Schmidt-Aßmann/Pietzner, VwGO Kommentar, Stand 2004, § 42 Abs. 2, Rn. 67.

dadurch bewirkte Verletzung seiner Rechte als jedenfalls denkbar erscheinen lassen[676]. Der Behauptungspflicht des Klägers wird demgemäß grundsätzlich damit genügt, dass er hinreichend substantiiert Tatsachen vorträgt, die es zumindest möglich erscheinen lassen, dass er durch den angefochtenen Verwaltungsakt in einer eigenen rechtlich geschützten Position beeinträchtigt wird. Nähere Ausführungen dazu, warum und weshalb der Kläger glaubt, in seinen Rechten verletzt zu sein und um welche Rechte es sich dabei handelt, sind nur dann erforderlich, wenn die Rechtsbetroffenheit und die Rechtsverletzungsmöglichkeit nach dem Klagevortrag nicht ohne weiteres ersichtlich sind[677].

Eine Anfechtungsklage ist dementsprechend wegen fehlender Klagebefugnis als unzulässig abzuweisen, wenn der Kläger nicht hinreichend substantiiert dargelegt hat, dass der angefochtene Verwaltungsakt gerade seine Rechtssphäre betrifft, die Rechtswidrigkeit des Verwaltungsaktes nicht plausibel geltend machen kann oder wenn das Recht, auf das sich er beruft, gar nicht besteht[678]. Die herrschende Meinung[679] sowie die überwiegende Rechtsprechung[680] folgen der Möglichkeitstheorie.

Hinsichtlich der Anforderungen an die Klagebefugnis des Adressaten hat sich die Adressatentheorie gegenüber der Möglichkeitstheorie durchgesetzt. Der Adressat muss gar nicht vortragen, in seinen Rechten verletzt zu sein. Seine Klagebefugnis ergibt sich schon allein aus der Adressatenstellung[681].

2.1.6 Präklusion

Das alleinige Zustehen von subjektiven Rechten reicht an sich nicht aus, um die Klagebefugnis zu begründen. Der Kläger muss sich darüber hinaus auf diese Rechte berufen können, bzw. deren Geltendmachung darf nicht offensichtlich ausgeschlossen sein. Das ist der Fall bei der „Präklusion“[682] von subjektiven

---

676 Kopp/Schenke VwGO, 13. Aufl., § 42 Rn. 175f.

677 Kopp/Schenke VwGO, 13. Aufl., § 42, Rn. 176.

678 Sodan, in Sodan/Ziekow, VwGO, § 42, Rn. 370; Wahl/Schütz, in: Schoch/Schmidt-Aßmann/Pietzner, VwGO Kommentar, Stand 2004, § 42 Abs. 2, Rn. 69.

679 Gurlit, Die Klagebefugnis des Adressaten im Verwaltungsprozessrecht, Die Verwaltung, 1995, 449 (458); Kopp/Schenke VwGO, 13. Aufl., § 42, Rn. 66; Schenke, Verwaltungsprozessrecht, 154; Sodan, in Sodan/Ziekow, VwGO, § 42, Rn. 370; Wahl, Die doppelte Abhängigkeit des subjektiven öffentlichen Rechts, DVBl. 1996, 641; s. aber Redeker/v. Oertzen, VwGO, 2004, § 42, Rn. 15.

680 BVerwG JZ 1964, 301; E 18, 154 (157); E 36, 192 (199 f.); NJW 1974, 203; NJW 1984, 1474; NJW 1987, 1837; NJW 1987, 1154; NVwZ 1989, 1157; NVwZ 1990, 262; NJW 1994, 1604; NVwZ 1994, 999; NVwZ 1995, 165; NVwZ 1995, 478; NVwZ 1995, 475; NVwZ 1995, 1200; NVwZ 2000, 1296; DVBl. 2000, 1614.

681 Achterberg, Die Klagebefugnis – eine entbehrliche Sachurteilsvoraussetzung?, DVBl. 1981, 278 m.w.N.

682 Dazu Schenke, Verwaltungsprozessrecht, 162 ff.

Rechten. Die Frage der Präklusion kann auch für die Begründetheit der Klage von Bedeutung sein[683]. Soweit aber eine Präklusion offensichtlich ist und die Verletzung anderer (als der präkludierten) subjektiver öffentlicher Rechte ausgeschlossen ist, ist die Klage schon als unzulässig abzuweisen.

Eine Präklusion subjektiver Rechte findet in den folgenden Fällen statt: Zunächst bei einer Stufung des Verwaltungsverfahrens, wenn der Verwaltungsakt in mehrere aufeinander aufbauende und sich bedingende Teilverwaltungsakte aufgespalten ist und der Kläger die Anfechtung vorgelagerter Verwaltungsakte nicht wahrgenommen hat[684]. Die subjektiven Rechte des Klägers sind weiter präkludiert, wenn er es versäumt hat, sie rechtzeitig in einem Verwaltungsverfahren geltend zu machen oder wenn er auf seine subjektiven öffentlichen Rechte verzichtet oder sie verwirkt hat[685].

2.2 Klagebefugnis von juristischen Personen

Nach allgemeiner Ansicht sind natürliche Personen Träger subjektiver öffentlicher Rechte, die sie dem Staat gegenüber geltend machen können[686]. Ihrer historischen Entwicklung nach sind die subjektiven öffentlichen Rechte Rechtspositionen des Einzelnen, die der Befriedigung dessen Interessen dienen[687]. Das positive Recht muss aber nicht nur die Menschen, es kann auch Organisationen als Rechtssubjekte ansprechen und behandeln[688]. Das Bonner Grundgesetz sieht in Art. 19 Abs. 3 ausdrücklich vor, dass die Grundrechte auch für inländische juristische Personen gelten, soweit sie ihrem Wesen nach auf diese anwendbar sind[689].

2.2.1 Juristische Personen des Privaten Rechts

Die juristische Person verdankt ihre Individualität als rechtsfähiges Rechtssubjekt der Privatautonomie. Im Bürgelichen Gesetzbuch selbst ist der

---

683 Ausführlich dazu Degenhart, Präklusion im Verwaltungsprozess, FS Menger, 621 ff.

684 Präklusion bzgl. Teilentscheidungen ergibt sich aus § 11 BImSchG, § 7 b AtG.

685 Materielle Präklusion ist angeordnet in § 10 Abs. 3 S. 3 BImSchG, § 7 Abs. 4 S. 3 AtG i. V. m. § 7 Abs. 1 S. 2 AtVfV, § 17 Nr. 1 WaStrG, § 10 Abs. 4 LuftVG, § 5 GenT AnhV sowie jetzt in § 36 Abs. 4 S. 1 BBahnG n. F. und § 17 Abs. 4 S. 1 FStrG n. F.

686 Dreier, in Dreier (Hrsg.), GG Kommentar, 2. Aufl., Bd. I, Vorb., Rn. 110; Hofmann, in Schmidt-Bleibtreu/Klein, GG, 10. Aufl., Art. 19, Rn. 6; zur Differenz zwischen Menschenrechten und Bürgerrechten s. Dreier, in Dreier (Hrsg.), GG Kommentar, 2. Aufl., Bd. I, Vorb., Rn. 71f. und Rnn. 115 ff. zu den EG-Bürgern.

687 Krebs, Subjektiver Rechtsschutz und objektive Rechtskontrolle, FS Menger, 191 (209).

688 Dreier, in Dreier (Hrsg.), GG Kommentar, 2. Aufl., Bd. I, Vorb., Rn. 117.

689 Ausführlich dazu Hofmann, in Schmidt-Bleibtreu/Klein, GG, 10. Aufl., Art. 19, Rnn. 19 ff.; zur Geschichte s. Dreier, in Dreier (Hrsg.), GG Kommentar, 2. Aufl., Bd. I, Art. 19 Abs. 3, Rnn. 1 ff.

Begriff der juristischen Person nicht definiert. Als juristische Personen werden dort jedoch die Vereine[690] und Stiftungen[691] geregelt. Wichtige, in anderen Gesetzen geregelte juristische Personen sind die eingetragene Genossenschaft (eG)[692], die Aktien-gesellschaft (AG)[693], die Gesellschaft mit beschränkter Haftung (GmbH)[694] und die Kommanditgesellschaft auf Aktien (KGaA)[695]. Die juristischen Personen des Privatrechts erlangen Rechtsfähigkeit nach dem System der Normativbestimmungen, d.h. durch Eintragung in ein öffentliches Register (Vereins-, Handels- und Genossenschaftsregister). Zu den juristischen Personen im Sinne des öffentlichen Rechts gehören nicht nur diese juristischen Personen des Privatrechts, sondern auch die sonstigen Personenmehrheiten, soweit sie zumindest teilrechtsfähig sind[696], wie z.B. die Gesellschaft bürgerlichen Rechts[697], die Offene Handelsgesellschaft[698] und die Kommanditgesellschaft[699].

Vor Verwaltungsgerichten kann nur der klagen, der die Verletzung eines eigenen Rechts geltend machen kann. Auf eine juristische Person übertragen, bedeutete dies, dass ihre Klage dann unproblematisch ist, wenn sie selbst Adressat eines Verwaltungsaktes ist, bzw. die Verletzung eigener subjektiver Rechte geltend macht (Verbandsverletztenklage)[700]. Sofern das einfache Recht den juristischen Personen des Privatrechts subjektive Rechte einräumt, sind diese ohne weiteres klagebefugt, wenn sie geltend machen, durch die angegriffene Maßnahme in ihrer Rechten verletzt zu sein, z.B. durch (rechtswidriges) Vereinsverbot, einen an ihn gerichteten Abgabebescheid oder die Beeinträchtigung ihres Eigentums. Der in Art. 19 Abs. 4 GG und § 42 Abs. 2 VwGO gewährleistete Rechtsschutz wird nämlich jedermann garantiert. Subjektive Rechte des Verbandes können durch verfassungsrechtliche[701] und unterverfassungsrechtliche Rechtsvorschriften begründet werden.

So waren anerkannte Naturschutzverbände gemäß § 29 Abs. 1 Nr. 4 BNatSchG a.F. [702] bei Planfeststellungsverfahren über Vorhaben, die mit Eingriffen in Natur und Landschaft i.S. von § 8 BNatSchG verbunden sind, zu beteiligen. Der Umfang der Mitwirkung erstreckte sich auf die Gelegenheit zur Äuße-

---

690 §§ 21 ff. BGB.
691 §§ 80 ff. BGB.
692 § 17 GenG.
693 § 1 AktG.
694 § 13 GmbHG.
695 § 278 AktG.
696 BVerfGE 10, 89, 99; E 20, 283, 290; E 53, 1, 13.
697 § 705 BGB.
698 § 105 HGB
699 § 161 HGB.
700 Bizer/Ormond,/Riedel, Die Verbandsklage im Naturschutzrecht, 21.
701 Z.B. Art. 19 Abs. 3 und 4 GG.
702 Vgl. nunmehr §§ 58 und 60 BNatSchG über die Stellungnahme- und Einsichtsrechte der anerkannten Vereine.

rung und auf die Einsichtsnahme der Sachverständigengutachten. Wäre im Verfahren der Planfeststellung einem anerkannten Naturschutzverband keine Gelegenheit zur Äußerung bzw. Einsicht gewährt worden, wäre dieser zur Erhebung einer Anfechtungsklage gegen den Planfeststellungsbeschluss befugt gewesen[703]. Der Verband konnte allerdings lediglich die Verletzung seines subjektiven Mitwirkungsrechts rügen. Einer Anfechtungsklage unter Berufung auf sonstige Rechtsverstöße würde es an der Klagebefugnis mangeln.

Räumt das einfache Recht den juristischen Personen des Privatrechts keine subjektive Rechte ein, ist auf den Verfassungskreis zurückzugreifen, wobei aber zu beachten ist, dass juristische Personen trotz ihrer Rechtsfähigkeit keine höchstpersönlichen Rechte haben, die nur von einer natürlichen Person selbst wahrgenommen werden können[704]. So kann sich z.B. ein Verein nicht auf den Schutz der Ehe und Familie berufen. Grundsätzlich können sie aber Träger von Grundrechten sein, wenn das betreffende Grundrecht seinem Wesen nach anwendbar ist. So kann einer juristischen Person des Privatrechts das Grundrecht aus Art. 12 Abs. 1 GG in gleicher Weise wie einer natürlichen Person zustehen[705].

2.2.2 Juristische Personen des öffentlichen Rechts

Neben den genannten juristischen Personen des Privatrechts gibt es juristische Personen des öffentlichen Rechts[706]. Denen kommt im Privatrechtsverkehr umfassende Rechtsfähigkeit zu. Doch bedeutet dieser Status nicht automatisch die Fähigkeit, Träger von allen öffentlichen rechtlichen Rechten bzw. Pflichten sein zu können.

In dieser Untersuchung geht es um den Rechtsschutz der Mitglieder der Öffentlichkeit gegen eventuelle Umweltbelastungen. Damit sind grundsätzlich die Bürger, und nicht die Verwaltungsträger gemeint. Die juristischen Personen des öffentlichen Rechts sind aber Verwaltungsträger, soweit sie in der mittelba-

---

703 BVerwG, NVwZ 1991, 162.

704 Dreier, in Dreier (Hrsg.), GG Kommentar, 2. Aufl., Bd. I, Art. 19 Abs. 3, Rnn. 35f.; s. auch Hofmann, in Schmidt-Bleibtreu/Klein, GG, 10. Aufl., Art. 19, Rnn. 21 ff. zur exemplarischen Aufzählung der anwendbaren Grundrechte.

705 BVerfGE 21, 261; vgl. Hofmann, in Schmidt-Bleibtreu/Klein, GG, 10. Aufl., Art. 19, Rn. 25.

706 Hierunter versteht man die Gebietskörperschaften, die Hoheitsrechte über fest umgrenzte Teile des Staatsgebiets ausüben (Bund, Länder, Gemeinden, Gemeindeverbände), Körperschaften des öffentlichen Rechts, die durch Mitgliedschaft gebildet werden (z.B. Universitäten), Anstalten (z.B. Rundfunkanstalten, Kommunale Sparkassen, Bundesanstalt für Arbeit) und Stiftungen des öffentlichen Rechts, die gemeinnützigen Zwecken verfolgen. Die kirchlichen Stiftungen sind Sonderformen der Stiftung; ausführlich zur Verwaltungsorganisation Maurer, Allgemeines Verwaltungsrecht, 504 ff.; Peine, Allgemeines Verwaltungsrecht, 10 ff.

ren Staatsverwaltung öffentliche Verwaltungsaufgaben wahrnehmen[707]. Die Frage, ob der Staat und seine Organe subjektive öffentliche Rechte haben können, und welche diese gegebenenfalls sind, bleibt dennoch von Interesse. Der Bau von Atomkraftwerken und anderen Großprojekten veranlasst viele Gemeinden zu gerichtlichen Schritten. In der Hauptsache geht es regelmäßig um die Anfechtung der erteilten Genehmigung bzw. der zum Bau nötigen Planfeststellung. Das wirft die Frage auf, unter welchen Umständen eine Gemeinde in einer derartigen Situation klagebefugt ist.

Eine Besonderheit des griechischen gegenüber dem deutschen Recht sind, wie es im Folgenden darzustellen ist, die Fälle des kollektiven Interesses. Das *„έννομο συμφέρον"* ist auch gegeben, wenn die Beeinträchtigung von objektiven Interessen oder von Gütern der Allgemeinheit geltend gemacht wird. Infolgedessen beschränkt sich das Klagerecht nicht auf juristische Personen des Privatrechts. Gemeinden können also in Griechenland öffentliche Interessen geltend machen. In Deutschland hingegen verlangt das Vorliegen der Klagebefugnis einen (widerrechtlichen) Eingriff in subjektive öffentliche Rechte. Das setzt voraus, dass der Kläger überhaupt oder zumindest im relevanten Teilbereich rechtsfähig ist. Hoheitssubjekte sind entsprechend ihrer jeweils bestimmten Zuständigkeit nur teilrechtsfähig. Bedenken gegen die Anerkennung subjektiver öffentlicher Rechte des Staates werden vor allem im Hinblick auf den Zweck dieser Rechtsfigur geltend gemacht. Immerhin wird das subjektive öffentliche Recht als Anspruch eines Bürgers gegen den Staat bezeichnet.

Generell wird aus dem Grundsatz der Einheit der Verwaltung das grundsätzliche Verbot der In-Sich-Prozesse abgeleitet[708]. Ein In-Sich-Prozess liegt vor, wenn Organe oder Behörden eines einzigen Verwaltungsträgers, d.h. mit gemeinsamer Entscheidungsspitze, gegeneinander klagen[709] oder ein Rechtsträger sich sowohl als Kläger, vertreten durch die eine Behörde, als auch als Beklagter, vertreten durch die andere Behörde, wiederfindet[710]. Der Verwaltungsprozess ist nicht auf Streitigkeiten innerhalb juristischer Personen des öffentlichen Rechts ausgerichtet, sondern auf Streitigkeiten zwischen dem Staat und dem Bürger oder auf Streitigkeiten zwischen verschiedenen juristischen Personen des öffentlichen Rechts. Die in den hierarchischen Verwaltungsaufbau eingeordneten Organe haben keine Zuständigkeits- bzw. Organrechte. Zuständigkeitskonflikte sind durch die übergeordnete Instanz zu lösen[711].

---

707 Sie verdanken ihre Individualität als rechtsfähige Rechtssubjekte nicht der Privatautonomie, sondern einem staatlichen Hoheitsakt, d.h. sie erlangen Rechtsfähigkeit durch Verleihung mittels Gesetz oder Verwaltungsakt.

708 Vgl. dazu Oldiges, Einheit der Verwaltung als Rechtsproblem, NVwZ 1987, 737.

709 BVerwG NJW 1992, 927.

710 Der In-Sich-Prozess ist nur dann zulässig, wenn das Gesetz dies ausdrücklich bestimmt; s. BVerwGE 2, 147, 149.

711 Maurer, Allgemeines Verwaltungsrecht, 515; vgl BVerwGE 31, 263, 267; E 45, 207,

Andererseits stehen auch Ämter und Behörden, Bund, Länder und Kommunen in Rechtsverhältnissen zueinander, in denen sie subjektive Rechte haben können. Kennzeichnend für das subjektive Recht ist seine Verknüpfung mit Individual- bzw. Gruppeninteressen. Auch Hoheitspersonen sind solchen Partialinteressen verpflichtet. Die Gemeinde vertritt zum Beispiel die Interessen ihrer Bürger, auch wenn sich die Interessen anderer staatlichen Organisationen davon unterscheiden. Diese Interessen können vom Gesetzgeber rechtlich geschützt werden. Spezifische Schutznormen zugunsten von Körperschaften des öffentlichen Rechts sind zwar selten. Zumindest jedoch können ihre jeweiligen Befugnisse auch den Aspekt subjektiver öffentlicher Rechte haben[712]. So wird z.B. das Selbstverwaltungsrecht als subjektives Recht der Gemeinde gegen den Staat angesehen[713]. Vor allem ist der Kommunalverfassungsstreit bzw. kommunale Organstreit allgemein akzeptiert[714]. Keinen Fall des In-Sich-Prozesses bilden daher verwaltungsrechtliche Organstreitigkeiten[715], bei denen verschiedene Organe einer juristischen Person (Interorganstreit) oder Teile von Organen die ihnen zustehenden Organrechte gegenüber anderen Organen der gleichen juristischen Person des öffentlichen Rechts (Intraorganstreit) geltend machen[716].

Folglich kann der Staat Träger subjektiver öffentlicher Rechte sein[717]. Umstritten ist die Klagebefugnis aus der möglichen Grundrechtsverletzung von Rechtsträgern des öffentlichen Rechts. Im Allgemeinen können Rechtspersonen des öffentlichen Rechts nicht Inhaber von Grundrechten sein[718]. Funktionen, die dem Staat und den ihm eingegliederten Körperschaften obliegen, sind nicht

---

209: „Behörden als solchen stehen grundsätzlich keine Anfechtungsmöglichkeiten zu; sie haben Kompetenzen, aber keine eigenen Rechte." So kategorisch dieses Verbot des In-Sich-Prozesses formuliert ist, so anerkannt ist die Existenz von Ausnahmen (BVerwGE 45, 207, 209). Konsequent spricht das BverwG heute davon, dass ein „In-Sich-Prozess" um seiner selbst willen vom Verwaltungsprozessrecht weder zugelassen noch ausgeschlossen wird (BVerwG, NJW 1992, 927).

712 Henke, Das subjektive Recht im System des öffentlichen Rechts, DÖV 1980, 621 (623); s. auch Bauer, Subjektive öffentliche Rechte des Staates, DVBl. 1986, 208 (213 ff. m.w.N.).

713 Jarass, Die Gemeinde als „Drittbetroffener", DVBl. 1976, 732 (737); Maunz, Die Verankerung des Gemeinderechts im Grundgesetz, BayVBl. 1984, 417 (423).

714 BVerfGE 8, 122, 130.

715 Im verfassungsrechtlichen Bereich sind Organstreitigkeiten ausdrücklich geregelt: s. Art. 93 Abs. 1 GG und §§ 63 ff. BVerfGG.

716 Dazu Schenke, Verwaltungsprozessrecht, 177f.; Wahl/Schütz, in: Schoch/Schmidt-Aßmann/Pietzner, VwGO Kommentar, Stand 2004, § 42 Abs. 2, Rnn. 91 ff.; ausführlich dazu Buchwald, Der verwaltungsgerichtliche Organstreit.

717 Maurer, Allgemeines Verwaltungsrecht, 152; Bethge, Zwischenbilanz zum verwaltungsrechtlichen Organstreit, DVBl. 1980, 824 (825); so auch schon Jellinek, System der subjektiven öffentlichen Rechte, 329f.

718 BVerfGE 21, 362.

durch die Grundrechte geschützt[719]. Die Körperschaften des öffentlichen Rechts können sich nur in besonderen Ausnahmefällen auf Grundrechte berufen, wie z.B. die körperschaftlich verfassten Religionsgemeinschaften auf die Religionsfreiheit[720], die öffentlichen Rundfunkanstalten auf die Rundfunkfreiheit, bzw. Meinungs- und Berichtsfreiheit[721], die öffentlichen Hochschulen auf die Wissenschaftsfreiheit und ggf. die Kunstfreiheit[722] und bestimmte berufsständische Körperschaften auf die Vereinigungsfreiheit, wenn diese die Interessen ihrer Mitglieder wahrnehmen[723]. Dagegen sollen sich nach der Rechtsprechung des BVerfG[724], der sich auch das BVerwG angeschlossen hat[725], Körperschaften und andere Rechtsträger des öffentlichen Rechts grundsätzlich nicht auf ihr Eigentum berufen können. In der Literatur ist diese These umstritten[726].

Wie für alle Rechtssubjekte gilt allerdings, dass sich auch Rechtsträger des öffentlichen Rechts nur auf **eigene** Rechte, d.h. nicht auf Belange der Allgemeinheit berufen können. Eine Rundfunk- oder eine Landesmedienanstalt kann sich dementsprechend gegen die Zulassung eines bundesweit empfangbaren Rundfunkprogramms wehren[727], nicht aber die Rechte von Hörern geltend machen. Eine Universität kann sich nur gegen eine Verletzung der Wissenschaftsfreiheit, nicht aber z.B. gegen eine wegen Gesundheitsgefährdung der Studenten bedenkliche Verkehrslenkung wehren[728].

Die Adressatentheorie gelangt auch zur Anwendung, wenn eine Körperschaft des öffentlichen Rechts Adressat eines sie belastenden Verwaltungsaktes ist. Auch juristische Personen des öffentlichen Rechts haben nämlich ein subjektives öffentliches Recht darauf, dass in ihre Rechte nur auf gesetzlicher Grundlage eingegriffen werden darf. Dieses Recht begründet sich allerdings nicht auf Art. 2 Abs. 1 GG, sondern für die Gemeinden letztlich auf Art. 28 Abs. 2 GG[729].

2.2.3 Rechte von Gemeinden

Die Klagebefugnis einer Gemeinde setzt auch die Möglichkeit einer Verletzung in **eigenen** Rechten voraus. Gemeinden sind also klagebefugt, soweit

---

719 Maunz, Die Verankerung des Gemeinderechts im Grundgesetz, BayVBl. 1984, 417 (424).
720 BVerfGE 19, 129, 132; E 21, 362, 373.
721 BVerfGE 31, 314, 322; E 74, 297, 317; E 78, 101, 102.
722 BVerfGE 15, 256, 262; E 21, 271, 273.
723 BVerfGE 70, 1, 21; einschränkend BVerwG, NJW 2000, 3150 – kein Grundrechtsschutz bez. Aufgaben einer Landwirtschaftskammer.
724 BVerfGE 61, 82, 105; E 68, 93.
725 BVerwG, NVwZ 1989, 247; BVerwG, NJW 1989, 3168.
726 Hufen, Verwaltungsprozessrecht, 289f. m.w.N.
727 BVerwG, NJW 1997, 3040.
728 Hufen, Verwaltungsprozessrecht, 288.
729 Hufen, Verwaltungsprozessrecht, 288.

ihnen eigene Rechte zustehen können. Die Adressatentheorie ist auch hier anwendbar. Ihre Begründung folgt allerdings aus Art. 28 Abs. 2 GG.

Die Gemeinden können nicht Träger von Grundrechten sein[730]. Ihre „eigenen“ Rechte haben vielmehr ihre Grundlage in den Konkretisierungen der Selbstverwaltungsgarantie[731]. Dadurch können auch einzelne Bereiche, die durch ein Grundrecht geschützt sind, für eine Gemeinde abgesichert sein. Art. 28 Abs. 2 GG gewährleistet nämlich den Gemeinden und sonstigen Gebietskörperschaften das Recht, alle Angelegenheiten der örtlichen Gemeinschaft im Rahmen der Gesetze in eigener Verantwortung zu regeln[732]. Das Bundesverwaltungsgericht hat Art. 28 Abs. 2 GG ausdrücklich als Recht i.S. des § 42 Abs. 2 VwGO bezeichnet[733].

Eigene Rechte der Gemeinde, auf die sich eine Anfechtungsklage stützen lässt, können auch aus der Stellung der Gemeinde als zivilrechtliche Grundstückseigentümerin resultieren[734]. Zwar ist das Eigentum der Gemeinde nicht vom Schutz des Art. 14 Abs. 1 S. 1 GG erfasst[735]. Die Gemeinden können sich jedoch auf ihre einfachrechtliche Position als Grundstückseigentümer berufen.

Der Schwerpunkt liegt aber eindeutig auf dem in Art. 28 Abs. 2 S. 1 GG verfassungsrechtlich geschützten Recht auf Selbstverwaltung. Die Selbstverwaltungskompetenz ist für die örtlichen Angelegenheiten umfassend (Allzuständigkeit). Andere Verwaltungsträger sind daher aus den den Gemeinden zustehenden Tätigkeitsbereichen ausgeschlossen[736]. Wichtige Komponenten[737] der Selbstver-

---

730 Während das BVerfG den Universitäten und öffentlichen Rundfunksanstalten Grundrechte zubilligt, ist es bei geltend gemachten Grundrechten von Gemeinden äußerst zurückhaltend; s. BVerfGE 21, 362, 368 ff.; Jarass, Die Gemeinde als „Drittbetroffener“, DVBl. 1976, 732 (736); Stüer/Probstfeld, Rechtsschutz der Gemeinden gegen straßenverkehrsrechtliche Anordnungen, UPR 2004, 121 (122).

731 Wahl/Schütz, in: Schoch/Schmidt-Aßmann/Pietzner, VwGO Kommentar, Stand 2004, § 42 Abs. 2, Rn. 105.

732 Ausführlich zum verfassungsrechtlichen Schutz der Gemeinden s. Maunz, Die Verankerung des Gemeinderechts im Grundgesetz, BayVBl. 1984, 417 (insb. Fn. 3 für weitere Nachweise zur Rechtslehre).

733 BVerwGE 31, 263, 264. Das Selbstverwaltungsrecht ist zwar ein **subjektives Recht** der Gemeinde gegen den Staat (Dreier, in Dreier (Hrsg.), Grundgesetz Kommentar, Bd. II, Art. 28, Rn. 96;), aber kein Grundrecht (BVerfGE 8, 256, 259). Dies bestätigen auch Art. 93 Abs. 1 Nr. 4b GG und § 91 BVerfGG, die ausdrücklich den Gemeinden die Möglichkeit gewährleisten, Verfassungsbeschwerde zu erheben.

734 Kirchberg/Boll/Schütz, Der Rechtsschutz von Gemeinden in der Fachplanung, NVwZ 2002, 550 (551); Stüer/Probstfeld, Rechtsschutz der Gemeinden gegen straßenverkehrsrechtliche Anordnungen, UPR 2004, 121 (122); Wahl/Schütz, in: Schoch/Schmidt-Aßmann/Pietzner, VwGO Kommentar, Stand 2004, § 42 Abs. 2, Rn. 275.

735 BVerfGE 61, 82, 100 ff. Dem ist das BVerwG gefolgt (NVwZ 1989, 247, 249).

736 BVerfGE 21, 117, 128; E 79, 127, 147; Dreier, in Dreier (Hrsg.), Grundgesetz Kommentar, Bd. II, Art. 28, Rnn. 103 ff.; Maunz, Die Verankerung des Gemeinderechts im Grundgesetz, BayVBl. 1984, 417 (418).

waltungsgarantie sind weiter die Organisationshoheit für die Gemeindeverwaltung und die innere Gemeindeverfassung[738], die Personalhoheit[739] und die Finanzhoheit[740]. Selbst der Gesetzgeber darf den Kernbereich der so verstandenen Selbstverwaltung nicht aushöhlen[741]. Was zu diesem Kernbereich gehört, lässt sich nicht in eine allgemeingültige Formel fassen, sondern kommt auf den Einzelfall an[742].

Das Merkmal „alle Angelegenheiten der örtlichen Gemeinschaft" ist bestimmungsbedürftig, aber gleichzeitig schwierig zu erklären. Mit Sicherheit lässt sich erkennen, dass alles, was dem Bund oder dem Land ausdrücklich vorbehalten ist, nicht eine Angelegenheit der örtlichen Gemeinschaft sein kann. Den Gemeinden steht somit kein allgemeines Mandat zu, sich mit allem zu beschäftigen, was die Gemeindeeinwohner interessiert bzw. die Öffentlichkeit berührt. Schon das Merkmal „im Rahmen der Gesetze" schließt dies aus[743]. Art. 28 Abs. 2 S. 1 GG räumt den Gemeinden Rechte nur nach näherer Konkretisierung des einfachen Rechts ein[744]. Entscheidend ist dabei, ob die in Frage kommende Norm gegenüber der Gemeinde drittschützend ist. Für die Qualifizierung eines normativ begünstigten Interesses der Gemeinde als subjektives Recht gelten die gleichen Grundsätze wie bei Privatpersonen. Ihre Stellung als Hoheitsperson spielt dabei keine Rolle[745].

Eine Gemeinde kann dementsprechend den Verstoß gegen Normen des öffentlichen Rechts nur rügen, wenn diese zumindest auch den spezifischen Partialinteressen der Gemeinde zu dienen bestimmt sind. Gemeinden können dahingegen nicht Anliegen der Gemeindeangehörigen geltend machen. Die Prozessstandschaft bei einer Anfechtungsklage ist nur zulässig, wo sie gesetzlich vorgesehen ist[746]. Im System der repräsentativen Demokratie hat zwar die Gemeinde die Aufgabe, die örtlichen Interessen ihre Bürger zu vertreten. Die Interessenwahrnehmung hat jedoch im Rahmen der gemeinderechtlichen Vorschriften zu erfolgen. Der Umstand allein, dass eine juristische Person des öffentlichen Rechts Aufgaben im Interesse der Allgemeinheit wahrnimmt, macht sie nicht

737 Zu den Schutzbereichen der kommunalen Selbstverwaltung s. BVerfGE 79, 127.

738 BVerfGE 83, 363, 382; dazu Dreier, in Dreier (Hrsg.), Grundgesetz Kommentar, Bd. II, Art. 28, Rnn. 124 ff.

739 BVerfGE 17, 172, 182.

740 BVerfGE 26, 228, 247; E 71, 25, 36.

741 BVerfGE 7, 244, 258; E 22, 180, 219; 79, 127, 143; E 83, 363, 381.

742 BVerfGE 7, 358; E 22, 80, 219.

743 Maunz, Die Verankerung des Gemeinderechts im Grundgesetz, BayVBl. 1984, 417 (419).

744 Wahl/Schütz, in: Schoch/Schmidt-Aßmann/Pietzner, VwGO Kommentar, Stand 2004, § 42 Abs. 2, Rn. 105; vgl. VGH BW DVBl. 1994, 348, 351.

745 Jarass, Die Gemeinde als „Drittbetroffener", DVBl. 1976, 732 (737).

746 Kopp/Schenke VwGO, 13. Aufl., Vorb. § 40, Rn. 25 und § 42, Rn. 60; Redeker/v. Oertzen, VwGO, 2004, § 42, Rn. 26.

zum Sachwalter, also zum „bloßen Fürsprecher“[747] oder Treuhänder des Einzelnen bei der Wahrnehmung seiner subjektiven Rechte[748] – selbst wenn die Erfüllung von öffentlichen Aufgaben auch der Verwirklichung von subjektiven Rechten des Einzelnen förderlich sein mag[749]. Bei der Wahrnehmung dieser öffentlichen Interessen handelt es sich nämlich auf Seiten der Gemeinden um die Erfüllung von öffentlichen Aufgaben. Darüber hinaus kann sich die Gemeinde nicht auf die Beeinträchtigung von staatlichen Aufgaben stützen, deren Wahrnehmung ihr als Pflichtaufgabe nach Weisung übertragen wurde. Im übertragenen Wirkungskreis gibt es keine wehrfähigen Rechte der Gemeinde[750]. Ebenso wenig kann sich die Gemeinde zur Sachwalterin der Allgemeinheit machen[751]. Gemeinden kommen nicht deshalb wehrfähige Rechte zu, weil der Allgemeinheit oder einzelnen Privatpersonen ein Schaden drohe. Sie können nicht als berufene Vertreter ihrer Einwohner beim Schutz der Bevölkerung vor Gefahren, die durch die Bundesgesetzgebung hervorgerufen werden können, auftreten, es sei denn, dass ihre Wahrnehmung eine spezifisch kommunale Angelegenheit i. S. des Art. 28 Abs. 2 GG darstellt[752]. Da es kommunale Tätigkeit nur im Rahmen von Gesetzen gibt, stecken diese den Raum ab, der in der Ordnung der Bundesrepublik für die verschiedenen Hoheitsträger zur Verfügung steht[753].

Andererseits kann eine Gemeinde geltend machen, ein Vorhaben gefährde eine von ihr geschaffene vorhandene kommunale Einrichtung, welche der öffentlichen Daseinsvorsorge dient, oder die Erfüllung von Gemeindeaufgaben[754]. So kann sich z.B. eine Gemeinde gegen eine abfallrechtliche Genehmigung wehren, die die Trinkwasserversorgung gefährdet[755]. Auch eine solche Beeinträchtigung kann den durch Art. 28 Abs. 2 S. 1 GG geschützten Wirkungskreis der Gemeinde berühren[756]. In diesen Fällen steht der Gemeinde die Klagebefugnis unabhängig davon zu, ob die Klage auch die Beeinträchtigung von subjektiven Rechten ihrer Bürger abwehrt.

---

747 BVerwG, NVwZ 1993, 884 (886).

748 Vgl. BVerwG, DVBl. 1981, 218, 219; BVerwG, DVBl. 1990, 427f.

749 Vgl. Jarass, Die Gemeinde als „Drittbetroffener“, DVBl. 1976, 732 (739); Stüer/Probstfeld, Rechtsschutz der Gemeinden gegen straßenverkehrsrechtliche Anordnungen, UPR 2004, 121 (122); s. auch BVerfG, NJW 1982, 2173.

750 Vgl. BVerwG, NVwZ 1983, 610 (611) zu straßenverkehrsrechtlichen Belangen.

751 BVerwG, NVwZ 1996, 1021 (1022).

752 BVerwG, DVBl. 1990, 427f.

753 Maunz, Die Verankerung des Gemeinderechts im Grundgesetz, BayVBl. 1984, 417 (419).

754 Stüer/Probstfeld, Rechtsschutz der Gemeinden gegen straßenverkehrsrechtliche Anordnungen, UPR 2004, 121 (122).

755 Vgl. BVerwG, NVwZ 2000, 675.

756 So BVerwG, NVwZ 1993, 884, 886; vgl. BVerwG, NVwZ 1984, 718; BVerwG, NVwZ 1993, 364; BVerwG, NVwZ 1996, 895.

Für viele Verwaltungsverfahren ist gesetzlich festgelegt, dass bestimmte Personen bzw. Behörden angehört bzw. beteiligt werden müssen. Damit erhebt sich die Frage, ob derartige Verfahrensvorschriften für sich ein die Voraussetzungen des § 42 Abs. 2 VwGO erfüllendes Recht gewähren, bzw. ob den betroffenen Gemeinden ein subjektives Beteiligungsrecht im Genehmigungsverfahren unmittelbar aus Art. 28 Abs. 2 GG einzuräumen ist. In diesem Fall würde der Beteiligungsanspruch unabhängig vom einfachen Gesetzesrecht bestehen.

Von Interesse ist in diesem Zusammenhang die Planungshoheit der Gemeinde[757]. Als Teil der Selbstverwaltungsgarantie umfasst sie das Recht der Gemeinde, die städtebauliche Entwicklung im Rahmen der Gesetze eigenverantwortlich zu planen und zu gestalten[758]. Der Schwerpunkt der Planungshoheit liegt im Bereich der Raumplanung und der Bodennutzung[759]. Sie wird durch das Erfordernis des Einvernehmens bei Bauvorhaben im Gemeindebereich (§ 36 BauGB) geschützt. Wurde das Einvernehmen nicht erteilt oder die Weigerung der Gemeinde übertragen, dann ist die Gemeinde gegen eine Genehmigungsentscheidung immer klagebefugt[760]. Es wurde schon dargestellt, dass auch das Recht der Gemeinden auf Anhörung und Information in verschiedenen Verfahren anerkannt wurde und zwar bei überörtlichen Planungen, die Auswirkungen auf den örtlichen Bereich der Gemeinde haben[761], im Verfahren zur Kommunalen Neugliederung[762] und im luftverkehrsrechtlichen Genehmigungsverfahren[763]. Dabei handelt es sich um absolute Verfahrensrechte der Gemeinde.

Ansonsten muss die Gemeinde, die sich auf eine Verletzung ihrer Planungshoheit beruft, um klagebefugt zu sein, vorweisen können, dass eine „hinreichend konkretisierte planerische Absicht“ der Klägerin durch das angegriffene

757 Dreier, in Dreier (Hrsg.), Grundgesetz Kommentar, Bd. II, Art. 28, Rnn. 131f.

758 BVerfGE 56, 298, 312; BVerwGE 40, 323, 329; E 318, 325.

759 Fraglich ist (Kirchberg/Boll/Schütz, Der Rechtsschutz von Gemeinden in der Fachplanung, NVwZ 2002, 550, 556), ob die Gemeinden eine Selbstgestaltungsrecht innehaben (Blümel, Das Selbstgestaltungsrecht der Städte und Gemeinden, FS Ule, 19; ablehnend Wahl/Schütz, in: Schoch/Schmidt-Aßmann/Pietzner, VwGO Kommentar, Stand 2004, § 42 Abs. 2, Rn. 274), das ihnen die Möglichkeit gibt, ihre kulturelle (die Wahrung des örtlichen **Denkmalschutzes** wird allenfalls sporadisch als gemeindeeigene Aufgabe anerkannt; vgl. BVerwG, NVwZ 1992, 289) bzw. städtegeographische Identität zu bewahren bzw. zu entwickeln, und ihnen dementsprechend ein eigenständiges Recht gegen Einzelvorhaben verleiht, die einen grundlegenden Strukturwandel bewirken können (BVerwGE 74, 84, 89; BVerwG, NJW 1976, 2175 (2176); BVerwG, NVwZ 2000, 560, 562).

760 BVerwG, NVwZ 1982, 310.

761 BVerwG, DVBl. 1969, 362 ff; BVerwGE 31, 263, 264; E 51, 6, 13f.; BVerwG, DVBl. 1978, 845 (953); vgl. Dolde, Grundrechtsschutz durch einfaches Verfahrensrecht?, NVwZ 1982, 65 (66).

762 Dolde, Grundrechtsschutz durch einfaches Verfahrensrecht?, NVwZ 1982, 65 (66).

763 BVerwG, DÖV 1980, 516 (517).

genehmigte Vorhaben nachhaltig beeinträchtigt wird[764], oder dass wesentliche Teile ihres Gemeindegebiets einer durchsetzbaren kommunalen Planung gänzlich entzogen werden[765]. Die Sorge um das allgemeine Orts- oder Landschaftsbild oder eine Reduzierung des Wohnbaulandes gelten allerdings nicht als hinreichend konkretisierte planerische Belange[766]. Das BVerwG hat allerdings die Anforderungen im Rahmen der Klagebefugnis zurückgeschraubt, indem es betont, dass die Möglichkeit eines gemeindlichen Abwehrrechts für die Zulässigkeit der Klage ausreiche. Die Beeinträchtigung einer hinreichend konkreten Planung beschreibt danach die Anforderungen an die für die Begründetheit der Klage erforderliche materielle Rechtsposition der Gemeinde. Die im Rahmen des § 42 Abs. 2 VwGO geforderte Möglichkeit der Verletzung dieser Rechtsposition soll nur dann zu verneinen sein, wenn die Gemeinde ausschließlich Rechte anderer, insbesondere ihrer Einwohner, oder das bloße allgemeine Interesse geltend macht, von einem Vorhaben der Fachplanung verschont zu bleiben[767].

Ausdruck der gegenseitigen Achtung der Planungshoheit ist die Abstimmungspflicht benachbarter Gemeinden (§ 2 Abs. 2 BauGB)[768]. Die Planungshoheit verleiht der Gemeinde grundsätzlich die Befugnis, sich gegen Planungen und andere Maßnahmen zu wehren, wenn das Abwägungsgebot zu Lasten der klagenden Gemeinde vernachlässigt worden ist[769].

Unabhängig von einer Beeinträchtigung ihrer Planungshoheit kann sich die Befugnis einer Gemeinde, gegen Planungen und Maßnahmen überörtlicher Verwaltungsträger zu klagen, auch daraus ergeben, dass die geplanten Vorhaben das Gemeindegebiet oder Teile hiervon nachhaltig betreffen und die Entwicklung der Gemeinde beeinflussen[770]. Zwar kommen in diesem Zusammenhang Maßnahmen auch außerhalb des Gemeindegebietes in Betracht, jedoch ist für die Annahme einer „nachhaltigen Betroffenheit" jeweils erforderlich, dass die in Frage stehende Planung oder Maßnahme unmittelbare Auswirkungen gewichtiger Art für die Gemeinde mit sich bringt[771].

Dementsprechend kann eine Gemeinde gegen solche Vorhaben vorgehen, die ihre Planungshoheit tangieren, wie z.B. Fachplanungsmaßnahmen[772] oder

---

764 Dazu BVerwGE 74, 124, BVerwG, NVwZ 1996, 1021; s. auch BVerwG, NVwZ 1991, 161; NVwZ 1999, 878.

765 St. Rspr. vgl. etwa BVerwGE 69, 256, 261; E 74, 124, 132; E 79, 318.

766 BVerwG, NVwZ 1997, 169; kritisch Hufen, Verwaltungsprozessrecht, 294.

767 BVerwG, NVwZ 1999, 67; a.A. Kirchberg/Boll/Schütz, Der Rechtsschutz von Gemeinden in der Fachplanung, NVwZ 2002, 550 (552).

768 Vgl. BVerwGE 117, 25.

769 BVerwGE 40, 323; E 84, 210; dazu Kriener, Die planungsrechtliche Gemeindenachbarklage, BayVBl. 1984, 97.

770 BVerwGE 77, 134,138.

771 BVerwG, NVwZ 1990, 464 (465).

772 BVerwG, NVwZ 1993, 894.

Baugenehmigungen durch die staatliche Baubehörde[773]. Eine Gemeinde kann also gegen die Planung einer Fernstraße nur wegen der Verletzung ihrer Planungshoheit[774], nicht aber z.B. wegen einer Umweltgefährdung[775] oder einer Gesundheitsgefahr für die Einwohner klagen[776].

2.2.4 Die Problematik der Verbandsklage

Wie schon dargestellt, ist die Anfechtungsklage eines Verbandes auf jeden Fall zulässig, wenn er selbst Adressat eines Verwaltungsaktes ist bzw. die Verletzung eigener subjektiver Rechte geltend macht, z.B. die Beeinträchtigung seines Eigentums (Verbandsverletztenklage) oder die Nicht-Beachtung seiner prozeduralen Rechtspositionen (Partizipationserzwingungsklage).

Im Gegensatz zur klassischen Eingriffsverwaltung erzeugt aber die moderne Exekutive durch ihre Aktivitäten großenteils keine Einzelbetroffenheit, sondern Gruppenbetroffenheit[777]. Der Bereich des Umweltschutzes stellt einen charakteristischen Fall, wo es typischerweise an rechtsbetroffenen Personen fehlt. Nichtsdestoweniger besteht in solchen Fällen ein Interesse an objektiver Rechtskontrolle durch die Gerichte.

Dies hat zum Phänomen des Erwerbs von „Sperrgrundstücken" geführt: Verbände, die z.B. gegen eine Planung klagen wollten, haben Grundstücke im Planungsbereich erworben und damit ein eigenes subjektiv-öffentliches Recht. Bisher hatte das BVerwG solche Klagen nicht anders behandelt als die Klagen anderer Eigentümer auch und sie als zulässig angesehen[778]. Nunmehr weist das Gericht die Klage als unzulässig ab, wenn sich aus den Umständen ergibt, dass der Erwerb des Grundstücks allein dem Ziel dient, gegen eine Planung vorzugehen[779]. Der Eigentümer kann sich nämlich auf sein Eigentum nicht berufen, denn dies sei rechtsmissbräuchlich[780].

---

773 BVerwGE 31, 263, 264; BVerfG, NVwZ 1994, 265.

774 Für Beispiele s. Kopp/Schenke VwGO, 13. Aufl., § 42, Rn. 138.

775 Die Vorschrift des § 1 Abs. 5 S. 1 BauGB erhebt die Gemeinden auch nicht zum gesamtverantwortlichen Wächter des Umweltschutzes gegenüber anderen Planungsträgern; vgl. BVerwG, NVwZ 1997, 169; NVwZ 2001, 1160; UPR 1998, 445.

776 Bejahend aber wohl Steinberg, Verwaltungsgerichtlicher Schutz der kommunalen Planungshoheit gegenüber höherstufigen Planungsentscheidungen, DVBl. 1982, 13 (19), soweit es um die Beeinträchtigung von Gesundheits- und Lebensinteressen der Bevölkerung geht.

777 Vgl. Wolf, Zur Entwicklung der Verbandsklage im Umweltrecht, ZUR 1994, 1.

778 BVerwGE 72, 15; NVwZ 1988, 364; Seelig/Gündling, Die Verbandsklage im Umweltrecht – Aktuelle Entwicklungen und Zukunftsperspektiven im Hinblick auf die Novelle des Bundesnaturschutzgesetzes und supranationale und internationale rechtliche Vorgaben, NVwZ 2002, 1033 (1039) unter Hinweis auf BT-Dr. 14/6378, S. 61.

779 BVerwG NVwZ 2001, 427.

780 Zu der Problematik s. Masing, Relativierung des Rechts durch Rücknahme verwal-

Die vorliegende Untersuchung konzentriert sich auf den Rechtsschutz der „Mitglieder der Öffentlichkeit" gegen eventuelle Umweltbelastungen. Hier sollen gerade keine reinen individuellen, sondern öffentliche (bzw. altruistische) Interessen verfolgt werden. Erst mit den gesetzlichen Regelungen über die „altruistische Verbandsklage" gibt es für diese Fälle in Deutschland eine Klagemöglichkeit.

Als Verbandsklage wird die Klage einer juristischen Person (Verband[781]) zur Geltendmachung von Rechten nicht des Verbandes selbst, sondern der Verbandsangehörigen (egoistische Verbandsklage) oder von Belangen der Allgemeinheit (altruistische Verbandsklage), bezeichnet[782]. Sie betrifft vor allem die Geltendmachung und Durchsetzung von Interessen, deren Wahrnehmung der Verband sich selbst zur Aufgabe gestellt hat. Hierbei kann es sich um Mitgliederinteressen oder um öffentliche Interessen handeln. Damit stellt die Verbandsklage eine Durchbrechung bzw. Erweiterung des Systems der Verletztenklage der deutschen VwGO dar[783], jedoch nicht in Richtung auf eine Popularklage, sondern im Hinblick auf die Verstärkung objektivrechtlicher Kontrolle[784].

Vereine oder Verbände können im Prinzip nur im eigenen Interesse, nicht im Interesse ihrer Mitglieder klagen. Die im Zivilprozessrecht anerkannte Möglichkeit einer gewillkürten Prozessstandschaft ist dem Verwaltungsprozessrecht unbekannt und wird von der Verwaltungsrechtsprechung auch abgelehnt[785]. Daher darf ein Verband nicht im eigenen Namen die Verletzung fremder Rechte geltend machen[786]. Die egoistische Verbandsklage ist insofern nicht unproblematisch[787] und spielt auch mittlerweile kaum noch eine Rolle.

---

tungsgerichtlicher Kontrolle – Eine Kritik anlässlich der Rechtsprechungsänderung zu den „Sperrgrundstücken", NVwZ 2002, 810; vgl. Clausing, Aktuelles Verwaltungsprozessrecht, JuS 2001, 998 (1000f.): Ein Rechtmissbrauch kann nicht für die Klagebefugnis, sondern nur unter dem Aspekt des Rechtsschutzbedürfnisses maßgeblich sein.

781 Der Begriff ist unscharf und darunter sollen möglichst viele Personenvereinigungen erfasst werden. In Betracht kommen auch die berufsständigen Körperschaften des öffentlichen Rechts; s. Skouris, Über die Verbandsklage im Verwaltungsprozessrecht, JuS 1982, 100 (101).

782 Bizer/Ormond,/Riedel, Die Verbandsklage im Naturschutzrecht, 22; Hufen, Verwaltungsprozessrecht, 299; Schenke, Verwaltungsprozessrecht, 176; Wolf, Zur Entwicklung der Verbandsklage im Umweltrecht, ZUR 1994, 1.

783 Hufen, Verwaltungsprozessrecht, 285.

784 Wolf, Zur Entwicklung der Verbandsklage im Umweltrecht, ZUR 1994, 1 (4).

785 BGHZ 96, 151, 152f; BVerwGE 54, 211 (219 ff.).

786 Das gilt nicht nur für juristische Personen des Privatrechts, sondern auch für juristische Personen des öffentlichen Rechts. Eine Gemeinde kann daher nicht die Verletzung von Rechten ihrer Einwohner rügen (BVerwG, DÖV 2001, 692; vgl. Schenke, Verwaltungsprozessrecht, 176).

787 Bizer/Ormond,/Riedel, Die Verbandsklage im Naturschutzrecht, 22; ausführlich zur egoistischen Verbandsklage s. Skouris, Über die Verbandsklage im Verwaltungsprozessrecht, JuS 1982, 100 (101f.).

Anders als in den Fällen der egoistischen Verbandsklage klagt das Kollektiv bei der altruistischen Verbandsklage nicht Rechte bzw. Interessen seiner Mitglieder ein, sondern macht sich zum Sprecher der Allgemeinheit und verfolgt öffentliche Interessen, wie z.B. Umweltschutz, Erhaltung kultureller Werte usw. Der Prozesserfolg kommt freilich auch den Verbandsangehörigen zugute. Der Verband macht aber keine subjektive Rechte seiner Mitglieder geltend, sondern greift Verwaltungsmaßnahmen wegen objektiver Rechtswidrigkeit an. Die altruistische Verbandsklage ist auch grundsätzlich unzulässig, da es an einer Verletzung subjektiver Rechte des Verbandes im Sinne des § 42 Abs. 2 VwGO fehlt[788]. Etwas anderes gilt jedoch, wenn ein Verband gesetzlich ermächtigt ist, die Verletzung anderer Interessen als eigene subjektive rechtlich geschützte Interessen auf dem Klageweg überprüfen zu lassen [789]. In der folgenden Darstellung geht es im Wesentlichen um diesen Typus der Verbandsklage und daher wird mit „Verbands-“ bzw. „Vereinsklage“ die altruistische Verbandsklage gemeint.

Art. 19 Abs. 4 GG garantiert einen umfassenden Individualrechtsschutz. Der Justizgewährleistungsanspruch subjektiver öffentlicher Rechte stellt eine Grundsatznorm für die gesamte deutsche Rechtsordnung dar[790]. Der Individualrechtsschutz wird allerdings im Sinne einer Mindestgarantie vom Grundgesetz verlangt: andere Formen gerichtlicher Kontrolle sind nicht ausgeschlossen[791]. Der verwaltungsprozessuale Anknüpfungspunkt für die Einführung von Verbandsklagen ist der 1. Hs. in § 42 Abs. 2 VwGO. Die vorgesehene anderweitige Gesetzesbestimmung kann sowohl ein Bundesgesetz wie auch ein Landesgesetz sein, in dem auf das Erfordernis der eigenen Rechtsverletzung des Klägers für die Klageerhebung verzichtet wird[792]. Eine entsprechende Regelung erweitert demzufolge nicht den Kreis von subjektiven Rechten[793].

Eine Ermächtigung durch privatrechtliche Satzung des Verbandes, Mitgliederinteressen bzw. öffentliche Interessen auch auf dem Verwaltungsrechtsweg zu wahren, ist allerdings – anders als in Griechenland – nicht möglich[794], und auch nicht über Art. 9 Abs. 1 GG zu rechtfertigen[795].

---

788 Skouris, Über die Verbandsklage im Verwaltungsprozessrecht, JuS 1982, 100 (106).

789 Vgl. § 61 Abs. 1 BNatSchG „ohne in seinen Rechten verletzt zu sein“.

790 BVerfGE 58, 1, 40.

791 BVerwGE 78, 347, 348; E 87, 62, 72; vgl. Art. 93 Abs. 1 Nr. 2 GG: objektivrechtliche Kontrolldimensionen sind dem deutschen Staatsrecht nicht fremd; zum verfassungsrechtlichen Status der Verbandsklage s. Wolf, Zur Entwicklung der Verbandsklage im Umweltrecht, ZUR 1994, 1 (2 ff.).

792 BVerwGE 35, 173, 174; E 37, 48, 50; E 38, 51; E 78, 347. Bedenken in der Literatur haben sich nicht durchgesetzt, vgl. Osterloh, Subsidiäre Verbandsklage nach Landesrecht, JuS 1989, 67 m.w.N.

793 Wolf, Zur Entwicklung der Verbandsklage im Umweltrecht, ZUR 1994, 1 (5).

794 BVerwGE 54, 221; BVerwG, DVBl. 1980, 1010; Schenke, Verwaltungsprozessrecht, 176.

795 BVerfG, NVwZ 2001, 1148, 1149.

Verbandsklagen gibt es bereits seit längerem in mehreren Rechtsgebieten. Durch einfachgesetzliche Regelungen werden mitunter Verbände (Vereine) ermächtigt, Rechte zum Schutz der Allgemeinheit oder des Einzelnen wahrzunehmen und gerichtlich durchzusetzen[796]. Gemäß § 8 Abs. 4, § 12, 16 Abs. 3 HandwO steht der Industrie- und Handelskammer bei Streitigkeiten im Zusammenhang mit der Handwerksrolle der Verwaltungsrechtsweg offen. Im Wettbewerbsrecht können Verbraucherverbände gemäß § 8 Abs. 3 UWG[797] zur Förderung gewerblicher Interessen oder zur Wahrnehmung von Verbraucherinteressen Klage wegen unlauteren Wettbewerbs erheben[798]. Weitere Verbandsklagen sind gem. § 33 Abs. 2 GWB n.F. (2004)[799] und § 13 AGBG[800] zulässig.

Im Umweltrecht ist die Verbandsklage im Naturschutzrecht seit 30 Jahren ein Streitgegenstand und im Blickpunkt umweltpolitischer Kontroversen[801]. Heute ist die „Vereinsklage" (bislang: Verbandsklage) in den §§ 58 bis 61 BNatSchG und in den meisten Landesnaturschutzgesetzen[802] (außer Bayern und Baden-Württemberg) geregelt[803] und wird im dritten Teil der vorliegenden Untersuchung ausführlich dargestellt.

---

796 Vgl. Bizer/Ormond,/Riedel, Die Verbandsklage im Naturschutzrecht, 23f.

797 Vgl. § 13 Abs. 2 Nr. 2 a.F. Das neue UWG ist am 8.7.2004 nach der Verkündung im Bundesgesetzblatt ohne Übergangsregelungen in Kraft getreten. Dieses Gesetz dient der Umsetzung der Richtlinie 97/55/EG des Europäischen Parlaments und des Rates vom 6.10.1997 zur Änderung der Richtlinie 84/450/EWG über irreführende Werbung zwecks Einbeziehung der vergleichenden Werbung (ABl. EG Nr. L 290 S. 18) sowie Art. 13 der Richtlinie 2002/58/EG des Europäischen Parlaments und des Rates vom 12.7.2002 über die Verarbeitung personenbezogener Daten und den Schutz der Privatsphäre in der elektronischen Kommunikation (ABl. EG Nr. L 201 S. 37).

798 Verbandsklagen waren auch gem. § 12 Abs. 1 RabattG, § 2 Abs. 1 S. 1 ZugabeVO zulässig. Seit 25.7.2001 sind diese Gesetze außer Kraft. Die allgemeinen Regeln des Wettbewerbsrechts sorgen dafür, dass Irreführungen und sonstigem Missbrauch bei der Rabattgewährung begegnet werden kann. Zusätzlicher Regelungen zum Schutze des Verbrauchers bedarf es daher nicht.

799 Vgl. § 35 Abs. 2 a.F.

800 Dazu Micklitz, in MuekoBGB, Bd. I, AGB-Gesetz, § 13, Rn. 1 ff. (98 ff.)

801 Vgl. z.B. Rehbinder/Burgacher/Knieper, Bürgerklage im Umweltrecht, 11 ff.; Skouris, Über die Verbandsklage im Verwaltungsprozessrecht, JuS 1982, 100 (101 m.w.N.). In mehreren EU-Ländern wurde die Verbandsklage im Umweltrecht schon in den 70er und insbesondere den 80er Jahren des 20. Jh. durch Spezialregelungen eingeführt worden. S. dazu die rechtsvergleichende Studie von Bothe/Gündlich, Neuere Tendenzen des Umweltrechts im internationalen Vergleich, 197 ff.; Winkelmann, Die Verbandsklage im Umweltrecht im internationalen Vergleich, ZUR 1994, 12.

802 Zur Kompetenz der Bundesländer zur Einführung der Verbandsklage im Rahmen ihrer Naturschutzgesetze s. Wolf, Zur Entwicklung der Verbandsklage im Umweltrecht, ZUR 1994, 1 (5).

803 Zur Ausgestaltung und Reichweite der Verbandsklage im Naturschutzrecht der Länder s. Wolf, Zur Entwicklung der Verbandsklage im Umweltrecht, ZUR 1994, 1 (6 ff.).

Von Gegnern der Verbandsklage wird der Vorwurf gemacht, dass die Verbände durch Klageerhebungen das Verwaltungsverfahren blockieren[804]. Die bisherigen Erfahrungen in den Ländern belegen aber, dass die Vereine von ihrem Klagerecht sparsam Gebrauch gemacht haben[805]. Zwischen der Überlastung der Verwaltungsgerichte und der Verbandsklage wurde keine Verbindung gesehen. Die befürchtete Klageflut und die damit einhergehende Verzögerung in der verwaltungsrechtlichen Praxis haben sich also nicht bestätigt[806].

2.3 Anderweitige gesetzliche Bestimmungen

Die Klagebefugnis steht unter Vorbehalt einer anderweitigen gesetzlichen Bestimmung (§ 42 Abs. 2, 1. Halbsatz). Voraussetzung für die Freistellung ist also stets ein Gesetz. Als anderweitige gesetzliche Bestimmungen kommen formelle Gesetze (sowohl Bundes- als auch Landesgesetze) in Betracht[807]. Ein bereits vor Inkrafttreten der VwGO geltendes (Landes-)Gesetz reicht aus[808].

Die anderweitige gesetzliche Bestimmung kann die Einführung der gesetzlichen Prozessstandschaft (Verzicht auf die Geltendmachung *eigener* subjektiver öffentlicher Rechte) zum Gegenstand haben oder auch das Klagerecht von Behörden einführen. Darüber hinaus können durch Gesetz die Interessentenklage sowie auch der Verzicht auf die Geltendmachung subjektiver öffentlicher Rechte, bzw. auf jeglichen Individualbezug des Klägers zum strittigen Sachverhalt (Popularklage) eingeführt werden. Die Einführung der Verbandsklage oder

---

804 Vgl. z.B. die Änderung des § 61 BNatSchG n.F. im Gesetzgebungsverfahren (s. BT-Drs. 14/6378 S. 109 ff.), den Gesetzentwurf des Bundsrates zur Änderung des Bundesnaturschutzgesetzes unter <http://www.bundestag.de/bic/hib/2003/2003_077/03.html>; s. auch Bizer/Ormond/Riedel, Die Verbandsklage im Naturschutzrecht, 60 ff.

805 Zur Vereinsklage im Naturschutzrecht s. Neumeyer, Erfahrungen mit der Verbandsklage aus der Sicht der Verwaltungsgerichte, UPR 1987, 327; Schmidt/Zschiesche, Die Effizienz der naturschutzrechtlichen Verbands- oder Vereinsklage, NuR 2003, 16 (18 ff.); s. auch zu den Erfahrungen in den einzelnen Bundesländern Bizer/Ormond/Riedel, Die Verbandsklage im Naturschutzrecht, 60 ff. und 102 ff.

806 Vgl. Neumeyer, Erfahrungen mit der Verbandsklage aus der Sicht der Verwaltungsgerichte, UPR 1987, 327; Rehbinder, Wege zu einem wirksamen Naturschutz – Aufgaben, Ziele und Instrumente des Naturschutzes, NuR 2001, 361 (366); Wolf, Zur Entwicklung der Verbandsklage im Umweltrecht, ZUR 1994, 1 (2); zu den Erfahrungen mit der Verbandsklage im Ausland vgl. auch Winkelmann, Die Verbandsklage im Umweltrecht im internationalen Vergleich, ZUR 1994, 12.

807 BVerwGE 35, 173 (174); E 37, 47 (50 f.); BVerwG NVwZ 1988, 364. Die Klagebefugnis aufgrund Landesrechts erstreckt sich dabei zwar auf Verwaltungsakte, die in einem bundesrechtlich geregelten Verfahren ergehen (BVerwG NVwZ 1988, 527), nicht aber auf Verwaltungsakte, die von Bundesbehörden erlassen werden (BVerwG NVwZ 1993, 891 f.).

808 BVerwGE 35, 173 (174).

ähnlicher objektiver Kontrollverfahren ist aufgrund des Vorbehaltssatzes auch möglich[809].

3. Die aktive Prozessführungsbefugnis in Griechenland

Nach Art. 20 Gr. Verf. hat jeder bei jedweder Tätigkeit oder Maßnahme der Verwaltung zu Lasten seiner Rechte oder Interessen das Recht auf Rechtsschutz durch die Gerichte und kann vor diesen seine Rechte bzw. Interessen „nach Maßgabe des Gesetzes" geltend machen. Wie der Gesetzgeber das notwendige subjektive Verhältnis zwischen dem Kläger und dem Klagegegenstand feststellt, sei es als individuelles Recht oder als Interesse, liegt damit in seinem Ermessen. Die einfachgesetzliche Ausgestaltung der aktiven Prozessführungsbefugnis entscheidet aber auch darüber, wie eng der Zugang zu den Gerichten ist. Deshalb muss das Ermessen des Gesetzgebers bei der Gestaltung des Verfahrens seine Grenzen in den Verfassungsvorgaben finden.

Die aktive Prozessführungsbefugnis ist in Griechenland so anpassungsfähig ausgestaltet, dass sie sich in vielen Punkten einer Bürgerklage annähert. Eine völlige Freigabe der aktiven Prozessführungsbefugnis hat dennoch nicht stattgefunden. Ähnlich dem deutschen Recht hat die Rechtsprechung eine weitgefächerte und differenzierte Kasuistik geschaffen, die sich nicht uneingeschränkt systematisieren läßt.

3.1 Art. 47 des Staatsratsgesetzes – Das „έννομο συμφέρον"

Nach Art. 47 des Staatsratsgesetzes darf der Aufhebungsantrag von jeder natürlichen oder juristischen Person gestellt werden, die durch einen Verwaltungsakt betroffen ist, oder deren *„έννομα συμφέροντα"* (=legitime Interessen), auch immaterieller Art, durch ihn verletzt worden sind.

Das Vorliegen einer Verletzung *„εννόμων συμφερόντων"* wird damit vom Gesetz als Zulässigkeitsvoraussetzung des Aufhebungsantrags vorgesehen, d.h. der Aufhebungsantrag ist keine actio popularis[810]. Das *„έννομο συμφέρον"* umfasst in Griechenland die Probleme des § 42 II VwGO und des subjektiven öffentlichen Rechts. Bereits die Bezeichnung der Klagevoraussetzung macht aber deutlich, dass sie anderen Anforderungen unterliegt als die Klagebefugnis aus § 42 Abs. 2 VwGO. Da das *„έννομο συμφέρον"* als Begriff weiter gefasst ist,

---

809 Zu einzelnen Fällen einer anderweitigen gesetzlichen Bestimmung i.S. des § 42 Abs. 2, 1. Hs.: Wahl/Schütz, in: Schoch/Schmidt-Aßmann/Pietzner, VwGO Kommentar, Stand 2004, § 42 Abs. 2, Rn. 40 ff.

810 StE 319/1947.

kommt es insbesondere nicht darauf an, dass der Kläger eine Verletzung „individueller Rechte“ rügen kann[811]. Als Grundsatz läßt sich weiter feststellen, dass neben dem materiellen Interesse auch ein moralisches Interesse und neben dem individuellen Interesse auch ein „kollektives“ [812] Interesse unter das *„έννομο συμφέρον“* fallen[813]. Die verfahrensrechtliche Funktion des *„εννόμου συμφέροντος“* besteht darin, den Weg für den verwaltungsgerichtlichen Rechtsschutz frei zu machen. Sie entspricht daher der Klagebefugnis des deutschen Verwaltungsprozesses.

Im Folgenden wird den Fragen des *„εννόμου συμφέροντος“* nachgegangen, wie sie sich in der griechischen Rechtsordnung, Literatur und Rechtsprechung stellt, unter besonderer Berücksichtigung und in Vergleich mit der deutschen Rechtsordnung. Als erstes werden das *„έννομο συμφέρον“* definiert und seine Voraussetzungen analysiert.

3.2 Das „έννομο συμφέρον“ als Vorteil aus der begehrten Aufhebung

3.2.1 Allgemeine Voraussetzungen

Der Aufhebungsantrag ist, wie schon dargestellt, als Interessentenklage ausgestaltet. Das Vorliegen des *„εννόμου συμφέροντος“* dient dementsprechend dem Zweck, den Kreis der Kläger, die ein Interesse an der gerichtlichen Entscheidung einer Streitfrage haben und deren Klagen daher zulässig sein sollen, von dem Kreis der nicht-klage„interessierten“ Antragsteller abzugrenzen. Die Festlegung der Breite dieses Interesses ist nicht gesetzlich normiert, sondern Sache gerichtlicher Politik, wobei eine Wahl zwischen der Popularklage und der Gewährleistung gerichtlichen Rechtsschutzes ausschließlich denjenigen, der ihn wirklich benötigt, möglich ist. Die Erhaltung des Gleichgewichts zwischen der Wahrung der Rechtmäßigkeit, dem effektiven Schutz von individuellen Interessen und der Verhinderung von überflüssigen Prozessen, ist der Rechtsprechung anvertraut.

Ein *„έννομο συμφέρον“* liegt vor, wenn die begehrte Aufhebung des angegriffenen Verwaltungsaktes einen Vorteil für den Antragsteller darstellt, bzw. wenn ihm die Aufrechterhaltung der gegenwärtigen Rechtslage einen Nachteil verursacht[814]. Nachteil in diesem Sinne ist eine nicht unerhebliche Beeinträchtigung bzw. eine für den Antragsteller negative Veränderung seines Zustands. Die Zulässigkeit des Aufhebungsantrages wird infolgedessen allgemein durch das

---

811 Vgl. Bleckmann, Das schutzwürdige Interesse als Bedingung der Klagebefugnis am Beispiel des französischen Verwaltungsrechts, VerwArch 1958, 213 (214f.).

812 Vgl. „intérêt collectif“.

813 Vgl. Bleckmann, Das schutzwürdige Interesse als Bedingung der Klagebefugnis am Beispiel des französischen Verwaltungsrechts, VerwArch 1958, 213 (226 ff.).

814 Vgl. Spiliotopoulos, Verwaltungsrecht, 473 (auf Griechisch).

Gericht gewürdigt. Im Gegensatz zum deutschen Recht wird nicht die Zulässigkeit eines jeden Klagegrundes nachgeprüft, um festzustellen, ob die Nichteinhaltung einer bestimmten Norm den Aufhebungsantragsteller in seinen Rechten bzw. Interessen verletzt. Zu dem klagebegründenden Interesse gehört jeglicher Vorteil oder rechtlicher Nutzen, der sich aus jeder gewollten Aufhebung des Verwaltungsaktes ergibt.

Dieser Vorteil kennzeichnet den subjektiven Charakter des Aufhebungsantrages. Der Angriff eines Verwaltungsaktes durch jemanden, dem seine Aufhebung keinen Vorteil bringen würde, ist undenkbar[815]. Das Vorliegen eines *„εννόμου συμφέροντος"* setzt damit voraus, dass: (a) der angegriffene Verwaltungsakt dem Antragsteller Schaden zugefügt hat und (b) der Antragsteller diesen Schaden in einer bestimmten von der Rechtsordnung anerkannten Eigenschaft[816] erlitt. Diese zwei Voraussetzungen müssen kumulativ zutreffen: es reicht nicht, wenn der Antragsteller geltend macht, dass er durch den Verwaltungsakt geschädigt wurde, ohne sich gleichzeitig auf seine besondere Eigenschaft zu berufen. Das wäre bei einer Bürgerklage der Fall. Es fehlt also am *„έννομο συμφέρον"*, wenn der Antragsteller sich auf eine Eigenschaft beruft, die er willkürlich hat; z.B. hat ein Fahrer, der ohne die erforderliche Erlaubnis Transporte befördert, kein *„έννομο συμφέρον"* auf Aufhebung eines Verwaltungsaktes, der ihn in dieser Tätigkeit behindert[817]. Andererseits reicht es nicht, wenn der Antragsteller eine besondere Beziehung zum Verwaltungsakt beweisen kann, ohne sich aber gleichzeitig auf einen Schaden zu berufen. Der Schaden setzt weiter voraus, dass es sich um einen vollziehbaren bzw. vollstreckbaren Verwaltungsakt handelt, der Rechtswirkung hat und sich belastend für den Antragsteller auswirkt. Demzufolge können Nichtakte[818] kein *„έννομο συμφέρον"* auf ihre Aufhebung begründen[819].

3.2.2 Immaterielles „έννομο συμφέρον"

Es ist nicht erforderlich, dass das *„έννομο συμφέρον"* vermögensrechtlicher Natur ist, es kann auch immaterieller Art sein. Die erste vom deutschen

---

815 StE 4636/1984.

816 StE 4037/1979, 2311/1982, 2792/1984, 2638-40/1986, 2642/1986, 3591/1987, 3643/1987; auch **„erhöhtes Interesse"** genannt: StE 3608/1980, 3638/1980.

817 StE 628/1968.

818 Dazu s. Dagtoglou, Allgemeines Verwaltungsrecht, 293 (auf Griechisch).

819 Vgl. aber StE 206-209/1929, 365/1930, 2386/1970: Die Differenzierung zwischen Nichtakte (**ανυπόστατες διοικητικές πράξεις**/anipostates dioikitikes praxeis), nichtige Verwaltungsakte (**άκυρες διοικητικές πράξεις**/akires dioikitikes praxeis) und aufhebbare Verwaltungsakte (**ακυρώσιμες διοικητικές πράξεις**/akirosimes dioikitikes praxeis) ist in der Rechtsprechung des Staatsrates nicht immer klar. Der Staatsrat hat um der Rechtssicherheit willen sogar Aufhebungsanträge gegen Nichtakte zugelassen.

Recht abweichende Gruppe stellen also Tatbestände dar, in denen der Kläger ein immaterielles, ideelles Interesse an der Aufhebung hat[820]. Das ist von besonderer Bedeutung für die Begründung des *„εννόμου συμφέροντος“* von juristischen Personen und Personenvereinigungen. In der Tat spielt die Verbandsklage eine wichtige Rolle in der Entwicklung der Rechtsprechung des griechischen Staatsrates.

Der Staatsrat hat jedoch das immaterielle Interesse gelegentlich sehr weit ausgelegt. Er hat z.B. anerkannt, dass ein Rechtsanwalt wegen seiner Eigenschaft als solcher und aufgrund seiner Beschäftigung mit dem Strafrecht den Akt der Einstellung eines Gefängnisdirektors beim Justizministerium anfechten kann[821]. Diese Rechtsprechung[822] wurde allerdings später aufgegeben und die bloße Bürgereigenschaft desjenigen, der sich für die Erhaltung der Gesetze und die einwandfreie Verwaltung des öffentlichen Vermögens des Staates interessiert, gilt seither nicht mehr als ausreichend, um ein *„έννομο συμφέρον“* zu begründen[823].

3.2.3 Die Unterscheidung von Adressaten und Nicht-Adressaten

Das Vorliegen eines *„εννόμου συμφέροντος“* wird vom Gesetz selbst vermutet, wenn der Aufhebungsantrag von dem unmittelbar durch den angefochtenen Verwaltungsakt Betroffenen erhoben wird[824], d.h. von demjenigen, an den sich dieser namentlich oder als Träger einer bestimmten Eigenschaft richtet, z.B. als Eigentümer eines bestimmten Grundstückes.

In der Tat genügt schon dieser Umstand, um ein *„έννομο συμφέρον“* geltend zu machen. Das Gesetz erwähnt dies ausdrücklich nicht als eine Ausnahme vom Erfordernis des Vorliegens eines *„εννόμου συμφέροντος“*, sondern als einen Fall, in dem dessen Vorhandensein indiziert ist, solange sich nicht ergibt, dass im konkreten Fall kein *„έννομο συμφέρον“* besteht. Der Adressat muss sich aber nichtsdestoweniger auf einen Schaden berufen[825].

---

820 Art. 47 Abs. 1 des Staatsratsgesetzes; entsprechend StE 969/1938, 400/1946, 4/1949, 2260/1964, 1162/1967, 969/1984; vgl. intérêt moral: C.E. v. 8.2.1908, Abbé Deliard, S. 1908 III, 49; vgl. Bleckmann, Das schutzwürdige Interesse als Bedingung der Klagebefugnis am Beispiel des französischen Verwaltungsrechts, VerwArch 1958, 213 (227).

821 StE 44/1946.

822 Vgl. auch StE 2260/1964, 1162/1967, 969/1984.

823 StE 68/1954, 3606/1971, 3608/1980, 602 und 3104/1987; vgl. auch Dagtoglou, Verwaltungsprozessrecht, 405 (auf Griechisch).

824 Art. 47 Abs. 1 des Staatsratsgesetzes.

825 Die ältere Rechtsprechung (s. z.B. StE 994/1933, 936/1938, 380/1941, 1117/1953) betrachtete die zwei Voraussetzungen des *„εννόμου συμφέροντος“* als alternativ und nicht als kumulativ. Der Adressat könnte also den Verwaltungsakt angreifen dessen ungeachtet, ob er davon Schaden erlitt oder nicht. Diese Meinung wurde aber bald aufgegeben.

Derjenige hingegen, den der angegriffene Akt nicht betrifft, muss immer ein *„έννομο συμφέρον"* hinreichend plausibel geltend machen[826]. Das gilt zunächst einmal für die Fälle, in denen der angegriffene administrative Akt seine Adressaten entweder überhaupt nicht, wie vor allem bei Rechtsverordnungen – wie schon dargestellt können auch Rechtsverordnungen im Wege des Aufhebungsantrags angegriffen werden –, oder jedenfalls nicht individuell, wie bei Allgemein- oder Sammelverfügungen[827], bestimmt. In diesen Fällen muss der Antragsteller plausibel geltend machen, dass **seine** Interessen durch diesen Akt tangiert werden.

Die zweite Kategorie von Fällen, in denen die plausible Geltendmachung eines *„εννόμου συμφέροντος"* des Antragstellers erforderlich ist, betrifft Akte, die sich an eine andere Person als den Antragsteller richten. In diesem Fall muss zwischen belastenden und den Adressaten begünstigenden Akten unterschieden werden.

Bei belastenden Verwaltungsakten haben außer den Adressaten auch Dritte ein *„έννομο συμφέρον"* an deren Aufhebung, wenn sich die belastenden Rechtsfolgen des Verwaltungsaktes auf sie erstrecken, oder sie diese jedenfalls rechtlich zu tragen haben. Gegebenenfalls können den Adressaten begünstigende Akte belastende Auswirkungen für Dritte entfalten, deren Interessen bei objektiver Betrachtung in Gegensatz zu den Interessen des Adressaten stehen. Dritte müssen dann ein *„έννομο συμφέρον"* geltend machen, um gegen diese Akte unter Berufung auf deren objektive Rechtswidrigkeit gerichtlich vorgehen zu dürfen[828].

Diese Begriffe sind Anlass für eine umfangreiche Rechtsprechung des Staatsrates, die möglichst vielen Bürgern den Weg zum Gerichtsschutz zu ebnen versucht, um eine umfassende Prüfung der materiellen Grundlage des Antrages zu ermöglichen, ohne jedoch die gesetzlich ausgeschlossene Popularklage einzuführen. Gerade diese Rechtsprechung macht die vielfach angedeutete Entwicklung des Aufhebungsantrages von einem prozessrechtlichen Instrument zur Wiederherstellung der objektiven Rechtmäßigkeit der Verwaltung hin zu einem Mittel zum Schutze der individuellen Rechte und *„έννομα συμφέροντα"* des Bürgers deutlich[829].

Wenn der Antragsteller nicht der Adressat des angegriffenen Verwaltungsaktes ist, sondern ein Dritter, wird sein *„έννομο συμφέρον"* davon abhängig sein, dass die rechtlichen Folgen des Verwaltungsaktes und eine Änderung im bestimmten Umstand, in dem er sich befindet oder in einer Eigenschaft, auf die er sich beruft, in einem Kausalverhältnis zueinander stehen[830]. Ansonsten wird

---

826 Dagtoglou, Verwaltungsprozessrecht, 408 (auf Griechisch).
827 Dagtoglou, Allgemeines Verwaltungsrecht, 243f. (auf Griechisch).
828 Dagtoglou, Verwaltungsprozessrecht, 409f. (auf Griechisch).
829 Dagtoglou, Verwaltungsprozessrecht, 408 (auf Griechisch).
830 StE 2856/1985, 2858/1985, 86/1988.

der Aufhebungsantrag mangels eines *„εννόμου συμφέροντος“* als unzulässig abgewiesen[831].

Übertragen auf den Umweltschutzbereich bedeutet das, dass Klagen gegen die behördliche Genehmigung für ein umweltbelastendes Verhalten zumindest nicht am Mangel rechtlicher Betroffenheit scheitern können. Der Großteil der Drittklagen, das heißt Klagen von Personen, die nicht in die rechtlichen Beziehungen der durch die Gesetze vorstrukturierten Behördentätigkeit einbezogen sind, muss anhand anderer Kriterien behandelt werden als in Deutschland. Der individualbezogene Verwaltungsakt, der in Deutschland das formale Abgrenzungskriterium bildet, vollbringt in Griechenland keine vergleichbare Strukturierungsleistung.

3.3 Die Legitimität des Interesses

Ein *„συμφέρον“* (=Interesse) wird als *„έννομο“* (=legitim) anerkannt, wenn es nicht gegen das geltende objektive Recht (besonders das Strafrecht) verstößt und von diesem darüber hinaus als rechtsschutzwürdig und rechtsschutzbedürftig anerkannt wird[832].

3.3.1 Rechtmäßigkeit des Interesses

Grundsätzlich ist vom Bestehen der Rechtmäßigkeit des Interesses auszugehen. Einfache Bestreitung der Rechtmäßigkeit genügt nicht[833]. Es fehlt jedoch dann, wenn das geltend gemachte Interesse bzw. die bestimmte Eigenschaft oder Situation, worauf sich der Antragsteller beruft, vom Recht missbilligt wird[834]. Das ist z.B. der Fall einer Tätigkeit, die den Strafgesetzen zuwiderläuft: die Interessen des Drogenhändlers, die sich auf seine illegale Aktivität beziehen, sind natürlich nicht rechtmäßig. Wenn aber das Interesse, das geltend gemacht wird, nicht die vom Recht missgebilligte Eigenschaft betrifft, dann ist von seiner Rechtmäßigkeit auszugehen[835]. Auch der Drogenhändler wird von der Rechtsordnung geschützt, was z.B. seine Verfassungsrechte oder sonstigen rechtlich geschützten Interessen angeht.

An der Rechtmäßigkeit eines Interesses fehlt es darüber hinaus im Falle eines Rechtsmissbrauchs[836] und im Allgemeinen im Fall eines Verstoßes gegen

831 StE 2430-1/1982, 349/1986, 2275/1987, 2608-9/1987, 2700/1987, 3103-4/1987.

832 Dagtoglou, Verwaltungsprozessrecht, 397f.; Spiliotopoulos, Verwaltungsrecht, 473 (alles auf Griechisch).

833 Dagtoglou, Verwaltungsprozessrecht, 398 (auf Griechisch).

834 Dagtoglou, Verwaltungsprozessrecht, 397 (auf Griechisch).

835 Siouti, Das *„έννομο συμφέρον“* beim Aufhebungsantrag, 26f. (auf Griechisch).

836 Rechtsmissbrauch wird vom Art. 25 § 3 Gr. Verf. verboten; s. auch Art. 281 Gr. ZGB; vgl. Europäische Verfassung Art. II-114; vgl. Ehlers, in: Schoch/Schmidt-Aßmann/

den Grundsatz von „*καλή πίστη*“[837]. Seit Anbeginn der Zivilisation besteht das Bedürfnis nach Beachtung der „*καλής πίστης*“[838] im menschlichen Verhalten. Die lang geprägte Tradition des Grundsatzes und seine vielfältige Anwendung müssen hier nicht weiter erläutert werden. Die Ausgestaltung des Grundsatzes ist so vielschichtig, dass eine tatbestandsmäßige Beschreibung nicht möglich ist. Dementsprechend hat jeder, der am Rechtsleben teilnimmt, zu seinem Wort und Verhalten zu stehen und darf sich nicht ohne triftigen Grund in Widerspruch dazu setzen, was er früher vertreten hat und worauf andere vertraut haben. Der Grundsatz von „*καλή πίστη*“ ist in mehreren Stellen des griechischen ZGB gesetzlich festgeschrieben[839]. Im öffentlichen Recht lässt sich dieser Grundsatz nicht ohne weiteres anwenden[840]. Trotzdem hat er im gesamten Rechtsverkehr Gültigkeit, und darauf wird in der Rechtsordnung häufig Bezug genommen[841].

Fraglich ist also, ob das Interesse des Antragstellers als legitim anzuerkennen ist, wenn er selber gegen Vorschriften verstoßen hat, auf die er sich beruft, um die Aufhebung des angegriffenen Verwaltungsaktes zu erreichen. Solche Fälle kommen häufig im Baurecht vor. Die ältere Rechtsprechung ist der Meinung gefolgt, dass es sich in diesem Fall um einen Verstoß gegen den Grundsatz von „*καλή πίστη*“ handelt, und demzufolge hat der Antragsteller kein „*έννομο*

Pietzner, VwGO Kommentar, Stand 2003, Vorb. § 40, Rn. 74; Hufen, Verwaltungsprozessrecht, 427; Schenke, Verwaltungsprozessrecht, 590f.: Der Missbrauch des Klagerechts führt allerdings in Deutschland dazu, dass die gerichtliche Verfolgung **mangels Rechtsschutzbedürfnisses** unzulässig ist.

837 Vgl. StE 1517/1980, contra Minderheitsmeinung.

838 Griechisch: „καλή πίστη“ (kali pisti = „guter Glauben“), Latein: „bona fides“. Auf Deutsch wird aber unter „Guter Glauben“ nur das geschützte Vertrauen (bei einem Rechtsgeschäft) auf eine tatsächlich nicht bestehende Rechtslage verstanden. Ansonsten ist vom Grundsatz von **„Treu und Glauben“** (= das Verhalten eines redlich und anständig denkenden und handelnden Menschen) die Rede.

839 Art. 197, **200**, 207, **281**, 376, **388**, 1041, **1042**, 1061, 1100, 1101, 1102, 1103, 1874, 1875 Gr. ZGB: der Begriff ***„καλή πίστη“*** umfasst damit auf Griechisch sowohl den Grundsatz von „Treu und Glauben“, wie auch den Begriff des „Guten Glaubens“; vgl. zum einen §§ 157 und 242, zum anderen §§ 932 ff. des deutschen BGB; vgl. auch Art. 1134 des französischen Code Civil.

840 Dazu Dagtoglou, Allgemeines Verwaltungsrecht, 175f. (auf Griechisch).

841 Der Grundsatz von „*καλή πίστη*“ ist auch als Verfahrensgrundsatz anerkannt: s. Art. 42 Gr. VwGO; vgl. auch den **„Estoppel-Grundsatz“**, der vom griechischen Staatsrat angewendet wird: Estoppel setzt voraus, dass sich der Bürger im Vertrauen auf Zusicherungen oder konkludente Verhaltensweisen der Verwaltung zu rechtlich erheblichem Handeln verleiten ließ, das ihm zum Schaden gereichen würde, wenn die Verwaltung später einen gegenteiligen Standpunkt einnehmen dürfte. Die typische Rechtswirkung von Estoppel liegt darin, dass unter diesen Voraussetzungen die Verwaltung mit einer Behauptung nicht gehört werden kann, und zwar ganz abgesehen davon, ob im übrigen Anhaltspunkte für die Richtigkeit der Behauptung vorliegen oder nicht; s. Dagtoglou, Allgemeines Verwaltungsrecht, 175f. (auf Griechisch).

συμφέρον“, die Festhaltung von Normen zu verteidigen, wenn er sie selber nicht respektiert[842]. Die neuere Rechtsprechung vertritt jedoch die Gegenmeinung, dass nämlich in solchen Fällen das rechtswidrige Verhalten des Antragstellers für sein „*έννομο συμφέρον*“ ohne Belang ist[843].

Interessant ist in diesem Zusammenhang die Minderheitsmeinung[844] im Fall der Hochleitung in Kryoneri (bei Athen). Gegen die Anlagegenehmigung gingen die Gemeinde Kryoneri als auch Einwohner und Grundstückseigentümer vor. Der Staatsrat hat den Aufhebungsantrag zugelassen[845], obwohl manche der Antragsteller auf einem Gelände gebaut hatten, über das schon seit langem befunden wurde, dass es unbebaut bleiben sollte. Der Minderheitsmeinung nach sollte der Aufhebungsantrag als unzulässig abgewiesen werden, weil sowohl die Gemeinde, wie auch die Privatpersonen gegen den Grundsatz von „*καλή πίστη*“ verstoßen hatten: Die Gemeinde Kryoneri wusste schon lange von dem Anlagebau, und trotzdem hat sie das Gelände in das Städtebauplan aufgenommen; die Grundstückseigentümer wussten auch vom Bauvorhaben und haben nach Ansicht der Minderheit nur in der Absicht die Grundstücke bebauen lassen, den Anlagebau zu verhindern.

Die Rechtmäßigkeit des Interesses entfällt dann, wenn der angegriffene Verwaltungsakt auf Initiative eines Dritten erlassen wurde und sich begünstigend für den Antragsteller auswirkt [846], oder wenn der Antragsteller mit dem Aufhebungsantrag eigenem Tun zuwiderhandelt[847].

Schließlich gibt es Fälle, in denen die Antragstellung missbräuchlich ist. Wenn beispielsweise die vom Kläger begehrte Entscheidung nicht geeignet ist, seine rechtliche oder wirtschaftliche Stellung zu verbessern und ausschließlich den Zweck verfolgt, den Gegner bzw. Dritte zu schädigen oder das Gericht zu belästigen, kann die Rechtmäßigkeit des Interesses fehlen. Gerade hier muss aber jeder Einzelfall genau betrachtet werden, da es nur um seltene Ausnahmefälle geht[848].

---

842 Vgl. StE 2544/1988, contra Minderheitsmeinung.

843 StE 3936-7/1990, 2097/1991, 2351/1991, 1227/1993, 2187/1994, 3879/1994, 931/1995, 221/1996, 4059/1996, 4544/1996, 6070/1996.

844 Art. 93 § 3 Gr. Verf. (Fassung 2001): „Jede Gerichtsentscheidung ist auf den Einzelfall bezogen, sorgfältig zu begründen und in öffentlicher Sitzung zu verkünden. [...] **Die Minderheitsmeinung ist zu veröffentlichen.** [...]“; s. Art. 34 § 6 des Staatsratsgesetzes und Art. 189 § 2 Gr. VwGO.

845 StE 4503/1997; ähnlich StE 2586/1992.

846 Vgl. StE 474/1974: Der Grundstückseigentümer hat einen Verwaltungsakt angegriffen, der auf Antrag seines Miteigentümers erlassen worden ist und von dem er auch profitiert hat.

847 Verbot des „venire contra factum proprium“: s. StE 1059/1978; vgl. Hufen, Verwaltungsprozessrecht, 430: In Deutschland entfällt in diesem Fall wegen Missbrauchs das Rechtsschutzbedürfnis.

848 Vgl. „Schikaneverbot“ in Deutschland: VG Meiningen, 11.7.1995 – 2 K 556/94 –

3.3.2 Schutzwürdigkeit und Schutzbedürftigkeit des Interesses

Um ein *„έννομο συμφέρον"* geht es, wenn dieses vom objektiven Recht als schutzwürdig anerkannt ist. Bei einfachen Erwartungen von Begünstigungen wirtschaftlicher Art oder bei allgemeinem Interesse für Politik oder andere Themen des Soziallebens ist dies nicht der Fall[849]. Dagegen trifft ein *„έννομο συμφέρον"* immer auf die individuellen Rechte zu, die die Verfassung, das Gesetz oder ein verwaltungsrechtlicher Vertrag gewährt. Objektiv gilt nämlich der Grundsatz, dass die Rechtsordnung immer dann, wenn sie ein materielles Recht gewährt, in aller Regel auch dem das Interesse am Schutze dieses Rechts anerkennt, der sich als Inhaber dieses Rechts sieht[850]. Sogar der Rechtsreflex, d.h. die günstige Auswirkung von objektiven Rechtssätzen oder allgemeinen Verwaltungsvorschriften, die eine Verpflichtung der Verwaltung begründen, auf die subjektive Rechtsstellung eines Privaten, stellt sich als *„έννομο συμφέρον"* dar[851].

Das Interesse muss auch rechtsschutzbedürftig sein. Grundsätzlich ist von dem Bestehen des Rechtsschutzbedürfnisses auszugehen und dieses nur bei Vorliegen besonderer Umstände zu verneinen. Das trifft dann nicht zu, wenn: (a) die Streitpunkte nur von theoretischer Bedeutung sind[852] (b) der angegriffene Verwaltungsakt begünstigend für den Antragsteller ist[853] (c) er auf Antrag des Antragstellers erlassen wurde[854] (d) der Antragsteller für den Erlass des Verwaltungsaktes seine Einwilligung gegeben hat[855] (e) die Position des Antragstellers nicht verbessert, oder sogar verschlechtert werden kann[856] oder (f) wenn eine gerichtliche Entscheidung über die Klage offensichtlich nicht geeignet ist, den

---

NVwZ-RR 96, 720: Rückforderung einer Parkgebühr von 0,80 DM.

849 Dagtoglou, Verwaltungsprozessrecht, 398 (auf Griechisch).

850 Vgl. BVerwGE 81, 164, 165f.

851 Dagtoglou, Verwaltungsprozessrecht, 398; Karakostas, Umwelt und Recht, 460 (alles auf Griechisch); Efstratiou, in: Schwarze/ Schmidt-Aßmann (Hrsg.), Das Ausmaß der gerichtlichen Kontrolle, 111 ff. (128); ders., in: Starck (Hrsg.), Grundgesetz und deutsche Verfassungsrechtsprechung im Spiegel ausländischer Verfassungsentwicklung, Landesbericht Griechenland, 160 ff. (164).

852 Dagtoglou, Verwaltungsprozessrecht, 399; ders., Die gerichtliche Kontrolle der Verfassungsmäßigkeit von Gesetzen, NoB 1988, 721 (729) (alles auf Griechisch): Die Gerichte fertigen keine Gutachten an, sie entscheiden über Rechtsstreitigkeiten.

853 StE 474/1974.

854 StE 1275/1978, 694/1982; vgl. auch BVerwGE 54, 278

855 StE 2356/1964; s. auch StE 941/1969, 3808/1993: die Einwilligung soll freiwillig gewesen sein und vollständig, speziell und ausdrücklich bewiesen werden; s. auch Siouti, Das *„έννομο συμφέρον"* beim Aufhebungsantrag, 201 ff. (auf Griechisch); die Beteiligung des Antragstellers am Erlass des Verwaltungsaktes bedeutet nicht unbedingt seine Einwilligung, insbesondere wenn er sein Bedenken über die Gesetzmäßigkeit des Aktes geäußert hat.

856 StE 2866/1964, 210/1979.

Rechtsstreit zwischen den Parteien endgültig zu beenden. Das ist insbesondere der Fall, wenn der Rechtsbehelf in dem Sinne aussichtslos ist, dass er selbst bei Erfolg keinen Vorteil bringt, d.h. auch in dem Fall, dass ihm stattgegeben wird, das geltend gemachte Interesse nicht befriedigt werden kann[857], weil dieses aus rechtlichen oder tatsächlichen Gründen nicht erreichbar ist. Der Kläger kann also sein eigentliches Klageziel mit der begehrten gerichtlichen Entscheidung nicht erreichen[858]. Das darf allerdings nicht dazu führen, Verwaltungsklagen mit geringen Erfolgsaussichten schon sogleich für unzulässig zu erklären.

Im Übrigen liegen objektive Gründe[859] dafür vor, dass das *„έννομο συμφέρον"* fehlt, wenn der Gegenstand des angegriffenen Aktes oder der Unterlassung nicht mehr existiert[860]. Das *„έννομο συμφέρον"* ist ferner zu verneinen, wenn sich die Sache erledigt hat[861]. Das ist u.a. der Fall, wenn die Beschwer weggefallen ist, insbesondere nach Erledigung der Hauptsache oder wenn der Verwaltungsakt zwischenzeitlich wegen Widerrufs, Aufhebung oder Abschaffung nicht mehr gilt, es sei denn, der Antragsteller behauptet, ein „besonderes" *„έννομο συμφέρον"* an der Fortsetzung des Prozesses zu haben[862]. Das *„έννομο συμφέρον"* ist nicht mehr vorhanden, wenn die rechtliche Bindung zwischen dem Antragsteller und dem angegriffenen Akt unterbrochen ist[863] oder wenn der Antragsteller nicht mehr die Eigenschaft hat, in der er den Schaden erlitten hat[864].

In manchen Fällen vermutet das Gesetz, dass kein *„έννομο συμφέρον"* besteht, wenn der angegriffene Verwaltungsakt angenommen wurde, indem es bestimmt, dass „der Rechtsbehelf im Fall der Annahme unzulässig ist"[865]. Die Annahme des Verwaltungsaktes führt also zum Ausschluss des *„εννόμου συμφέροντος"* auf seine Aufhebung[866]; sie muss sich aber deutlich, durch ausdrückliche

---

857 StE 1137/1961, 532/1964, 277/1983, 2633/1983, 376/1986, 994/1987.

858 Das Gleiche wird auch von der deutschen Rechtsprechung und Lehre akzeptiert: Das Rechtsschutzbedürfnis ist wegen **Nutzlosigkeit** des Rechtsschutzes zu verneinen; vgl. Ehlers, in: Schoch/Schmidt-Aßmann/Pietzner, VwGO Kommentar, Stand 2003, Vorb. § 40, Rn. 94 ff.; Hufen, Verwaltungsprozessrecht, 428f.

859 Ausführlich dazu s. Siouti, Das *„έννομο συμφέρον"* beim Aufhebungsantrag, 218 – 252 (auf Griechisch).

860 StE 1137/1966, 1873/1993.

861 Vgl. Ehlers, in: Schoch/Schmidt-Aßmann/Pietzner, VwGO Kommentar, Stand 2003, Vorb. § 40, Rn. 94.

862 StE 3801/1978; 4268/1996; 945/1999; 1941, 3479-80/2000; im Fall aber eines Verwaltungsaktes, der für bestimmte Zeit in Kraft getreten war, ist nach Ablauf dieser Zeit ein *„έννομο συμφέρον"* nicht mehr vorhanden: s. StE 2599/1998, 397/2000.

863 StE 2473/1970.

864 StE 280/1996.

865 Art. 29 S. 1 des Staatsratsgesetzes, Art. 4 Abs. 1 G. 702/1977 und Art. 20 Abs. 3 PVO 341/78, die insofern einen Rechtsgrundsatz zum Ausdruck bringen, den die Rechtsprechung des Staatsrates schon seit der Entscheidung 99/1931 entwickelt hat.

866 S. dazu Siouti, Das *„έννομο συμφέρον"* beim Aufhebungsantrag, 206 (auf Griechisch).

Erklärung oder konkludent, ergeben[867]. Der Verwaltungsakt muss also deutlich und ohne Vorbehalt angenommen worden sein[868]. Die Annahme darf nicht als Folge von rechtlicher Pflicht[869], finanzieller Not[870], rechtswidriger Gewalt oder Bedrohung[871] eingetreten sein oder weil ihre Verweigerung negative Folgen für den Antragsteller mit sich bringen würde[872].

Im oben erwähnten Fall der Hochleitung in Kryoneri (bei Athen) hat der Staatsrat das *„έννομο συμφέρον"* der Privatpersonen anerkannt und den Aufhebungsantrag zugelassen[873], obwohl manche von diesen auf ein Gelände gebaut hatten, für das empfohlen worden war, dass es unbebaut bleiben sollte. Der Staatsrat hat festgestellt, dass sich aus der Bebauung keine Annahme des angegriffenen Verwaltungsaktes ergibt, weil das Recht der Einwohner, ihre Gesundheit zu schützen, unverzichtbar ist.

Das *„έννομο συμφέρον"* umfasst damit auch den deutschen verwaltungsprozessrechtlichen Prüfungspunkt des allgemeinen Rechtsschutzbedürfnisses[874], welcher der Vermeidung von überflüssiger bzw. missbräuchlicher Inanspruchnahme des Gerichts dient[875]. Unter dem Rechtsschutzbedürfnis ist das Interesse eines Rechtsschutzsuchenden zu verstehen, zur Erreichung des begehrten Rechtsschutzes ein Gericht in Anspruch nehmen zu dürfen. Dieser Gesichtspunkt wird in Deutschland durch die einzelnen Zulässigkeitsanforderungen (Klagebefugnis, Beteiligungsfähigkeit, Feststellungsinteresse oder klageartabhängige

867 StE 1341/1966, 2612/1982, StE 432/1983, 3547/1987, 3600/1996.

868 StE 480/1970, 1745/1977.

869 StE 4528/1976, 4071/1990.

870 StE 2407/1970.

871 StE 2013/1959.

872 StE 1568/1960.

873 StE 4503/1997.

874 Vgl. BGH NJW-RR 1989, 263 (264); ausführlich dazu und zur Abgrenzung zu anderen Rechtsinstituten s. Ehlers, in: Schoch/Schmidt-Aßmann/Pietzner, VwGO Kommentar, Stand 2003, Vorb. § 40, Rn. 74 ff.; Schenke, Verwaltungsprozessrecht, 187 ff.; Sodan, in Sodan/Ziekow, VwGO, Stand 2003, § 42, Rn. 327 ff.

875 Die deutsche VwGO verwendet den Terminus „Rechtsschutzbedürfnis" oder „Rechtsschutzinteresse" nicht. Nur in § 43 Abs. 1 und § 113 Abs. 1 S. 4 wird ein **„berechtigtes Interesse"** des Klägers verlangt; trotzdem wird generell akzeptiert, dass ein Rechtsschutzbedürfnis für jeden Antrag auf gerichtlichen Rechtsschutz erforderlich ist; vgl. BVerwGE 81, 164 (165) = NVwZ 1989, 673; Das BVerfG spricht von einem **allgemeinen Prinzip**, wonach jede an einen Antrag gebundene gerichtliche Entscheidung ein Rechtsschutzbedürfnis voraussetzt: BVerfGE 61, 126 (135) = NJW 1983, 559; vgl. Hufen Verwaltungsprozessrecht, 423f.; Dies gilt nicht nur für Klagen, Anträge nach den § 80 Abs. 5, § 80a Abs. 3 und § 123 sowie für Rechtsmittel, sondern auch für das objektive Kontrollverfahren nach § 47. So reicht allein das Vorliegen eines Nachteils i.S.d. § 47 Abs. 2 S. 1 für die Stellung eines Normenkontrollantrages einer natürlichen oder juristischen Person nicht aus. Selbst eine Behörde kann nur einen Normenkontrollantrag stellen, wenn ihr ein Rechtsschutzbedürfnis zur Seite steht.

Formen des Rechtsschutzes) bereits sehr weitgehend „abgefragt". Das allgemeine Rechtsschutzbedürfnis übernimmt insofern nur noch die Funktion einer Auffangstation[876] und ist von der Klagebefugnis zu unterscheiden[877]. Bei der Klagebefugnis kommt es ausschließlich auf die generelle Möglichkeit einer Rechtsverletzung der Rechte des Klägers an, und es wird nicht etwa der Anspruch auf gerichtliche Klärung bzw. das Verhältnis zu anderen Möglichkeiten der Konfliktlösung angesichts der besonderen Umstände des Falles geprüft[878].

3.3.3 Weitere Voraussetzungen

Das Interesse auf die Aufhebung eines Verwaltungsaktes wird von der Rechtsordnung als *„έννομο συμφέρον"* und damit als rechtsschutzwürdig und rechtsschutzbedürftig anerkannt, wenn es persönlich, unmittelbar und gegenwärtig ist[879].

3.3.3.1 „Persönliches" Interesse

3.3.3.1.1 Die Einteilung in öffentliche und private Interessen

Als *„έννομο συμφέρον"* kann jedes Interesse in Frage kommen, das vom objektiven Recht als schutzwürdig anerkannt ist und durch die Rechtsordnung geschützt ist. Die griechische Verfassung zeichnet sich dadurch besonders aus, dass sie in ihrem zweiten Teil (Art. 4 – 25 Gr. Verf.: „Individuelle und Soziale

---

876 Ehlers, in: Schoch/Schmidt-Aßmann/Pietzner, VwGO Kommentar, Stand 2003, Vorb. § 40, Rn. 77; Hufen Verwaltungsprozessrecht, 427.

877 Das allgemeine Rechtsschutzbedürfnis fehlt in der Regel für vorbeugende Unterlassungs- und Feststellungsklagen des Bürgers gegen die Verwaltung, in denen es dem Bürger zumutbar ist, zunächst die Entscheidung der Verwaltung abzuwarten. Es fehlt in der Regel auch bei Anfechtungs-, Leistungs- und Verpflichtungsklagen, wenn die Hauptsache sich erledigt hat und die Klage dadurch gegenstandslos wird, der Kläger aber, obwohl dies offensichtlich ist gleichwohl seine Klage in vollem Umfang aufrechterhält und nicht auf einen Antrag auf Feststellung übergeht. Es fehlt in der Regel auch bei Verpflichtungsklagen, wenn die Behörde einem Antrag in vollem Umfang stattgegeben hat. Das Rechtsschutzbedürfnis für den Normenkontrollantrag nach § 47 VwGO fehlt, wenn der Antragsteller seine Rechtsstellung nicht verbessern kann.

878 Vgl. Ehlers, in: Schoch/Schmidt-Aßmann/Pietzner, VwGO Kommentar, Stand 2003, Vorb. § 40, Rn. 77; Hufen Verwaltungsprozessrecht, 427; Kopp/Schenke VwGO, 13. Aufl., § 42, 178.

879 Dagtoglou, Verwaltungsprozessrecht, 401 ff. (auf Griechisch). vgl. **persönlich** StE 1944/1972, 2097/1978, 470/1982; **unmittelbar** StE 813/1932, 310/1978, 823/1980; vgl. in Frankreich die Voraussetzungen für die Klagemöglichkeit der Verbände: Löden, Zur Klagebefugnis von Natur- und Umweltschutzverbänden nach französischem Recht, DVBl. 1978, 676 (677).

Rechte") einen ausführlichen Katalog sozialer Verfassungsrechte aufgestellt hat[880], die zahlreiche „öffentliche Interessen" begründen. Art. 25 § 1 Gr. Verf. obliegt allen Staatsorganen, die ungehinderte und effektive Ausübung der Rechte des Menschen als Person und Mitglied der Gesellschaft sicherzustellen. Interpretiert man die Rechtsschutzgarantie des Art. 20 im Lichte der Pflicht des Staates, diese Interessen zu verwirklichen (Art. 25 § 1), so folgt daraus das Recht des Einzelnen oder der Gruppe, diese auch einzuklagen. Die öffentlichen Interessen erhalten hierdurch eine materiellrechtliche Bedeutung: aufgrund einer Verletzung solcher Interessen kann der Staatsrat eine Verwaltungsmaßnahme aufheben. Der Rechtsreflex kann folglich ein *„έννομο συμφέρον"* begründen[881]. Das heißt, dass auch solche Bestimmungen ein *„έννομο συμφέρον"* begründen, die ausschließlich im allgemeinen Interesse erlassen worden sind, wenn durch dessen Befriedigung das Interesse aller Bürger und damit auch das jedes Einzelnen geschützt wird. Hierunter fallen demnach alle individuellen und sozialen Interessen, die von der Rechtsordnung nur indirekt über den Schutz des allgemeinen Interesses durch Normen geschützt werden. Die Norm muss daher eine Schutzwirkung haben, die in irgendeiner Form individualisierbar ist. Der Aufhebungsantragsteller muss sich infolgedessen nicht darauf beschränken, ein rein privates Interesse geltend zu machen. Er kann auch öffentliche Interessen geltend machen. Man könnte sogar einen Schritt weitergehen und danach fragen, ob die Einteilung in öffentliche und private Interessen aus der Sicht eines Aufhebungsantrags überhaupt angebracht ist.

Das Ziel des Gesetzgebers und der Ordnungszusammenhang einer Norm in einem Verfahren, in dem wie in Griechenland grundsätzlich die Übereinstimmung mit den gesetzlichen Vorschriften überprüft wird, scheinen eine ziemlich untergeordnete Rolle zu spielen[882]. Wenn jedoch das Argument, der Kläger könne sich nicht auf öffentliche Interessen berufen, keine Bedeutung hat, stellt sich die Frage, nach welchen Kriterien der Staatsrat die aktive Prozessführungsbefugnis verneint.

Im Mittelpunkt der Untersuchung der Interessen steht in Griechenland nicht – wie in Deutschland – die Frage, ob ein Interesse rechtlich geschützt, bzw. ob ein Recht „subjektiv" ist, sondern vielmehr, ob der konkrete Antragsteller dieses Interesse auch innehat, d.h. ob das geltend gemachte *„έννομο συμφέρον"* persönlich ist.

---

880 Dazu Dagtoglou, Individuelle Rechte, Bd. A, 56f. (auf Griechisch).

881 Dagtoglou, Verwaltungsprozessrecht, 398; Karakostas, Umwelt und Recht, 460; (alles auf Griechisch); Efstratiou, in: Schwarze/ Schmidt-Aßmann (Hrsg.), Das Ausmaß der gerichtlichen Kontrolle, 111 ff. (128); ders., in: Starck (Hrsg.), Grundgesetz und deutsche Verfassungsrechtsprechung im Spiegel ausländischer Verfassungsentwicklung, Landesbericht Griechenland, 160 ff. (164).

882 Vgl. Art. 95 § 1 Buchstabe α Gr. Verf. und Art. 48 Nr. 3 des Staatsratsgesetzes: Aufhebungsgrund ist der Verstoß gegen materielles Gesetz.

3.3.3.1.2 Natürliche Personen

Persönlich bzw. individuell ist das Interesse, das dem Antragsteller aus einer besonderen Rechtsbeziehung erwächst, die ihn aus der Allgemeinheit heraushebt[883]. Eine restlos befriedigende Formel dafür, wann ein persönliches Interesse gegeben ist, gibt es nicht. Die Eigenschaft als Bürger, Steuerzahler, Autofahrer usw. genügt jedenfalls nicht für die Aufhebung einer rechtswidrigen Verwaltungshandlung[884]. Der Antragsteller muss eine eigene Belastung durch den Verwaltungsakt geltend machen.

Andererseits muss das Interesse nicht unbedingt nur auf Seiten des Antragstellers liegen. Es reicht aus, wenn das geltend gemachte Interesse einem bestimmten Kreis von Personen gemeinsam ist, zu dem der Antragsteller gehört, wenn diese durch geographische, wirtschaftliche oder kulturelle Gemeinsamkeiten miteinander verbunden sind, wie z.B. die Personen, die in einer Stadt wohnen oder einem Verein angehören[885]. Der persönliche Charakter des *„εννόμου συμφέροντος"* dient dazu, den „Interessenten" vom „quivis ex populo" abzugrenzen. Damit wird vermieden, dass sich der Aufhebungsantrag in eine Popularklage umwandelt[886]. Zwar gestaltet sich die gerichtliche Aufhebungskontrolle als objektive Rechtmäßigkeitskontrolle ohne Begrenzung auf individuelle Rechte, aber weiterhin nur im individuellen Interesse: ohne die Behauptung einer persönlichen Nachteilszufügung durch das rechtswidrige Verhalten bleibt der Rechtsschutz versperrt.

---

883 Vgl. StE 1972/1970, 3606/1971, 1944/1972, 2097 und 3942/1978, 4037/1979, 1517 und 3608/1980, 470 und 3702/1982, 602 und 3104/1987, 2567/1991, 2305/1995, 2998/1998.

884 Im Gegensatz dazu reicht in Frankreich die Zugehörigkeit zu einer Gruppe, wie z.B. Wahlkörper, Steuerzähler, Schüler oder Benutzer einer kommunalen bzw. nationalen Einrichtung aus, um gegen eine Entscheidung vorzugehen, die den Kläger nur als Mitglied einer derartigen Gruppe trifft. So soll z.B. die Steuerpflicht als solche bei kommunalen und Departementsabgaben ein Interesse rechtfertigen, gegen Steuerbescheide dieser Gebietskörperschaften vorzugehen (s. C.E. v. 29.3.1901, Casanova, G.A. Nr. 8; C.E. v. 13.2.1930, Dufour, Rec. 176); vgl. Bleckmann, Das schutzwürdige Interesse als Bedingung der Klagebefugnis am Beispiel des französischen Verwaltungsrechts, VerwArch 1958, 213 (219f.); Woehrling, Die französische Verwaltungsgerichtsbarkeit im Vergleich mit der deutschen, NVwZ 1985, 21 (23).

885 Die Theorie des Interessenkreises („cercle d' intérêts") wurde aus Frankreich eingeführt; s. Dagtoglou, Verwaltungsprozessrecht, 401 (auf Griechisch); s. auch Beispiele aus der Rechtsprechung des Staatsrates unten unter „Die ökologische Nachbarschaft".

886 StE 3608/1980, 602 und 3104/1987.

3.3.3.1.3 Juristische Personen des privaten Rechts

Die zweite Besonderheit des griechischen Rechts gegenüber dem deutschen Recht stellen die Fälle des kollektiven Interesses dar. Das Problem der Verbandsklage stellt sich nach griechischem und deutschem Recht unterschiedlich. Während in Deutschland die rechtgrundsätzliche Frage einer Durchbrechung des in § 42 Abs. 2 VwGO verankerten Individualrechtsschutzprinzips zu beantworten ist, sind in Griechenland die Grenzen der Klagemöglichkeiten der juristischen Personen aus dem Rechtsgedanken des *„εννόμου συμφέροντος"* entwickelt worden. Persönlich, oder besser gesagt „eigen", kann nämlich auch das Interesse einer juristischen Person sein. Art. 47 Abs. 1 und 2 des Staatsratsgesetzes beziehen sich ausdrücklich auf die juristischen Personen[887].

Juristische Personen erhalten auf diesem Weg die Möglichkeit der egoistischen Verbandsklage: Das Kriterium dafür ist der Bezug zum Schaden. Vereinigungen und Verbände können grundsätzlich gegen Entscheidungen vorgehen, die ihre „eigenen" Interessen verletzen – der Verband kann geltend machen, durch die angegriffene Regelung in seinem Bestand, seinem Vermögen oder seiner satzungsgemäßen Organisation beeinträchtigt zu sein – aber auch gegen Entscheidungen, welche die Interessen der Gesamtheit oder jedenfalls einer großen Zahl ihrer Mitglieder berühren[888], soweit sich diese Interessen auf den durch Satzung oder Gesetz festgelegten Zweck der juristischen Person beziehen[889].

Die Bedeutung des kollektiven Interesses geht aber noch darüber hinaus. Über diese Figur ließ sich in Griechenland die altruistische Verbandsklage, die in Deutschland nicht generell, sondern nur in gesetzlich gesondert normierten Fallen zulässig ist, ohne spezielle Regelung konstruieren. Denn das *„έννομο συμφέρον"* ist auch in den Fällen gegeben, wenn die Beeinträchtigung von objektiven Interessen oder von Gütern der Allgemeinheit geltend gemacht wird, in denen z.B. kein Nachbar beeinträchtigt ist[890]. Besonders Umweltverbände haben sich diese Klagemöglichkeit zunutze gemacht.

---

887 Vgl. auch StE 4037/1979, 3187/1987.

888 Vgl. StE 18/1970.

889 Seit StE 14/1930 stetige Rechtsprechung; so auch in Frankreich: vgl. nur C.E. v. 28.12.1906, Syndicat des patrons-coiffeurs de Limoges, G.A. Nr. 18; C.E. v. 15.1.1986, Fédération française des sociétés de protection de la nature, Rec. 655; s. auch Bleckmann, Das schutzwürdige Interesse als Bedingung der Klagebefugnis am Beispiel des französischen Verwaltungsrechts, VerwArch 1958, 213 (226 ff.); Fromont, Rechtsschutz im französischen Umweltrecht, UPR 1983, 186 (188).

890 Vgl. in Frankreich C.E. v. 28.12.1906, Synd. des patrons-coiffeurs de Limoges, Rec. 977; Ausführlich zur Verbandsklage im französischem Umweltrecht s. Löden, Zur Klagebefugnis von Natur- und Umweltschutzverbänden nach französischem Recht, DVBl. 1978, 676 ff.

Da eine juristische Person allerdings eine juristische Zweckschöpfung zur Erfüllung bestimmter, also auch beschränkter Zwecke ist, ist entsprechend auch der Kreis ihrer eigenen Interessen enger als derjenige einer natürlichen Person[891]. Er bestimmt sich ausschließlich nach ihrer Satzung oder dem Gesetz[892]. Der Verband muss weder in irgendeiner Weise rechtlich verfasst sein noch eine Repräsentativität nachweisen. Voraussetzung ist lediglich, dass die Interessen einen Bezug zu der Satzung des Verbandes haben.

Der Staatsrat hat die Begründung eines *„εννόμου συμφέροντος"* bei nahezu jedem Satzungszweck akzeptiert, auch wenn er nur vage formuliert ist[893]. So hat er anerkannt, dass die Rechtsanwaltskammern ein *„έννομο συμφέρον"* an der Aufhebung einer umweltbelastenden Verwaltungsmaßnahme hätten, weil nach der gesetzlich sanktionierten Satzung[894] „den Rechtsanwaltskammern und ihren Verwaltungsräten die Beratung und Entscheidung u.a. über jede Frage, die die Rechtsanwaltskammer oder ihre Mitglieder als solche oder als Berufstand interessiert, sowie über Fragen nationalen oder gesellschaftlichen Inhalts" obliege[895].

Dieser Rechtsprechung wird allerdings vorgeworfen, dass sie zu einer völligen Umgehung des Verbots der actio popularis führt[896]. Wenn nämlich die Rechtsanwaltskammern ein *„έννομο συμφέρον"* an der Aufhebung jedes Aktes haben, der sich auf Fragen „nationalen oder gesellschaftlichen Inhalts" bezieht, dann werden sie ein *„έννομο συμφέρον"* an der Aufhebung nahezu jeder Entscheidung der Exekutive mit allgemeiner Bedeutung haben. Warum sollten dann nicht auch andere Kammern dieses Privileg für sich in Anspruch nehmen? Um der Gefahr zu entgehen, dass sich über die Gründung der verschiedensten Verbände nahezu unbegrenzte Klagemöglichkeiten eröffnen, hat die spätere Rechtsprechung Klagen abgewiesen, in denen das vom Verband ins Feld geführte kollektive Interesse im Hinblick auf den Streitgegenstand zu weit gefasst war[897].

---

891 Vgl. Karakostas, Umwelt und Recht, 459 (auf Griechisch).

892 An dieser Stelle ist der Einfluss der Rechtsprechung des französischen Conseil d'Etat besonders merkbar. Ausführlich dazu s. Anagnostou, Das kollektive *„έννομο συμφέρον"* auf Aufhebungsantragstellung und die Verfassung, ToS 1988, 649 ff.; s. auch Siouti, Die verfassungsmäßige Gewährleistung des Umweltschutzes, 79, Fn. 38 (alles auf Griechisch).

893 Vgl. nur StE 284/1961, 18/1970, 4576/1977, 2999/1983, 3487/1989, 4498/1998.

894 Vgl. Art. 199 der Gesetzesverordnung 3026/1954 „Über die Rechtsanwaltsordnung".

895 StE 4576/1977, 4113/1983.

896 Dagtoglou, Verwaltungsprozessrecht, 401 (auf Griechisch); Efstratiou, in: Schwarze/ Schmidt-Aßmann (Hrsg.), Das Ausmaß der gerichtlichen Kontrolle, 111 ff. (129); Gerontas, Das griechische Verwaltungsrecht, 110; s. auch Lasaratos, Die inzidente Überprüfung der Rechtmäßigkeit der Verwaltungsakte von den Verwaltungsgerichten bei umweltrelevanten Streitigkeiten, Diki 1996, 91 (92f.) (auf Griechisch): er spricht von **Vorverständnis** der Verwaltungsrichter.

897 Vgl. die französische Rechtsprechung zum „objet trop vaste", z.B. C.E. v. 26.7.1985,

3.3.3.1.4 Juristische Personen des öffentlichen Rechts

Das Klagerecht beschränkt sich nicht auf juristische Personen des Privatrechts. Auch juristische Personen des öffentlichen Rechts[898], wie Städte und Gemeinden und andere Selbstverwaltungskörperschaften, können ein *„έννομο συμφέρον"* haben, gegen Verwaltungsakte bzw. Unterlassungen vorzugehen[899]. So kann eine Kommune gegen die Baugenehmigungen vorgehen, die für Vorhaben auf ihrem Gebiet[900] oder sogar das der Nachbargemeinde[901] erteilt worden sind. Der Kreis ihrer Interessen ist aber dem Spezialitätsprinzip unterworfen, d.h. viel enger als jener Kreis der Interessen der juristischen Personen des privaten Rechts. Dies ist damit zu erklären, dass die Verwaltung im Prinzip einheitlich ist. Eine juristische Person des öffentlichen Rechts wird also als Ausnahme von diesem Prinzip und nur zur Verfolgung eines bestimmten Zwecks gegründet[902]. Der „In-Sich-Prozess" wird allerdings in der griechischen Rechtsordnung nicht akzeptiert[903].

Union rég. Pour la défense de l'environnement, de la nature, de la vie et de la qualité de la vie en France Comté, Rec. 251; C.E. v. 29.1.1988, Assoc. Segustero, Rec. 947; C.E. v. 25.5.1990, Bauret, R.D.P. 1991, 858.

898 Gemäß der griechischen Verfassung führen die lokalen Regierungsbehörden die Verwaltung der lokalen Angelegenheiten durch. Aus diesem Grunde wurden eine Struktur lokaler Behörden ersten und zweiten Grades und eine regionale Verwaltung eingeführt. Griechenland ist in 13 **Verwaltungsregionen** eingeteilt. Ein **Generalsekretär**, der durch die Regierung ernannt wird, verwaltet jeweils eine Region. Die erste Ebene der lokalen Behörden besteht aus **Städten und Gemeinden**, die die Verantwortung für die Verwaltung lokaler Angelegenheiten haben. Diese Gremien sind traditionell die Marksteine der Demokratie im griechischen demokratischen System, da sie die Beteiligung der Bürger an den lokalen öffentlichen Angelegenheiten ermöglichen. Ihre Kompetenz umfasst die Verantwortung für die Verwaltung der lokalen Angelegenheiten. Die Bürger wählen ihre Vertreter in einer allgemeinen und geheimen Wahl, im Gegensatz zu den oben genannten dezentralisierten Einheiten. Auf der zweiten Ebene der lokalen Regierung ist der griechische Staat in 54 **Präfekturen** eingeteilt, an deren Spitze die Präfekturräte und die Präfekten stehen, die seit 1994 direkt von den Bürgern gewählt werden. Die zweite Ebene der lokalen Behörden ist verantwortlich für die Bereiche, die nicht in den Kompetenzbereich einer Stadt oder einer Gemeinde fallen.

899 Auch in Frankreich können öffentlichrechtliche Körperschaften gegen Entscheidungen klagen, die ihre Interessen beeinträchtigen. Die Tatsache z.B., dass ein Projekt auf dem Gebiet einer Kommune angesiedelt ist, genügt, um dieser ein solches Interesse zuzuerkennen; s. Fromont, Rechtsschutz im französischen Umweltrecht, UPR 1983, 186 (188); Woehrling, Rechtsschutz im Umweltrecht in Frankreich, NVwZ 1999, 502 (503).

900 Z.B. StE 1362 und 3754/1981, StE 1071 und 2690/1994.

901 Z.B. StE 312/1983, 1615/1988, 2500/1999.

902 Ausführlich dazu s. Siouti, Das *„έννομο συμφέρον"* beim Aufhebungsantrag, 112 ff. (auf Griechisch).

903 Siehe schon StE 803/1931; vgl. auch StE 1551/1996; s. auch Siouti, Das *„έννομο συμ-*

3.3.3.1.5 Personenvereinigungen ohne juristische Persönlichkeit und politische Parteien

Personenvereinigungen ohne juristische Persönlichkeit können prozessfähig sein und die Verwirklichung der Zwecke, für die sie gebildet wurden, vor Gericht verteidigen[904]. Die ältere Rechtsprechung des Staatsrates wies von solchen Vereinigungen gestellte Aufhebungsanträge als unzulässig ab[905].

Antrieb für die Veränderung an dieser Rechtsprechung war der Aufhebungsantrag einer politischen Partei. Zum ersten Mal wurde festgestellt, dass sich das *„έννομο συμφέρον"* nicht auf die juristischen Personen des Zivilgesetzbuches beschränkt, sondern auch Personenvereinigungen umfasst, die von der Rechtsordnung als Träger von individuellen Rechten und Pflichten anerkannt werden[906]. Was die politischen Parteien betrifft, so muss akzeptiert werden, dass die Rechtsordnung sie auf jeden Fall als Träger von Rechten und Pflichten anerkennt, deren Existenz und politische Aktivität verfassungsgemäß gewährleistet wird[907]. Sie haben jedoch kein eigenes und unmittelbares Interesse an der Aufhebung rechtswidriger Verwaltungsakte, die weder die Partei selbst betreffen noch die Erreichung ihrer Ziele unmittelbar verhindern[908]. Das Gleiche sollte auch für alle Vereinigungen gelten, deren Bildungsfreiheit in Art. 12 Gr. Verf. gewährleistet wird, denn damit werden sie von der Verfassungsordnung als Träger von Rechten und Pflichten anerkannt[909].

Für die Verbandsklage wurden also in Griechenland geringe Voraussetzungen festgesetzt[910]. Der Verein braucht keine Rechtspersönlichkeit zu besitzen. Es genügt, dass sein satzungsmäßiger Zweck in Zusammenhang mit dem Inhalt der angefochtenen Maßnahme steht. Diese Möglichkeit könnte dazu führen, dass im Grunde genommen jede Entscheidung angefochten werden kann: Wenn ein einzelner Kläger kein hinreichendes Interesse nachweisen könnte, bräuchte er nur

---

φέρον" beim Aufhebungsantrag, 117 ff. (auf Griechisch).

904 Vgl. Art. 62b Gr. ZPO.

905 StE 896/1972, 2145/1979 (contra Minderheitsmeinung).

906 StE 4037/1979, 3725/1982, 2840/1988, 3706/1989, 1291/1994, 2302/1995.

907 StE 4037/1979.

908 Vgl. StE 4037/1979.

909 Ausführlich dazu s. Orfanoudakis, Die Prozessfähigkeit der Personenvereinigungen von Art. 12 § 1 Gr. Verf. am Aufhebungsantragsprozess, DiDik 1999, 838 (auf Gr.).

910 Vgl. in Frankreich Art. L 252-1 Code rural (Landwirtschaftsgesetzbuch). Danach können Vereine, die seit wenigstens **drei Jahren** gegründet sind und die eine Tätigkeit zum Schutz der Umwelt nachweisen, durch das Umweltministerium anerkannt werden („sociétés agrées"). Diese Anerkennung betrifft entweder das ganze Land oder nur ein bestimmtes Territorium. Ein anerkannter Verband kann jegliche Verwaltungsentscheidung anfechten, die eine umweltschädliche Auswirkung in dem Anerkennungsgebiet haben kann (Art. L 252 - 4 C rural); s. Woehrling, Rechtsschutz im Umweltrecht in Frankreich, NVwZ 1999, 502 (503).

mit einigen anderen Personen einen Verband zu gründen, mit dem Zweck, dieser Entscheidung entgegenzuwirken. Ein solcher Rechtszustand trennt sich aber von einer Bürgerklage nur durch das praktische Hindernis, dass ein Verband gegründet werden muss, bevor die Klage einer jeden Person offen steht. Diese Gefahr besteht jedoch nicht, denn das *„έννομο συμφέρον"* unterliegt weiteren Voraussetzungen, die diesbezüglich Grenzen ziehen.

3.3.3.2 „Unmittelbares" Interesse

Das *„έννομο συμφέρον"* muss unmittelbar sein, d.h. dem Antragsteller direkt und nicht etwa einem Dritten und nur mittelbar jenem zustehen[911]. Das Interesse muss mit anderen Worten dem Antragsteller zugeordnet sein. So ist der Aufhebungsantrag nur zulässig, wenn die zu erwartende Beschwer gerade den Antragsteller betrifft. Der angegriffene Verwaltungsakt bzw. die Unterlassung und der Schaden des Antragstellers müssen also kausal zusammenhängen, ohne dass das Interesse eines Dritten dazwischen steht[912].

Ein typischer Fall nicht unmittelbaren Interesses besteht, wenn z.B. der Antragsteller sich auf seine Eigenschaft als Bruder[913] des Beschädigten oder als sein Erbe[914] beruft, ohne gleichzeitig eigenen Schaden nachzuweisen. In diesen Fällen ist das *„έννομο συμφέρον"*, d.h. der von der Aufhebung dargestellte Vorteil, für den Antragsteller nicht direkt, sondern von ihm nur gehofft, weil die Aufhebung des angegriffenen Verwaltungsaktes nicht unmittelbar zu seiner Befriedigung führen würde[915].

Das *„έννομο συμφέρον"* einer juristischen Person ist nicht nur dann unmittelbar, wenn es sich auf die juristische Person selbst bezieht, sondern auch, wenn es das dem Satzungszweck entsprechende Interesse der Gesamtzahl ihrer Mitglieder ist. Das *„έννομο συμφέρον"* nur einiger Mitglieder ist allerdings nicht unmittelbar, weil es nicht denknotwendig mit dem Interesse der Gesamtheit identisch ist und es kann sogar mit ihm oder mit dem Interesse anderer Mitglieder in Konflikt geraten[916].

---

911 Dagtoglou, Verwaltungsprozessrecht, 402; Spiliotopoulos, Verwaltungsrecht, 479f. (alles auf Griechisch).

912 Ausführlich dazu s. Siouti, Das *„έννομο συμφέρον"* beim Aufhebungsantrag, 130-157 (auf Griechisch).

913 Vgl. StE 813/1932.

914 StE 4105/1996, 579/1997; s. aber StE 823/1980.

915 Vgl. StE 740 und 3041/1984; 349/1986; 1511, 2554 und 2610/1988.

916 Dagtoglou, Verwaltungsprozessrecht, 403; Karakostas, Umwelt und Recht, 459 (alles auf Griechisch); vgl. StE 18/1970, 4129/1980, 3291/1988.

3.3.3.3 „Gegenwärtiges" Interesse

Das *„έννομο συμφέρον"* muss schließlich gegenwärtig sein, d.h. der Nachteil muss tatsächlich schon beim Erlass[917] des angegriffenen Verwaltungsaktes bestehen bzw. zur Zeit der Untätigkeit, bei der Einlegung des Rechtsbehelfs[918], und auch in der Verhandlung[919] und beim Erlass der gerichtlichen Entscheidung[920] vorhanden sein.

Eine zukünftige Beschwer kann nicht durch den Aufhebungsantrag verhindert werden. Dies entspricht der Notwendigkeit, das Interesse konkret nachweisen zu müssen. Die Rechtsprechung hält den Aufhebungsantrag für unzulässig, wenn das Interesse vergangen, potenziell[921] und abstrakt oder bloß gehofft[922] oder zukünftig[923] ist. Als gegenwärtig wird aber auch ein plausibel vorgebrachtes Interesse angesehen, wenn ein Nachteil in absehbarer Zeit zu erwarten ist, d.h. wenn ein Schaden beim regulären Ablauf der Entwicklungen mit großer Wahrscheinlichkeit vorauszusehen ist, bzw. dem Interesse in unmittelbarer Zukunft mit Gewissheit eine Gefahr droht[924].

Die Bedeutung des gegenwärtigen Interesses kommt besonders in Bezug auf Verbandsklagen zum Vorschein. Die aufhebungsantragstellenden Vereinigungen, mit oder ohne juristische Persönlichkeit, müssen **vor** dem Erlass des Verwaltungsaktes bzw. vor der Unterlassung gebildet worden sein[925]. Damit wird der Gefahr entgangen, dass durch die nachträgliche Gründung eines Verbandes jede Verwaltungsentscheidung angefochten werden kann[926].

---

917 StE 1433/1956, 3823/1997, 2998/1998: Wenn die besondere Rechtsbeziehung des Antragstellers erst nach dem Erlass des Verwaltungsaktes entstand, ist das Interesse nicht gegenwärtig.

918 StE 696/1982.

919 StE 2973/1989, 1041/1994, 4364/1997, 182 und 379/1998, 2554/2000; s. auch Siouti, Das *„έννομο συμφέρον"* beim Aufhebungsantrag, 163 ff. (auf Griechisch).

920 StE 4005/1977, 3189/1983, 2319/1984, 2865/1987 und 2973/1989.

921 StE 2398/1980, 2449/1980.

922 Anders in Frankreich: Eine begründete Anwartschaft reicht aus; s. Fromont, Rechtsschutz im französischen Umweltrecht, UPR 1983, 186 (187).

923 StE 3564/1977, 2398/1986; vgl. aber aus der französischen Rechtsprechung C.E. v. 11.12.1903, Lot et Molinier, G.A. Nr. 13: ein künftiges Interesse genügt.

924 Dagtoglou, Verwaltungsprozessrecht, 404; Siouti, Die verfassungsmäßige Gewährleistung des Umweltschutzes, 66f. (alles auf Griechisch); vgl. auch StE 248/1936.

925 StE 1748/1991.

926 Anders in Frankreich: Die Klage eines Vereins, der speziell zur Klageerhebung gegen ein bestimmtes Projekt gegründet worden ist, ist zulässig; s. Woehrling, Rechtsschutz im Umweltrecht in Frankreich, NVwZ 1999, 502.

3.4 Der Beweis des „εννόμου συμφέροντος“

Das Vorliegen des *„εννόμου συμφέροντος“* als Zulässigkeitsvoraussetzung muss plausibel geltend gemacht werden. Die Beweislast liegt beim Antragsteller. Die zu seiner Begründung dienenden Beweise sollen in der Klageschrift enthalten sein. Sie betreffen den Schaden, den der angegriffene Verwaltungsakt dem Antragsteller angeblich zugefügt hat, und die Eigenschaft, in der er diesen Schaden erlitt. Die dazu dienenden Tatsachen sind schlüssig und substantiiert wiederzugeben[927]. Der Eigentümer eines Grundstückes muss z.B. sein Eigentumsrecht, den Standort und die Abgrenzung des Grundstückes beweisen, der Nachbar muss seine Anschrift beweisen. Ist der Antragsteller eine juristische Person, muss ihre Satzung beigefügt werden, damit der Zusammenhang zwischen dem Satzungszweck und dem angefochtenen Verwaltungsakt festgestellt werden kann.

Das tatsächliche Vorliegen eines Schadens ist bei der Begründetheitsprüfung zu beurteilen. Über die für den Antragsteller belastende Auswirkung des Verwaltungsaktes hinaus setzt nämlich das Vorliegen eines Schadens voraus, dass der Verwaltungsakt rechtswidrig ist. Der griechische Staatsrat verschlingt aber häufig das *„έννομο συμφέρον“* mit der Begründetheit des Aufhebungsantrages, indem er schon bei der Zulässigkeitsprüfung die Aufhebungsgründe überprüft und, falls er zum Ergebnis kommt, dass sie nicht bestehen, dass also der Verwaltungsakt rechtmäßig ist, den Antrag infolge von fehlenden Schaden und damit wegen fehlenden *„εννόμου συμφέροντος“* als unzulässig abweist[928]. Eine solche Einschätzung darf dennoch nicht im Rahmen der Zulässigkeitsprüfung stattfinden.

---

927 Siouti, Das *„έννομο συμφέρον“* beim Aufhebungsantrag, 179 ff. m.w.N. (auf Gr.).

928 Siouti, Das *„έννομο συμφέρον“* beim Aufhebungsantrag, 188 ff. m.w.N. (auf Gr.).

4. Zwischenergebnis

Nachdem aufgezeigt wurde, wieweit die Vergleichsländer unterschiedliche Systementscheidungen treffen, war der Frage nachzugehen, wie sich diese Unterschiede auf das Vorliegen der aktiven Prozessführungsbefugnis auswirken. Im zweiten Teil war nämlich dem Klageinteresse nachzugehen, das für die Drittanfechtungsklage als subjektive Zulässigkeitsvoraussetzung gefordert wird. Von der Beantwortung dieser Frage hängt auch ab, inwieweit öffentliche Interessen in diesem Prüfungspunkt ohne Schwierigkeiten berücksichtigt werden können.

Die Darstellung der Argumente, die der vor den Verwaltungsgerichten klagende Einzelne vorbringen muss, um mit seiner Klage zugelassen zu werden, die Art der Interessen und wie sie in Verbindung mit der Systementscheidung für ein objektives Kontrollverfahren oder ein Verfahren des subjektiven Rechtsschutzes gebracht werden, erfolgte getrennt nach den zwei Staaten, um zu ermöglichen, dass den besonderen Charakteristika innerhalb der zwei Rechtsordnungen Rechnung getragen wird.

Es wurde dargestellt, dass der Zugang zu den Verwaltungsgerichten von der Existenz eines besonderen Schutzbedürfnisses abhängt, dessen Funktion darin besteht, aus einer potentiell unbegrenzten Anzahl von Einzelklägern diejenigen auszuklammern, die kein (wie auch immer geartetes) Interesse an dem gesamten Verfahren nachweisen können. Die dogmatische Figur, über die das geschieht, ist in Deutschland das „subjektive öffentliche Recht“ und in Griechenland das *„έννομο συμφέρον“*. In einem weiteren Schritt soll der Vergleich der zwei Institutionen erfolgen, damit aufgezeigt werden kann, wie sich ihre Unterschiede auf die Berücksichtigung des Umweltschutzes im Rahmen des Klageinteresses auswirken.

4.1 Die Abgrenzung „έννομο συμφέρον“ – subjektives Recht

Als Interesse[929] kann man den Gewinn, Nutzen oder das Bedürfnis bezeichnen, das man zu erringen oder zu haben glaubt, sowie die damit verbundene Aufmerksamkeit, das Gefallen daran und das Streben nach Befriedigung von Bedürfnissen bzw. nach Erringung eines Nutzens[930].

Interessen sind konstitutiv für den Menschen als Person. Über Interessen begründet der Einzelne eine aktive Beziehung zu seiner Umwelt, indem er Anteilnahme und Begehren entwickelt. Interessen bilden sich angesichts von Situationen, die von Einzelnen oder Gruppen als sie betreffend wahrgenommen

929 Von lat. „inter“ = zwischen und „esse“ = sein; interesse = von Wichtigkeit sein; interest = es bringt Nutzen.

930 Vgl. Bauer, Altes und Neues zur Schutznormtheorie, AöR 1998, 582 (594).

werden und die sie zu erhalten bzw. zu verändern wünschen. Es gibt Interessen, die von allen Menschen geteilt werden, wie z. B. das Interesse an Verpflegung, Wohlbefinden und Beachtung. Solche Interessen können als Grundbedürfnisse bezeichnet werden. Andere Interessen lassen sich nur bestimmten Gruppen oder gar Einzelnen zuschreiben.

Sowohl das Grundgesetz wie auch die griechische Verfassung erheben den Schutz der Würde des Menschen[931] und die freie Entfaltung seiner Persönlichkeit[932] zum Leitbild der grundrechtlich geprägten Rechtsordnung. Insofern wird auch die Individualität des Einzelnen, d.h. die Ausbildung und Wahrnehmung seiner jeweiligen persönlichen Interessen mitgeschützt. Dem Einzelnen steht auch frei, welche Interessen er als „eigene" benennt[933]. Angesichts der bunten Vielfalt vorkommender Interessen könnte man die Individualität geradezu als die jeweilig gewählte Interessenkombination beschreiben.

Probleme können allerdings aus dem Umstand resultieren, dass die Summe der vorhandenen Interessen stets größer als die Zahl der verfügbaren Befriedigungsmöglichkeiten ist. Der gerechte Interessenausgleich ist dem Staat aufgetragen. Der Gemeinwohlauftrag des Staates widersetzt sich nicht dem Individualinteresse, sondern schließt dieses, und zwar für alle in gleicher Weise, als ein Schutzziel des Staates ein[934].

Der Staat erfüllt seine Aufgabe des Schutzes und Ausgleichs von Interessen vorwiegend mit dem Mittel des Rechts. Als Recht wird in der deutschen Sprache sowohl das bezeichnet, was objektiv rechtens ist, als auch das, was dem Einzelnen als sein subjektives Recht zukommt[935]. Die Entscheidung darüber, welche individuellen Interessen als berechtigt anerkannt werden und den Schutz der Staatsgewalt genießen sollen und wie sie gegen die Interessen anderer und gegen die Gemeinschaftszwecke abzugrenzen bzw. mit ihnen zu vermitteln sind, fällt im objektiven Recht. Der Interessenbezug des objektiven Rechts wird in der Figur des individuellen Rechts offenkundig.

Die Lehren zum individuellen Recht haben eine lange und bewegte Geschichte. Die Wurzel seiner Entwicklung in Europa ist in Frankreich zu finden, wo im Jahre 1789 die Erklärung der Menschen- und Bürgerrechte („Déclaration des droits de l'homme et des citoyens") veröffentlicht wurde[936]. Die

931 Vgl. Art. 1 Abs. 1 GG, Art. 2 § 1 Gr. Verf.

932 Vgl. Art. 2 Abs. 1 GG, Art. 5 § 1 Gr. Verf.

933 Vgl. Blankenagel, Klagefähige Rechtspositionen im Umweltrecht – Vom subjektiven Recht eines Individuums zum Recht eines individualisierten Subjekts, Die Verwaltung 1993, 1 (23).

934 Vgl. Art. 3 Abs. 1 GG: „Alle Menschen sind vor dem Gesetz gleich", Art. 4 § 1 Gr. Verf. „Alle Griechen sind vor dem Gesetz gleich".

935 Zur Abgrenzung zwischen objektivem und subjektivem Recht s. Scherzberg, Grundlagen und Typologie des subjektiv-öffentlichen Rechts, DVBl. 1988, 129 (130).

936 Dreier, in Dreier (Hrsg.), Grundgesetz Kommentar, 2. Aufl., Bd. I, Vorb. Art. 1, Rn. 7

„Déclaration des droits de l'homme et des citoyens“ enthält bereits einen sehr weit aufgefächerten Grundrechtskatalog. In ihrem Art. 1 geht sie davon aus, dass die Menschen von Geburt frei und gleich seien. Die Rechte der Menschen werden folgerichtig nicht vom Staat begründet, vielmehr sind sie ihm vorgelagert.

Die deutsche Entwicklung wurde sehr stark durch die französische beeinflusst[937]. Trotzdem etablierte sich die Grundrechtsentwicklung in Deutschland im 19. Jahrhundert nur schwer. Ein umfassender Katalog liberaler Freiheitsrechte war zum ersten Mal in der Verfassungsgebung der Frankfurter Paulskirche (1849) enthalten[938]. Darauf folgte aber schon 1850 die oktroyierte preußische Verfassung. Hier handelte es sich nach deutschem Verständnis nicht um naturgegebene, unveräußerliche Rechte, sondern um Rechte, welche der Staat in einer Entwicklung zu einer immer liberaleren Freiheit gewährte. Die Staatsgewalt ruhte immer ausgeprägter auf zwei Säulen: dem Monarchen und der Ständeversammlung (Konstitutionalismus). Die im Jahre 1871 entstandene, von Bismarck entworfene Verfassung des Deutschen Reiches, enthält selber überhaupt keinen Grundrechtskatalog.

Die deutsche Revolution des Jahres 1918 brach mit der konstitutionalistischen Tradition. Die Weimarer Reichsverfassung (1919) enthielt einen umfangreichen Grundrechtskatalog, welcher neben den liberalen Freiheitsrechten auch soziale Grundrechte enthielt. Die tatsächliche Rechtsentwicklung führte jedoch dazu, dass einerseits diese neuen Rechte nicht über den Status von Programmsätzen hinaus kamen (keine unmittelbare Geltung), und auch die liberalen Freiheitsrechte nur in enger Anbindung an die vorkonstitutionelle Tradition behandelt wurden.

Erst das Grundgesetz von 1949 stellt die Grundrechte als unmittelbar geltendes Recht vor (Art. 1 Abs. 3 GG). Gleichwohl finden sich in den Formulierungen des Grundrechtskataloges, insbesondere in den Gesetzesvorbehalten, durchaus die Spuren der alten deutschen Staatsrechts-Tradition.

Als „individuelles Recht“ wird demzufolge eine durchsetzbare Berechtigung bezeichnet, die sich für einzelne Personen aus dem objektiven Recht ergibt. Das individuelle Recht ist also eine Rechtsmacht, die dem Einzelnen von der Rechtsordnung als ein Mittel zur Wahrung seiner Interessen verliehen ist. Der rechtliche Schutz von Interessen vollendet sich aber erst, wenn ein rechtlich geschütztes Interesse auch durchgesetzt werden kann. Individuelles Recht bedeutet zugleich die Möglichkeit gerichtlichen Rechtsschutzes. Ohne diese wäre es bloß ein leerer Titel. Mittel sowie auch Voraussetzung der realen Durchsetzbarkeit der individuellen Rechte ist dementsprechend ihre Klagbarkeit. Ihrer historischen

937 Dreier, in Dreier (Hrsg.), Grundgesetz Kommentar, 2. Aufl., Bd. I, Vorb. Art. 1, Rn. 13 ff.

938 Jedoch entwickelten sich in den Verfassungen süddeutscher Staaten (Bayern, Baden und Württemberg) bereits am Anfang des 19. Jahrhunderts Grundrechtskataloge.

Entwicklung nach beantworten die individuellen Rechte die Frage, wie der Einzelne gegenüber dem Staat Recht haben und zu seinem Recht kommen kann[939].

Das individuelle Recht enthält eine Rechtsschutzzusage für den jeweils durch das objektive Recht Berechtigten. Es gewährt ihm einen von staatlicher und gesellschaftlicher Macht unabhängigen eigenverantwortlichen Daseins- und Gestaltungsfreiraum[940]. Kennzeichen eines individuellen Rechts sind der Besitz und das Verfügen über das geschützte Rechtsgut. Als Indiz für die Ermittlung eines individuellen Rechts stellt sich dar, wenn das Gesetz zum Schutz von individuellen Interessen dem Geschädigten die Schadensersatzklage zur Verfügung stellt[941].

Als „subjektives öffentliches Recht"[942] versteht die griechische Verwaltungsrechtslehre das individuelle Recht des Einzelnen, vom Staat und insbesondere von den Verwaltungsbehörden ein Tun oder ein Unterlassen zu verlangen[943]. Die Verfassungsrechte (individuelle, politische und soziale) sind die wichtigsten subjektiven öffentlichen Rechte, sie sind aber nicht die einzigen.

Logische Voraussetzung eines subjektiven öffentlichen Rechts ist die die Verwaltung treffende Rechtspflicht, die auf einem objektiven Rechtssatz beruht. Individuelle Rechte ohne vorgegebene Rechtspflichten gibt es nicht. Andererseits stellt sich die Frage, ob individuelle Rechte mit allen Rechtspflichten korrespondieren.

Nach der in Deutschland herrschenden Ansicht (sog. Schutznormtheorie[944]) gründet sich das subjektive öffentliche Recht darauf, dass (a) eine die Verwaltung verpflichtende zwingende Norm des objektiven Rechts (b) neben ihrem objektiven Regelungsgehalt zumindest auch den Schutz privater Interessen bezweckt und (c) dem Begünstigten die Rechtsmacht zur Durchsetzung der geschützten Interessen gegenüber dem Verpflichteten einräumt. Entscheidend für eine individualisierte Rechtsmacht zur Durchsetzung des objektiven Normbefehls ist die normative Basis; das subjektive Recht entsteht nicht aus einer tatsächlichen Betroffenheit (infolge eines Verwaltungshandelns), es ist vielmehr eine rechtlich zuerkannte Willensmacht. Der Umstand, dass einem Dritten ein

939 Vgl. Bauer, Subjektive öffentliche Rechte des Staates, DVBl. 1986, 208.

940 Zur Bedeutung des individuellen bzw. subjektiven Rechts s. Maurer, Allgemeines Verwaltungsrecht, 153f.

941 Vgl. Siouti, Die verfassungsmäßige Gewährleistung des Umweltschutzes, 64 (auf Gr.).

942 Der Terminus „öffentliche Rechte" wird von einigen Autoren als Oberbegriff für die drei Kategorien von Verfassungsrechten, nämlich individuelle, politische und soziale Rechte benutzt. Zur Aufklärung s. Iliopoulos – Strangas, Grundrechtsschutz in Griechenland, JöR n.F. 1983, S. 395 (397f.).

943 Dagtoglou, Allgemeines Verwaltungsrecht, 203 (auf Griechisch).

944 Vgl. Bühler, Die subjektiven öffentlichen Rechte und ihr Schutz in der deutschen Verwaltungsrechtsprechung, passim. In der Rechtsprechung ist die Schutznormtheorie unangefochten; vgl. dazu sowie zur Kritik Wahl, in: Schoch/Schmidt-Aßmann/Pietzner, VwGO Kommentar, Stand 2003, Vorb. § 42 Abs. 2 Rn. 94 ff.

Vorteil verschafft wird, vermittelt diesem noch keine subjektiven Rechte. Fehlt der gesetzlich bezweckte Interessenschutz, so handelt es sich in diesem Fall um einen bloßen Rechtsreflex. In den Fällen, in denen die Rechtsnorm nicht ausdrücklich einen „Anspruch" oder ein „Recht" vermittelt, ist durch Auslegung zu ermitteln, ob dem Einzelnen ein subjektives Recht zusteht[945].

Es wird aber auch die Gegenmeinung vertreten, nach der eine Rechtspflicht nichts anderes ist als die negative Seite eines individuellen Rechts. Dieser Ansicht nach, die in Griechenland vorherrscht, existieren die verpflichtenden Normen nur, um die damit korrespondierenden individuellen Rechte zu garantieren[946].

Diese Ansicht erinnert an den in Deutschland von Bachof aufgestellten Grundsatz, dass objektiv-rechtlich geschützte Interessen, von der Rechtsordnung gewahrte und gewollte Begünstigungen von Verfassung wegen „subjektive Rechte" sind[947]. Bachof erkannte nämlich bereits 1955 das Erfordernis verfassungsrechtlicher Modifizierung der traditionellen Lehre vom subjektiv öffentlichen Recht. Die Ansicht, dass unter der Herrschaft des Grundgesetzes **jede** vom Gesetzgeber gewahrte Begünstigung zu einem subjektiven Recht erstarkt, wird von einem großen Teil des Schrifttums vertreten. Nach anderer Ansicht ergibt sich aus der Gesamtkonzeption des Grundgesetzes eine Vermutung, dass dort, wo eine tatsachliche Begünstigung des Bürgers durch Gesetz besteht, auch eine rechtliche Begünstigung gewollt ist, also ein subjektives Recht vorliegt.

In der deutschen Literatur wird darüber hinaus von Vertretern der Rechtsverhältnislehre eine Neukonzeption der Dogmatik der subjektiven öffentlichen Rechte angestrebt. Hierbei wird davon ausgegangen, dass das Rechtsverhältnis im öffentlichen Recht die Grundfigur des dogmatischen Systems sei[948]. Das subjektive öffentliche Recht wird als integrierter Bestandteil der konkreten Rechtsverhältnisse begriffen. Bei der Ermittlung von solchen Rechten wird nicht mehr primär eine auf isolierte Anspruchpositionen des Bürgers und deren durch Auslegung ermittelten Schutzzweck abgestellt, sondern auf die wechselseitigen Beziehungen zwischen den am Rechtsverhältnis Beteiligten. Wichtigste Bestandteile dieses Rechtsverhältnisses sind auf beiden Seiten subjektive Rechte, denen notwendig Pflichten, Beschränkungen und rechtliche Gebundenheiten der jeweils anderen Seite korrespondieren[949]. Infolgedessen können bei der Ermittlung

---

945 Dagtoglou, Allgemeines Verwaltungsrecht, 206 (auf Griechisch).

946 Siouti, Die verfassungsmäßige Gewährleistung des Umweltschutzes, 38f. mit weiteren Hinweisen auf französische Literatur; s. auch Manitakis, Der Träger der Verfassungsrechte nach Art. 25 § 1 der Verfassung, 48 Fußnote 2 (alles auf Griechisch).

947 Bachof, Reflexwirkungen und subjektive Rechte im öffentlichen Recht, GS Jellinek, 287 (303).

948 Bauer, Subjektive öffentliche Rechte des Staates, DVBl. 1986, 208 (215 ff.); Henke, Wandel der Dogmatik des öffentlichen Rechts, JZ 1992, 541 (542).

949 Bauer, Subjektive öffentliche Rechte des Staates, DVBl. 1986, 208 (216f.).

subjektiver Rechte die jeweiligen konkreten Situationen berücksichtigt werden und auch die Rechte des Dritten können sachangemessen behandelt werden.

Die Rechtsprechung hält dennoch in Deutschland bis heute daran fest, dass die Bestimmung des subjektiven öffentlichen Rechts gemäß der Kriterien der Schutznormtheorie zu erfolgen habe. Bei der Anfechtungsklage hat das Gericht zum einen zu prüfen, ob überhaupt Schutznormen verletzt sein könnten. Zum anderen muss der Kläger Tatsachen vorbringen, die es möglich erscheinen lassen, dass er die Schutznorm in eigener Person zu aktualisieren vermag. Er muss substantiiert vorbringen, dass er (z.B. als Nachbar) vom sachlichen und personellen Schutzzweck der Norm erfasst ist.

Obwohl in der griechischen Literatur sehr häufig auf die deutsche Schutznormtheorie hingewiesen wird, scheint über die Ermittlung von öffentlichen subjektiven Rechten Unklarheit zu herrschen. So wurde aus der Verpflichtung des Staates, die Umwelt zu schützen, nach der allgemeinen Ansicht in der Lehre und Rechtsprechung ein individuelles Recht abgeleitet. Diese Unklarheit hängt zum Teil damit zusammen, dass in Griechenland das subjektive öffentliche Recht keine große praktische Bedeutung hat und nur mittelbar geprüft wird[950].

Was die Rechtsschutzgarantie angeht hat Art. 20 Gr. Verf. zwar den deutschen Art. 19 Abs. 4 GG als Vorbild, er umfasst aber sowohl Rechte als auch *„συμφέροντα"* (= Interessen) und garantiert somit den Rechtsschutz im weitesten Sinne[951]. Diese Abgrenzung erfolgt nicht über den geschützten Gegenstand: sowohl das subjektive öffentliche Recht als auch das *„έννομο συμφέρον"* dienen dem Schutz von Interessen. Der Definition Jherings nach erscheint das subjektive Recht geradezu als rechtlich geschütztes Interesse. Subjektive Rechte sind in Deutschland nichts anderes als diejenigen Individualinteressen, welche die Rechtsordnung als schutzwürdig anerkennt und durch Normen schützt, die gerade zu diesem Zweck – dem Schutz des jeweiligen Interesses – erlassen worden sind. Diesem Schutz dienen zwar auch die *„έννομα συμφέροντα"*. Jedoch bedarf es nach der griechischen Konzeption noch eines Verwaltungsaktes, um aus diesem geschützten Interesse ein individuelles Recht im prozessualen Sinne entstehen zu lassen. Das *„έννομο συμφέρον"* ist nämlich der Vorteil bzw. die Begünstigung, die dem Einzelnen durch die Aufhebung des angegriffenen rechtswidrigen Verwaltungsaktes verschafft wird, weil er eine aufgrund einer besonderen Eigenschaft oder Situation zu einer besonderen Beziehung zum angefochtenen Verwaltungsakt steht, und diese Eigenschaft bzw. Situation wird vom Verwaltungsakt nachteilig betroffen. Rechtsschutz wird dementsprechend gewährt, wenn der Einzelne durch staatliches Handeln (oder Unterlassen) in individuellen Interessen nachteilig betroffen ist und sich dieses Handeln (oder Unterlassen) als **objektiv** rechtswidrig darstellt. Gegenstand des Aufhebungsantrages vor dem

950 Dagtoglou, Allgemeines Verwaltungsrecht, 207f. (auf Griechisch).
951 Vgl. Dagtoglou, Verwaltungsprozessrecht, 50 (auf Griechisch).

griechischen Staatsrat ist die Feststellung einer objektiven Rechtswidrigkeit. Folgerichtig kann der Aufhebungsantragsteller, dessen *„έννομο συμφέρον"* auf Aufhebung des angefochtenen Verwaltungsaktes einmal anerkannt ist, jeden beliebigen Aufhebungsgrund geltend machen. So kann der Einzelne auch Verfahrensfehler beanstanden. In Deutschland hingegen steht das materielle Recht im Vordergrund. Vor allem kommt es auf das richtige Ergebnis an, so dass die materielle Richtigkeit der Entscheidung auf dem Prüfungsstand steht. Dem Verwaltungsverfahren kommt damit eher eine Hilfsfunktion zu.

Nach dem Schutzzweck der verletzten Norm wird in Griechenland überhaupt nicht gefragt. Vielmehr stellt sich die Frage danach, ob für den Antragsteller durch den rechtswidrigen Verwaltungsakt Nachteile und infolgedessen aus der begehrten Aufhebung Vorteile entstehen[952]. Jede Verschlechterung der Möglichkeit zur gewünschten Interessenverfolgung stellt sich als Nachteil dar. Aus dem Grund kann sich der Einzelne in Griechenland auch auf unmittelbare faktische Beeinträchtigungen berufen. Die Unterscheidung zwischen allgemeinen und privaten Interessen, individuellen Rechten und Rechtsreflexen, unmittelbaren und mittelbaren Beeinträchtigungen, materiell-rechtlichen und verfahrensrechtlichen Rechtspositionen ist daher in Griechenland entbehrlich. Maßgeblich ist der persönliche Charakter des Interesses, der die geltend gemachte Eigenschaft bzw. Situation betrifft, unter welcher der Antragsteller den geltend gemachten Schaden erlitt.

Der Antragsteller muss dementsprechend Tatsachen vorbringen, die es möglich erscheinen lassen, dass er vom angefochtenen Verwaltungsakt persön-

952 Diese Denkweise ist in Deutschland nicht fremd; s. dazu die oben dargelegte Kritik zur Schutznormtheorie: Dem Bürger erwachse ein subjektives Recht, wenn dieser in **seinen Angelegenheiten** betroffen wird bzw. **konkret betroffen** ist (vgl. Bartlsperger, Der Rechtsanspruch auf Beachtung von Vorschriften des Verwaltungsverfahrensrechts, DVBl. 1970, 30, 33; ders., Subjektiv öffentliches Recht und störungspräventive Baunachbarklage, DVBl. 1971, 723, 731; s. aber Breuer, Baurechtlicher Nachbarschutz, DVBl. 1983, 431, 437). Bernhardt (Zur Anfechtung von Verwaltungsakten durch Dritte, JZ 1963, 302, 307) bejaht die Klagebefugnis, wenn der Kläger gemäß seines Vorbringens von dem angegriffenen Verwaltungsakt **individuell** und **nicht unerheblich** in **schutzwürdigen** Belangen betroffen ist (vgl. auch Gallwas, Faktische Beeinträchtigungen im Bereich der Grundrechte, 147f.). Nach Ansicht Zuleegs (Hat das subjektive öffentliche Recht noch eine Daseinberechtigung?, DVBl. 1976, 509, 511 ff.) bedürfe es heute eines subjektiven öffentlichen Rechts als Bestandteil des Verwaltungsrechts nicht mehr. Das Grundrecht sei an seine Stelle getreten. Damit könne „das ganze Gewirr der Schutznormtheorie [...] beiseite gewischt werden". Hinsichtlich der Klagebefugnis in Anfechtungsprozess genüge ein belastender Verwaltungsakt. Der Kläger müsse durch den Verwaltungsakt konkret in seinen Angelegenheiten betroffen sein (ebenso Bernhardt, Zur Anfechtung von Verwaltungsakten durch Dritte, JZ 1963, 302, 307; vgl. auch Wahl, Der Nachbarschutz im Baurecht, JuS 1984, 577, 586), wobei dieses Betroffensein nicht ganz unerheblich sein dürfe (vgl. auch Wahl, Der Nachbarschutz im Baurecht, JuS 1984, 577, 586).

lich betroffen wurde. Er muss substantiiert vorbringen, dass er (z.B. als Nachbar) zu einer besonderen Beziehung zum angefochtenen Verwaltungsakt steht.

Der Unterschied liegt in der Quelle dieser Institute. Das deutsche Rechtsschutzsystem ist ein Produkt des Liberalismus und ist auf dessen Staatsverständnis zugeschnitten. Der liberale Staat verstand sich nämlich als Garant einer vorausgesetzten Freiheitsordnung, die er gegen Gefahren behüten sollte. Das subjektive Recht wird dementsprechend als das quasi natürliche Recht des Individuums, als die rechtliche Form der Durchsetzung von seinen ureigenen Interessen verstanden. Die Voraussetzungen zulässiger staatlicher Eingriffe in individuellen Rechtspositionen wurden vom parlamentarisch beschlossenen Gesetz abschließend festgelegt. Die Gefahrenabwehr verwirklichte sich also anhand von konkreten unzulässigen Eingriffen in die individuelle Interessensphäre, aus der eine Störung stammte. Das Rechtsschutzsystem war auf solche konkreten Einzeleingriffe bezogen und erlaubte nur dem Einzelnen, das Gericht hervorzurufen, und dies nur gegen bereits geschehene oder unmittelbar bevorstehende Eingriffe. Auf diese Weise kamen mögliche Betroffenheit durch den Staat und Rechtsschutz gegen ihn zur Deckung.

In Gegensatz zu Deutschland, fehlt es in Griechenland an einem speziellen Verfahren wie der Verfassungsbeschwerde, auf Grund dessen der Einzelne die öffentliche Gewalt zur Respektierung seiner individuellen Rechte zwingen kann. Wie schon dargestellt, berücksichtigen alle griechischen Gerichte Fragen der Verfassungskonformität[953]. Insofern kann sich der Rechtsschutz in Griechenland leicht zur Verfassungsmäßigkeitskontrolle verwandeln. Die wichtigste gerichtliche Kontrolle des Verwaltungshandelns ist in Griechenland die Aufhebungskontrolle durch den Staatsrat, die aber von Frankreich eingeführt wurde, wo sie hauptsächlich die Wiederherstellung der objektiven Rechtmäßigkeit der Verwaltung bezweckt, indem die Verwaltungsakte aufgehoben werden, welche die Rechte oder *„έννομα συμφέροντα"* des Antragstellers verletzen. Daraus ist erkennbar, dass das „subjektive öffentliche Recht" für die Prozessführungsbefugnis bei Aufhebungsanträgen kaum Bedeutung hat. Durch die Weite des Vorteilbegriffs kann schon der Inhaber von *„έννομο συμφέρον"* klagen, auch wenn er nicht gleichzeitig Träger eines individuellen Rechts ist[954]. Der Umfang der Einbeziehung der betroffenen Individualinteressen in den Gewährleistungsbereich des *„εννόμου συμφέροντος"* lässt sich anhand elastischer Kriterien feststellen. Als Nachteil ist nämlich jede rechtswidrige Begrenzung bzw. Einschränkung eines rechtsschutzbedürftigen Interesses zu verstehen, wobei grundsätzlich von dem Bestehen des Rechtsschutzbedürfnisses auszugehen ist. Die Funktion der in Art. 20 Gr. Verf. genannten individuellen Rechte beschränkt sich darauf, zu verdeutlichen, dass jeder Bereich der Rechtssphäre des Einzelnen geschützt werden soll.

953 Art. 93 § 4 und 87 § 2 Gr. Verf.

954 Vgl. Dagtoglou, Allgemeines Verwaltungsrecht, 207f. (auf Griechisch).

Die Tendenz, die Verwaltung einer umfassenden Kontrolle zu unterwerfen, ist unverkennbar. Auch in Deutschland begründen die Klagebefugnis nicht nur subjektive öffentliche Rechte im klassischen Sinne, sondern auch sonstige rechtlich geschützte Interessen. Dennoch sind die griechischen und deutschen Begriffe nicht identisch. Das subjektive öffentliche Recht ist Ausdruck einer Konzeption, die den Bürger als Rechtsträger gegenüber dem Staat betrachtet. In ihrer ursprünglichen Form betraf die Schutznormtheorie die Frage, ob der Bürger von der Verwaltung etwas verlangen konnte. Daraus erwuchs die Frage, ob denn die Norm individuelle Interessen schütze. Das ist in Griechenland bei den materiellen Verwaltungsstreitigkeiten der Fall[955]. Im Fall des Aufhebungsantrages deckt sich das „*έννομο συμφέρον*" auf Aufhebung eines Verwaltungsaktes nicht mit dem zur Erhebung einer Beschwerde, sondern es ist breiter und stellt demgegenüber mehr den objektiven Charakter des Prozesses in den Vordergrund, der eher gegen einen rechtswidrigen Akt als gegen eine Partei geführt wird[956].

4.2 Verhältnis „έννομο συμφέρον" – öffentliches Interesse

Der moderne demokratische Staat findet seinen Zweck nicht in sich selbst, seiner Machtentfaltung oder mythischen Erhöhung, sondern in einer Ordnung, in der Staat, Gesellschaft und die einzelnen Bürgern in der Richtung eines gemeinsamen Gemeinwohlzieles zusammenwirken. Dass der Staat als das Gemeinwesen schlechthin ausschließlich im Dienste des Gemeinwohles tätig werden darf, versteht sich heute von selbst[957]. Art. 1 § 3 Gr. Verf. bestimmt, dass alle Gewalt vom Volke ausgeht und **„υπέρ"** (= zugunsten) des Volkes und der Nation besteht[958]. Das Wohl der Allgemeinheit wird mehrmals sowohl in der griechischen Verfassung als auch im Grundgesetz erwähnt[959]. Was Gemeinwohl[960]

---

955 Was die materiellen Streitigkeiten betrifft, wurde das „*έννομο συμφέρον*" für die Erhebung der **Beschwerde** sehr viel enger als das zur Erhebung des Aufhebensantrages Erforderliche aufgefasst. (Spiliotopoulos, Verwaltungsrecht, 573f., auf Griechisch). In der Regel behält also das Gesetz das Recht auf Einlegung der Beschwerde nur den Personen vor, die unmittelbar durch den angegriffenen Verwaltungsakt wirtschaftlich oder beruflich belastet werden. Im Prinzip wird kein „*έννομο συμφέρον*" eines Dritten anerkannt (Dagtoglou, Verwaltungsprozessrecht, 474f. – auf Griechisch). Der deutsche Einfluss lässt sich eindeutig erkennen. In manchen Fällen konkretisiert das Gesetz ausdrücklich die geforderte Belastung, indem es das Beschwerderecht an die Erfüllung bestimmter formeller Voraussetzungen knüpft (s. dazu Efstratiou, in: Schwarze/Schmidt-Aßmann (Hrsg.), Das Ausmaß der gerichtlichen Kontrolle, 111 ff., 134 ff.).

956 Vgl. Siouti, Das „*έννομο συμφέρον*" beim Aufhebungsantrag, 41 (auf Griechisch).

957 Vgl. Dagtoglou, Allgemeines Verwaltungsrecht, 9; ders., Öffentliches Interesse und Verfassung, ToS 1986, 425 (428f.) (auf Griechisch); Maurer, Allgemeines Verwaltungsrecht, 5.

958 Vgl. Art. 20 Abs. 2 GG.

959 Vgl. Art. 14 Abs. 2 GG; Art. 17 § 1 S. 2 Gr. Verf.: „Die sich daraus (=Eigentum) erge-

inhaltlich sei, ist von Anfang an streitig. Das gilt sowohl für die Abgrenzung zum Eigenwohl oder Eigennutz und für das Verhältnis zwischen den Interessen des Individuums, der Gruppe, der Institutionen und des Staats als auch für die Aufteilung der Rechte und Pflichten. Das Gemeinwohl ist keine vorgegebene Größe. Mit ihm verbinden sich keine bestimmten Inhalte oder Ziele. Es bedarf vielmehr der Bestimmung im politischen Prozess. In einer freiheitlichen Demokratie kann man darauf vertrauen, dass politische Entscheidungen dem Gemeinwohl dienen, wenn sie demokratisch zustande gekommen sind. Merkmal der öffentlichen Verwaltung ist zunächst, dass sie im öffentlichen Interesse handelt und demgemäß auch zuständig für das Ausgleichen des Verhältnisses zwischen Individualinteressen und Gemeinwohl ist – immer im Rahmen der Verfassung und der Gesetze. Die Entscheidung darüber, welche individuellen Interessen anerkannt werden sollen und wie sie gegen die Interessen anderer und gegen die Gemeinschaftszwecke abgegrenzt bzw. mit ihnen vermittelt werden sollen, fällt im objektiven Recht.

Das deutsche Rechtsschutzsystem ist, wie schon mehrmals angesprochen, ein Produkt des Liberalismus. In einer auf den Individualrechtsschutz orientierten Rechtsordnung verwirklichte sich die Gefahrenabwehr anhand von konkreten unzulässigen staatlichen Eingriffen in die individuelle Interessensphäre, aus der eine Störung stammte. Rechtlich anerkannte Interessen, die der Einzelne nicht als seine besonderen Interessen innehat, sondern mit allen anderen teilt, werden nicht über die Zuerkennung subjektiver Rechte, sondern im objektiven Recht umgesetzt und als Sachwalter solcher Allgemeininteressen tritt **nur** der Staat ein.

Dabei wird aber meines Erachtens das Verhältnis zwischen Individual- und Allgemeininteresse verkannt: das öffentliche Interesse ist nichts anderes als die private Interessen zahlreicher Personen, die zum Gegenstand des Allgemeininteresses geworden sind, damit sie effektiver durchgesetzt werden können[961].

---

benden Rechte dürfen jedoch nicht dem allgemeinen Interesse zuwider ausgeübt werden“; Art. 106 § 2 Gr. Verf.: „Die private wirtschaftliche Initiative darf nicht zu Lasten der Freiheit und der Menschenwürde oder zum Schaden der Volkswirtschaft entfaltet werden“; Art. 25 § 2 Gr. Verf.: „Die Anerkennung und der Schutz der grundlegenden und immerwährenden Menschenrechte durch den Staat ist auf die Verwirklichung des gesellschaftlichen Fortschritts in Freiheit und Gerechtigkeit gerichtet“; Art. 33 § 2 Gr. Verf.: „Der Präsident der Republik leistet bei seinem Amtsantritt vor dem Parlament den folgenden Eid: Ich schwöre […] dem allgemeinen Interesse des griechischen Volkes zu dienen“ und Art. 56 Abs. 2, 64 Abs. 2 GG; s. auch Art. 87e Abs. 4 GG.

960 Latein: bonum commune, Griechisch: ***δημόσιο συμφέρον*** (dimosio symferon = öffentliches Interesse) oder ***γενικό συμφέρον*** (geniko = allgemein) oder ***εθνικό συμφέρον*** (ethniko = national): die Begriffe sind synonym, sie verleihen aber von Fall zu Fall unterschiedlichen Nachdruck. Dazu Dagtoglou, Allgemeines Verwaltungsrecht, 147 ff. (auf Griechisch).

961 Vgl. Bleckmann, Die Klagebefugnis im verwaltungsgerichtlichen Anfechtungsverfahren, Entwicklung der Theorie des subjektiven öffentlichen Rechts, VBlBW 1985, 361

Das Demokratieprinzip beinhaltet zwar den Grundsatz, dass die Allgemeininteressen des Volkes nur durch die demokratisch legitimierten Staatsorganen definiert und durchgesetzt werden können; dass aber im Fall der in Allgemeininteressen umgewandelten Individualinteressen nur der Staat, und nicht etwa auch noch die Individuen zu ihrer Durchsetzung zuständig sind, ist nicht als selbstverständlich zu erachten. Darüber hinaus beschränkt sich der moderne Staat nunmehr nicht auf die Garantie einer vorausgesetzten Ordnung, sondern unternimmt allmählich eine planmäßige Gestaltung, indem er beispielsweise Leistungen vergibt oder Rahmenbedingungen verändert[962]. Im Gegensatz zur klassischen Eingriffsverwaltung erzeugt typischerweise die moderne Exekutive durch diese Aktivitäten keine Einzelbetroffenheit, sondern Gruppenbetroffenheit. Andererseits besteht damit, dass der Staat als Sachwalter der Allgemeininteressen eintritt, freilich noch keine Gewähr, dass er diese Interessen auch stets wahrnimmt. Unterlässt es der Staat, die ihm gesetzlich auferlegten Handlungspflichten zu erfüllen, dann verstößt er zwar gegen objektives Recht, dieser Verstoß verdichtet sich jedoch nur sporadisch zur Verletzung eines subjektiven Rechts im deutschen Sinne. Dadurch werden die Interessen des Einzelnen nichtsdestoweniger nachhaltig berührt. Es entsteht mithin eine Rechtsschutzlücke in denjenigen Fällen, wo rechtswidriges Verhalten des Staates rechtlich geschützte Interessen verletzt, die sich aber nicht als subjektive, sondern als allgemeine Interessen darstellen und daher keinen partikulären Kläger finden können. Es stellt sich infolgedessen die Frage, ob auch der Einzelne Träger von allgemeinen bzw. öffentlichen Interessen sein soll, bzw. ob private und öffentliche Belange überhaupt zu trennen sind[963].

Die griechische Verfassung zeichnet sich dadurch besonders aus, dass sie einen ausführlichen Katalog sozialer Verfassungsrechte aufgestellt hat[964]. Die rechtliche Qualität sozialer Rechte im Verfassungsstaat hat, besonders in Deutschland, zu spezifischen juristischen Auseinandersetzungen geführt[965]. Das

---

(362).

962 Dagtoglou, Allgemeines Verwaltungsrecht, 10 ff. (auf Griechisch); Erichsen, Freiheit - Gleichheit - Teilhabe, DVBl. 1983, 289; Maurer, Allgemeines Verwaltungsrecht, 15 ff.

963 Ladeur, Die Schutznormtheorie – Hindernis auf dem Weg zu einer modernen Dogmatik der planerischen Abwägung?, UPR 1984, 1 (5f).

964 Dazu Dagtoglou, Individuelle Rechte, Bd. A, 56f. (auf Griechisch); ausführlich zu den sozialen Grundrechten in der griechischen Rechtsordnung s. Iliopoulos – Strangas, Der Schutz der sozialen Grundrechte in der griechischen Rechtsordnung, in Bundesministerium für Arbeit und Sozialordnung u.a., Soziale Grundrechte in der EU, 149 ff.

965 Vgl. Badura, Das Prinzip der sozialen Grundrechte und seine Verwirklichung im Recht der Bundesrepublik Deutschland, Der Staat 1975, 17 ff.; Brunner, Die Problematik der sozialen Grundrechte, passim; Isensee, Verfassung ohne soziale Grundrechte, Der Staat 1980, 367; Leibholz, Die Problematik der sozialen Grundrechte, in: Strukturprobleme der modernen Demokratie, passim; Müller, Soziale Grundrechte in der Verfassung? passim; Lücke, Soziale Grundrechte als Staatszielbestimmungen und Gesetzgebungs-

deutsche Grundgesetz hat auf die Verankerung sozialer Grundrechte nahezu verzichtet. Auf soziale Ziele ausgerichtete Verfassungsaufträge kennt zwar auch das Grundgesetz. Art. 20 Abs. 1 und Art. 28 Abs. 1 S. 1 GG definieren die Bundesrepublik Deutschland als einen nicht nur demokratischen, föderalen und rechtsstaatlichen, sondern auch „sozialen“ Staat[966]. Dem Sozialstaatsprinzip und der Verpflichtung der Haushaltswirtschaft auf das gesamtwirtschaftliche Gleichgewicht wird aber für sich genommen nur objektiv-rechtliche Bedeutung zugeschrieben[967]. Die griechische Verfassung enthält hingegen sowohl sehr allgemein gehaltene Rechte[968] als auch konkrete Rechtspositionen, die ebenso das Grundgesetz zum Teil als einklagbare Grundrechte definiert[969]. Weiterhin zählen zu diesen sozialen Verfassungsrechten auch solche Rechte, die einen sehr präzisen Gegenstand haben, wie das „Recht“ auf Bildung (Art. 16 § 4 S. 1)[970], der „Anspruch“ auf Arbeit (Art. 22 § 1 S. 1)[971], der „Anspruch“ kinderreicher

---

aufträge, AöR 1982, 15; Tomandl, Der Einbau sozialer Grundrechte in das positive Recht, passim; die Debatte über die Notwendigkeit sozialer Grundrechte und ihr Verhältnis zu den klassischen Freiheitsrechte spiegelte sich zuletzt in den Auseinandersetzungen über das Kapitel IV der europäischen Grundrechtecharta: dazu Langenfeld, Gehören soziale Grundrechte in die Grundrechtecharta?, FS Ress, 599 m.w.N.

966 Darin liegt ein Verfassungsauftrag an alle staatlichen Gewalten, im Rahmen ihrer Kompetenzen für eine gerechte Sozialordnung zu sorgen. Eingeschlossen darin ist der Auftrag, für einen Ausgleich sozialer Gegensätze zu sorgen; vgl. Hofmann in Schmidt-Bleibtreu/Klein, GG, 10. Aufl., Art. 20, Rnn. 29 ff.

967 BVerfGE 33, 303; E 6, 385, E 13, 17; E 14, 51; E 17, 258; E 48, 79.

968 Wie z.B. das Recht auf Schutz der Gesundheit (Art. 21 § 3 HS 1 Gr. Verf.: „Der Staat sorgt für die Gesundheit der Bürger.“), das Recht auf Schutz der Umwelt (Art. 24 Gr. Verf.), das Recht auf eine Wohnung (Art. 21 § 4 Gr. Verf.: „Die Beschaffung von Wohnungen für Obdachlose oder ungenügend Untergebrachte ist Gegenstand der besonderen Sorge des Staates.“).

969 Dazu gehören z.B. Art. 21 § 1 („Die Familie als Grundlage der Aufrechterhaltung und Förderung der Nation sowie die Ehe, die Mutterschaft und das Kindesalter stehen unter dem Schutz des Staates.“) und Art. 22 § 5 („Der Staat sorgt für die Sozialversicherung der Arbeitenden; das Nähere regelt ein Gesetz.“) Gr. Verf. Art. 6 Abs. 1 GG, der Ehe und Familie „unter den besonderen Schutz der staatlichen Ordnung“ stellt, und Art. 6 Abs. 5 GG, der die Gesetzgebung verpflichtet, unehelichen Kindern die gleichen Bedingungen für ihre leibliche und seelische Entwicklung und ihre Stellung in der Gesellschaft zu schaffen wie ehelichen, beinhalten nach stetiger Rechtsprechung des BVerfG (zu Art. 6 Abs. 1 GG, der zugleich das Rechtsinstitut „Familie“ schützt, grundlegend BVerfGE 6, 55, 72 f. und 76; zu Art. 6 Abs. 5 GG s. BVerfGE 25, 167, 173) sowohl einen objektivrechtlichen Schutzbeziehungsweise Gleichstellungsauftrag als auch korrespondierende individuelle Grundrechte.

970 „Alle Griechen haben das Recht auf kostenlose Bildung in allen ihren Stufen in den staatlichen Unterrichtsanstalten.“

971 „Die Arbeit ist ein Recht und steht unter dem Schutz des Staates, der für die Sicherung der Vollbeschäftigung und für die sittliche und materielle Förderung der arbeitenden ländlichen und städtischen Bevölkerung sorgt.“

Familien, Versehrter aus Krieg und Frieden, Kriegsopfer, Waisen und Witwen der im Kriege Gefallenen sowie der an unmittelbaren körperlichen oder geistigen Krankheiten Leidenden auf staatliche Fürsorge (Art. 21 § 2).

Die Verfassungsbestimmungen über die sozialen Rechte werden im Allgemeinen als an den Gesetzgeber gerichtete Aufträge formuliert, mit denen das allgemeine Wohlfahrtsstaatsziel für bestimmte Bereiche oder Fragen konkretisiert wird. Sie begründen dadurch zahlreiche „öffentliche Interessen", die jedoch weder objektiv noch subjektiv bestimmt sind. Objektiv sind diese Interessen unbestimmt, weil weder der Gegenstand der garantierten Leistung noch die zur Leistung verpflichtete Person eindeutig aus der Norm entnommen werden können. Sie sind weiterhin subjektiv unbestimmt, da sie zumeist Gesellschaftsgruppen, und nicht Einzelpersonen berechtigen. Unklar bleibt daher, ob aus diesen Gruppeninteressen konkrete Individualinteressen zu entnehmen sind, die dem Einzelnen als *„έννομα συμφέροντα"* die Klagemöglichkeit eröffnen.

Als *„έννομο συμφέρον"* kann **jedes** Interesse in Frage kommen, das durch die Rechtsordnung geschützt ist. So schützen z.B. allgemein den Umweltschutz sichernde Normen in Griechenland auch das Interesse des Einzelnen für eine saubere Umwelt und bauordnungsrechtliche Bestimmungen sichern auch das Interesse des Einzelnen an einer geregelten Nutzung des Bodens. Diese positive Auswirkung stellt sich als Rechtsreflex und damit als *„έννομο συμφέρον"* dar. Dies widerspricht nicht dem Erfordernis des persönlichen *„εννόμου συμφέροντος"*, da dieses Merkmal sowohl bei den strikt persönlichen wie auch bei den allgemeinen Interessen, die den Bürger als Mitglied der Gemeinschaft treffen, erfüllt ist. Der Einzelne kann nämlich die Beachtung der Norm nicht um ihrer selbst willen verlangen, sondern er muss durch das angegriffene Verwaltungshandeln tatsächlich, feststellbar und nicht nur geringfügig beeinträchtigt sein.

Die entsprechenden deutschen Bestimmungen haben zwar auch die gleiche allgemeine Schutzfunktion, aus dieser allgemeinen Funktion werden jedoch grundsätzlich nicht ein subjektives Recht und die Klagebefugnis abgeleitet. Entscheidend ist in Deutschland vielmehr die individuell schützende Zielrichtung der Vorschrift. Der Schutznormcharakter einer Bestimmung hängt davon ab, ob die Norm erstens überhaupt individuelle Interessen schützt und zweitens, ob sich ein Kreis qualifiziert Betroffener oder ein sonst überschaubarer Personenkreis entnehmen lässt, der sich von der Allgemeinheit unterscheidet. Das erste Kriterium führt dazu, dass die Zuerkennung von subjektiven Rechten letztlich ausschließlich der Entscheidung des Richters überantwortet wird. Die Definitionsmacht des Staates bzw. des Gerichts bei der Einordnung von Interessen als Individual- oder Allgemeininteressen ist aber aus verfassungsrechtlicher Sicht fraglich[972]. Das zweite Kriterium führt darüber hinaus dazu, dass man bei einer größeren Zahl von darunter fallenden Subjekten in Verwirrung gerät.

---

972 Vgl. Blankenagel, Klagefähige Rechtspositionen im Umweltrecht – Vom subjektiven

In Griechenland hingegen wird bei der Ermittlung des *„εννόμου συμφέροντος“* auf die allgemeine Schutzfunktion einer Bestimmung abgestellt. Das bedeutet aber nicht, dass die Klagemöglichkeiten im Bereich des Schutzes von allgemeinen Interessen, wie z.B. des Umweltschutzes, völlig freigegeben sind. Der bloße Verstoß gegen eine Rechtsnorm reicht nicht aus, es muss die einzelfallbezogen zu ermittelnde konkrete Beeinträchtigung als Voraussetzung hinzukommen.

Die Rechtsprechung in Deutschland versteht den Drittschutz in dem Sinne „absolut“, dass die Schutznorm Abwehrrechte vermittelt, ohne dass es auf jedwede tatsächliche Betroffenheit ankommt[973]. Die Existenz eines subjektiven Rechts teilt damit die Betroffenen bzw. die sich betroffen fühlenden Einzelnen in solche, die klagen können, und solche, die es nicht können. Die erforderliche Individualisierung ist aber nicht bei der abstrakten Ermittlung der Schutzwirkung einer Norm vorzunehmen, sondern in der konkreten Beeinträchtigung des Klägers zu suchen. Dogmatische Klarheit ließ sich erreichen, wenn die abstrakt zu ermittelnde Frage der Drittschutzwirkung einer Norm von der einzelfallbezogen zu beantwortetenden Frage nach dem konkret betroffenen Personenkreis unterschieden würde. Das ist der Fall in Griechenland.

Einen anderen Weg für den Schutz der öffentlichen Interessen bzw. die Verwirklichung und Durchsetzung der sozialen Verfassungsrechte kann der Gesetzgeber durch die Einrichtung der actio popularis gehen[974]: Der Kläger muss keine Verletzung von Rechten oder Interessen nachweisen, die aktive Prozessführungsbefugnis entfällt insofern als Prozessvoraussetzung. Eine Pflicht des Gesetzgebers zur Einrichtung von Popularklagen ergibt sich aus der Rechtsschutzgarantie allerdings nicht. Dabei stellt die Rechtsschutzgarantie des Art. 19 Abs. 4 GG in Deutschland lediglich Mindestanforderungen an den Gesetzgeber[975]. Art. 19 Abs. 4 GG garantiert die Verletztenklage, schließt jedoch nicht aus, dass sich der einfache Gesetzgeber für die Popular- oder Interessentenklage entscheidet[976]. Das Gleiche gilt auch für Griechenland. Wie schon dargestellt, votiert die Systementscheidung für eine mittlere Lösung zwischen objektiv- und

---

Recht eines Individuums zum Recht eines individualisierten Subjekts, Die Verwaltung 1993, 1 (23).

973 Kritisch dazu Wahl, Der Nachbarschutz im Baurecht, JuS 1984, 577 (586).

974 Das ist z.B. der Fall in Spanien und Portugal, wo die Popularklage sehr verbreitet ist.

975 Battis/Weber, Zum Mitwirkungs- und Klagerecht anerkannter Naturschutzverbände – BVerwGE 87, 63, JuS 1992, 1012 (1016); Schulze-Fielitz, in Dreier (Hrsg.), GG Kommentar, 2. Aufl., Bd. I, Art. 19 Abs. 4, Rn. 79; Wahl, in: Schoch/Schmidt-Aßmann/Pietzner, VwGO Kommentar, Stand 2004, Vorb. § 42 Abs. 2, Rn. 11 ff.; Sodan, in Sodan/Ziekow, VwGO, § 42, Rn. 358; vgl. BVerwGE 87, 62 (72); E 89, 28 (35f.).

976 Contra Lorenz, Die verfassungsrechtlichen Vorgaben des Art. 19 Abs. 4 GG für das Verwaltungsprozessrecht, FS Menger, 143 (148 ff.).

subjektivrechtlicher gerichtlicher Kontrolle. Die Rechtsschutzgarantie fordert ein bestimmtes Interesse, das mehr als ein reines Legalitätsinteresse sein soll: im Mittelpunkt steht eine Beschwer des Klägers. Art. 20 Gr. Verf. gewährt jedoch nur einen Mindeststandard. Ein weitergehender Rechtsschutz ist infolgedessen nicht verboten.

Die Anerkennung des kollektiven Interesses als *„έννομο συμφέρον"* macht dennoch die Bürgerklage in Griechenland entbehrlich. Das *„έννομο συμφέρον"* ist andererseits immer vom bloßen Legalitätsinteresse abzugrenzen, da dem Antragsteller nur der Schutz seiner eigenen *„εννόμων συμφερόντων"* gewährt wird. „Eigene" können im griechischen Sinne auch die Interessen einer juristischen Person sein. Art. 47 Abs. 1 und 2 des Staatsratsgesetzes beziehen sich ausdrücklich auf die juristischen Personen. Über die Figur des kollektiven Interesses ließ sich in Griechenland die altruistische Verbandsklage, die in Deutschland nur in gesetzlich gesondert normierten Fällen zulässig ist, ohne spezielle Regelung konstruieren. Darüber hinaus können aber auch nicht-verbandlich organisierte, sondern ad hoc gebildete Gruppen, die aus Anlass gemeinsamer Betroffenheit durch bestimmte staatliche Maßnahmen entstehen, ein kollektives Interesse geltend machen und den Aufhebungsantrag stellen.

3. TEIL: BESONDERHEITEN IM UMWELTRECHT

Der Umweltschutzmechanismus hat seine Grundlage vor allem in der Betätigung und gegenseitigen Kontrolle der zuständigen Behörden. Sowohl die deutsche wie auch die griechische Rechtsordnung kennt die allgemeine Pflicht der öffentlichen Gewaltträger, die Umwelt zu schützen. Die staatliche Pflicht zum Umweltschutz ist in den Verfassungen beider Vergleichsländer verankert[977] und schlägt sich in den existenten Umweltgesetzen nieder. Zweck dieser Gesetze ist der Schutz der Umwelt durch **objektivierte** Normen. Dieser Ansatz birgt jedoch eine Vielzahl von Problemen in sich.

Nicht zu jeder tatsächlichen Umweltbedrohung existiert ein Gesetz, das adäquaten Schutz verbürgt. Die Objektivierung des Umweltschutzes kann darüber hinaus zu unbefriedigenden Ergebnissen führen: Nicht die Betroffenen haben das Recht der Verfolgung eines Umweltsünders, sondern nur die hoheitlichen Behörden, die jedoch bei weitem nicht jeden Verstoß registrieren und ahnden können.

Über die staatliche Pflicht zum Schutz der Umwelt hinaus gewinnt deshalb der Umweltschutz eine individuelle bzw. kollektive Dimension. Die erhebliche Verschlechterung im Naturhaushalt wird in dem starken Umweltbewusstsein der Bevölkerung reflektiert [978]. Folgerichtig erhebt sich die Frage nach den Möglichkeiten des Einzelnen, seine ökologische Besorgnis über Sachverhalte, die sein Leben maßgeblich zu beeinflussen vermögen, zum Ausdruck zu bringen. Dass die Einhaltung der Umweltschutzvorschriften gerichtlich überprüfbar sein soll, versteht sich von selbst. Die entscheidende Frage lautet, ob eine einzelne Person bzw. eine Personenvereinigung, die sich für den Umweltschutz einsetzt, eine gerichtliche Kontrolle überhaupt auslösen können soll, indem sie Zugang zu Gerichten erhält.

Es wurde schon dargestellt, dass der Zugang zu den Verwaltungsgerichten von der Existenz eines Klageinteresses abhängt. Voraussetzung für die Erhebung einer Drittklage, sowohl in Deutschland, wie auch in Griechenland, ist ein Eingriff in die „subjektiven öffentlichen Rechte“ bzw. *„έννομα συμφέροντα“* gerade des Klägers, da andernfalls der Rechtsweg versperrt bleibt. Für den Schutz der

977 Gemäß Art. 20a GG ist der Staat verpflichtet, „die natürlichen Lebensgrundlagen“ zu schützen. Gemäß Art. 24 § 1 S. 1 Gr. Verf. ist der Schutz „der natürlichen und der kulturellen Umwelt“ Pflicht des Staates.

978 Vgl. wie die Europäer sich selbst sehen: European Commission, The attitudes of European citizens towards environment (Fieldwork November 2004, Publication April 2005), abrufbar auf Englisch unter: <http://europa.eu.int/comm/environment/barometer/report_ebenv_2005_04_22_ en.pdf>.

Umwelt bedeutet dies dann freilich, dass der Ansatz eines Rechtsschutzsystems, das mindestens auch individualrechtsschutzorientiert ist, Umweltbelange nur so weit erfassen kann, als diese sich mit den subjektiven Rechten bzw. legitimen Interessen Einzelner decken. Im Folgenden ist mithin das Einbeziehen des Umweltschutzes im klagebefähigenden „subjektiven öffentlichen Recht" bzw. *„έννομο συμφέρον"* zu erörtern.

Die Darstellung der Kriterien, die ein *„έννομο συμφέρον"* stützen, deutet an, dass die Aufnahme des Umweltschutzes in die aktive Prozessführungsbefugnis in Griechenland auf keine größeren Schwierigkeiten stoßen sollte. An erster Stelle kommt es nicht darauf an, dass „subjektive öffentliche Rechte" auf dem Spiel stehen. Damit ist ein entscheidendes Hindernis überwunden, das sich in Deutschland gegen Umweltschutzklagen aufstellt. Die Frage nach der Gewährleistung eines individuellen Rechts auf die Umwelt bzw. auf Umweltschutz bleibt dennoch auch in Griechenland von Bedeutung, weil sie der Begründung des persönlichen Charakters des *„εννόμου συμφέροντος"* dient: die Beeinträchtigung von Umweltgütern bringt dann auch die Beeinträchtigung eines Privatrechtgutes mit sich, was das Vorliegen eines den Rechtsweg öffnenden persönlichen Interesses zur Folge hat.

1. Definitionsbemühungen

Der rechtliche Wert eines individuellen Rechts ist davon abhängig, dass die Praxis in Gesetzgebung, Rechtsprechung und Wissenschaft den Verfahren juristischer Argumentation und Begründung entspricht. Zu diesen Verfahren gehört beispielsweise, dass sorgfältig danach unterschieden wird, ob und gegen wen Rechtsbestimmungen Ansprüche Einzelner begründen und ob und mit welcher Bindungskraft Rechtsbestimmungen Programme, Richtlinien oder Aufträge für die politisch bestimmte Gesetzgebung aussprechen. Rechtliche Bindung kann nur durch einen normativen Maßstab erreicht werden, der rechtlich eine greifbare und für den Richter handhabbare Regelung oder Richtlinie darstellt und der inhaltlich hinreichend bestimmt ist[979].

„Umwelt" und „Umweltschutz" sind Wörter, die im täglichen Sprachgebrauch als selbstverständlich erscheinen. Trotz häufiger Berufung auf die Umwelt und ihren Schutz entzieht sich allerdings die Frage „was ist eigentlich die Umwelt? einer klaren und allgemein akzeptablen Beantwortung. Als Grundbestandteile dieser Untersuchung ist zunächst zu definieren, was überhaupt den Inhalt dieser Begriffe ausmacht. Dabei ist zu berücksichtigen, dass mit diesen

---

979 Vgl. Badura, Das Prinzip der sozialen Grundrechte und seine Verwirklichung im Recht der Bundesrepublik Deutschland, Der Staat 1975, 25.

Grundbegriffen unterschiedliche Vorstellungen assoziiert werden können und auch individuell verschieden ist, was der Einzelne unter seiner Umwelt versteht. Je nach Verwendungszweck variieren auch die Begriffsbestimmungen. Der im Folgenden vorgenommene Definitionsversuch soll der schrittweisen Annäherung an unterschiedliche Auffassungen über Wesen und Bedeutung des Individualrechtsschutzes im Umweltrecht dienen.

1.1 „Umwelt"

1.1.1 Extensiver oder restriktiver Umweltbegriff?

Umwelt im weitesten Sinne ist die Gesamtheit der äußeren Lebensbedingungen, die auf eine bestimmte Lebenseinheit, sei es ein Individuum oder eine Lebensgemeinschaft, einwirkt[980]. Diese Begriffsbestimmung erfasst das gesamte Artenspektrum. Im naturwissenschaftlichen Sinne werden tatsächlich Menschen und sonstige Lebewesen als gleichwertig nebeneinander gestellt. Im juristischen Sinne wird dennoch das Wort „Umwelt" überwiegend anthropozentrisch gebraucht, d.h. in den Mittelpunkt wird der Mensch gestellt. Dies lässt sich unter dem Blickwinkel der verfassungsrechtlichen Rechtsordnung erklären: In das Zentrum des Wertesystems, sowohl in Deutschland[981] wie auch in Griechenland[982], ist von Verfassung wegen die Würde des Menschen als höchstes Wert gestellt. Für den Begriff Umwelt bedeutet dies, dass hiermit die Umwelt des Menschen als Rechtsgut gemeint ist[983].

Der Umweltbegriff leidet unter Mehrdeutigkeit[984]: einer Ansicht nach wird die Umwelt nur im Zusammenhang mit Verschmutzungsproblemen definiert. Diese Ansicht erweist sich dennoch als zu eng. Der Begriff „Umwelt" darf nicht auf den Kampf gegen die Umweltverschmutzung herabgesetzt werden. Nach einer zweiten Auffassung betrifft die Umwelt die Beziehung zwischen Menschen und Natur[985]. Nach einer noch weiter gefassten Definition berührt der Umwelt-

---

980 Hoppe/Beckmann/Kauch, Umweltrecht, 3.

981 Art. 1 Abs. 1 GG.

982 Art. 2 § 1 Gr. Verf.

983 Vgl. Peters, Art. 20a GG – Die neue Staatszielbestimmung des Grundgesetzes, NVwZ 1995, 555; Sannwald, in Schmidt-Bleibtreu/Klein, GG, 10. Aufl., Art. 20a, Rn. 17; Schulze-Fielitz, in Dreier (Hrsg.), GG-Kommentar, Bd. II, 1998, Art. 20a, Rn. 25; vgl. Murswiek, in Sachs, GG-Kommentar, 3. Aufl., Art. 20a, Rnn. 22 ff.; s. auch den Schlussbericht der GVK vom 28. 10.1993, BT-Drs. 12/6000, S. 65 ff.; vgl. Koutoupa – Rengakos, Umweltrecht, 4f. und Siouti, Der verfassungsrechtliche Umweltschutz, 16f. (auf Griechisch).

984 Vgl. dazu Siouti, Der verfassungsrechtliche Umweltschutz, 17 ff. (auf Griechisch).

985 Zur Unterscheidung zwischen „Umwelt" und „Natur" s. Siouti, in Kasimatis/Maurias (Hrsg.), Kommentar, I, Art. 24 Rn. 2; Siouti, Der Naturschutz in der Rechtsprechung des Staatsrates, in FS StE zum 75. Jubiläum, 1205 (alles auf Griechisch).

begriff sämtliche Lebensbereiche des Menschen. Der Begriff Umwelt umfasst insofern alle existenzbestimmenden Faktoren, die die physischen, psychischen, technischen, ökonomischen und sozialen Bedingungen und Beziehungen des Menschen bestimmen.

Für die vorliegende Untersuchung ist dennoch der zuletzt erwähnte generelle Begriff wenig angebracht. In der Umweltpolitik und im Umweltrecht ist ein konturierter Begriff sinnvoller, der als rechtlich handhabbares Instrument dem Interessenausgleich bzw. der Konfliktlösung zu dienen bestimmt ist. Die generelle Umweltdefinition kann daher in verschiedene Begriffe aufgeteilt werden[986]: Die „soziale" Umwelt beschreibt demnach das soziale Umfeld des Individuums (z.B. menschliche Beziehungen, staatliche Institutionen, kulturelle und wirtschaftliche Einrichtungen), die „räumliche" Umwelt die lokale vom Menschen geschaffene gegenständliche Umgebung (z.B. Stadt, Wohngebäude, Straßen, Maschinen) und die „natürliche" Umwelt die natürlichen Lebensgrundlagen des Menschen. Im Umweltrecht dominiert der restriktive ökologische Umweltbegriff, der die Situation der „natürlichen Umwelt" beschreibt.

Der Begriff „natürliche Lebensgrundlagen des Menschen" kann daher (und wird auch häufig) als synonym des Begriffes „Umwelt" gebraucht werden[987]. Da das menschliche Leben im naturwissenschaftlichen Sinne einen Teilbereich der Biosphäre – d.h. der Gesamtheit der von Lebewesen besiedelten Schichten der Erde – darstellt, bietet es sich an, als dessen „Grundlagen" zunächst das biologisch-physische Umfeld zu bezeichnen, das für seine Erhaltung notwendig ist. Mit dem Begriff „Umwelt" sind infolgedessen die Umweltmedien Boden (und Bodenschätze), Luft und Wasser, die klimatischen Bedingungen, die Biosphäre und deren Beziehungen untereinander sowie zu den Menschen gemeint[988]. Ob auch die ästhetische Qualität der Landschaft zu den natürlichen Lebensgrundlagen gehört, wird in Deutschland nicht einheitlich beantwortet[989].

---

986 Hoppe/Beckmann/Kauch, Umweltrecht, 3; Sparwasser/Engel/Vosskuhle, Umweltrecht, 4f.

987 Vgl. Hoppe, Menschenwürdegarantie und Umweltschutz, in FS Kriele, 219 (227); Kloepfer, Umweltrecht, 17: „Umwelt" bedeutet die natürlichen elementaren Lebensgrundlagen des Menschen.

988 Hoppe/Beckmann/Kauch, Umweltrecht, 4; Jarass, in Jarass/Pieroth, Grundgesetz, 6. Aufl., Art. 20a, Rn. 2; Kloepfer, im BK, GG, Art. 20a, Rn. 50; ders., Umweltrecht, 17; Murswiek, in Sachs, GG-Kommentar, 3. Aufl., Art. 20a, Rnn. 30f.; ders., Staatsziel Umweltschutz (Art. 20a GG), NVwZ 1996, 222 (225); Schulze-Fielitz, in Dreier (Hrsg.), GG-Kommentar, Bd. II, 1998, Art. 20a, Rn. 28; Sparwasser/Engel/Vosskuhle, Umweltrecht, 5.

989 Das BVerwG rechnet auch die ästhetische Qualität der Landschaft zu den natürlichen Lebensgrundlagen: BVerwG, NJW 1995, 2648; so auch Murswiek, in Sachs, GG – Kommentar, 3. Aufl., Art. 20a, Rn. 30; vgl. auch Lücke, Das Grundrecht des Einzelnen gegenüber dem Staat auf Umweltschutz, DÖV 1976, 290; Rehbinder, Grundfragen des Umweltrechts, ZRP 1970, 252, die für die Einbeziehung auch immaterieller Kompo-

In Griechenland dagegen werden unter „Umwelt“ alle Umstände und Elemente subsumiert, die u.a. auch die Ästhetik beeinflussen[990].

Was den Begriff des „Natürlichen“ angeht, wäre es verfehlt, ihn im Sinne einer unberührten Natur zu definieren, wo jeglicher menschlicher Eingriff fehlt. Von jeglicher Nutzung und Bewirtschaftung freie Ökosysteme und noch nicht von menschlicher Zivilisierung erfasste Regionen sind auf der Erde kaum noch zu finden. Im Hinblick auf die tatsächlichen Umstände erscheint es vielmehr als angebracht, von einem Umweltbegriff auszugehen, der auch die wenigen verbliebenen Reservate einer noch unberührten Natur, im Wesentlichen jedoch die vom Menschen gestaltete „Kulturlandschaft“ erfasst, die aus Flora, Fauna, Boden, Luft, Wasser und Ressourcen besteht, insofern sie mit den natürlichen Umweltmedien eine Einheit bildet, deren ausgerichtete Funktionsfähigkeit für den Menschen von existenzieller Bedeutung ist[991]. Soziale, kulturelle und politische Einrichtungen sowie die vom Menschen hergestellten Gegenstände, wie z.B. Wohngebäude, bleiben hiervon weiterhin ausgeschlossen[992]. Als „natürliche Umwelt“ im juristischen Sinne ist somit die biologisch-physische Lebenssphäre des Menschen, sowohl in ihrer von ihm unberührten wie auch in ihrer von ihm gestalteten Form zu verstehen, die für die Erhaltung des menschlichen Lebens notwendig ist.

Dabei muss beachtet werden, dass es nicht genügt, einzelne Bestandteile der natürlichen Lebenswelt aufzuzählen: die natürliche Umwelt ist nicht bloß eine Summe von Einzelelementen, sondern ein integriertes Ganzes[993]. Der Begriff „Umwelt“ erhält damit eine Dimension, die weit über die nähere und weitere

---

nenten in einen verfassungsrechtlichen Umweltschutz plädieren; **a.A.** Schütz, Artemis und Aurora vor den Schranken des Bauplanungsrechts, JuS 1996, 498 (503); Steiger, Verfassungsrechtliche Grundlagen, in: Grundzüge des Umweltrechts, Lfg. 1997, 02, Rn. 66; Vesting, § 35 III BauGB zwischen Umweltschutz und Kunstfreiheit, NJW 1996, 1111 (1113); Wolf, Gehalt und Perspektiven des Art. 20a GG, KritV 1997, 280 (286).

990 Vgl. die Legaldefinition der Umwelt in Art. 2 § 1 N. 1650/1986. Auch das UNESCO-Übereinkommen von 1972 zum Schutz des Kultur- und Naturerbes der Welt (abrufbar unter: <http://www.unesco.de/c_bibliothek/welterbekonvention.htm>, versteht unter **„Naturerbe“**, das der Menschheit erhalten bleiben muss, Naturgebilde und Naturgebiete, die auch aus ästhetischen Gründen bzw. ihrer natürlichen Schönheit wegen von außergewöhnlichem universellem Wert sind (Art. 2).

991 Hoppe/Beckmann/Kauch, Umweltrecht, 4; Kloepfer, im BK, GG, Art. 20a, Rn. 52; Karakostas, Neue Entwicklungen des Umweltschutzes im griechischen Zivilrecht, ZfU 1990, 295 (296); vgl. Schulze-Fielitz, in Dreier (Hrsg.), GG – Kommentar, Bd. II, 1998, Art. 20a, Rn. 28; Steiger, Verfassungsrechtliche Grundlagen, in: Grundzüge des Umweltrechts, Lfg. 1997, 02, Rn. 62; s. auch Siouti, Der verfassungsrechtliche Umweltschutz, 20 (auf Griechisch).

992 Vgl. Kloepfer, im BK, GG, Art. 20a, Rn. 52.

993 Steiger, Verfassungsrechtliche Grundlagen, in: Grundzüge des Umweltrechts, Lfg. 1997, 02, Rn. 54.

Umgebung eines einzelnen Menschen hinausreicht. Er umfasst ganze Regionen und schließlich die gesamte Erde und wird so zum globalen Umweltbegriff.

1.1.2 Normative Umweltbegriffe

Gemäß Art. 20a GG ist der Staat verpflichtet, „die natürlichen Lebensgrundlagen" zu schützen[994]. Während der parlamentarischen Diskussion in Deutschland war der Begriff „natürliche Lebensgrundlagen" üblich[995]. Dieser Begriff galt als konkretisierbar als der Begriff „Umwelt" und fand demzufolge auch Eingang in das Grundgesetz[996]. Dieser Begriff ist jedoch inhaltlich nicht enger gefasst als der Begriff „Umwelt"[997].

Der deutsche Gesetzgeber hat bislang auf eine einheitliche rechtsgebietübergreifende Definition verzichtet. Das Umweltrecht in Deutschland präsentiert sich dem Rechtsanwender uneinheitlich: es stellt sich in seiner historisch gewachsenen Ausgestaltung – ergänzt durch europarechtliche Vorgaben – als Nebeneinander von zahlreichen Fachgesetzen dar. Der Begriff „Umwelt" taucht in zahlreichen gesetzlichen Regelungen auf und wird in ganz unterschiedlichen Bedeutungen gebraucht. Die erste normative Definition war am restriktiven Umweltbegriff orientiert[998]. Die neueren Umweltgesetze legen meistens einen

---

994 Durch Grundgesetzänderung im Jahre 2002 ist der Tierschutz ausdrücklich in das GG aufgenommen worden, indem die Wörter **„und die Tiere"** eingefügt wurden (Art. 20a GG). Der Tierschutz darf im Zusammenhang der vorliegenden Untersuchung ausgeklammert werden. An dieser Stelle reicht es aus, darauf hinzuweisen, dass der Schutz der Lebensräume frei lebender Tiere vor Zerstörung und die Erhaltung der Artenvielfalt in dem Schutz der natürlichen Lebensgrundlagen enthalten sind. Von diesem Schutz werden aber weder der Schutz der Tiere in ihrer Eigenschaft als Lebewesen gewährleistet, noch sind Haus- und Nutztiere vor nicht artgerechter Haltung bzw. vermeidbarem Leiden geschützt (vgl. Murswiek, in Sachs, GG-Kommentar, 3. Aufl., Art. 20a, Rn. 31; Sannwald, in Schmidt-Bleibtreu/Klein, GG, 10. Aufl., Art. 20a, Rnn. 17 und 20f.; Schulze-Fielitz, in Dreier (Hrsg.), GG-Kommentar, Bd. II, 1998, Art. 20a, Rn. 30; Steiger, Verfassungsrechtliche Grundlagen, in: Grundzüge des Umweltrechts, Lfg. 1997, 02, Rnn. 67 ff.; Uhle, Das Staatsziel „Umweltschutz" im System der grundgesetzlichen Ordnung, DÖV 1993, 947, 953). Der Tierschutz war bisher nur einfachgesetzlich geregelt. Allerdings konnten viele Bereiche des Tierschutzgesetzes faktisch nicht umgesetzt werden, da durch die Anwendung dieses Gesetzes die Grundrechte einzelner Menschen beschnitten worden wären. Durch die Aufnahme des Tierschutzes als Staatsziel erfährt insofern das Tierschutzgesetz eine Stärkung.

995 Vgl. BT-Drs. 11/7423, S. 3 (Entwurf der CDU/CSU) und 11/663, S. 3 (Entwurf der GRÜNEN).

996 Vgl. dazu Kloepfer, im BK, GG, Art. 20a, Rn. 49; Uhle, Das Staatsziel „Umweltschutz" im System der grundgesetzlichen Ordnung, DÖV 1993, 947 (953).

997 Murswiek, in Sachs, GG – Kommentar, 3. Aufl., Art. 20a, Rn. 27; Uhle, Das Staatsziel „Umweltschutz" im System der grundgesetzlichen Ordnung, DÖV 1993, 947 (953)

998 Vgl. § 1 Abs. 1 Nr. 15 der VO über die Gefährlichkeitsmerkmale von Stoffen und

Begriff von mittlerer Reichweite zugrunde, der auch Mitmenschen, Klima, Landschaft, Kultur- und Sachgüter sowie das dazwischen bestehende Wirkungsgefüge umfasst[999]. Der Kommissionsentwurf eines Umweltgesetzbuches[1000] geht von einem weiten Umweltbegriff aus. Gemäß § 2 Abs. 1 UGB-KomE ist unter „Umwelt" der Naturhaushalt, die Landschaft, Kulturgüter und schutzwürdige Sachgüter (Umweltgüter) sowie das Wirkungsgefüge zwischen den Umweltgütern zu verstehen.

In der griechischen Verfassung ist mit Art. 24 § 1 der Schutz der natürlichen und der kulturellen Umwelt als Pflicht des Staates eingeführt worden. Aus zwei Gründen hat der Verfassungsgeber den Begriff „Umwelt" nicht definiert: einerseits wollte er den gewährleisteten Schutz soweit wie möglich ausdehnen[1001], andererseits konnte er nicht mit hinreichender Genauigkeit vorhersehen, welche Umweltgüter in Zukunft den verfassungsrechtlichen Schutz benötigen würden[1002]. Wälder genießen einen speziellen Status von Schutz, der die Beschränkung von privaten Besitzrechten enthält (§ 1 Abs. 2 und 3). Mit Rücksicht auf die Beschädigung der urbanen Landschaft wegen des unkontrollierten Baus während der fünfziger und sechziger Jahre hat die Verfassung strenge

---

Zubereitungen nach dem Chemikaliengesetz in der Fassung von 1981: dort wurde die Umwelt durch den Zusatz „d.h. für **Wasser, Luft und Boden** sowie die Beziehungen unter ihnen einerseits und zu allen Lebewesen andererseits" definiert.

999 Vgl. § 1 Abs. 5 S. 1 BauGB („Die Bauleitpläne [...] sollen dazu beitragen, eine **menschenwürdige Umwelt** zu sichern und die natürlichen Lebensgrundlagen zu schützen und zu entwickeln [...]"); § 1 Nr. 1 BWaldG („Zweck dieses Gesetzes ist insbesondere, den Wald [...] wegen seiner Bedeutung für die Umwelt, *insbesondere* für die dauernde **Leistungsfähigkeit des Naturhaushaltes**, das **Klima**, den **Wasserhaushalt**, die Reinhaltung der **Luft**, die **Bodenfruchtbarkeit**, das **Landschaftsbild**, die **Agrar- und Infrastruktur** und die **Erholung** der Bevölkerung [...] zu erhalten [...]"); § 2 Abs. 1 S. 2 UVPG („[...] Die Umweltverträglichkeitsprüfung umfasst die [...] Bewertung der unmittelbaren und mittelbaren Auswirkungen eines Vorhabens auf (1) **Menschen, Tiere und Pflanzen**, (2) **Boden, Wasser, Luft, Klima und Landschaft**, (3) **Kulturgüter und sonstige Sachgüter** sowie (4) die **Wechselwirkung** zwischen den vorgenannten Schutzgütern [...]"); § 3 Abs. 2 BImSchG („Immissionen im Sinne dieses Gesetzes sind auf **Menschen, Tiere** und **Pflanzen,** den **Boden,** das **Wasser,** die **Atmosphäre** sowie **Kultur-** und **sonstige Sachgüter** einwirkende [...]"); demgegenüber § 3a Abs. 2 ChemG („Umweltgefährlich sind Stoffe oder Zubereitungen, die [...] geeignet sind, die Beschaffenheit des **Naturhaushalts**, von **Wasser**, **Boden** oder **Luft**, **Klima**, **Tieren**, **Pflanzen** oder **Mikroorganismen** derart zu verändern [...]"); vgl. Kloepfer, Umweltrecht, 17; Sparwasser/Engel/Vosskuhle, Umweltrecht, 5.

1000 Zitiert als UGB-KomE.

1001 Siouti, in Kasimatis/Maurias (Hrsg.), Kommentar, I, Art. 24 Rn. 4 (auf Griechisch).

1002 Vgl. Karakostas, Umwelt und Recht, 59; Wassiliou, Das Recht der natürlichen Umwelt, EDDD 1985, 33 (45); zum Begriff „Umwelt" im Sinne des Art. 24 § 1 Gr. Verf. vgl. auch Portolou – Michael, Die Bedeutung der Umwelt und die Notwendigkeit ihres Schutzes, ToS 1978, 268 (278) (alles auf Griechisch).

Regelungen für die Stadtplanung (§§ 2 – 5) und die Bewahrung von kultureller Erbschaft (§ 6) eingeführt[1003]. Diese Aufzählung von Umweltgütern ist aber nicht abschließend[1004]. Während der Diskussion zur Verfassungsänderung im Jahre 2001 wurde vorgeschlagen, dass auch andere Ökosysteme wie z.B. Feuchtbiotope, die eines besonderen Schutzes bedürfen, in Art. 24 aufgezählt werden. Das wurde aber als nicht angebracht betrachtet, denn der Begriff „natürliche Umwelt" umfasse die ganze Natur[1005]. Der historische Verfassungsgeber lag deswegen großes Gewicht auf den Wald, weil Wälder mit dinglichen Rechten und mit der Enteignungsmöglichkeit verbunden sind[1006]. Die Einzelheiten des Schutzes der verschieden Ökosysteme bzw. Umweltgüter sind in Gesetzen und nicht in der Verfassung zu regeln.

An einer Kodifikation des Umweltrechts fehlt es auch in Griechenland[1007]. Das wichtigste griechische Rahmengesetz über Umweltschutz stammt aus dem Jahr 1986[1008] und orientiert sich an einem noch weiteren Umweltbegriff. In Art. 2 § 1 wird die „Umwelt" als die Gesamtheit aller natürlichen und von Menschen geschaffenen Umstände und Elemente definiert, die miteinander in Wechselwirkung stehen und das ökologische Gleichgewicht, die Lebensqualität, die öffentliche Gesundheit, die historische und kulturelle Tradition und die Ästhetik beeinflussen[1009]. Die Umwelt als juristischer Begriff ist also in der griechischen Rechtsordnung mit dem Lebensraum des Menschen deckungsgleich und sie besteht aus allen Elementen, die notwendig für sein Überleben, seine Lebensqualität und für die Entfaltung seiner Persönlichkeit sind[1010]. In dem Sinne ist die

---

1003 Zum Schutz der kulturellen Umwelt s. Tachos, Umweltschutzrecht, 170 ff. (auf Gr.).

1004 Portolou – Michael, Die Bedeutung der Umwelt und die Notwendigkeit ihres Schutzes, ToS 1978, 268 (278) (auf Griechisch).

1005 Vgl. Amtliche Protokolle der Plenarsitzungen des Griechischen Parlaments, Sitzung PΘ΄ vom 08.02.2001, Athen, 2002, S. 304.

1006 Auch auf europäische Ebene sind Wälder von Sonderbedeutung: 36% der europäischen Landmassen sind vom Wald bedeckt. 65% der europäischen Wälder befinden sich im Privatbesitz. Zur europäischen bzw. griechischen Waldschutzgesetzgebung s. Koutoupa – Rengakos, Umweltrecht, 167 ff. (auf Griechisch).

1007 Für eine Übersicht der mannigfaltigen griechischen Umweltgesetze s. Wassiliou, Das Recht der natürlichen Umwelt, EDDD 1985, 33 ff. (auf Griechisch); vgl. auch unter: <http://www.env.gr/myenv/nomothesia/default.htm>.

1008 N. 1650/1986 (F.E.K. 160 A΄) verändert durch **N. 3010/2002** (F.E.K. A 91 20020425), das die EU-Richtlinien 97/11 (über die Umweltverträglichkeitsprüfung bei bestimmten öffentlichen und privaten Projekten) und 96/61 (über die integrierte Vermeidung und Verminderung der Umweltverschmutzung) umgesetzt hat; sehr kritisch zum N. 1650/1986 s. Tachos, Umweltschutzrecht, 181 ff., insb. 184 ff. und 190 ff. (auf Gr.).

1009 Vgl. auch N. 360/76 (Art. 1 § 5), PO 1180/91 (Art. 1 § 1), PO 293/81 (Art. 1), N. 1327/83 (Art. 1); vgl. auch Art. 2 des UNESCO-Übereinkommens zum Schutz des Kultur- und Naturerbes der Welt.

1010 Dellis, Europäisches Umweltrecht, 29; Karakostas, Umwelt und Recht, 2 ff; Sakellaropoulos, Gedanken über das Problem der Umwelt in gerichtlicher Hinsicht, FS StE

Umwelt als Rechtsgut individualisierbar, was für den gerichtlichen Rechtsschutz von Bedeutung ist.

1.2 „Umweltschutz"

Der „Umweltschutz" setzt folgerichtig die Notwendigkeit zu einer intakten, d.h. gesunden und ökologisch ausgewogenen Umwelt voraus. Zwischen den Gliedern einer Lebensgemeinschaft besteht nämlich eine langfristige unveränderte Wechselwirkung, die als ökologisches Gleichgewicht bezeichnet wird. Die Beziehungen der belebten und unbelebten Umwelt unter- und zueinander unterliegen einer bestimmten Dynamik. Bei Veränderungen des ökologischen Gleichgewichts können gravierende Veränderungen in der natürlichen Umwelt eintreten.

Die natürlichen Lebensgrundlagen des Menschen weisen heutzutage erhebliche nachteilige Veränderungen ihrer Eigenschaften auf[1011]. Negative Auswirkungen gehen in erster Linie von den industriellen bzw. ökonomischen Tätigkeiten des Menschen, den technischen Einrichtungen, der Freisetzung von Stoffen und Nutzung von Ressourcen aus[1012]. Umweltbelastungen vollziehen sich in der Atmosphäre (Smog, Abbau der Ozonschicht, Treibhauseffekt), den Böden (Stoffeinträge), den Gewässern (Gewässereutrophierung) sowie anderen in biotischen und abiotischen Bereichen. Verlust von land- und forstwirtschaftlicher Nutzfläche, Klimaverschlechterung, Wasser- bzw. Rohstoffknappheit und Artenverlust sind die Folgen. Die Belastungen der natürlichen Umwelt wirken sich auch auf vielfache Weise auf den Menschen aus und können über materiellen Schaden hinaus Gesundheitsschädigungen und Beeinträchtigungen seines psychischen Wohlbefindens verursachen[1013]. Der Mensch ist insofern ein Teil seiner Umwelt und sein Schicksal ist eng mit ihr verbunden.

Als Reaktion auf die Umweltbelastungen umfasst der Begriff „Umweltschutz" die Gesamtheit der Maßnahmen zur Vermeidung und Verminderung der

---

1929-1979 II, 1982, S. 223 (291); Siouti, in Kasimatis/Maurias (Hrsg.), Kommentar, I, Art. 24 Rn. 2 (alles auf Griechisch).

1011 Zur heutigen Umweltsituation vgl. Living Planet Report 2004 des WWF unter: <http://www.panda.org/downloads/general/lpr2004.pdf> (auf English); für die Situation der Umwelt in der EU s. Tietmann in Rengeling (Hrsg.), Handbuch zum europäischen und deutschen Umweltrecht, Bd. I, 13 ff.

1012 Ausführlich zu den Umweltgefahren und Umweltschäden s. Hoppe/Beckmann/Kauch, Umweltrecht, 5 ff.

1013 Zahlreiche Krankheiten, wie z.B. Allergien, Asthma, Multiple Chemikalien-Sensibilität (MCS), Krebserkrankungen, Störungen des Nerven- und Immunsystems, Entwicklungsstörungen, Hyperaktivität, Unfruchtbarkeit sind vor allem auf Schadstoffe und Umweltgifte zurückzuführen (sog. **„Umweltkrankheiten"**). Mit den Auswirkungen von Umweltfaktoren auf die Gesundheit des Menschen beschäftigt sich die **Umweltmedizin**. Informationen dazu unter: <http://www.ifu.org>.

Umweltgefahren und Umweltschäden[1014]. Er ist sowohl unter quantitativen wie auch qualitativen Aspekte zu betrachten und bezieht sich auf mehrere Rechtsgüter, wie z.B. die Naturelemente, die leibliche bzw. geistliche Gesundheit, die öffentliche Gesundheit und die Lebensqualität. Umweltschutz wird dementsprechend gewährleistet, um ökologisch ausgewogene Lebensbedingungen zu sichern.

Früher verstand sich der Umweltschutz als Erhaltung der natürlichen Umwelt und der existierenden ökologischen Verhältnisse, als Bewältigung der umweltbelastenden Folgen von menschlichen Aktivitäten und als Kontrolle der natürlichen Ressourcennutzung. Anfangs war also der Umweltschutz nahezu ausschließlich den von der Tätigkeit des Menschen ausgehenden Emissionen gewidmet. In den achtziger Jahren des vorigen Jahrhunderts rückte der soziale Aspekt der Umweltproblematik in den Vordergrund: Es geht nunmehr um die Wiederherstellung der Umwelt, die Pflege der Natur, die Schadenverhütung, die Verbesserung der Lebensqualität und den Ausgleich von sozialen Ungleichheiten, was die Umweltqualität angeht. Gegenwärtig wird ein verstärktes Augenmerk auf die explodierende Konsumgütererzeugung gerichtet, insbesondere auf die damit einhergehende Mülllawine und den Verbrauch von Ressourcen, wie auch auf den Klimawandel[1015]. Heutzutage wird Umweltschutz weit verstanden und enthält die Gesamtheit der Maßnahmen zum Schutz vor aktuellen Umweltgefährdungen (Gefahrenabwehr, Erhaltung, Pflege), Maßnahmen, um geschädigte Umwelt wieder ins ökologische Gleichgewicht zu bringen (Heilung, Restitution, Verbesserung, Ausbesserung), wie auch präventiv die Belastung der Umwelt durch schädigende Einflüsse zu verhindern (Vorbeugung, Vorsorge)[1016].

Der Umweltschutz ist aufgrund der philosophischen Tradition sowohl in Deutschland wie auch in Griechenland in seinem Kern anthropozentrisch orien-

---

1014 Hoppe/Beckmann/Kauch, Umweltrecht, 20.

1015 Zu der Entwicklung und den Tendenzen im Umweltrecht s. Hoppe/Beckmann/Kauch, Umweltrecht, 49 ff.; Kloepfer, Umweltrecht, 65 ff.; vgl. auch die Umweltaktionsprogramme der EU, in denen die Leitlinien der EU-Politik der nächsten Jahre festgelegt sind. Zielsetzungen des 6. Umweltaktionsprogramms der EU (ABl. L 242/1 vom 10.09.2002) sind nämlich die Hervorhebung der Klimaänderungen und der globalen Erwärmung, der Schutz von natürlichen Lebensräumen und wild lebender Tiere, der Schutz der menschlichen Gesundheit vor Verschmutzungsauswirkungen, die Förderung einer nachhaltigen Stadtentwicklung, der Erhalt von natürlichen Ressourcen und die Abfallentsorgung. Das 5. Aktionsprogramm „Für eine dauerhafte und umweltgerechte Entwicklung“ ist abrufbar auf Englisch unter: <http://europa.eu.int/comm/environment/env-act5/5eap.pdf> und das 6. Aktionsprogramm „Umwelt 2010: Unsere Zukunft liegt in unseren Händen“ unter: <http://europa.eu.int/eur-lex/pri/de/oj/dat/2002/l_242/l_24220020910de00010015.pdf>.

1016 Siouti, in Kasimatis/Maurias (Hrsg.), Kommentar, I, Art. 24 Rn. 9; Tachos, Umweltschutzrecht, 162 ff. (alles auf Griechisch); vgl. Art. 2 § 5 N. 1650/1986; s. auch Sparwasser/Engel/Vosskuhle, Umweltrecht, 5.

tiert[1017]. Im Mittelpunkt steht immer der Schutz der menschlichen Lebensqualität. Die Umwelt wird zwar nicht nur insoweit geschützt, als sie Lebensgrundlage des Menschen ist, sondern sie ist auch als eigenständiges Schutzobjekt zu verstehen (ökozentrischer bzw. physiozentrischer Umweltschutz)[1018]. Dennoch, angesichts der Erkenntnis, dass sich potenziell jede positive oder negative Veränderung der natürlichen Umwelt auch auf den Menschen auswirkt, steht auch diese ökozentrische Sichtweise des Umweltschutzes nicht wirklich im Widerspruch zu dem anthropozentrischen Verständnis[1019]. Darüber hinaus ist die Natur eine menschliche Projektion. Sie wird je nach Stimmung, Erfahrung und Wissen unterschiedlich wahrgenommen, z.B. als gefährlich, heil oder zerstört. Auch der Wert der Natur ist dementsprechend immer eine menschliche Definition. Der Mensch bestimmt, was ihm an der Natur wichtig ist, und wie er sie schützen bzw. gestalten will, welchen Raum er Tieren, Pflanzen und natürlichen Prozessen gibt.

In den meisten Umweltgesetzen wird die Frage nach dem konkreten Schutzzweck ausdrücklich beantwortet. Dabei lassen fast alle Zweckbestimmungen ein anthropozentrisches Verständnis des Umweltschutzes erkennen[1020].

1017 Dazu Kloepfer, Umweltrecht, 19 ff.; Sparwasser/Engel/Vosskuhle, Umweltrecht, 19f. m.w.N.; vgl. auch Siouti, Der verfassungsrechtliche Umweltschutz, 21 (auf Gr.).

1018 Vgl. StE 2527/1996; s. auch s. auch Chairntalis, Die Natur als Rechtsubjekt?, Nomos & Fysi 1999, 687; Siouti, in Kasimatis/Maurias (Hrsg.), Kommentar, I, Art. 24 Rn. 23; Tachos, Umweltschutzrecht, 86f. (alles auf Griechisch); Kloepfer, Umweltrecht, 19 ff.; Sparwasser/Engel/Vosskuhle, Umweltrecht, 19f. m.w.N.; ausführlich dazu v. d. Pfordten, Ökologische Ethik; vgl. auch **§ 1 BNatSchG**: „Natur und Landschaft sind auf Grund ihres eigenen Wertes und als Lebensgrundlagen des Menschen [...] so zu schützen [...]".

1019 Vgl. Schulze-Fielitz, in Dreier (Hrsg.), GG-Kommentar, Bd. II, 1998, Art. 20a, Rn. 27.

1020 Vgl. in **Deutschland**: **§ 1 Abs. 2 AtG**: „Zweck dieses Gesetzes ist [...] Leben, Gesundheit und Sachgüter vor den Gefahren der Kernenergie und der schädlichen Wirkung ionisierender Strahlen zu schützen und durch Kernenergie oder ionisierende Strahlen verursachte Schäden auszugleichen"; **§ 1 Abs. 3 BBodSchG**: „Bei Einwirkungen auf den Boden sollen Beeinträchtigungen seiner natürlichen Funktionen sowie seiner Funktion als Archiv der Natur- und Kulturgeschichte so weit wie möglich vermieden werden"; **§ 1 Abs. 1 BImSchG**: „Zweck dieses Gesetzes ist es, Menschen, Tiere und Pflanzen, den Boden, das Wasser, die Atmosphäre sowie Kultur- und sonstige Sachgüter vor schädlichen Umwelteinwirkungen zu schützen und dem Entstehen schädlicher Umwelteinwirkungen vorzubeugen"; in **Griechenland**: **Art. 1 § 1 N. 1650/1986**: „Zweck dieses Gesetzes ist die Erlassung von Grundregeln und die Einführung von Kriterien und Mechanismen zum Schutz der Unwelt, damit der Mensch, als Person und Mitglied der Gesellschaft, in einer Umwelt hoher Qualität leben kann, in der seine Gesundheit geschützt und die Entfaltung seiner Persönlichkeit gefördert wird." In **§ 2** werden genauere Zielsetzungen aufgezählt, wie z.B. die Vermeidung der Umweltverschmutzung, der Schutz der menschlichen Gesundheit, der Erhalt des ökologischen Gleichgewichts der Ökosysteme, die rationelle Verwendung der natürlichen Ressourcen und die Wiederherstellung der Umwelt; Art. 24 § 2 Gr. Verf.: „Die neue Raumordnung des Landes, die Bildung, Entwicklung, Planung und Ausweitung der

Dies ergibt sich schon daraus, dass jedes Rechtsgut hinsichtlich des Menschen zu verstehen ist, der Adressat der Rechtsnormen ist und dessen Schutz die Rechtsordnung vor allem bezweckt.

1.3 Umweltschutz durch „Umweltrecht"

Der Schutz der natürlichen Umwelt und der Ausgleich der widerstreitenden Belange vollziehen sich im demokratischen Verfassungsstaat maßgeblich unter der Ägide des Rechts. Als rechtlicher Schutz der Umwelt ist dementsprechend der Schutz zu verstehen, den die Rechtsordnung den natürlichen Elementen gewährleistet, im Interesse derjenigen, die die Konsequenzen dieser Veränderungen zu tragen haben. Er spiegelt sich in gesetzlichen bzw. verwaltungsrechtlichen Maßnahmen wider, welche danach trachten, den positiven Einfluss der Umwelt auf den Menschen zu fördern bzw. den negativen zu bekämpfen. Sowohl in Deutschland als auch in Griechenland ist in den letzten Jahrzehnten eine umfangreiche Umweltgesetzgebung geschaffen worden, die freilich kaum noch überschaubar ist. Dies ist auf die Komplexität der Aufgabe „Umweltschutz" zurückzuführen. Die Abgrenzung des Umweltrechts ist aus dem Grund schwierig, da umweltbezogene Regelungen fast über die gesamte Rechtsordnung verstreut sind. An einer Kodifikation des Umweltrechts fehlt es sowohl in Deutschland[1021] als auch in Griechenland[1022].

Ein langfristiges Ziel der bundesdeutschen Umweltpolitik ist, das Umweltrecht in einem Umweltgesetzbuch zusammenzuführen[1023]. Bereits 1992 wurde eine Unabhängige Sachverständigenkommission vom Bundesumweltministerium

---

Städte und der sonstigen Siedlungen steht unter der Regelungszuständigkeit und Kontrolle des Staates und hat der Funktionsfähigkeit und Entwicklung der Siedlungen und der Sicherheit bestmöglicher Lebensbedingungen zu dienen."; **Art. 2 § 1 Lit. α N. 2742/1999**: „Die Raumordnung bezweckt den Schutz und die Wiederherstellung der Umwelt, den Erhalt der natürlichen und kulturellen Reserven [...]"; **Art. 2 § 2**: „Bei der Erfüllung der Zwecke des § 1 sind folgende Prinzipien zu berücksichtigen: **α.** Die Sicherstellung gleicher Lebensbedingungen [...], **β.** die Erhöhung der Lebensqualität der Bürger [...]."

1021 Zur Kodifikation des deutschen Umweltrechts s. Kloepfer, Umweltrecht, 32 ff.

1022 Sehr kritisch dazu ist der in Mai 2005 veröffentliche Bericht des WWF Griechenland „Verpflichtungen ohne Umsetzung: die Umweltgesetze in Griechenland" (abrufbar auf Griechisch unter: <http://www.wwf.gr/images/stories/docs/anafora_nomothesia.pdf>).

1023 Die Kodifikation des Umweltrechts hat inzwischen eine europäische Dimension gewonnen: Anfang 1999 trat in Schweden ein Umweltgesetzbuch in Kraft (Miljöbalk), im darauf folgenden Jahr fasste Frankreich das Umweltrecht in einem Umweltgesetzbuch zusammen (Code de l'environnement) und auch Dänemark, die Niederlande und Großbritannien verfügen über kodifikationsähnliche Gesetzeswerke im Umweltschutz; vgl. Bohne (Hrsg.), Ansätze zur Kodifikation des Umweltrechts in der Europäischen Union: Die Wasserrahmenrichtlinie und ihre Umsetzung in nationales Recht.

mit dem Auftrag eingesetzt, ein einheitliches Umweltgesetzbuch zu erarbeiten[1024]. Der Versuch war aber an der Kompetenzlage des Grundgesetzes gescheitert[1025]. Die umweltrelevanten Regelungen lassen sich in Deutschland trotzdem systematisieren[1026]. Die Umweltgesetze sind primär entweder auf bestimmten Umweltgütern oder auf bestimmte Gefahrenquellen ausgerichtet. Es lässt sich damit ein Kernbereich erkennen, der Rechtsgebietscharakter hat. Dazu gehören das Naturschutz- und Landschaftspflegerecht, das Gewässerschutzrecht, das Immissionsschutzrecht, das Strahlenschutzrecht, das Abfallrecht, das Gefahrenstoffrecht, das Bodenschutzrecht und das Klima- bzw. Atmosphärenschutzrecht[1027]. Technikrecht, Arbeitssicherheitsrecht, Raumordnungsrecht, Baurecht, Bergrecht, Energierecht, Verkehrsrecht, Forstrecht, Jagdrecht, Fischereirecht, Landwirtschaftsrecht, Tierschutzrecht, Gesundheitsrecht und Lärmschutzrecht sind Rechtsgebiete, die sich als Nachbargebiete des Umweltrechts im engen Sinne darstellen[1028].

Trotz zahlreicher Normenerlassungen (Gesetze, Ministerialerlässe, Präsidialdekrete usw.) hat sich Griechenland nicht gerade in der Umweltgesetzgebung hervorgetan[1029]. Vor allem kommt Griechenland seinen Verpflichtungen aus dem EG-Vertrag nicht ordentlich nach. Die erforderlichen Rechts- und Verwaltungsvorschriften für die Umsetzung der Umweltschutzrichtlinien werden zu spät, wenn überhaupt, erlassen[1030]. Hauptachse des Umweltschutzes bleibt demzufolge

---

1024 Das Bundesumweltministerium hat 1999 den Entwurf für ein Erstes Buch (UGB 1) vorgelegt; ausführlich zur Kodifikation des Umweltrechts Kloepfer, Umweltrecht, 32 ff; s. auch Hoppe/Beckmann/Kauch, Umweltrecht, 54 ff.

1025 Die im UGB 1 vorgesehenen Regelungen erstrecken sich auch auf den Gewässerschutz, für den der Bund jedoch nach dem Grundgesetz (Art. 75 Abs. 1 Nr. 4) lediglich eine Rahmengesetzgebungskompetenz hat. Ungeachtet dessen hält das Bundesumweltministerium am Projekt Umweltgesetzbuch fest; vgl. dazu unter: <http://www.bmu.de/gesetze_verordnungen/umweltgesetzbuch/doc/3916.php>; sobald eine gesicherte verfassungsrechtliche Grundlage vorliegt, wird das Bundesumweltministerium die Arbeiten am UGB 1 fortführen; vgl. auch Bohne (Hrsg.), Perspektiven für ein Umweltgesetzbuch.

1026 Zur Systematik des deutschen Umweltrechts s. Hoppe/Beckmann/Kauch, Umweltrecht, 60 ff.; Kloepfer, Umweltrecht, 53 ff.

1027 Hoppe/Beckmann/Kauch, Umweltrecht, 33; Kloepfer, Umweltrecht, 53.

1028 Kloepfer, Umweltrecht, 60 ff.

1029 Vgl. Koutoupa – Rengakos, Umweltrecht, 3, 15 (auf Griechisch).

1030 Die Europäische Kommission hat wegen Missachtung des EU-Umweltrechts in mehreren Fällen beim Europäischen Gerichtshof Klage gegen Griechenland erhoben. Im Moment (Stand Juli 2005) stehen 5 Verfahren wegen Nichtumsetzung von Richtlinien beim EuGH zur Entscheidung an; darüber hinaus sind wegen Verstoßes gegen das EU-Umweltrecht weitere 5 Verfahren anhängig. Aufgrund der Nichtumsetzung der Richtlinie 2002/49/EG über die Bewertung und Bekämpfung von Umgebungslärm hat die Kommission Griechenland erste schriftliche Mahnungen übermittelt. Ausführlich dazu die der in Mai 2005 veröffentliche Bericht des WWF Griechenland „Verpflichtungen

die Verfassung und die Auslegung ihrer Vorschriften vom Staatsrat[1031]. Das Umweltrecht in Griechenland ist somit vorwiegend judikatorischer Herkunft.

Darüber hinaus gibt es auch die Normen des Privatrechts, die bei Umweltproblemen zur Anwendung kommen, wie das Deliktsrecht, das Produkthaftungsrecht, das Vertragsrecht, das Verbraucherschutzrecht und das Nachbarrecht. Diese Normen werden als Umweltprivatrecht bezeichnet[1032]. Die nachfolgenden Betrachtungen sind im Hinblick auf den verwaltungsgerichtlichen Rechtsschutz der Mitglieder der Öffentlichkeit gegen eventuelle Umweltbelastungen auf das öffentliche Umweltrecht beschränkt. Unter „Umweltrecht" im Sinne dieser Untersuchung sind dementsprechend alle öffentlich-rechtlichen Normen zu verstehen, die den Schutz der natürlichen Umwelt des Menschen zum Gegenstand haben.

2. Die Umwelt als Gegenstand eines individuellen Rechts

2.1 Umweltmedien als dem Einzelnen zugeordnete Rechtsgüter

Es wurde schon dargestellt, dass die Umwelt zwar auch als eigenständiges Schutzobjekt zu verstehen ist, dennoch lassen fast alle Zweckbestimmungen der meisten Umweltgesetze ein anthropozentrisches Verständnis des Umweltschutzes erkennen. Umweltschutznormen werden grundsätzlich erlassen, um den Menschen vor schädlichen Umwelteinwirkungen zu schützen und dem Entstehen schädlicher Umwelteinwirkungen vorzubeugen. Damit ist aber noch nicht die Frage beantwortet, ob sich ein individuelles Recht gegen Umwelteingriffe begründen lässt. Die individuellen Rechte sind subjektive Rechte des Individuums. Dementsprechend muss sich deren Schutz auf ein dem Einzelnen zugeordnetes Gut beziehen. Es erhebt sich damit die Frage, ob Luft, Boden, Wasser, Fauna, Flora und Landschaft ein dem Individuum zugeordnetes Gut darstellen können.

Umweltmedien, die Körperlichkeit aufweisen und der menschlichen Beherrschung unterliegen, sind Sachen im Sinne des Zivilrechts und können Gegenstand privater Rechte sein[1033]. Dies gilt vor allem für den Boden als

---

ohne Umsetzung: die Umweltgesetze in Griechenland" (abrufbar auf Griechisch unter: <http://www.wwf.gr/images/stories/docs/anafora_nomothesia.pdf>).

1031 Zu den Teilbereichen des griechischen Umweltrechts s. Koutoupa – Rengakos, Umweltrecht, 6 ff., insb. 10 ff. (auf Griechisch).

1032 Ausführlich dazu Hoppe/Beckmann/Kauch, Umweltrecht, Kloepfer, Umweltrecht, 425 ff.; vgl. auch Karakostas, Umwelt und Recht, 141 ff.; rechtsvergleichend ebenda 387 ff. (auf Griechisch).

1033 § 90 BGB; Art. 947 Gr. ZGB.

Grundstück[1034], wie auch für Pflanzen als Bestandteile des Grundstücks[1035]. Gemäß Art. 954 Abs. 3 Gr. ZGB[1036] gilt das Gleiche für das Grundwasser und die Quelle[1037]. Wilde Tiere, die sich in der Freiheit befinden, sind zwar herrenlos[1038], an ihnen ist aber die Eigentumserwerbung möglich[1039]. Tiere sind allerdings nach § 90a BGB keine Sachen im Sinne des Sachenrechts und werden durch besondere Gesetze geschützt.

Die Luft und das Meer sind keine Sache im Sinne des Zivilrechts, weil sie einerseits keiner menschlichen Beherrschung unterliegen und es sich andererseits dabei um keine abgegrenzten, für sich selbst bestehenden Bestandteile der Natur handelt[1040]. Nach der Tradition des römischen Rechts sind Luft und Wasser „res omnium communes", d.h. Allgemeingüter, die allen Menschen „gehören" [1041]. Weder das deutsche BGB noch das griechische ZGB führt Allgemeingüter auf. Heutzutage versteht man darunter die Luft und das Meer[1042]. Dazu sollte man den Weltraum, die Ozonschicht, die Küstenstreifen, die ausschließliche Wirtschaftszone des Meeres, den Festlandsockel und die Hohe See rechnen[1043]. Sie sind keine Eigentumsgegenstände, sondern Gegenstände staatlicher Herrschaft. Sie werden nicht vom Sachenrecht, sondern vom (nationalen) öffentlichen Recht und zum Teil vom Völkerrecht – wenn sie keinem Staat zuzuordnen sind, wie z.B. die Hohe See – bestimmt[1044].

1034 Vgl. §§ 873 ff. und §§ 1018 ff. BGB; Art. 999 ff. und 1118 ff. Gr. ZGB

1035 § 94 Abs. 1 S. 2 BGB; Art. 954 Abs. 4 Gr. ZGB.

1036 Zum Text des griechischen Zivilgesetzbuches (zitiert als Gr. ZGB) s. „ Das Zivilgesetzbuch von Griechenland (1940) mit dem Einführungsgesetz", übersetzt und eingeleitet von Gogos, Berlin – Tübingen, 1951.

1037 Vgl. aber Art. 18 § 1 Gr. Verf.: „Besondere Gesetze regeln das Eigentum an und die Verfügungsgewalt über [...] Heilquellen, ober- und unterirdische Gewässer und der Bodenschätze im Allgemeinen".

1038 § 960 Abs. 1 BGB; Art. 1077 Gr. ZGB.

1039 Vgl. § 958 Abs. 1 BGB; Art. 1075 Gr. ZGB.

1040 Vgl. Wieling, Sachenrecht, 21.

1041 Vgl. Pappas in Georgiades/Stathopoulos, ZGB, Bd. V, Art. 966, S. 110 (auf Gr.); vgl. auch Wieling, Sachenrecht, 24. Davon zu unterscheiden sind die **„common goods"** des Völkervertragsrechts: darunter sind die Ressourcen zu verstehen, über die kein Staat Gebietshoheit hat (Arktis, Antarktis, Weltraum) und solche, die unter die Hoheit eines Staates fallen, deren Bewirtschaftung aber weltweite Bedeutung zukommt (z.B. der tropische Regenwald Brasiliens); dazu Kloepfer, Umweltrecht, 644f.

1042 Dagtoglou, Allgemeines Verwaltungsrecht, 628; Georgiades, Sachenrecht, Bd. I, 120 f; Karakostas, Umwelt und Zivilrecht, 26; Pappas in Georgiades/Stathopoulos, ZGB, Bd. V, Art. 966, S. 111 (alles auf Griechisch).

1043 Zu diesen Unterscheidungen s. Roukounas, Völkerrecht, Bd. II, 169, 221 (auf Griechisch); vgl. Kloepfer, Umweltrecht, 644f.

1044 Vgl. Pappas in Georgiades/Stathopoulos, ZGB, Bd. V, Art. 966, S. 112f.; Georgiades, Sachenrecht, Bd. I, 120f. (alles auf Griechisch); s. auch AP 776/1977 (NoB 1979, 56); vgl. auch Kloepfer, Umweltrecht, 644f.; Wieling, Sachenrecht, 24.

Die „res omnium communes“, die einerseits keiner menschlichen Beherrschung unterliegen und andererseits dem allgemeinen Interesse dienen, können nach dem römischen Recht nicht Gegenstand privater Rechte sein: es handelt sich dabei um „res extra commercium“, d.h. dem Verkehr entzogene Sachen[1045]. Das Gr. ZGB enthält im Gegensatz zum deutschen BGB eine ausdrückliche Regelung der „res extra commercium“. Gemäß Art. 966 sind nämlich die gemeinsamen Sachen (Allgemeingüter) und dem Gemeingebrauch gewidmete Sachen dem Verkehr entzogen.

In Griechenland wurden nach dem vor der Einführung des ZGB geltenden Recht unter „Allgemeingüter“ die Luft, das Meer, die Küsten[1046] und die fließenden Gewässer (aqua profluens) verstanden[1047]. Nach der Aufführung der Küsten und der Gewässer in Art. 967 Gr. ZGB unter den Sachen im Gemeingebrauch, sind nunmehr die Luft und das Meer als Allgemeingüter zu verstehen[1048].

Die Sachen im Gemeingebrauch werden in Art. 967 Gr. ZGB nur beispielhaft („insbesondere“) aufgeführt: frei und fortwährend fließende Gewässer, Straßen, Plätze, Küsten, Häfen, Buchten, Ufer von schiffbaren Flüssen, große Seen[1049] und ihre Ufer. Man kann dementsprechend vier Kategorien von Sachen im Gemeingebrauch unterscheiden[1050]: (a) Öffentliche Gewässer (b) Küsten, Häfen, Buchten, Ufer schiffbarer Flüsse und großer Seen (c) Straßen, Bürgersteige und Plätze (d) Öffentliche Gärten, Wälder, Parkanlagen[1051]. Die zum Gemeingebrauch bestimmten Sachen gehören nach Art. 967 Gr. ZGB dem Staat, sofern sie nicht einer Stadt oder Gemeinde gehören oder das Gesetz nicht ein anderes bestimmt[1052]. Der Gemeingebrauch entsteht durch den Akt der Widmung[1053]. Die

1045 Dazu gehören auch die „res divini iuris“, die den Göttern geweiht waren (z.B. Tempel und Altäre) und die „res publicae“, d.h. die öffentlichen Sachen (z.B. Straßen, Theater, Bäder).

1046 Die Rechtsprechung betrachtet auch den Strand als Allgemeingut: s. AP 530/1966 in NoB 1967, S. 431; LG Preveza 4/1978 in NoB 1978, S. 771; nach der Einführung des ZGB ist aber diese Rechtsprechung als fehlerhaft zu betrachten.

1047 Vgl. Pappas in Georgiades/Stathopoulos, ZGB, Bd. V, Art. 966, S. 111 (auf Gr.).

1048 Dagtoglou, Allgemeines Verwaltungsrecht, 628; Georgiades, Sachenrecht, Bd. I, 120f; Karakostas, Umwelt und Zivilrecht, 26; Pappas in Georgiades/Stathopoulos, ZGB, Bd. V, Art. 966, S. 111 (alles auf Griechisch).

1049 Vgl. Art. 18 § 2 Gr. Verf.: „Durch Gesetz werden das Eigentum, die Nutzung und die Verwaltung der Lagunen und großen Seen geregelt [...]“.

1050 Ausführlich dazu s. Pappas in Georgiades/Stathopoulos, ZGB, Bd. V, Art. 967, S. 132 ff.; vgl. auch Georgiades, Sachenrecht, Bd. I, 122 ff.; Karakostas, Umwelt und Zivilrecht, 28 ff.; (alles auf Griechisch).

1051 Die letzte Kategorie wird nicht im ZGB genannt, sie gehört aber auch zu den zum Gemeingebrauch bestimmten Sachen; s. Dagtoglou, Allgemeines Verwaltungsrecht, 631 ff. (auf Griechisch).

1052 Vgl. Dagtoglou, Allgemeines Verwaltungsrecht, 652 ff.; ausführlich dazu s. Pappas in Georgiades/Stathopoulos, ZGB, Bd. V, Art. 968, S. 149 ff. (alles auf Griechisch); vgl. Art. 2 N. 2971/2001: Der Meeresstrand, das Meeresufer und die Küsten sind Sachen im

Widmung einer Sache zum Gemeingebrauch etabliert einerseits eine Beziehung zwischen dem Staat und der Sache. Diese ist eine Beziehung des öffentlichen Rechts, in dem Sinne, dass diese Sachen bestimmt sind, dem allgemeinen Interesse zu dienen und der Staat demzufolge befugt ist, den Gemeingebrauch zu regeln[1054]. Andererseits etabliert die Widmung eine Beziehung zwischen der Sache und dem Einzelnen: der Einzelne ist dann berechtigt, die Sache frei zu benutzen[1055].

Die wichtigsten Umweltgüter sind also in Griechenland in einem hohen Grad mit den Allgemeingütern und den Sachen im Gemeingebrauch deckungsgleich[1056]. Eine Individualbezogenheit der Umweltmedien ist nichtsdestoweniger auszuschließen. Einerseits sind die Allgemeingüter Voraussetzung der menschlichen Existenz, andererseits sind sie Faktoren zur Sicherstellung der Lebensqualität[1057]. Es wird dementsprechend die Auffassung vertreten, dass als Kriterium für die Anerkennung einer Sache als Allgemeingut nicht mehr das Kriterium der Beherrschungsunmöglichkeit maßgeblich sein soll, sondern vielmehr ihr Charakter als notwendiges Element des menschlichen Lebensraums[1058]. Dem Menschen wird auf jeden Fall ein Recht auf Gebrauch dieser Güter anerkannt[1059]. Die Art, mit den Umweltgütern umzugehen, sie zu nutzen und zu empfinden ist sicherlich individuell verschieden. Allgemeingüter können also tatsächlich individuell zugeordnet werden.

Umweltmedien, die der öffentlichen Verwaltung zur Erfüllung ihrer Aufgaben dienen und derer die Öffentlichkeit bedarf, sind auch in Deutschland

---

Gemeingebrauch und gehören dem Staat.

1053 Zur Widmung und Entwidmung s. Dagtoglou, Allgemeines Verwaltungsrecht, 644 ff. (auf Griechisch).

1054 Vgl. Pappas in Georgiades/Stathopoulos, ZGB, Bd. V, Art. 966, S. 110, 122; Georgiades, Sachenrecht, Bd. I, 125, Fnn 26 und 27; vgl. auch Karakostas, Umwelt und Zivilrecht, 31f. und Fnn. 30 – 34 über die Natur des „Rechts“ des Staates auf die dem Gemeingebrauch gewidmeten Sachen (alles auf Griechisch).

1055 Vgl. Karakostas, Umwelt und Zivilrecht, 31, Fnn. 28 und 29; ders., Umwelt und Recht, 157 (alles auf Griechisch).

1056 Vgl. Pappas in Georgiades/Stathopoulos, ZGB, Bd. V, Art. 966, S. 109 (auf Gr.); s. auch AP 743/1963 in NoB 1964, S. 514 und LG Athen 63/1981 in EllDni 1981, S. 254.

1057 Vgl. LG Nauplion 163/1991 in NoB 39, S. 788f mit Anm. von Karakostas; LG Volos 1097/229/1989 in NoB 38, S. 308 ff.; Karakostas, Umwelt und Zivilrecht, 24 ff.; ders. Rechtsmittel zum Schutz der Umweltgüter, EDDD 1990, 177 (178) (alles auf Gr.); ders. Neue Entwicklungen des Umweltschutzes im griechischen Zivilrecht, ZfU 1990, 295 (296).

1058 Vgl. Karakostas, Umwelt und Zivilrecht, 27; ders., Rechtsmittel zum Schutz der Umweltgüter, EDDD 1990, 177; Pappas in Georgiades/Stathopoulos, ZGB, Bd. V, Art. 966, S. 112 (alles auf Griechisch).

1059 Georgiades, Sachenrecht, Bd. I, 121f.; Karakostas, Rechtsmittel zum Schutz der Umweltgüter, EDDD 1990, 177; ders., Umwelt und Recht, 145 (alles auf Griechisch); vgl. auch AP 776/1977.

„öffentliche Sachen". Wegen ihrer öffentlichen Zweckbestimmung weisen sie eine besondere Rechtsstellung auf. In der deutschen Rechtsordnung fehlt allerdings eine umfassende Normierung, abgesehen von den Teilbereichen des Rechts der öffentlichen Straßen[1060] und Gewässer[1061]. Zu den öffentlichen Sachen gehören z.B. Straßen, Plätze, Wasserläufe, Häfen, Deiche und Grünanlagen[1062]. Anders als im Zivilrecht, gilt für das öffentliche Recht der Sachbegriff des § 90 BGB nicht, d.h. die öffentlichen Sachen müssen keine Körperlichkeit aufweisen[1063]. Aus diesem Grund werden zu den öffentlichen Sachen auch das offene Meer und der Luftraum gerechnet[1064].

Die Lehre vom öffentlichen Eigentum hat sich in Deutschland nicht durchgesetzt[1065]. Öffentliche Sachen stehen daher im Privateigentum, sei es einer Privatperson oder einer juristischen Person des öffentlichen Rechts, und unterliegen wegen ihrer Bestimmung, öffentlichen Zwecken zu dienen, gewissen Sonderregelungen[1066]. Eine Ausnahme gilt nur für das „öffentliche Eigentum", wie es in Hamburg an Deichen[1067] und Wegen[1068] und in Baden-Württemberg am Bett öffentlicher Gewässer[1069] besteht[1070].

Die öffentlichen Sachen entstehen auch in Deutschland durch den hoheitlichen Akt der Widmung[1071]. Damit ist die Zweckbestimmung der Sache verbunden. Die Widmung schließt allerdings die Vorschriften des BGB nicht aus, auf dem Privateigentum lastet jedoch ein beschränkt-dingliches Recht[1072]. Sachen, die zwar öffentlichen Zwecken dienen, bei denen sich aber der Rechtsverkehr ausschließlich nach bürgerlichem Recht vollzieht, sind keine öffentlichen Sachen[1073]. Für die Dauer ihrer Widmung sind öffentliche Sachen dem privaten Rechtsverkehr entzogen, d.h. sie können nicht veräußert oder erworben werden. Bezüglich der öffentlichen Sache ist daher zwischen dem privaten Eigentümer, der in der Regel ein Verwaltungsträger ist, aber auch eine Privatperson sein kann, und dem öffentlich-rechtlichen Sachherrn zu unterscheiden,

1060 Im Wesentlichen das FStrG und die Straßengesetze der Länder.
1061 Im Wesentlichen das WHG und die Wassergesetze der Länder.
1062 Papier, Recht der öffentlichen Sachen, 1.
1063 Pappermann/Löhr/Andriske, Recht der öffentlichen Sachen, 4f.
1064 Papier, Recht der öffentlichen Sachen, 2.
1065 Papier, Recht der öffentlichen Sachen, 6; Wieling, Sachenrecht, 25f.
1066 Schmidt, Besonderes Verwaltungsrecht I, 341.
1067 § 4a HWaG
1068 § 4 HWG.
1069 § 4 Abs. 1 WaG für Baden-Württemberg.
1070 Vgl. zur Zulässigkeit des „öffentlichen Eigentums" BVerfGE 24, 367; E 42, 20.
1071 Papier, Recht der öffentlichen Sachen, 39 ff.; Pappermann/Löhr/Andriske, Recht der öffentlichen Sachen, 23 ff.; Peine, Allgemeines Verwaltungsrecht, 324 ff.
1072 Peine, Allgemeines Verwaltungsrecht, 304; Schmidt, Besonderes Verwaltungsrecht I, 341.
1073 Pappermann/Löhr/Andriske, Recht der öffentlichen Sachen, 2.

d.h. der Behörde, der die hoheitliche Verfügungsgewalt über die Sache zusteht[1074]. Nach dem Inhalt öffentlicher Zweckbestimmung von Sachen unterscheidet man zwischen öffentlichen Sachen im Gemeingebrauch, im Sondergebrauch, im Anstaltsgebrauch (Sachen im externen Zivilgebrauch) und im Verwaltungsgebrauch[1075].

Sachen im Gemeingebrauch stehen der gesamten Öffentlichkeit im Rahmen der Zweckbestimmung der öffentlichen Sache zur Verfügung. Deren Gebrauch ist damit ohne besondere Zulassung[1076] und ohne personelle Beschränkung möglich[1077]. Der Begriff Gemeingebrauch besitzt keinen von vornherein feststehenden Inhalt, sondern wird von den besonderen Verwaltungsgesetzen des Bundes und der Länder festgelegt. Gemeingebrauch in diesem Sinne gibt es nach der deutschen Rechtsordnung nur an öffentlichen Straßen und Wegen[1078], an Gewässern als Verkehrswegen[1079] und am hohen Luftraum[1080].

Öffentliche Gewässer (oberirdische Gewässer, Küstengewässer und das Grundwasser), soweit diese wasserwirtschaftlich genutzt werden, sind öffentliche Sachen im Sondergebrauch, d.h. sie dürfen nach behördlicher Zulassung benutzt werden[1081]. An oberirdischen Gewässern (nicht aber an Küstengewässern oder am Grundwasser) existiert allerdings auch Gemeingebrauch, dessen Umfang die Landeswassergesetze festlegen[1082].

Öffentliche Sachen im Anstaltsgebrauch sind alle Sachen, die der Bürger infolge ihrer Zweckbestimmung nicht unmittelbar benutzen darf, sondern nur nach einer besonderen, auch stillschweigenden Zulassung. Die öffentlichen Sachen im Anstaltsgebrauch werden demzufolge im Rahmen einer schuldrechtsähnlichen Benutzungsordnung genutzt, die öffentlich – rechtlich ausgestaltet

1074 Papier, Recht der öffentlichen Sachen, 59 ff.; Peine, Allgemeines Verwaltungsrecht, 305.

1075 Öffentliche Sachen im Verwaltungsgebrauch sind diejenigen, die der Verwaltung unmittelbar zur Erfüllung ihrer Aufgaben dienen, z.B. Grundstücke, Mietshäuser, land- und forstwirtschaftliche Betriebe, Geräte, Ausrüstung. Dazu Papier, Recht der öffentlichen Sachen, 34 ff.; Pappermann/Löhr/Andriske, Recht der öffentlichen Sachen, 161 ff.; Peine, Allgemeines Verwaltungsrecht, 307.

1076 Papier, Recht der öffentlichen Sachen, 103f.

1077 Papier, Recht der öffentlichen Sachen, 103; Peine, Allgemeines Verwaltungsrecht, 307; Schmidt, Besonderes Verwaltungsrecht I, 341.

1078 Sowohl auf der Grundlage des FStrG als auch der LStrGe: vgl. z.B. § 7 I FernStrG; dazu Papier, Recht der öffentlichen Sachen, 18 ff. und 77 ff.

1079 Sowohl auf der Grundlage des WaStrG als auch der LWGe: vgl. §§ 5, 6 WaStrG; dazu Papier, Recht der öffentlichen Sachen, 20 ff.

1080 § 1 I LuftVerkG; s. dazu Papier, Recht der öffentlichen Sachen, 17f. und 23; Schmidt, Besonderes Verwaltungsrecht I, 342 Fn. 1052.

1081 Papier, Recht der öffentlichen Sachen, 131 ff.; Peine, Allgemeines Verwaltungsrecht, 309.

1082 Vgl. Peine, Allgemeines Verwaltungsrecht, 310f.

ist[1083]. Dazu gehören öffentliche Einrichtungen wie Sportplätze, Parkanlagen und die Kanalisation.

Die Wälder stehen durchgängig im Eigentum Privater (Privatwald)[1084], des Bundes oder der Länder (Staatswald)[1085] bzw. sonstiger Personen des öffentlichen Rechts (Körperschaftswald)[1086]. Sie alle sind aber in ihrer Eigentumsstellung durch das BWaldG bzw. die Landeswald- und Forstgesetze vielfältig beschränkt. Für die vorliegende Untersuchung sind diejenigen Normen von Bedeutung, die der Öffentlichkeit ein Betretungsrecht einräumen[1087].

Die wichtigsten Umweltgüter stehen also in Deutschland in bürgerlichrechtlichem Eigentum. Freier Zugang zu Wäldern, Bergen, Seen und Flüssen und sonstigen landschaftlichen Schönheiten sind damit keine Selbstverständlichkeit. Der Öffentlichkeit wird eine Nutzungsberechtigung der öffentlichen Sachen zuerkannt, sei es in Form des Gemeingebrauchs am Meeresstrand und an den Gewässern oder des Rechts zum Betreten des Waldes und der offenen Landschaft. Rechtsgrundlage dafür ist insbesondere das BNatSchG, ergänzt um Landwirtschafts-, Wald- und Wassergesetze, die spezielle Ausführungen zur Nutzungsfähigkeit der ihnen unterliegenden Flächen machen[1088]. Das Betretungsrecht wird rahmenrechtlich vom BNatSchG vorgegeben und durch die Landesgesetzgebung präzisiert. Gemäß § 56 BNatSchG gestatten nämlich die Länder das Betreten der Flur auf Straßen und Wegen sowie auf ungenutzten Grundflächen zum Zweck der Erholung. Nach § 57 stellt der Bund in seinem Eigentum oder Besitz stehende Grundstücke, wie Ufergrundstücke, Grundstücke mit schönen Landschaftsbestandteilen und Grundstücke, über die sich der Zugang zu nicht oder nicht ausreichend zugänglichen Wäldern, Seen oder Meeresstränden ermöglichen lässt, in angemessenem Umfang für die Erholung bereit. Die Länder sollen auch für ihren Bereich sowie für die Gemeinden, Gemeindeverbände und sonstige Personen des öffentlichen Rechts Vorschriften über das Bereitstellen von Grundstücken zum Zweck der Erholung erlassen. Die Nutzungsberechtigung der öffentlichen Sachen findet damit seine Legitimation u.a. als Voraussetzung für die Erholung des Menschen – ein zweifellos individualisierbarer Belang. Auch in Deutschland ist demgemäß eine Individualbezogenheit der öffentlichen Sachen nicht auszuschließen.

Es ist dementsprechend durchaus denkbar, dass sich die Beziehung des Einzelnen zu „seiner" Umwelt als Schutzgut erweist und dass insoweit ein subjektives Recht auf die Umwelt begründen lässt. Die griechische Rechtsordnung

1083 Papier, Recht der öffentlichen Sachen, 27 ff.; Peine, Allgemeines Verwaltungsrecht, 311.
1084 § 3 Abs. 3 BWaldG.
1085 § 3 Abs. 1 BWaldG.
1086 § 3 Abs. 2 BWaldG.
1087 Grundlegend § 14 BWaldG.
1088 Peine, Allgemeines Verwaltungsrecht, 302.

kennt tatsächlich ein Recht jedes Einzelnen auf Gebrauch der Allgemeingüter und der Sachen im Gemeingebrauch[1089]. Der Inhalt dieses Rechts besteht darin, dass die natur- und bestimmungsgemäße Nutzung dieser Güter jedem unmittelbar und ohne besondere Zulassung offen steht[1090]. Was unter bestimmungsgemäßer Nutzung zu verstehen ist, ergibt sich aus den örtlichen Sitten oder wird vom Gesetz oder von normativen Verwaltungsakten geregelt.

Das Recht auf Nutzung dieser Güter ist ein „subjektives öffentliches Recht", das aus dem allgemeinen Persönlichkeitsrecht hervorgeht[1091] und das demzufolge in gleicher Weise geschützt wird. Das allgemeine Persönlichkeitsrecht ist im Gr. ZGB in Art. 57 – 59 ausdrücklich geregelt[1092] und wird auch vom Art. 5 § 1 Gr. Verf. gewährleistet[1093]. Wenn die Verletzung des Rechts auf Gebrauch der Allgemeingüter und der Sachen im Gemeingebrauch durch Verwaltungshandlungen erfolgt, ist zwischen tatsächlichen Verwaltungshandlungen (Realakten) und Verwaltungsakten zu unterscheiden: im ersten Fall handelt es sich um materielle Verwaltungsstreitigkeiten, während der Einzelne im Fall des Erlasses oder der Unterlassung des Erlasses eines Verwaltungsaktes Aufhebungsantrag stellen kann [1094].

1089 Karakostas, Rechtsmittel zum Schutz der Umweltgüter, EDDD 1990, 177 (auf Gr.).

1090 Vgl. Dagtoglou, Allgemeines Verwaltungsrecht, 660 ff.; Georgiades, Sachenrecht, Bd. I, 124; Pappas in Georgiades/Stathopoulos, ZGB, Bd. V, Art. 966, S. 114f. (alles auf Griechisch); Karakostas, Neue Entwicklungen des Umweltschutzes im griechischen Zivilrecht, ZfU 1990, 295 (297f.); ders. Rechtsmittel zum Schutz der Umwelt im griechischen Recht, NuR 1993, S. 467.

1091 Vgl. Dagtoglou, Allgemeines Verwaltungsrecht, 662 ff.; Karakostas, Umwelt und Zivilrecht, 41 ff.; Pappas in Georgiades/Stathopoulos, ZGB, Bd. V, Art. 966, S. 113 (alles auf Griechisch); aus der Rechtsprechung vgl. nur LG Korinthos 2536/2001 in PerDik 2002, S. 584; LG Syros 438/2001 in PerDik 2002, S. 304.

1092 **Art. 57**: „Wer in seiner Persönlichkeit widerrechtlich beeinträchtigt wird, ist berechtigt, die Beseitigung der Beeinträchtigung und außerdem ihre Unterlassung für die Zukunft zu verlangen. […] Ein weiterer Anspruch auf Schadensersatz nach den Vorschriften über unerlaubte Handlungen ist nicht ausgeschlossen". **Art. 59**: „Das Gericht kann […] auch zur Wiedergutmachung des immateriellen Schadens des Verletzten verurteilen […]". Ausführlich zum Thema Persönlichkeitsschutz s. Kapsalis, Persönlichkeitsrecht und Persönlichkeitsschutz nach griechischem Privatrecht unter Berücksichtigung des deutschen Rechts, ins. S. 121 ff.; s. auch Karakatsanis in: Georgiades/Stathopoulos, ZGB, Art. 57 – 59; Georgiades, Allgemein Teil ZGB, 125 ff.; Spyridakis, Allgemein Teil ZGB, 320 ff. (alles auf Griechisch).

1093 Art. 5 § 1: „Jeder hat das Recht auf freie Entfaltung seiner Persönlichkeit und auf die Teilnahme am gesellschaftlichen, wirtschaftlichen und politischen Leben des Landes, soweit er nicht gegen die Rechte anderer, die Verfassung oder die guten Sitten verstößt".

1094 Pappas in Georgiades/Stathopoulos, ZGB, Bd. V, Art. 966, S. 122; Dagtoglou, Allgemeines Verwaltungsrecht, 662f.; Tachos, Umweltschutzrecht, 100 (alles auf Gr.); s. auch OLG Athen 10592/1995.

Der absolute Charakter des Nutzungsrechts der Umweltgüter als Ausprägung des absolut geschützten Persönlichkeitsrechts sichert jedem Nutzer der Umweltgüter den gerichtlichen Rechtsschutz. Diese Ansicht wird durch zwei Gerichtsurteilen[1095] gestützt, wonach „das Recht auf Nutzung der Sachen im Gemeingebrauch aus dem Persönlichkeitsrecht abgeleitet wird, so dass sein Rechtsschutz der actio popularis des römischen Rechts entspricht". Solche Bemerkungen sind aber in jüngerer Rechtsprechung nicht mehr zu finden. Vielmehr muss der Antragsteller, dessen Persönlichkeitsrecht bzw. dessen daraus abgeleitetes Nutzungsrecht angegriffen ist, geltend machen, dass er in so einer Beziehung zum Allgemeingut oder zur Sache im Gemeingebrauch steht, dass er an der Ausübung **seines** Rechts gehindert wurde[1096]. Er muss mit anderen Worten plausibel geltend machen, dass er ein persönliches, unmittelbares und gegenwärtiges *„έννομο συμφέρον"* auf die Aufhebung des angegriffenen Verwaltungsaktes hat. Der Staatsrat hat zum Beispiel das *„έννομο συμφέρον"* von Eigentümern von Wohnungen in der Nähe der Parkanlage „Pedion tou Areos" (in Athen) bejaht, Aufhebungsantrag gegen die Betriebserlaubnis eines Restaurants und zwei Freilufttheater im Park zu stellen[1097]. Das *„έννομο συμφέρον"* wurde auf das Recht auf Gebrauch der Parkanlage begründet, die eine Sache im Gemeingebrauch ist, dessen Ausübung durch den Betrieb des Restaurants und der Theater gehindert werden würde[1098].

Die wichtigsten Umweltmedien in Deutschland unterliegen, wie schon dargestellt, teils öffentlich-rechtlicher und teils privater Sachherrschaft. Mit der Einräumung des Gemeingebrauchs bzw. des Betretungsrechts wird damit in erster Linie zur Inanspruchnahme einer fremden öffentlichen Sache bzw. von in der Regel in privater Sachherrschaft befindlichen Grundflächen zum Zwecke der Erholung berechtigt[1099]. Die in den entsprechenden Vorschriften enthaltene öffentlich-rechtliche Verpflichtung besteht darin, die Inanspruchnahme der jeweils betroffenen Sache durch den Begünstigten zu dulden. Es erhebt sich folgerichtig die Frage, ob der Begünstigte ein subjektives Recht auf Inanspruchnahme der öffentlichen Sachen hat oder ob es sich nur um einen Rechtsreflex handelt, d.h. um einen Vorteil bzw. eine Chance, die sich für den Einzelnen als Folge der

1095 AG-Athen 7449/1964 in EllDni 1964, S. 635 ff; AG-Elassona 35/1964, in ArchN 1964, S. 642.

1096 Vgl. Karakostas, Rechtsmittel zum Schutz der Umweltgüter, EDDD 1990, 177 (182) (auf Griechisch); ders., Neue Entwicklungen des Umweltschutzes im griechischen Zivilrecht, ZfU 1990, 295 (299f.).

1097 StE 2568/1981.

1098 Contra Minderheitsmeinung: Der Aufhebungsantrag muss nur in Bezug auf das Restaurant zugelassen werden, denn die Theater befinden sich nicht in unmittelbarer Nähe zu den Wohnungen der Antragsteller und daher fehlt es an der erforderlichen örtlichen Beziehung der Nachbarschaft.

1099 Burgi, Erholung in freier Natur, 316.

entsprechenden Regelungen des objektiven Rechts ergibt[1100]. Nach der in Deutschland herrschenden Schutznormtheorie könnte ein subjektives öffentliches Recht eingeräumt werden, wenn die einschlägigen Gemeingebrauchs- bzw. Betretungsrechtsvorschriften zumindest auch dem Interesse einzelner Bürger zu dienen bestimmt sind.

Da die Gemeingebrauchs- bzw. Betretungsrechtsvorschriften ausdrücklich das erholungssuchende Publikum einbeziehen und deren Beziehung zu den Hoheitsträgern begründen, ist diese Frage zu bejahen und sowohl der Gemeingebrauch wie auch das Betretungsrecht als subjektives öffentliches Recht zu qualifizieren[1101]. Dass sie jedermann begünstigen, schließt den Schutznormcharakter nicht aus. Die Erholung, die erleichtert werden soll, ist ein individualisierbarer Belang, ein privates Interesse eines jeden Einzelnen[1102]. Der Gemeingebrauch bzw. das Betretungsrecht stellt damit eine besondere Ausprägung und Konkretisierung der allgemeinen Freiheit des Menschen dar. Demzufolge hat der Bürger ein subjektives öffentliches Recht auf Ausübung des individuell zulässigen Gemeingebrauchs und damit einen öffentlich-rechtlichen Anspruch auf Duldung des individuellen Gemeingebrauchs und auf Unterlassung von rechtswidrigen Beschränkungen bzw. Behinderungen der Nutzung[1103].

Die Belastung der natürlichen Umwelt durch Schadstoffe bedeutet in erster Linie eine Verschlechterung der Qualität der Umweltmedien Luft, Wasser und Boden, was zu weiteren Umweltschäden führt. Abgesehen von den wildlebenden Tieren, die weder Allgemeingüter noch Sachen im Gemeingebrauch sind, darf man behaupten, dass ein effektiver Schutz des Naturzustandes der Allgemeingüter und Sachen im Gemeingebrauch im Wesentlichen einen effektiven Umweltschutz bedeuten würde[1104]. Die wichtigsten Beeinträchtigungen dieser Güter durch Umweltbelastungen erscheinen aber oft nicht als Verletzung des Gebrauchsrechts, sondern als Ausschließung des Genusses, der aus der Nutzung hervorgeht: man kann im Meer z.B. weiterhin schwimmen, ob das Wasser nun sauber oder verschmutzt ist. Folgerichtig erhebt sich die Frage, ob ein Recht auf Genuss der natürlichen Umwelt im Sinne eines Rechts auf intakte Umwelt denkbar ist.

In Deutschland beschränkt sich das subjektive Recht auf Gemeingebrauch nur auf die Ausübung eines eröffneten Gemeingebrauchs bzw. eines bestehenden

---

1100 Vgl. zur Rechtsnatur des Gemeingebrauchs Pappermann/Löhr/Andriske, Recht der öffentlichen Sachen, 76f.

1101 Burgi, Erholung in freier Natur, 325 ff.; Marzik/Wilrich, BNatSchG Kommentar, 2004, § 56, Rn. 3.

1102 Burgi, Erholung in freier Natur, 328.

1103 Marzik/Wilrich, BNatSchG Kommentar, 2004, § 56, Rn. 24.

1104 Vgl. Karakostas, Neue Entwicklungen des Umweltschutzes im griechischen Zivilrecht, ZfU 1990, 295 (297); ders. Rechtsmittel zum Schutz der Umwelt im griechischen Recht, NuR 1993, 467.

Betretungsrechts. Einen Anspruch auf dessen Schaffung bzw. Aufrechterhaltung hat der Einzelne nicht[1105]. In sämtlichen Vorschriften sind indes Möglichkeiten zur Statuierung nachträglicher Inhaltsschranken angelegt, während nirgends eine Pflicht zur dauerhaften Duldung vorgesehen wird. Die rechtmäßige Beschränkung oder gar Beseitigung der Nutzungsberechtigung ist also durchaus möglich[1106]. Darüber hinaus bezieht sich der Gemeingebrauch bzw. das Betretungsrecht nur auf den jeweiligen Zustand der öffentlichen Sache[1107]. Das BNatSchG räumt kein Recht auf Erholung und Naturgenuss ein[1108]. Die Klagebefugnis für die Anfechtung einer Erlaubnis zur Einleitung von Abwasser, z.B. von erwärmtem Kühlwasser eines Kernkraftwerks, wegen befürchteter ökologischer Folgewirkungen, kann dementsprechend nicht auf den Gemeingebrauch gestützt werden[1109]. Im Gegensatz dazu wird in der griechischen Literatur und auch in der Rechtsprechung von einem Recht auf **„Nutzung und Genuss"** der Umweltgüter gesprochen[1110], das dem Einzelnen den gerichtlichen Schutz vor Umweltbeeinträchtigungen sichert. Wenn die Verletzung dieses Rechts durch Verwaltungsakte erfolgt, die sich umweltbelastend auswirken könnten, kann der Einzelne Aufhebungsantrag stellen[1111]. Der Antragsteller, dessen Persönlichkeitsrecht bzw. dessen daraus abgeleitetes Nutzungs- und Genussrecht angegriffen ist, muss geltend machen, dass er in so einer Beziehung zum Umweltgut steht, dass er durch die Umweltbeeinträchtigung konkret geschädigt ist, bzw. an der Ausübung seines Rechts gehindert wurde, so dass er einen Verlust an Lebensqualität erlitt[1112].

1105 Die meisten Straßengesetze betonen sogar ausdrücklich, dass kein Anspruch auf Aufrechterhaltung besteht. Vgl. § 14 HStrG, § 14 Abs. 2 SStrG, § 34 LStrG für Rheinland-Pfalz. Vgl. Papier, Recht der öffentlichen Sachen, 111. Pappermann/Löhr/Andriske, Recht der öffentlichen Sachen, 45.

1106 Zu den Beschränkungsmöglichkeiten des Gemeingebrauchs im Wasserrecht vgl. Kloepfer, Umweltrecht, 1136.

1107 OVG Münster, ZfW Sonderheft 1967 II Nr. 49.

1108 Marzik/Wilrich, BNatSchG Kommentar, 2004, Vorb. § 56, Rn. 6. Insoweit gibt es aber Regelungen in Landesnaturschutzgesetzen (Art. 21 BayNatSchG, § 35 NatSchG BW, 3 29 SächsNatSchG) und in Bayern wird sogar ein entsprechendes Grundrecht in Art. 141 Abs. 3 S. 1 der Landesverfassung gewährt: „Der Genuss der Naturschönheiten und die Erholung in der freien Natur, insbesondere das Betreten von Wald und Bergweide, das Befahren der Gewässer und die Aneignung wildwachsender Waldfrüchte in ortsüblichem Umfang ist jedermann gestattet".

1109 OVG Lüneburg, ZfW 1980, 303 ff.

1110 S. AP 625/1956 in NoB 1957, S. 316, 470/1963 in NoB 1964, S. 195 und 743/1963 in NoB 1964, S. 514: In diesen Beschlüssen ist von der freien Nutzung und dem Genuss der Sache im Gemeingebrauch die Rede; s. auch AP 630/1968 in ArchN 1969, S. 144, 729/1969 in ArchN 1970, S. 352, 776/1977 in NoB 1979, S. 561, AG Ioannina 42/1982 in EllDni 1982, S. 543 und Georgiades, Sachenrecht, Bd. I, 121 (auf Griechisch).

1111 Vgl. StE 2993/1998 und 1790/1999 über das Recht auf Gebrauch und Genuss der Küste als Begründung des Interesses an Vermeidung der Belastung des Küstenökosystems.

1112 Vgl. Karakostas, Rechtsmittel zum Schutz der Umweltgüter, EDDD 1990, 177 (182)

2.2 Ein Menschenrecht auf intakte Umwelt?

2.2.1 Die Korrelation zwischen Menschenrechte und Umweltschutz

Nach der Lehre des Naturrechts gibt es individuelle Rechte, die mit dem Wesen des Menschen untrennbar verbunden sind und demnach als angeboren gelten[1113]. Es handelt sich um die sog. „Menschenrechte“[1114]. Es gab sie schon, bevor Gesellschaft, Wirtschaft und Staat den Menschen prägten. Dazu zählen u.a. die Menschenwürde, das Recht auf Leben und körperliche Unversehrtheit und die Freiheit vor willkürlicher Freiheitseinschränkung[1115]. Sie sind unveräußerlich[1116], nicht an bestimmte Räume und Zeiten gebunden und damit auch älter als alle Staaten[1117]. Denn Menschenrechte sind in diesem strengen Sinne nur die Rechte, die der Staat gewährleisten, nicht aber gewähren kann. Die Wurzeln der Idee der Menschenrechte reichen weit zurück[1118]. Die ausdrückliche Verkündung von Menschenrechten stellt dennoch etwas verhältnismäßig Neues dar[1119]. Definition und Auslegung von Menschenrechten sind nicht unumstritten, geschweige denn allgemein anerkannt. Daher lassen sich Menschenrechte nicht nur als etwas Naturgesetzliches, sondern vor allem als etwas Historisches verstehen, deren

---

(auf Griechisch); ders., Neue Entwicklungen des Umweltschutzes im griechischen Zivilrecht, ZfU 1990, 295 (299f.).

1113 Vgl. schon Abschnitt 1 der **Virginia Bill of Rights** (1776): „Alle Menschen sind von Natur aus in gleicher Weise frei und unabhängig und besitzen bestimmte angeborene Rechte, welche sie ihrer Nachkommenschaft durch keinen Vertrag rauben oder entziehen können, wenn sie eine staatliche Verbindung eingehen, und zwar den Genuss des Lebens und der Freiheit, die Mittel zum Erwerb und Besitz von Eigentum und das Erstreben und Erlangen von Glück und Sicherheit“. Eine deutsche Fassung ist unter: <http://plato.kfunigraz.ac.at/dp/NEUZEIT/DOCS_E/VIRGBOR.HTM> abrufbar.

1114 Vgl. Shestack, The Philosophical Foundations of Human Rights, in: Symonides, Human Rights: Concept and Standards, 31 ff.

1115 Vgl. schon Art. 39 der **Magna Charta Libertatum** (1215), mit der Eigentum und Zugriff auf die Person erstmals staatlich als Schutzrechte des Untertanen gegen die Krone geregelt wurden: „Kein freier Mann soll verhaftet oder eingekerkert oder um seinen Besitz gebracht oder geächtet oder verbannt oder sonst in irgendeiner Weise ruiniert werden, und wir werden nicht gegen ihn vorgehen oder gegen ihn vorgehen lassen, es sei denn auf Grund eines gesetzlichen Urteils von Standesgenossen oder gemäß dem Gesetze des Landes“. Damit waren allerdings nicht alle Herrschaftsunterworfenen gemeint. Es handelt sich dabei also nicht um ein Menschenrecht, sondern um ein **„Standesrecht“**.

1116 Vgl. Art. 1 Abs. 2 GG.

1117 Vgl. Huber, Menschenrechte: Perspektive einer menschlichen Welt, 77 ff.

1118 Zur Geschichte der Menschenrechte s. Hochgeschwender, in Behr/Huber/Kimmi/Wolff, 27 ff.

1119 Vgl. Buergenthal, International Human Rights in an Historical Perspective, in: Symonides, Human Rights: Concept and Standards, 3 ff.

Entstehung über die Erkämpfungen dieser Rechte in den einzelnen nationalen Verfassungen errungen wurde.

Die Anerkennung universell geltender Menschenrechte wird heute zu den zentralen Legitimationserfordernissen staatlicher Herrschaft gerechnet und wird zumeist in Form völkerrechtlicher Verträge zum Ausdruck gebracht[1120]. Insbesondere die Erfahrung des menschenverachtenden Zweiten Weltkrieges führte nach 1945 zur Entwicklung eines umfänglichen Menschenrechtsschutzes[1121]. 1948 wurde die Allgemeine Menschenrechtserklärung (AEMR) der Vereinigten Nationen und 1950 die Europäische Menschenrechtskonvention (EMRK) veröffentlicht. Seitdem steigt die Anzahl internationaler Menschenrechtsdokumente beständig.

Die Menschenrechte werden allgemein in drei Gruppen eingeteilt[1122]: (a) Persönlichkeitsrechte, politische und zivile Rechte: Sie bilden den Kern der Menschenrechte. Sie dienen dem Schutz des Menschen vor Übergriffen und dem Schutz seiner Menschenwürde, z.B. das Recht auf Leben, und garantieren, dass jeder Mensch ungehindert am politischen Leben innerhalb seiner Gemeinschaft teilnehmen kann, ohne Angst vor ungerechtfertigter Bestrafung zu haben, z.B. das Recht auf Meinungsfreiheit. Persönlichkeitsrechte, politische und zivile Rechte gehören zu der „ersten Generation" der Menschenrechte, die einen Freiheitsbereich des Einzelnen regelt, welcher von staatlichem Zugriff entzogen wird[1123]. (b) Wirtschaftliche, soziale und kulturelle Rechte: Diese Rechte der „zweiten Generation" sollen jedem Menschen ermöglichen, sein Leben lebenswert zu gestalten. Sie sind nicht als Abwehrrechte gegen staatliche Eingriffe, sondern vielmehr als positive Leistungsrechte gegenüber dem Staat konzipiert und wurden erstmals in den Verfassungen sozialistischer Staaten verankert. Dazu gehört insbesondere, dass jeder zumindest mit den grundlegenden Dingen versorgt ist, so dass sein Überleben gesichert ist. Zusätzlich beinhalten sie aber auch ein Recht auf Bildung und Teilhabe[1124]. Die Rechte der zweiten Generation wurden zwar ausdrücklich anerkannt, sie bleiben aber großenteils „Programmrechte", d.h. mit rein programmatischem Charakter[1125]. (c) Solidaritätsrechte: In den 70er Jahren versuchte die Mehrheit der Entwicklungsländer mit Unterstützung

---

1120 Dreier, in Dreier (Hrsg.), GG Kommentar, 2. Aufl., Bd. I, Vorb. Art. 1, Rn. 24.

1121 Vgl. Huber, Menschenrechte: Perspektive einer menschlichen Welt, 14.

1122 Vgl. Oppermann, Menschenrechte in Europa und in der Welt – die juristische Gewährleistung heute, in Behr/Huber/Kimmi/Wolff, 51 (55 ff.).

1123 Vgl. Nowak, Civil and Political Rights, in: Symonides, Human Rights: Concept and Standards, 69 ff.

1124 Vgl. Eide, Economic and Social Rights, in: Symonides, Human Rights: Concept and Standards, 109 ff.

1125 Vgl. Nowak, Was sind Solidaritätsrechte der „3. Generation"?, in Teaching Human Rights Nr. 10/2001, abrufbar unter: <http://www.humanrights.at/root/images/doku/nowaksolid.rechte.pdf>.

der RGW-Staaten[1126], die Menschenrechte um eine „dritte Generation“ zu erweitern, welche die „Rechte der Völker“ gegenüber der Völkergemeinschaft postuliert: die Rechte auf Entwicklung, auf Frieden und Sicherheit und auf eine gesunde Umwelt. In der UN-Vollversammlung am 4.12.1986 wurde eine Deklaration über das Recht auf Entwicklung verabschiedet und in einen Forderungskatalog an die Industrieländer übersetzt. Die Rechte der dritten Generation bündeln in sich individuelle und kollektive Rechte. Ihre rechtliche Fundierung finden sie im Prinzip der Solidarität. Sie sollen sich dadurch auszeichnen, dass sie eine weitergehende Kooperation unter den Staaten voraussetzen, als die bloße Koexistenz. Zusätzlich zeigen sie, dass es neue Probleme gibt, die das Recht auf Leben aller Menschen gefährden, für deren umfassende Bewältigung der bisherige menschenrechtliche Ansatz nicht ausreicht[1127]. Ob es sich dabei um richtige individuelle Menschenrechte handelt, steht zur Diskussion. Im Wesentlichen wird kritisiert, dass es an der für ihre Durchsetzbarkeit erforderlichen Präzision fehlt und dass es sich dabei eher um politische Konzepte handelt[1128]. Problematisch ist dabei auch, dass diese Rechte nicht nur dem Einzelnen zustehen sollen, sondern auch Völkern und Staaten.

Die ideologische Debatte über unterschiedliche Menschenrechtskonzeptionen und Generationen von Menschenrechten soll zunehmend an Bedeutung verlieren. Anlässlich der UNO-Weltkonferenz über die Menschenrechte wurden 1993 die Wiener Erklärung und das Aktionsprogramm verabschiedet[1129]. Diese Dokumente betonen die Unteilbarkeit, Interdependenz und die Universalität aller Menschenrechte[1130]. Die Wiener Erklärung ist zwar nicht völkerrechtlich bindend[1131], stellt aber eine wichtige politische Vorgabe für die Entwicklung des UNO-Menschenrechtssystems dar. Alle Menschenrechte[1132] sind demzufolge im

---

1126 Rat für gegenseitige Wirtschaftshilfe: gegründet 1949 von UdSSR, Polen, Rumänien, Bulgarien, Ungarn und der Tschechoslowakei. 1950 wird die DDR Vollmitglied. Mit dem Beitritt der Mongolischen Volksrepublik, Kubas und Vietnams dehnt sich der RGW in den 60er Jahren auch über Europa hinaus aus.

1127 Vgl. Nowak, Was sind Solidaritätsrechte der „3. Generation“?, in Teaching Human Rights Nr. 10/2001, abrufbar unter: <http://www.humanrights.at/root/images/doku/nowaksolid.rechte.pdf>.

1128 Hobe, Menschenrecht auf Umweltschutz?, ZUR 1994, 15 (17f.).

1129 Abrufbar auf English unter: <http://www.ohchr.org/english/law/vienna.htm>.

1130 Art. 5: „All human rights are universal, indivisible and interdependent and interrelated“.

1131 Vgl. Nowak, Was sind Solidaritätsrechte der „3. Generation“?, in Teaching Human Rights Nr. 10/2001, abrufbar unter: <http://www.humanrights.at/root/images/doku/nowaksolid.rechte.pdf>.

1132 Dies bezieht sich allerdings nur auf jene Rechte, die von der internationalen Gemeinschaft als verbindlich anerkannt wurden, d.h. im Wesentlichen auf die bürgerlichen, politischen, wirtschaftlichen, sozialen und kulturellen Rechte. Von den Solidaritätsrechten der dritten Generation ist bisher nur das Selbstbestimmungsrecht der Völker

Prinzip justitiabel, sobald sie nationalen oder internationalen Gerichten zur Durchsetzung übertragen werden[1133].

Bei der Gründung der Vereinten Nationen 1945 war der Umweltschutz noch kein Thema. Es fehlt deshalb in der Charta jegliche Andeutung auf die Frage des Schutzes der Umwelt. Die ersten Erklärungen der Menschenrechte enthalten auch keinen Hinweis auf die Existenz eines Rechts auf saubere Umwelt. Dennoch, sowohl die UN Charta von 1945[1134] als auch die Universaldeklaration der Menschenrechte von 1948[1135] erkennen ein Recht auf Wohlbefinden („well-being") an, worin man einen ersten, wenn auch sehr vagen Ansatz für ein Recht auf Verhinderung negativer Folgen durch Umweltzerstörung sehen kann[1136]. Das gleiche gilt für die im Jahre 1966 abgeschlossenen Internationalen Pakte[1137]. Sie erkennen das Recht eines jeden auf einen angemessenen Lebensstandard[1138] und auf Nutzung und Genuss der natürlichen Umwelt an[1139]. Dabei handelt es sich aber nicht um einklagbare Individualrechte, sondern um von den Staaten noch zu verwirklichende Standards[1140]. Allerdings hat die Bedrohung der Umwelt durch menschliche Einwirkungen zu einer Sensibilisierung geführt. Seit 1968 zeigen

---

unbestritten Teil des völkerrechtlich universell verbindlichen Menschenrechtskonzepts.

1133 Vgl. Nowak, Was sind Solidaritätsrechte der „3. Generation"?, in Teaching Human Rights Nr. 10/2001, abrufbar unter: <http://www.humanrights.at/root/images/doku/nowaksolid.rechte.pdf>.

1134 Vgl. Art. 14, 55, 73 und 74.

1135 Vgl. Art. 25 Abs. 1. „Jeder hat das Recht auf einen Lebensstandard, der seine und seiner Familie Gesundheit und Wohl gewährleistet [...]"; dazu Eide, Economic and Social Rights, in: Symonides, Human Rights: Concept and Standards, 109 (150 ff.).

1136 Vgl. Lücke, Das Recht des Einzelnen auf Umweltschutz als ein internationales Menschenrecht, Archiv des Völkerrechts 1975, 387 (389).

1137 Internationaler Pakt über bürgerliche und politische Rechte (IPBPR) und Internationaler Pakt über wirtschaftliche, soziale und kulturelle Rechte (IPWSKR).

1138 Vgl. dazu Eide, Economic and Social Rights, in: Symonides, Human Rights: Concept and Standards, 109 (128 ff.).

1139 In Art. 47 IPBPR heißt es, „keine Bestimmung dieses Paktes ist so auszulegen, dass sie das allen Völkern innewohnende **Recht auf den Genuss und die volle und freie Nutzung ihrer natürlichen Reichtümer und Mittel** beeinträchtigt". In Art. 11 § 1 IPWSKR erkennen die Vertragsstaaten das Recht eines jeden „auf einen **angemessenen Lebensstandard** [...], sowie auf eine stetige **Verbesserung der Lebensbedingungen** [...]" an. In Art. 12 § 1 heißt es „Die Vertragsstaaten erkennen das Recht eines jeden auf das für ihn erreichbare **Höchstmaß an körperlicher und geistiger Gesundheit** an", während in § 2 Lit. b: verpflichten sich die Vertragsstaaten die „zur Verbesserung aller Aspekte der **Umwelt- und der Arbeitshygiene**" erforderlichen Maßnahmen zu treffen.

1140 Vgl. Hobe, Menschenrecht auf Umweltschutz?, ZUR 1994, 15 (16); Lücke, Das Recht des Einzelnen auf Umweltschutz als ein internationales Menschenrecht, Archiv des Völkerrechts 1975, 387 (390 ff.); Rest, Europäischer Menschenrechtsschutz als Katalysator für ein verbessertes Umweltrecht, NuR 1997, 209 (210).

immer mehr internationale Deklarationen, einen Zusammenhang zwischen Umweltschutz und Menschenrechten auf[1141].

Die erste Umweltkonferenz fand 1972 in Stockholm statt[1142]. Während der Konferenz von Stockholm wurde zum ersten Mal darauf aufmerksam gemacht, dass die Umwelt für das Wohlbefinden und die Ausübung wichtiger Rechte, selbst des Rechtes auf Leben, essentiell ist und dass zu einer dauerhaften Verbesserung der Lebensverhältnisse alle natürlichen Lebensgrundlagen erhalten bleiben müssen[1143]. Die auf der Konferenz verabschiedete Erklärung[1144] enthält

1141 Vgl. Art. 24 § 1 des Übereinkommens über die Rechte des Kindes vom 20.11.1989: die Vertragsstaaten erkennen das Recht des Kindes auf das erreichbare **Höchstmaß an Gesundheit** an. In § 2 Lit. c verpflichten sich die Vertragsstaaten zur Bereitstellung ausreichender vollwertiger Nahrungsmittel und **sauberen Trinkwassers**, wobei die Gefahren und Risiken der Umweltverschmutzung zu berücksichtigen sind. In § 2 Lit. e wird die Bedeutung der Aufklärung über die **Sauberhaltung der Umwelt** hervorgehoben. In Art. 27 § 1 heißt es „Die Vertragsstaaten erkennen das Recht jedes Kindes auf einen seiner körperlichen, geistigen, seelischen, sittlichen und sozialen Entwicklung **angemessenen Lebensstandard** an". Vgl. auch Art. 7 § 1 des Übereinkommens über eingeborene und in Stämmen lebende Völker in unabhängigen Ländern vom 27.06.1989: Es wird das Recht der betreffenden Völker anerkannt, „ihre eigenen Prioritäten für den Entwicklungsprozess, soweit er sich auf ihr **Leben**, [...] und ihr **geistiges Wohl** und das von ihnen besiedelte oder anderweitig genutzte Land auswirkt, festzulegen und soweit wie möglich Kontrolle über ihre wirtschaftliche, soziale und kulturelle Entwicklung auszuüben". Die Regierungen haben gemäß § 3 sicherzustellen, dass Untersuchungen durchgeführt werden, „um die [...] **Umweltauswirkungen** geplanter Entwicklungstätigkeiten auf diese Völker zu beurteilen" und nach § 4 sollen sie Maßnahmen ergreifen, „um die **Umwelt** der von ihnen bewohnten Gebiete zu schützen und zu erhalten".

1142 Dazu Engfeldt, Chronicle Essay, The Road from Stockholm to Johannesburg, unter: <http://www.un.org/Pubs/chronicle/2002/issue3/0302p14_essay.html>. Als Ergebnis der Stockholmer Konferenz wurde das Umweltprogramm der UN (United Nations Environment Programme, UNEP) gegründet. Das UNEP war wesentlich beteiligt an der Vorbereitung wichtiger Umweltkonventionen, wie dem Washingtoner Artenschutzübereinkommen (WA/CITES, 1973), dem Baseler Abkommen über grenzüberschreitenden Verkehr mit Sondermüll und dem Montrealer Protokoll zum Schutz der Ozonschicht (1985).

1143 S. die Einleitung der Erklärung: „(1) Man is both creature and moulder of his environment, which gives him physical sustenance and affords him the opportunity for intellectual, moral, social and spiritual growth. In the long and tortuous evolution of the human race on this planet, a stage has been reached when, through the rapid acceleration of science and technology, man has acquired the power to transform his environment in countless ways and on an unprecedented scale. Both aspects of man's environment, the natural and the man-made, are essential to his well-being and to the enjoyment of basic human rights the right to life itself. (2) The protection and improvement of the human environment is a major issue, which affects the wellbeing of peoples and economic development throughout the world; it is the urgent desire of the peoples of the whole world and the duty of all Governments".

Prinzipien für Umweltschutz und Entwicklung sowie Handlungsempfehlungen zu deren Umsetzung.

Im Grundsatz Nr. 1 heißt es:

„Man has the fundamental right to freedom, equality and adequate conditions of life, in an environment of a quality that permits a life of dignity and well-being, and he bears a solemn responsibility to protect and improve the environment for present and future generations"

Dabei handelte es sich jedoch nicht um ein individuelles Recht auf saubere Umwelt[1145], sondern vielmehr um die Erkenntnis, dass die Ausübung anderer Menschenrechte unbedingt ein gewisses Mindestmaß an intakter Umwelt benötigt. Dem Prinzip selbst ist keine Rechtsnormqualität beizumessen[1146]. Die Deklaration hatte trotzdem weitreichende Bedeutung, da die UN Generalversammlung in vielen späteren Resolutionen zum Thema Umwelt auf sie verwies. Als die Vereinten Nationen 1983 die Weltkommission für Umwelt und Entwicklung gründeten, war deutlich geworden, dass die Erhaltung der Umwelt eine Überlebensfrage für alle Menschen ist[1147].

Umweltgefahren, die weder in Stockholm noch in der Folgezeit gebannt wurden, und der durch sie hervorgerufene Bewusstseinswandel in der Öffentlichkeit führten zu der UN-Konferenz über Umwelt und Entwicklung in Rio de Janeiro 1992, der bis dahin größten Versammlung von Staats- und Regierungschefs. Ziel der Konferenz war u.a., klare rechtliche Vorgaben zu verabschieden. Die Rio-Erklärung enthält zwar wichtige Grundlinien für den Umweltschutz, die Erwähnung von Menschenrechte wurde aber vermeidet.

1144 Abrufbar auf Englisch unter: <http://www.unep.org/Documents.multilingual/Default.asp?DocumentID=97&ArticleID=1503>.

1145 Kastanas, Der Schutz des Rechts auf die Umwelt im Rahmen der EMRK, Nomos & Fysi 2000, 323 (auf Griechisch).

1146 Hobe, Menschenrecht auf Umweltschutz?, ZUR 1994, 15 (16); Klein, Recht auf Umweltschutz als völkerrechtliches Individualgrundrecht?, in FS Simson, 251 (253f.); Kloepfer, Umweltrecht, 638; Lücke, Das Recht des Einzelnen auf Umweltschutz als ein internationales Menschenrecht, Archiv des Völkerrechts 1975, 387 (388); Rest, Europäischer Menschenrechtsschutz als Katalysator für ein verbessertes Umweltrecht, NuR 1997, 209 (211).

1147 1983 gründeten die Vereinten Nationen als unabhängige Sachverständigenkommission die Weltkommission für Umwelt und Entwicklung (World Commission on Environment and Development, WCED) mit Sekretariat in Genf. Ihr Auftrag war die Erstellung eines Perspektivberichts zu langfristig tragfähiger, umweltschonender Entwicklung im Weltmaßstab bis zum Jahr 2000 und darüber hinaus. Die Kommission wurde am 31.12.1987 offiziell aufgelöst und im April 1988 als „Centre for Our Common Future" in Genf fortgeführt und im Rahmen der Rio-Konferenz 1992 reaktiviert.

In der Grundlinie 1 heißt es:

„Human beings are at the centre of concerns for sustainable development. They are entitled to a healthy and productive life in harmony with nature"

Diese vage Formulierung ist charakteristisch für die Skepsis gegenüber der Rolle der Menschenrechte in der Entwicklung des Umweltrechts. Seit dieser Konferenz ist das Bewusstsein für Belange der Umwelt sowohl in der Bevölkerung als auch in der politischen Welt stetig gestiegen. Durch die Rio-Konferenz konnte der internationale Konsens, dass Umweltfragen zentrale Anliegen der Weltgemeinschaft sind, gefestigt werden. Im Ergebnis war dennoch keines der unterschriebenen Dokumente als tatsächlich rechtlich bindend zu klassifizieren[1148].

Die UN-Generalversammlung beschloss 2000, eine Überprüfung des Erdgipfels von Rio de Janeiro durchzuführen, die auf dem Weltgipfel für Nachhaltige Entwicklung 2002 in Johannesburg erfolgte. In Johannesburg wurde eine unverbindliche[1149] „Politische Erklärung" der Staats- und Regierungschefs verabschiedet[1150], in der zwar mehrmals die Würde des Menschen, wie auch die Bedeutung des Zugangs u.a. zum sauberen Wasser[1151], erwähnt wird, auf eine ausführliche Erwähnung von Menschenrechten aber verzichtet wurde.

Im Gegensatz dazu war 1981 die afrikanische Charta der Menschenrechte[1152] eine der ersten internationalen bzw. multinationalen Deklarationen, die ohne Umwege ein Recht auf saubere Umwelt festschrieb. Diese Charta ist insofern von Bedeutung, da fast alle afrikanischen Staaten sie akzeptiert haben und sie somit auch ein wichtiges Signal für die restliche Welt darstellt.

In Kapitel I Art. 24 heißt es:

„All peoples shall have the right to a general satisfactory environment favourable to their development"

1148 Kloepfer, Umweltrecht, 639f. Die Rio Erklärung ist unter: <http://www.unep.org/Documents.Multilingual/Default.asp?ArticleID=1163&DocumentID?78&1=en> abrufbar (auf Englisch).

1149 Kloepfer, Umweltrecht, 641.

1150 Abrufbar auf Englisch unter: <http://www.johannesburgsummit.org/html/documents/summit_docs/0409_l6rev2_pol_decl.pdf>.

1151 Vgl. Art. 24 § 2 des Übereinkommens über die Rechte des Kindes vom 20.11.1989: In Lit. c verpflichten sich die Vertragsstaaten zur Bereitstellung ausreichender vollwertiger Nahrungsmittel und **sauberen Trinkwassers**, wobei die Gefahren und Risiken der Umweltverschmutzung zu berücksichtigen sind.

1152 Abrufbar auf Englisch unter: <http://hei.unige.ch/humanrts/instree/z1afchar.htm>.

Noch genauer ist das Zusatzprotokoll der Amerikanischen Menschenrechtskonvention von 1969 (Protokoll von San Salvador) [1153], die von den meisten Staaten Amerikas unterzeichnet wurde.

In Art. 11 heißt es:

„Everyone shall have the right to live in a healthy environment and to have access to basic public services. The States Parties shall promote the protection, preservation, and improvement of the environment"

Ob damit allerdings tatsächlich ein Individualrecht verbürgt werden sollte, bleibt fraglich[1154].

Im Januar 2002 haben das Amt des Hohen Kommissars für Menschenrechte und das Umweltprogramm der Vereinigten Nationen ein Expertenseminar für Menschenrechte und die Umwelt in Genf organisiert. Die Experten haben erneut festgestellt, dass der Umweltschutz eine unabdingbare Voraussetzung für die Ausübung und den Genuss der Menschenrechte darstellt[1155]. Im November 2002 hat der Sozialpakt-Ausschuss des Wirtschafts- und Sozialrates der UN[1156] erklärt, dass der Zugang zu Trinkwasser, zu Wasser für hygienische Zwecke und zur Nahrungsmittelproduktion Menschenrecht im Sinne des Sozialpakts ist.

Deklarationen, Resolutionen und Berichte dieser Art sind natürlich von großer Bedeutung auf politischer Ebene, denen dennoch keine Rechtsnormqualität beizumessen ist. Mit der Verkündung von internationalen Menschenrechten wird nämlich nicht automatisch geltendes Recht geschaffen[1157]. Auch wenn der naturrechtliche Charakter von Menschenrechten unbestritten ist, bedarf es doch nach internationaler Auffassung einer Rechtsetzung durch den souveränen Staat[1158].

1153 Die AMRK garantiert von bürgerlichen und politischen Rechten hinaus in einem Zusatzprotokoll auch wirtschaftliche und soziale Menschenrechte. Der San Salvador-Protokoll ist auf Englisch unter: <http://www.cidh.oas.org/Basicos/basic5.htm> abrufbar.

1154 Hobe, Menschenrecht auf Umweltschutz?, ZUR 1994, 15 (16).

1155 Der Bericht des Seminars ist auf English unter: <http://www.ohchr.org/english/issues/environment/environ/conclusions.htm> abrufbar.

1156 Economic and Social Council, ECOSOC: Der ECOSOC ist gemeinsam mit der Generalversammlung für die in Kapitel IX der UN-Charta aufgeführten Aufgaben verantwortlich. Nach Artikel 63 kann er auf dem Wirtschafts-, Sozial-, Gesundheits-, Erziehungs- und Kulturgebiet wie auch auf verwandten Gebieten tätig werden.

1157 Vgl. Dreier, in Dreier (Hrsg.), Grundgesetz Kommentar, 2. Aufl., Bd. I, Vorb. Art. 1, Rnn. 25f.; die Allgemeine Erklärung bezeichnet sich selbst in ihrem Präambel als ein von allen Völkern und Nationen anzustrebendes gemeinsames Ideal („Common Standard of achievement").

1158 Menschenrechte als im Völkerrecht verankerte Individualrechte können unter bestimm-

Das Bekenntnis zu den internationalen Menschenrechten findet sich in Deutschland bereits in Art. 1 Abs. 2 GG, obwohl diese dort nur pauschal erwähnt werden. Allerdings sind diese Abkommen in Deutschland nur nach Maßgabe des Art. 59 Abs. 2 GG, also im Range eines einfachen Gesetzes verbindlich. In Griechenland sind gemäß Art. 28 § 1 Gr. Verf. die allgemein anerkannten Regeln des Völkerrechtes sowie die internationalen Verträge Bestandteile des inneren griechischen Rechts und gehen jeder entgegenstehenden Gesetzesbestimmung vor – dies allerdings erst nach ihrer gesetzlichen Ratifizierung und ihrer (in ihnen geregelten) Inkraftsetzung[1159].

Einige der in der Allgemeinen Erklärung der Menschenrechte enthaltenen Fundamentalrechte, insbesondere das Recht auf Leben und körperliche Unversehrtheit, gelten zwar mittlerweile gewohnheitsrechtlich als ius cogens[1160] und die UN-Menschenrechtspakte haben für die beigetretenen Staaten eindeutig verbindliches Völkervertragsrecht geschaffen[1161], dennoch ist die Konvention selbst nach wie vor ein unverbindliches Instrument der Menschenrechtspolitik und das Kontroll- bzw. Durchsetzungsinstrumentarium bleibt eher schwach ausgebildet.

Im Gegensatz dazu wird durch die Europäische Konvention zum Schutze der Menschenrechte und Grundfreiheiten von 1950 ein Europäischer Gerichtshof für Menschenrechte errichtet (Art. 19 ff.), um die Einhaltung der Verpflichtungen sicherzustellen, welche die Vertragsparteien in dieser Konvention und den Protokollen dazu übernommen haben. Die EMRK verbürgt im Wesentlichen die klassischen liberalen und politischen Freiheiten, sie gewährleistet dagegen kein ausdrückliches individuelles Recht auf die Umwelt bzw. auf Umweltschutz[1162], obwohl bereits im Jahre 1973 der Arbeitskreis für Umweltrecht des Europarates den Entwurf eines Zusatzprotokolls verabschiedet hat, wonach die

ten Voraussetzungen durch nationale Gerichte durchgesetzt werden. Fraglich ist dabei immer, ob das Völkerrecht als solches (oder in einer in nationales Recht transformierten Form als Quelle von Rechtssätzen) direkt anwendbar ist oder es zumindest Wirkung als Auslegungsmaßstab für nationales Recht – nach dem Grundsatz der völkerrechtskonformen Auslegung – entfaltet. Darüber entscheidet das nationale Recht. Allerdings bleibt immer zu berücksichtigen, ob sich die Parteien nicht im völkerrechtlichen Vertrag zu einer bestimmten Form innerstaatlicher Anwendung verpflichtet haben.

1159 Art. 28 § 1 S. 2 Gr. Verf.: Die Anwendung der Regeln des Völkerrechts und der internationalen Verträge gegenüber Ausländern erfolgt stets unter der Bedingung der Gegenseitigkeit.

1160 Vgl. dazu Klein, Menschenrechte und Ius cogens, in FS Ress, 151.

1161 Klein, Recht auf Umweltschutz als völkerrechtliches Individualgrundrecht?, in FS Simson, 251 (252).

1162 Kastanas, Der Schutz des Rechts auf die Umwelt im Rahmen der EMRK, Nomos & Fysi 2000, 323 (324) (auf Griechisch); Rest, Europäischer Menschenrechtsschutz als Katalysator für ein verbessertes Umweltrecht, NuR 1997, 209 (214).

Konvention um einen ein solches Recht gewährleistenden Artikel erweitert werden sollte[1163].

Die auf der Ebene der Europäischen Union zu geltenden Menschenrechte wurden erstmals umfassend in der Charta der Grundrechte der Europäischen Union[1164] niedergelegt, die vom Europäischen Rat am 7. Dezember 2000 in Nizza angenommen wurde. Die Charta enthält die auf Ebene der Union zu geltenden Grundrechte, die bisher nur als allgemeiner Verweis auf die EMRK und auf die gemeinsamen Verfassungsüberlieferungen der Mitgliedstaaten der Europäischen Union im Vertrag genannt wurden (Art 6 Abs. 2 EUV). Mit ihren sechs Kapiteln (Würde des Menschen, Freiheit, Gleichheit, Solidarität, Bürgerrechte und justizielle Rechte) fasst die Charta die allgemeinen Menschen- und Bürgerrechte und die wirtschaftlichen und sozialen Rechte in einem Dokument zusammen. Art. 37 ist dem Umweltschutz gewidmet, der allerdings als Zielbestimmung und nicht etwa als individuelles Recht in die Charta verankert wurde[1165]. Die Charta hat auch als „Teil II“ in den Entwurf für die Europäische Verfassung Eingang gefunden. Sie besitzt jedoch noch keine rechtliche Verbindlichkeit[1166].

Angesichts dieser Bemerkungen ist festzustellen, dass ein völkerrechtlich anerkanntes umfassendes Menschenrecht auf intakte Umwelt zurzeit noch nicht existiert[1167]. Die meisten Staaten fühlen sich heute ohnehin nur an die Rechtsnormen gebunden, die sie in ihren Verfassungen niedergelegt haben. Dort aber findet sich in aller Regel eine Aufzählung unterschiedlicher Normen, was dem rechtlichen Schutz der Umwelt betrifft. Seit 1970 haben nämlich viele Länder in irgendeiner Form Umweltbelange in ihre Verfassung aufgenommen[1168].

1163 „Niemand darf durch nachteilige Veränderung der natürlichen Lebensgrundlagen in seiner Gesundheit verletzt oder unzumutbar gefährdet oder in seinem Wohlbefinden unzumutbar beeinträchtigt werden“.

1164 Abrufbar unter: <http://www.europarl.eu.int/charter/pdf/text_de.pdf>.

1165 Langenfeld, Gehören soziale Grundrechte in die Grundrechtecharta?, FS Ress, 599.

1166 Langenfeld, Gehören soziale Grundrechte in die Grundrechtecharta?, in FS Ress, 599 (Fn. 1).

1167 Kloepfer, Umweltrecht, 668; Shelton, Human Rights and Environment Issues in Multilateral Treaties Adopted between 1991 and 2001, abrufbar unter: <http://www.ohchr.org/english/issues/environment/environ/bp1.htm>; Fabra, The Intersection of Human Rights and Environmental Issues: A review of institutional developments at the international level, unter: <http://www.ohchr.org/english/issues/environment/environ/bp3.htm>; **a.A.** Lücke, Das Recht des Einzelnen auf Umweltschutz als ein internationales Menschenrecht, Archiv des Völkerrechts 1975, 387 (393 m.w.N.): Lücke sieht in Art. 3 und Art. 25 Abs. 1 AEMR ein internationales Menschenrecht auf Umweltschutz. Der AEMR selbst mag zwar keine Verbindlichkeit zukommen. Versteht man aber die AEMR als Interpretation der UN-Charta, dann wird dem in der AEMR enthaltenen Umweltschutzrecht über die Charta Verbindlichkeit zuerkannt.

1168 Vgl. im europäischen Raum: Art. 23 Belgischer Verfassung; Art. 15 und 55 Bulgarischen Verfassung; § 20 GG Finnlands; Art. 9 Italienischer Verfassung; Art. 21. Niederländischer Verfassung; Art. 5, 31, 68, 74 und 86 Polnischer Verfassung; Art. 66 Portu-

2.2.2 Einwände gegen die Existenz eines individuellen Rechts auf intakte Umwelt

Individuelle Rechte dienen dem Einzelnen, sein Leben frei von Eingriffen der öffentlichen Gewalt und lebenswert zu gestalten. Der Mensch ist aber ein Teil seiner Umwelt und sein Schicksal ist eng mit ihr verbunden. Eine intakte Umwelt ist für das Wohlbefinden und die Ausübung wichtiger Rechte essentiell, so dass die Frage nahe liegt, inwieweit ein individuelles Recht auf intakte Umwelt bzw. auf Umweltschutz existiert, im Sinne eines Abwehrrechts gegen Umwelteingriffe seitens des Staates bzw. eines Anspruchs auf umweltschützendes staatliches Verhalten[1169].

Die Existenz eines Rechts auf intakte Umwelt ist höchst umstritten[1170]. Problematisch an diesem Ansatz ist vor allem, wie ein solches umfassendes Recht formuliert werden soll. Zu beachten sind dabei die Begründungs- bzw. Herleitungsansätze sowie deren mögliche rechtliche Ausgestaltung. Ein individuelles Recht auf intakte Umwelt hat nämlich sowohl mit praktischen, wie auch mit theoretischen Problemen zu kämpfen. Die rechtlichen Einwände, die dagegen vorgebracht werden, sind im Wesentlichen die folgenden:

Bei einem individuellen Recht auf intakte Umwelt verletze eine Umweltbeeinträchtigung, die dem Menschen schadet, also alles, was ihn negativ beeinflusst, ihn in seinem Recht und sei damit verboten. So könnte jeder Betroffener gegen jeden Akt hoheitlicher Gewalt klagen und damit den Staat zwingen, Handlungen zu unterlassen oder Gesetze zu verabschieden, die zukünftige Eingriffe verhindern. Wie weit ein Recht auf intakte Umwelt reichen soll und wo die Grenze zu ziehen ist, lässt sich nicht ohne weiteres entscheiden. Rechtliche Bindung kann nur durch einen normativen Maßstab erreicht werden, der inhaltlich hinreichend bestimmt ist und für den Richter eine handhabbare Regelung darstellt. Eine entscheidende Frage lautet, inwieweit dem Einzelnen an natürlichen Umweltgütern Individualpositionen eingeräumt werden können, und ob auch immaterielle bzw. ästhetische Umweltwerte unter dem Recht auf intakte Umwelt zu subsumieren sind[1171]. Bei der Frage, was einen Menschen tatsächlich

---

giesischer Verfassung; Art. 72 Slowenischer Verfassung; Art. 45 Spanischer Verfassung; Art. 18 und 70/D Ungarischer Verfassung; Art. 53 Estländischer Verfassung; Art. 115 Lettischer Verfassung; Art. 53 und 54 Litauischer Verfassung; Art. 9 Maltesischer Verfassung; Art. 20, 44 und 45 Slowakischer Verfassung; alle Verfassungstexte sind auf Deutsch unter: <http://www.verfassungen.de> abrufbar.

1169 Ein Recht auf intakte Umwelt kann nur im Hinblick auf umweltbezogene Maßnahmen des Staates geschaffen werden, d.h. nur die Voraussetzungen einer heilen Umwelt garantiere, nicht aber die intakte Umwelt selbst; dazu Kloepfer, Zum Grundrecht auf Umweltschutz, 13f.

1170 Vgl. Siouti, Die verfassungsmäßige Gewährleistung des Umweltschutzes, 24 ff. (auf Griechisch).

1171 Vgl. Lücke, Das Grundrecht des Einzelnen gegenüber dem Staat auf Umweltschutz, DÖV 1976, 290; Rehbinder, Grundfragen des Umweltrechts, ZRP 1970, 252.

in seinem individuellen Recht auf **seine** intakte Umwelt verletzt, müssten Gerichte nicht nur den Streit zwischen Bürger und Staat, sondern auch Konflikte zwischen den Wissenschaftlern entscheiden, wie z.B. die Frage, ob Elektrosmog der Umweltverschmutzung zu unterordnen ist und ob und welche Menschen er betrifft. Stellt z.B. auch die elektromagnetische Strahlung, die von elektrischen Haushaltsgeräten ausgeht, eine Verletzung des Rechts auf intakte Umwelt dar und wenn ja, wessen Recht? Eine negative Beeinflussung ist außerdem in den wenigsten Fällen kausal unzweifelhaft zu belegen. Sollte mit der Einführung eines individuellen Abwehrrechts auf intakte Umwelt eine Vermutung zugunsten eines eventuell Betroffenen greifen, würde die ganze Diskussion in eine Sackgasse geraten: jede menschliche Aktivität schadet nämlich mehr oder weniger der natürlichen Umwelt. Im Hinblick darauf ist es notwendig, konkrete Vorgaben zu entwickeln und Grenzwerte festzulegen[1172], was aber nicht unbedingt Aufgabe des Staates sein muss.

Das Recht auf intakte Umwelt lässt sich jedenfalls nicht durch bloßes staatliches Unterlassen verwirklichen, sondern verlangt darüber hinaus positive Maßnahmen und die Regelung der Beziehung zwischen Menschen und ihrer natürlichen Umwelt. Vom Recht auf intakte Umwelt wäre folgerichtig ein gerichtlich verfolgbarer Anspruch auf Umweltschutzmaßnahmen abzuleiten. Bei einem Versuch dennoch, das Recht auf intakte Umwelt als Leistungsrecht auszugestalten, würden folgende Probleme auftreten:

Adressat dieser Ansprüche ist in erster Linie der Staat. Leistungsansprüche setzen logischerweise die Verfügungsmacht des Anspruchsgegners über das Anspruchsobjekt voraus[1173]. Der Staat sollte also vollständig über alle Umweltelemente und alle Nutzungsmöglichkeiten der Umwelt verfügen können, d.h. der Staat sollte die rechtliche, technische wie auch die ökonomische Möglichkeit haben, auf die Umweltnutzung und den Umweltschutz Einfluss zu nehmen. Es ist offensichtlich, dass der Gegenstand der möglichen individuellen Ansprüche die tatsächlichen Dispositionsmöglichkeiten des Staates überschreiten kann, entweder wegen seiner Natur (Beherrschungsunmöglichkeit mancher natürlicher Elemente) oder wegen Eigentumsrechten von Dritten. Ein individuelles Recht auf intakte Umwelt setzt also tatsächliche Möglichkeiten der Erfüllung voraus, die normativ nur begrenzt gesteuert werden können[1174]. In diesem Zusammenhang würde auch die Pflicht des Staates stehen, alle Maßnahmen zu ergreifen, die

1172 Dellis, Europäisches Umweltrecht, 251 (auf Griechisch); Kloepfer, Zum Grundrecht auf Umweltschutz, 20 ff.

1173 Klein, Ein Grundrecht auf saubere Umwelt?, FS Weber, 643 (654); Tomandl, Der Einbau sozialer Grundrechte in das positive Recht, 30f.

1174 Vgl. Siouti, Die verfassungsmäßige Gewährleistung des Umweltschutzes, 99; s. auch Risos, Die Spannung zwischen Rechtsstaat und Sozialstaat als Verfassungsproblem, ToS 1984, 143 (161) (alles auf Griechisch) und Lücke, Soziale Grundrechte als Staatszielbestimmungen und Gesetzgebungsaufträge, AöR 1982, 15 (39f.).

nötig wären, um allen Umweltschutzansprüchen zu entsprechen. Die Regelung im Einzelnen wird man schwerlich einem Gericht überlassen können, denn das Gericht müsste materielle Maßstäbe anlegen, die wegen der Kompliziertheit der Materie andauernd geändert werden müssten. Die Realisierbarkeit eines Rechts auf intakte Umwelt ist darüber hinaus immer von dem ökonomischen Entwicklungsstand anhängig, steht also unter den Vorbehalt der aktuellen Leistungsfähigkeit des Staates[1175], welche aber begrenzt ist. Die Frage, ob und wieweit der Staat unter Berücksichtigung seiner sonstigen Aufgaben bzw. Prioritäten finanziell in der Lage ist, positive Umweltschutzmaßnahmen zu ergreifen, ist einer juristischen Beurteilung nicht zugänglich[1176].

2.2.3 Möglichkeiten der rechtlichen Ausgestaltung des Rechts auf intakte Umwelt

Angesichts der praktischen und dogmatischen Schwierigkeiten, auf die die Etablierung eines eigenständigen individuellen Abwehrrechts auf intakte Umwelt stößt, bietet sich die Alternative des „Begrünens“ der vorhandenen Menschenrechte[1177], d.h. die Subsumtion von Umweltmaterien unter die existenten Menschenrechte[1178]. Als Anknüpfungspunkt dafür können das Recht auf Leben, Gesundheit, angemessene Lebensbedingungen und Information betrachtet werden. Umwelteinflüsse können nämlich direkt töten oder zumindest eine Verkürzung der Lebensspanne sowie eine Minderung der Lebensqualität nach sich ziehen, so dass dieser Ansatz einleuchtet[1179]. Eine solche umweltfreundliche

1175 Vgl. Kondiadis, Der normative Inhalt der sozialen Rechte nach der Rechtsprechung des Staatsrates, in FS StE zum 75. Jubiläum, 267 (269f.) (auf Griechisch); Isensee, Verfassung ohne soziale Grundrechte, Der Staat 1980, 367 (381f.); Klein, Ein Grundrecht auf saubere Umwelt?, FS Weber, 643 (655).

1176 Vgl. Loebenstein, Soziale Grundrechte und die Frage ihrer Justitiabilität, in FS Floretta, 209 ff. (211).

1177 „Greening the human rights“; vgl. Dellis, Europäisches Umweltrecht, 246f. (auf Gr.); Kloepfer, Umweltrecht, 668.

1178 Kritisch Ule, Umweltschutz im Verfassungs- und Verwaltungsrecht, DVBl. 1972, 437 (438): das Recht auf Leben und freie Entfaltung der Persönlichkeit, wie auch die Menschenwürde haben mit dem Umweltschutz nichts zu tun.

1179 Vgl. Allgemeinkommentar (General Comment) 14 (2000) zu Art. 12 des Sozialpaktes (Recht auf den besten erreichbaren Gesundheitszustand): „In drafting article 12 of the Covenant, the Third Committee of the United Nations General Assembly did not adopt the definition of health contained in the preamble to the Constitution of WHO, which conceptualizes health as "a state of complete physical, mental and social well-being and not merely the absence of disease or infirmity". However, the reference in article 12.1 of the Covenant to "the highest attainable standard of physical and mental health" is not confined to the right to health care. On the contrary, the drafting history and the express wording of article 12.2 acknowledge that the right to health embraces a wide range of socio-economic factors that promote conditions in which people can lead a healthy life, and extends to the underlying determinants of health, such as food and

Interpretation der etablierten Menschenrechte äußert sich in der Rechtsprechung des Europäischen Gerichtshofs für Menschenrechte, der alles Erdenkliche getan hat, was die Subsumierung von Umweltangelegenheiten unter die EMRK, insbesondere das Recht auf Achtung des Privat- und Familienlebens (Art. 8 EMRK) angeht[1180].

Das Gericht hat nämlich im Fall „Lopez Ostra gegen Spanien"[1181] festgestellt, eine schwere Umweltbeeinträchtigung, wie z.B. Geruch, Lärm oder Abgase, könne das Wohlbefinden von Personen beeinträchtigen und sie in einer Weise am Genuss des Wohnens hindern, dass ihr Privat- und Familienleben beeinträchtigt sei, auch wenn ihre Gesundheit nicht ernstlich gefährdet sei.

Im Fall „Guerra gegen Italien" stellte das Gericht fest, dass fehlende behördliche Information über die Risiken von Umweltverschmutzung die unmittelbaren Nachbarn einer Chemiefabrik in ihren Rechten aus Art. 8 EMRK verletze[1182]. Wenn nämlich der Staat gefährliche Tätigkeiten unternimmt, die verborgene schädliche Auswirkungen auf die Gesundheit der mit diesen Tätigkeiten Befassten haben kann, dann verlangt Art 8 EMRK, dass ein wirksames und verfügbares Verfahren eingerichtet wird, welches solche Personen in die Lage versetzt, alle notwendigen und zweckmäßigen Informationen zu verlangen[1183].

Im Fall „Hatton gegen UK" hat die Große Kammer allerdings festgestellt, dass die Konvention kein ausdrückliches Recht auf eine saubere und ruhige Umwelt kenne[1184]. Art. 8 EMRK könne zur Anwendung kommen, wenn eine Person direkt und auf eine erhebliche Weise durch Lärm oder andere Immissionen beeinträchtigt wird. Bei staatlichen Entscheidungen über Umweltfragen prüft der Gerichtshof, ob sie unter Berücksichtigung des den Behörden eingeräumten Beurteilungsspielraums einen gerechten Ausgleich zwischen den betroffenen Interessen hergestellt haben. In dem vorliegenden Fall hat das Gericht keine

---

nutrition, housing, access to safe and potable water and adequate sanitation, safe and healthy working conditions, and a **healthy environment**".

1180 Vgl. Kastanas, Der Schutz des Rechts auf die Umwelt im Rahmen der EMRK, Nomos & Fysi 2000, 323 (auf Griechisch); Rest, Europäischer Menschenrechtsschutz als Katalysator für ein verbessertes Umweltrecht, NuR 1997, 209 (211 ff.); Shelton, Human Rights and the Environment: Jurisprudence of Human Rights Bodies, unter: <http://www.ohchr.org/english/issues/ environment/environ/bp2.htm>.

1181 EGMR, Urteil vom 09.12.1994, EuGRZ 1995, 530; dazu Rest, Europäischer Menschenrechtsschutz als Katalysator für ein verbessertes Umweltrecht, NuR 1997, 209 (212 ff.); für die bis zu der Lopez Ostra-Entscheidung Rechtsprechung des EGMR s. Sisilianos, Umweltschutz und EMRK, Nomos & Fysi 1996, 1, 33 (auf Griechisch).

1182 EGMR Urteil vom 19.02.1998, EuGRZ 1999, 188; dazu s. Calliess, Ansätze zur Subjektivierung von Gemeinwohlbelangen im Völkerrecht – Das Beispiel des Umweltschutzes, ZUR 2000, 246 (256).

1183 EGMR Urteil vom 09.06.1998 im Fall Mc Ginley und Egan.

1184 EGMR Urteil vom 08.07.2003, NVwZ 2004, 1465.

Verletzung des Art. 8 EMRK festgestellt, weil die Behörden einen gerechten Interessenausgleich hergestellt und die betroffenen Personen im Verwaltungsverfahren ausreichend beteiligt haben.

Die „grüne" Interpretation der vorhandenen Menschenrechte weist den Vorteil auf, dass sie auf etablierte Prinzipien und funktionierende Institutionen zurückgreift. Außerdem bietet gerade das globale Maß der Anerkennung dieser Rechte große Startvorteile für die Etablierung eines ebenso global anerkannten Rechts auf eine intakte Umwelt. Das „Begrünen" bleibt aber andererseits nur punktuell und ist auf die Bereitschaft der Rechtsprechung angewiesen, Umweltmaterien unter existierende Menschenrechte zu subsumieren. Die Ableitung des Umweltschutzes aus den klassischen Individualrechten führt darüber hinaus dazu, dass staatliche Beeinträchtigungen der natürlichen Umwelt nur dann abgewehrt werden können, wenn sie eine gewisse Intensität erreicht haben. Der Zusammenhang zwischen einer Umweltbeeinträchtigung und einer Individualrechtsverletzung, z.B. einer Gesundheitsverletzung, ist außerdem nicht immer kausal zu belegen.

Gegenüber einem umfassenden substantiellen Recht auf intakte Umwelt, das jeden Bereich von Rechtsverletzungen beinhaltet und damit an Formulierungs- bzw. Ausgestaltungsschwierigkeiten gebunden ist, werden teilweise nur prozedurale Rechte (Verfahrensrechte) auf Umweltschutz vorgeschlagen, z.B das Recht auf Umweltinformation und das Recht auf Partizipation an umweltrelevanten Entscheidungen, wie auch der Anspruch auf Schadensersatz im Fall einer Verletzung dieser Rechte [1185]. Diese Meinung sieht das Recht auf die Umwelt als Fall, in dem die Klausel *„due process of law"* Anwendung findet[1186]. Ausgehend von der Idee, dass Umweltfragen am besten unter Beteiligung der betroffenen Bürger behandelt werden, ist die Rede von „Umweltdemokratie": darunter ist ein angemessener Zugang zu den im Besitz der öffentlichen Verwaltung befindlichen Informationen über die Umwelt, bzw. Informationen über Gefahrstoffe und gefährliche Tätigkeiten sowie die Beteiligungsmöglichkeit an Entscheidungsprozessen zu verstehen[1187].

Der erste rechtlich bindende völkerrechtliche Vertrag, der jeder Person Rechte im Umweltschutz zuschreibt, wurde im Juni 1998 in der dänischen Stadt Århus anlässlich der 4. Paneuropäischen Umweltministerkonferenz unterzeichnet[1188]. Gemäß Art. 1 ist Ziel der Konvention, internationale Mindeststandards

1185 Vgl. Dellis, Europäisches Umweltrecht, 253 ff. (auf Griechisch); Kloepfer, Zum Grundrecht auf Umweltschutz, 25f.; Rest, Europäischer Menschenrechtsschutz als Katalysator für ein verbessertes Umweltrecht, NuR 1997, 209 (211).

1186 Ausführlich dazu s. Davis, Administrative law text, 6 ff. und 11 ff.; Gunther, Constitutional law, Cases and materials, 550 ff.; s. auch Paulopoulos, Die verfassungsmäßige Gewährleistung des Aufhebungsantrages, 190 ff. (auf Griechisch).

1187 Vgl. Richtlinie 10 der Rio-Deklaration.

1188 Zum Hintergrund und zur Entstehungsgeschichte der Århus-Konvention s. unter:

für den Zugang zu Umweltinformationen (erste Säule, Art. 4 und 5), für Öffentlichkeitsbeteiligung (zweite Säule, Art. 6 – 8) und für den Zugang zu Gerichtsverfahren (dritte Säule, Art. 9) zu etablieren. In der Århus-Konvention wird vorwiegend festgeschrieben, dass die Vertragsparteien „sicherstellen“, dass die Öffentlichkeit Zugang zu Informationen hat, sie „sorgen“ für Öffentlichkeitsbeteiligung, sie „treffen angemessene praktische und/oder sonstige Vorkehrungen dafür“, sie „stellen sicher“, dass jede Person Zugang zu Gerichten bekommt. Der Begriff „Recht“ scheint damit vermieden zu werden, jedoch das Ziel, die Struktur und der Kontext der Konvention sind unzweifelhaft an Rechten orientiert. Die Århus-Konvention erkennt nämlich in Art. 1 das Recht jeder Person auf ein Leben in einer ihrer Gesundheit und ihrem Wohlbefinden zuträglichen Umwelt an[1189].

Art. 4 Abs. 1 der Konvention statuiert einen weitgehenden Anspruch jeder natürlichen oder juristischen Person auf Umweltinformationen, und zwar ohne Nachweis eines besonderen Interesses. Das Recht auf Information beschränkt sich nicht auf die passive Pflicht der Behörden, vorhandene Umweltinformationen auf Antrag zur Verfügung zu stellen, sondern erstreckt sich auf die Pflicht zur Beschaffung und Aktualisierung der Umweltinformationen und zur aktiven unverzüglichen Übermittlung von Informationen über unmittelbar bevorstehende Umweltgefahren (Art. 5)[1190].

<http://www.aarhus-konvention.de/index.html>; eine deutsche Fassung ist unter: <http://www.unece.org/env/pp/documents/cep43g.pdf> abrufbar. Die Århus Konvention wurde von 35 Staaten und die EU unterzeichnet und ist am 30.10.2001 in Kraft getreten. Zum Ratifizierungsstatus s. „Status of Ratification“ unter: <http://www. aarhus-convention.org>; vgl. Art. 3 der älteren **Nordischen Konvention** zum Schutz der Umwelt von 19.02.1974 (abrufbar auf English unter: <http://sedac.ciesin.org/entri/texts/acrc/Nordic.txt.html>): „Any person who is affected or may be affected by a nuisance caused by environmentally harmful activities in another Contracting State shall have the right to bring before the appropriate Court or Administrative Authority of that State the question of the permissibility of such activities including the question of measures to prevent damage, and to appeal against the decision of the Court or the Administrative Authority to the same extent and on the same terms as a legal entity of the State in which the activities are being carried out. The provisions of the first paragraph of this Article shall be equally applicable in the case of proceedings concerning compensation for damage caused by environmentally harmful activities. The question of compensation shall not be judged by rules, which are less favourable to the injured party than the rules of compensation of the State in which the activities are being carried out.“ Der Kernpunkt dieser Konvention liegt in der Vereinheitlichung des Prozessrechts und in der Gleichbehandlung von Aus- und Inländern bei umweltrelevanten Verfahren; dazu Lappe, Grenzüberschreitender Umweltschutz – Das Modell der Nordischen Umweltschutzkonvention im Vergleich mit dem deutschen Umweltrecht, NuR 1993, 213.

1189 Vgl. auch Präambel Abs. 5, 7 und 8 der Århus-Konvention.

1190 In dieser Hinsicht wurde 2003 in Kiew das Protokoll über Schadstofffreisetzungs- und -verbringungsregister (PRTR, Pollutant Release and Transfer Register) verab-

Die Konvention legt in Art. 6 Mechanismen der Öffentlichkeitsbeteiligung fest, vor allem in Hinblick auf den Zeitpunkt, die Form und den Umfang der Mitwirkung der Öffentlichkeit. Die „betroffene Öffentlichkeit“ ist in sachgerechter, rechtzeitiger und effektiver Weise frühzeitig zu informieren. In Bezug auf die Erstellung umweltbezogener Pläne, Programme und Politiken legt die Konvention fest, dass die Öffentlichkeit auf faire und transparente Weise an der Vorbereitung zu beteiligen ist (Art. 7). Die Konvention räumt weiters der Öffentlichkeit die Möglichkeit ein, zu den geplanten Tätigkeiten Stellungnahmen und Analysen vorzulegen. Schließlich sieht die Konvention im Rahmen der zweiten Säule vor (Art. 8), dass Vertragsparteien sich bemühen sollten, eine effektive Öffentlichkeitsbeteiligung während der Vorbereitung von rechtsverbindlichen Bestimmungen (z.B. Verordnungen) zu fördern, die erhebliche Auswirkungen auf die Umwelt haben können.

Bei Ablehnung oder ungenügender Beantwortung eines Antrags auf Umweltinformation und bei materiell-rechtlicher oder verfahrensrechtlicher Rechtswidrigkeit von umweltbezogenen Vorhabensgenehmigungen im Sinne des Art. 6 legt die Konvention fest, dass Mitglieder der betroffenen Öffentlichkeit Zugang zu einem Überprüfungsverfahren vor einem Gericht oder einer anderen unabhängigen und unparteiischen Stelle haben sollen (Art. 9 Abs. 1). Die Konvention räumt diesen Rechtsanspruch jenen ein, die entweder ein „ausreichendes Interesse“ haben oder aber alternativ eine „Rechtsverletzung“ geltend machen, sofern das nationale Verwaltungsverfahrensrecht dies als Voraussetzung verlangt. Nichtregierungsorganisationen wird von der Konvention ein „ausreichendes Interesse“ zuerkannt (Art. 9 Abs. 2). Als dritte Komponente legt die Konvention im Regelungsbereich der dritten Säule fest, dass „Mitglieder der Öffentlichkeit“, sofern sie etwaige innerstaatliche Kriterien erfüllen[1191], Zugang zu einem verwaltungsbehördlichen oder gerichtlichen Verfahren haben sollen, um den Verstoß gegen nationales Umweltrecht durch Privatpersonen oder Behörden anzufechten (Art. 9 Abs. 3).

Ein Verfahrensrecht auf Umweltschutz ist viel konkreter als ein materielles Recht auf eine intakte Umwelt und lässt sich relativ unproblematisch umsetzen. Die Einbeziehung des Einzelnen in umweltrelevante Entscheidungsprozesse mit Hilfe der Einräumung von prozeduralen Rechten ist eine wichtige Voraussetzung für die Durchsetzung des Umweltschutzes. Durch die Mitzeichnung der Århus-Konvention seitens der EU und die Absichtserklärung, deren Inhalte auch im Rahmen internationaler Organisationen voranzutreiben, kommt der Konvention besondere Bedeutung für den internationalen Umweltschutz zu.

---

schiedet. Das PRTR- Protokoll ist unter: <http://www.bmu.de/files/pdfs/allgemein/application/pdf/aarhus_prtrprotocoll_de.pdf> abrufbar.

1191 Kritisch dazu Ebbesson, Information, Participation and Access to Justice: the Model of the Aarhus Convention, unter: <http://www.ohchr.org/english/issues/environment/environ/bp5.htm>.

Das Individualbeschwerdeverfahren, das die Århus-Konvention eingeführt hat, stellt einen wesentlichen Schritt für die Entwicklung des Individualrechtsschutzes im Umweltrecht dar. Andererseits führt die dritte Säule der Konvention nicht zu verbindlichen Entscheidungen[1192]. Das für den Zugang zum Gericht erforderliche Interesse bzw. die Rechtsverletzung bestimmen sich weiterhin nach nationalem Recht[1193]. Prozedurale Rechte könnten außerdem keine langfristigen Planungen erzwingen, die für einen nachhaltigen Schutz der Umwelt notwendig sind. Es stellt sich damit die Frage, ob es sinnvoll ist, den Vorzug dieser „vereinfachten" wie auch beschränkenden Ausformung des Rechts auf intakte Umwelt zu geben[1194].

Die Realisierung eines substantiellen bzw. materiellen Rechts auf intakte Umwelt ist mit Sicherheit ein verzwicktes Unterfangen. Seiner Justitiabilität sind verschiedene Grenzen gesetzt, die sich vor allem aus den Merkmalen des Rechts ergeben, die für seinen Charakter als Leistungsrecht sprechen.

1192 Kloepfer, Umweltrecht, 669.

1193 Gerade die Frage der Klagebefugnis war einer der am heftigsten diskutierten Punkte im Rahmen der Verhandlungen bis 1996/98. Nicht zuletzt auf Grund deutscher Initiative wird in Art. 9 Abs. 2 der Konvention davon gesprochen, dass die Mitgliedstaaten von einer Interessenten- oder von einer Rechtsverletztenklage ausgehen könnten, um deutlich zu machen, dass zumindest bei der Individualklage keine allgemeine Interessentenklage für jedermann geboten ist. Diese Ansicht stützt sich auch auf den „Implementation Guide" zur Århus-Konvention (S. 129): „Paragraph 2b was devised for those countries with legal systems that require a person's rights to be impaired before he or she can gain standing. Considering the clause's purpose, it is not an invitation for Parties to introduce such a fundamental legal requirement where it does not already exist, and to do so would in any case run foul of article 3, paragraph 6. Where this is already a requirement under a Party's legal system, both individuals and NGOs may be held to this standard. However, Parties must provide, at a minimum, that NGOs have rights that can be impaired. Meeting the Convention's objective of giving the public concerned wide access to justice, moreover, will require a significant shift of thinking in those countries where NGOs have previously lacked standing in cases because they were held not to have maintained impairment of a right". Der sog. Implementation Guide ist ein mit finanzieller Förderung der dänischen Regierung und der UNO erstelltes, rechtlich unverbindliches Dokument, das insbesondere den osteuropäischen Ländern, bei der Umsetzung der Århus-Konvention helfen soll. Vgl. dazu v. Danwitz, Aarhus-Konvention: Umweltinformation, Öffentlichkeitsbeteiligung, Zugang zu den Gerichten, NVwZ 2004, 272 ff.: v. Danwitz stellt eine Konvention-induzierte Individualklageerweiterung in Frage; ähnlich Seelig/Gündling, Die Verbandsklage im Umweltrecht – Aktuelle Entwicklungen und Zukunftsperspektiven im Hinblick auf die Novelle des Bundesnaturschutzgesetzes und supranationale und internationale rechtliche Vorgaben, NVwZ 2002, 1033 (1040); Zschiesche, Die Aarhus-Konvention – mehr Bürgerbeteiligung durch umweltrechtliche Standards?, ZUR 2001, 177 (181); **a.A.** Ekardt/Pöhlmann, Europäische Klagebefugnis: Öffentlichkeitsrichtlinie, Klagerechtsrichtlinie und ihre Folgen, NVwZ 2005, 532 ff.

1194 Siouti, Die verfassungsmäßige Gewährleistung des Umweltschutzes, 45 ff. (auf Gr.).

Was die Etablierung eines sozialen Leistungsrechts auf intakte Umwelt angeht, schlägt Alexy als Alternative zu der mangelnden Justitiabilität vor, dass soziale Rechte im Allgemeinen dann vertretbar sind, wenn das Prinzip der faktischen Freiheit sie sehr dringend fordert. Diese Bedingung sieht er bei dem Recht auf ein „Existenzminimum" erfüllt. Wenn es „vom Standpunkt des Rechts" aus keine akzeptablen Gründe für die Nichterfüllung gibt, dann ist der Staat definitiv und einklagbar verpflichtet, die entsprechenden Leistungen bzw. Maßnahmen vorzunehmen[1195]. Man könnte entsprechend über ein ökologisches Existenzminimum sprechen[1196].

Die Schwierigkeiten, die im Zusammenhang mit der Leistungsfähigkeit des Staates bestehen, könnten zudem vermieden werden, indem ein relatives Recht eingeführt wird, dessen Inanspruchnahme von der Erfüllung bestimmter Voraussetzungen abhängt; ein Recht, das zum jeweiligen gesellschaftlichen Zustand, Wirtschaftswachstum und Sozialprodukt relativ ist. Der Gegenstand des Rechts auf intakte Umwelt würde dann auf Teilhabe und Leistung gerichtet sein, womit lediglich der Zugang zu bestehenden und gesetzlich ausgeformten Leistungssystemen oder Einrichtungen gemeint werden würde[1197]. Eine weitere Lösung wäre, dass man den Kreis der Anspruchsgegner erweitert und eine unmittelbare Drittwirkung des Rechts auf intakte Umwelt annimmt[1198]. Trotz der vorgebrachten Einwendungen haben sowohl einige multilaterale Verträge[1199] wie auch mehrere Länder in ihren Verfassungen ein substantielles Recht auf die Umwelt aufgenommen. Versteht man die Umwelt als den Lebensraum des Menschen, der aus allen natürlichen Gütern und Elementen besteht, die für sein Überleben, seine Gesundheit und Lebensqualität und für die Entfaltung seiner Persönlichkeit notwendig sind, ist die Umwelt als Rechtsgut individualisierbar. Zwar brauchen alle Menschen in gleicher Weise bestimmte intakte Umweltbedin-gungen zum Leben. Die Art jedoch, mit seiner Umwelt umzugehen, sie zu nutzen und zu empfinden und seine Lebensbedingungen festzustellen, ist sicherlich individuell verschieden und dem Einzelnen zuzuordnen. Es ist demzufolge durchaus denkbar, dass sich die Beziehung des Einzelnen zu „seiner" Umwelt als Schutzgut erweist. Das Recht auf die Umwelt wird entsprechend weit bestimmt

---

1195 Alexy, Theorie der Grundrechte, 465 ff. Alexy hat inzwischen seine Konzeption der „Abwägung" weiter ausgeführt: s. ders., Die Gewichtsformel, FS Sonnenschein, 771 ff.

1196 Uhle, Das Staatsziel „Umweltschutz" und das Sozialprinzip im verfassungsrechtlichen Vergleich, JuS 1996, 96 (99); Waechter, Umweltschutz als Staatsziel, NuR 1996, 321; Wolf, Gehalt und Perspektiven des Art. 20a GG, KritV 1997, 280 (298).

1197 Vgl. Badura, Das Prinzip der sozialen Grundrechte und seine Verwirklichung im Recht der Bundesrepublik Deutschland, Der Staat 1975, 26.

1198 Vgl. Brunner, Die Problematik der sozialen Grundrechte, 15.

1199 Dazu Shelton, Human Rights and Environment Issues in Multilateral Treaties Adopted between 1991 and 2001, unter: <http://www.ohchr.org/english/issues/environment/environ/bp1.htm>.

als Recht des Einzelnen auf Schaffung und Erhaltung der Lebensbedingungen, die sein Leben und seine Lebensqualität sichern, also als Recht auf eine gesunde und ökologisch ausgewogene Umwelt[1200]. Aus der Unbestimmtheit der Begriffe „gesund“, „intakt“ „ökologisch ausgewogen“, „menschenwürdig“ usw. lässt sich nichts gegen die Anerkennung eines Rechts herleiten, denn unbestimmte Begriffe sind nicht selten in der Rechtsordnung und lassen sich im Laufe der Zeit durch Lehre und Rechtsprechung konkretisieren[1201].

2.3. Der verfassungsrechtliche Umweltschutz

Wie schon dargestellt wurde, ist in Deutschland die Grundlage des klageeröffnenden subjektiven öffentlichen Rechts grundsätzlich in dem einfachen Recht zu finden. Nur wenn keine einfachgesetzliche Norm dem Kläger Schutz gewährt, kann gefragt werden, ob sich Drittschutz unmittelbar aus Verfassungsrecht ergibt. Die Verfassungsnormen und insbesondere die Grundrechte sind also keine unmittelbare Grundlage subjektiv-rechtlicher Ansprüche des Einzelnen gegen umweltbelastende Vorhaben, die durch den Staat durchgeführt werden[1202]. Abwehransprüche z.B. gegen Verkehrsplanungen, öffentlich betriebene Abfallentsorgungsanlagen oder sonstige öffentliche Einrichtungen, ergeben sich damit vorrangig aus dem einfachen Gesetz. Das gleiche gilt für die Abwehransprüche gegen Umweltbelastungen, die sich als Konsequenz privater Vorhaben darstellen. Grundrechte richten sich nämlich primär gegen den Staat und entfalten zumindest in der Regel keine unmittelbare Drittwirkung[1203]. Allerdings bedürfen

1200 Vgl. Siouti, Umweltrecht, 30; dieselbe, Die verfassungsmäßige Gewährleistung des Umweltschutzes 43 ff. (alles auf Griechisch); vgl. N. 1650/1986, dessen Ziel die Vorbeugung ist, d.h. Schutzobjekt die saubere Umwelt ist (s. Tachos, Umweltschutzrecht, 192 – auf Griechisch); Lücke, Das Grundrecht des Einzelnen gegenüber dem Staat auf Umweltschutz, DÖV 1976, 290 (293); vgl. auch Art. 23 Abs. 3 Nr. 4 Belgischer Verfassung: „das Recht auf den Schutz einer **gesunden** Umwelt“; Art. 55 Bulgarischer Verfassung: „Die Bürger haben ein Recht auf eine **gesunde** und **gedeihliche** Umwelt“; Art. 115 Lettischer Verfassung: „das Recht eines jeden, in einer **intakten** Umwelt zu leben“; Art. 66 § 1 Portugiesischer Verfassung: „Jeder hat das Recht auf eine **menschenwürdige, gesunde und ökologisch ausgewogene** Umwelt“; Art. 44 Abs. 1 Slowakischer Verfassung: „Jeder hat das Recht auf **günstige Umweltbedingungen**“; Art. 72 Slowenischer Verfassung: „Jedermann hat in Einklang mit dem Gesetz das Recht auf **gesunde** Umwelt.“; Art. 45 § 1 Spanischer Verfassung: „eine **der Entfaltung der Persönlichkeit förderliche** Umwelt“; Art. 18 Ungarischer Verfassung: „Die Republik Ungarn erkennt das Recht eines jeden auf eine **gesunde** Umwelt“.

1201 Vgl. Lücke, Das Grundrecht des Einzelnen gegenüber dem Staat auf Umweltschutz, DÖV 1976, 290 (291).

1202 Vgl. Wahl, Die doppelte Abhängigkeit des subjektiven öffentlichen Rechts, DVBl. 1996, 641 (645).

1203 BVerfGE 7, 198, 204 ff; E 73, 261, 269.

Aktivitäten Privater, die sich umweltbelastend auswirken können, regelmäßig einer hoheitlichen Zulassung. In dieser kann unter Umständen ein staatlicher Eingriff in Grundrechten von Dritten gesehen werden[1204].

In Griechenland hingegen, wo das Umweltrecht vorwiegend judikatorischer Herkunft ist, stellt der verfassungsrechtliche Umweltschutz die Hauptachse des Umweltschutzes dar. Die Auslegung der Verfassungsvorschriften vom Staatsrat spielt die wichtigste Rolle zur Begründung des *„εννόμου συμφέροντος"* bei dem Rechtsschutz in Umweltangelegenheiten. Diese Rechtsprechung hat in gewissem Maße eigene Akzente gesetzt, indem sie den verfassungsrechtlichen Umweltschutz um Dimensionen bereichert hat, die dem historischen Verfassungsgeber von 1975 unbekannt waren. Diese Rechtsprechung hat auch die Rechtslehre veranlasst, sich mit dem Thema „Umweltschutz" zu beschäftigen, um zu dem Ergebnis zu kommen, dass die bisherige Typisierung des Status der Bürger bzw. die bisherige Einteilung der Verfassungsrechte, insbesondere für die neuen Rechte, d. h. auch für das Recht auf eine intakte Umwelt, weitgehend unwesentlich ist.

Aus diesem Grund stehen die griechische Verfassung und die Rechtsprechung des Staatsrates im Mittelpunkt der nachfolgenden Darstellung. Es soll nämlich untersucht werden, ob und welche subjektiv-rechtlichen Folgen aus den umweltrelevanten Verfassungsnormen der zwei Vergleichsländern abzuleiten sind und in welchem Maße diese rechtlichen Schutz gegenüber Einwirkungen auf die Umwelt zu gewähren in der Lage sind.

2.3.1 Entstehungsgeschichte

2.3.1.1 Art. 20a GG

Die erste umweltschutzrechtliche Verfassungsnorm in Deutschland war Art. 150 Abs. 1 der Weimarer Verfassung[1205]. In ihrem zweiten Hauptteil, 4. Abschnitt („Bildung und Schule"), heißt es in Art. 150 Abs. 1: „Die Denkmäler [...] der Natur sowie die Landschaft genießen den Schutz und die Pflege des Staates". Diesem Satz wurde aber kein unmittelbar rechtsgestaltender Gehalt zugeschrieben[1206]. Anders als die Weimarer Reichsverfassung enthielt das Grundgesetz zunächst keine unmittelbar umweltbezogene Verpflichtung. Der Umweltschutz war zwar bereits vor Inkrafttreten des Art. 20a GG eine wichtige Staatsaufgabe, die Bund und Länder auf der Grundlage einer Vielzahl von Gesetzen und

---

1204 BVerwGE 50, 282, 286 ff.; **a.A.** Klein, Die grundrechtliche Schutzpflicht, DVBl. 1994, 489 (496).

1205 Verfassung des Deutschen Reiches vom 11.08.1919, abrufbar unter: <http://www.verfassungen.de/de/de19-33/verf19-i.htm>.

1206 Kloepfer, Umweltrecht, 113.

Rechtsverordnungen wahrgenommen haben[1207]. Eine Verpflichtung des Staates zum Handeln oder zur Gewährleistung eines bestimmten Schutzniveaus ließ sich jedoch weder aus den Kompetenztiteln des Grundgesetzes noch aus der Anerkennung einer Staatsaufgabe „Umweltschutz" ableiten[1208].

Erst im Jahre 1994 ist mit Art. 20a der Schutz der natürlichen Lebensgrundlagen als Pflicht des Staates in das Grundgesetz aufgenommen worden[1209]. Damit wurde eine jahrzehntenlange Diskussion um eine verfassungsrechtliche Verankerung des Umweltschutzes beendet[1210]. Dabei ging es vor allem darum, ob der Umweltschutz überhaupt und, wenn ja, als Grundrecht[1211] oder nur als objektiv-rechtliche Staatszielbestimmung[1212] in das GG Eingang finden sollte.

Schon 1971 wurde nämlich durch Erlass des Bundesministers des Innern ein Rat von Sachverständigen für Umweltfragen gebildet[1213], der sich 1974 für die Einführung eines Grundrechts auf menschenwürdige Umwelt aussprach[1214]. Von der Einführung eines Grundrechts wurde aber bald Abstand genommen. 1976 forderte die Bundesregierung die Verankerung des Umweltschutzes in Form einer Staatszielbestimmung[1215] und 1980 wurde von den Bundesministern des Innern und der Justiz eine Sachverständigen-Kommission „Staatszielbestimmungen/Gesetzgebungsaufträge" ins Leben gerufen, welche die Aufnahme von Staatszielbestimmungen bzw. Gesetzgebungsaufträgen in das GG einer Prüfung

---

1207 Murswiek, in Sachs, GG – Kommentar, 3. Aufl., Art. 20a, Rn. 14.

1208 So deutlich das Sondervotum der Richter Mahrenholz und Böckenförde in BVerfGE 69, 1 (58 ff.); vgl. Schink, Umweltschutz als Staatsziel, DÖV 1997, 221; **a.A.** Häberle, „Wirtschaft" als Thema neuerer verfassungsstaatlicher Verfassungen, Jura 1987, 577 (582).

1209 Änderungsgesetz vom 27.10.1994, BGBl. I, S. 3146.

1210 An dieser Stelle soll die Kontroverse der Entstehungsgeschichte nicht nachgezeichnet werden: dazu s. etwa Jahn, Empfehlungen der Gemeinsamen Verfassungskommission zur Änderung und Ergänzung des Grundgesetzes, DVBl. 1994, 175 (184f.); Schulze-Fielitz, in Dreier (Hrsg.), GG – Kommentar, Bd. II, 1998, Art. 20a, Rn. 5; Vogel, Die Reform des Grundgesetzes nach der deutschen Einheit, DVBl. 1994, 497 (498 ff.).

1211 Vgl. Hobe, Menschenrecht auf Umweltschutz?, ZUR 1994, 15; Klein, Ein Grundrecht auf saubere Umwelt?, FS Weber, 643; Kloepfer, Zum Grundrecht auf Umweltschutz, passim; Lücke, Das Grundrecht des Einzelnen gegenüber dem Staat auf Umweltschutz, DÖV 1976, 289; Sailer, Subjektives Recht und Umweltschutz, DVBl. 1976, 521; Soell, Umweltschutz, ein Grundrecht?, NuR 1985, 205; Stober, Umweltschutzprinzip und Umweltgrundrecht, JZ 1988, 426.

1212 Gegen die Aufnahme einer Staatszielbestimmung über Umweltschutz: Merten, Über Staatsziele, DÖV 1993, 368; Rausching, Aufnahme einer Staatszielbestimmung über Umweltschutz in das Grundgesetz?, DÖV 1986, 489; für eine Zusammenfassung der wesentlichen Argumente für bzw. gegen eine verfassungsrechtliche Verankerung s. Stober, Umweltschutzprinzip und Umweltgrundrecht, JZ 1988, 426 (428).

1213 BT-Drs. 7/2802, Anhang II, S. 254f.

1214 Vgl. dazu Kloepfer, Zum Grundrecht auf Umweltschutz, 9 ff.

1215 BT-Drs. 7/5864 vom 14.07.1976.

unterziehen sollte. Der Bericht der Sachverständigenkommission wurde 1983 vorgelegt. Der Vorschlag einer subjektiv-rechtlichen Verankerung des Umweltschutzes im GG spielte seitdem keine große Rolle mehr[1216]. Der Forderung nach Schaffung eines Umweltgrundrechts ist auch in der deutschen Staatsrechtslehre überwiegend eine Absage erteilt worden[1217]. Die nachfolgende parlamentarische Diskussion bewegte sich im Wesentlichen im Rahmen des Berichts der Sachverständigenkommission, es gab jedoch deutliche Meinungsunterschiede in Bezug auf die Ausgestaltung der Staatzielbestimmung für Umweltschutz, so dass keine Annäherung der politischen Grundpositionen erzielt wurde.

Neue Anregung zur verfassungsrechtlichen Verankerung des Umweltschutzes gab die Wiedervereinigung Deutschlands. In Art. 34 des Einigungsvertrags ist festgelegt, dass die natürlichen Lebensgrundlagen zu schützen sowie die ökologischen Lebensverhältnisse zu wahren sind. Auf der Grundlage des Art. 5 des Einigungsvertrags ist die Gemeinsame Verfassungskommission eingesetzt worden[1218], um sich mit den Fragen zur Änderung bzw. Ergänzung des Grundgesetzes zu befassen. Gegenstand der Beratungen der Gemeinsamen Verfassungskommission war auch die Frage der Einführung einer Staatzielbestimmung „Umweltschutz" in das GG[1219]. In ihrem im Jahre 1993 vorgelegten Bericht[1220] wurde die Zufügung eines Art. 20a empfohlen[1221]. Dieser Empfehlung wurde

---

1216 Kloepfer, Umweltrecht, 117.

1217 Kloepfer, Zum Grundrecht auf Umweltschutz, 39; ders., Umweltschutz und Verfassungsrecht, DVBl. 1988, 305 ff.; Murswiek, Umweltschutz – Staatszielbestimmung oder Grundsatznorm?, ZRP 1988, 14 (16 ff.); Rupp, Ergänzung des Grundgesetzes um eine Vorschrift über den Umweltschutz?, DVBl. 1985, 990 ff.; Sendler, Grundprobleme des Umweltrechts, JuS 1983, 255 (258); Stober, Umweltschutzprinzip und Umweltgrundrecht, JZ 1988, 426 (430); kritisch auch Klein, Staatsziele im Verfassungsgesetz – Empfiehlt es sich, ein Staatsziel Umweltschutz in das Grundgesetz aufzunehmen?, DVBl. 1991, 729 (736f.)

1218 Ausführlich zur Einrichtung und Arbeit der Gemeinsamen Verfassungskommission s. Kloepfer, Verfassungsänderung statt Verfassungsreform: zur Arbeit der Gemeinsamen Verfassungskommission, 17 ff.; s. auch Rohn/Sannwald, Die Ergebnisse des Gemeinsamen Verfassungskommission, ZRP 1994, 65.

1219 Kloepfer, Verfassungsänderung statt Verfassungsreform: zur Arbeit der Gemeinsamen Verfassungskommission, 37 ff.; Uhle, Das Staatsziel „Umweltschutz" im System der grundgesetzlichen Ordnung, DÖV 1993, 947 (949f.).

1220 Bericht der Gemeinsamen Verfassungskommission von Bundestag und Bundesrat vom 05.11.1993, BT-Drs. 12/6000.

1221 „Der Staat schützt auch in Verantwortung für die künftigen Generationen die natürlichen Lebensgrundlagen im Rahmen der verfassungsmäßigen Ordnung durch die Gesetzgebung und nach Maßgabe von Gesetz und Recht durch die vollziehende Gewalt und die Rechtsprechung." Diese Abfassung, die sich als Kompromiss zwischen den Kommissionsmitgliedern darstellt, hat scharfe Kritik seitens des Schrifttums ausgelöst. Vgl. Henneke, Der Schutz der natürlichen Lebensgrundlagen in Art. 20a GG, NuR 1995, 325: „äußerst schmerzlich empfundener Kompromiss"; Rohn/Sannwald, Die

vom Bundestag und vom Bundesrat zugestimmt und am 15.11.1994 trat die neue Staatszielbestimmung in Kraft. Art. 20a GG nimmt den Schutz der natürlichen Lebensgrundlagen in das positive Verfassungsrecht hinein und weist ihm damit ausdrücklich eine hervorragende Bedeutung zu[1222].

2.3.1.2 Art. 24 Gr. Verf.

Zum ersten Mal in der griechischen Verfassungsgeschichte ist in der Verfassung von 1975 von Umweltschutz die Rede[1223]. In ihrem zweiten Teil („Individuelle und soziale Rechte") ist mit Art. 24 der Umweltschutz als Pflicht des Staates eingeführt worden[1224]. In der Regierungsvorlage werden die jugoslawische Verfassung von 1974 und die italienische Verfassung von 1948 als Inspirationsquellen des Verfassungsgebers genannt[1225]. Art. 27 Abs. 1 der Vorlage sah wie folgend aus: „Der Schutz der natürlichen und der kulturellen Umwelt vor

---

Ergebnisse des Gemeinsamen Verfassungskommission, ZRP 1994, 65 (71); Uhle, Das Staatsziel „Umweltschutz" im System der grundgesetzlichen Ordnung, DÖV 1993, 947 (954); Vogel, Die Reform des Grundgesetzes nach der deutschen Einheit, DVBl. 1994, 497 (499).

1222 Der Umweltschutz wird positivrechtlich der Rang eines Verfassungsprinzips zugewiesen, das als solches nicht zur Disposition der Staatsorgane steht; Vgl. Bericht der GVerfKom., BT-Drs. 12/6000, S. 65.

1223 Vgl. Koutoupa – Rengakos, Umweltrecht, 21f.; Papadimitriou, Die Umweltverfassung: Begründung, Inhalt und Funktion, Nomos & Fysi 1994, 375; Rotis N., Die verfassungsmäßige Gewährleistung des Umweltschutzes, FS für den Staatsrat 1929 – 1979, 121 ff.; Sakellaropoulos, Gedanken über das Problem der Umwelt in gerichtlicher Hinsicht, FS StE 1929 – 1979 II, 1982, 223, (284f.); Siouti, Die verfassungsmäßige Gewährleistung des Umweltschutzes, passim; dies., Umweltrecht, passim; Tachos, Umweltschutz, Arm. 1983, 1 (3); ders. Umweltschutzrecht, 28 ff.; Wassiliou, Das Recht der natürlichen Umwelt, EDDD 1985, 33 (38f.); der Staatsrat hat sich aber auch schon vor 1975 mit dem Umweltschutz auseinandergesetzt und betont, dass der Umweltschutz dem öffentlichen Interesse dient; dazu s. Dellis, Das individuelle Recht gegen das wirtschaftliche und ökologische Allgemeininteresse. 1953 – 2003: Der Rückgang der Individualität, unter: <http://www.nomosphysis.org.gr/articles.php?artid=58&lang =1&catpid=1> insb. Rn. 10; vgl. StE 101/1962, 1831/1973, 1974/1974 (alles auf Gr.).

1224 Art. 24 § 1 Gr. Verf. a.F. (vor der Revision von 2001): Der Schutz der natürlichen und der kulturellen Umwelt ist Pflicht des Staates. Der Staat ist verpflichtet, besondere vorbeugende oder hemmende Maßnahmen zu deren Bewahrung zu treffen. Das Nähere zum Schutze der Wälder und der sonstigen bewaldeten Flächen regelt ein Gesetz. Die Zweckentfremdung öffentlicher Wälder und öffentlich bewaldeter Flächen ist verboten, es sei denn, deren landwirtschaftliche Nutzung oder eine andere im öffentlichen Interesse gebotene Nutzung ist volkswirtschaftlich erforderlich.

1225 S. dazu Amtliche Protokolle der Sitzungen des Griechischen Parlaments, Sitzungen ΜΘ΄– Π΄ vom 06.03.1975 – 27.04.1975, Athen 1975, S. 2292f; zur Geschichte des Art. 24 s. auch Papadimitriou, Die Umweltverfassung: Begründung, Inhalt und Funktion, Nomos & Fysi 1994, 375 (376, 381 Fnn. 21 und 22) (auf Griechisch).

Verschmutzung, Verseuchung und jegliche Verschlechterung ist jedermanns Recht und Pflicht. Der Staat kann zu deren Bewahrung besondere vorbeugende oder hemmende Maßnahmen treffen […]"[1226]. Die Aufzählung von Umweltgefährdungen wurde aber aufgegeben und eine allgemeine Fassung wurde bevorzugt, die den Umweltschutz nicht nur auf bestimmte Bereiche beschränkt[1227]. Es wurde weiter die Formulierung „[…] ist Recht und Pflicht des Staates und der Bürger" anstelle der Formulierung „jedermanns Recht und Pflicht" vorgeschlagen[1228] und dabei betont, dass der Umweltschutz vor allem eine Pflicht des Staates sein soll[1229]. Aus diesem Grund wurde weiter die Formulierung „der Staat kann" durch „der Staat ist verpflichtet, vorbeugende oder hemmende Maßnahmen […]" ersetzt[1230]. Gleichzeitig wurde aber auch das Wort „Recht" gestrichen, und zwar ohne jegliche weitere Erklärung, so dass nunmehr von der „Pflicht des Staates und jedes Bürgers" die Rede war[1231]. Am Ende wurde sogar die Formulierung „jedes Bürgers" gestrichen, mit dem Gedanken, es reiche aus, wenn die Verfassung die Pflicht des Staates hervorhebt; die Pflichten der Bürger, die Umwelt zu schützen, sollten im Gesetz normiert werden[1232].

Durch die Revision von 2001 wurde Art. 24 geändert. Zu dem § 1 Satz 1 wurde hinzugefügt, dass der Schutz der natürlichen und der kulturellen Umwelt Pflicht des Staates und „ein Recht für jeden" ist. Zu Satz 2 wurde hinzugefügt, dass der Staat verpflichtet ist, besondere vorbeugende oder hemmende Maßnahmen im Rahmen des Prinzips der nachhaltigen Entwicklung[1233] zu deren Bewahrung zu treffen. Die weiteren Änderungen in Art. 24 sind für die vorliegende

1226 S. dazu Amtliche Protokolle der Sitzungen des Griechischen Parlaments, Sitzungen MΘ΄– Π΄ vom 06.03.1975 – 27.04.1975, Athen 1975, S. 2293 ff.

1227 Amtliche Protokolle, Sitzungen MΘ΄– Π΄ vom 06.03.1975 – 27.04.1975, S. 2293.

1228 Amtliche Protokolle, Sitzungen MΘ΄– Π΄ vom 06.03.1975 – 27.04.1975, S. 2294.

1229 Amtliche Protokolle, Sitzungen MΘ΄– Π΄ vom 06.03.1975 – 27.04.1975, S. 2303.

1230 Amtliche Protokolle, Sitzungen MΘ΄– Π΄ vom 06.03.1975 – 27.04.1975, S. 2297, 2299.

1231 Amtliche Protokolle, Sitzungen MΘ΄– Π΄ vom 06.03.1975 – 27.04.1975, S. 2297, 2301, 2304.

1232 Amtliche Protokolle, Sitzungen MΘ΄– Π΄ vom 06.03.1975 – 27.04.1975, S. 2306; vgl. N. 998/1979 Art. 2 § 1: „Der Schutz der Wälder ist Pflicht des Staates und der Bürger".

1233 Dem Prinzip der nachhaltigen Entwicklung wurde schon vor seiner Aufnahme in der griechischen Verfassung besonderer Wert beimessen; s. z.B. StE 2759/1994; 5235 und 6210/1996; 4208, 4209, 4633, 4634 und 5168/1997; 628 und 637/1998; 1500/2000; insbesondere für die nachhaltige Entwicklung der empfindlichen insularen Ökosysteme Griechenlands s. z.B. StE 1182/1996; 2293 und 3146/1998; im Fall von Landschaften besonderer natürlicher Schönheit ist die Rede von „sanfte" Entwicklung: s. z.B. StE 5825/1996, 2993/1998, 1588/1999; zur sanften Entwicklung vgl. auch Koutoupa – Rengakos, Umweltrecht, 59; s. auch Dellis, Das individuelle Recht gegen das wirtschaftliche und ökologische Allgemeininteresse. 1953 – 2003: Der Rückgang der Individualität, abrufbar unter: <http://www.nomosphysis.org.gr/articles.php?artid=58&lang=1&catpid=1> (auf Griechisch); vgl. auch StE 2219/2004.

Untersuchung nicht von Bedeutung[1234], soweit sie den Inhalt des Begriffs „Forst“[1235] und den Pflicht des Staates zur Verfassung eines nationalen Grundbesitzregisters[1236] betreffen[1237].

1234 Ausführlich zur Revision des Art. 24 Gr. Verf. s. Papadimitriou (Hrsg.), Art. 24 der Verfassung nach seiner Revision, 2002 (auf Griechisch).

1235 Zum Inhalt des Begriffs „Wald“ vor der Revision (nach Art. 3 N. 998/1979) s. AED 27/1997 in DD 2000, S. 315 ff.

1236 Die Verbrennung von Wäldern ist eins der größten Probleme des griechischen Waldbestandes. Der Mangel an Waldregister ermutigt den Prozess der illegalen Gründung und des Bauens in den Gegenden von Wäldern, die verbrannt sind. Der griechischen Verfassung gemäß ist die Wiederaufforstung der verbrannten Wälder obligatorisch (Art. 117 § 3), während jede Änderung im Gebrauch von Waldflächen nicht gestattet ist. Die Vervollständigung des Forst-Registers gibt sich der Hoffnung hin, die Waldflächen vor illegalen Aktivitäten zu schützen.

1237 **Art. 24 Gr. Verf. Fassung 2001**: **(1)** Der Schutz der natürlichen und der kulturellen Umwelt ist Pflicht des Staates und ein Recht für jeden. Der Staat ist verpflichtet, besondere vorbeugende oder hemmende Maßnahmen zu deren Bewahrung im Rahmen des Prinzips der Gewährleistung dauerhaft gleich bleibender Mengenverhältnisse zu treffen. Das Nähere zum Schutze der Wälder und der bewaldeten Flächen regelt ein Gesetz. Die Fassung eines Waldregisters ist Pflicht des Staates. Die Zweckentfremdung von Wäldern und bewaldeten Flächen ist verboten, es sei denn, dass deren landwirtschaftliche Nutzung oder eine andere im öffentlichen Interesse gebotene Nutzung volkswirtschaftlich zu bevorzugen ist. **(2)** Die neue Raumordnung des Landes, die Bildung, Entwicklung, Planung und Ausweitung der Städte und der sonstigen Siedlungen steht unter der Regelungszuständigkeit und Kontrolle des Staates und hat der Funktionsfähigkeit und Entwicklung der Siedlungen und der Sicherheit bestmöglicher Lebensbedingungen zu dienen. Die diesbezüglichen technischen Auswahlen und Abwägungen folgen der Regel der Wissenschaft. Die Fassung eines nationalen Grundbesitzregisters ist Pflicht des Staates. **(3)** Bei der Kennzeichnung von Flächen als Baugebiet sowie zu deren städtebaulichen Nutzung haben die Eigentümer der davon betroffenen Grundstücke entschädigungsfrei die nötigen Grundstücke für die Schaffung von Straßen, Plätzen und sonstigen der Allgemeinheit dienenden Flächen zu Verfügung zu stellen und sich auch an den Kosten für die Errichtung der der Allgemeinheit dienenden wichtigen Anlagen und Einrichtungen nach Maßgabe der Gesetz zu beteiligen. **(4)** Ein Gesetz kann bestimmen, dass die Grundeigentümer der als Baugebiet gekennzeichneten Flächen an deren Nutzbarmachung und Neuordnung aufgrund genehmigter Bebauungspläne beteiligt werden, indem sie als Gegenleistung gleichwertige Gebäude oder Eigentumswohnungen in den endgültig als Baugebiet gekennzeichneten Flächen bzw. in den dortigen Gebäuden erhalten. **(5)** Die Bestimmungen der vorhergehenden Absätze finden auch bei einer Neuordnung bereits bestehender Baugebiete Anwendung. Die bei der Neuordnung freiwerdenden Flächen werden zur Schaffung von der Allgemeinheit dienenden Anlagen verwandt oder werden zur Deckung der Kosten für die städtebauliche Neuordnung veräußert; das Nähere bestimmt ein Gesetz. **(6)** Die Denkmäler und historischen Stätten und Gegenstände stehen unter dem Schutz des Staates. Ein Gesetz wird die zur Verwirklichung dieses Schutzes notwendigen eigentumsbeschränkenden Maßnahmen sowie die Art und Weise der Entschädigung der Eigentümer fest-

2.3.2 *Staatliche Pflichten und soziale Verfassungsrechte*

Im Wortlaut sowohl des Art. 20a GG wie auch des Art. 24 Gr. Verf. (Fassung 1975) ist die Rede von der Pflicht des Staates, die natürlichen Lebensgrundlagen bzw. die natürliche Umwelt zu schützen. Trotz der ähnlichen Formulierung, unterscheiden sich jedoch die rechtlichen Folgen, die in den zwei Rechtsordnungen aus der in der Verfassung hervorgehobenen Pflicht des Staates abgeleitet wurden, nicht unerheblich. Im Gegensatz zu Deutschland, wo sich aus Art. 20a GG keine verwaltungsprozessualen Konsequenzen ableiten lassen, da es sich um eine objektivrechtliche Staatszielbestimmung handelt[1238], die keine subjektive Rechte begründet[1239], entsprechen in Griechenland die aus Art. 24 Gr. Verf. a.F. abgeleiteten rechtlichen Folgen den Konsequenzen eines Verfassungsrechts[1240]. In der griechischen Verfassungslehre und Rechtsprechung wird nämlich akzeptiert, dass mit den Pflichten des Staates die sozialen Verfassungsrechte korrespondieren[1241].

Die rechtliche Qualität sozialer Rechte im Verfassungsstaat hat besonders in Deutschland zu spezifischen juristischen Auseinandersetzungen geführt[1242].

---

setzen. ***Auslegende Erklärung:*** Unter Forst oder Forstökosystem ist ein organisches Ganzes von Wildpflanzen mit hölzernem Stamm, über die notwendigen Bodenoberfläche gedeihend, zu verstehen, die zusammen mit der vorhandenen Flora und Fauna durch ihre Interdependenz und gegenseitigen Beeinflussung eine besondere Biosymbiose (Waldbiosymbiose) und eine besondere natürliche, aus dem Wahl hervorgehende Umwelt bilden. Waldgebiet ist dann vorhanden, wenn im oben genannten Ganzen die Wildholzkeime – hohe oder buschartige – licht gesät sind.

1238 Allgemeine Auffassung, vgl. etwa Badura, Staatsrecht, 309 ff.; Becker, Die Berücksichtigung des Staatszieles Umweltschutz beim Gesetzvollzug, DVBl. 1995, S. 713 (716f.); Kloepfer, Umweltschutz als Verfassungsrecht: Zum neuen Art. 20a GG, DVBl. 1996, 73 (74); Schink, Umweltschutz als Staatsziel, DÖV 1997, 221 (222); Steinberg, Verfassungsrechtlicher Umweltschutz durch Grundrechte und Staatszielbestimmung, NJW 1996, 1985 (1990f.); Stober, Umweltschutzprinzip und Umweltgrundrecht, JZ 1988, 426 (430); Uhle, Das Staatsziel „Umweltschutz" im System der grundgesetzlichen Ordnung, DÖV 1993, 947 (951); Vogel, Die Reform des Grundgesetzes nach der deutschen Einheit, DVBl. 1994, 497 (498f.); so auch BVerfGE 6, 32 ff. und BVerfGE 7, 198 ff.

1239 Bericht der GemVerfKom, BT-Drs. 12/6000, 67.

1240 Siouti, in Kasimatis/Maurias (Hrsg.), Kommentar, I, Art. 24 Rn. 16 (auf Griechisch).

1241 Manesis, Verfassungsrechte, Band I, Individuelle Freiheiten, 46f.; Siouti, in Kasimatis/Maurias (Hrsg.), Kommentar, I, Art. 24 Rn. 11 (alles auf Griechisch); vgl. auch Isensee, Verfassung ohne soziale Grundrechte, Der Staat 1980, 367 (373): Das Besondere des sozialen Rechts liegt darin, dass es zu seiner Erfüllung einer staatlichen Veranstaltung bedarf.

1242 Vgl. Alexy, Theorie der Grundrechte, 459 ff.; Badura, Das Prinzip der sozialen Grundrechte und seine Verwirklichung im Recht der Bundesrepublik Deutschland, Der Staat 1975, 17 ff.; Brunner, Die Problematik der sozialen Grundrechte, passim; Isensee,

Das deutsche Grundgesetz hat auf die Verankerung sozialer Grundrechte nahezu verzichtet[1243]. Es enthält in seinem ersten Teil (Art. 1 – 19 GG: „Die Grundrechte") nur die klassischen liberalen Freiheitsrechte. Anfang der neunziger Jahre gab es in Deutschland aus Anlass der Wiedervereinigung und auf Wunsch vor allem der neuen Bundesländer eine intensive Diskussion über die Aufnahme von sozialen Grundrechten in das Grundgesetz. Gegenüber diesem Wunsch hat sich dann aber überwiegend doch die in Westdeutschland vorherrschende Ablehnung durchgesetzt[1244]. Die griechische Verfassung hat im Gegensatz dazu, über den durch die Revision von 2001 in Art. 25 § 1 eingeführten Prinzip des sozialen Rechtsstaats hinaus, in ihrem zweiten Teil (Art. 4 – 25 Gr. Verf.: „Individuelle und Soziale Rechte")[1245] einen ausführlichen Katalog sozialer Verfassungsrechte aufgestellt. Soziale Verfassungsrechte finden sich schon im Verfassungsprojekt von Rigas Velestinlis, der einer der ersten griechischen Aufständischen war, aus dem Jahre 1797[1246]. Soziale Rechte werden dennoch zum ersten Mal in der griechischen Verfassung von 1927 verankert, unter dem Einfluss der deutschen Weimarer Reichsverfassung von 1919.

Die Gegner einer solchen Verankerung argumentieren in erster Linie mit der fehlenden Justitiabilität. Soziale Grundrechte würden deshalb nur hohle Verfassungsversprechen darstellen und könnten daher bei den Bürgern nur falsche

---

Verfassung ohne soziale Grundrechte, Der Staat 1980, 367; Leibholz, Die Problematik der sozialen Grundrechte, in: Strukturprobleme der modernen Demokratie, passim; Merten, Über Staatsziele, DÖV 1993, 368; Müller, Soziale Grundrechte in der Verfassung?, passim; Lücke, Soziale Grundrechte als Staatszielbestimmungen und Gesetzgebungsaufträge, AöR 1982, 15; Tomandl, Der Einbau sozialer Grundrechte in das positive Recht, passim; vgl. auch Dietlein, Die Grundrechte in den Verfassungen der neuen Bundesländer, 121 ff.; vgl. zuletzt die Auseinandersetzungen über das Kapitel IV der europäischen Grundrechtecharta: dazu Langenfeld, Gehören soziale Grundrechte in die Grundrechtecharta?, FS Ress, 599 mit ausführlichen Nachweisen.

1243 Das deutsche GG enthält zwar eine allgemeine Klausel, die den Staat ausdrücklich als Sozialstaat definiert (Art. 20 Abs. 1 GG). Im Grundrechtsteil finden sich aber unmittelbar nur zwei Ansätze subjektiver sozialer Rechte: Art. 6 Abs. 4 GG (Recht der Mutter auf Schutz und Fürsorge durch die Gemeinschaft) und Art. 6 Abs. 5 (Gleichstellung der unehelichen Kinder).

1244 S. statt vieler Isensee, Mit blauem Auge davongekommen – das Grundgesetz – Zu Arbeit und Resultaten der Gemeinsamen Verfassungskommission, NJW 1993, 2583.

1245 Schon an dem Titel ist zu erkennen, dass die klassische Unterscheidung Georg Jellineks zwischen „individuellen", „sozialen" und „politischen" Rechten der griechischen Lehre bekannt war.

1246 Der Text war vor allem von den französischen Verfassungen beeinflusst, enthielt aber auch neue Ideen, unter denen die Garantie sozialer Verfassungsrechte hervorragt. Die Verfassung von Rigas stellt sich als Vorläufer der griechischen Verfassungstexte vor; dazu Iliopoulos – Strangas, Der Schutz der sozialen Grundrechte in der griechischen Rechtsordnung, in Bundesministerium für Arbeit und Sozialordnung u.a., Soziale Grundrechte in der EU, 149.

Erwartungen und unvermeidlich folgende Enttäuschung erzeugen[1247]. Die rechtliche und verfassungspolitische Beurteilung der (Nicht-)Aufnahme von sozialen Grundrechten in die Verfassung hängt davon ab, was man unter „sozialen Grundrechte" versteht, welche rechtliche Bedeutung man ihnen zumisst und wie man ihren normativen Wert einschätzt.

Verfassungsrechte haben regelmäßig einen Inhalt, der von besonderer Bedeutung ist und vom Verfassungsgesetzgeber für würdig befunden wurde, auf der Stufe der Verfassung individuelle Rechte zu verankern[1248]. Im Falle der sozialen Verfassungsrechte soll ausgedrückt werden, was der Staat dem Einzelnen bieten muss[1249]. Von dem zu schützenden Einzelnen aus gesehen, verkörpern die sozialen Verfassungsrechte das Verlangen nach staatlich garantiertem menschenwürdigem Dasein[1250]. Für das geforderte staatliche Handeln sind diese Rechte leitende Grundsätze der Sozialpolitik im weitesten Sinne, Aufträge und Direktiven für die Gewährung von Teilhabe an staatlich organisierten oder zu organisierenden Leistungen und für den gestaltenden Eingriff des Staates in gegebene Gesellschaftszustände und Rechtslagen[1251].

Dass die sozialen Forderungen und Programme zusammen mit den liberalen Rechten und Freiheiten den Namen „Rechte" für sich in Anspruch nehmen, hat zuerst eine politische Bedeutung. Den sozialen Gewährleistungen soll das gleiche Recht und das gleiche Gewicht zukommen wie den liberalen Menschenrechten und Grundfreiheiten. Damit ist jedoch nicht notwendig gemeint, dass im Falle der sozialen Verfassungsrechte ein normativ gleichartiger Modus der Verbürgung und Berechtigung verbunden sein soll wie bei jenen klassischen Rechten und Freiheiten. Für einige soziale Rechte ist das zwar durchaus möglich, wie z.B. bei der Lohngleichheit von Mann und Frau[1252]. Bei vielen sozialen Grundrechten aber läßt das Schutzziel jene normative Äquivalenz nicht zu[1253].

1247 Vgl. Klein, Ein Grundrecht auf saubere Umwelt?, FS Weber, 643 (657).

1248 Vgl. Alexy, Theorie der Grundrechte, 407.

1249 Dieser Begriff ist allerdings für den strengen Positivisten deshalb nicht leicht verständlich, weil er vielleicht damit die Vorstellung verbindet, dass dieser Begriff mit der Ideologie der vorstaatlichen Existenz von Rechten behaftet wäre; s. Loebenstein, Soziale Grundrechte und die Frage ihrer Justitiabilität, in FS Floretta, 209 ff. (210).

1250 Vgl. Art. 22 der Allgemeinen Erklärung der Menschenrechte der Vereinten Nationen vom 10.12.1948.

1251 Vgl. Badura, Das Prinzip der sozialen Grundrechte und seine Verwirklichung im Recht der Bundesrepublik Deutschland, Der Staat 1975, 23.

1252 Art. 22 § 1 Abs. 2 Gr. Verf.: „Unabhängig von Geschlecht oder anderen Unterscheidungen haben alle Arbeitenden das Recht auf gleiche Entlohnung für gleichwertig geleistete Arbeit."

1253 Vgl. Badura, Das Prinzip der sozialen Grundrechte und seine Verwirklichung im Recht der Bundesrepublik Deutschland, Der Staat 1975, 23f.; s. aber Öhlinger, Soziale Grundrechte, in FS Floretta, 271 ff. (273f.): die häufig anzutreffende Verabsolutierung des Gegensatzes von „klassisch-liberalen" und „sozialen" Grundrechten ist eine ideo-

Mit der Bezeichnung „soziale Rechte“ soll also nichts über die rechtstechnische Form ihrer verfassungsrechtlichen Verankerung ausgesagt werden, denn sie sind in verschiedenen Rechtsfiguren realisierbar[1254].

Der größere Teil der Verfassungsbestimmungen über die sozialen Rechte werden im Allgemeinen als an den Gesetzgeber gerichtete Aufträge oder lediglich als Programmsätze formuliert, mit denen das allgemeine Wohlfahrtsstaatsziel für bestimmte Bereiche oder Fragen konkretisiert wird. Die Erfüllung des Inhalts dieser Rechte erfolgt durch die situations- und entwicklungsbezogene Gesetzgebung. Die sozialen Verfassungsrechte können sich auch als Einrichtungsgarantien erweisen. Ihr rechtlicher Wert und ihre Verbindlichkeit sind davon abhängig[1255]: Einrichtungsgarantien weisen unter diesen Rechtsfiguren den höchsten Grad an normativem Gehalt auf[1256]. In allen diesen Fällen können grundsätzlich individuelle gerichtlich verfolgbare Ansprüche nicht abgeleitet werden[1257]. Wie aber gerade erwähnt, ist nicht auszuschließen, dass aus einem sozialen Recht solche Ansprüche abgeleitet werden, dass es sich dabei um ein „subjektives öffentliches Recht“ handelt, wie bei den individuellen Verfassungsrechten[1258].

Betrachtet man eine Verfassungsbestimmung als Programmsatz[1259], beschränkt sich ihr rechtlicher Wert auf eine politische Bindung[1260]. Eine ent-

---

logische Verzerrung der eigentlichen verfassungsrechtlichen Problematik. Diese absolute Entgegensetzung ist unhaltbar.

1254 Kondiadis, Der normative Inhalt der sozialen Rechte nach der Rechtsprechung des Staatsrates, in FS StE zum 75. Jubiläum, 267 ff. (auf Gr.); Lücke, Soziale Grundrechte als Staatszielbestimmungen und Gesetzgebungsaufträge, AöR 1982, 15 (19).

1255 Vgl. Loebenstein, Soziale Grundrechte und die Frage ihrer Justitiabilität, in FS Floretta, 209 ff. (210f.); Öhlinger, Soziale Grundrechte, in FS Floretta, 271 ff. (277 ff.); Siouti, Die verfassungsmäßige Gewährleistung des Umweltschutzes, 98 ff. (auf Gr.).

1256 Öhlinger, Soziale Grundrechte, in FS Floretta, 271 ff. (277).

1257 Manesis, Verfassungsrechte, Band I, 22; vgl. aber Dagtoglou, Individuelle Rechte, Band II, 1233; vgl. auch Risos, Die Spannung zwischen Rechtsstaat und Sozialstaat als Verfassungsproblem, ToS 1984, 143 ff. mit zahlreichen Hinweisen auf deutsche Literatur (alles auf Griechisch).

1258 Lücke, Soziale Grundrechte als Staatszielbestimmungen und Gesetzgebungsaufträge, AöR 1982, 15 (18); vgl. Art. 21 § 2 und § 6 Gr. Verf. „Kinderreiche Familien, Versehrte aus Krieg und Frieden, Kriegsopfer, Waisen und Witwen der im Kriege Gefallenen sowie die an unmittelbaren körperlichen oder geistigen Krankheiten Leidenden haben Anspruch auf die besondere Fürsorge des Staates.“ „Behinderte Personen haben das Recht auf Maßnahmen, welche ihre Autonomie, ihre berufliche Tätigkeit und ihre Teilnahme an dem gesellschaftlichen, wirtschaftlichen und politischen Leben des Landes sicherstellen.“

1259 Die Terminologie ist nicht gefestigt: geläufig sind auch die Begriffe „Richtlinie“ bzw. „Direktive“. Dazu Lücke, Soziale Grundrechte als Staatszielbestimmungen und Gesetzgebungsaufträge, AöR 1982, 15 (27f.).

1260 Vgl. Brunner, Die Problematik der sozialen Grundrechte, passim; Öhlinger, Soziale

sprechende politische Prioritätensetzung ist unentbehrlich. Der Programmsatz gibt die fortdauernde Berücksichtigung bzw. Verwirklichung eines bestimmten sachlichen Gebots auf und wirkt als Auslegungsgrundsatz für die vollziehende Gewalt und die Rechtsprechung[1261].

Die Gesetzgebungsaufträge sind an den Gesetzgeber gerichtet und verlangen den Erlass thematisch eng umgrenzter Gesetze. Diese Gebote sind für ihren Adressaten unmittelbar geltendes Recht, d.h. sie sind für den Gesetzgeber verpflichtend[1262]. Bei den Gesetzgebungsaufträgen handelt es sich damit um Verfassungsnormen, die dem Gesetzgeber die bestimmte Regelung einzelner Vorhaben in bestimmten Sozialbereichen vorschreiben, sei es überhaupt, sei es mit Bindung auch in zeitlicher Hinsicht[1263]. Das soziale Recht befindet sich damit unter Gesetzesvorbehalt. Gesetzgebungsaufträge werden typischerweise mit der Formulierung „das Nähere regelt ein Gesetz" in der Verfassung verankert[1264]. Individuelle Ansprüche können sie selbstständig nicht begründen, es sei denn, dass ein Gesetzgebungsauftrag mit hinreichend greifbarer Regelungsanordnung eine individualisierbare Rechtszuweisung ausspricht[1265]. In diesem Fall kann er individuelle Ansprüche begründen, die bei Unterlassen eine Feststellung der Verfassungswidrigkeit herbeiführen können[1266].

Im Schrifttum und in der Rechtsprechung wird auch von Verfassungsaufträgen[1267] gesprochen. Der Unterschied liegt darin, dass die Verfassungsaufträge

---

Grundrechte, in FS Floretta, 271 ff. (279f.); Tomandl, Der Einbau sozialer Grundrechte in das positive Recht, passim; s. auch (auf Griechisch) Kondiadis, Der normative Inhalt der sozialen Rechte nach der Rechtsprechung des Staatsrates, in FS StE zum 75. Jubiläum, 267 (272) und Siouti, Die verfassungsmäßige Gewährleistung des Umweltschutzes, 112.

1261 Badura, Das Prinzip der sozialen Grundrechte und seine Verwirklichung im Recht der Bundesrepublik Deutschland, Der Staat 1975, 28, 34; Siouti, Die verfassungsmäßige Gewährleistung des Umweltschutzes, 112 (auf Griechisch).

1262 Lücke, Soziale Grundrechte als Staatszielbestimmungen und Gesetzgebungsaufträge, AöR 1982, 15 (22).

1263 So die Definition der Sachverständigenkommission, BMI/BMJ (Hrsg.), Staatszielbestimmungen/Gesetzgebungsaufträge, Rn. 8.

1264 Vgl. Art. 22 § 4 Gr. Verf. „Der Staat sorgt für die Sozialversicherung der Arbeitenden; das Nähere regelt ein Gesetz."; Art. 24 § 1 Abs. 3 „Das Nähere zum Schutze der Wälder und der bewaldeten Flächen regelt ein Gesetz."; vgl. auch Art. 2 Abs. 3 S. 2 GG und Art. 6 Abs. 5 GG.

1265 Wie z.B. im Falle des Art. 6 Abs. 5 GG (Gleichstellung der unehelichen Kinder); Lücke, Soziale Grundrechte als Staatszielbestimmungen und Gesetzgebungsaufträge, AöR 1982, 15 (24).

1266 Vgl. Badura, Das Prinzip der sozialen Grundrechte und seine Verwirklichung im Recht der Bundesrepublik Deutschland, Der Staat 1975, 34; s. auch BVerfGE 25, 167; 22, 349; 25, 236; Siouti, Die verfassungsmäßige Gewährleistung des Umweltschutzes, 109 ff. (auf Griechisch).

1267 Dazu Lücke, Soziale Grundrechte als Staatszielbestimmungen und Gesetzgebungsauf-

als verbindliche Anweisungen nicht nur für die Legislative, sondern auch für die Exekutive und die Rechtsprechung zu verstehen sind[1268]. Sie werden auch „Staatszielbestimmungen“ genannt[1269]. Eine Staatszielbestimmung enthält eine verfassungsrechtliche Wertentscheidung, die von der Politik bei der Gesetzgebung und von den Verwaltungsbehörden und Gerichten bei der Auslegung und Anwendung des geltenden Rechts zu beachten ist[1270]. In der deutschen Literatur werden Staatszielbestimmungen als „Verfassungsnormen mit rechtlich bindender Wirkung, die der Staatstätigkeit die fortdauernde Beachtung oder Erfüllung bestimmter Aufgaben – sachlich umschriebener Ziele – vorschreiben“, umschrieben[1271]. Staatszielbestimmungen beinhalten damit Grundsätze, nach denen sich das gesamte staatliche Handeln richten soll. Dementsprechend vermitteln die Stellungsnahmen darüber, welche Verfassungsvorschriften Staatszielbestimmungen enthalten, kein homogenes Bild[1272]. Den Grundtypus aller Staatszielbestimmungen im deutschen GG stellt das Sozialstaatsgebot (Art. 20 Abs. 1 GG) dar. Darüber hinaus sollen auch Grundrechte Staatszielbestimmungen enthalten, z.B. Art. 5 Abs. 3[1273]. In Griechenland wird nicht von Staatszielbestimmungen, sondern von „Staatspflichten“ gesprochen, die, wenn nicht ausdrücklich[1274], auf jeden Fall mittelbar[1275] unter Gesetzesvorbehalt stehen[1276].

---

träge, AöR 1982, 15 (25f.).

1268 Merten, Über Staatsziele, DÖV 1993, 368 (370); Uhle, Das Staatsziel „Umweltschutz“ im System der grundgesetzlichen Ordnung, DÖV 1993, 947 (950); vgl. auch Bericht der GemVerfKom, BT-Drs. 12/6000, 68; BMI/BMJ (Hrsg.), Staatszielbestimmungen/Gesetzgebungsaufträge, Rn. 162.

1269 Vgl. aber Lücke, Soziale Grundrechte als Staatszielbestimmungen und Gesetzgebungsaufträge, AöR 1982, 15 (20 ff. und 25f.); Reimer, Verfassungsprinzipien, 265f.

1270 Eine grundlegende Untersuchung der Staatsziele im deutschen Grundgesetz wurde bereits 1972 von Ulrich Scheuner vorgelegt (FS Forsthoff, 325 ff.); s. auch Badura, Staatsrecht, 308; Sommermann, Staatsziele und Staatszielbestimmungen; vgl. Merten, Über Staatsziele, DÖV 1993, 368 (371): Infolge ihrer schlagwortartigen Kürze und Unbestimmtheit sind Staatsziele nur selten als Maßstab für die Gesetzesauslegung oder Ermessensausübung für die Exekutive oder Judikative anwendbar.

1271 Im Anschluss an den Sachverständigenbericht BMI/BMJ (Hrsg.), Staatszielbestimmungen/Gesetzgebungsaufträge, Rn. 7.

1272 Einen Versuch, das Staatsziel Umweltschutz mit dem Sozialstaatsgebot zu vergleichen, unternimmt Uhle, Das Staatsziel „Umweltschutz“ und das Sozialprinzip im verfassungsrechtlichen Vergleich, JuS 1996, 96 ff.

1273 BVerfGE 35, 79, 114f.; vgl. auch E 36, 321, 331: Der Staat wird im Sinne des GG als Kulturstaat verstanden.

1274 Art. 24 § 6 Gr. Verf. „Die Denkmäler und historischen Stätten und Gegenstände stehen unter dem Schutz des Staates. Ein Gesetz wird die zur Verwirklichung dieses Schutzes notwendigen eigentumsbeschränkenden Maßnahmen sowie die Art und Weise der Entschädigung der Eigentümer festsetzen.“

1275 Art. 24 § 1 Gr. Verf. (Fassung 1975) „Der Schutz der natürlichen [...] Umwelt ist Pflicht des Staates. Der Staat ist verpflichtet, besondere vorbeugende oder hemmende

Unstrittig ist, dass Staatszielbestimmungen keinerlei subjektive Rechte für Einzelne oder Gruppen beinhalten, sondern sich primär an staatliche Organe richten[1277]. Es handelt sich dabei um objektiv-rechtliche Verfassungsnormen. Ihre hauptsächliche Bedeutung haben Staatszielbestimmungen als Auslegungsmaßstab anderer Rechtsnormen[1278]. Staatszielbestimmungen begrenzen im Gegensatz zu individuellen Rechten nicht die Aktivitäten der staatlichen öffentlichen Gewalt: Sie führen zwar eine Bindung der staatlichen Gewalt hinsichtlich der Handlungsziele herbei, stellen jedoch den Zeitplan für die Umsetzung der Handlungspflichten weitgehend ins Ermessen des Gesetzgebers. Zielbestimmungen für sich genommen rufen also noch keine Wirkungen hervor, denn Verfassungsnormen können den Gesetzgeber nur insoweit binden, als ihre Fassung hinreichend präzis ist[1279]. Um die Ziele in konkrete Schritte umsetzen zu können, ist erforderlich, dass der Staat die Mittel und Kapazitäten aufbringt, die vorgeschriebene Politik durchzuführen. Staatszielbestimmungen sind demgemäß nur im Rahmen einer Evidenzkontrolle der richterlichen Überprüfung zugänglich, d.h. in den Grenzen offenkundiger Verstöße[1280].

Staatszielbestimmungen werden im Allgemeinen in der Weise formuliert, dass eine besondere Pflicht des Staates zum Schutz bestimmter Phänomene ausgesprochen wird[1281]. Als Alternative findet sich häufig eine Formulierung, die den Staat zur Förderung eines Phänomens verpflichtet[1282]. Der Begriff des

Maßnahmen zu deren Bewahrung zu treffen."

1276 Dagtoglou, Individuelle Rechte, Bd. A, 160f. (auf Griechisch).

1277 Vgl. Bericht der GemVerfKom, BT-Drs. 12/6000, 67; Henneke, Der Schutz der natürlichen Lebensgrundlagen in Art. 20a GG, NuR 1995, 325 (326 ff.); Hoppe/Beckmann/Kauch, Umweltrecht, 91; Murswiek, Staatsziel Umweltschutz (Art. 20a GG), NVwZ 1996, 222 (230); Schink, Umweltschutz als Staatsziel, DÖV 1997, 221 (223); Stober, Umweltschutzprinzip und Umweltgrundrecht, JZ 1988, 426 (430); Uhle, Das Staatsziel „Umweltschutz" im System der grundgesetzlichen Ordnung, DÖV 1993, 947 (950); ders., Das Staatsziel „Umweltschutz" und das Sozialprinzip im verfassungsrechtlichen Vergleich, JuS 1996, 96 (97).

1278 Hesse, Grundzüge des Verfassungsrechts der Bundesrepublik Deutschland 91; Reimer, Verfassungsprinzipien, 193 ff. und 264f.

1279 Merten, Über Staatsziele, DÖV 1993, 368 (370); Uhle, Das Staatsziel „Umweltschutz" im System der grundgesetzlichen Ordnung, DÖV 1993, 947 (951).

1280 Uhle, Das Staatsziel „Umweltschutz" im System der grundgesetzlichen Ordnung, DÖV 1993, 947 (951).

1281 S. z.B. Art. 21 § 1 Gr. Verf. „Die Familie als Grundlage der Aufrechterhaltung und Förderung der Nation sowie die Ehe, die Mutterschaft und das Kindesalter stehen unter dem Schutz des Staates."; vgl. Art. 6 Abs. 1 GG; s. auch Art. 22 § 1 Abs. 1 Gr. Verf. „Die Arbeit ist ein Recht und steht unter dem Schutz des Staates [...]"; s. Art. 20a GG.

1282 Vgl. Art. 16 § 1 Gr. Verf. „Kunst und Wissenschaft, Forschung und Lehre sind frei; deren Entwicklung und Förderung sind Verpflichtung des Staates."; vgl. Art. 3 Abs. 2 S. 2 GG: „Der Staat fördert die tatsächliche Durchsetzung der Gleichberechtigung [...]".

Schutzes stellt die Abwehr von Beeinträchtigungen in den Vordergrund. Förderung verlagert den begrifflichen Schwerpunkt auf die Zuführung von etwas Positivem, von Aufmerksamkeit und Leistungen jeder Art, um das zu fördernde Phänomen zu kräftigen. Eine Pflicht zum Schutz kann erst ausgelöst werden, wenn tatsächlich Nachteile für das Rechtsgut drohen. Die Verpflichtung zur Förderung dagegen ist eher eine ständig präsente Hintergrundspflicht, die zunächst nicht an einen bestimmten Zustand des Gutes anknüpft. Darüber hinaus setzt Schutz voraus, dass es ein Objekt des Schutzes gibt. Was (noch) nicht existiert, kann auch nicht geschützt werden. Eine Förderungspflicht kann hingegen durchaus vorgesehen werden, um einen noch nicht bestehenden Zustand erst zu schaffen.

Die Aufnahme von Staatszielen in die Verfassung ist eine verfassungspolitische Entscheidung: Dem demokratischen Gesetzgeber wird in gewissem Maße die Freiheit beschränkt, die Politik seiner Präferenz zu betreiben. Solche Vorentscheidungen in der Verfassung geben andererseits dem Gesetzgeber gerade die Möglichkeit, bestimmte, für wichtig gehaltene, und unter Umständen dem sozialen Ausgleich dienende Maßnahmen konsequent durchzuführen. Daraus folgt, dass Staatszielbestimmungen wegen ihres Inhalts, das den Staat zu einer Aktivität anhält, oftmals am ehesten der Dynamik gerecht werden, die den sozialen Rechten zugeschriebenen wird.

Den sozialen Rechten kommt aber auch eine „statische" Funktion zu, nämlich das Bestehende zu sichern und Minimalansprüche festzulegen. Diese Aufgabe kann von Einrichtungsgarantien angemessen erfüllt werden[1283]. Die sozialen Rechte können nämlich auch geschützt werden, indem sie vom subjektiven Element entbunden werden und sich in die objektive Rechtsordnung als Einrichtungsgarantien integrieren[1284]. Individuelle Rechte werden grundsätzlich um ihrer Träger willen und unabhängig von bestimmten Zielen gewährt. Einrichtungsgarantien dagegen um ihrer selbst willen[1285]. Sie beinhalten privatrechtliche (Institutsgarantien[1286]) oder öffentlich – rechtliche Einrichtungen (institutionelle

---

1283 Lücke, Soziale Grundrechte als Staatszielbestimmungen und Gesetzgebungsaufträge, AöR 1982, 15 (35).

1284 Vgl. Kondiadis, Der normative Inhalt der sozialen Rechte nach der Rechtsprechung des Staatsrates, in FS StE zum 75. Jubiläum, 267 (270f. und 272f.) (auf Griechisch).

1285 Dagtoglou, Individuelle Rechte, Bd. A, 62f. (auf Griechisch); z.B. Art. 14 § 1 Gr. Verf. („Jeder darf seine Gedanken [...] durch die Presse ausdrücken und verbreiten.") gewährleistet die Meinungsfreiheit, und zwar unabhängig davon, ob die Meinung „richtig", „sinnvoll" oder nützlich" usw. ist. In § 2 („Die Presse ist frei. Die Zensur, wie auch jede andere präventive Maßnahme, ist verboten.") wird andererseits die Freiheit der Institution „Presse" garantiert, angesichts ihrer konstitutiven Bedeutung für die Demokratie.

1286 Die Lehre von der Institutsgarantie ist in Deutschland unter der Geltung der Weimarer Verfassung entwickelt und in der Bundesrepublik wieder aufgenommen worden; s. Starck, in v. Mangoldt/Klein/Starck, GG, Bd. 1, Art. 1 Abs. 3, Rn. 174f.; ausführlich dazu s. Abel, Die Bedeutung der Lehre von den Einrichtungsgarantien für die Ausle-

Garantien). Für die Verankerung sozialer Grundrechte kommen vornehmlich institutionelle Garantien in Betracht[1287]. Sie knüpfen an bestehende, einfachgesetzlich konstituierte Institutionen an, die soziale Leistungen erbringen.

Die institutionelle Garantie betrifft eine rechtlich anerkannte Institution, der durch die Verfassungsregelung in ihren wesentlichen Elementen ein besonderer Schutz gewährt wird, mit dem Zweck, eine Beseitigung im Wege der einfachen Gesetzgebung unmöglich zu machen[1288]. Dadurch sind diese Einrichtungen einem rückschrittlichen Abbau durch die einfache Gesetzgebung entzogen. Darin unterscheidet sich die institutionelle Garantie wesentlich von der Staatszielbestimmung. Die institutionellen Garantien schützen grundsätzlich den Bestand – unter Umständen auch die Entwicklung – von Einrichtungen des gesellschaftlichen Lebens und der Rechtsordnung, ohne aber zugleich einen individuellen Anspruch darauf zu gewähren[1289]. Sie liefern die Substanz, von der die individuellen Verfassungsrechte zehren. Mit denen werden die tatsächlichen Voraussetzungen der Ausübung einzelner Freiheitsrechte zum Inhalt von Aufträgen für die Gesetzgebung. Die Verfassung beauftragt somit den Gesetzgeber den Inhalt der sozialen Verfassungsrechte zu konkretisieren. Da die tatsächlichen Bedingungen der Freiheitsrechte durch die Verfassungsrechtsbestimmungen nicht mit garantiert sind – die Eigentumsgarantie schützt das bestehende Eigentum einzelner Eigentümer, gibt aber keinen Anspruch auf Eigentumsverschaffung –, können sie auch über die Einrichtungsgarantien nicht zum Gegenstand individueller Berechtigungen werden[1290].

Die Normativität der sozialen Rechte zu konsolidieren, versucht die Theorie des sozialrechtlichen Bestandsschutzes[1291], die als absoluter, aber auch als

---

gung des Bonner Grundgesetzes; Mager, Einrichtungsgarantien.

1287 Lücke, Soziale Grundrechte als Staatszielbestimmungen und Gesetzgebungsaufträge, AöR 1982, 15 (29).

1288 Brunner, Die Problematik der sozialen Grundrechte, 10f.; Öhlinger, Soziale Grundrechte, in FS Floretta, 271 ff. (277f.); Lücke, Soziale Grundrechte als Staatszielbestimmungen und Gesetzgebungsaufträge, AöR 1982, 15 (29); Reimer, Verfassungsprinzipien, 275f.; Schmitt, Verfassungslehre, 170f.

1289 Lücke, Soziale Grundrechte als Staatszielbestimmungen und Gesetzgebungsaufträge, AöR 1982, 15 (29f.); Tomandl, Der Einbau sozialer Grundrechte in das positive Recht, 42.

1290 Vgl. Badura, Staatsrecht, 104f.; In **Deutschland** könnte die Verletzung einer Institutsgarantie den Gegenstand von Verfassungsstreitigkeiten – Organstreitigkeiten, bundesstaatliche Streitigkeiten, Normenkontrollen – bilden, nicht aber vom Einzelnen mit der Verfassungsbeschwerde gerügt werden.

1291 **„Κοινωνικό κεκτημένο"** (koinoniko kektimeno); auch **„Bestandsgarantie"** genannt: vgl. Öhlinger, Soziale Grundrechte, in FS Floretta, 271 ff. (278); ausführlich zur Theorie des sozialrechtlichen Bestandsschutzes in **Griechenland** s. Kondiadis, Die konsolidierende Wirkung der sozialen Rechte: das Beispiel des sozialrechtlichen Bestandsschutzes, ToS 1999, 199; Papakonstandinou, Die Theorie des sozialrechtlichen

relativer Bestandsschutz zum Ausdruck gebracht wurde. Nach der absoluten Fassung ist der Gesetzgeber, sofern er den Inhalt des sozialen Verfassungsrechts materialisiert hat, zur ständigen Verbesserung der Voraussetzungen für die Ausübung und den Schutz der sozialen Rechte verpflichtet[1292]. Ein absoluter Bestandsschutz wäre gleichbedeutend mit einer völligen Erstarrung weiter Teile des Rechtssystems. Der Gesetzgeber würde reformunfähig und die Einschränkung bzw. Aufhebung von sozialrechtlichen Gesetzen bedürfte einer Verfassungsrevision! Der relativen Auffassung nach bleibt es im Gestaltungsspielraum des Gesetzgebers, zu entscheiden, in welchem Umfang er die verfassungsmäßig gesicherten sozialen Leistungen erbringt. Sofern er aber den Inhalt des sozialen Verfassungsrechts materialisiert, kann er es nicht mehr zur Gänze aufheben[1293]. Außerdem wird vereinzelt die Konzeption eines Bestandsschutzes vertreten, die sich am Gedanken des Vertrauensschutzes orientiert, als Grenze willkürlicher Änderungen durch den Gesetzgeber[1294]. Die Theorie des sozialrechtlichen Bestandsschutzes versucht auch die Unstimmigkeiten über die Dynamik der sozialrechtlichen institutionellen Garantien zu beseitigen: Grundsätzlich dienen die Einrichtungsgarantien der Absicherung des Erreichten, der Bewahrung des Hergebrachten[1295]. Hinsichtlich aber der Bestandsgarantie, verstehen sie sich in einem dynamisch entwicklungsfähigen Sinne und geben sich mit staatlicher Passivität nicht zufrieden. Diese Theorie hat Widerspruch von zwei Seiten erfahren. Einerseits wird die Auffassung vertreten, dass soziale Rechte keinen normativen Charakter aufweisen: es geht nur um bloße Programmsätze[1296]; andererseits wird die Theorie des sozialrechtlichen Bestandsschutzes von der Meinung, die die sozialen Grundrechte als institutionelle Garantien versteht, als überflüssig betrachtet. Der Unterschied liegt aber darin, dass die Bestandsgarantie den gegebenen Bestand generell, nicht bloß auf wesentliche Merkmale reduziert, absichert[1297].

Bestandsschutzes als Beweis des normativen Charakters des Sozialstaates, ToS 1999, 297; s. auch Menoudakos, Umweltschutz im griechischen öffentlichen Recht. Der Beitrag der Rechtsprechung des Staatsrates, Nomos & Fysi 1997, 9 (15) (alles auf Gr.).

1292 Vgl. Loebenstein, Soziale Grundrechte und die Frage ihrer Justitiabilität, in FS Floretta, 213 ff.

1293 Vgl. Iliopoulos – Strangas, Der Schutz der sozialen Grundrechte in der griechischen Rechtsordnung, in Bundesministerium für Arbeit und Sozialordnung u.a., Soziale Grundrechte in der EU, 149 (157).

1294 Iliopoulos – Strangas, Der Schutz der sozialen Grundrechte in der griechischen Rechtsordnung, in Bundesministerium für Arbeit und Sozialordnung u.a., Soziale Grundrechte in der EU, 149 (157); vgl. auch Lübbe-Wolff, Die Grundrechte als Eingriffsabwehrrechte, 126.

1295 Tomandl, Der Einbau sozialer Grundrechte in das positive Recht, 42f.

1296 Wegleris, Menschenrechte und ihre Einschränkungen, ToS 1979, 37 ff. (auf Gr.); Brunner, Die Problematik der sozialen Grundrechte, 17 ff.; Lücke, Soziale Grundrechte als Staatszielbestimmungen und Gesetzgebungsaufträge, AöR 1982, 15 ff.

1297 Öhlinger, Soziale Grundrechte, in FS Floretta, 271 ff. (278).

2.3.3 *Verfassungsrechtlicher Umweltschutz in Deutschland*

2.3.3.1 *Staatszielbestimmung „Umweltschutz" – Art. 20a GG*

Der Einzelne hätte ein Abwehrrecht gegen staatliches umweltbelastendes Handeln bzw. einen Anspruch auf staatliche Maßnahmen zur Erhaltung einer intakten Umwelt, wenn das Grundgesetz ein allgemeines, ausdrückliches Umweltgrundrecht enthielte. Das ist jedoch nicht der Fall[1298]. Der verfassungsrechtliche Umweltschutz wurde in Deutschland als objektiv-rechtliches Staatsziel ausgestaltet[1299]. Die Bezeichnung „Staatszielbestimmung" kommt im Text des Grundgesetzes zwar nicht vor. Gleichwohl hat sich diese Kategorisierung für Art. 20a durchgesetzt[1300] und wird durch die Entstehungsgeschichte bestätigt. Ausweislich der Materialien soll Art. 20a GG ein Staatsziel normieren[1301].

Es ist daher nicht möglich, bestimmte Umweltentscheidungen einzuklagen oder daraus konkrete Leistungsansprüche abzuleiten. Schon die systematische Stellung des Art. 20a im Grundgesetz, außerhalb des Grundrechtkatalogs und direkt nach Art. 20, der die Staatsgrundlagenbestimmungen festlegt, spricht dafür, dass Art. 20a GG keinen subjektiven Anspruchstatbestand enthält[1302]. Grund-

---

1298 Vgl. BVerwGE 54, 211, 219; vgl. auch Kloepfer, Umweltschutz und Verfassungsrecht, DVBl. 1988, 305 ff.; Schulze-Fielitz, in Dreier (Hrsg.), GG – Kommentar, Bd. 2, 1998, Art. 20a, Rn. 68; Steinberg, Verfassungsrechtlicher Umweltschutz durch Grundrechte und Staatszielbestimmung, NJW 1996, 1985 (1986); Stober, Umweltschutzprinzip und Umweltgrundrecht, JZ 1988, 426 insb. 430.

1299 Bericht der GemVerfKom, BT-Drs. 12/6000, 67: „Der Umweltschutz wird als objektiv-rechtliches Staatziel ausgestaltet."; Andeutungen in eine subjektivrechtliche Richtung bei Kloepfer, Verfassungsänderung statt Verfassungsreform, 45.

1300 Vgl. Becker, Die Berücksichtigung des Staatzieles Umweltschutz beim Gesetzvollzug, DVBl. 1995, S. 713 (716f.); Epiney, in v. Mangoldt/Klein/Starck, GG, Bd. 2, Art. 20a, Rn. 32; Kloepfer, Umweltschutz als Verfassungsrecht: Zum neuen Art. 20a GG, DVBl. 1996, 73; Murswiek, Staatsziel Umweltschutz (Art. 20a GG), NVwZ 1996, 222; Peters, Art. 20a GG – Die neue Staatszielbestimmung des Grundgesetzes, NVwZ 1995, 555; Rausching, Aufnahme einer Staatszielbestimmung über Umweltschutz in das Grundgesetz?, DÖV 1986, 489; Schink, Umweltschutz als Staatsziel, DÖV 1997, 221; Steinberg, Verfassungsrechtlicher Umweltschutz durch Grundrechte und Staatszielbestimmung, NJW 1996, 1985; Uhle, Das Staatsziel „Umweltschutz" im System der grundgesetzlichen Ordnung, DÖV 1993, 947; Vogel, Die Reform des Grundgesetzes nach der deutschen Einheit, DVBl. 1994, 497 (498f.); Waechter, Umweltschutz als Staatsziel, NuR 1996, 321.

1301 Abgesehen vom am Anfang der siebziger Jahre des 20. Jahrhunderts gescheiterten Versuch, ein Grundrecht auf menschenwürdige Umwelt in das GG einzuführen, war schon seit 1976 die Rede von der verfassungsrechtlichen Verankerung des Umweltschutzes in Form einer Staatszielbestimmung; vgl. BT-Drs. 7/5864 vom 14.07.1976.

1302 Bericht der GemVerfKom, BT-Drs. 12/6000, 67: „Die von der Gemeinsamen Verfassungskommission empfohlene Formulierung enthält keinen subjektiven Anspruchstat-

rechte sind nämlich grundsätzlich im ersten Abschnitt des GG enthalten. Soweit auch in anderen Abschnitten subjektiv-rechtliche Positionen begründet werden, werden diese im Wortlaut ausdrücklich benannt und festgelegt[1303].

Staatszielbestimmungen sind ausschließlich an die Staatsgewalten adressiert. In erster Linie wendet sich Art. 20a GG an den Gesetzgeber, der verpflichtet ist, den in der Verfassungsnorm enthaltenen Gestaltungsauftrag umzusetzen[1304], indem er geeignete Umweltschutzvorschriften erlässt. Art. 20a GG sind allerdings keine konkreten Gesetzgebungspflichten zu entnehmen[1305]. Der Gesetzgeber ist lediglich hinsichtlich des „Ob" des Tätigwerdens bei der Verfolgung des Staatszieles verpflichtet, nicht bezüglich des „Wie". Ihm kommt insoweit ein weiter Gestaltungspielraum zu, im Rahmen dessen die Verwirklichung des Umweltschutzes nicht justitiabel ist[1306]. Die Staatszielbestimmung „Umweltschutz" wirkt sich auch auf die Ermessens- und Planungsentscheidungen der Exekutive aus[1307]. Die Verwaltung hat sich bei der Ermessensausübung am

---

bestand"; Epiney, in v. Mangoldt/Klein/Starck, GG, Bd. 2, Art. 20a, Rn. 38; Henneke, Der Schutz der natürlichen Lebensgrundlagen in Art. 20a GG, NuR 1995, 325 (326 ff.); Kloepfer, im BK, GG, Art. 20a, Rnn. 10 ff.; ders., Umweltrecht, 118; ders., Umweltschutz als Verfassungsrecht: Zum neuen Art. 20a GG, DVBl. 1996, 73 (74); Murswiek, in Sachs, GG – Kommentar, 3. Aufl., Art. 20a, Rnn. 12 ff.; ders., Staatsziel Umweltschutz (Art. 20a GG), NVwZ 1996, 222 (230); Schink, Umweltschutz als Staatsziel, DÖV 1997, 221 (223); Uhle, Das Staatsziel „Umweltschutz" im System der grundgesetzlichen Ordnung, DÖV 1993, 947 (951); ders., Das Staatsziel „Umweltschutz" und das Sozialprinzip im verfassungsrechtlichen Vergleich; JuS 1996, 96 (97); Waechter, Umweltschutz als Staatsziel, NuR 1996, 321; Wolf, Gehalt und Perspektiven des Art. 20a GG, KritV 1997, 280 (297); vgl. auch BVerwG, UPR 1995, 309; BVerwG, NVwZ 1998, 399; 98, 1081.

1303 S. Art. 20 Abs. 4 GG; Art. 33 GG; Art. 38 Abs. 2 GG.

1304 Vgl. BMI/BMJ (Hrsg.), Staatszielbestimmungen/Gesetzgebungsaufträge, Rn. 161.

1305 Jarass, in Jarass/Pieroth, Grundgesetz, 6. Aufl., Art. 20a, Rn. 7; Kloepfer, Umweltrecht, 123 ff.; Murswiek, Staatsziel Umweltschutz (Art. 20a GG), NVwZ 1996, 222 (229); Wolf, Gehalt und Perspektiven des Art. 20a GG, KritV 1997, 280 (301).

1306 Henneke, Der Schutz der natürlichen Lebensgrundlagen in Art. 20a GG, NuR 1995, 325 (332); Kloepfer, Umweltschutz als Verfassungsrecht: Zum neuen Art. 20a GG, DVBl. 1996, 73 (75); Murswiek, Staatsziel Umweltschutz (Art. 20a GG), NVwZ 1996, 222 (223); ders., in Sachs, GG – Kommentar, 3. Aufl., Art. 20a, Rn. 17; Peters, Art. 20a GG – Die neue Staatszielbestimmung des Grundgesetzes, NVwZ 1995, 555 (556); Schink, Umweltschutz als Staatsziel, DÖV 1997, 221 (222); Uhle, Das Staatsziel „Umweltschutz" im System der grundgesetzlichen Ordnung, DÖV 1993, 947 (952); vgl. aber Steinberg, Verfassungsrechtlicher Umweltschutz durch Grundrechte und Staatszielbestimmung, NJW 1996, 1985 (1992), der darauf hinweist, dass das BVerfG dann, wenn eine Verfassungsbeschwerde zulässig ist, umfassend die Verfassungsmäßigkeit einer Maßnahme und damit auch ihre Vereinbarkeit mit Art. 20a GG prüfen kann und dass sie als mittelbarer Kontrollmaßstab von Bedeutung sein kann.

1307 Henneke, Der Schutz der natürlichen Lebensgrundlagen in Art. 20a GG, NuR 1995, 325 (332f.); Kloepfer, Umweltschutz als Verfassungsrecht: Zum neuen Art. 20a GG,

Zweck der Ermessensermächtigung zu orientieren. Art. 20a GG gewinnt an Bedeutung bei solchen Ermessensnormen, die keine explizit umweltschützende Zielsetzung aufweisen, indem er bei der Ermessensausübung die Berücksichtigung auch von Umweltschutzaspekten gebietet[1308]. Die Staatszielbestimmung begründet zwar keine Eingriffsbefugnis der Verwaltung[1309], kann aber zu Maßnahmen der Exekutive ermächtigen und verpflichten, die gemäß Art. 20 Abs. 3 GG keiner gesetzlichen Grundlage bedürfen[1310], etwa zu Fördermaßnahmen.

Der Schutz der Umwelt ist insoweit ein ausschließlich objektiv-rechtlich geschütztes Interesse. Deshalb kann sich Art. 20a GG auch nicht auf die einfachgesetzliche Klagebefugnis auswirken: Vorschriften, die keinen „drittschützenden" Charakter haben, erhalten diesen auch nicht dadurch, dass sie den Schutzauftrag des Art. 20a GG erfüllen bzw. konkretisieren[1311]. Für den Einzelnen, sei er eine natürliche Person oder ein Umweltschutzverein[1312], besteht ohnehin keine Möglichkeit, sich auf Art. 20a GG zu berufen, um das staatliche umweltrelevante Handeln bzw. Unterlassen vor Gerichten zu rügen, da er wegen des fehlenden Individualbezuges der Staatszielbestimmung keine Rechtsverletzung geltend machen kann[1313], und zwar weder im Sinne des § 42 Abs. 2 VwGO noch verfassungsprozessual[1314].

Art. 20a GG vermittelt für sich genommen, d.h. ohne Konkretisierung durch den Gesetzgeber, dem Bürger mithin kein subjektives öffentliches

---

DVBl. 1996, 73 (75); Peters, Art. 20a GG – Die neue Staatszielbestimmung des Grundgesetzes, NVwZ 1995, 555 (556); Schink, Umweltschutz als Staatsziel, DÖV 1997, 221 (228); Steinberg, Verfassungsrechtlicher Umweltschutz durch Grundrechte und Staatszielbestimmung, NJW 1996, 1985 (1993); Waechter, Umweltschutz als Staatsziel, NuR 1996, 321 (323); vgl. auch BVerwG, NVwZ 1998, 1080 (1081).

1308 BVerwG NuR 1998, 483; Epiney, in v. Mangoldt/Klein/Starck, GG, Bd. 2, Art. 20a, Rn. 90, 92f.; Jarass, in Jarass/Pieroth (Hrsg.), Grundgesetz, 6. Aufl., Art. 20a, Rn. 14; Kloepfer, im BK, GG, Art. 20a, Rn. 41; Schulze-Fielitz, in Dreier (Hrsg.), GG – Kommentar, Bd. II, 1998, Art. 20a, Rn. 64 ff.

1309 BMI/BMJ (Hrsg.), Staatszielbestimmungen/Gesetzgebungsaufträge, Rn. 162; Jarass, in Jarass/Pieroth (Hrsg.), GG, 6. Aufl., Art. 20a, Rn. 14; Murswiek, in Sachs, GG – Kommentar, 3. Aufl., Art. 20a, Rn. 61; Schink, Umweltschutz als Staatsziel, DÖV 1997, 221 (222); Schulze-Fielitz, in Dreier (Hrsg.), GG – Kommentar, Bd. II, 1998, Art. 20a, Rn. 62.

1310 Jarass, in Jarass/Pieroth (Hrsg.), GG, 6. Aufl., Art. 20a, Rn. 14; Kloepfer, im BK, GG, Art. 20a, Rn. 43.

1311 Vgl. Murswiek, Staatsziel Umweltschutz (Art. 20a GG), NVwZ 1996, 222 (230).

1312 BVerfG, NVwZ 2001, 1148, 1149; vgl. auch BVerwG, NVwZ 1998, 398, 399; BVerwGE 101, 73, 83; BVerwG DVBl. 1998, 586f.

1313 Murswiek, in Sachs, GG – Kommentar, 3. Aufl., Art. 20a, Rn. 73; Schink, Umweltschutz als Staatsziel, DÖV 1997, 221 (229); Steinberg, Verfassungsrechtlicher Umweltschutz durch Grundrechte und Staatszielbestimmung, NJW 1996, 1985 (1992).

1314 Art. 93 Abs. 1 Nr. 4a GG i.V.m. § 90 BVerfGG; vgl. Peters, Art. 20a GG – Die neue Staatszielbestimmung des Grundgesetzes, NVwZ 1995, 555.

Recht[1315] und ist infolgedessen für den verwaltungsgerichtlichen Individualrechtsschutz nicht von besonders weitreichender Bedeutung, im Gegensatz zu dem ähnlich formulierten Art. 24 Gr. Verf. (Fassung 1975), der sich als Protagonist des Rechtsschutzes im griechischen Umweltrecht darstellt.

Nichtsdestoweniger übt die Staatszielbestimmung Einfluss auf die Grundrechtsauslegung aus. Von Art. 20a GG gehen vor allem grundrechtsbegrenzende Wirkungen auf Seiten eines „Umweltbelasters" aus[1316]. So kann Art. 20a GG im Rahmen von Gesetzesvorbehalten Beschränkungen von Grundrechten legitimieren, etwa der allgemeinen Handlungsfreiheit oder der Eigentumsgarantie[1317]. Darüber hinaus kann Art. 20a GG als verfassungsimmanente Schranke Bedeutung erlangen und Eingriffe des Gesetzgebers in solche Grundrechte legitimieren, die keinem Gesetzesvorbehalt unterliegen[1318]. So sieht das Bundesverwaltungsgericht in Art. 20a GG eine Grundlage dafür, die Kunstfreiheit gem. Art. 5 Abs. 3 S. 1 GG im Bereich des Bauplanungsrechts einzugrenzen[1319].

Zudem erzielt Art. 20a GG auch grundrechtserweiternde Wirkungen auf Seiten eines Umweltbelasteten[1320]. Es gibt nämlich Grundrechte, die eine umweltschützende Funktion aufweisen. Welche Interessen durch die Grundrechte geschützt werden, ist auch unter dem Einfluss der Wertentscheidung des Art. 20a GG zu bestimmen[1321]. Dies gilt für die Abwehrgehalte der Grundrechte gegenüber staatliche Eingriffe wie für den in den Grundrechten enthaltenen Auftrag zum Schutz grundrechtlicher Güter[1322]. Wo nämlich der Staat in Freiheit oder Eigentum eingreift, hat der Betroffene einen subjektiven Anspruch darauf, dass der Eingriff in jeder Hinsicht verfassungsmäßig ist. Soweit der Einzelne geltend machen kann, durch den fehlenden oder ungenügenden Schutz der natür-

---

1315 BVerwG, NVwZ 1998, 398, 399; NVwZ 1990, 1080, 1081; BVerfG NVwZ 2001, 1148, 1149.

1316 Ausführlich dazu Hoppe/Beckmann/Kauch, Umweltrecht, 99 ff.; Kloepfer, Umweltrecht, 135 ff.; vgl. Jarass, in Jarass/Pieroth (Hrsg.), GG, 6. Aufl., Art. 20a, Rn. 10.

1317 BVerfGE 102, 1; BVerfG, NJW 2000, 2573; vgl. Wolf, Gehalt und Perspektiven des Art. 20a GG, KritV 1997, 280 (299f.).

1318 Jarass, in Jarass/Pieroth, GG, 6. Aufl., Art. 20a, Rnn. 10f.; Kloepfer, im BK, GG, Art. 20a, Rnn. 16f.; Murswiek, Staatsziel Umweltschutz (Art. 20a GG), NVwZ 1996, 222 (230); Wolf, Gehalt und Perspektiven des Art. 20a GG, KritV 1997, 280 (300f.).

1319 BVerwG, NJW 1995, 2648; dazu Schütz, Artemis und Aurora vor den Schranken des Bauplanungsrechts, JuS 1996, 498 (503); Vesting, § 35 III BauGB zwischen Umweltschutz und Kunstfreiheit, NJW 1996, 1111 (1113); Wolf, Gehalt und Perspektiven des Art. 20a GG, KritV 1997, 280 (286); vgl. auch Kloepfer, im BK, GG, Art. 20a, Rn. 16; Schulze-Fielitz, in Dreier (Hrsg.), GG – Kommentar, Bd. II, 1998, Art. 20a, Rnn. 74f.

1320 Jarass, in Jarass/Pieroth (Hrsg.), GG, 6. Aufl., Art. 20a, Rn. 1; Kloepfer, Umweltrecht, 119.

1321 Epiney, in v. Mangoldt/Klein/Starck, GG, Bd. 2, Art. 20a, Rn. 90.

1322 Kloepfer, im BK, GG, Art. 20a, Rn. 12; Wolf, Gehalt und Perspektiven des Art. 20a GG, KritV 1997, 280 (298).

lichen Lebensgrundlagen in seinen Grundrechten z.B aus Art. 2 Abs. 2 S. 1 GG oder Art. 14 GG verletzt zu sein, hat er die Möglichkeit der egoistischen Umweltschutzklage schon als Grundrechtsklage. Wenn freilich die Zulässigkeit der Verfassungsbeschwerde eröffnet ist, kann das BVerfG umfassend die Verfassungsmäßigkeit der angefochtenen Maßnahme überprüfen und Art. 20a gewinnt als mittelbarer Kontrollmaßstab an Bedeutung[1323].

2.3.3.2 Grundrechtsschutz gegenüber Umweltbelastungen

Die verwaltungsgerichtliche Kontrolle des umweltrelevanten Handelns der öffentlichen Gewalt erfährt in Deutschland eine entscheidende Einschränkung durch die individualrechtliche Ausgestaltung des Rechtsschutzes. Es stellt sich damit die Frage nach dem drittschützenden Charakter der einschlägigen umweltrelevanten Norm, ob sie nämlich mindestens auch individuellen Interessen zu dienen bestimmt ist. Individuelle Rechtsgüter, zu deren Schutz der Staat verpflichtet ist, werden vor allem in den Grundrechten benannt.

Das Grundgesetz enthält zwar kein spezifisches ausdrückliches Grundrecht auf gesunde, angemessene oder intakte Umwelt, wohl aber umweltrelevante bzw. umweltabhängige Grundrechte, wie das Recht auf Leben und körperliche Unversehrtheit (Art. 2 Abs. 2 S. 1 GG), Eigentum (Art. 14 GG) und freie Entfaltung der Persönlichkeit (Art. 2 Abs. 1). Dass eine intakte Umwelt essentiell für die Ausübung der genannten Grundrechte ist, kann nicht bestritten werden. Schadstoffe in der Luft, im Wasser und im Boden, Lärm und Strahlen können sowohl für die Umweltmedien selbst als auch für den Menschen beeinträchtigend wirken und zu erheblichem Schaden führen. Die grundrechtliche Gewährleistung umfasst nach heutigem Verständnis auch die für die Grundrechtsausübung unabdingbaren tatsächlichen Voraussetzungen, soweit durch deren Beeinträchtigung die Grundrechtsausübung gefährdet wird[1324]. Die Grundrechte des Grundgesetzes können dementsprechend besondere Rechte in Bezug auf die Umwelt gewähren. Deren Verwirklichung ist verfassungsrechtlich garantiert[1325]. Der Schutzbereich der Grundrechte erstreckt sich auf alle rechtswidrigen staatlichen Eingriffe[1326], d.h. auch auf faktische objektiv-rechtlich rechtswidrige Eingriffe[1327].

1323 Steinberg, Verfassungsrechtlicher Umweltschutz durch Grundrechte und Staatszielbestimmung, NJW 1996, 1985 (1992).

1324 Sailer, Subjektives Recht und Umweltschutz, DVBl. 1976, 521 (529); Scherzberg, „Objektiver" Grundrechtsschutz und subjektives Grundrecht, DVBl. 1989, 1128 (1136).

1325 BVerfGE 6, 55, 71; E 7, 198, 205; E 33, 330; E 35, 79, 114; E 39, 1, 41f.; E 49, 89, 141; E 73, 261, 269; E 76, 1, 49.

1326 Henke, Juristische Systematik der Grundrechte, DÖV 1984, 1 (3).

1327 BVerfGE 6, 41.

Primärer Anknüpfungspunkt für ein Abwehrrecht gegen Umweltbeeinträchtigungen ist Art. 2 Abs. 2 S. 1 GG. Er enthält ein Abwehrrecht gegen die verschiedenen Arten von Belästigung und Schaden der körperlichen Unversehrtheit im engeren biologisch-physiologischen Sinne[1328], der psychisch-seelischen Gesundheit[1329] und der körperlichen Integrität[1330]. Eine Beeinträchtigung ist unter Berücksichtigung bestimmter Umständen auch durch eine Gefährdung der Gesundheit möglich[1331]. Art. 2 Abs. 2 S. 1 GG enthält ferner das Recht auf Leben. Für Umweltbedingungen ergibt sich daraus, dass ihre Veränderung durch staatliche Eingriffe von dem Grundrechtsträger soweit abgewehrt werden kann, als tatsächlich konkrete Gefahren für sein Leben bestehen.

Umweltveränderungen können darüber hinaus Eigentumspositionen betreffen. Relevant im vorliegenden Zusammenhang ist das Eigentum an Häusern und Grundstücken aber auch an sich in Privateigentum befindlichen Umweltgütern, wie Pflanzen und Tiere, die Umwelteinflüssen ausgesetzt sind. Art. 14 GG verleiht nämlich dem Grundstückseigentümer (sei er eine natürliche Person oder ein Umwelt- bzw. Naturschutzverband)[1332] Abwehrrechte gegen umweltbelastende Beeinträchtigungen, die auf sein Grundstück unmittelbar einwirken, und zwar ohne dass es darauf ankommt, dass der Eigentümer schwer und unerträglich betroffen wird[1333]. Direkte Einwirkung von Schadstoffen vom Nachbargrundstück kann dementsprechend der Einzelne ohne weiteres abwehren. Art. 14 GG schützt das Eigentum gegen Eingriffe des Staates. Ist dieses von einer staatlichen Maßnahme direkt und gezielt betroffen, liegt eine Rechtsverletzung vor.

1328 BVerfGE 56, 54, 73 ff.

1329 Starck, in v. Mangoldt/Klein/Starck, GG, Bd. 1, Art. 2, Rn. 130; vgl. BVerwG, NJW 1995, 2648 (2649): das Gericht sieht auch das „allseitige psychische Wohlbefinden" als Schutzgut an und fasst unter Eingriff bereits das Erzeugen von ästhetischen „Unlustgefühlen"; **a.A.** Schütz, Artemis und Aurora vor den Schranken des Bauplanungsrechts, JuS 1996, 498 (501).

1330 Schulze-Fielitz, in Dreier (Hrsg.), GG Kommentar, 2. Aufl., Bd. I, Art. 2 Abs. 2, Rn. 33; vgl. die Definition von Gesundheit der Weltgesundheitsorganisation: „Gesundheit ist ein Zustand des völligen körperlichen, psychischen und sozialen Wohlbefindens und nicht nur das Freisein von Krankheit oder Gebrechen".

1331 Vgl. BVerfGE 49, 89, 142; Schulze-Fielitz, in Dreier (Hrsg.), GG Kommentar, 2. Aufl., Bd. I, Art. 2 Abs. 2, Rn. 43.

1332 Vgl. BVerwGE 72, 15 – Sperrgrundstück; **contra** BVerwG NVwZ 2001, 427; zu der Problematik s. Masing, Relativierung des Rechts durch Rücknahme verwaltungsgerichtlicher Kontrolle – Eine Kritik anlässlich der Rechtsprechungsänderung zu den „Sperrgrundstücken", NVwZ 2002, 810; vgl. Clausing, Aktuelles Verwaltungsprozessrecht, JuS 2001, 998 (1000f.); Seelig/Gündling, Die Verbandsklage im Umweltrecht – Aktuelle Entwicklungen und Zukunftsperspektiven im Hinblick auf die Novelle des Bundesnaturschutzgesetzes und supranationale und internationale rechtliche Vorgaben, NVwZ 2002, 1033 (1039) unter Hinweis auf BT-Dr. 14/6378, S. 61.

1333 BVerwGE 50, 282, 287.

Die Nutzung des Eigentums kann erheblich eingeschränkt bzw. unmöglich gemacht werden, wenn schwere Einwirkungen aus der Umwelt statthaben. In solchen Fällen kann Art. 2 Abs. 1 GG einschlägig sein. Nach der Rechtsprechung des BVerwG ist zwar die durch die Verfassung verbürgte allgemeine Handlungsfreiheit nicht dazu bestimmt, ein umfassendes Abwehrrecht gegen rechtswidrige Umweltbelastungen zu vermitteln. Vielmehr ist es Aufgabe des einfachen Gesetzgebers, konkrete subjektive Rechte zu verleihen[1334]. Das Persönlichkeitsrecht und die Handlungsfreiheit sind dennoch eingeschränkt, wenn z.B. der Balkon oder der Garten wegen Lärm oder Gestank nicht nutzbar sind. Zu dem Schutzbereich des Art. 2 Abs. 1 GG wird außerdem nunmehr auch das Recht auf Erholung gezählt[1335], welches das Vorhandensein einer angemessenen Umwelt voraussetzt. Bei der Auslegung des GG sind darüber hinaus auch Inhalt und Entwicklungsstand der EMRK in Betracht zu ziehen, sofern dies nicht zu einer Einschränkung oder Minderung des Grundrechtsschutzes nach dem Grundgesetz führt[1336]. Deshalb dient insoweit auch die Rechtsprechung des Europäischen Gerichtshofes für Menschenrechte zum Art. 8 EMRK (Achtung des Privat- und Familienlebens[1337]) als Auslegungshilfe für die Bestimmung von Inhalt und Reichweite von Grundrechten und rechtsstaatlichen Grundsätzen des Grundgesetzes.

Der Staat ist folgerichtig verpflichtet, solche Eingriffe zu unterlassen oder nur unter bestimmten Voraussetzungen (z.B. gegen Entschädigung) vorzunehmen. Soweit Akte der öffentlichen Gewalt den Schutzbereich von Grundrechten beeinträchtigen, liegt ein Eingriff in subjektive Rechte vor, der gerichtlich geltend gemacht werden kann[1338]. Überträgt man dies auf das Umweltrecht, würden viele Fälle von Grundrechtsbeeinträchtigungen nicht erfasst. In einer Privatwirtschaft steht nämlich die Mehrzahl der emittierenden Anlagen nicht in staatlichem Eigentum. Die abwehrrechtliche Funktion der Grundrechte „greift" nur, wenn die Gesundheits-, Eigentums- bzw. Persönlichkeitsverletzung dem Staat zurechenbar ist, wenn also etwa eine emittierende Anlage einem Hoheitsträger zuzuordnen ist. Die Wirkung der Grundrechte bleibt dennoch nicht bei der negatorischen Funktion stehen. Diese sollen vielmehr eine Doppelfunktion erfüllen. Zum einen sind sie, wie bereits erläutert, subjektive Rechte, welche vor Eingriffen der öffentlichen Gewalt schützen. Zum anderen enthalten sie jedoch

---

1334 BVerwGE 54, 211, 212 und 221.

1335 Burgi, Erholung in freier Natur, 232 ff.

1336 BVerfGE 58, 1, 34.

1337 Vgl. dazu Kastanas, Der Schutz des Rechts auf die Umwelt im Rahmen der EMRK, Nomos & Fysi 2000, 323 (auf Griechisch); Rest, Europäischer Menschenrechtsschutz als Katalysator für ein verbessertes Umweltrecht, NuR 1997, 209 (211 ff.); Shelton, Human Rights and the Environment: Jurisprudence of Human Rights Bodies, unter: <http://www.ohchr.org/english/issues/environment/environ/bp2.htm>.

1338 Vgl. Dreier, in Dreier (Hrsg.), GG Kommentar, 2. Aufl., Bd. I, Vorb. Art. 1, Rn. 66.

nach der Rechtsprechung des Bundesverfassungsgerichts objektive Prinzipien, welche als verfassungsrechtliche Grundentscheidungen für alle Bereiche des Rechts gelten und Richtlinien für Gesetzgebung, Verwaltung und Rechtsprechung geben[1339]. Dieses objektiv-rechtliche Verständnis der Grundrechte dient als Grundlage zu deren Funktionserweiterung, die sich für die Geltung positive Leistungen verbürgt[1340]. Hierunter fällt die grundrechtliche Schutzgewähr[1341]. Aus dem objektiv-rechtlichen Gehalt der Grundrechte folgt nämlich „die Pflicht der staatlichen Organe, sich schützend und fördernd vor die genannten Rechtsgüter zu stellen und sie insbesondere vor rechtswidrigen Eingriffen von Seiten anderer zu bewahren[1342]“.

Der Staat ist demgemäß verpflichtet, drohende oder bereits eingetretene Gefährdungen und Verletzungen grundrechtlich geschützter Rechtsgüter abzuwehren (sog. „Schutzpflicht“)[1343]. Die Rechtsprechung zu Schutzpflichten befasst sich überwiegend mit Art. 2 Abs. 2 S. 1 GG (Recht auf Leben und körperliche Unversehrtheit). In der Entscheidung zur Fristenlösung führt das BVerfG[1344] u.a. aus: „Die Schutzpflicht des Staates ist umfassend. Sie verbietet nicht nur – selbstverständlich – unmittelbare staatliche Eingriffe in das sich entwickelnde Leben, sondern gebietet dem Staat auch, sich nach diesem Schutzzweck zu richten. Die Schutzverpflichtung des Staates muss umso ernster genommen werden, je höher der Rang des in Frage stehenden Rechtsgutes innerhalb der Wertordnung des Grundgesetzes anzusetzen ist. Das menschliche Leben stellt, wie nicht näher begründet werden muss, innerhalb der grundgesetzlichen Ordnung einen Höchstwert dar; es ist die vitale Basis der Menschenwürde und die Voraussetzung aller anderen Grundrechte“. Schutzpflichten wurden darüber hinaus auch im Zusammenhang mit Art. 1 Abs. 1 GG (Menschenwürde)[1345] und Art 8 GG (Versammlungsfreiheit)[1346]. Objekt einer Schutzpflicht kann grundsätzlich jedes Schutzgut eines Grundrechts sein, Schutzpflichten können somit aus allen Grundrechten entstehen[1347].

1339 BVerfGE 39, 1, 41.

1340 Breuer, Grundrechte als Quelle positiver Ansprüche, Jura 1979, 401; ders., Grundrechte als Anspruchsnormen, FG BVerwG, 89 ff; Friauf, Zur Rolle der Grundrechte im Interventions- und Leistungsstaat, DVBl. 1971, 674.

1341 BVerfGE 7, 198, 205; E 35, 79, 114; E 102, 370, 393; E 92, 26, 46, jew. m.w.N.

1342 BVerfGE 53, 30, 57.

1343 Klein E., Grundrechtliche Schutzpflicht des Staates, NJW 1989, 1633; Klein H., Die grundrechtliche Schutzpflicht, DVBl. 1994, 489; Möstl, Probleme der verfassungsprozessualen Geltendmachung gesetzgeberischer Schutzpflichten, DÖV 1998, 1029; vgl. Ar. 25 § 1 Gr. Verf.: „Die Rechte des Menschen [...] werden vom Staat gewährleistet. Alle Staatsorgane sind verpflichtet, deren [...] Ausübung sicherzustellen“.

1344 BVerfGE 39, 1, 42.

1345 BVerwGE 84, 314, 317.

1346 BVerfGE 69, 315, 343.

1347 Alexy, Theorie der Grundrechte, 410.

Im Unterschied zu der Abwehrfunktion der Grundrechte, die eine bipolare Beziehung zwischen dem Staat und dem Einzelnen etabliert, ist das Schutzpflicht-Konzept tripolar und umfasst (auf das Umweltrecht übertragen) den Staat, den Umweltbelaster und den Dritten, der Beeinträchtigungen seiner Grundrechtspositionen infolge der Umweltauswirkungen befürchtet.

Die staatliche Schutzpflicht wird durch den rechtswidrigen Eingriff eines Privaten auf ein grundrechtliches Schutzgut oder durch die Gefahr eines solchen Eingriffs ausgelöst und sie beinhaltet den Schutz der Grundrechte des Umweltbelasteten und die Pflicht, gegen den Umweltbelaster vorzugehen. Aufgrund dieser staatlichen Schutzpflicht kann sich ergeben, dass der Staat Risikobereiche absichern oder Verbote aussprechen muss. Sie bestehen insbesondere dann, wenn die drohende Grundrechtsverletzung irreparabel oder die drohende Gefährdungslage unbeherrschbar ist. Der Einzelne hat im Falle einer Verletzung bzw. Gefährdung seiner Individualrechte durch die umweltbelastende Tätigkeit einen Anspruch darauf, dass der Staat etwa durch gesetzgeberische Maßnahmen der Grundrechtsbeeinträchtigung entgegenwirkt[1348]. Der subjektive Anspruch richtet sich dennoch lediglich auf ein Tätigwerden und nicht auf eine bestimmte Maßnahme.

Das BVerfG hat hierzu nicht ausdrücklich Stellung genommen. Bei den Entscheidungen zum Atomkraftwerk Kalkar[1349] bestand keine Notwendigkeit zur Klärung der Justitiabilität des Schutzanspruchs, weil es sich dort um objektive Verfahrensarten handelte (abstrakte bzw. konkrete Normenkontrolle). Im Fluglärmbeschluss[1350] hatte das BVerfG zwar über eine Verfassungsbeschwerde zu entscheiden. Es stellte aber lediglich fest, dass ein subjektives Recht auf Nachbesserung von gesundheitschützenden Regelungen sich nicht ohne weiteres annehmen lasse. Bedenken meldete das Gericht vor allem bezüglich der Gestaltungsfreiheit des Gesetzgebers an. Die Beschwerde wurde als unbegründet verworfen. Aus der Rechtsprechung kann folglich lediglich angenommen werden, dass ein subjektiver Anspruch nicht auszuschließen ist[1351].

Während Abwehrrechte stets auf das Unterlassen einer staatlichen Handlung gerichtet sind, kann die Pflicht, die in den Grundrechten benannten individuelle Rechtsgüter zu schützen und Störungen durch Dritte abzuwehren, grund-

---

1348 Vgl. BVerfGE 49, 89, 142: Das BVerfG hat im sog. Kalkar – Beschluss im Zusammenhang mit der Errichtung von Kernkraftwerken Stellung zu den Schutzpflichten nehmen müssen. Das Gericht hat festgestellt, dass Schutzpflichten gebieten können, rechtliche Regelungen so auszugestalten, dass auch die Gefahr von Grundrechtsverletzungen eingedämmt bleibt.

1349 BVerfGE 49, 89.

1350 BVerfGE 56, 54, 71.

1351 Ipsen, Die Genehmigung technischer Großanlagen – Rechtliche Regelung und neuere Judikatur, AöR 1982, 259 (272); Möstl, Probleme der verfassungsprozessualen Geltendmachung gesetzgeberischer Schutzpflichten, DÖV 1998, 1029 (1032).

sätzlich auf verschiedene Weise erfüllt werden. Aufgrund dieser Unbestimmtheit wird der grundrechtsverpflichteten Staatsgewalt gewöhnlich die Wahl der Schutzmittel überlassen. Die praktischen Auswirkungen der Schutzpflichten halten sich dementsprechend in Grenzen, da der Staat seine Schutzpflicht nur dann verletzt, wenn die öffentliche Gewalt Schutzvorkehrungen entweder überhaupt nicht getroffen hat oder der Gesetzgeber das „Untermaßverbot" verletzt hat[1352], welches ein Mindestmaß an Schutz durch den Staat bezeichnet[1353]. Das ist der Fall, wenn die getroffenen Regelungen und Maßnahmen offensichtlich gänzlich ungeeignet oder völlig unzulänglich sind, das Schutzziel zu erreichen[1354].

Die Verpflichtung des Staates wird also durch einfachgesetzliche Regelungen konkretisiert, deren Ausgestaltung wiederum durch die Grundrechte geregelt wird. Es ist nämlich ein allgemein anerkannter verfassungsrechtlicher Grundsatz, dass die Bestimmungen des einfachen Rechts verfassungskonform auszulegen sind und dass dazu auch die Berücksichtigung grundrechtlicher und objektivrechtlicher Verfassungsaufträge, einschließlich der grundrechtlichen Schutzpflichten, gehört[1355]. Die Grundrechte enthalten dementsprechend in gewissem Umfang ein Subjektivierungsgebot an den Gesetzgeber und fordern ein Mindestniveau subjektiv-rechtlichen Schutzes[1356].

Infolgedessen können sie bei der Interpretation der jeweiligen einschlägigen einfachgesetzlichen Norm ergänzend und verdeutlichend herangezogen werden (sog. „norminterne" Wirkung der Grundrechte)[1357]. Ist das einfache Recht Ausformung der grundrechtlichen Schutzpflicht, so ist die einschlägige Norm drittschützend und ihre Verletzung stellt sich zugleich als Verletzung eines subjektiven öffentlichen Rechts dar. Der Vollzug des Umweltrechts ist damit jedenfalls soweit einklagbar, als es zur Erfüllung der grundrechtlichen Schutz-

---

1352 BVerfGE 88, 203, 254.

1353 Vgl. dazu Hain, Der Gesetzgeber in der Klemme zwischen Übermaß- und Untermaßverbot?, DVBl. 1993, 982; Möstl, Probleme der verfassungsprozessualen Geltendmachung gesetzgeberischer Schutzpflichten, DÖV 1998, 1029.

1354 Im **Mühlheim-Kärlich-Beschluss** (BVerfGE 53, 30, 57) sah das Gericht die Schutzpflicht als erfüllt an, da die Genehmigung des Atomkraftwerks von materiell-rechtlichen und verfahrensrechtlichen Voraussetzungen abhängig gemacht war; vgl. auch BVerfGE 56, 54, 78; E 77, 170, 215.

1355 Vgl. BVerfGE 53, 30 (57 ff.) zur Auslegung der Genehmigungsvorschriften für Kernkraftwerke im Lichte der staatlichen Pflicht zum Schutz des Grundrechts auf Leben und körperliche Unversehrtheit; BVerfGE 80, 81 (93 ff.), m.w.N.

1356 Hain, Der Gesetzgeber in der Klemme zwischen Übermaß- und Untermaßverbot?, DVBl. 1993, 982; Kopp/Schenke VwGO, 13. Aufl., § 42, Rn. 119; Wahl, in: Schoch/Schmidt-Aßmann/Pietzner, VwGO Kommentar, Stand 2004, Vorb. § 42 Abs. 2 Rn. 54, 77.

1357 Kopp/Schenke VwGO, 13. Aufl., § 42, Rn. 118 ff.; Sodan, in Sodan/Ziekow, VwGO, Stand 2003, § 42, Rn. 385; Wahl/Schütz, in: Schoch/Schmidt-Aßmann/Pietzner, VwGO Kommentar, Stand 2004, § 42 Abs. 2, Rn. 58.

pflichten dient[1358]. Fehlt es an einfachrechtlichen Vorschriften, die – gegebenenfalls nach verfassungskonformer Auslegung – den verfassungsrechtlich geforderten Mindestschutz der Grundrechte gewährleisten, kommt ein direkter Rückgriff auf Grundrechte in Frage (normexterne Wirkung der Grundrechte)[1359], wobei allerdings stets eine qualifizierte Grundrechtsbeeinträchtigung verlangt wird[1360]. Die Wirkung der Grundrechte bei der Ermittlung von subjektiven öffentlichen Rechten bzw. bei der Begründung der Klagebefugnis wurde im zweiten Teil der vorliegenden Untersuchung dargestellt.

2.3.3.3 Der Umweltschutz in den deutschen Landesverfassungen

Während das Grundgesetz erst seit 1994 eine Verfassungsbestimmung zum Umweltschutz enthält, weisen die Verfassungen der Bundesländer überwiegend ältere Umweltschutzvorschriften auf[1361], die sich von kurzen lapidaren Formulierungen[1362], bis zu ausführlichen konkreten Bestimmungen[1363] erstrecken. In einigen Landesverfassungen wird die Zielbestimmung durch genaue Handlungsgrundsätze inhaltlich präzisiert[1364]. Dies lässt sich dadurch erklären, dass die eigentliche Tätigkeit des Umweltschutzes durch die Verwaltung erfolgt, welche aber vorwiegend Landsache ist[1365]. Des Weiteren sind vereinzelt auch umweltbezogene subjektiv-rechtliche Rechtspositionen verfassungskräftig verankert, wie das Recht auf Naturgenuss[1366], das Recht auf Zugang zu umweltrelevanten Daten[1367] und das Verbandsklagerecht[1368]. Die Verfassung des Landes Brandenburg enthält sogar ein allgemeines Umweltgrundrecht, indem sie jedem „das Recht auf Schutz seiner Unversehrtheit vor Verletzungen und unzumutbaren Gefährdungen, die aus Veränderungen der natürlichen Lebensgrundlagen entstehen“ einräumt[1369].

1358 Vgl. Klein, Ein Grundrecht auf saubere Umwelt?, FS Weber, 643 (651).

1359 Kopp/Schenke VwGO, 13. Aufl., § 42, Rn. 121 ff.; Sodan, in Sodan/Ziekow, VwGO, Stand 2003, § 42, Rn. 386.

1360 Kopp/Schenke VwGO, 13. Aufl., § 42, Rn. 122; Wahl/Schütz, in: Schoch/Schmidt-Aßmann/Pietzner, VwGO Kommentar, Stand 2004, § 42 Abs. 2, Rn. 58

1361 Erbguth/Wiegand, Umweltschutz im Landesverfassungsrecht – Dargestellt am Beispiel des Landes Mecklenburg – Vorpommern, DVBl. 1994, 1325; Hoppe/Beckmann/Kauch, Umweltrecht, 122 ff.

1362 Vgl. Art. 31 Abs. 1 BlnVerf.

1363 Vgl. Art. 39 und 40 BbgVerf.

1364 Vgl. Art. 39 BbgVerf.

1365 Kloepfer, Umweltrecht, 156; Hoppe/Beckmann/Kauch, Umweltrecht, 119.

1366 Vgl. **Art. 141 Abs. 3 S. 1 BayVerf.**: „Der Genuss der Naturschönheiten und die Erholung in der freien Natur, [...] ist jedermann gestattet.“; **Art. 10 Abs. 3 SächsVerf.**: „Das Land erkennt das Recht auf Genuss der Naturschönheiten und Erholung in der freien Natur an [...]. Der Allgemeinheit ist in diesem Rahmen der Zugang zu Bergen, Wäldern, Feldern, Seen und Flüssen zu ermöglichen“; vgl. auch Art. 12 Abs. 2 S. 2

Diese Vorschriften sind unterschiedlich abgefasst und die enthaltene Rechte werden im Rahmen übergeordneten Rechts gewährt, bzw. sie bedürfen der Regelung des Näheren durch Gesetz. Fraglich ist, ob diese weitergehenden Grundrechte gültig sind oder gegen Art. 31 GG verstoßen. Nach Art. 142 GG gilt, dass ungeachtet der Vorschrift des Art. 31 Bestimmungen der Landesverfassungen auch insoweit in Kraft bleiben, als sie in Übereinstimmung mit den Grundrechten des Grundgesetzes[1370] stehen, bzw. weitergehende Grundrechte gewährleisten[1371]. Aus diesem Grund wären Landesgrundrechte nur dann nicht anwendbar, wenn sie einem Bundesgrundrecht widersprechen[1372]. Das Landesverfassungsrecht entfaltet jedenfalls seine Wirkungen nur im Rahmen des Europa- und Bundesrechts oder im europarechts- bzw. bundesrechtsfreiern Raum[1373]. Gleichwohl liegt das Schwergewicht für die Umweltgesetzgebung beim Bund[1374]. Insoweit bleibt die Funktion der Landesverfassungen eher appellativ bzw. edukatorisch[1375].

VerfM-V.

1367 Vgl. Art. 39 Abs. 7 BbgVerf.; Art. 6 Abs. 2 VerfS-A; Art. 33 ThürVerf; dazu Brönneke, Umweltverfassungsrecht: Der Schutz der natürlichen Lebensgrundlagen im Grundgesetz sowie in den Landesverfassungen Brandenburgs, Niedersachsens und Sachsens, 383f. m.w.N.

1368 Vgl. Art. 39 Abs. 8 BbgVerf.; Art. 10 Abs. 2 SächsVerf.; dazu Brönneke, Umweltverfassungsrecht: Der Schutz der natürlichen Lebensgrundlagen im Grundgesetz sowie in den Landesverfassungen Brandenburgs, Niedersachsens und Sachsens, 384 ff. m.w.N.

1369 Art. 39 Abs. 2 BbgVerf.; vgl. Brönneke, Umweltverfassungsrecht: Der Schutz der natürlichen Lebensgrundlagen im Grundgesetz sowie in den Landesverfassungen Brandenburgs, Niedersachsens und Sachsens, 380; Hoppe/Beckmann/Kauch, Umweltrecht, 124; Steinberg, Verfassungsrechtlicher Umweltschutz durch Grundrechte und Staatszielbestimmung, NJW 1996, 1985 (1986); kritisch dazu Erbguth/Wiegand, Umweltschutz im Landesverfassungsrecht – Dargestellt am Beispiel des Landes Mecklenburg-Vorpommern, DVBl. 1994, 1325 (1329).

1370 Ein Nebeneinander von Landesgrundrechten und Bundesgrundrechten gibt es nicht nur bei Landesgrundrechten, die in Übereinstimmung mit den Art. 1 – 18 GG stehen, sondern auch bei solchen, die mit sonstigen Grundrechten des GG übereinstimmen; vgl. Gallwas, Konkurrenz von Bundes- und Landesgrundrechten, JA 1981, 536 (540).

1371 Zur Auslegung der Art. 31 und 142 GG vgl. Dietlein, Die Grundrechte in den Verfassungen der neuen Bundesländer, 25 ff.

1372 Vgl. Hofmann, in Schmidt-Bleibtreu/Klein, GG, 10. Aufl., Art. 142, Rnn. 2 ff.

1373 Vgl. Brönneke, Umweltverfassungsrecht: Der Schutz der natürlichen Lebensgrundlagen im Grundgesetz sowie in den Landesverfassungen Brandenburgs, Niedersachsens und Sachsens, 434 ff. m.w.N.

1374 Ausführlich dazu Kloepfer, Umweltrecht, 151 ff.; Hoppe/Beckmann/Kauch, Umweltrecht, 119 ff.

1375 Vgl. Dietlein, Die Grundrechte in den Verfassungen der neuen Bundesländer, 157 ff.

2.3.4 Verfassungsrechtlicher Umweltschutz in Griechenland

Artikel 24 § 1 Abs. 1 Gr. Verf. (Fassung 1975) hebt die Pflicht des Staates hervor, Maßnahmen für den Umweltschutz zu treffen. Daraus lässt sich entnehmen, dass die Umwelt nunmehr verfassungsrechtlich als selbständiges Rechtsgut anerkannt wird[1376], d.h. seine Medien werden auch unabhängig von den Rechtsgütern Leben[1377], Gesundheit[1378], Persönlichkeit[1379], Menschenwürde[1380] und Eigentum[1381] geschützt, die bislang die einzige gesetzliche Grundlage für eine gesunde und ökologisch ausgewogene Umwelt darstellten[1382].

Die ausdrückliche Einführung der Verpflichtung des Staates, die Umwelt zu schützen, schließt es aus, dass es sich beim Art. 24 um einen bloßen Programmsatz handelt[1383]. Außerdem wird es allgemein akzeptiert, dass alle

---

1376 Giotopoulou – Maragkopoulou, Umweltschutz: Internationale und Griechische Entwicklungen, in FS StE zum 75. Jubiläum, 1007 (1017); Siouti, Umweltrecht, 43f.; Karakostas, Rechtsmittel zum Schutz der Umweltgüter, EDDD 1990, 177 (189); Tachos, Umweltschutzrecht, 30; s. auch StE 2537/1996, 3478/2000, 613/2002 (alles auf Griechisch); Karakostas, Rechtsmittel zum Schutz der Umwelt im griechischen Recht, NuR 1993, S. 467 (472).

1377 Art. 5 § 2 Abs. 1 Gr. Verf.: „Alle, [...] genießen ohne Unterschied [...] den unbedingten Schutz ihres Lebens [...]".

1378 Art. 5 § 5 Gr. Verf.: „Jeder hat das Recht auf den Schutz der Gesundheit und seiner genetischen Identität. [...]"; Art. 21 § 3 Hs. 1 Gr. Verf.: „Der Staat sorgt für die Gesundheit der Bürger".

1379 Art. 5 § 1 Gr. Verf.: „Jeder hat das Recht auf freie Entfaltung seiner Persönlichkeit und auf die Teilnahmen am gesellschaftlichen, wirtschaftlichen und politischen Leben des Landes, soweit er nicht gegen die Rechte anderer, die Verfassung oder die guten Sitten verstößt".

1380 Art. 2 § 1 Gr. Verf.: „Grundverpflichtung des Staates ist es, die Würde des Menschen zu achten und zu schützen".

1381 Art. 17 Gr. Verf.: „(1) Das Eigentum steht unter dem Schutz des Staates. [...] (2) Niemandem darf sein Eigentum entzogen werden [...]".

1382 In Griechenland fanden das objektiv-rechtliche Verständnis der Verfassungsrechte und die daraus folgende Pflicht des Staates, diese Rechte und die faktischen Voraussetzungen ihrer Ausübung auch aktiv zu schützen normativen Ausdruck. In Art. 25 § 1 Gr. Verf. heißt es, alle Staatsorgane sind verpflichtet, die ungehinderte und effektive Ausübung der Rechte des Menschen sicherzustellen.

1383 Amtliche Protokolle der Sitzungen des Griechischen Parlaments, Sitzungen MΘ΄– Π΄ vom 06.03.1975 – 27.04.1975, Athen 1975, S. 2293; vgl. Karakostas, Umwelt und Recht, 60; Koutoupa – Rengakos, Umweltrecht, 28; Rotis N., Die verfassungsmäßige Gewährleistung des Umweltschutzes, FS für den Staatsrat 1929 – 1979, 121 (128); Sakellaropoulos, Gedanken über das Problem der Umwelt in gerichtlicher Hinsicht, FS StE 1929 – 1979 II, 1982, 223 (285); anders aber Tachos, Die Missachtung der Verfassung. Der Fall des Nicht-Umweltschutzes, Nomos & Fysi 1998, 281 (284); ders., Umweltschutz als legislatives und Verwaltungsproblem, 25 (alles auf Griechisch): Tachos beruft sich auf die Entscheidungen StE 810, 811 und 4576/1977, 2034/1978,

Verfassungsbestimmungen materielle Rechtsnormen sind, die rechtlich verbindlich sind, genauso für den Gesetzgeber wie auch für die Verwaltung und den Richter[1384]. Die Verfassung wurde in Griechenland traditionell als Verfahrensordnung des politischen Prozesses verstanden. Sie sollte die Existenz der verschiedenen staatlichen Organe (Regierung, Parlament, Präsident, Gerichte, usw.), ihre Kompetenzen und ihre Beziehungen zueinander regeln, weiters die Entstehung von Rechtsnormen und deren Vollziehung sowie Rechtsschutzmechanismen für den Einzelnen. Programmatische und inhaltliche Aussagen sollten hingegen dem Politischen vorbehalten sein. Die Verfassung ist damit keine Sammlung von politischen Verlautbarungen und soziologischen Essays, sondern ein Gesetz des Staates, und zwar das oberste Gesetz des Staates, die höchstrangige Norm der Rechtsordnung: ihre Bestimmungen besitzen nicht nur ein moralisches oder politisches Gewicht, sondern sie haben einen normativen und sanktionierenden Charakter[1385]. Wie begrenzt auch immer ihr Feld und wie weit

---

2249/1979, 3047/1980, 262/1982, 1069/1984, 2169/1982 und 695/1986; trotzdem gibt er zu, dass die neuere Rechtsprechung Abstand von dieser Meinung nimmt; s. auch StE 2755, 2757 und 2758/1994, 2537/1996: die Verwaltungsorganen sind gezwungen, positive Maßnahmen zum Umweltschutz zu ergreifen.

1384 Art 25 § 1 Satz 2 Gr. Verf.: „ alle Staatsorgane sind verpflichtet, deren *(der Rechte des Menschen)* ungehinderte Ausübung sicherzustellen"; s. auch Art. 82 Gr. Verf.: „(1) Die Regierung bestimmt und leitet die allgemeine Politik des Landes gemäß der Verfassung und der Gesetze. (2) Der Ministerpräsident stellt die Einheitlichkeit der Regierung sicher und leitet deren Tätigkeit sowie die der öffentlichen Verwaltung zur Durchführung der Regierungspolitik im Rahmen der Gesetze."; Art. 87 § 2 Gr. Verf.: „Die Richter sind bei der Wahrnehmung ihrer Aufgaben nur der Verfassung und den Gesetzen unterworfen; in keinem Fall dürfen sie sich Bestimmungen fügen, die in Auflösung der Verfassung erlassen wurden."; vgl. auch Dagtoglou, Die gerichtliche Kontrolle der Verfassungsmäßigkeit von Gesetzen, NoB 1988, 721 (723); ders., Individuelle Rechte, Bd. A, 7f. und 92; Manitakis, Historische Merkmale und logische Voraussetzungen der gerichtlichen Kontrolle der Verfassungsmäßigkeit von Gesetzen in Griechenland, unter: <http://tosyntagma.ant-sakkoulas.gr/theoria/item.php?id=821>; speziell für Art. 24 s. Aliwizatos/Paulopoulos, Die verfassungsmäßige Gewährleistung des Schutzes der Wälder und der bewaldeten Flächen, NoB 1988, 1581 (1882); Antoniou, Das soziale Recht auf Umweltbenutzung zwischen Freiheit und Teilnahme, ToS 1987, 116 ff.; Matzouranis, Das soziale Recht auf Nutzung der natürlichen Umwelt. Die Zugangsfreiheit zum Meer, ToS 1986, 458f.; Papadimitriou, Die Umweltverfassung: Begründung, Inhalt und Funktion, Nomos & Fysi 1994, 375 (393); Rotis N., Die verfassungsmäßige Gewährleistung des Umweltschutzes, FS für den Staatsrat 1929 – 1979, 121 (134 ff.); Rotis W., Öffnungen der Rechtsprechung, 13; ders., Der verfassungsrechtliche Schutz der Umwelt, umstrittene rechtswissenschaftliche Tendenzen bezüglich der Ausweitung und des Erfolges eines Umweltschutzes, ToS 1986, 36 (565); Tachos, Umweltschutzrecht, 38 ff. und 43 ff.; vgl. auch StE 810-11/1977, 4576/1977, 563/1979, 3047-8/1980, 3146 und 3682/1986 (alles auf Griechisch).

1385 Vgl. Dagtoglou, Individuelle Rechte, Bd. A, 123 und 160 (auf Griechisch); Gerontas, Das griechische Verwaltungsrecht, 6.

auch immer die Gestaltungsfreiheit des Gesetzgebers ist, darf das juristische Gewerbe der Verfassung nicht unterschätzt werden[1386].

Im Gegensatz zu Deutschland, wo Art. 20a GG keine subjektiven Rechte begründet[1387], wurden aus Art. 24 Gr. Verf. nach der allgemeinen Ansicht in der Lehre[1388] und Rechtsprechung[1389] rechtliche Folgen abgeleitet, welche denen eines Verfassungsrechts entsprechen[1390]. Das heißt, Art. 24 Gr. Verf. verleiht dem Einzelnen die Rechtsmacht, die Befriedigung seines *„εννόμου συμφέροντος"* auf die Umwelt zu verlangen. Von Bedeutung ist die Bezeichnung des „Rechts auf die Umwelt" als individuelles, politisches oder soziales Rechts deswegen, weil die dem Träger dieses Rechts verliehene Rechtsmacht davon abhängt[1391]. Während die individuellen und politischen Rechte dem Verfassungsrechtsträger einen klagbaren Anspruch einräumen und deren Verletzung oder Nicht-Beachtung durch die Staatsorgane eine Haftung des rechtsgrundwidrig handelnden Organs mit sich zieht, setzt die Ausübung der sozialen Verfassungsrechte grundsätzlich voraus, dass vom Gesetzgeber darüber eine Regelung getroffen worden ist, es sei denn, dass ein Anspruch unmittelbar in der Verfassung verankert ist[1392].

1386 Vgl. Dagtoglou, Die gerichtliche Kontrolle der Verfassungsmäßigkeit von Gesetzen, NoB 1988, 721 (723) (auf Griechisch).

1387 GemVerfKom, BT-Drs. 12/6000, 67: „Es wird daher nicht möglich sein, aufgrund der empfohlenen Staatszielbestimmung bestimmte Umweltentscheidungen einzuklagen oder aus ihr konkrete Leistungsansprüche abzuleiten."

1388 Antoniou, Das soziale Recht auf Umweltbenutzung zwischen Freiheit und Teilnahme, ToS 1987, 116; Karakostas, Umwelt und Recht, 62; Manesis, Verfassungsrechte, 413 ff.; Matzouranis, Das soziale Recht auf Nutzung der natürlichen Umwelt. Die Zugangsfreiheit zum Meer, ToS 1986, 458; Rotis W., Öffnungen der Rechtsprechung, 133 Fn. 22; Papadimitriou, Die Umweltverfassung: Begründung, Inhalt und Funktion, Nomos & Fysi 1994, 375 (394f.); Sakellaropoulos, Gedanken über das Problem der Umwelt in gerichtlicher Hinsicht, FS StE 1929 – 1979 II, 1982, 223 (345); Siouti, Umweltrecht, 30; dieselbe, Die verfassungsmäßige Gewährleistung des Umweltschutzes, 40 ff.; Wassiliou, Das Recht der natürlichen Umwelt, EDDD 1985, 46 (alles auf Griechisch).

1389 Vgl. z.B. VerwLG Alexandroupoli 5/1992: „der Schutz dieser Rechtsgüter (Ruhe und öffentliche Gesundheit) gehört zum Umweltschutz, der von der betreffenden Verfassungsvorschrift gewährleistet wird, woraus das Recht der Bürger auf die Ökosphäre und die Lebensqualität abgeleitet wird, welches ein **gemischtes** individuelles – soziales und wirtschaftliches Recht ist"; s. auch StE 218 und 219/1983, 3682/1986, 4617/1986, 2757/1994, 2304/1995, 3953/1995, 2682/1986, 1712/1998.

1390 Siouti, in Kasimatis/Maurias (Hrsg.), Kommentar, I, Art. 24 Rn. 16 (auf Griechisch).

1391 Vgl. Karakostas, Umwelt und Recht, 63 (auf Griechisch).

1392 Vgl. Dagtoglou, Allgemeines Verwaltungsrecht, 205 (auf Griechisch); Efstratiou, in: Starck (Hrsg.), Grundgesetz und deutsche Verfassungsrechtsprechung im Spiegel ausländischer Verfassungsentwicklung, 133f. und 138 ff.

2.3.4.1 Soziales Recht „auf die Umwelt"

Der Wortlaut des Art. 24 Gr. Verf. (Fassung 1975), dass der Schutz der natürlichen und der kulturellen Umwelt Pflicht des Staates ist, hat dazu geführt, dass der Schwerpunkt auf die soziale Dimension des Rechts auf die Umwelt gelegt wurde. Wie schon dargestellt, wird in der griechischen Verfassungslehre und Rechtsprechung akzeptiert, dass mit den Pflichten des Staates die sozialen Verfassungsrechte korrespondieren[1393]. In der Literatur wurde also von Anfang an über ein soziales Recht gesprochen[1394]. Außerdem sprechen die Merkmale der sozialen Rechte (Verlangen nach positiven Maßnahmen, Regelung der Beziehung zwischen Menschen und ihrer Umwelt, Teilhaberechte, Konkretisierung des Rechts auf Entfaltung der Persönlichkeit) für den sozialen Charakter des Rechts auf die Umwelt. Die Frage, die sich als nächstes erhebt, ist die nach der rechtlichen Ausgestaltung eines sozialen Rechts „auf die Umwelt". Seit Anfang der achtziger Jahre des 20. Jahrhunderts ist die Tendenz der Rechtsprechung zu erkennen, die Normativität der sozialen Rechte zu akzeptieren, im Sinne der Anerkennung derer objektiven Rechtsbindung[1395]. Die Rechtsprechung des Staatsrates hat festgestellt, dass es sich beim Art. 24 Gr. Verf. nicht um eine bloße Direktive, sondern um eine vollkommene Rechtsnorm handele[1396], hat aber auf die ausdrückliche Anerkennung eines individuellen Rechts verzichtet.

Gemäß der Rechtsprechung des Staatsrates fällt es in den Gestaltungsspielraum des Gesetzgebers zu entscheiden, in welchem Umfang er die verfassungsmäßig gesicherten sozialen Leistungen erbringt[1397]. Sofern er aber den Inhalt des

---

1393 Manesis, Verfassungsrechte, Band I, Individuelle Freiheiten, 46f.; Siouti, in Kasimatis/Maurias (Hrsg.), Kommentar, I, Art. 24 Rn. 11 (alles auf Griechisch); vgl. auch Isensee, Verfassung ohne soziale Grundrechte, Der Staat 1980, 367 (373): Das Besondere des sozialen Rechts liegt darin, dass es zu seiner Erfüllung einer staatlichen Veranstaltung bedarf.

1394 Vgl. z.B. Sakellaropoulos, Gedanken über das Problem der Umwelt in gerichtlicher Hinsicht, FS StE 1929 – 1979 II, 1982, 223 (345); Siouti, Die verfassungsmäßige Gewährleistung des Umweltschutzes, 50 ff. (alles auf Griechisch).

1395 Vgl. z.B. StE 1876/1980, 262/1982, 2786/1984, 2692/1993; s. Kondiadis, Der normative Inhalt der sozialen Rechte nach der Rechtsprechung des Staatsrates, in FS StE zum 75. Jubiläum, 267 (273 ff.) (auf Griechisch).

1396 StE 810-11/1977 und Rotis W., Öffnungen der Rechtsprechung, 13; s. auch Pararas, Corpus, Art. 24, Rnn. 2 ff.; Siouti, in Kasimatis/Maurias (Hrsg.), Kommentar, I, Art. 24 Rn. 17; s. aber Tachos, Umweltschutz als legislatives und Verwaltungsproblem, 25: die gleiche Entscheidungen wurden anders interpretiert; s. auch Tachos, Umweltschutzrecht, 39 (alles auf Griechisch); s. auch StE 4576/1987, 2249/1979, 3047/1980, 262/1982, 1069/1984: Art. 24 § 1 bringt zum Ausdruck die **Verpflichtung** des Gesetzgebers, die Umwelt zu schützen; nur in StE 2196/1982 ist von einer **Direktive** an den Gesetzgeber und nicht von einer Verpflichtung die Rede.

1397 StE 811/1977, 4576/1977, 2034/1978, 2949/1979, 3047/1980, 262/1982, 1508/1982, 2169/1982, 1069/1984, 695/1986, 4481/1986; vgl. auch Amtliche Protokolle der

sozialen Verfassungsrechts materialisiert, kann er es nicht mehr zur Gänze aufheben. So leitet die Entscheidung 2294/1987 aus dem Begriff der besten Lebensbedingungen in Art. 24 §§ 1 und 2 Gr. Verf. ein „Verschlechterungsverbot" zugunsten der bestehenden natürlichen und wohnbaulichen Umwelt ab[1398]. Nach dieser Theorie darf der Gesetzgeber die geltende Umweltschutzgesetzgebung ändern, nur unter der Bedingung, dass die neue Regelung die Lebensbedingungen verbessert (positiver Schutz). Verschlechterung der bestehenden Lebensbedingungen ist nicht gestattet (negativer Schutz). Wenn der Gesetzgeber Maßnahmen ergreifen soll, die eine Ausnahme vom Verschlechterungsverbot darstellen, um anderen öffentlichen Interessen zu dienen, muss diese Ausnahme speziell und ausführlich begründet sein[1399]. Gesetzliche und Verwaltungsmaßnahmen, welche die Umwelt belasten, sind also nur in Sonderfällen gestattet[1400] und nur unter Berücksichtigung der von der Verfassung gewährleisteten Rechte und des öffentlichen Interesses[1401]. Das Bestehen von Gründen des öffentlichen Interesses, die Erforderlichkeit der Maßnahme sowie auch die Grenzen der erträglichen Umweltbelastung unterliegen der Gerichtskontrolle[1402]. Die Theorie des sozialrechtlichen Bestandsschutzes scheint also in der umweltrelevanten Rechtsprechung angenommen worden zu sein[1403].

Sitzungen des Griechischen Parlaments, Sitzungen ΜΘ΄– Π΄ vom 06.03.1975 – 27.04.1975, Athen 1975, S. 2300; s. auch Risos, Die Spannung zwischen Rechtsstaat und Sozialstaat als Verfassungsproblem, ToS 1984, 143 (160) (auf Griechisch): Die sozialen Rechte sind situationsbedingt und **nicht vollzugsreif.**

1398 Vgl. auch StE 731/1989 und 359/1992: die Abänderung der Bauvorschriften und der Stadtpläne dürfte keine Verschlechterung der bestehenden natürlichen und wohnbaulichen Umwelt nach sich ziehen; ähnlich StE 10/1988; 643, 782 und 1615/1988; 1159/1989; 150, 292, 1159 und 4314/1990; 106 und 1976/1991; 1604/1992; 2242/1994; 554/2000; 384/2002; 3144/2004.

1399 StE 150/1990.

1400 StE 664/1990.

1401 StE 2281-82/1992.

1402 StE 772/1992.

1403 Vgl. Giotopoulou – Maragkopoulou, Umweltschutz: Internationale und Griechische Entwicklungen, in FS StE zum 75. Jubiläum, 1007 (1019) (auf Griechisch); s. auch Iliopoulos – Strangas, Der Schutz der sozialen Grundrechte in der griechischen Rechtsordnung, in Bundesministerium für Arbeit und Sozialordnung u.a., Soziale Grundrechte in der EU, 149 (157). Die deutsche Verfassungsrechtsprechung hat eine vergleichbare Doktrin jedenfalls nicht explizit entwickelt. Es gibt allerdings Entscheidungen des BVerfG, die sich der Sache nach als Gewährung eines Bestandsschutzes deuten ließen. Dazu gehört die erste Entscheidung des BVerfG zum Schwangerschaftsabbruch (BVerfGE 39, 1). In dieser Entscheidung ging es um die Frage, ob der Gesetzgeber den Schwangerschaftsabbruch für die ersten zwölf Wochen der Schwangerschaft weitgehend straffrei stellen durfte. Das Gericht hat diese verneint, weil der Gesetzgeber seiner grundrechtlichen Schutzpflicht für das sich entwickelnde Leben nur mit einer weitergehenden strafrechtlichen Sanktionierung des Schwangerschaftsabbruchs genü-

In der Literatur wird die Meinung vertreten, dass die Rechtsprechung die Bestimmungen des Art. 24 Gr. Verf. eher als institutionelle Garantien betrachtet[1404]. Der Unterschied liegt in der Grundvorstellung über die normative Qualität der Verfassungsbestimmungen über die sozialen Rechte. Die Theorie des sozialrechtlichen Bestandsschutzes betrachtet sie als Programmsätze, die aber nach der Materialisierung deren Inhaltes vom Gesetzgeber verankert werden, so dass ihre Aufhebung nicht mehr möglich ist. Betrachtet man aber die sozialen Rechte als Einrichtungsgarantien, dann sind sie schon vollkommene Rechtsnormen, die ein Minimum an Sozialleistungen garantieren. Die Verfassung beauftragt somit den Gesetzgeber, den Inhalt der sozialen Verfassungsrechte zu konkretisieren. Der Gesetzgeber ist jedenfalls von Verfassung wegen zu einem Tätigwerden verpflichtet. Es ist nur folgerichtig die Frage zu stellen, was im Falle seiner Untätigkeit geschieht.

Nach 1986[1405] weist die Rechtsprechung des Staatsrates eine Wende in Richtung der Möglichkeit einer unmittelbaren Aktivierung der sozialen Verfassungsrechte auf, ohne Einschaltung des Gesetzgebers[1406]. Diese Entwicklung findet im Bereich des Umweltschutzes statt[1407]: Der Staatsrat hat in der Entscheidung 3148/1986 festgestellt, dass der Art. 24 § 6 Gr. Verf. direkt von der Verfassung her der Verwaltung die Verpflichtung auferlegt, den fortwährenden Schutz der Denkmäler (kulturelle Umwelt) zu sichern[1408]. Diese Feststellung wurde als richtig betrachtet, mit dem Argument, dass andernfalls die Verfassungsbestimmungen unwirksam bleiben würden[1409]. Art. 24 § 1 Gr. Verf. enthält außerdem

---

gen könne. Ausführlich dazu mit weiteren Beispielen s. Lübbe-Wolff, Die Grundrechte als Eingriffsabwehrrechte, 136 ff.

1404 Vgl. Antoniou, Das soziale Recht auf Umweltbenutzung zwischen Freiheit und Teilnahme, ToS 1987, 116 (117); Kondiadis, Der normative Inhalt der sozialen Rechte nach der Rechtsprechung des Staatsrates, in FS StE zum 75. Jubiläum, 267 (274); Tachos, Umweltschutzrecht, 39 f. (alles auf Griechisch).

1405 Vgl. aber schon StE 4576/1977, 3047-8/1980, 2006/1981, 1069/1984.

1406 Iliopoulos – Strangas, Der Schutz der sozialen Grundrechte in der griechischen Rechtsordnung, in Bundesministerium für Arbeit und Sozialordnung u.a., Soziale Grundrechte in der EU, 149 (156).

1407 Siouti, in Kasimatis/Maurias (Hrsg.), Kommentar, I, Art. 24 Rn. 17 (auf Griechisch).

1408 Vgl. auch StE 1098 und 1099/1987; vgl. auch StE 1615/1988, 363, 952 und 2558/1990, 1157/1991, 2281-2/1992, 55 und 412/1993, 2757-8/1994, 1182/1996, 2818/1997: auch vom Art. 24 § 1 Gr. Verf. rührt direkt die Verpflichtung der Verwaltung her, den Umweltschutz bei der Wahrnehmung ihrer Aufgaben zu beachten und Handlungen zu vermeiden, welche die Umwelt belasten könnten; nach StE 363/1990 die gleiche Verpflichtung haben auch Städte und Gemeinden; vgl. auch Amtliche Protokolle der Sitzungen MΘ΄– Π΄ vom 06.03. – 27.04.1975, des Griechischen Parlaments, S. 2301: mit Maßnahmen sind sowohl **gesetzliche** als auch **Verwaltungsmaßnahmen** gemeint.

1409 Vgl. Tachos, Umweltschutz, Arm. 1983, 1 (5); ders., Umweltschutzrecht, 32; s. aber skeptisch ders., Umweltschutzrecht, 102 f. (alles auf Griechisch); s. auch StE 2818/1997.

keinen ausdrücklichen Gesetzesvorbehalt. Das könnte ein weiteres Argument dafür sein, dass er unmittelbar aktiviert werden kann, auch im Falle der Untätigkeit des Gesetzgebers[1410].

In der Literatur wird akzeptiert, dass für die Aktivierung der sozialen Rechte nicht nötig ist, dass die Verfassungsnorm den Umfang der sozialen Leistung genau bestimmt. Es reicht, wenn sie den „Kern“ des Verfassungsrechts gewährleistet und gleichzeitig den Gesetzgeber mit der Konkretisierung des Rechtsinhalts beauftragt. Das soziale Recht befindet sich damit unter Gesetzesvorbehalt. Die Gesetzgebung führt die Schutzgegenstände im Einzelnen aus, sie bestimmt den Inhalt der individuellen Ansprüche näher; der „Kern“ aber des sozialen Rechts, woraus der Anspruch an sich abgeleitet wird, befindet sich schon in der Verfassungsbestimmung[1411]. In Ermangelung einer gesetzgeberischen Konkretisierung ist die Exekutive infolge der unmittelbaren Geltung der Verfassung verpflichtet, den Inhalt des sozialen Rechts selbst zu bestimmen.

Die Pflicht des Staates, umweltschonende Maßnahmen zu treffen, hat die Rechtsprechung zu einer Erweiterung der Annahme eines „negativen“ Verwaltungsaktes geführt. Wie schon erwähnt, gilt als vollziehbarer Akt, gegen den gerichtlich vorgegangen werden kann, auch der aus der Untätigkeit einer Behörde im Wege der Fiktion nach Ablauf einer Frist resultierende negative Verwaltungsakt. Es wurde z.B. judiziert, dass es sich um eine anfechtbare Untätigkeit der Verwaltung handelt, wenn keine Maßnahme zur Reduzierung von Emissionen[1412] oder zur Fassung eines Waldregisters[1413] getroffen wurde, obwohl ein entsprechender Antrag eingereicht wurde, und zwar dessen ungeachtet, dass keine entsprechende Verpflichtung der Verwaltung an einer Gesetzbestimmung zurückzuleiten ist: es wurde angenommen, dass diese Verpflichtung direkt aus Art. 24 § 1 Gr. Verf. abgeleitet wird.

Diese Rechtsprechung ist aber als kühn und dogmatisch nicht unbedenklich zu betrachten[1414]. Zwar ist denkbar, dass es gerade in einer Verfassung, die soziale Grundrechte enthält und damit die staatliche Gewalt, insbesondere die Gesetzgebung verpflichtet, durch positive gestaltende Maßnahmen für die Einlösung dieser Rechtsversprechen zu sorgen, nahe liegt, anzunehmen, dass den

---

1410 Vgl. Sakellaropoulos, Gedanken über das Problem der Umwelt in gerichtlicher Hinsicht, FS StE 1929 – 1979 II, 1982, 223 (285) (auf Griechisch); Brunner, die Problematik der sozialen Grundrechte, 19.

1411 Siouti, Die verfassungsmäßige Gewährleistung des Umweltschutzes, 101 (auf Gr.).

1412 StE 1439/1998; ähnlich StE 4665/1996.

1413 StE 2818/1997: Die Fassung eines Waldregisters als Pflicht des Staates ist mit der Revision von **2001** ausdrücklich in der Verfassung eingeführt worden.

1414 Vgl. Iliopoulos – Strangas, Der Schutz der sozialen Grundrechte in der griechischen Rechtsordnung, in Bundesministerium für Arbeit und Sozialordnung u.a., Soziale Grundrechte in der EU, 149 (156); s. auch Siouti, in Kasimatis/Maurias (Hrsg.), Kommentar, I, Art. 24 Rn. 21 (auf Griechisch).

Gerichten die Befugnis zukommt, über die Kassation verfassungswidriger staatlicher Maßnahmen hinaus auch positive, auf die Realisierung sozialer Verfassungsrechte gerichtete Handlungsverpflichtungen des Gesetzgebers und anderer Staatsorgane auszusprechen. Die verfassungsrechtliche Problematik ergibt sich daraus, dass die Verpflichtungen, die aus einem sozialen Verfassungsrecht folgen, typischerweise unbestimmt sind, und zwar umso unbestimmter, je anspruchsvoller und komplexer die Bedingungen sind, von denen die faktische Realisierbarkeit des Verfassungsrechts abhängt. Wenn Art. 24 dem Einzelnen staatlichen Umweltschutz zusichert, ist damit noch nichts über die Mittel gesagt, mit denen dieses Ziel erreicht werden kann und soll. Die Wahl dieser Mittel ist aber eine genuin politische Entscheidung. Ohne politische und administrative Planung für die Konkretisierung des Inhaltes von individuellen Ansprüchen lassen sich diese Ansprüche nicht gerichtlich beurteilen. Es würde eine erhebliche Rechtsunsicherheit entstehen, wenn es dem Staatsrat und jeder Verwaltungsbehörde oder sogar jedem ökologischbewussten Bürger freistünde, den Unfang des verfassungsmäßigen Umweltschutzes nach eigenen subjektiven Überlegungen zu bestimmen. In einer Demokratie mit Gewaltenteilung kann es nicht Sache der Gerichte sein, darüber zu entscheiden. Mit der Ableitung konkreter positiver Handlungs- und Gestaltungsbefehle begibt sich der Staatsrat in die Gefahr, die Grenzen seiner verfassungsrechtlichen Kompetenzen zu überschreiten.

Mit der Entscheidung 3682/1986[1415] nimmt der Staatsrat den Begriff „soziales Verfassungsrecht" an, und darüber hinaus legt er diesem Recht einen weiten Inhalt bei. Die Rede ist nicht, wie bisher in der Literatur, von einem Recht auf Umweltschutz, sondern von einem Recht auf Nutzung und Genuss der Umwelt[1416]. Der Umweltschutz stellt nicht nur einen Selbstzweck dar, sondern zielt auch darauf ab, die Voraussetzungen für den Schutz des Menschen zu schaffen[1417]. Das Recht auf Nutzung der Umwelt existiert vor dem Recht auf Umweltschutz und weist eine Kohärenz zum Naturrecht auf: es geht um das Recht auf eine menschliche Umwelt[1418]. Das Recht auf Nutzung der natürlichen Umwelt

---

1415 S. schon StE 218/1983: der Schutz der Wälder und der sonstigen bewaldeten Flächen wird nunmehr als soziales Verfassungsrecht gewährleistet.

1416 Ausführlich zu dieser Differenzierung s. Siouti, Die verfassungsmäßige Gewährleistung des Umweltschutzes, 45 ff. (auf Griechisch): Wenn das Recht auf die Umwelt als Recht auf Umweltschutz zu verstehen ist, dann handelt es sich dabei bloß um ein prozedurales Recht.

1417 Vgl. Matzouranis, Das soziale Recht auf Nutzung der natürlichen Umwelt. Die Zugangsfreiheit zum Meer, ToS 1986, 458 (460); Tachos, Die Missachtung der Verfassung. Der Fall des Nicht-Umweltschutzes, Nomos & Fysi 1998, 281 (287f.) (alles auf Griechisch).

1418 Vgl. Antoniou, Das soziale Recht auf Umweltbenutzung zwischen Freiheit und Teilnahme, ToS 1987, 116 (117f.); Sakellaropoulos, Gedanken über das Problem der Umwelt in gerichtlicher Hinsicht, FS StE 1929 – 1979 II, 1982, 223 (292): „Recht auf ein ökologisches Existenzminimum"; Wassiliou, Das Recht der natürlichen Umwelt,

nähert sich den in der Theorie entwickelten Menschenrechten, wie z.B. dem Recht frei zu atmen, sauberes Wasser zu trinken usw.[1419], die eigentlich in Beziehung mit der Sorge des Staates für die öffentliche Gesundheit zu setzen sind[1420]. Dennoch ist das Recht auf die Umwelt nicht mit dem öffentlichen Interesse zu identifizieren[1421]. Es wird aber nicht näher geklärt, ob mit dem Prädikat „soziales Recht" auch ein gerichtlich verfolgbarer Anspruch auf positive Umweltmaßnahmen gemeint ist. Es bleibt also bei der Feststellung, dass die Rechtsprechung des Staatsrates das soziale Recht auf die Umwelt als institutionelle Garantie betrachtet[1422]. In Anbetracht dieser Darstellung könnte behauptet werden, dass die juristische Problematik der sozialen Verfassungsrechte von der Rechtswissenschaft in Griechenland nicht so konsequent wie in Deutschland wahrgenommen wird. Die Rechtsprechung scheint auch an der theoretischen Entwicklung weniger interessiert zu sein: vielmehr wird versucht, dass aus der verfassungsrechtlichen Verankerung der sozialen Rechte konkrete pragmatische Folgen gezogen werden. Zu der Frage, ob die sozialen Rechte bloße Grundsätze oder subjektive Leistungsrechte darstellen, muss der Staatsrat nur selten Stellung nehmen. Die Erklärung ist darin zu suchen, dass es in Griechenland einerseits eine Verfassungsgerichtsbarkeit bzw. eine Verfassungsbeschwerde im deutschen Sinn nicht gibt, und andererseits der verwaltungsgerichtliche Rechtschutz in Gestalt des Aufhebungsantrages vornehmlich auf einen kassatorischen Rechtsschutz abgestellt ist. Leistungsklagen sind nur in Gestalt von Ersatzansprüchen zugelassen.

An dieser Stelle ist darauf hinzuweisen, dass eine Einrichtungsgarantie (d.h. ein objektiver Rechtssatz), die eine Verpflichtung der Verwaltung begründet, günstige Auswirkung auf die subjektive Rechtsstellung des Einzelnen hat, sie stellt also ein Rechtsreflex dar, was auf jeden Fall das Vorliegen eines den Rechtsweg öffnenden *„εννόμου συμφέροντος"* zur Folge hat.

EDDD 1985, 46; Rotis N., Die verfassungsmäßige Gewährleistung des Umweltschutzes, FS für den Staatsrat 1929 – 1979, 121 (129) sieht sogar in Art. 24 eine Norm höheren Ranges, welche die Sicherstellung der Überlebung des Menschen bezweckt; **contra** aber Siouti, Die verfassungsmäßige Gewährleistung des Umweltschutzes, 60 ff. (alles auf Griechisch); vgl. auch die Minderheitsmeinung in StE 810/1977.

1419 Vgl. Rupp, Die verfassungsrechtliche Seite des Umweltschutzes, JZ 1971, 401 (402).

1420 Art. 21 § 3 Gr. Verf.; s. auch StE 400/1986: Das Recht auf Schutz der Gesundheit weist einen Doppelcharakter auf; einerseits auferlegt der Art. 21 § 3 Gr. Verf. direkt von der Verfassung her der Verwaltung die Verpflichtung, für die öffentliche Gesundheit Sorge zu tragen, andererseits gewährleistet er ein individuelles Recht, nämlich die Rechtsmacht, die Wahrnehmung dieser Pflicht von der Verwaltung zu verlangen; s. aber Dagtoglou, Öffentliches Interesse und Verfassung ToS 1986, 425 (426) (auf Griechisch): dieser Anspruch ist nicht gerichtlich verfolgbar.

1421 Siouti, in Kasimatis/Maurias (Hrsg.), Kommentar, I, Art. 24 Rn. 24 (auf Griechisch).

1422 Siouti, Die verfassungsmäßige Gewährleistung des Umweltschutzes, 119 ff. (auf Gr.).

2.3.4.2 Individuelles Recht auf Umweltschutz

Obwohl Literatur und Rechtsprechung den Schwerpunkt auf den sozialen Charakter des Rechts auf die Umwelt gelegt haben, ändert dies nichts daran, dass dieses Recht auch einen status negativus gewähren kann[1423]. Die These des individuellen Umweltrechts als Verfassungsrecht bietet einen Rechtsgedanken an, der auf den Schutz der Lebensbedingungen des Menschen gerichtet ist. Sie wendet sich gegen die Zerstörung der Umwelt durch Verwaltungsträger, aber auch durch Private[1424]: Die Umweltgüter sind für das menschliche Leben unentbehrlich, sie stehen also allen Menschen gemeinsam zu. Alle Menschen besitzen das individuelle Recht, in einer Umwelt zu leben, die ihre Gesundheit und ihr Wohlergehen nicht beeinträchtigt. Umweltbeeinträchtigungen können als rechtmäßige Ausübung des Privateigentums oder der Gewerbefreiheit bzw. unter Berücksichtigung des Gemeinwohls legitimiert werden. Trotzdem darf ein „Mitbesitzer" dieser Gemeingüter ohne Einwilligung der anderen nicht allein über sie verfügen, sie beschädigen oder die Umwelt verschmutzen, da dies ein rechtswidriger Eingriff in die Rechte der „Mitbesitzer" wäre.

Für die juristische Betrachtung bedeutet die Eigenschaft eines individuellen Verfassungsrechts streng genommen, dass es sich um eine Norm der Verfassung handeln muss, aus der dem Einzelnen ein gerichtlich verfolgbarer Anspruch erwächst. Das Wortlaut des Art. 24 Gr. Verf. Fassung 1975 schließt die Gewährleistung eines individuellen Rechts nicht aus: Individuelle Rechte werden in der griechischen Verfassung gewährleistet, indem sie als Eingriffsverbote, Freiheitsdeklarationen, aber auch als Anvertrauen des Schutzes eines Rechtsgutes dem Staat zum Ausdruck gebracht werden. Im letzten Fall ist durch Auslegung zu vermitteln, wann die Gewährleistung[1425] eines individuellen Abwehrrechts und wann die Gewährleistung eines sozialen Rechts bezweckt ist.

Die individuellen (liberalen) Verfassungsrechte sind subjektive Rechte im Verfassungsrang, die dem Einzelnen einen staatsfreien Raum, d.h. einen Anspruch auf Nichttätigwerden des Staates sichern (status negativus). Sie ermög-

---

1423 Vgl. Siouti, Die verfassungsmäßige Gewährleistung des Umweltschutzes, 48 ff. (auf Griechisch); vgl. aber **StE 2304/1995**: Das Gesetz 1650/1986 wurde zur Erfüllung der Umweltschutzpflichten aus Art. 24 §1 Gr. Verf. verabschiedet. Dieser Artikel bezieht sich auf das **soziale** Recht auf Nutzung der natürlichen Umwelt. N. 1650/1986 ist also **kein** Gesetz über die Ausübung oder den Schutz von individuellen Verfassungsrechten und infolgedessen musste es nicht vom Plenum des Parlaments beschlossen werden (Art. 72 § 1 Gr. Verf.).

1424 Art. 25 § 1 Abs. 3 Gr. Verf. (Fassung 2001).

1425 Vgl. Art. 17 § 1 Gr. Verf.: „Das Eigentum steht unter dem Schutz des Staates..." (= individuelles Recht und Institutsgarantie); Art. 23 § 1 Gr. Verf.: „Der Staat trifft im Rahmen der Gesetze die erforderlichen Maßnahmen zur Sicherung der Koalitionsfreiheit und der ungehinderten Ausübung der damit zusammenhängenden Rechte gegen jede Art von Verletzung".

lichen dem Einzelnen, sich gegen unberechtigte Beeinträchtigungen seines verfassungsrechtlichen Status durch den Staat im Wege des Rechts zu wehren. Sie verfügen weiter über eine objektivrechtliche Bedeutung als negative Kompetenzbestimmungen für die staatlichen Gewalten[1426], als Richtlinien für den Gesetzgeber und den das Gesetz auslegenden Richter: Nach heutigem Verständnis sind die individuellen Verfassungsrechte, wie schon dargestellt, nicht nur individualistisch gefasste Abwehrrechte gegen die öffentliche Gewalt, sondern je nach ihrer Eigenart auch Grundsatznormen für die gesamte Rechtsordnung[1427].

Betrachtet man also das Recht auf die Umwelt als individuelles Recht, wird dessen Inhalt als der gegen die Verwaltung gerichtlich verfolgbare Anspruch bestimmt, jede Handlung zu vermeiden, welche die Umwelt **unberechtigt** belasten könnte[1428]. Das Individuum besitzt nach dieser Auffassung ein individuelles Recht auf Erhalt einer menschenwürdigen Umwelt. Objekt dieses Rechts sind neben der natürlichen Umwelt soziale und menschenwürdige Lebensbedingungen. Der konkrete Rechtsinhalt bestimmt sich nach dem Stand der wissenschaftlichen Erkenntnis und den allgemeinen Anschauungen der Gesellschaft. Es handelt sich um ein individuelles Verfassungsrecht, das bei unnötiger und egoistischer Verschmutzung der Umwelt einen Anspruch gegen den Störer auf Verhütung bzw. Vorbeugung gegen die Beeinträchtigung begründet.

Individuelle Rechte sind aber nicht nur gewährleistet, um die Möglichkeit der Abwehr staatlicher Beeinträchtigungen zu schaffen, sondern auch, um die in ihnen garantierten Freiheiten zu aktualisieren. Mann muss nur bedenken, dass liberale Verfassungsrechte zwar gegen staatliche Eingriffe gerichtet sind, nicht aber auf die Abschaffung des „Staates“ zielen[1429]. Diesem kommt vielmehr eine Schutzfunktion zu, die der Staat nur durch aktives Handeln erfüllen kann[1430]. Dem negatorischen Anspruch, den die Abwehrrechte begründen, korrespondiert die Pflicht des Staates, jede für ihre Inanspruchnahme notwendige Maßnahme zu treffen[1431]. Dieser dem Staat obliegende Schutz bringt die Abwehrrechte in

---

1426 Vgl. Dagtoglou, Individuelle Rechte, Bd. A, 8 (auf Griechisch).

1427 Vgl. **Art. 25 § 1 Gr. Verf.** (Fassung 2001): „Die Rechte des Menschen als Person und Mitglied der Gesellschaft und das Prinzip des sozialen Rechtsstaats werden vom Staat gewährleistet. Alle Staatsorgane sind verpflichtet, deren ungehinderte und effektive Ausübung sicherzustellen. Diese Rechte gelten auch in den angepassten Privatverhältnissen. Die Einschränkungen dieser Rechte gemäß der Verfassung sollen entweder in der Verfassung selbst oder in dem Gesetz, wenn ein Gesetzesvorbehalt existiert, vorgesehen sein und das Verhältnismäßigkeitsprinzip respektieren“.

1428 Aus dem Legalitätsgebot ergibt sich, dass der Staat nur dann eingreifen darf, wenn und insoweit ein Gesetz dies gestattet; s. nunmehr Art. 25 § 1 Abs. 4 Gr. Verf. (n.F.)

1429 Öhlinger, Soziale Grundrechte, in FS Floretta, 271 ff. (275).

1430 Vgl. Klein, Die grundrechtliche Schutzpflicht, DVBl. 1994, 489 (491); Rupp, Die verfassungsrechtliche Seite des Umweltschutzes, JZ 1971, 401f.; Weber, Umweltschutz im Verfassungs- und Verwaltungsrecht, DVBl. 1971, 806.

1431 So ist es anerkannt, dass die **„Wesengehaltsgarantie“** mancher Verfassungsrechte,

Verbindung mit den sozialen Rechten[1432]. Insofern ist der Gegensatz von „klassisch-liberalen" und „sozialen" Verfassungsrechten nur ein relativer und die Auffassung, dass Art. 24 Gr. Verf. (Fassung 1975) ein gemischtes Recht auf Umweltschutz gewährleistet[1433], als richtig zu betrachten.

Ein wichtiges Novum der Revision von 2001 ist die ausdrückliche Gewährleistung eines Verfassungsrechts, das jedem die Möglichkeit gibt, Eingriffe in die Umwelt, in der er seine Persönlichkeit entfaltet, zu kontrollieren und sich dagegen zu wehren. Während des Verfassungsänderungsprozesses wurde in Griechenland heftig darüber diskutiert und kritisiert[1434], dass die Änderung des Art. 24 Gr. Verf. bloß bestätigend wirkt, d.h. der Verfassungsgeber bringt nur zum Ausdruck, was die Theorie und die Rechtsprechung schon lange anerkannt und festgestellt haben[1435]. Es trifft tatsächlich zu, dass sich der Verfassungsgeber von 2001 der Anerkennung eines Verfassungsrechts auf die Umwelt bewusst war[1436].

Ziel der Verfassungsänderung war jedenfalls die Förderung des Umweltschutzes, die Klärung der Rollen der Staatsgewalten und vor allem die weitere

---

insb. des verfassungsgesetzlichen Eigentumsrechts, eine Institutsgarantie inkludiert: der Gesetzgeber darf dieses Institut nicht völlig beseitigen oder in seinen wesentlichen Strukturen verändern; vgl. Dagtoglou, Individuelle Rechte, Bd. A, 101 (auf Gr.).

1432 Vgl. Öhlinger, Soziale Grundrechte, in FS Floretta, 271 ff. (274f.): Abwehrrechte oder Freiheitsrechte auf der einen und Ansprüche auf Leistungen auf der anderen Seite sind idealtypische Abstraktionen, die in der Realität des (Verfassungs-)Rechts in unterschiedlicher Dosierung miteinander verknüpft werden können.

1433 Koutoupa – Rengakos, Umweltrecht, 26 ff.; Siouti, Die verfassungsmäßige Gewährleistung des Umweltschutzes, 57 ff. (alles auf Griechisch).

1434 Vgl. z.B. Aliwizatos, Die Verfassungsrevision von 2001, Vorschläge zur institutionellen Auswertung, ToS 2001, 949; Chrisogonos, Eine bestätigende Verfassungsänderung: Die Revision der Verfassungsbestimmungen über individuelle und soziale Rechte, S. 61f; Deligiannis, Fragen zur Verfassungsrevision: (a) Umweltschutz (b) Verwaltungsgerichtsbarkeit, ToS 2000, 1037; Getimis, Die Revision von Art. 24 Gr. Verf., PerDik 2000, 509; Karakostas, Bedrohliche verfassungsrechtliche Verletzung des Umweltbestandsschutzes: Art. 24 darf nicht geändert werden, PerDik, 464; Kasimatis, Die Verfassungsrevision, Gedanken und Bemerkungen, ToS 2000, 995; Siouti, Verfassungsrevision und Umweltschutz, PerDik 2000, 466 (alles auf Griechisch).

1435 Contra Widalis, Das individuelle Recht auf die Umwelt nach der Verfassung von 2001, in Papadimitriou (Hrsg.), Art. 24 der Verfassung nach seiner Revision, 57 (60) (auf Griechisch): „Dank des Vorranges der Verfassung als oberstes Gesetzes des Staates, wird mit jeder Verfassungsänderung ex definitione etwas Neues in der Rechtsordnung eingeführt."

1436 Amtliche Protokolle der Plenarsitzungen des Griechischen Parlaments, Sitzung PH΄ vom 07.02.2001, Abend, Athen, 2002, S. 224 (s. auch S. 243, 246, 258); vgl. Giotopoulou – Maragkopoulou, Umweltschutz: Internationale und Griechische Entwicklungen, in FS StE zum 75. Jubiläum, 1007 (1017); Wenizelos, Die Assimilation der Verfassungsrevision an die Rechtsprechung des Staatsrates, in FS StE zum 75. Jubiläum, 133 (140) (alles auf Griechisch).

Entwicklung des ökologischen Bewusstseins, denn die Verfassung kann gelegentlich stärker erzieherisch als normativ wirken[1437]. Auf jeden Fall wird mit der ausdrücklichen Gewährleistung eines individuellen Rechts das juristische Instrumentarium des Umweltschutzes verstärkt, indem Prinzipien anerkannt werden, deren Grundlage bisher nur die Rechtsprechung geschafft hat und infolgedessen war diese Grundlage nicht sicher[1438].

Es wurde weiter der Vorschlag der Beigabe eines Gesetzesvorbehalts unterbreitet, so dass das individuelle Recht auf Umweltschutz und die davon abzuleitenden, gerichtlich verfolgbaren Ansprüche einfachgesetzlich geregelt werden[1439]. Dieser Vorschlag wurde aber nicht angenommen.

Der Umweltschutz wird „entstaatlicht": jeder hat nunmehr das Recht, die Umwelt zu schützen[1440]. Die ausdrückliche Verteilung der Sorge für die Umwelt zwischen Staat und Privaten spricht dafür, dass der Schwerpunkt dieses „gemischten" Rechts, von dem die Rede in der Theorie und der Rechtsprechung war, nunmehr auf dem status negativus liegt[1441]. Wie jedes individuelle Recht kann es sowohl positiv, wie aber auch negativ ausgeübt werden. Das heißt, jeder hat auch das Recht, auf den Umweltschutz zu verzichten[1442]. Dennoch könnte man sich nicht auf sein Recht berufen, um die Umwelt zu belasten: Gegenstand des individuellen Rechts ist der Umweltschutz, und nicht die Umwelt an sich[1443]. Außerdem bleibt der Staat weiter verpflichtet, Sorge für den Umweltschutz zu tragen, unabhängig davon, ob die Träger des Rechts auf Umweltschutz ihr Recht wahrnehmen bzw. ausüben oder nicht. Der Einzelne hat aber nunmehr ausdrücklich das Recht, die Wahrnehmung dieser Pflicht von der Seite des Staates zu kontrollieren.

Während der Diskussion zur Änderung des Art. 24 wurde sogar betont, dass es notwendig sei, das *„έννομο συμφέρον"* zu „generalisieren", so dass

1437 Vgl. Amtliche Protokolle der Plenarsitzungen des Griechischen Parlaments, Sitzung PΘ′ vom 08.02.2001, Athen, 2002, S. 262 (auf Griechisch).

1438 Vgl. Amtliche Protokolle der Plenarsitzungen des Griechischen Parlaments, Sitzung PH′, S. 232; Sitzung PΘ′ S. 300.

1439 Amtliche Protokolle der Plenarsitzungen des Griechischen Parlaments, PH′, S. 232.

1440 Vgl. Amtliche Protokolle der Plenarsitzungen des Griechischen Parlaments, Sitzung PΘ′, S. 302: Der Umweltschutz ist kein Problem, mit dem sich nur wenige auseinander zu setzen haben, sondern es betrifft alle Bürger; vgl. Koutoupa – Rengakos, Umweltrecht, 71 (auf Griechisch).

1441 Vgl. Trowa, in: Tsatsos/Wenizelos/Kontiadis (Hrsg.), Die neue Verfassung, 105 ff. (121) (auf Griechisch).

1442 Vgl. Art. 66 Portugiesischer Verfassung: „Jeder hat das **Recht** auf eine menschenwürdige, gesunde und ökologisch ausgewogene Umwelt und ist **verpflichtet**, für ihre Erhaltung zu sorgen".

1443 Vgl. Amtliche Protokolle der Plenarsitzungen des Griechischen Parlaments, Sitzung PH′ vom 07.02.2001, Abend, Athen, 2002, S. 253 (auf Griechisch): es wird von individueller **Verantwortung** für die Umwelt gesprochen.

jedem Bürger die Möglichkeit offen steht, sein Recht auf Umweltschutz wahrzunehmen, und zwar unabhängig von seinem Wohnsitz[1444]. Damit wird erkennbar, dass der Verfassungsgeber zur Einführung einer Popularklage bei Umweltbeeinträchtigungen tendiert. Eine noch weitere Ausdehnung des Begriffes *„έννομο συμφέρον"* bei umweltrelevanten Aufhebungsanträgen bleibt damit abzuwarten[1445].

Die ausdrückliche Gewährleistung eines individuellen Rechts auf Umweltschutz ist auch unter Berücksichtigung der Änderung des Art. 25 § 1 Gr. Verf. von Bedeutung. Nach Abs. 4 des neuen § 1 muss jede Einschränkung der Verfassungsrechte entweder direkt in der Verfassung oder, im Fall eines Gesetzesvorbehalts, in einem Gesetz vorgesehen sein und die Verhältnismäßigkeitsprinzip berücksichtigen[1446]. Jede Umweltbelastung muss infolgedessen ausdrücklich vorgesehen und verhältnismäßig sein. Der Umweltschutz gewinnt somit an Berücksichtigung und Respekt in der griechischen Rechtsordnung[1447].

Eine weitere Folge der Gewährleistung eines individuellen Rechts auf Umweltschutz ist die Öffnung des Rechtsweges im Fall der Untätigkeit der Verwaltung. Ein negativer Verwaltungsakt ist anzunehmen, wenn das Gesetz dem Einzelnen einen Anspruch auf Erlass des unterlassenen Verwaltungsaktes erteilt[1448]. Das Recht auf Umweltschutz kann einen solchen Anspruch gegen die Verwaltung auf Ergreifung von Umweltschutzmaßnahmen begründen, mit der Folge, dass der Einzelne ein *„έννομο συμφέρον"* auf die Aufhebung des aus der Untätigkeit der Verwaltung resultierenden negativen Verwaltungsaktes geltend machen kann[1449].

Eine wichtige Rolle wird der neue Art. 24 auch im Bereich des Staatshaftungsrechts spielen. Nach Art. 5 des Einführungsgesetzes zum Gr. ZGB haftet der Staat nicht, wenn die Handlung oder Unterlassung nach einer Vorschrift vorgenommen wurde, die zum Schutz des allgemeinen Interesses besteht. Nach

---

1444 Amtliche Protokolle der Plenarsitzungen des Griechischen Parlaments, PH΄, S. 237.

1445 Dazu s. unten unter „Erweiterung des Begriffes *„έννομο συμφέρον"* bei Umweltbeeinträchtigungen"; s. auch Giotopoulou – Maragkopoulou, Umweltschutz: Internationale und Griechische Entwicklungen, in FS StE zum 75. Jubiläum, 1007 (1017) (auf Gr.).

1446 Vgl. schon StE 810/1977: Die öffentliche Verwaltung ist verpflichtet, alle Verwaltungsakte und Anordnungen ausführlich zu begründen, wenn sie negative Folgen für die Umwelt haben können.

1447 Vgl. Trowa, in: Tsatsos/Wenizelos/Kontiadis (Hrsg.), Die neue Verfassung, 105 ff. (129) (auf Griechisch).

1448 Art. 45 Abs. 4 des Staatsratsgesetzes (PVO 18/1989).

1449 Vgl. aber schon StE 2818/1997: Art. 45 Abs. 4 PVO 18/1989 muss extensiv ausgelegt werden, so dass die Unterlassung der Verwaltung, vorbeugende Umweltmaßnahmen zu ergreifen, als vollziehbarer Akt zu sehen ist, der mit Aufhebungsantrag anzugreifen ist. Ansonsten würde die Verfassungsbestimmung zum bloßen Programmsatz herunterkommen und die Umwelt würde schutzlos bleiben, was gegen den Willen des Verfassungsgebers verstößt.

seiner Revision darf Art. 24 Gr. Verf. definitiv nicht mehr als nur dem allgemeinen Interesse dienend betrachtet werden.

2.3.4.3 Politisches Recht auf Umweltschutz

Die Aktualisierung der Verfassungsrechte verlangt in manchen Fällen die Mitwirkung des Einzelnen am geistigen, sozialen und politischen Leben des Gemeinwesens. Gewährleistet die Verfassung ein politisches Recht, hat der Bürger auch Anspruch auf Information und Mitwirkung an der Vorformung des politischen Willens und auf Zugang zu bestehenden Einrichtungen. Den politischen Rechten liegt die Idee der Demokratie und der demokratischen Teilhabe am Entscheidungsprozess auf sozialen Gebieten zugrunde. Eine solche Ausgestaltung kann auch den prozeduralen Befugnissen gegeben werden, welche die Teilhabe der Einzelnen oder von Gruppen an Verfahren sichern sollen, die über die Verfügbarkeit und Zuweisung von Leistungen oder die konkrete Gestaltung sozialer Prozesse entscheiden[1450].

Die Forderung eines effektiven Umweltrechtsschutzes hat zu der Feststellung geführt, dass aus Art. 24 Gr. Verf. ein **gemischtes** individuelles, soziales wie auch politisches Recht abgeleitet wird[1451]. Die Beteiligungspraxis erlaubt dem Bürger, rechtzeitig in Fragen des Umweltschutzes mitzubestimmen, so dass er nicht bloß im Nachhinein die Möglichkeit bekommt, sich einzuschalten[1452].

Unter Mitwirkung des Einzelnen am Umweltschutz sind folgende Punkte zu verstehen: (a) Der Anspruch des Bürgers an die Verwaltung auf Information über alle umweltrelevanten Themen. Die Befriedigung dieses Anspruchs setzt weiter einen organisatorischen Unterbau und die Schaffung der dafür erforderlichen Mittel voraus[1453]. (b) Die Mitwirkung stricto sensu, d.h. die Teilnahme

---

1450 Vgl. Müller, Soziale Grundrechte in der Verfassung?, 717, 798 ff., 795.

1451 Vgl. Siouti, Umweltrecht, 34 ff.; dieselbe, Die verfassungsmäßige Gewährleistung des Umweltschutzes, 54 ff.; dies., in Kasimatis/Maurias (Hrsg.), Kommentar, I, Art. 24 Rn. 25; Siouti – Georgiou, Die Mitwirkung der Bürger bei umweltrelevanten Entscheidungsprozess, ToS 1983, 123 ff.; so auch Koutoupa – Rengakos, Umweltrecht, 26 ff.; Sakellaropoulos, Gedanken über das Problem der Umwelt in gerichtlicher Hinsicht, FS StE 1929 – 1979 II, 1982, 223 (299, 317 ff.); Tachos, Umweltschutz, Arm. 1983, 1 (5) (alles auf Griechisch).

1452 Vgl. Amtliche Protokolle der Plenarsitzungen des Griechischen Parlaments, Sitzung PΘ′ vom 08.02.2001, Athen, 2002, S. 300 (auf Griechisch): „Die Beteiligungspraxis muss gefestigt werden".

1453 Vgl. N. 1599/1986 „Recht auf Kenntnisnahme der Verwaltungsakten", dazu Tachos, Umweltschutzrecht, 114 ff.: das Gesetz gewährleistet das Recht „jedes Bürgers", es wird also keine weitere Geltendmachung eines *„εννόμου συμφέροντος"* verlang; s. auch Art. 5 Gr. VwVfG (N. 2690/1999); *Speziell zum Umweltschutz* s. N. 1650/1986 Art. 1 §1, 3 ζ, 5 § 2, 16 § 1γ, 21 § 3, 15 § 7, 16 § 4 und die Richtlinien 90/313/EWG (umgesetzt in die griechische Rechtsordnung durch die Ministerentscheidung Y.A.

Einzelner oder Personengruppen an Verfahren, die über umweltrelevante Themen entscheiden, und zwar entweder mit lediglich konsultativer Funktion oder aber auch mit entscheidender Zuständigkeit[1454]. (c) Das Vorhandensein von Rechtsbehelfen zur Sicherung der Ansprüche auf Information und Mitwirkung.

Dank des weit auslegbaren Wortlauts des Art. 24 läßt sich diese Auffassung juristisch vertreten. So wird durch das Recht auf intakte Umwelt auch das Recht des Einzelnen begründet, über umweltrelevante Planungen vor deren Umsetzung informiert zu werden, sowie ständig auf aktuelle Bestandsaufnahmen zurückgreifen zu können[1455]. Denn erst durch diese Information ist es möglich, auf Verletzungen seiner Rechte aufmerksam zu werden.

77921/1440/1995 F.E.K. B 795/1995), 2003/4/EG und 2003/4/EG über den freien Zugang zu Informationen über die Umwelt; dazu Koutoupa – Rengakos, Umweltrecht, 83 ff. (auf Griechisch); vgl. auch **Art. 10 Gr. Verf.**: „(1) Jedermann oder auch mehrere gemeinsam haben das Recht, sich unter Beachtung der Gesetze schriftlich an die Behörden zu wenden; diese sind aufgrund der geltenden Vorschriften zum schnellen Handeln und zur schriftlichen Antwort an den Petenten nach Maßgabe der Gesetze verpflichtet. (2) Erst nach Mitteilung der endgültigen Entscheidung der Behörde, an die die Petition gerichtet war, und nur mit ihrer Erlaubnis ist die Verfolgung des Petenten wegen einer in der Petition enthaltenen Rechtsverletzung gestattet. (3) Die zuständige öffentliche Abteilung oder das Amt ist verpflichtet, auf Anträge für Informationen und für die Angabe von schriftlichen Dokumenten, insbesondere Bescheinigungen, Unterlagen und Bestätigungen, innerhalb einer gewissen Frist, die nicht länger als 60 Tage ist, nach Maßgabe der Gesetze eine Antwort zu geben. Im Falle der ergebnislosen Verstreichung dieser Frist oder der gesetzwidrigen Verweigerung wird, abgesehen von anderen Sanktionen und gesetzlichen Folgen, eine spezielle Geldentschädigung dem Antragsteller nach Maßgabe der Gesetze bezahlt“ und den neuen **Art. 5A**, der 2001 eingefügt wurde: „(1) Jedermann hat das Recht auf Informationsgewinnung nach Maßgabe der Gesetze. Einschränkungen dieses Rechts dürfen, nur wenn sie absolut notwendig und aus Gründen der nationalen Sicherheit, der Bekämpfung der Kriminalität oder des Schutzes der Rechte und Interessen Dritter gerechtfertigt sind, durch Gesetz eingeführt werden. (2) Jedermann hat das Recht auf Beteiligung an der Informationsgesellschaft. Die Erleichterung des Zugangs zu Informationen, welche am elektronischen Verkehr teilnehmen, als auch des Zugangs an deren Produktion, Austausch und Verbreitung, stellt eine Pflicht des Staates dar, unter Vorbehalt der Gewährleistungen der Artikel 9, 9a und 19“.

1454 S. z.B. die RL 85/337/EWG (umgesetzt in die griechische Rechtsordnung durch K.Y.A. 69269/5387/25.10.1990 – geändert durch K.Y.A. 15393/2332/2002 – und K.Y.A. 75308/5512/26.10.1990), 97/11/EG (umgesetzt N. 3010/2002), 2001/42/EG und 2003/35 EG (umgesetzt durch K.Y.A. 37111/2021/2003) zur Umweltverträglichkeitsprüfung bzw. Information und Mitwirkung der Öffentlichkeit; dazu Koutoupa – Rengakos, Umweltrecht, 89 ff. (auf Griechisch).

1455 Karakostas, Umwelt und Recht, 63; Siouti – Georgiou, Die Mitwirkung der Bürger bei umweltrelevanten Entscheidungsprozess, ToS 1983, 123 (126f.); s. auch Koutoupa – Rengakos, Umweltrecht, 27 (alles auf Griechisch); vgl. auch StE 219/1983, 4617/1986, 2304/1995, 2682/1986; kritisch zur Verwirklichungsmöglichkeit s. Sakellaropoulos,

Der Anspruch auf Mitwirkung könnte außerdem auf Art. 25 § 1 Gr. Verf. gestützt werden[1456], wonach die Rechte des Menschen als Person und „Mitglied der Gesellschaft“ vom Staat gewährleistet werden: alle Staatsorgane sind verpflichtet, deren ungehinderte und effektive Ausübung sicherzustellen. Der Staat ist demzufolge verpflichtet, Maßnahme zur Ermöglichung und Sicherung der Wahrnehmung dieser Rechte zu treffen, d.h. im Fall des Umweltschutzes die Voraussetzungen für die Information und Mitwirkung der Bürger zu erfüllen.

2.3.4.4 Träger des Rechts auf Umweltschutz

Der neue Art. 24 Gr. Verf. (Fassung 2001) nennt **jeden** als Träger des Rechts auf Umweltschutz. Damit sind alle Menschen gemeint, Staatsangehörige und Ausländer, wie auch Staatenlose. Schon vor der Revision von 2001 wurde jedenfalls anerkannt[1457], dass Art. 24 allen Menschen ein Recht auf die Umwelt gewährleistet[1458].

In der griechischen Verfassung fehlt es an einer allgemeinen Vorschrift, die die Anwendung von Verfassungsrechten auf juristische Personen oder Vereinigungen anderer Art vorsieht[1459]. Es wird akzeptiert, dass die Verfassungsrechte auch für juristische Personen gelten, wenn sie ihrem Wesen nach auf diese anwendbar sind[1460]. Mit dem Argument, dass Art. 25 § 1 Gr. Verf. die Verfassungsrechte des Menschen nicht nur in der Position als „Einzelner“, sondern auch als „Mitglied der Gesellschaft“ gewährleistet, und unter Berücksichtigung des Art. 12 § 1, der die Vereinigungsfreiheit verbürgt[1461], läßt sich die Auffassung vertreten, dass jede Gruppe, die irgendeinen Rechtsbestand hat, als Verfassungsrechtsträger anerkannt werden soll[1462]. Angesichts der heutigen Struktur

---

Gedanken über das Problem der Umwelt in gerichtlicher Hinsicht, FS StE 1929 – 1979 II, 1982, 223 (319) (auf Griechisch).

1456 Vgl. Sakellaropoulos, Gedanken über das Problem der Umwelt in gerichtlicher Hinsicht, FS StE 1929 – 1979 II, 1982, S. 223 (320) (auf Griechisch).

1457 Siouti, Die verfassungsmäßige Gewährleistung des Umweltschutzes, 75 ff. (auf Gr.).

1458 Der Träger eines Verfassungsrechts wird heutzutage nicht mehr abstrakt bestimmt. Der Mensch als Träger von Rechten bestimmt sich nach der Natur seiner Rechtsverhältnisse, dem historischen Rahmen dieser Verhältnisse (vgl. Manitakis, Der Träger der Verfassungsrechte nach Art. 25 § 1 der Verfassung, 59, auf Griechisch) und nach der Besonderheit der Situation, in der er sich befindet z.B. als Nachbar, Eigentümer unw.

1459 Ausführlich dazu s. Iliopoulos – Strangas, Grundrechtsschutz in Griechenland, JöR n.F. 1983, S. 395 (416 ff.).

1460 Vgl. Dagtoglou, Individuelle Rechte, Bd. A, 75 ff. (auf Griechisch).

1461 Art. 12 § 1 Gr. Verf.: „Die Griechen haben das Recht, nichtwirtschaftliche Vereinigungen und Vereine nach Maßgabe der Gesetze zu bilden, welche jedoch niemals die Ausübung dieses Rechts von einer vorherigen Erlaubnis abhängig machen dürfen“.

1462 Vgl. Dagtoglou, Individuelle Rechte, Bd. A, 77; Manitakis, Der Träger der Verfassungsrechte nach Art. 25 § 1 der Verfassung, 116; Siouti, Umweltrecht, 60; dies., Die

der Gesellschaft, in der die Menschen weniger individualistisch als vielmehr kollektiv handeln, würde sich der Verfassungsrechtsschutz als unwirksam herausstellen, wenn er sich nur auf die Individuen als solche beschränkt[1463]. Das Recht auf die Umwelt ist ein vorzugsweise kollektives Recht, dessen Gegenstand ein kollektives Gut ist[1464]. Demzufolge ist das Recht auf die Umwelt seinem Wesen nach auf juristische Personen anwendbar, unter der Bedingung, dass der Umweltschutz als Zweck in ihrer Satzung aufgefasst wird[1465].

Dahingegen können sich in der Regel weder der Staat noch andere juristische Personen des öffentlichen Rechts auf die individuellen Rechte berufen, soweit diese nicht, wie z.B. die Gemeinden in Art. 102 Gr. Verf., unmittelbar einem durch Verfassungsrechte geschützten Lebensbereich zugeordnet sind[1466].

verfassungsmäßige Gewährleistung des Umweltschutzes, 77; **contra** Raikos, Verfassungsrecht, Band b, Grundrechte, 119 (alles auf Griechisch).

1463 Ausführlich zur Problematik der Anwendung von Verfassungsrechten auf juristischen Personen s. Siouti, Die verfassungsmäßige Gewährleistung des Umweltschutzes, 78 – 79, Fnn. 34 und 35, mit weiteren Hinweisen auf französische, deutsche und griechische Literatur (auf Griechisch).

1464 Koutoupa – Rengakos, Umweltrecht, 4; Tachos, Umweltschutzrecht, 45 (alles auf Griechisch).

1465 Vgl. Siouti, Die verfassungsmäßige Gewährleistung des Umweltschutzes, 80 (auf Gr.).

1466 Vgl. Dagtoglou, Individuelle Rechte, Bd. A, 79 ff.; Siouti, Die verfassungsmäßige Gewährleistung des Umweltschutzes, 84f. (alles auf Griechisch).

3. Zwischenergebnis

Im Bereich des Umweltschutzes ist die Frage nach der Gewährleistung eines individuellen Rechts in beiden Vergleichsländern von Bedeutung: die Beeinträchtigung von Umweltgütern bringt dann auch die Beeinträchtigung eines Privatrechtgutes mit sich, was das Vorliegen der Klagebefugnis (in Deutschland) bzw. eines den Rechtsweg öffnenden persönlichen *„εννόμου συμφέροντος"* (in Griechenland) zur Folge hat.

Die Existenz eines individuellen Rechts auf intakte Umwelt ist höchst umstritten. Problematisch ist vor allem, wie ein solch umfassendes Recht formuliert werden soll. Angesichts der praktischen und dogmatischen Schwierigkeiten, auf die die Etablierung eines substantiellen individuellen Abwehrrechts auf intakte Umwelt stößt, bieten sich die Alternativen der Subsumtion von Umweltmaterien unter die existenten Menschenrechte und der Einräumung von bloß prozeduralen Rechten, z.B eines Rechts auf Umweltinformation und Partizipation an umweltrelevanten Entscheidungen.

Der Zusammenhang zwischen Umweltschutz und Menschenrechten ist jedenfalls nicht zu bestreiten. Dass die Umwelt für das Wohlbefinden und die Ausübung wichtiger Rechte essentiell ist, wurde schon 1972 auf der ersten internationalen Umweltkonferenz in Stockholm festgestellt. Die griechische Zivilrechtslehre hat auch schon seit langem betont, dass die Umwelt als Rechtsgut sehr eng mit der Persönlichkeit verbunden ist, so dass sie individualisiert werden kann. Versteht man die Umwelt als den Lebensraum des Menschen, der aus allen natürlichen Gütern und Elementen besteht, die für sein Überleben, seine Gesundheit und Lebensqualität und für die Entfaltung seiner Persönlichkeit notwendig sind, ist die Umwelt als Rechtsgut tatsächlich individualisierbar. Es ist demzufolge durchaus denkbar, dass sich die Beziehung des Einzelnen zu **seiner** Umwelt als Schutzgut erweist. Das Recht auf eine intakte Umwelt kann dementsprechend als Recht des Einzelnen auf Schaffung und Erhaltung der Lebensbedingungen, die sein Leben, seine Gesundheit und seine Lebensqualität sichern, bestimmt werden.

Individuelle Interessen bzw. Rechtsgüter, zu deren Schutz der Staat verpflichtet ist, werden vor allem in der Verfassung benannt. Die Verfassungsrechte sind subjektive Rechte par excellence, die dem Einzelnen ermöglichen, sich gegen unberechtigte Beeinträchtigungen seines verfassungsrechtlichen Status durch den Staat im Wege des Rechts zu wehren. Trotz dogmatischer Einwendungen haben seit 1970 mehrere Länder in ihren Verfassungen ein substantielles Recht auf eine intakte Umwelt aufgenommen. Es wird heutzutage nicht bezweifelt, dass die Erhaltung der Umwelt eine Überlebensfrage für alle Menschen ist. Umweltbelange in irgendeiner Form wurden auch in den Verfassungen derjenigen Länder aufgenommen, die zur Skepsis neigen, was die verfassungsrechtliche

Verankerung von „neuen" Menschenrechten angeht. Obgleich in Deutschland die Grundlage des klageeröffnenden subjektiven öffentlichen Rechts grundsätzlich im einfachen Recht zu finden ist, spielen auch die im Grundgesetz gewährleisteten Grundrechte eine wichtige Rolle bei der Begründung der Klagebefugnis. Aus diesem Grund war es sinnvoll, der Frage nachzugehen, inwieweit der Schutz der Umwelt verfassungsrechtlich verankert ist.

Der Umweltschutz ist erst 1994 mit Art. 20a als objektive Staatszielbestimmung, d.h. als Pflicht des Staates, in das deutsche Grundgesetz aufgenommen worden. Die griechische Verfassung hat schon 1975 ausführliche Regelungen in Bezug auf den Schutz der natürlichen Umwelt umgefasst. Art. 24 a.F. hob die Pflicht des Staates hervor, Maßnahmen für den Umweltschutz zu treffen. Trotz ähnlicher Formulierung unterscheiden sich jedoch die rechtlichen Folgen, die in den zwei Rechtsordnungen aus der in der Verfassung hervorgehobenen Pflicht des Staates abgeleitet wurden, nicht unerheblich.

Für den Einzelnen, sei er eine natürliche Person oder ein Umweltschutzverein, besteht in Deutschland keine Möglichkeit, sich auf Art. 20a GG zu berufen, um das staatliche umweltrelevante Handeln bzw. Unterlassen vor Gerichten zu rügen, da er wegen des fehlenden Individualbezuges der Staatszielbestimmung keine Rechtsverletzung geltend machen kann. Ohne Konkretisierung durch den Gesetzgeber vermittelt Art. 20a GG dem Bürger kein subjektives öffentliches Recht und ist mithin für den verwaltungsgerichtlichen Individualrechtsschutz nicht von besonders weitreichender Bedeutung. Die Verfassungen der Bundesländer weisen zwar auch Umweltschutzvorschriften auf, und vereinzelt sind sogar umweltbezogene subjektiv-rechtliche Rechtspositionen verfassungskräftig verankert, die sich von prozeduralen Rechten, wie das Recht auf Zugang zu umweltrelevanten Daten und das Verbandsklagerecht, bis zu einem Recht auf Naturgenuss bzw. einem allgemeinen Umweltgrundrecht erstrecken. Das Landesverfassungsrecht entfaltet jedenfalls seine Wirkungen nur im Rahmen des Bundesrechts oder im bundesrechtsfreien Raum. Gleichwohl liegt das Schwergewicht für die Umweltgesetzgebung beim Bund. Die Funktion der Landesverfassungen bleibt insofern eher appellativ bzw. edukatorisch.

Ein allgemeines, ausdrückliches Grundrecht auf eine intakte Umwelt wird somit in der deutschen Rechtsordnung nicht anerkannt. Trotzdem weisen die Grundrechte eine umweltschützende Funktion auf. Die grundrechtliche Gewährleistung umfasst nämlich nach heutigem Verständnis auch die für die Grundrechtsausübung unabdingbaren tatsächlichen Voraussetzungen, soweit durch deren Beeinträchtigung die Grundrechtsausübung gefährdet wird. Dass eine intakte Umwelt eine unabdingbare Voraussetzung für die Ausübung und den Genuss der Menschenrechte darstellt, ist einleuchtend. Die Grundrechte des Grundgesetzes können dementsprechend besondere Rechte in Bezug auf die Umwelt gewähren. Als Anknüpfungspunkt dafür können vor allem das Recht auf Leben, Gesundheit und Eigentum betrachtet werden. Die Verfassungslehre und

Rechtsprechung haben sich inhaltlich für die Strategie einer durch die Grundrechte geschützten Mindestgarantie des Umweltschutzes entschieden, die vom Staatsziel Umweltschutz prozedural ergänzt wird. Die Wirkung der Grundrechte bleibt nämlich nicht bei der negatorischen Funktion stehen, sondern weist darüber hinaus einen objektiv-rechtlichen Charakter auf, der sich für die Geltung positiver Leistungen verbürgt, worunter die grundrechtliche Schutzgewähr fällt. Der Staat wird dementsprechend verpflichtet, nicht nur ungerechtfertigte Eingriffe zu unterlassen, sondern diese Rechte und die faktischen Voraussetzungen ihrer Ausübung auch aktiv zu schützen, d.h. gegen rechtswidrige Eingriffe auf grundrechtliche Schutzgüter vorzugehen. Diese Verpflichtung wird durch einfachgesetzliche Regelungen konkretisiert. Der Vollzug des Umweltrechts ist damit jedenfalls soweit einklagbar, als dies der Erfüllung der grundrechtlichen Schutzpflichten dient. Ist nämlich das einfache Recht Ausformung der grundrechtlichen Schutzpflicht, so ist die einschlägige umweltrechtliche Norm drittschützend und ihre Verletzung stellt sich zugleich als Verletzung eines subjektiven öffentlichen Rechts dar. Fehlt es an einfachrechtlichen Vorschriften, die den verfassungsrechtlich geforderten Mindestschutz der Grundrechte gewährleisten, kommt im Fall der Überschreitung der grundrechtsrelevanten Schwelle ein direkter Rückgriff auf die Grundrechte in Frage.

Das griechische Umweltrecht ist im Gegensatz zum deutschen geringer von der Lehre geprägt worden. Es wurde vielmehr vorwiegend durch die Rechtsprechung gestaltet. Der Staatsrat hat sich in diesem Bereich eingeschaltet und im gewissen Maße auch eigene Akzente gesetzt, indem seine Rechtsprechung Art. 24 Gr. Verf. um Dimensionen bereichert hat, die dem historischen Verfassungsgeber von 1975 unbekannt waren: die Rechtsprechung hat nämlich dazu geführt, dass ein subjektives Recht auf eine intakte Umwelt anerkannt wurde, obwohl im Wortlaut des Art. 24 a.F. die Rede bloß von einer Umweltschutzpflicht des Staates war. Es wurde demgemäß anerkannt, dass aus Art. 24 Gr. Verf. ein konkretes subjektives Recht abgeleitet werden kann, so dass bestimmte Handlungen des Staates wegen Verstoßes gegen diese Vorschrift als rechtswidrig angesehen werden können. Der Staat ist verpflichtet, eine gesunde Umwelt zu garantieren und alle Anordnungen oder sonstigen Bestimmungen zu unterlassen, die eine Veränderung des Charakters einiger Umweltgüter zur Folge hätten. Der Gesetzgeber darf keine Vorschriften schaffen, durch deren Anwendung die Umwelt belastet wird und somit die Lebensbedingungen der Einwohner beeinträchtigt werden. Des Weiteren stellen die Mitbestimmungsrechte auf diesem Gebiet Rechte dar, die auf Mitgestaltung gerichtet sind und somit zum status activus zählen. Der Staatsrat bezieht sich sehr häufig auf gemeinschaftsrechtliche und völkerrechtliche Normen, um nationale Normen zu sanktionieren, die sich aus der Verfassung gewinnen lassen. Auf diese Weise versichert der Staatsrat z.B. das Recht der Bürger auf Zugang zur Information über die Umwelt. Allerdings wurde der Schwerpunkt auf die soziale Dimension des Rechts auf die

Umwelt gesetzt, so dass seine Aktivierung prinzipiell die Tätigkeit des Gesetzgebers benötigte. Dank aber des von der Rechtsprechung entwickelten Effektivitätsprinzips, nach dem die Verwaltung mit der Förderung eines effektiven Umweltschutzes beauftragt ist und vorzugsweise vorbeugende Umweltschutzmaßnahmen treffen muss, bestand die Möglichkeit einer unmittelbaren Aktivierung der Verfassungsbestimmungen, und zwar ohne Einschaltung des Gesetzgebers. Daneben wird teilweise vertreten, dass die Verfassungswidrigkeit einer hier fehlenden bzw. unzureichenden Gesetzgebung gerichtlich verfolgt werden kann. Danach besitzt der Bürger gegenüber dem Staat das konkrete Recht, die Verhinderung der Umweltverschmutzung und Zerstörung sowie die Wiederherstellung und Erhaltung einer gesunden Umwelt gerichtlich zu verfolgen, wobei der Staat der verfassungsrechtlichen Pflicht unterliegt, angemessene Maßnahmen zu ergreifen. Die Fehlerhaftigkeit oder Unvollständigkeit solcher Maßnahmen wäre eine verfassungswidrige Unterlassung. Diese Rechtsprechung hat auch die Rechtslehre in Griechenland veranlasst, sich mit dem Thema „Umweltschutz" zu beschäftigen. In der Literatur wurde das Recht auf die Umwelt als gemischtes soziales, individuelles und politisches Recht anerkannt. Mitunter wird vertreten, die bisherige Typisierung des Status der Bürger bzw. die bisherige Einteilung der Verfassungsrechte sei insbesondere für die „neuen" Rechte, wie das Recht auf die Umwelt, weitgehend unwesentlich. Die Lösungen, zu denen die Rechtsprechung in Griechenland gelangt, können dennoch nicht die Umweltgesetzgebung ersetzen. Eine systematische Lösung im Bereich des Umweltschutzes bedarf immer einer Norm. Die bisherige normative Lücke in der griechischen Rechtsordnung will die Verfassungsrevision von 2001 schließen mit der ausdrücklichen Gewährleistung eines Verfassungsrechts, das jedem die Möglichkeit gibt, Eingriffe in die Umwelt, in der er seine Persönlichkeit entfaltet, zu kontrollieren und sich dagegen zu wehren.

4. Umweltschutz und Zugang zu Verwaltungsgerichten

Im Mittelpunkt der vorliegenden Untersuchung steht der gerichtliche Rechtsschutz der Mitglieder der Öffentlichkeit gegen umweltrelevante behördliche Entscheidungen, vor allem gegen die Genehmigung von Tätigkeiten, die sich umweltbelastend auswirken können, wie z.B. die Errichtung und der Betrieb von Fabriken, Betriebsstätten, Kraftwerken usw. Als geeignetes Mittel in den Händen der Bürger gegen solche Entscheidungen gilt (in Deutschland) die Anfechtungsklage[1467] bzw. (in Griechenland) der Aufhebungsantrag. Es wurde aufgezeigt, dass die zwei Vergleichsländer unterschiedliche Systementscheidungen hinsichtlich des verwaltungsgerichtlichen Rechtsschutzes getroffen haben und dass sich diese Unterschiede auf die Berücksichtigung des Umweltschutzes im Rahmen des Klageinteresses auswirken können.

Der ausgeführten Darstellung zufolge ist die Anfechtungsklage in Deutschland als Verletztenklage ausgestaltet. Sie wird hinsichtlich bestimmter Rechtsmängel erhoben, auf welche sich auch die gerichtliche Kontrolle beschränkt. Im Gegensatz zu der griechischen Aufhebungskontrolle führt eine im Hinblick auf eine bestimmte Vorschrift zulässig erhobene Drittanfechtungsklage nicht zu einer umfassenden Prüfung des Verwaltungsakts. Die Zulässigkeit einer umweltrelevanten Drittanfechtungsklage hängt dementsprechend davon ab, ob der Kläger, der gegen behördliche Maßnahmen Einwände und Bedenken erhebt, betreffs ihrer Rechtmäßigkeit, darüber hinaus die Verletzung eigener Rechte geltend machen kann. Das Gericht prüft infolgedessen, ob die Nichteinhaltung der geltend gemachten Norm des Umweltrechts den Kläger in seinen Rechten verletzt. Nach der herrschenden Schutznormtheorie ist nacheinander zu fragen, ob der Kläger ein „Recht" (im Unterschied zum bloßen nicht-rechtlich-geschützten Interesse, Rechtsreflex usw.), die Zuordnung dieses Rechts als „subjektives" Recht zum Kläger (im Unterschied zu den Interessen der Allgemeinheit) und die Möglichkeit der Verletzung dieses Rechts durch den angefochtenen Verwaltungsakt geltend machen kann. Es wurde aufgezeigt, dass ein allgemeines, ausdrückliches subjektives Recht auf eine intakte Umwelt in der deutschen Rechtsordnung nicht anerkannt wird. Der Umweltschutz wird vielmehr dem allgemeinen Interesse zugeordnet[1468]. Das Interesse für eine intakte Umwelt hat der Einzelne nach diesem Verständnis nicht als sein besonderes Interesse, sondern er teilt es mit allen anderen. Eine Umweltbeeinträchtigung betrifft ihn dementsprechend in seiner Eigenschaft als Mitglied der Allgemeinheit. Übertragen auf den Rechtsschutz bedeutet das, dass die Klagebefugnis nicht aus Normen abzuleiten ist, die bloß eine allgemeine Umweltschutzfunktion haben.

1467 Seit BVerwGE 22, 129 nahezu unbestritten.

1468 Vgl. Steinberg, Verwaltungsgerichtlicher Umweltschutz, UPR 1984, 350.

Entscheidend ist vielmehr die individuell schützende Zielrichtung der einschlägigen Vorschrift. Der Schutznormcharakter einer umweltrechtlichen Bestimmung hängt dementsprechend davon ab, ob sie über dem Interesse an einer intakten natürlichen Umwelt hinaus auch individuellen Interessen dient, und zweitens, ob sich ihr ein Kreis qualifiziert Betroffener oder ein sonst überschaubarer Personenkreis entnehmen lässt, der sich von der Allgemeinheit unterscheidet.

In Griechenland hingegen gehört einerseits zu dem klagebegründenden *„έννομο συμφέρον"* jeglicher Vorteil oder rechtlicher Nutzen, der sich aus der gewollten Aufhebung des Verwaltungsaktes ergibt. Andererseits kommt es für den Erfolg des Aufhebungsantrages nur auf die objektive Rechtswidrigkeit des angegriffenen Verwaltungsaktes an. Nachdem der Aufhebungsantrag zugelassen wurde, erfolgt die Prüfung der Aufhebungsgründe von Amts wegen. Für die Bejahung der aktiven Prozessführungsbefugnis wird dementsprechend nicht die Zulässigkeit eines jeden Klagegrundes nachgeprüft, sondern die Zulässigkeit des Aufhebungsantrages wird allgemein durch das Gericht gewürdigt. Als *„έννομο συμφέρον"* kann jedes Interesse in Frage kommen das durch die Rechtsordnung geschützt ist. Bei dessen Ermittlung wird auf die allgemeine Schutzfunktion einer rechtlichen Bestimmung abgestellt, die sich mindestens als positive Auswirkung (Rechtsreflex) darstellt. Die erste vom deutschen Recht abweichende Gruppe stellen damit Tatbestände dar, in denen der Kläger ein immaterielles, ideelles Interesse an der Aufhebung hat. Die zweite Besonderheit des griechischen Rechts gegenüber dem deutschen Recht bezieht sich auf die Fälle des kollektiven Interesses. „Eigen" kann nämlich auch das Interesse einer juristischen Person sein[1469]. Übertragen auf den Umweltschutzbereich bedeutet das, dass in Griechenland Klagen gegen die behördliche Genehmigung für ein umweltbelastendes Verhalten zumindest nicht am Mangel rechtlicher Betroffenheit scheitern können. Die griechische Verfassung gewährleistet jedem ein Recht auf Umweltschutz. Allgemein den Umweltschutz sichernde Normen schützen demgemäß auch das Interesse des Einzelnen an einer intakten Umwelt. Aus diesem Grund kann sich der Einzelne auch auf unmittelbare faktische Beeinträchtigungen berufen oder verfahrensrechtliche Rechtspositionen geltend machen. Der bloße Verstoß gegen eine Rechtsnorm reicht dennoch nicht aus, um das *„έννομο συμφέρον"* zu begründen. Es muss vielmehr die einzelfallbezogen zu ermittelnde konkrete Beeinträchtigung des Antragstellers als Voraussetzung hinzukommen. Maßgeblich ist dementsprechend der persönliche Charakter des Interesses, der die geltend gemachte Eigenschaft bzw. Situation betrifft, unter welcher der Antragsteller den geltend gemachten Schaden erlitt.

Im Folgenden wird geschildert, welche Personen zu gerichtlichen Schritten gegen sich umweltbelastend auswirkende Verwaltungsentscheidungen berechtigt

---

1469 Vgl. den ausdrücklichen Bezug von Art. 47 Abs. 1 und 2 des Staatsratsgesetzes auf die juristischen Personen.

sind. In Deutschland ist dieser Frage in zwei Schritte nachzugehen. Zunächst ist durch Auslegung die Schutzrichtung einzelner umweltrechtlicher Normgruppen zu ermitteln, ob sich nämlich ihnen eine individualschützende Funktion zuordnen lässt. Im Anschluss daran sind einzelne Personengruppen bzw. Kreise von Betroffenen zu ermitteln, die vom Schutzzweck der in Frage kommenden Schutznorm erfasst sind. In Griechenland hingegen ist nur die Frage nach dem konkret betroffenen Personenkreis maßgeblich. Der Schutzzweck der verletzten Norm bleibt für den Rechtsschutz irrelevant.

4.1 Die Klagebefugnis in umweltrechtlichen Streitverfahren in Deutschland

4.1.1 Verletzung subjektiver Rechte durch Umwelteinwirkung

Nach § 42 Abs. 2 VwGO ist eine Anfechtungsklage nur unter der Voraussetzung der Klagebefugnis zulässig. Umweltbeeinträchtigungen stellen für sich genommen einen bloßen ökologischen Befund und keine Rechtsverletzung dar. Für den Rechtsschutz im Umweltrecht ist mithin der Zusammenhang zwischen faktischer Umweltbelastung und hieraus folgender Beeinträchtigung subjektiver öffentlicher Rechte maßgeblich. Umweltbelastungen, deren tatsächliche Auswirkungen unterhalb der Schwelle von Gesundheitsbeeinträchtigungen bleiben und die keine Sachwertbeschädigung verursachen, können dementsprechend nur dann im Hinblick auf ihre Rechtmäßigkeit gerichtlich überprüft werden, wenn hierfür rechtliche Betroffenheitskriterien existieren.

Die medialen Umweltgesetze enthalten für den Betreiber einer umweltbelastenden Tätigkeit verschiedene Schutzpflichten, die vor allem in technischen Standards und Grenzwerten zum Ausdruck kommen, welche schädlichen Umwelteinwirkungen entgegenwirken[1470] und der Gefahrenabwehr[1471] bzw. der Risikovorsorge[1472] dienen. Der Gesetzgeber setzt in diesen Fällen bestimmte Emissionsbefunde mit einer rechtswidrigen Gefährdung subjektiver Rechte bzw. mit einer rechtswidrigen Belästigung der Allgemeinheit gleich. Es stellt sich folgerichtig die Frage, ob sich aus der gesetzlichen Ausgestaltung des Verhältnisses zwischen dem Betreiber der umweltbelastenden Tätigkeit und den hierdurch tatsächlich Betroffenen Kriterien gewinnen lassen, welche rechtlich relevant sind bzw. klagefähige Rechtspositionen ermitteln. Bleibt der einschlägige Gesetzeswortlaut dafür indifferent, ist im Wege der Auslegung anhand der Schutznormtheorie herauszufinden, ob der einschlägigen Umweltrechtsnorm drittschützende Gehalt zuzuerkennen ist.

1470 Vgl. §§ 1 und 3 Abs. 1 BImSchG, § 906 Abs. 1 BGB.
1471 Vgl. § 4 Abs. 1 S. 1 BImSchG, § 326 Abs. 1 Nr. 4 StGB.
1472 Vgl. §§ 6 und 5 Abs. 1 Nr. 2 BImSchG, § 7 Abs. 2 Nr. 3 AtG.

4.1.2 Umweltschutzvorschriften als Schutznormen

Aus der im zweiten Teil der Untersuchung aufgeführten Darstellung ergibt sich, dass Voraussetzung des drittschützenden Charakters einer Umweltschutznorm ist, dass ihr das geschützte Privatinteresse, die Art der Verletzung und der geschützte Personenkreis mit hinreichender Deutlichkeit zu entnehmen sind. Die ausdrückliche Erwähnung der Nachbarschaft im Wortlaut, wie z.B. in § 5 Abs. 1 Nr. 1 BImSchG, ist hierbei keine notwendige Bedingung, wohl aber ein Indiz für das Vorliegen einer nachbarschützenden Norm.

Subjektive öffentliche Rechte ergeben sich vor allem aus dem einfachgesetzlichen materiellen Umweltrecht sowie aus dem Verfahrensrecht[1473]. Bei der Auslegung der einschlägigen Norm spielen auch das richterrechtliche Gebot der Rücksichtnahme[1474] und die norminterne Wirkung der Grundrechte eine wichtige Rolle[1475], während sich bei schwerwiegenden Verletzungen Dritte unmittelbar auf die Grundrechte berufen können sollen[1476]. Auf der Grundlage der Schutznormtheorie und mit der Baunachbarklage als Referenzgebiet ist es der Rechtsprechung gelungen, ein abgestuftes Nachbarschutzsystem zu entwickeln. Dieses System steht auch für das Umweltrecht zur Verfügung. Die Auseinandersetzung mit der Problematik der Verfahrensrechte, die Analyse des Rücksichtnahmegebots und die Darstellung der norminternen bzw. normexternen Wirkung der Grundrechte bei der Ermittlung der Klagebefugnis erfolgten im zweiten Teil der vorliegenden Untersuchung. Die dort erläuterten Darlegungen sind auch im Umweltrecht gültig. Die folgenden Aufführungen sind dementsprechend auf die besonderen Auslegungsprinzipien auszurichten, die im Rahmen der Schutznormtheorie für die Ermittlung des drittschützenden Charakters von umweltrechtlichen Normen maßgeblich sind.

1473 Drittschützende Wirkung kommt den Vorschriften zur Öffentlichkeitsbeteiligung im immissionsschutzrechtlichen Genehmigungsverfahren zu (§ 10 BImSchG: vgl. BVerwG, NJW 1983, 1507, 1508 und BVerwGE 85, 368, 374), weder aber im Bauleitplanverfahren (vgl. BVerwG, DVBl. 1982, 1096, 1097) noch im fernstraßenrechtlichen (vgl. BVerwG, NJW 1981, 239; E 64, 325, 331) und wasserrechtlichen Planfeststellungsverfahren (vgl. BVerwGE 41, 58, 63f; E 44, 235, 239); vgl. dazu Sparwasser/Engel/Vosskuhle, Umweltrecht, 238f.

1474 Fehlt eine Schutznorm, so kann das Gebot der Rücksichtnahme einzelnen Tatbestandsmerkmalen objektivrechtlich konzipierter Normen einen subjektiven Einschlag verleihen: Dem kommt nämlich drittschützende Wirkung zu, wenn die Nutzung der Nachbargrundstücke durch die Nutzung der Baugenehmigung unzumutbar beeinträchtigt werden würde.

1475 Der Vollzug des Umweltrechts ist soweit einklagbar, als es der Erfüllung der grundrechtlichen Schutzpflichten dient; vgl. Klein, Ein Grundrecht auf saubere Umwelt?, FS Weber, 643 (651).

1476 Vgl. zum Art. 2 Abs. 2 GG: BVerwGE 54, 211, 221 ff.; BVerwG, NVwZ 1997, 161, 162; vgl. Sparwasser/Engel/Vosskuhle, Umweltrecht, 239.

4.1.2.1 Naturschutz- und Landschaftspflegerecht

Aus dem Naturschutz- und Landschaftspflegerecht ergeben sich in aller Regel keine subjektiven öffentlichen Rechte. In Anbetracht des Umstandes, dass es dabei um die Erhaltung der Natur als solche geht[1477], wird ihnen die individualschützende Funktion und entsprechend der drittschützende Charakter abgesprochen[1478].

Dennoch tragen die naturbezogenen Regelungen zur Erhaltung des ökologischen Gleichgewichts bei, was auch den Menschen direkt betreffen kann. Es wurde bereits dargestellt, dass der Umweltschutz in seinem Kern anthropozentrisch orientiert ist[1479] und auch in den Fällen, wo die Umwelt als eigenständiges Schutzobjekt zu verstehen ist, im Mittelpunkt jedoch immer der Schutz des menschlichen Lebens und dessen Qualität steht. Die Möglichkeit der Begründung subjektiver Rechte ist dementsprechend **nicht von vornherein** auszuschließen. Die Naturlandschaften werden außerdem als Erholungsgebiete genutzt[1480]. Damit kommt ein privates Rechtsgut in Frage, denn die Begegnung

---

1477 Vgl. § 1 BNatSchG: „Natur und Landschaft sind auf Grund ihres eigenen Wertes und als Lebensgrundlagen des Menschen [...] so zu schützen, zu pflegen, zu entwickeln und, soweit erforderlich, wiederherzustellen, dass [...]"; § 39 Abs. 1 BNatSchG: „ Die Vorschriften dieses Abschnitts dienen dem Schutz und der Pflege der wild lebenden Tier- und Pflanzenarten in ihrer natürlichen und historisch gewachsenen Vielfalt. Der Artenschutz umfasst: (1) den Schutz der Tiere und Pflanzen und ihrer Lebensgemeinschaften vor Beeinträchtigungen durch den Menschen, (2) den Schutz, die Pflege, die Entwicklung und die Wiederherstellung der Biotope wild lebender Tier- und Pflanzenarten sowie die Gewährleistung ihrer sonstigen Lebensbedingungen, (3) die Ansiedlung von Tieren und Pflanzen verdrängter wild lebender Arten in geeigneten Biotopen innerhalb ihres natürlichen Verbreitungsgebiets".

1478 Dazu Marburger, Ausbau des Individualschutzes gegen Umweltbelastungen als Aufgabe des bürgerlichen und des öffentlichen Rechts, Gutachten zum 56. Dt. Juristentag, 84f.; vgl. auch Kloepfer, Umweltrecht, 587; Steinberg, Verwaltungsgerichtlicher Umweltschutz, UPR 1984, 350 (351); Wahl/Schütz, in: Schoch/Schmidt-Aßmann/ Pietzner, VwGO Kommentar, Stand 2004, § 42 Abs. 2, Rn. 218.

1479 Vgl. § 1 BNatSchG: „Natur und Landschaft sind auf Grund ihres eigenen Wertes und als Lebensgrundlagen des Menschen [...] so zu schützen [...]".

1480 Vgl. § 1 BNatSchG: „Natur und Landschaft sind [...] so zu schützen, [...] dass [...] der **Erholungswert** von Natur und Landschaft auf Dauer gesichert sind"; § 2 Abs. 1 Nr. 13 BNatSchG: „Die Landschaft ist in ihrer Vielfalt, Eigenart und Schönheit auch wegen ihrer Bedeutung als **Erlebnis- und Erholungsraum des Menschen** zu sichern."; § 56 BNatSchG: „Die Länder gestatten das Betreten der Flur auf Straßen und Wegen sowie auf ungenutzten Grundflächen zum Zweck der Erholung auf eigene Gefahr [...]"; § 57 Abs. 1 BNatSchG: „Der Bund stellt in seinem Eigentum oder Besitz stehende Grundstücke, die sich nach ihrer Beschaffenheit für die Erholung der Bevölkerung eignen, wie (1) Ufergrundstücke, (2) Grundstücke mit schönen Landschaftsbestandteilen,(3) Grundstücke, über die sich der Zugang zu nicht oder nicht ausreichend zugänglichen Wäldern, Seen oder Meeresstränden ermöglichen lässt, im angemessenen

mit der Natur stellt ein durchaus individualisierbares Belang dar[1481]. Das Recht auf Erholung zählt zu dem Schutzbereich des Art. 2 Abs. 1 GG[1482]. Die Naturschutzgesetze können insofern als Ausformung der grundrechtlichen Schutzpflicht verstanden werden, so dass ihre Verletzung sich zugleich als Verletzung eines subjektiven öffentlichen Rechts darstellen kann. Für dessen Begründung ist noch zusätzlich der Kreis von vom Zweck der naturschutzrechtlichen Norm erfassten Betroffenen zu ermitteln.

4.1.2.2 Gefahrenabwehr und Risikovorsorge

Sind das geschützte Privatinteresse, die Art der Verletzung und der geschützte Personenkreis einer umweltrechtlichen Norm mit hinreichender Deutlichkeit zu entnehmen, ist sie als Schutznorm zu qualifizieren. Schutz- und Abwehrpflichten gelten mithin grundsätzlich als drittschützend. Solche gesetzlichen Pflichten finden sich im Immissionsschutzrecht, Atomrecht und Gentechnikrecht.

Genehmigungsbedürftige Anlagen sind gemäß § 5 Abs. 1 Nr. 1 BImSchG so zu errichten und zu betreiben, dass zur Gewährleistung eines hohen Schutzniveaus für die Umwelt insgesamt schädliche Umwelteinwirkungen und sonstige Gefahren, erhebliche Nachteile und erhebliche Belästigungen „für die Allgemeinheit und die Nachbarschaft" nicht hervorgerufen werden können. Die ausdrückliche Verknüpfung von konkreter Abwehr und der Benennung der Nachbarschaft als Begünstigte im Wortlaut der Norm hat dazu geführt, dass ihr Individualschutz zuerkannt wurde[1483]. Das Gleiche gilt für nicht genehmigungsbedürftige Anlagen gemäß §§ 22 Abs. 1 Nr. 1 und 2 BImSchG[1484] und die Regelung der nachträglichen Anordnung gemäß § 17 BImSchG[1485] bzw. §§ 24 und 25

Umfang für die Erholung bereit [...]".

1481 Vgl. Winter, Individualrechtsschutz im deutschem Umweltrecht unter dem Einfluss des Gemeinschaftsrechts NVwZ 1999, 467 (474).

1482 Burgi, Erholung in freier Natur, 232 ff.

1483 BVerwGE 65, 313, 320; E 68, 58, 59; E 80, 184, 189; BVerwG, NVwZ 2004, 611; vgl. Jarass, BImSchG, 6. Aufl., § 5, Rn. 120; ders., Der Rechtsschutz Dritter bei der Genehmigung von Anlagen – Am Beispiel des Immissionsschutzrechts, NJW 1983, 2844 (2845); Kloepfer, Umweltrecht, 585; Steinberg, Verwaltungsgerichtlicher Umweltschutz, UPR 1984, 350 (351); Wahl/Schütz, in: Schoch/Schmidt-Aßmann/Pietzner, VwGO Kommentar, Stand 2004, § 42 Abs. 2, Rn. 151.

1484 BVerwGE 72, 300, 331; vgl. Marburger, Ausbau des Individualschutzes gegen Umweltbelastungen als Aufgabe des bürgerlichen und des öffentlichen Rechts, Gutachten zum 56. Dt. Juristentag, 70, m.w.N. s. Fn. 309; **a.A.** Sellner, BImSchG und Nachbarschutz im unbeplanten Innenbereich, NJW 1976, 265 (267 ff.).

1485 § 17 Abs. 1 BImSchG: „[...] Wird nach Erteilung der Genehmigung [...] festgestellt, dass die Allgemeinheit oder die Nachbarschaft nicht ausreichend [...] geschützt ist, soll die zuständige Behörde nachträgliche Anordnungen treffen"; vgl. Kloepfer, Umwelt-

Abs. 2 BImSchG[1486]. Der Grundsatz, dass Abwehrpflichten drittschützend sind, gilt auch für die diese Abwehrpflichten konkretisierenden Grenzwerte (z.B. StörfallVO, TA Luft), so dass Immissionswerten regelmäßig Drittschutz zuerkannt wird[1487]. Gemäß § 5 Abs. 1 Nr. 2 BImSchG sind genehmigungsbedürftige Anlagen so zu errichten und zu betreiben, dass über die Gefahrenabwehr hinaus auch Vorsorge gegen schädliche Umwelteinwirkungen und sonstige Gefahren, erhebliche Nachteile und erhebliche Belästigungen getroffen wird. Im Wortlaut dieser Regelung wird im Gegensatz zu § 5 Abs. 1 Nr. 1 nicht die Nachbarschaft erwähnt. Außerdem sind hier keine konkreten Gefahren gemeint, die bereits von Nr. 1 erfasst werden, sondern es geht um hypothetische Gefahren unterhalb der Schädlichkeitsschwelle, was gegen einen drittschützenden Charakter der Vorsorgepflicht spricht[1488]. Dem Bereich der Vorsorge werden auch die Abwärmenutzungspflicht gemäß § 5 Abs. 1 Nr. 4 BImSchG[1489], der Planungsgrundsatz des § 50 BImSchG[1490] wie auch die Emissionswerte[1491] zugerechnet, so dass sie keinen Drittschutz entfalten. Die Systematische Zuordnung einzelner Grenzwerte ist allerdings nicht unstrittig[1492].

Das GenTG enthält im Gegensatz zum BImSchG keine eindeutigen Regelungen zum Dritt- bzw. Nachbarschutz. Der allgemeine Schutzzweck des § 1 Nr. 1[1493] spricht andererseits für den drittschützenden Charakter[1494]. Die Unter-

---

recht, 585; Marburger, Ausbau des Individualschutzes gegen Umweltbelastungen als Aufgabe des bürgerlichen und des öffentlichen Rechts, Gutachten zum 56. Dt. Juristentag, 67, Fn. 294 m.w.N.

1486 Jarass, BImSchG, 6. Aufl., § 25, Rn. 28; Marburger, Ausbau des Individualschutzes gegen Umweltbelastungen als Aufgabe des bürgerlichen und des öffentlichen Rechts, Gutachten zum 56. Dt. Juristentag, 70.

1487 Kloepfer, Umweltrecht, 586.

1488 BVerwGE 65, 313, 320; BVerwG, NVwZ 1997, 276, 277; vgl. Feldhaus, Der Vorsorgegrundsatz des BImSchG, DVBl. 1980, 133 (136); Jarass, Der Rechtsschutz Dritter bei der Genehmigung von Anlagen – Am Beispiel des Immissionsschutzrechts, NJW 1983, 2844 (2845); Marburger, Ausbau des Individualschutzes gegen Umweltbelastungen als Aufgabe des bürgerlichen und des öffentlichen Rechts, Gutachten zum 56. Dt. Juristentag, 61 m.w.N.; Rengeling, Die immissionsschutzrechtliche Vorsorge als Genehmigungsvoraussetzung, DVBl. 1982, 622 (628); Sellner, Zum Vorsorgegrundsatz im BImSchG, NJW 1980, 1255 (1261); Sparwasser/Engel/Vosskuhle, Umweltrecht, 713.

1489 Marburger, Ausbau des Individualschutzes gegen Umweltbelastungen als Aufgabe des bürgerlichen und des öffentlichen Rechts, Gutachten zum 56. Dt. Juristentag, 64;

1490 Redeker/v. Oertzen, VwGO, 2004, § 42, Rn. 137.

1491 Hoppe/Beckmann/Kauch, Umweltrecht, 274.

1492 Vgl. Breuer, Ausbau des Individualschutzes gegen Umweltbelastungen als Aufgabe des öffentlichen Rechts, DVBl. 1986, 849 (855); Sparwasser/Engel/Vosskuhle, Umweltrecht, 713; vgl. § 44 UGB-KomE.

1493 „Zweck dieses Gesetzes ist (1) unter Berücksichtigung ethischer Werte, Leben und Gesundheit von Menschen, die Umwelt in ihrem Wirkungsgefüge, Tiere, Pflanzen und

scheidung zwischen drittschützenden Gefahrenabwehrnormen und nicht drittschützenden Vorsorgenormen bildet außerdem ein im gesamten Umweltrecht durchgängiges Prinzip[1495]. Im Gentechnikrecht entfaltet dementsprechend § 6 Abs. 2 1. Alt. GenTG Drittschutz, soweit die Norm von konkreten Individualgefahren schützen soll[1496], während die Normen über die Risikobewertung[1497] und die Auszeichnungspflichten[1498] nicht drittschützend sind[1499]. Im Atom- und Strahlenschutzrecht wird dieser Grundsatz mit der Gegenüberstellung von Individualrisiko und Bevölkerungsrisiko gleichgesetzt[1500]. Unter den Genehmigungsvoraussetzungen für kerntechnische Anlagen gelten als drittschützend § 7 Abs. 2 Nr. 3 AtG, soweit es dort um Gefahrenabwehr geht, nicht jedoch im Bereich der Risikovorsorge[1501], und Nr. 5 AtG[1502]. Dementsprechend gelten als drittschützend die auf das Individualrisiko bezogenen Dosisgrenzwerte des § 47 StrlSchV für den Normalbetrieb bzw. § 49 Abs. 1 StrlSchV für den Störfall, nicht aber das Strahlenminimierungsgebot nach §§ 93 und 94 StrlSchV und auch nicht das Beschränkungsgebot des § 51 Abs. 1 S. 1 StrlSchV[1503].

Die Einteilung in Gefahrenabwehr und Risikovorsorge in Verbindung mit der Ablehnung des drittschützenden Charakters des Vorsorgeprinzips erscheint dennoch indes zweifelhaft, weil sich Gefahr und Risiko nicht eindeutig vonein-

---

Sachgüter vor schädlichen Auswirkungen gentechnischer Verfahren und Produkte zu schützen und Vorsorge gegen das Entstehen solcher Gefahren zu treffen".

1494 Sparwasser/Engel/Vosskuhle, Umweltrecht, 395f.

1495 Kloepfer, Umweltrecht, 586.

1496 „Der Betreiber hat die nach dem Stand von Wissenschaft und Technik notwendigen Vorkehrungen zu treffen, um die in § 1 Nr. 1 genannten Rechtsgüter vor möglichen Gefahren zu schützen".

1497 § 6 Abs. 1 GenTG: „Wer gentechnische Anlagen errichtet oder betreibt, gentechnische Arbeiten durchführt, gentechnisch veränderte Organismen freisetzt oder Produkte, die gentechnisch veränderte Organismen enthalten oder aus solchen bestehen, als Betreiber in Verkehr bringt, hat die damit verbundenen Risiken vorher umfassend zu bewerten und diese Bewertung dem Stand der Wissenschaft anzupassen. Bei dieser Risikobewertung hat er insbesondere die Eigenschaften der Spender- und Empfängerorganismen, der Vektoren sowie der gentechnisch veränderten Organismen, ferner die Auswirkungen der vorgenannten Organismen auf die menschliche Gesundheit und die Umwelt zu berücksichtigen".

1498 § 6 Abs. 3 GenTG.

1499 Hoppe/Beckmann/Kauch, Umweltrecht, 275; Sparwasser/Engel/Vosskuhle, Umweltrecht, 395f.

1500 BVerwGE 61, 256, 264 ff.; E 72, 300, 319.

1501 Breuer, Ausbau des Individualschutzes gegen Umweltbelastungen als Aufgabe des öffentlichen Rechts, DVBl. 1986, 849 (856); Marburger, Ausbau des Individualschutzes gegen Umweltbelastungen als Aufgabe des bürgerlichen und des öffentlichen Rechts, Gutachten zum 56. Dt. Juristentag, 77.

1502 BVerwG, DÖV 1982, 820, 821.

1503 Kloepfer, Umweltrecht, 586 m.w.N.

ander abgrenzen lassen[1504], und kann darüber hinaus umweltpolitisch zu fragwürdigen Konsequenzen führen. Die Einhaltung des Vorsorgeprinzips wird nämlich allein durch die Verwaltung gesichert. Kommt aber diese ihrer Aufgabe nicht ausreichend nach, bleibt der Weg der verwaltungsgerichtlichen Kontrolle versperrt.

4.1.3 Individualschutz einzelner Personengruppen

Drittschützender Charakter kommt einer Norm nur dann zu, wenn diese einen von ihr erfassten hinreichend bestimmten bzw. bestimmbaren Personenkreis erkennen lässt und der Kläger zu diesem Personenkreis gehört. Im Umweltrecht ist vorwiegend von nachbarschützenden Vorschriften die Rede. Es stellt sich damit zunächst die Frage nach der Definition der Nachbarschaft.

4.1.3.1 Die Nachbarschaft

Der Begriff des Nachbarn ist nicht gesetzlich definiert. Ähnlich wie im Baurecht geht es im Umweltrecht nicht um die unmittelbare Grenznachbarschaft, sondern darum, wie weit sich das jeweilige Vorhaben auswirkt. Da Anlagen vielfach einen weiten Einwirkungsbereich aufweisen, soll man unter „Nachbar" jeden verstehen, der durch die Anlage hinreichend betroffen ist[1505]. Als Nachbarn sind daher die Personen anzusehen, die den schädlichen Umwelteinwirkungen einer Anlage ausgesetzt sind. Die tatsächliche Betroffenheit tritt demnach als zweites Kriterium zur prinzipiellen rechtlichen Betroffenheit hinzu.

Um vor allem bei Großanlagen den Kreis der Klagebefugten nicht ausufern zu lassen, verlangt aber das Bundesverwaltungsgericht ein „qualifiziertes Betroffensein"[1506]. Die Auswirkungen der Anlage müssen dementsprechend den Kläger persönlich im deutlich gesteigerten Maße treffen[1507], und nicht bloß als Teil der Allgemeinheit[1508]. Zu den Nachbarn zählen damit Eigentümer und Bewohner[1509], Mieter oder Pächter eines Grundstücks und Arbeitnehmer[1510], die

---

1504 Vgl. Sparwasser/Engel/Vosskuhle, Umweltrecht, 237; Wahl/Schütz, in: Schoch/Schmidt-Aßmann/Pietzner, VwGO Kommentar, Stand 2004, § 42 Abs. 2, Rn. 154 m.w.N.

1505 Vgl. Kloepfer, Umweltrecht, 588f.

1506 BVerwG, NVwZ 1997, 276.

1507 Vgl. BVerwG, UPR 1983, 70: Von einer nachbarartigen Stellung lässt sich nur bei Personen sprechen, die eine **besondere persönliche oder sachliche Bindung** zu einem Ort im Einwirkungsbereich aufweisen.

1508 BVerwG, NVwZ 1997, 276, 277.

1509 BGH, NJW 1995, 134.

1510 BVerwG, NJW 1983, 1507, 1508; Voraussetzung ist jedoch, dass sich der Arbeitsplatz selbst und nicht nur ein beliebiger Teil des Betriebs im Einwirkungsbereich befindet.

ihren ständigen Aufenthaltsort in der Nähe der Anlage haben und sich deren Auswirkungen daher nicht entziehen können. Zu den Nachbarn sind auch die Arbeitnehmer zu rechnen, die im Betrieb des Anlagenbetreibers beschäftigt sind[1511]. Nachbarn sind außerdem jene Personen, denen im Einwirkungsbereich befindliche Tiere, Pflanzen, Sachen oder Umweltmedien gehören[1512]. Grundstückseigentümer, und damit Nachbarn, können auch Gemeinden sein[1513]. Die Nachbarschaft setzt also nach dieser Rechtsprechung ein besonderes Verhältnis zur Anlage voraus, im Sinne einer engeren räumlichen und zeitlichen Beziehung[1514].

Maßgebliches Kriterium für die engere räumliche Beziehung ist der Einwirkungsbereich des Betriebs[1515]. Einwirkungsbereich einer Anlage ist das Gebiet, in das die von der Anlage emittierten Stoffe in solcher Menge und Konzentration gelangen, dass sie schädliche Wirkungen erzeugen[1516]. Dabei ist zwischen Auswirkungen bei Normalbetrieb, Störfällen und Unfällen zu differenzieren[1517]. Die notwendige enge räumliche Beziehung hängt dementsprechend von der Art der Gefahr bzw. der Umweltbeeinträchtigung ab und ist daher flexibel und letztlich nur im jeweiligen Einzelfall zu bestimmen.

Je weiter eine Person von der Anlage entfernt wohnt, arbeitet usw., desto größer sind die Anforderungen an die Substantiierung deren Betroffenheit[1518]. Bei Lärmbelästigungen oder Erschütterungen lässt sich relativ leicht feststellen, wer als Nachbar in diesem Sinne betroffen ist, denn sie werden sinnlich wahrgenommen. Bei Luftverunreinigungen ist dies prekär, da sie je nach Luftströmung über weite Strecken transportiert werden können. Anhaltspunkte für den Einwirkungsbereich bei Luftverunreinigungen liefert das Beurteilungsgebiet i.S.d. Nr. 4.6.2.5 TA Luft 2002[1519]. Schwierigkeiten ergeben sich vor allem bei kerntechnischen Anlagen[1520].

1511 Jarass, BImSchG, 6. Aufl., § 3, Rn. 37 m.w.N.

1512 BVerwG, NJW 1983, 1507, 1508.

1513 BVerwG, NuR 1993, 79.

1514 BVerwG, NJW 1983, 1507f.; BVerwG, NVwZ 1997, 276, 277; vgl. Sparwasser/Engel/Vosskuhle, Umweltrecht, 710; Schlotterbeck, Nachbarschutz im anlagebezogenen Immissionsschutzrecht, NJW 1991, 2669; Wahl/Schütz, in: Schoch/Schmidt-Aßmann/Pietzner, VwGO Kommentar, Stand 2004, § 42 Abs. 2, Rnn. 162 ff.

1515 BVerwGE 28, 131, 134f.; Sparwasser/Engel/Vosskuhle, Umweltrecht, 701.

1516 Marburger, Ausbau des Individualschutzes gegen Umweltbelastungen als Aufgabe des bürgerlichen und des öffentlichen Rechts, Gutachten zum 56. Dt. Juristentag, 87; vgl. Jarass, BImSchG, 6. Aufl., § 3, Rn. 33.

1517 Kloepfer, Umweltrecht, 589; Steinberg, Verwaltungsgerichtlicher Umweltschutz, UPR 1984, 350 (355) m.w.N.

1518 Jarass, Der Rechtsschutz Dritter bei der Genehmigung von Anlagen – Am Beispiel des Immissionsschutzrechts, NJW 1983, 2844 (2847).

1519 Jarass, BImSchG, § 3, Rn. 33; Sparwasser/Engel/Vosskuhle, Umweltrecht, 702.

1520 Vgl. Winters, Zur Entwicklung des Atom- und Strahlenschutzrechts, DÖV 1978, 265

Zu dieser räumlichen Beziehung muss noch eine zeitliche Komponente hinzutreten, d.h. die betroffenen Personen müssen den Immissionen auch mit einer gewissen zeitlichen Intensität ausgesetzt sein und somit ein Opfer zu erbringen haben, das über das allgemeine Lebensrisiko hinausgeht[1521]. Dies ist nicht nur bei den Grundstückseigentümern der Fall, sondern bei allen Personen, die sich hinreichend dauerhaft im Einwirkungsbereich aufhalten oder ihren sonstigen engen Lebensbereich im Einwirkungsraum der Anlage haben[1522], wie z.B. Mieter, Arbeitnehmer, Besucher von Ausbildungsstätten usw.

Bloß zufällige bzw. gelegentliche Aufenthalte, etwa bei der Freizeitgestaltung, z.B. als Hotelgast, Tourist oder Spaziergänger, oder sporadische Besuche begründen dagegen kein zur Klage berechtigendes Nachbarschaftsverhältnis[1523]. Keine Nachbarn sind demzufolge Personen, die sich ohne besondere persönliche Bindungen im Einwirkungsbereich aufhalten. Solche Personen sind als „Publikum" Teil der Allgemeinheit[1524].

4.1.3.2 Gemeinden

Die Problematik der Klagebefugnis der Gemeinden wurde im zweiten Teil der Untersuchung ausführlich geschildert. An dieser Stelle sind die für das Umweltrecht maßgeblichen Erkenntnisse zusammenzufassen. Auch die Klagebefugnis einer Gemeinde setzt die Möglichkeit einer Verletzung in **eigenen** Rechten voraus. Wie bereits dargestellt, können sich Gemeinden, was ihr Eigentum angeht, zwar nicht auf Art. 14 GG berufen[1525], wohl aber auf einfachgesetzliche Normen[1526]. Als Grundstückseigentümer können sie zudem „Nachbarn" sein und sich auf die drittschützenden Vorschriften z.B. des BImSchG berufen.

Die „eigenen" Rechte der Gemeinde haben ihre Grundlage vor allem in den Konkretisierungen der Selbstverwaltungsgarantie[1527]. Art. 28 Abs. 2 GG

(268f.) mit zahlreichen Beispielen; vgl. auch Breuer, Ausbau des Individualschutzes gegen Umweltbelastungen als Aufgabe des öffentlichen Rechts, DVBl. 1986, 849 (857); Steinberg, Verwaltungsgerichtlicher Umweltschutz, UPR 1984, 350 (355f.).

1521 Kloepfer, Umweltrecht, 590f.

1522 BVerwG, NJW 1983, 1507, 1508; BVerwG, NVwZ 1998, 956 ff.; vgl. Clausing, Aktuelles Verwaltungsprozessrecht, JuS 1999, 474 (475); Marburger, Ausbau des Individualschutzes gegen Umweltbelastungen als Aufgabe des bürgerlichen und des öffentlichen Rechts, Gutachten zum 56. Dt. Juristentag, 86 ff.; Steinberg, Verwaltungsgerichtlicher Umweltschutz, UPR 1984, 350 (355).

1523 BVerwG, NJW 1983, 1507, 1508; vgl. Sparwasser/Engel/Vosskuhle, Umweltrecht, 701; Steinberg, Verwaltungsgerichtlicher Umweltschutz, UPR 1984, 350 (355).

1524 Jarass, BImSchG, 6. Aufl., § 3, Rn. 38.

1525 BVerfGE 61, 82, 102.

1526 Sparwasser/Engel/Vosskuhle, Umweltrecht, 240.

1527 Wahl/Schütz, in: Schoch/Schmidt-Aßmann/Pietzner, VwGO Kommentar, Stand 2004, § 42 Abs. 2, Rn. 105.

gewährleistet nämlich den Gemeinden und sonstigen Gebietskörperschaften das Recht, alle Angelegenheiten der örtlichen Gemeinschaft im Rahmen der Gesetze in eigener Verantwortung zu regeln[1528]. Den Gemeinden steht allerdings kein allgemeines Mandat zu, sich mit allem zu beschäftigen, was die Gemeindeeinwohner interessiert bzw. die Öffentlichkeit berührt. Gemeinden können sich dementsprechend weder zum Sachwalter der Gemeindeangehörigen noch der Allgemeinheit machen. Sie können nicht als berufene Vertreter ihrer Einwohner beim Schutz der Bevölkerung vor Gefahren auftreten, die durch die Bundesgesetzgebung hervorgerufen werden können[1529], es sei denn, dass ihre Wahrnehmung eine spezifisch kommunale Angelegenheit i.S. des Art. 28 Abs. 2 GG darstellt[1530].

Wichtig im Umweltrecht ist die Planungshoheit der Gemeinde, die deren Recht umfasst, die städtebauliche Entwicklung im Rahmen der Gesetze eigenverantwortlich zu planen und zu gestalten[1531]. Eine Gemeinde kann also gegen die Planung einer Fernstraße nur wegen der Verletzung ihrer Planungshoheit[1532], nicht aber z.B. wegen Gefährdung der Umwelt[1533] oder einer Gesundheitsgefahr für die Einwohner klagen[1534]. Andererseits kann eine Gemeinde geltend machen, dass ein Vorhaben eine von ihr geschaffene vorhandene kommunale Einrichtung gefährde, welche der öffentlichen Daseinsvorsorge dient oder der Erfüllung von Gemeindeaufgaben[1535]. So kann sich z.B. eine Gemeinde gegen eine abfallrechtliche Genehmigung wehren, die die Trinkwasserversorgung gefährdet[1536].

Unabhängig von einer Beeinträchtigung ihrer Planungshoheit kann sich die Befugnis einer Gemeinde, gegen Planungen und Maßnahmen überörtlicher Verwaltungsträger zu klagen, auch daraus ergeben, dass die geplanten Vorhaben das Gemeindegebiet oder Teile hiervon nachhaltig betreffen und die Entwicklung der Gemeinde beeinflussen[1537].

1528 Ausführlich zum verfassungsrechtlichen Schutz der Gemeinden s. Maunz, Die Verankerung des Gemeinderechts im GG, BayVBl. 1984, 417 (insb. Fn. 3 m.w.N.).

1529 Sparwasser/Engel/Vosskuhle, Umweltrecht, 241.

1530 BVerwG, DVBl. 1990, 427f.

1531 BVerfGE 56, 298, 312; BVerwGE 40, 323, 329; E 318, 325.

1532 Für Beispiele s. Kopp/Schenke VwGO, 13. Aufl., § 42, Rn. 138.

1533 Die Vorschrift des § 1 Abs. 5 S. 1 BauGB erhebt die Gemeinden auch nicht zum gesamtverantwortlichen Wächter des Umweltschutzes gegenüber anderen Planungsträgern; vgl. BVerwG, NVwZ 1997, 169; NVwZ 2001, 1160; UPR 1998, 445.

1534 Kloepfer, Umweltrecht, 592; bejahend aber wohl Steinberg, Verwaltungsgerichtlicher Schutz der kommunalen Planungshoheit gegenüber höherstufigen Planungsentscheidungen, DVBl. 1982, 13 (19), soweit es um die Beeinträchtigung von Gesundheits- und Lebensinteressen der Bevölkerung geht.

1535 Stüer/Probstfeld, Rechtsschutz der Gemeinden gegen straßenverkehrsrechtliche Anordnungen, UPR 2004, 121 (122).

1536 Vgl. BVerwG, NVwZ 2000, 675.

1537 BVerwGE 77, 134,138; vgl. Sparwasser/Engel/Vosskuhle, Umweltrecht, 241.

Darüber hinaus wurden den Gemeinden absolute Verfahrensrechte zuerkannt, nämlich das Recht auf Anhörung und Information bei überörtlichen Planungen, die Auswirkungen auf den örtlichen Bereich der Gemeinde haben[1538], im Verfahren zur Kommunalen Neugliederung[1539] und im luftverkehrsrechtlichen Genehmigungsverfahren[1540].

4.1.3.3 Umweltverbände: Die Vereinsklage des Naturschutzrechts

Die Klagerechte der Umweltverbände entsprechen grundsätzlich denen von Einzelpersonen. Um verwaltungsrechtliche Entscheidungen anfechten zu können, müssen daher auch Verbände geltend machen können, durch die in Rede stehende Verwaltungsmaßnahme unmittelbar in eigenen Rechten verletzt zu sein. Sie können beispielsweise gegen ein Bauvorhaben klagen, sofern es ihre Eigentumsrechte beeinträchtigt. Darüber hinaus eröffnet die „verfahrensrechtliche" Verbandsklage[1541] den Verbänden den Rechtsweg zu den Verwaltungsgerichten bei Verletzung eines Beteiligungsrechts, wie es die entsprechenden Bestimmungen des BNatSchG und der Naturschutzgesetze der Länder den anerkannten Naturschutzverbänden gewähren.

Im Zentrum der Aufmerksamkeit steht jedoch die sog. „altruistische" Verbandsklage. Mit ihr wird einem Umweltschutzverband die Befugnis eingeräumt, die Verletzung von im öffentlichen Interesse erlassenen Rechtsvorschriften zu rügen. Daher kann sie als „materiell-rechtliche" Verbandsklage[1542] bezeichnet werden. Eine altruistische Verbandsklage im Umweltrecht und ihre rechtliche Regelung war schon in der Vergangenheit Gegenstand umwelt- und rechtspolitischer Debatten. In einer Vielzahl von Staaten der EU ist sie seit längerem gängige Praxis[1543]. Das Bundesnaturschutzgesetz hat jedoch die Einführung einer altruistischen Verbandsklage verworfen.

Nach bisheriger Rechtslage war damit auf Bundesebene im Grunde nur eine Verletztenverbandsklage vorgesehen, d.h. eine Klagemöglichkeit auf Grund

---

1538 BVerwG, DVBl. 1969, 362 ff; BVerwGE 31, 263, 264; E 51, 6, 13f.; BVerwG, DVBl. 1978, 845 (953); vgl. Dolde, Grundrechtsschutz durch einfaches Verfahrensrecht?, NVwZ 1982, 65 (66).

1539 Dolde, Grundrechtsschutz durch einfaches Verfahrensrecht?, NVwZ 1982, 65 (66).

1540 BVerwG, DÖV 1980, 516 (517).

1541 Calliess, Die umweltrechtliche Verbandsklage nach der Novellierung des Bundesnaturschutzgesetzes. Tendenzen zu einer „Privatisierung des Gemeinwohls" im Verwaltungsrecht?, NJW 2003, 97.

1542 Calliess, Die umweltrechtliche Verbandsklage nach der Novellierung des Bundesnaturschutzgesetzes. Tendenzen zu einer „Privatisierung des Gemeinwohls" im Verwaltungsrecht?, NJW 2003, 97.

1543 Dazu Winkelmann, Die Verbandsklage im Umweltrecht im internationalen Vergleich, ZUR 1994, 12.

der Verletzung eigener, dem Verband individuell zustehender Rechte[1544]. Erfolgte also eine ordnungsgemäße Beteiligung, gab das Klagerecht aus § 29 Abs. 1 NatSchG a.F. nicht die Möglichkeit, die Verwaltungsentscheidung wegen Verstoßes gegen **materielles** Recht anzugreifen[1545].

In Anbetracht des Umstandes, dass z.B. dem Naturschutz- und Landschaftspflegerecht in aller Regel der drittschützende Charakter abgesprochen wird, gewinnt die Frage an Bedeutung, ob Umweltverbänden die Möglichkeit gegeben werden soll, die Verletzung von umweltschutzrechtlichen Regelungen unabhängig von einer Betroffenheit in eigenen Rechten geltend zu machen. Im Gegensatz zu Griechenland, wo sich dies über die Figur des ideellen kollektiven *„εννόμου συμφέροντος"* ohne spezielle Regelung konstruieren ließ, ist diese Möglichkeit im deutschen Recht grundsätzlich nicht vorgesehen. Die altruistische Verbandsklage ist daher nur in den ausdrücklich gesetzlich bestimmten Fällen zulässig[1546].

Die vorgesehene anderweitige Gesetzesbestimmung kann auch ein Landesgesetz sein. So eröffneten bis 2002 die meisten Landesnaturschutzgesetze den anerkannten Umweltschutzverbänden die Möglichkeit, bei bestimmten Verwaltungsentscheidungen durch eine „Verbandsklage" die Beachtung des Naturschutzrechts gerichtlich überprüfen zu lassen[1547]. Im Folgenden wird mit dem Begriff „Verbandsklage" die in den ausdrücklich gesetzlich bestimmten Fällen zulässige altruistische Verbandsklage gemeint. Das Besondere an der Verbandsklage ist, dass ein Naturschutzverband, ohne selbst in eigenen Rechten verletzt zu sein, klagen kann und damit die Rolle eines Anwaltes der Natur innehat. Deren Einführung bedeutet also nicht eine Anerkennung neuer oder erweiterter subjektiver Rechte, sondern bloß eine Ausnahme von der in § 42 Abs. 2 VwGO normierten Verletztenklage[1548]. Sie kann dementsprechend nur gegen bestimmte Verwaltungsentscheidungen gerichtet werden. Der Kreis der anfechtbaren Verwaltungsentscheidungen ist in den verschiedenen Landesgesetzen unterschiedlich weit gezogen[1549].

1544 Ausführlich dazu Balleis, Mitwirkungs- und Klagerechte anerkannter Naturschutzverbände, 216 ff.

1545 Wolf, Zur Entwicklung der Verbandsklage im Umweltrecht, ZUR 1994, 1 (9).

1546 § 42 Abs. 2 Halbsatz 1 VwGO.

1547 S. in den geltenden Naturschutzgesetzen der Länder: Berlin (§ 39b), Brandenburg (§ 65), Bremen (§ 44), Hamburg (§ 41), Hessen (§ 36) – inzwischen aufgehoben durch Gesetz vom 18. 6. 2002, GVBl. I S. 364 ff. –, Mecklenburg-Vorpommern (§ 65a), Niedersachsen (§ 60c), Nordrhein-Westfalen (§ 12b), Rheinland-Pfalz (§ 37b), Saarland (§ 33), Sachsen (§ 58), Sachsen-Anhalt (§ 52), Schleswig-Holstein (§ 51c) und Thüringen (§ 46). In Baden-Württemberg und Bayern war dahingegen eine Verbandsklage nicht vorgesehen.

1548 Wolf, Zur Entwicklung der Verbandsklage im Umweltrecht, ZUR 1994, 1 (9).

1549 Zur Ausgestaltung und Reichweite der Verbandsklage im Naturschutzrecht der Länder s. Wolf, Zur Entwicklung der Verbandsklage im Umweltrecht, ZUR 1994, 1 (6 ff.);

Durch die Novellierung des BNatSchG im Jahr 2002[1550] ist die Mitwirkung von Verbänden in diversen Verfahren erweitert sowie die nunmehr genannte „Vereinsklage“[1551] (nicht zuletzt in Umsetzung der Vorgaben der Århus-Konvention) erstmals auch auf Bundesebene eingeführt worden[1552]. So gilt § 61 BNatSchG gemäß § 11 BNatSchG unmittelbar und führt im gesamten Bundesgebiet eine naturschutzrechtliche Vereinsklage ein. Darüber hinaus wird erstmals die Vereinsklagemöglichkeit gegen bestimmte Rechtsakte von Bundesbehörden eröffnet. Demgemäß gilt die Vereinsklage mit Inkrafttreten des BNatSchG in ganz Deutschland sowohl auf Bundesebene als auch in den Ländern[1553]. Mit deren Einführung werden den anerkannten[1554] Umwelt- und Naturschutzverbänden neue und umfassendere Möglichkeiten eröffnet[1555], im Interesse naturschutzrechtlicher Belange zu klagen[1556].

---

dazu auch Schmidt/Zschiesche, Die Effizienz der naturschutzrechtlichen Verbands- oder Vereinsklage, NuR 2003, 16 (17).

1550 Dazu Stich, Das neue Bundesnaturschutzgesetz – Bedeutsame Änderungen und Ergänzungen des Bundesnaturschutzrechts, UPR 2002, 161.

1551 Kritisch zur Begriffauswahl Seelig/Gündlich, Die Verbandsklage im Umweltrecht, NVwZ 2002, 1033 (1038).

1552 Zur Vorgeschichte s. Seelig/Gündlich, Die Verbandsklage im Umweltrecht, NVwZ 2002, 1033 (1035f.).

1553 Da § 60 BNatSchG eine rahmengesetzliche Regelung ist (s. § 11 BNatSchG), muss sie von den Ländern bis zum 03.04.2005 umgesetzt werden. Bis dahin gilt der alte § 29 BNatSchG unmittelbar. Erst bei Inkrafttreten der Ländernaturschutzgesetze gilt dann die jeweils neue, umgesetzte Landesvorschrift; s. dazu Schrader, Das Naturschutzrecht der Länder in der Anpassung an das neue Bundesnaturschutzgesetz in: NuR 2003, 80. Kritisch zur Übergangsregelung s. Louis, Die Übergangsregelungen für das Verbandsklagerecht nach den §§ 61, 69 Abs. 7 BNatSchG vor dem Hintergrund der europarechtlichen Klagerechte für Umweltverbände auf Grund der Änderungen der IVU- und der UVP-Richtlinie zur Umsetzung des Aarhus-Übereinkommens, NuR 2004, 287.

1554 Zur Anerkennung s. § 59 BNatSchG; vgl. Wilrich, Vereinsbeteiligung und Vereinsklage im neuen Bundesnaturschutzgesetz, DVBl. 2002, 872 (873).

1555 Im Einzelnen dazu s. Wilrich, Vereinsbeteiligung und Vereinsklage im neuen Bundesnaturschutzgesetz, DVBl. 2002, 872 (873 ff); vgl. Gellermann, Das modernisierte Naturschutzrecht. Anmerkungen zur Novelle des Bundesnaturschutzgesetzes, NVwZ 2002, 1025.

1556 Die Vereinsklage gilt gemäß § 69 V BNatSchG für jene Verwaltungsakte, für die nach dem Inkrafttreten des BNatSchG, also ab dem 04.04.2002, ein Antrag gestellt wurde oder für alle nach dem 01.07.2000 erlassenen Verwaltungsakte, sofern diese noch nicht bestandskräftig sind und dem vorausgegangenen Verwaltungsverfahren eine Mitwirkung nach altem Recht gesetzlich vorgeschrieben war, also in den alten § 29 BNatSchG-Fällen. Bestandskräftigkeit tritt ein, wenn innerhalb einer Frist von einem Monat nach Bekanntgabe des Verwaltungsaktes (§ 70 VwGO) nicht widersprochen wurde, bzw. ein Monat nach Bekanntgabe des Widerspruchbescheides (§ 74 VwGO) keine Klage erhoben wurde. Dann sind die Behörde und die Beteiligten grundsätzlich an die Regelung des Verwaltungsaktes gebunden, und zwar unabhängig von dessen

Ein anerkannter Verein kann gemäß § 61 Abs. 1 BNatSchG, ohne in seinen Rechten verletzt zu sein, Rechtsbehelfe gegen Befreiungen von Verboten und Geboten zum Schutz von Naturschutzgebieten, Nationalparken und sonstigen Schutzgebieten sowie von Schutzgebieten nach EU-Recht[1557], aber auch gegen Planfeststellungsbeschlüsse über Vorhaben, die mit Eingriffen in Natur und Landschaft verbunden sind und bestimmte Plangenehmigungen richten, soweit im Verfahren eine Öffentlichkeitsbeteiligung vorgesehen ist. Es handelt sich insofern um ein objektiv-rechtliches Beanstandungsverfahren[1558].

Daneben treten wie bisher die Beteiligungs- und Mitwirkungsrechte[1559], die weiterhin als subjektive Rechte i.S. von § 42 Abs. 2 VwGO zu werten sind[1560]. Der Gesetzgeber hat ausdrücklich erklärt, dass er die Partizipationserzwingungsklage bewusst nicht in der Neuregelung aufgenommen hat und insoweit auf die Rechtsprechung verwiesen[1561]. § 61 BNatSchG beschränkt sich allerdings auf Verwaltungsakte. Eine Vereinsnormenkontrolle ist nicht geregelt und darf auch nicht eingeführt werden, da § 47 VwGO im Gegensatz zu § 42 Abs. 2 VwGO keine Ermächtigung zur Abweichung vom Antragsbefugniserfordernis enthält[1562].

Zulässigkeitsvoraussetzungen der Vereinsklage sind gemäß § 61 Abs. 2 bis 4 BNatSchG[1563]: (a) die förmliche Anerkennung des Naturschutzvereins[1564] – klageberechtigt bei Verfahren auf Landesebene ist damit nur der jeweilige Landesverband, da auch nur er die Verbandsanerkennung nach §§ 59 und 60 BNatSchG (früher § 29 BNatSchG a. F.) besitzt –, (b) die Geltendmachung der Verletzung von Vorschriften des BNatSchG oder von auf Grund des BNatSchG

Rechtmäßig- oder Rechtswidrigkeit.

1557 „Natura 2000-Gebiete" s. § 33 BNatSchG.

1558 BT-Drs. 14/6378 S. 61.

1559 Vereinsklagefähig sind die Mitwirkungsfälle gemäß § 58 Abs. 1 Nr. 2 und 3 BNatSchG und die nach landesrechtlichen Vorschriften im Rahmen des § 60 Abs. 2 Nr. 5 und 6 BNatSchG. Die Bundesländer können aber aufgrund der Öffnungsklausel in § 61 Abs. 5 BNatSchG die Vereinsklage für Plangenehmigungen sowie für weitere Verwaltungsakte einführen. Ausgenommen sind Verwaltungsakte, die von Bundesbehörden erlassen werden.

1560 Wilrich, Vereinsbeteiligung und Vereinsklage im neuen Bundesnaturschutzgesetz, DVBl. 2002, 872 (873); ausführlich dazu Stüer, Die naturschutzrechtliche Vereinsbeteiligung und Vereinsklage, NuR 2002, 708.

1561 BT-Drs. 14/6378 S. 61.

1562 Wilrich, Vereinsbeteiligung und Vereinsklage im neuen Bundesnaturschutzgesetz, DVBl. 2002, 872 (878).

1563 Diese Zulässigkeitsvoraussetzungen stimmen weitgehend mit denen der landesrechtlichen Regelungen überein; dazu Schmidt/Zschiesche, Die Effizienz der naturschutzrechtlichen Verbands- oder Vereinsklage, NuR 2003, 16 (17).

1564 Dazu Wilrich, Vereinsbeteiligung und Vereinsklage im neuen Bundesnaturschutzgesetz, DVBl. 2002, 872 (873).

erlassenen Vorschriften oder von anderen Vorschriften, die zumindest auch den Belangen des Naturschutzes und der Landschaftspflege zu dienen bestimmt sind, durch die angefochtene Entscheidung[1565], (c) das Berührtsein des Vereines in den eigenen satzungsmäßigen Aufgaben durch die angefochtene Entscheidung, (d) das Vorliegen eines Tatbestandes, der nach den o. g. Regelungen auch zur Vereinsbeteiligung berechtigt, und die Abgabe einer Stellungnahme in dem vorangegangenen Verwaltungsverfahren, es sei denn, der Verein wurde rechtswidrig nicht beteiligt[1566], (e) die Geltendmachung nur solcher Einwendungen, die bereits im vorangegangenen Verwaltungsverfahren geltend gemacht wurden, es sei denn, der Verein konnte sie auf Grund der ihm vorgelegten Unterlagen zuvor noch nicht geltend machen[1567], (f) die Erhebung von Widerspruch und Klage binnen eines Jahres nach Kenntniserlangung, wenn der Verwaltungsakt dem Verein nicht bekannt gegeben worden ist.

Die Länder können Rechtsbehelfe von Vereinen auch in anderen Fällen, in denen nach § 60 Abs. 2 die Mitwirkung der Vereine vorgesehen ist, zulassen. Die Länder können darüber hinaus weitere Vorschriften über das Verfahren erlassen[1568]. Insoweit setzt § 61 Abs. 1 BNatSchG nur einen Mindeststandard fest. Die darüber hinausgehenden Klagemöglichkeiten, die sich aus landesrechtlichen Regelungen ergeben, bleiben somit unberührt[1569].

Die Verbandsklage für Naturschutzverbände umfasst allerdings nur die Geltendmachung von Naturschutzbelangen, nicht jedoch weitergehende Umweltschutzbelange. Diese isolierte Einführung für den Naturschutzrechtssektor ist als unzureichend zu bewerten, wenn man an den völkerrechtlichen Verpflichtungen Deutschlands aus das Übereinkommen von Århus und das Vollzugsdefizit im Umweltrecht denkt[1570].

1565 Z.B. des BImSchG; vgl. dazu BVerwG, NuR 1998, 544, 545f., BVerwGE 69, 37 ff.; vgl. Naturschutzgesetze der Länder: Berlin (§ 39b), Hamburg (§ 41), Mecklenburg-Vorpommern (§ 65a), Niedersachsen (§ 60c), Nordrhein-Westfalen (§ 12b), Saarland (§ 33), Sachsen-Anhalt (§ 52) und Schleswig-Holstein (§ 51c).

1566 Dazu Wilrich, Vereinsbeteiligung und Vereinsklage im neuen Bundesnaturschutzgesetz, DVBl. 2002, 872 (873 ff.).

1567 Die **Präklusion** gemäß § 61 Abs. 3 BNatSchG geht § 73 Abs. 4 VwVfG und den entsprechenden Regelungen in den Fachgesetzen (§ 17 Abs. 4 Satz 1 FStrG) vor. Hat der Verein im vorausgegangenen Verwaltungsverfahren Gelegenheit zur Äußerung gehabt, ist er im Verfahren über den Rechtsbehelf mit allen Einwendungen ausgeschlossen, die er im Verfahren nicht geltend gemacht hat, aber aufgrund der ihm überlassenen oder von ihm eingesehenen Unterlagen zum Gegenstand seiner Äußerung hätte machen können; s. dazu Stüer, Die naturschutzrechtliche Vereinsbeteiligung und Vereinsklage, NuR 2002, 708 (712f.).

1568 § 61 Abs. 5 BNatSchG.

1569 Vgl. NatSchG der Länder: BE (§ 39b), HH (§ 41), HE (§ 36), MV (§ 65a), NI (§ 60c), NW (§ 12b), ST (§ 52).

1570 Vgl. Gellermann, Das modernisierte Naturschutzrecht. Anmerkungen zur Novelle des

4.2 Kontrolleröffnung in umweltrechtlichen Streitverfahren in Griechenland

4.2.1 Umweltschutz als „έννομο συμφέρον"

Aus Art. 47 Abs. 1 PVO 18/1989 ergibt sich, wie bereits ausgeführt, dass gegen einen Verwaltungsakt, der seine Adressaten begünstigt, wie z.B. eine umweltrechtrelevante Genehmigung, Dritte vorgehen können, deren *„έννομα συμφέροντα"*, auch immaterieller Art, durch den angefochtenen Verwaltungsakt verletzt werden. Das *„έννομο συμφέρον"* ist jeder Vorteil bzw. jede Begünstigung, die dem Einzelnen durch Rechtsnormen verschafft wird, welche die Verwaltung verpflichten[1571]. Eine intakte Umwelt ist ein solcher begünstigender Zustand und darüber hinaus ein Ziel, dessen Verwirklichung gemäß Art. 24 § 1 Gr. Verf. dem Staat obliegt. Der Einzelne hat dementsprechend ein *„έννομο συμφέρον"* an der Beachtung dieser den Staat zum Umweltschutz verpflichtenden Norm, auch wenn die Verfassungsvorschrift ihm kein individuelles Recht gewährleisten würde, soweit ihm ihre Bewahrung einen mindestens reflexartigen Vorteil bzw. eine tatsächliche Begünstigung verschafft[1572]. Es stellt sich mithin das Problem des Personenkreises, der berechtigt ist, einen Antrag zu stellen.

Erkennt man die Umwelt als komplexes und kollektives Rechtsgut an[1573], so ist es konsequent, wenn man für die Zulassung eines Aufhebungsantrages vom starren Erfordernis eines strikt persönlichen *„εννόμου συμφέροντος"* des Betroffenen abweicht. Darüber hinaus werden die wichtigsten Umweltmedien in der griechischen Rechtsordnung als Allgemeingüter bzw. Sachen im Gemeingebrauch anerkannt, auf deren Gebrauch und Genuss ein individuelles Recht jedes Einzelnen besteht. Die Umweltbelastungen beeinträchtigen damit alle Menschen und insbesondere diejenigen, die in der Nähe der Umweltverschmutzungsquelle leben. Die Erhaltung der natürlichen Umwelt interessiert, wenn nicht die ganze Gesellschaft, auf jeden Fall einen weiten Personenkreis. Nach der Verfassungsänderung von 2001 gewährleistet der neue Art. 24 jedem ein Recht auf Umweltschutz. Das heißt zwar nicht, dass das persönliche *„έννομο συμφέρον"* als Voraussetzung der Zulässigkeit von umweltrelevanten Klagen aufgehoben wurde. Die Tendenz dennoch, den Kreis der aufhebungsberechtigten Personen auszuweiten, ist unverkennbar.

Bundesnaturschutzgesetzes, NVwZ 2002, 1025 (1026); Schmidt/Zschiesche, Die Effizienz der naturschutzrechtlichen Verbands- oder Vereinsklage, NuR 2003, 16 (23); Wolf, Zur Entwicklung der Verbandsklage im Umweltrecht, ZUR 1994, 1 (9 ff.).

1571 Vgl. Siouti, Umweltrecht, 55; dies., Die verfassungsmäßige Gewährleistung des Umweltschutzes, 64 (alles auf Griechisch).

1572 Vgl. Karakostas, Umwelt und Recht, 459f.; Siouti, Umweltrecht, 56; dies., Die verfassungsmäßige Gewährleistung des Umweltschutzes, 65 (alles auf Griechisch).

1573 Vgl. Koutoupa – Rengakos, Umweltrecht, 4; Tachos, Umweltschutz, Arm. 1983, 1 ff.; ders., Umweltschutzrecht, passim; s. auch StE 425/2001 und 209/2002 (alles auf Gr.).

Anlässlich dieser Überlegungen wird im Schrifttum vereinzelt darauf hingewiesen, dass der effektive Umweltschutz der Einführung einer actio popularis bedarf, damit jeder Umweltnutzer sich gegen Umweltbelastungen wehren kann[1574]. De lege lata ist das jedenfalls nicht möglich: nach Art. 47 des Staatsratsgesetzes ist eine persönliche Rechtsbeziehung des Antragstellers zu dem angegriffenen Verwaltungsakt erforderlich. Der Kläger muss demgemäß ein Interesse an der gerichtlichen Entscheidung vorbringen können, das nicht das eines jeden Bürgers sein könnte. Im Prinzip kennt die griechische Rechtsordnung keine Popularklage[1575]. Zwei Überlegungen führen zu der Furcht davor: einerseits die Anzahl der potentiellen Kläger – es soll nämlich verhindert werden, dass es zu einer Überflutung der Gerichte kommt – und andererseits die Bereiche des gesellschaftlichen Lebens, die sie über ihre Klagen beeinflussen könnten. Von der griechischen Lehre[1576] wird daher eine Erweiterung des Begriffes *„έννομο συμφέρον"* in Umweltangelegenheiten vorgeschlagen, die zu einer Art „relativer" actio popularis im Umweltrecht führen könnte. Gleichwohl ist die Tendenz der Gerichte klar zu erkennen, die Rechtsschutzmöglichkeit bei Umweltbeeinträchtigungen soweit wie möglich auszuweiten.

4.2.2 Erweiterung des „εννόμου συμφέροντος" bei Umweltbeeinträchtigungen

Rechtsprechung und Lehre haben die Voraussetzungen für das Vorliegen eines *„εννόμου συμφέροντος"* spezifiziert, indem es sich um ein persönliches, unmittelbares und gegenwärtiges Interesse handeln muss. Das *„έννομο συμφέρον"* muss dementsprechend vor allem persönlich sein, d.h. der Antragsteller muss in einer besonderen Beziehung zum angegriffenen Verwaltungsakt bzw. Unterlassung stehen, was weiter bedeutet, dass die Rechtsordnung seine Beziehung zu dem Sachverhalt unter einer bestimmten Eigenschaft anerkennt[1577]. Diese Beziehung soll durch den Verwaltungsakt bzw. Unterlassung belastet werden. Durch den persönlichen Charakter des Interesses wird vermieden, dass der Aufhebungsantrag sich zur Popularklage verwandelt[1578]. Den geltend gemachten

---

1574 Siouti, Umweltrecht, 58; Tachos, Umweltschutz, Arm. 1983, S. 1 (9); ders., Umweltschutzrecht, 106 ff. (alles auf Griechisch).

1575 Die griechische Rechtsordnung erkennt die Popularklage nur ausnahmsweise an, wie z.B. im Gesetz 703/1977 über Wettbewerbsschutz.

1576 Vgl. Karakostas, Umwelt und Recht, 452f.; Rotis W., Der verfassungsrechtliche Schutz der Umwelt, umstrittene rechtswissenschaftliche Tendenzen bezüglich der Ausweitung und des Erfolges eines Umweltschutzes, ToS 1986, 553 (554); Sakellaropoulos, Gedanken über das Problem der Umwelt in gerichtlicher Hinsicht, in FS StE 1929 – 1979 II, 1982, 223 (343 ff.); Siouti, Umweltrecht, 57 ff.; dies., Die verfassungsmäßige Gewährleistung des Umweltschutzes, 68; Tachos, Umweltschutz, Arm. 1983, S. 1 (9); ders., Umweltschutzrecht, 106f. (alles auf Griechisch).

1577 StE 2998/1998.

1578 Vgl. Karakostas, Umwelt und Recht, 459 (auf Griechisch).

Schaden muss allerdings nicht ausschließlich der Antragsteller erleiden. Es reicht, wenn er einem Personenkreis erwächst, zu dem der Antragsteller auch gehört. Wenn sich jedoch der Aufhebungsantrag gegen einen umweltbelastenden Verwaltungsakt bzw. Unterlassung richtet, können die zu verlangenden Voraussetzungen auf einen weiten Personenkreis zutreffen. Der Staatsrat nimmt in Anspruch, stets nach den Besonderheiten des Einzelfalles zu entscheiden.

4.2.2.1 Persönliches Interesse

Bei der Konkretisierung und Ausgestaltung der besonderen Kriterien des *„εννόμου συμφέροντος"* in den Fällen, in denen Aufhebungsanträge von Dritten gegen die Umwelt betreffende Verwaltungsentscheidungen gestellt werden, hat jedenfalls die Rechtsprechung des Staatsrates den Kreis der Dritten, die Aufhebungsantrag stellen dürfen, beachtlich erweitert, ohne jedoch die gesetzlich ausgeschlossene Popularklage einzuführen. Unter Berücksichtigung der Umstände des Einzelfalles hat der Staatsrat die Zulässigkeit von Aufhebungsanträgen gegen umweltschutzrelevante Verwaltungsakte anerkannt, wenn der Antragsteller eine Personengruppe ohne juristische Persönlichkeit war[1579], wie z.B. die Bürger einer Gemeinde[1580], die Bewohner einer Gegend[1581], die Nachbarn einer zugelassenen Anlage[1582], die Eigentümer angrenzender Grundstücke[1583] und ähnliche ad hoc gebildete Personengruppen.

In der Rechtsprechung wird nämlich stetig anerkannt, dass der natürlichen Person, die eine rechtliche Beziehung zum Ort hat, wo der Umweltschaden manifest geworden ist, ein *„έννομο συμφέρον"* zusteht, gegen die Verwaltungsakte bzw. Unterlassungen vorzugehen, die diesen Schaden verursachen. In vielen Fällen hat der Staatsrat das *„έννομο συμφέρον"* der Nachbarn bzw. Anwohner einer Anlage bejaht, Aufhebungsantrag gegen ihre Genehmigung oder ähnliche Verwaltungsakte zu stellen[1584]. Oft hat das Gericht das *„έννομο συμφέρον"* der Nachbarn von der Behauptung eines Schadens seines Vermögens losgelöst und

---

1579 Vgl. StE 4037/1979 und 1485/1983; vgl. Rotis W., Öffnungen der Rechtsprechung, passim; ders., Der verfassungsrechtliche Schutz der Umwelt, Widersprüchliche rechtswissenschaftliche Tendenzen bezüglich der Ausweitung und des Erfolges eines Umweltschutzes, ToS 1986, 553 (554 ff.); Siouti, Die verfassungsmäßige Gewährleistung des Umweltschutzes, 63 ff. (alles auf Griechisch).

1580 Z.B. StE 89/1981, 370/1982, 1157/1991, 3818, 4726 und 6478/1995, 1191/1996, 2298/1997, 2498/1999.

1581 Z.B. StE 2189/1982, 4420/1997, 3938/1998.

1582 Z.B. StE 2156/1979, 660/1982, 1009 und 2739/1987, 4825/1988, 1159 und 3468/1989.

1583 Z.B. StE 2003/1997, 640/2001, 2629/2001.

1584 StE 1270/1966, 2919/1968, 494/1970, 3391/1973, 494/1974, 1464 und 3415/1975, 1466/1977, 3458 und 4576/1977, 3943/1978, 1003/1979, 1076 und 1203/1979, 3842-3/1980, 1950 und 1957/1981, 930/1982, 2036/1983, 1239/1987, 376 und 4996/1988, 2820 und 3589/1990, 2036/1995, 975/2000.

nahm an, dass das *„έννομο συμφέρον"* bereits aus der örtlichen Beziehung des Antragstellers zur Umweltverschmutzungsquelle hervorgeht[1585]. Zugleich betonte der Staatsrat das Interesse des Antragstellers an der Aufrechterhaltung der örtlichen Umweltgüter.

Hierin wird ein nicht unerheblicher Unterschied zu der deutschen Dogmatik sichtbar: Danach müsste nämlich zunächst die Norm untersucht werden, gegen die mutmaßlich verstoßen worden ist, ob sie überhaupt nachbarschützend ist, bevor möglicherweise die Entfernung zur Umweltverschmutzungsquelle als Argument für die Bejahung des *„εννόμου συμφέροντος"* herangezogen werden könnte.

Wie die bisherigen Überlegungen deutlich werden lassen, können Nachbarn in Griechenland im beträchtlichen Umfang die Genehmigung von Anlagen angreifen. Als nächstes stellt sich folgerichtig die Frage, wer nun zu den „Nachbarn" zählt. In der Literatur wurde darauf hingewiesen, dass die Notwendigkeit besteht, den Begriff des von den Umweltbeeinträchtigungen betroffenen Nachbarn weit auszulegen. Vor allem bei Immissionsbeeinträchtigungen kann man davon ausgehen, dass sie sich nicht nur auf ein überschaubares geographisches Gebiet, sondern auf einen weiten Raum einwirken können. Deswegen können davon nicht nur die unmittelbaren Nachbarn der Emissionsquelle, sondern auch Dritte betroffen sein. Die Ausweitung von Immissionen hängt sowohl von der Eigenart der emittierenden Schadstoffe, als auch von den klimatischen Bedingungen im Immissionseinwirkungsbereich ab. Die ökologische Störung kann von verschiedenen Quellen herrühren, wie etwa von Industrieanlagen, beschädigten Abflussrohren, Verkehr oder falscher Stadtplanung. Der Umfang und die Schwere der Schäden, die von diesen Quellen erzeugt werden, sind sicherlich unterschiedlich. Daher kann man von einer „ökologischen Nachbarschaft" [1586] sprechen.

4.2.2.1.1 Die ökologische Nachbarschaft

Die genaue Abgrenzung des „ökologischen Nachbarn" läßt sich nicht durch eine Wortanalyse gewinnen. Sie kann nicht vorgegeben sein, da der Abstand des Ortes des Schadensereignis von der Quelle der Umweltbeeinträchtigung je nach den Besonderheiten des Einzelfalles variiert. Daher wird im Endeffekt das Gericht in jedem konkreten Fall die „ökologische Nachbarschaft" beurteilen. Dabei ist die Rechtsprechung grundsätzlich an technischen Vorgaben

---

1585 Vgl. Karakostas, Umwelt und Recht, 459 ff. (auf Griechisch).

1586 Sakellaropoulos, Gedanken über das Problem der Umwelt in gerichtlicher Hinsicht, FS StE 1929 – 1979 II, 1982, 223, (236 ff., 304, 348 ff.); Karakostas, Rechtsmittel zum Schutz der Umweltgüter, EDDD 1990, 177 (191 ff.) (alles auf Griechisch); ders., Rechtsmittel zum Schutz der Umwelt im griechischen Recht, NuR 1993, 467 (469).

oder Bestimmungen des öffentlichen Rechts, wie etwa Emissionswerte, nicht gebunden[1587].

Um jemanden als ökologischen Nachbar zu bezeichnen, muss man darauf abstellen, ob er in einer derartigen geographischen Beziehung zur Verschmutzungsquelle steht, dass er direkt vom entstandenen ökologischen Schaden beeinträchtigt wird. Als Maßstab bietet sich dabei, wie im deutschen Umweltrecht, der Einwirkungsbereich der Umweltbelastungen an. Wie auch sonst anerkannt ist, bestimmt sich der Umfang der Nachbarschaft auch nach dem Gewicht der Gefahr. Es ist offensichtlich, dass die „ökologische Nachbarschaft“ keine feste Größe darstellt. Sie kann im Fall eines Atomkraftwerkes wegen der Gefährlichkeit der Radioaktivität zwischen Bewohnern von weit von einander entfernt liegenden Städten stärker sein, als zwischen Einwohnern derselben Stadt, wenn es um Baugenehmigungen mit ökologischen Folgen geht. Somit hängt die Wahrscheinlichkeit des *„εννόμου συμφέροντος“* des Antragstellers hochgradig von der Unmittelbarkeit der ökologischen Nachbarschaft ab. Das Kriterium der „ökologischen Nachbarschaft“, kann dementsprechend von zwei Parametern bestimmt werden: (a) von der Gefährlichkeit der Verschmutzungsquelle und der eventuellen ökologischen Störung und (b) von der möglichen geographischen Ausweitung des bedrohten oder eingetretenen Schadens.

Die Rechtsprechung hat zwar zunächst diesbezüglich einen vollen Beweis des Umfangs des verursachten Schadens des beschwerten Nachbarn verlangt[1588]. Diese Haltung hat zuweilen bis zur materiellrechtlichen Überprüfung des Falles gereicht, schon bevor über die Zulässigkeit entschieden wurde[1589]. Der Staatsrat hat dennoch nach der Geltung der Verfassung von 1975 seine Linie hinsichtlich des Vorliegens des *„εννόμου συμφέροντος“* allmählich gelockert. Mit einer Reihe von Beschlüssen hat er den Begriff des Nachbarn bzw. Anrainers spezifiziert und ihm einen bestimmten Inhalt im Hinblick auf den Schutz der Umwelt unter Einfluss des Art. 24 Gr. Verf. gegeben. Dies führte im Endeffekt zur Erweiterung des Begriffes *„έννομο συμφέρον“* bei Umweltbeeinträchtigungen im Aufhebungsverfahren. Die folgende Zusammenstellung der Fälle, in denen das *„έννομο συμφέρον“* bejaht und in denen es verneint worden ist, soll darüber Aufklärung verschaffen.

Der Staatsrat hat z.B. das *„έννομο συμφέρον“* der Bürger von Volos[1590] anerkannt, Aufhebungsantrag gegen die Betriebserlaubnis eines Zementwerkes in

---

1587 Vgl. Karakostas, Rechtsmittel zum Schutz der Umweltgüter, EDDD 1990, 177 (182); Sakellaropoulos, Gedanken über das Problem der Umwelt in gerichtlicher Hinsicht, FS StE 1929 – 1979 II, 1982, 223, (237f., 304, 348f.) (alles auf Griechisch).

1588 StE 1902/1966, 1428/1969.

1589 StE 1005/1963: das *„έννομο συμφέρον“* des Antragstellers wurde verneint, weil der angegriffene Verwaltungsakt als rechtmäßig beurteilt wurde!

1590 Hafenstadt in der Region Thessalien am Golf von Pagassitikos und Hauptstadt von Magnesia.

einem Vorort von Volos zu stellen, da die Antragsteller dadurch die natürliche und kulturelle Umwelt der Region aufrechterhalten wollten, die von der Gründung des Zementwerkes gefährdet war[1591].

In einem anderen Fall haben die Bewohner benachbarter Siedlungen Aufhebungsantrag gegen die Genehmigung einer Erweiterung einer Fabrikanlage erhoben. Der Staatsrat nahm ihr *„έννομο συμφέρον"* an, eine weitere Abwertung der Umwelt zu vermeiden, und ließ den Aufhebungsantrag zu[1592].

Die Erweiterung des Begriffes *„έννομο συμφέρον"* durch die Rechtsprechung des Staatsrates fand auch bei planungs- und baurechtlichen Vorschriften statt, welche die Umwelt tangieren. So wurde der Aufhebungsantrag der Gemeinde Philothei (bei Athen) gegen die Baugenehmigung zur Errichtung einer Schule in einem gemeinnützigen Park zugelassen[1593].

In den oben genannten Entscheidungen wurde die Eigenschaft des ökologischen Nachbarn mittelbar angenommen, wie etwa bei Anrainern einer Fabrik[1594], Bewohnern benachbarter Siedlungen[1595], Bewohnern oder Bürgern von Städten und Gemeinden[1596], Grundstückseigentümern innerhalb eines Stadtteiles[1597] oder in kleiner Entfernung liegender Grundstücke[1598], auch wenn sie nicht gleichzeitig Bewohner sind[1599], und sogar bei Antragstellern, die angeblich „sehr nah" am Ort wohnen, im Fall einer Betriebserlaubnis einer Tankstelle[1600]. Der Staatsrat hat auch das *„έννομο συμφέρον"* der Eigentümer und Mieter von Ferienhäusern und Grundstücken in der Nachbarschaft einer Raffinerie angenommen, die Aufhebung der Genehmigung der Raffinerie zu fordern[1601], sowie das *„έννομο συμφέρον"* der Eigentümer, der an einem gemeinnützigen Grundstück angrenzender Grundstücke, die Aufhebung der Baugenehmigung eines neuen Rathauses auf dem gemeinnützigen Grundstück zu fordern[1602].

1591 StE 4576/1977.

1592 StE 370/1982.

1593 StE 89/1981.

1594 Vgl. StE 1944/1972, 491/1978, 370, 470 und 930/1982; ähnlich StE 714/2001.

1595 StE 1322/1989, 281/1990, 1071/1994, 1163/2002.

1596 StE 2233/1979, 89/1991, 2739/1987, 4884/1987, 376/1988, 150/1989, 89/1991, 3818/1995, 4766/1995, 4577/1998, 161/2000, 554/2000, 575/2000, 752/2000, 2173/2002, 2796/2002, 2889/2002, 172/2003.

1597 StE 563/1978, 3794/1978, 2233/1979, 2249/1979, 1518/1980, 89/1981, 4996/1986, 376/1988, 521/1988, 4826/1988, 150/1989, 1405/1990, 2498/1992, 2586/1992, 50/1993, 2242/1994, 4726/1995, 221/1996, 161/2000, 370/2000, 375/2000, 2664/2001, 3988/2001, 4311/2001, 1681/2002, 2796/2002, 2889/2002.

1598 StE 2293 und 3146/1998.

1599 StE 797/1981, 561/1993.

1600 StE 1502/1984, 4889/1987.

1601 StE 3047/1980; s. auch StE 3476/2001.

1602 StE 1491/1978.

Der Staatsrat spricht damit die Eigenschaft des Nachbarn **allen** Betroffenen in dem Gebiet zu, in dem die konkrete Anlage betrieben wird, und ein Nachweis des Schadens ist nicht mehr erforderlich, denn „die Antragsteller als Einwohner und Gemeindebürger im betreffenden Gebiet besitzen **ohne weiteres** ein „*έννομο συμφέρον*“ an der Aufhebung der angegriffenen Akte, die ihrer Meinung nach eine Belastung und Verschlechterung der Umwelt in ihrer Gemeinde zur Folge haben“[1603].

Ein besonderes Verhältnis zur Anlage im Sinne einer engeren räumlichen und zeitlichen Beziehung, wie es in Deutschland verlangt wird, ist damit zur Bejahung der Nachbarschaft im griechischen Umweltrecht nicht erforderlich. Stellt man hier jedoch auf atypische, extrem unwahrscheinliche Geschehensabläufe ab, so verliert der Nachbarbegriff jegliche Konturen. Die Erweiterung des „*εννόμου συμφέροντος*“ der Bürger und Grundstückeigentümer blieb normalerweise in den Grenzen der Stadt oder der Gemeinde.

Erwähnenswert ist der Fall des Waldes am Fuß des Gebirges Pendeli[1604] in Attika[1605]. Der Staatsrat hat wiederholt anerkannt, dass sogar der Einwohner der Innenstadt Athens ein „*έννομο συμφέρον*“ hat, gegen Verwaltungsakte vorzugehen, die in der Praxis zur Entwaldung von Pendeli führen könnten[1606]. Von besonderem Interesse sind die Urteilsgründe: Der Staatsrat hat nämlich festgestellt, die Tiefebene Attika sei eine ununterbrochene Siedlungseinheit mit nur wenigen Grünanlagen, die sich stets vermindern. Die die ökologische Balance und die Lebensqualität beeinträchtigenden Konsequenzen solcher Maßnahmen, die zum Kahlschlag eines Waldes dieser Ebene führen, hätten somit nicht nur die unmittelbaren Nachbarn zu tragen, sondern auch die Einwohner anderer Gemeinden, die ferner liegen und degradiert sind; die letzteren litten sogar intensiver darunter. Infolgedessen sei der Antragsteller wegen seiner Eigenschaft als Einwohner der Innenstadt Athen „legitimiert“[1607], die in Rede stehenden Verwaltungsakte anzugreifen, die in der Praxis zur Entwaldung des Gebirges Pendeli führen[1608].

1603 StE 89/1981 und 2739/1987.

1604 Dieser Berg war bis vor einigen Jahren total bewaldet, als ein Brand den größten Teil der Pinienwälder zerstörte.

1605 Attika ist ein südöstlicher Teil Griechenlands, etwa 2600 qkm groß und formt eine natürliche Einheit, eine zusammenhängende Stadt (Athen) mit dem Hafen Piräus und zahlreichen Vororten. Das Flachland Attikas teilen Gebirge in mehrere Ebenen.

1606 StE 1157/1991, 2281/1992, 2381/1994, 2753/1994, 2539/1996; auf StE 2281/1992 beruft sich der Staatsrat auch im ähnlichen Fall StE 2274/2000 (contra Minderheitsmeinung).

1607 Man spricht in Griechenland von Legitimation, auch im Fall, wo eigentlich die Rede von der Prozessführungsbefugnis sein sollte. Aktiv legitimiert ist derjenige, dem das geltend gemachte Recht tatsächlich zusteht, passiv legitimiert ist derjenige, der durch dieses Recht verpflichtet wird. Während es sich also bei der Prozessführungsbefugnis um eine Sachentscheidungsvoraussetzung handelt, wird das Bestehen einer Aktiv- bzw. Passivlegitimation erst in Verbindung mit der Begründetheit der Klage bzw. des

In diesem Fall hat mithin die Auslegung der ökologischen Nachbarschaft sogar die Grenzen der Gemeinde überschritten, und es wurde keine besondere örtliche Beziehung des Antragstellers verlangt, sondern es reichte seine allgemeine Eigenschaft des Einwohners der Ebene Attika. Gegen diese Feststellung richtet sich die Minderheitsmeinung[1609], nach der die Erweiterung des Personenkreises, der Aufhebungsantrag stellen darf, nicht dazu führen darf, dass keine besondere Rechtsbeziehung mit dem angegriffenen Verwaltungsakt mehr verlangt wird[1610]. Diese Minderheitsmeinung trat aber nur bei der Entscheidung 2281/1992 auf und in den nächsten Entscheidungen ist sie nicht mehr vorhanden.

Attika wurde als Einheit auch im Fall des Bauvorhabens einer Gokartpiste in Agios Kosmas (bei Athen) anerkannt[1611]. Die touristische Nutzbarmachung der griechischen Küsten stellt sich zwar als ein sehr wichtiger Bereich für das wirtschaftliche Wachstum Griechenlands dar. Die Konzentration von Bevölkerungsaktivitäten setzt aber die Gegenden der Küsten unter Druck: deren Landschaft hat sich in den letzten Jahren völlig verändert und in geschlossenen Meeren und Buchten sind Probleme durch Umweltverschmutzung entstanden. Der Staatsrat schritt in diesem Bereich ein, um zu betonen, dass der Küstenschutz notwendig ist und dass die Verfassung nur eine zurückhaltende Entwicklung erlaubt[1612]. Obwohl das *„έννομο συμφέρον"* der Antragsteller, die gegen die durch die Gokartpiste drohende Umweltbelastung vorgegangen sind, in diesem Fall durch ihre Eigenschaft als angebliche Einwohner der Region zu begründen war, hat der Staatsrat darüber hinaus betont, dass der Genuss der Küste Attikas schutzbedürftiges Rechtsgut aller Einwohner der Tiefebene ist.

Es fehlt jedoch nicht an Beispielen in der Rechtsprechung, wo der Anerkennung des Vorliegens eines *„εννόμου συμφέροντος"* Grenzen zu ziehen versucht wird. Der Staatsrat hat nämlich in seiner Entscheidung über die Genehmigung einer Kläranlage auf der Insel Paros festgestellt, dass die Eigenschaft als Einwohner von Paros an sich nicht reicht, um ein *„έννομο συμφέρον"* zu begründen, wenn er sich nicht gleichzeitig als Eigentümer von Grundstücken in der Region darstellt[1613]. Der Antragsteller sollte dementsprechend weiter beweisen,

---

Antrages relevant. Wenn es also in der Rechtsprechung heißt, dass der Kläger ein *„έννομο συμφέρον"* hat und er deswegen legitimiert ist, Aufhebungsantrag zu stellen, ist eigentlich gemeint, dass der Kläger befugt ist, Klage zu erheben bzw. Aufhebungsantrag zu stellen.

1608 Vgl. auch StE 2756 – 58/1994 für die Region von Thessaloniki.

1609 Nach Art. 93 § 3 Gr. Verf. ist die Minderheitsmeinung zu veröffentlichen.

1610 Vgl. auch Lasaratos, Die inzidente Überprüfung der Rechtmäßigkeit der Verwaltungsakte von den Verwaltungsgerichten bei umweltrelevanten Streitigkeiten, Diki 1996, 91 (auf Griechisch).

1611 StE 1790/1999.

1612 Zum Küstenschutz vgl. StE 1474/1996, 637/1998, 2993/1998, 3146/1998; s. auch Kourogenis, Der verfassungsmäßige Küstenschutz, PerDik 2002, 278 (auf Griechisch).

1613 StE 1482/1999.

dass seine Grundstücke in dem Bauvorhabengebiet liegen (und nicht in benachbarten Orten) und dass ihm **konkreter Schaden** von dem Betrieb der Kläranlage droht, denn ansonsten geht es um einen Versorgungsbetrieb, der ihm als Einwohner der Insel „offensichtlich“ zugute kommt[1614].

Mit der Annahme des offensichtlichen Vorteils, den man von einem Versorgungsbetrieb hat, hat sich das Gericht in diesem Fall zu einer restriktiven Auslegung der ökologischen Nachbarschaft entschlossen und verlangte den Beweis des verursachten oder bedrohten Schadens des Nachbarn. Die Umweltgüter sind aber, wie schon erwähnt, von ihrer Natur aus kollektive Rechtsgüter und die geographische Ausweitung eines bedrohten oder eingetretenen Umweltschadens kann variieren, so dass es erforderlich ist, für die Zulassung eines Aufhebungsantrages vom starren Erfordernis eines strikt persönlichen *„εννόμου συμφέροντος“* des Betroffenen abzuweichen. Im anderen Fall ist es möglich, dass einem weiten Personenkreis der Rechtschutz vorenthalten wird[1615].

4.2.2.1.2 Beteiligungsberechtigte

Die Beteiligung an einem Verwaltungsverfahren, die nach verwaltungsrechtlichen Vorschriften vorgesehen ist, stellt – wenn nicht eine Eigenschaft – auf jeden Fall einen besonderen Zustand dar, der von der Rechtsprechung als notwendige, aber auch genügende Voraussetzung für die Begründung des *„εννόμου συμφέροντος“* anerkannt wird, denn sie erfüllt die Voraussetzung der besonderen Beziehung zum angegriffenen Verwaltungsakt[1616].

Das gilt genau so für beteiligungsberechtigte natürliche wie auch juristische Personen. Vor allem gewinnt aber die Beteiligung an einem umweltrelevanten Verwaltungsverfahren für Umweltvereinigungen ohne juristische Persönlichkeit bzw. für ökologische Bürgerinitiativen an Bedeutung. Gemäß Art. 62 Gr. ZPO in Verbindung mit Art. Art. 47 § 1 des Staatsratsgesetzes sind nämlich solche Personenvereinigungen prozessfähig, wenn sie von der Rechtsordnung als Träger von Rechten und Pflichten anerkennt werden. Dies ist für die Bürgerinitiativen tatsächlich der Fall, denn sie haben ein Beteiligungsrecht[1617] am Umwelt-

1614 Contra aber die Minderheitsmeinung, nach der die Eigenschaft des Einwohners von Paros für die Begründung des *„εννόμου συμφέροντος“* reicht.

1615 Zur Annahme des offensichtlichen Vorteils vgl. die Entscheidungen des Europäischen Gerichtshofes für Menschenrechte in den Fällen: Katikaridis u.a. gegen Griechenland, 15.11.1996, 72/1995/578/664, und Tsomtsos u.a. gegen Griechenland, 15.11.1996, 106/1995/612/700.

1616 Vgl. StE 1310/1987: Der Staatsrat hat festgestellt, dass ein Eigentümer eines Teils einer Fläche, der zugleich Mitglied der Vereinigung ist, die am Erklärungsverfahren teilgenommen hat, mit *„έννομο συμφέρον“* gegen die Erklärung dieser Fläche als Wald vorgehe.

1617 Art. 5 N. 1650/1986 und Art. 2 und 3 der K.Y.A. 75308/5512/26.10.1990.

folgenprüfungsverfahren[1618]. Das heißt die Rechtsordnung anerkennt sie als Träger von Rechten bezüglich des Umweltschutzes und sie haben dementsprechend Zugang zum Staatsrat in Umweltangelegenheiten[1619].

4.2.2.1.3 Lokale Behörden

Der Staatsrat ist davon ausgegangen, dass juristische Personen des öffentlichen Rechts, wie Städte und Gemeinden, ein *„έννομο συμφέρον"* haben, gegen umweltschutzrelevante Verwaltungsakte Aufhebungsantrag zu stellen[1620]. Das **„offensichtliche"** *„έννομο συμφέρον"* der Städte und Gemeinden wird auf ihre allgemeine Zuständigkeit begründet[1621], sich um die Angelegenheiten ihrer Region zu kümmern und darüber zu entscheiden[1622].

Das örtliche Element reicht also für die Begründung des *„εννόμου συμφέροντος"* aus, wenn die angegriffenen Verwaltungsakte die städtebauliche Entwicklung[1623], die Ansiedlung von Industrieanlagen[1624], die Aufrechtbewahrung der Forstressourcen[1625] oder den Artenschutz[1626] der Region betreffen. Der Staatsrat hat z.B. das *„έννομο συμφέρον"* der Stadt Loutraki (bei Korinth) angenommen, die Aufhebung der Betriebsgenehmigung einer sich in ihrem Gebiet befindenden Anlage zur Betonanfertigung zu fordern[1627]. In anderen Fällen hat

---

1618 **N. 3010/2002:** Entspricht der deutschen Umweltverträglichkeitsprüfung; vgl. N. 1650/86 und K.Y.A. 69269 und 75308/1990 aber auch N. 743/1977, 998/1979, 1515/1985, 1561/1985, PVO 1180/1981, 1178/1981 und K.Y.A. 166584/3227/1985; ausführlich dazu Charokopou, Das Umweltfolgenprüfungsverfahren in der Rechtsprechung des Staatsrates, in FS StE zum 75. Jubiläum, 1219; Koutoupa – Rengakos, Umweltrecht, 89 ff. (alles auf Griechisch).

1619 Vgl. StE 3573/2002: Der Staatsrat hat das *„έννομο συμφέρον"* der Gesellschaft „Ökologische Bewegung" anerkannt, Aufhebungsantrag gegen eine Gasanlagegenehmigung zu stellen.

1620 Z.B. StE 3797/1999, 640/2001, 3610/2002.

1621 Vgl. StE 1918 und 3456/1979, 2196/1982, 312/1983, 1615/1988, 666/1989, 2282/1992, 1071, 1072 und 2690/1994, 4503/1997, 161 und 375/2000.

1622 Art. 102 § Gr. Verf. (Fassung 2001): „Die Verwaltung der örtlichen Angelegenheiten steht den örtlichen Selbstverwaltungskörperschaften erster und zweiter Stufe zu. Bezüglich der örtlichen Selbstverwaltungskörperschaften besteht eine Zuständigkeitsvermutung bei der Verwaltung der örtlichen Angelegenheiten. Ein Gesetz bestimmt das Ausmaß und die Kategorien der örtlichen Angelegenheiten sowie deren Verteilung an die Stufen der örtlichen Selbstverwaltungskörperschaften. Durch Gesetz kann den Körperschaften der örtlichen Selbstverwaltung die Ausübung von Zuständigkeiten, welche eine Staatsaufgabe bildet, auferlegt werden."

1623 Z.B. StE 2690 und 1071/1994.

1624 StE 2755/1994.

1625 StE 1/1993.

1626 StE 2301/1995.

1627 StE 1919/1979; ähnlich 262/1982, 4714/1986, 3529/1988, 2537/1996.

der Staatsrat das rechtliche Interesse der Gemeinde bestätigt, gegen Beschlüsse der zuständigen Behörde betreffend die Nutzung einer Gegend[1628], die Erweiterung des Bebauungsplans zu Lasten eines Waldes[1629] oder die Urbarmachung eines Waldes[1630] Aufhebungsantrag zu stellen. Dazu dürften aber auch die benachbarten Städte und Gemeinden berechtigt sein, wenn man bedenkt, dass der Umweltschaden nicht an den Grenzen einer Gebietkörperschaft endet. So hat der Staatsrat auch das *„έννομο συμφέρον"* der Stadt Drapetsona und des Städte- und Gemeindeverbandes von Piräus anerkannt, gegen die Genehmigung für die Erweiterung von Anlagen einer sich in Drapetsona befindenden Fabrik für chemische Produkte und Düngemittel Aufhebungsantrag zu stellen[1631]. Nach der Rechtsprechung steht die Prozessführungsbefugnis auch den Kommunalverbänden zu, die von der geltenden Städte- und Gemeindeordnung vorgesehen werden[1632]. Der Staatsrat hat gleicherweise das *„έννομο συμφέρον"* mehrerer Gemeinden der Insel Korfu anerkannt, Aufhebungsantrag gegen die Genehmigung einer Deponie zu stellen[1633], mit dem Argument, dass die antragstellenden Gemeinden mit dem Gebiet benachbart sind, wo das Werk verwirklicht werden sollte. Im ähnlichen Fall für die Region von Thessaloniki hat der Staatsrat sogar ein „offensichtliches" *„έννομο συμφέρον"* der Gemeinde des weiteren Gebiets anerkannt[1634].

Es fehlt jedoch nicht an Gerichtsentscheidungen, die der Anerkennung des Vorliegens eines *„εννόμου συμφέροντος"* von benachbarten Städten und Gemeinden Grenzen zu ziehen versuchen. Im Fall der Überbrückung des Golfes „Maliakos" hat der Staatsrat festgestellt, dass nur die Städte und Gemeinden (und auch Bürgerinitiativen) von Fthiotis[1635] ein *„έννομο συμφέρον"* an der Aufhebung von den relevanten Verwaltungsakten haben. Der Staatsrat beruft sich auf Art. 5 N. 1650/1986, der sie als „Interessenten" anerkennt und ihnen die Möglichkeit eröffnet, ihre Meinung zur Verwirklichung des Werkes zu äußern. Im Gegensatz dazu sind Städte und Gemeinden außerhalb Fthiotis nicht befugt, Aufhebungsantrag zu stellen, denn es fehlt an der Unmittelbarkeit des Schadens, auf den sie sich berufen (Belastung der natürlichen Umwelt des Golfes mit

---

1628 StE 2233/1979 und 89/1981: Die Gemeinde Philothei (bei Athen) wendete gegen den Nutzungsplan ein, dass die Bebauung von freien Räumen dem Charakter der Gemeinde als „Gartenstadt" nicht entsprach.

1629 StE 1362 und 3754/1981: Der Gemeinde Papagos (bei Athen) wurde ein *„έννομο συμφέρον"* zur Aufrechterhaltung des benachbarten Waldes anerkannt; ähnlich StE 2196/1982.

1630 StE 3123/1964.

1631 StE 2500/1999; 1615/1988; ähnlich StE 2537/1996, 2586/1992, 3682/1986, 312/1983.

1632 StE 1615/1988.

1633 StE 2498/1999.

1634 StE 2499/1999; vgl. auch StE 304 und 2846/1993, 4938/1995, 3450/1998.

1635 Griechischer Verwaltungsbezirk, zwischen Thessalien und Attika, in dessen Grenzen sich der Maliakos Golf befindet.

negativen Folgen für die ganze Region), und deswegen kann kein *„έννομο συμφέρον"* begründet werden[1636]. Der Staatsrat hat in diesem Fall das Kriterium der örtlichen Beziehung verwendet, um festzustellen, dass juristische Personen des öffentlichen Rechts, wie Städte und Gemeinden, deren Sitz in weiterer Entfernung vom streitigen Werk liegt, kein *„έννομο συμφέρον"* an der Aufhebung dessen Genehmigung und der damit zusammenhängenden Verwaltungsakte haben.

Auch den lokalen Behörden der zweiten Ebene[1637] wurde vom Staatsrat ein *„έννομο συμφέρον"* anerkannt, Aufhebungsantrag zu stellen. Das Gericht hat nämlich den Aufhebungsantrag des Präfekturrats Südostattikas gegen den Genehmigungsbescheid über das Umweltverträglichkeitsgutachten eines Raffinerievorhabens, das auf dem Gebiet der Präfektur bestehen sollte, zugelassen[1638].

4.2.2.1.4 Die Orthodoxe Kirche Griechenlands

Erwähnenswert ist der Fall einer Deponie in der Nähe von Thessaloniki. Gegen die Betriebsgenehmigung hat unter anderen Klägern auch die Metropolis[1639] von Langadas (bei Thessaloniki) Aufhebungsantrag gestellt[1640]. Der Staats-

1636 StE 2240/1999.

1637 Griechenland ist in 54 Präfekturen eingeteilt, die verantwortlich für die Bereiche sind, die nicht in den Kompetenzbereich der lokalen Behörden ersten Grades (Städte und Gemeinden) fallen.

1638 StE 1471/2004.

1639 Metropolis ist eine verwaltungsmäßige organisatorische Einheit der orthodoxen Kirche, vergleichbar mit der evangelischen Landeskirche. Die Orthodoxe Kirche ist einer der drei Hauptzweige des Christentums, der aus den christlichen Gemeinden im östlichen Mittelmeerraum entstand. Sie vereinigt in sich verschiedene unabhängige ***„autokephale"*** (=kirchenrechtlich eigenständige) Kirchen, an deren Spitze je ein eigener Bischof steht, der den Titel Patriarch, Metropolit oder Erzbischof trägt. Die verschiedenen orthodoxen Kirchen bilden eine historisch begründete Hierarchie. Ausführlich zur Orthodoxen Kirche Griechenlands s. Kourtis, Die Rechtsprechung des griechischen Staatsrates zur Auslegung des Art. 3 § 1 der griechischen Verfassung von 1975/2001, in FS StE zum 75. Jubiläum, 287 (288 ff.); vgl. auch **Art. 3 Abs. 1 Gr. Verf.**: „Vorherrschende Religion in Griechenland ist die der Östlich-Orthodoxen Kirche Christi. [...] Sie ist autokrephal und wird geleitet von der Heiligen Synode der sich im Amte befindlichen Prälaten und der aus deren Mitte hervorgehenden Dauernden Heiligen Synode, die sich nach den Bestimmungen der Grundordnung der Kirche zusammensetzt unter Beachtung der Vorschriften des Patriarchalischen Tomus vom 29. Juni 1850 und des Synodalaktes vom 4. September 1928"; zur kirchenrelevanten Gesetzgebung s. unter: <http://www.ypepth.gr/el_ec_page152.htm>.

1640 Die Orthodoxe Kirche Griechenlands, auch wenn sie eine juristische Person des öffentlichen Rechts ist (Art. 4 § 1 N. 590/1977; s. auch StE 3796/1990), übt grundsätzlich keine öffentliche Gewalt aus. Ihr ist unmittelbar ein durch Verfassungsrechte geschützter Lebensbereich zugeordnet. Demzufolge kann sie sich sowohl auf individuelle

rat hat den Antrag für unzulässig erklärt[1641], weil die Grundordnung der orthodoxen Kirche Griechenlands (N. 590/1977), die die gemeinsamen Angelegenheiten von Staat und Kirche regelt, den Umweltschutz als Zweck nicht umfasst. Aus diesem Grund fehlt es an dem klagenbegründenden *„έννομο συμφέρον"*. Interessant ist dennoch die von der **Minderheit** vertretene Meinung, nach der das *„έννομο συμφέρον"* der Kirche nicht auszuschließen ist, weil die Bestimmungen der Grundordnung keine abschließende Aufzählung darstellen, und außerdem muss das „billige" Interesse der Kirche anerkannt werden, die Schöpfungsgüter aufrechtzuerhalten[1642].

4.2.2.1.5 Umweltverbände und sonstige Personenvereinigungen

Die Rechtsprechung verfährt in aller Regel großzügig, wenn juristische Personen des Privatrechts Aufhebungsantrag gegen Verwaltungsmaßnahmen stellen, die sich umweltbelastend auswirken könnten. An einer Gegenauffassung, die von der Minderheit des Staatsrates vertreten wird und nach der die antragstellenden Umweltverbände kein *„έννομο συμφέρον"* an der Aufhebung des angegriffenen Verwaltungsaktes haben, fehlt es allerdings nicht. Denn nach der Auffassung dieser Minderheit dürfen sich die juristischen Personen nicht zu Zensoren der Verwaltung verwandeln, was die Bewahrung der Verfassungsvorschriften hinsichtlich des Umweltschutzes angeht[1643]. Im Fall einer antragstellenden Gesellschaft[1644] bejaht die Minderheit das Vorliegen eines *„εννόμου συμφέροντος"* nur, wenn deren Mitglieder Träger eines persönlichen *„εννόμου συμφέροντος"* sind[1645]. Diese Ansicht hat sich jedoch in der Rechtsprechung nicht durchsetzen können. Juristische Personen haben auf jeden Fall die Möglichkeit, gegen einen umweltbezogenen Verwaltungsakt vorzugehen, wenn er ihre materiellen *„έννομα συμφέροντα"* verletzt. Diese Fälle interessieren dennoch in diesem Zusammenhang nicht, weil sie sich meistens auf Umweltschutzmaßnahmen beziehen, welche die wirtschaftlichen Interessen der antragstellenden juristischen

---

Rechte berufen als auch gegen Verwaltungsakte gerichtlich vorgehen, die ihre *„έννομα συμφέροντα"* tangieren; s. Dagtoglou, Individuelle Rechte, Bd. A, 80; Kourtis, Die Rechtsprechung des griechischen Staatsrates zur Auslegung des Art. 3 § 1 der griechischen Verfassung von 1975/2001, in FS StE zum 75. Jubiläum, 287 (alles auf Griechisch); vgl. Schmidt-Aßmann, in: Schoch/Schmidt-Aßmann/Pietzner, VwGO Kommentar, Stand 2003, Einleitung Rn. 17 ff.: Kirchen sind auch in Deutschland unbeschadet ihres öffentlich-rechtlichen Körperschaftsstatus in der Systematik des Art. 19 Abs. 4 GG zunächst einmal Schutzberechtigte.

1641 StE 2499/1999.

1642 Vgl. unter: <http://www.ecclesia.gr/greek/enviroment/themaenironment.htm> die These der Kirche zur Ökologie.

1643 StE 2282/1992, Minderheitsmeinung.

1644 Art. 741 ff. gr. ZGB

1645 StE 2753/1994.

Personen berühren; dabei handelt es sich um umweltschonende und nicht um umweltbelastende Verwaltungsakte.

Es wird anerkannt, dass die juristischen Personen ein *„έννομο συμφέρον"* an der Aufhebung von umweltschutzrelevanten Verwaltungsakten haben, deren Satzung den Umweltschutz als Zweck umfasst[1646], und zwar unabhängig von der örtlichen Beziehung zu den beeinträchtigten bzw. bedrohten Umweltgütern[1647]. Der „Verein der Freunde des Waldes" mit Sitz in Athen hat einen Aufhebungsantrag gegen die Genehmigung einer Anlage für Schiffsreparaturen in Pylos (in Peloponnes) gestellt. Der Staatsrat ließ den Aufhebungsantrag zu[1648], da der Athener Verein in ganz Griechenland tätig war und Umweltschutzzwecken allgemein diente, wie z.B. der Bewahrung der besonderen Charakteristiken der griechischen Landschaft und Natur.

Der Staatsrat hat auch das *„έννομο συμφέρον"* eines Ortgestaltungsvereins anerkannt, der die Aufhebung eines Beschlusses forderte, durch den der Strand für Siedlungszwecke genutzt werden durfte[1649], wie auch des Umweltschutzvereins von Ioannina gegen den Beschluss für die Nutzung einer benachbarten Fläche für industrielle Zwecke[1650]. Das Gericht hat darüber hinaus das *„έννομο συμφέρον"* eines Bergsteigervereins anerkannt, Aufhebungsantrag gegen die Betriebsgenehmigung einer Steingrube zu stellen, denn zu den Zwecken des Vereins gehört auch der Schutz der Bergumwelt und die Verbreitung der Liebe zum Berg[1651].

1646 Stetige Rechtsprechung, s. z.B.: StE 810/1977, 4576/1977, 2890/1989, 664/1990, 1127/1990, 1340/1992, 2212/1992, 1118/1993, 1520/1993, 2274/1993, 2785/1993, 2844/1993, 2753/1994, 2756-60/1994, 1821/1995, 2304/1995, 3956/1995, 4207/1997, 4498/1998, 2423/2000, 2425/2000, 2669/2001, 384/2002.

1647 Vgl. Karakostas, Umwelt und Recht, 461 (auf Griechisch); s. auch StE 1270/1966; 2919/1968; 1518/1970; 3415/1975; 810 und 4576/1977; 563, 1491 und 3794/1978; 1918, 2156, 2233 und 2249/1979; 3047/1980; 89 und 797/1981; 370, 660, 930 und 2189/1982; 944/1985; 695/1986; 1009, 2343, 2662, 2739, 4808/1987; 1608, 1615, 4825 und 4996/1988; 150, 601, 1159, 3468 und 3487/1989; 640, 664, 2820 und 3589/1990; 4430/1997; 161, 375 und 752/2000; 3066, 4140 und 4308/2001, 3575/2002; anders in **Frankreich**: Die Rechtsprechung hinsichtlich des „objet trop vaste" hat dazu geführt, dass die Verbandsklagen in der Regel von Vereinigungen geführt werden, die sich einer bestimmten geographischen Region widmen. Klagen von landesweit tätigen Vereinen sind nicht von vorneherein ausgeschlossen, sie sind jedoch seltener.

1648 StE 810/1977; s. aber auch die Minderheitsmeinung: es kann nicht aus dem Umstand allein, dass diese Vereinigung einen Zweck verfolgt, der mit dem angegriffenen Akt in Zusammenhang steht, auf ihre Prozessführungsbefugnis geschlossen werden, soweit keines ihrer Mitglieder verletzt wird und die Vereinigung ihnen keinen weiterreichenden Schutz zubilligen kann.

1649 StE 2006/1981.

1650 StE 919/1982.

1651 StE 4140/2001.

Ein *„έννομο συμφέρον"* auf die Aufhebung angeblich umweltbelastender Verwaltungsakte wird nicht nur „reinen" Umweltvereinen anerkannt. Die Rechtsanwaltskammer von Volos und die Gesellschaft zum Studium und Schutz der Umwelt in Magnesia[1652] haben einen Aufhebungsantrag gegen die Genehmigung zur Einrichtung einer Industrieanlage bei der Gemeinde Agrias (bei Volos) erhoben. Der Staatsrat bestätigte das *„έννομο συμφέρον"* beider juristischer Personen[1653]. Bestätigt wurde auch das *„έννομο συμφέρον"* der Griechischen Forstwissenschaftlervereinigung, deren Mitglieder verbeamtete Forstwissenschaftabsolventen sind, die Aufhebung des Ministerialerlasses zu fordern, nach der die Waldbrandlöschungsaufgabe von der Forstverwaltung abgelöst und an die Feuerwehr delegiert wurde. Die antragstellende Vereinigung hat geltend gemacht, dass diese Aufgabeübertragung die Effektivität des Waldschutzes schmälern würde. Ihr *„έννομο συμφέρον"* wurde mit ihrer Satzung begründet, nach welcher der Zweck der Vereinigung die Forderung der Forstwirtschaft und des Waldschutzes war[1654]. Im Fall der Errichtung eines Windenergieparks in der Gemeinde Charakas (in Peloponnes) hat der Staatsrat den Aufhebungsantrag eines Vereins zugelassen, dessen Mitglieder aus Charakas stammten und dessen Zweck die Vertiefung der Beziehung der Mitglieder zu ihrer Heimat und die kulturelle Förderung und Verschönerung der Region war[1655]. In einem anderen Fall wurde das *„έννομο συμφέρον"* eines Vereins anerkannt, dessen Mitglieder aus dem Ort stammten, wo die Steingrube betrieben werden sollte, Aufhebungsantrag gegen die Betriebserlaubnis zu stellen, weil Zweck des Vereins die Verschönerung und die touristische Promotion der Region war. Der Steingrubebetrieb würde angeblich die Umwelt belasten und damit die touristische Entwicklung der Region behindern[1656].

Nach ständiger Rechtsprechung[1657] haben auch Personenvereinigungen, die zum Zeitpunkt des Erlasses des angegriffenen Verwaltungsaktes (noch) **keine juristische Persönlichkeit** besitzen, doch ein *„έννομο συμφέρον"* an dessen Aufhebung, aber nur wenn sie von der Rechtsordnung als Träger bestimmter Rechte bezüglich eines bestimmten Rechtsbeziehungskreises oder Aktivitätsbereiches anerkannt werden und der angegriffene Akt im Rahmen dieser Beziehungen oder Aktivitäten erlassen wurde[1658]; in dem Fall heißt es, dass die antragstel-

1652 Verwaltungsbezirk, dessen Hauptstadt Volos ist.

1653 StE 4576/1977; auch hier war die Minderheit dagegen und hat zutreffend festgestellt, dass die Frage des Umweltschutzes in keinerlei Beziehung zu der Ausübung des Anwaltsamtes steht und daher nicht dem Kreis der sozialen Fragen im Sinne jener Satzungsbestimmung zuzurechen ist, die die Rechtsanwaltskammer interessieren.

1654 StE 565/1999; contra Minderheitsmeinung.

1655 StE 172/2003.

1656 StE 2796/2002.

1657 Vgl. z.B. StE 4037/1979, 18/1983, 2672/1987.

1658 Vgl. Karakostas, Umwelt und Recht, 462; Orfanoudakis, Die Prozessfähigkeit der

lende Vereinigung von der Rechtsordnung als Träger von umweltrelevanten Aktivitäten anerkannt sein muss. Anträge aber, die von Personenvereinigungen gestellt werden, sind unzulässig, sofern diese Vereinigungen zur Zeit der Antragstellung keine juristische Persönlichkeit besitzen und nicht bewiesen ist, dass sie zu diesem Zeitpunkt von der Rechtsordnung als Träger von umweltschutzbezogenen Rechten und Aktivitäten anerkannt sind[1659].

Interessant in diesem Zusammenhang ist die Entscheidung des Staatsrates zur Aufhebung einer Gasanlagegenehmigung[1660]. Der Staatsrat hat das *„έννομο συμφέρον"* der antragstellenden Gesellschaft „Ökologische Bewegung" zuerkannt, mit der Begründung, dass gemäß Art. 62 Gr. ZPO in Verbindung mit Art. Art. 47 § 1 des Staatsratsgesetzes Personenvereinigungen ohne juristische Persönlichkeit doch prozessfähig sein können und die Verwirklichung der Zwecke, für die sie gebildet wurden, vor Gericht verteidigen können, wenn sie von der Rechtsordnung als Träger von Rechten und Pflichten anerkennt werden. Das ist tatsächlich der Fall bei einer Gesellschaft, deren Zweck der Schutz der natürlichen Umwelt ist, denn gemäß Art. 24 § 1 Gr. Verf. (Fassung 2001) ist der Umweltschutz ein Recht für jeden. Darüber hinaus haben die Bürgerinitiativen gemäß Art. 5 N. 1650/1986 und Art. 2 und 3 der K.Y.A. 75308/5512/26.10.1990 ein Beteiligungsrecht am Umweltfolgenprüfungsverfahren. Die Rechtsordnung anerkennt demzufolge Vereinigungen ohne juristische Persönlichkeit als Träger von Rechten bezüglich des Umweltschutzes.

Der Staatsrat anerkennt auch das *„έννομο συμφέρον"* von Umweltschutzverbänden, zwecks Erhaltung eines umweltrelevanten Verwaltungsaktes zu intervenieren[1661]: Gegen die Verordnung, mit der terrestrische wie auch maritime

---

Personenvereinigungen von Art. 12 § 1 Gr. Verf. am Aufhebungsantragsprozess, DiDik 1999, 838 (841); Siouti, Umweltrecht, 62 (alles auf Griechisch); s. auch StE 4037/1979, 3725/1982, 18/1983, 2923/1986, 2672/1987, 878/1988, 2840/1988, 3706/1989, 50/1993, 1291/1994, 1991/1994, 2284/1994, 2302/1995.

1659 StE 2302/1995, 2796/2002.

1660 StE 3573/2002.

1661 Im Gegensatz zum deutschen, kennt der griechische Verwaltungsprozess das Rechtsinstitut der Intervention, das eigentlich im Rahmen der Zivilprozessordnung entwickelt wurde. Das griechische Recht unterscheidet zwischen Hauptintervention (κύρια παρέμβαση – kyria paremwasi), s. Art. 79 § 1 Gr. ZPO) und Nebenintervention (**πρόσθετη παρέμβαση** – prostheti paremwasi, Art. 80 Gr. ZPO), die letztere unterscheidet sich weiter in freiwillige Nebenintervention (εκούσια παρέμβαση – ekousia paremwasi) und Nebenintervention auf Grund einer Beiladung (προσεπίκληση – prosepiklisi) oder Streitverkündung (ανακοίνωση δίκης – anakinosi dikis) (s. Art 81 § 1 Gr. ZPO). Die Aufhebung des Verwaltungsaktes wirkt „erga omnes". Indes ist (mit wenigen Ausnahmen) eine Intervention (meistens eine Nebenintervention) auch im Rahmen des Verwaltungsprozesses möglich. Der Nebenintervenient soll ein *„έννομο συμφέρον"* daran geltend machen, dass der Verwaltungsprozess zugunsten einer der Parteien entschieden wird; ausführlich dazu s. Dagtoglou, Verwaltungsprozessrecht,

Gebiete von Sporaden[1662] als Naturpark bezeichnet und Einschränkungen zu deren Schutz eingeführt wurden, haben die Eigentümer der Insel Piperi (Sporaden) Aufhebungsantrag gestellt. Die Gesellschaft zum Studium und Schutz der Mittelmeermönchrobbe „monachus – monachus" hat zwecks der Erhaltung der Rechtsgültigkeit der Verordnung Intervention eingelegt, die vom Gericht zugelassen wurde[1663].

Die jüngere Rechtsprechung hat jedoch versucht, der Anerkennung des Vorliegens eines *„εννόμου συμφέροντος"* von juristischen Personen Grenzen zu ziehen. So hat der Staatsrat festgestellt, dass der Lehr- und Forschungspersonalverein der Universität Ioannina kein *„έννομο συμφέρον"* habe, Nebenintervention für den Widerruf der Baugenehmigung eines Hotels in der Gemeinde Papingo[1664] (bei Ioannina) einzulegen, da die entsprechende Zweckbestimmung der Satzung, derzufolge der Lehr- und Forschungspersonalverein aktiv und verantwortungsbewusst seine Stellungsnahme über Sozialprobleme abgibt, sehr vage formuliert sei und keine besondere Rechtsbeziehung des Vereins zum umstrittenen Verwaltungsakt begründen könne[1665].

Der Staatsrat hat auch in seiner Entscheidung 4664/1997 festgestellt, dass der Sinn des satzungsmäßigen Zwecks eines Umweltverbandes nicht sein könne, dass der Umweltverband gegen jeden Verwaltungsakt vorgehen darf, der die Bebauung in der in Rede stehenden Siedlung erlaubt, sondern nur gegen die Verwaltungsakte, die über deren vermutliche Rechtswidrigkeit hinaus unmittelbar zu Umweltbelastungen führen. Ansonsten wäre es möglich, dass ein privater Willensakt, wie die Satzung, das Recht auf Stellung eines Aufhebungsantrages gegen jeden bebauungsrelevanten Verwaltungsakt verleiht, was zur Einführung einer actio popularis zugunsten des antragstellenden Verbandes führen würde.

Diese Wende der Rechtsprechung ist als richtig zu betrachten: es kann nicht akzeptiert werden, die Einlegung eines Rechtsbehelfs im Namen des Umweltschutzes jeder Zeit jeder Vereinigung zu überlassen, die sich für die Umwelt interessieren mag. Die weitmöglichste Anerkennung eines *„εννόμου*

---

269 ff. (auf Griechisch); zum Text der Gr. ZPO s. Baumgärtel/Rammos (Hrsg.), Das griechische Zivilprozessgesetzbuch mit Einführungsgesetz; zum Vergleich mit dem Rechtsinstitut der Intervention Dritter im deutschen Zivilprozessrecht s. Schilken, Zivilprozessrecht, 361 ff.; von der Beiladung der Gr. ZPO ist das Institut der Beiladung in der deutschen VwGO zu trennen: dazu s. Hufen, Verwaltungsprozessrecht, 211 ff.; Schenke, Verwaltungsprozessrecht, 140 ff.

1662 Die Sporaden liegen an der Ostküste des griechischen Festlandes, im Ägäischen Meer. Sie bestehen aus sieben Inseln, von denen vier bewohnt sind. Zum Schutz der Mittelmeermönchrobbe „monachus – monachus" wurde die Region nordöstlich von Patitiri, inklusive der unbewohnten Insel Piperi, 1992 zum Meeres-Nationalpark erklärt.

1663 StE 2304/1995.

1664 Papingo ist ein ursprüngliches und unter Schutz gestelltes kleines Dorf am Ende der Vikos-Schlucht.

1665 StE 50/1993 in Nomos & Fysi 1994, 184 mit Anm. von Siouti.

συμφέροντος" ist zwar vorzuschlagen und zu bevorzugen, diese Erweiterung sollte aber die Grenzen des Popularklageverbots nicht überschreiten. Um das *„έννομο συμφέρον"* einer Vereinigung zu bejahen, muss man darauf abstellen, ob diese sich speziell für Ziele des Umweltschutzes engagiert und wie repräsentativ sie auf regionaler bzw. nationaler Ebene ist. Entscheidend soll auch die Ernsthaftigkeit sein, mit der die betreffenden Argumente vorgebracht werden und der Wille, nicht eine bloße Verhinderungstaktik zu betreiben.

4.2.2.1.6 Die Presse

Im oben genannten Fall des Windenergieparks in Peloponnes[1666] wurde das *„έννομο συμφέρον"* eines Antragstellers auf seine Eigenschaft als Chefredakteur des vom genannten Verein herausgegebenen Magazins begründet, Aufhebungsantrag gegen die Einrichtung des Windenergieparks im Waldgebiet der Gemeinde zu stellen. Was die Begründung bzw. das Vorliegen seines *„εννόμου συμφέροντος"* betrifft, verliert die Gerichtsentscheidung kein weiteres Wort.

Die Zulassung des Antrages ist nur nachzuvollziehen, wenn akzeptiert wird, dass der Antragsteller als Chefredakteur des Vereinsmagazins die Interessen des Vereins vertritt. Dies kann jedoch schwer angenommen werden, denn er beruft sich nicht auf solche Interessen oder auf seine Eigenschaft als Einwohner der Gemeinde Charakas oder Mitglied des Vereins, sondern nur auf seine Eigenschaft als Chefredakteur.

Ein *„έννομο συμφέρον"* lässt sich auch nicht auf die „öffentliche Aufgabe"[1667] der Presse begründen: dieser Begriff ist zu vage[1668] und kann daher keine besondere Rechtsbeziehung der Pressemitarbeiter zum umstrittenen Verwaltungsakt begründen. Unter Berufung dieser Aufgabe und ihres Charakters als Institutionsgarantie[1669] werden der Presse verschiedene Privilegien zugestanden, aber immer und nur solange es notwendig für die Sicherstellung ihrer ungehinderten Funktion ist. Daraus lässt sich keinesfalls ableiten, dass Mitarbeiter der Presse von den Voraussetzungen des *„εννόμου συμφέροντος"* befreit sind. Es fehlt mithin an einem persönlichen Interesse des Antragstellers, und sein Aufhebungsantrag sollte aus diesem Grund als unzulässig abgewiesen werden.

1666 StE 172/2003.

1667 Vgl. in Deutschland z.B. § 3 der Landespressegesetze Bayern, Hamburg, Rheinland-Pfalz und Thüringen; s. auch BVerfGE 7, 198, 208 – Lüth: In einer Demokratie kommt der Presse eine konstitutive Bedeutung für die Bildung der öffentlichen Meinung zu.

1668 Im Gegensatz zu Deutschland, fehlt es in Griechenland an systematischer Pressegesetzgebung. Stattdessen gibt es mehrere gestreute Vorschriften. (Eine Übersicht bietet Dagtoglou, Individuelle Rechte, Bd. A, 470 ff.) Als ausführlicheres Pressegesetz gilt immer noch das diktatorische Gesetz N. 1092/1938! Kritisch dazu s. Dagtoglou, Individuelle Rechte, Bd. A, 468 ff. (auf Griechisch).

1669 Art. 14 § 2 Gr. Verf.; s. Dagtoglou, Individuelle Rechte, Bd. A, 464 (auf Griechisch).

4.2.2.2 Unmittelbares Interesse

Eine Erweiterung erfolgte auch beim Erfordernis der „Unmittelbarkeit“ des *„εννόμου συμφέροντος“*, d.h. der Voraussetzung, dass der Schaden direkt bei dem Antragsteller und nicht bei einer dritten Person eintritt. Der Staatsrat hat nämlich mit seiner Entscheidung 930/1982 einen Aufhebungsantrag zugelassen, bei dem der Antragsteller sich für die Begründung seines unmittelbaren *„εννόμου συμφέροντος“* nicht nur auf die Schädigung **seiner** Gesundheit wegen der Umweltverschmutzung beruft, sondern auch auf die Gefährdung der Gesundheit seiner bereits kranken Mutter.

4.2.2.3 Gegenwärtiges Interesse

Im Rahmen der erforderlichen Gegenwärtigkeit des *„εννόμου συμφέροντος“* stellt sich die Frage, ob ein solches auch bei Umweltbelastungen anzunehmen ist, die noch keinen Schaden herbeigeführt haben. Die Antwort muss die Besonderheit des Umweltschutzes berücksichtigen: Die Auswirkungen von Umweltbelastungen werden häufig erst nach längerer Zeit erkennbar. Zugleich unterliegen Erkenntnismethoden und Sicherheitstechnik einer rasanten Entwicklung. Wie schon dargestellt, wird das Interesse auch dann als gegenwärtig angesehen, wenn ihm in unmittelbarer Zukunft eine gewisse Gefahr droht. Allgemeiner Erfahrung nach ist die Zerstörung eines Ökosystems nur schwer zu beheben, wenn nicht irreparabel. Diese Gewissheit sollte demzufolge so weit wie möglich ausgelegt werden, wenn es sich bei den bedrohten Rechtsgütern um Umweltmedien handelt[1670]. Dies ist auch auf das Vorsorge- bzw. Vorbeugungsprinzip[1671] zurückzuführen: Umweltschutzmaßnahmen sind am effektivsten, wenn sie vorbeugend getroffen werden; als solche sind über die Verwaltungsmaßnahmen hinaus auch die im Rahmen des gerichtlichen Rechtschutzes getroffenen Maßnahmen zu verstehen[1672]. Damit auch diese Art von Umweltschutz effektiv gelingt, sollte bereits die Vermutung eines Umweltschadens ausreichen, um das *„έννομο συμφέρον“* zu begründen. Unter Beachtung des Prinzips der nachhaltigen Entwicklung[1673] soll außerdem Sorge für die zukünftigen Generationen getragen werden[1674], so dass das Interesse auch dann als rechtsschutz-

1670 Vgl. Karakostas, Rechtsmittel zum Schutz der Umweltgüter, EDDD 1990, 177 (193); Koutoupa – Rengakos, Umweltrecht, 52 ff.; Siouti, Umweltrecht, 57; dieselbe, Die verfassungsmäßige Gewährleistung des Umweltschutzes, 67 (alles auf Griechisch).

1671 Art. 174 Abs. 2 Satz 2 EG; vgl. auch Art. 24 § 1 Gr. Verf.; ausführlich zum Vorsorgeprinzip Koutoupa – Rengakos, Umweltrecht, 46 ff. (auf Griechisch).

1672 Siouti, in Kasimatis/Maurias (Hrsg.), Kommentar, I, Art. 24 Rn. 34 (auf Griechisch).

1673 Ausführlich dazu Koutoupa – Rengakos, Umweltrecht, 55 ff. (auf Griechisch).

1674 Vgl. StE 2537/1996, 3478/2000, 613/2002; s. auch Koutoupa – Rengakos, Umweltrecht, 22 (auf Griechisch).

bedürftig angesehen wird, wenn diesem eine Gefahr in mittelbarer Zukunft droht[1675].

Die Rechtsprechung scheint erwartungsgemäß großzügig mit der Voraussetzung des gegenwärtigen „*εννόμου συμφέροντος*“ in Umweltangelegenheiten zu verfahren: der Staatsrat hat die Zulässigkeit eines Aufhebungsantrages der Nachbarn gegen die Genehmigung einer Steingrube mit der Begründung bejaht, dass deren Behauptung, durch den Betrieb der Steingrube verschlechterte sich ihre Lebensqualität, werde der benachbarter Wald zerstört und die Umwelt allgemein irreparabel verschmutzt, **glaubwürdig** war[1676].

1675 Vgl. Rotis N., Die verfassungsmäßige Gewährleistung des Umweltschutzes, FS für den Staatsrat 1929 – 1979, 121 (133) (auf Griechisch); s. StE 2760/1994.

1676 StE 3277/1986; vgl. auch StE 1332/1985, 1615/1988.

5. Zwischenergebnis

Die bisherige Untersuchung hat aufgezeigt, dass sich die Frage des Zugangs zu Verwaltungsgerichten in Umweltangelegenheiten recht unterschiedlich in den zwei Vergleichsländern stellt. Dies hängt mit der Systementscheidung zusammen, die die zwei Rechtsordnungen in Bezug auf die verwaltungsgerichtliche Kontrolle getroffen haben.

In Deutschland bedeutet nämlich die Ausgestaltung der Anfechtungsklage als Verletztenklage, dass der Beseitigungsanspruch des Klägers ausschließlich aus der Verletzung seiner subjektiven öffentlichen Rechte hervorgeht. Infolgedessen kann der Einzelne in Deutschland nicht jede mögliche Rechtswidrigkeit eines umweltrelevanten Verwaltungsakts rügen. Umweltrechtliche Vorschriften, deren Beachtung nicht dem Schutz der Rechtssphäre gerade des Klägers dient, bleiben daher als Prüfungsmaßstab der Rechtmäßigkeit des angefochtenen Verwaltungsakts außer Betracht. Demgemäß wird die Frage der Klagebefugnis in Deutschland in zwei Schritten beantwortet. Zunächst ist durch Auslegung die individualschützende Funktion der angeblich verletzten umweltrechtlichen Norm zu ermitteln und im Anschluss daran der Kreis der Betroffenen, die von ihrem Schutzzweck erfasst sind.

In Griechenland hingegen ist der Aufhebungsantrag, das Pendant zur deutschen Anfechtungsklage, als Interessentenklage ausgestaltet. Für den Zugang zum Staatsrat ist entsprechend nur die Frage maßgeblich, welche Personen zu gerichtlichen Schritten gegen die in Frage stehende, sich umweltbelastend auswirkende Verwaltungsentscheidung berechtigt sind. Die Tatsache, dass der griechische Verwaltungsrechtsschutz auf eine lediglich objektivrechtliche Kontrolle abgestellt ist, statt wie in Deutschland auf die Verletzung von subjektiven Rechten, führt zu einer umfassenden Überprüfung der Übereinstimmung der angefochtenen Verwaltungsentscheidung mit dem objektiven Recht, die sich nicht auf die vom Antragsteller geltend gemachten Rechtsverstöße beschränkt. Der Schutzzweck der verletzten Norm bleibt damit für den Rechtsschutz irrelevant. Prozessführungsbefugt ist dementsprechend jeder, der ein persönliches, unmittelbares und gegenwärtiges Interesse nachweisen kann. Dieses Interesse kann materieller oder ideeller, faktischer oder rechtlicher, individueller oder kollektiver Natur sein.

In Anbetracht dieses Unterschiedes lässt sich feststellen, dass umweltrechtliche Vorschriften in Deutschland nur so weit geltend gemacht werden können, als sich diese mit den subjektiven Rechten des Klägers decken. Die deutsche Rechtsschutzkonzeption erweist sich mithin im internationalen Vergleich als sehr restriktiv[1677]. Da in der deutschen Rechtsordnung, im Gegensatz

1677 Eingehend dazu Wegener, Rechte des Einzelnen: die Interessentenklage im europäischen Umweltrecht, 148 ff.

zu der griechischen, kein umfassendes subjektives Recht auf eine intakte Umwelt gewährleistet wird, können Umweltbelange nur als Bestandteile bzw. Voraussetzungen von sonstigen subjektiven Rechten erfasst werden. Für den Rechtsschutz gegen die Genehmigung einer umweltbelastenden Tätigkeit ist mithin der Zusammenhang zwischen faktischer Umweltbelastung und hieraus folgender Beeinträchtigung subjektiver öffentlicher Rechte (z.B. Gesundheitsbeeinträchtigung oder Sachwertbeschädigung) ausschlaggebend. In Griechenland demgegenüber stellt sich eine aus einer rechtswidrigen Verwaltungsentscheidung resultierende Umweltbeeinträchtigung immer als negative Veränderung des Zustands des Einzelnen dar, so dass ihm die begehrte Aufhebung einer rechtswidrigen umweltrelevanten Genehmigung einen Vorteil bringt. Jeder kann daher die Gefahren oder Unannehmlichkeiten geltend machen, die aufgrund der geplanten Anlage für **seine** Umwelt entstehen können. Für die Eröffnung des Rechtsweges muss nur der Kreis der Betroffenen abgegrenzt werden. Die griechische Lehre schlägt eine Erweiterung des Begriffes *„έννομο συμφέρον"* vor, die zu einer Art relativer actio popularis im Umweltrecht führen könnte. Zudem ist die Tendenz des Staatsrates klar zu erkennen, die Möglichkeiten des gerichtlichen Schutzes der Umwelt soweit wie möglich auszuweiten.

Die Rechtsprechung anerkennt in beiden Vergleichsländern „Kreise" von Betroffenen, die meist geographischer Art sind. Vergleicht man die Kreise der Prozessführungsbefugten, stellt man fest, dass jeder, der in Deutschland mit seiner umweltrelevanten Anfechtungsklage zugelassen wird, auch in Griechenland ein *„έννομο συμφέρον"* hätte, Aufhebungsantrag zu stellen, nicht aber vice versa. Die Hauptkategorien der den verwaltungsgerichtlichen Weg eröffnenden individualisierten Belange sind die Interessen der Nachbarn, der lokalen Gebietskörperschaften und der Umweltverbände.

Was die aktive Prozessführungsbefugnis einer natürlichen Person angeht, ist die Eigenschaft als „Nachbar" sowohl in Deutschland als auch in Griechenland ausschlaggebend. Das Vorliegen des *„εννόμου συμφέροντος"*, auch im Fall des moralischen Interesses, setzt nämlich immer eine besondere rechtliche Beziehung des Antragstellers zum angegriffenen Verwaltungsakt voraus. Eine solche besondere Beziehung wird in Griechenland als vorhanden angesehen, wenn zwischen dem Antragsteller und dem entstandenen bzw. befürchteten Umweltschaden eine örtliche Verbindung vorliegt. Die Nachbarschaft setzt nach der deutschen Rechtsprechung eine engere räumliche und zeitliche Beziehung des Klägers zum beanstandeten Vorhaben voraus. In Griechenland dagegen reicht die räumliche Beziehung aus. Der Kläger bzw. Antragsteller muss demgemäß in einer gewissen Nähe des Vorhabens wohnen oder niedergelassen sein. Maßgebendes Kriterium für den Grad der persönlichen Betroffenheit ist in beiden Länder der Einwirkungsbereich der Umweltbelastungen. Alle Bewohner der unmittelbaren Umgebung sind damit klagebefugt bzw. antragsbefugt. Aus dieser mittlerweile als Selbstverständlichkeit erachteten These wurde in Griechenland die Theorie der „ökologischen Nachbarschaft“ entwickelt, deren weite Auslegung in manchen Fällen dazu geführt hat, dass keine örtliche Beziehung des Antragstellers zum bedrohten Umweltgut mehr verlangt wurde. Eine entsprechende Erweiterung erfolgte auch beim Begriff der „Unmittelbarkeit“ und „Gegenwärtigkeit“ des *„εννόμου συμφέροντος“*. Zusammenfassend lässt sich feststellen, dass der griechische Staatsrat in seiner Judikatur die Anforderungen an die Prozessführungsbefugnis bei umweltrelevanten Drittaufhebungsanträgen ansehnlich abgesenkt hat.

Als genügende Voraussetzung für die Begründung der besonderen Beziehung zum angegriffenen Verwaltungsakt und damit des *„εννόμου συμφέροντος“* wird in Griechenland auch die Beteiligung an einem vorgesehen Verwaltungsverfahren anerkannt. In Deutschland dagegen bejaht das BVerwG die Klagebefugnis für den Regelfall nur dann, wenn dem Kläger eine materiellrechtlich geschützte Position zusteht. Ansonsten lässt sich die Klagebefugnis nur im Fall eines sog. absoluten Verfahrensrechts auf Verfahrenspositionen begründen, nämlich im Enteignungsrecht, im Fall des Rechts der Gemeinden auf Anhörung und Information bei überörtlichen Planungen, im Verfahren zur kommunalen Neugliederung und im luftverkehrrechtlichen Genehmigungsverfahren sowie im Fall des Beteiligungsrechts der anerkannten Naturschutzverbänden. Eine Erweiterung der Kategorie absoluter Verfahrensrechte wird in stetiger Rechtsprechung abgelehnt.

Sowohl das Grundgesetz[1678] als auch die Griechische Verfassung[1679] gewährleisten den Gemeinden und sonstigen Gebietskörperschaften das Recht, alle Angelegenheiten der örtlichen Gemeinschaft im Rahmen der Gesetze in eigener Verantwortung zu regeln. Während aber in Deutschland den Gemeinden keine allgemeine Befugnis zusteht, sich auf Allgemeininteressen, z.B. auf den Umweltschutz, zu berufen, wird es in Griechenland als selbstverständlich betrachtet, dass die lokalen Behörden (Städte, Gemeinden, Präfekturen) berechtigt sind – der Staatsrat entnimmt der Selbstverwaltungsgarantie ein *„**offensichtliches** έννομο συμφέρον“* –, gerichtlich gegen jede Verwaltungsentscheidung vorzugehen, die ihr Gebiet betrifft. In Anbetracht der Tatsache, dass Umweltschäden nicht an den Grenzen einer Gebietkörperschaft enden, wurde mehrmals auch das *„έννομο συμφέρον“* von benachbarten Städten und Gemeinden anerkannt, Aufhebungsantrag gegen die Genehmigung umweltbelastender Vorhaben zu stellen.

Erhebliche Unterschiede zwischen den zwei Vergleichsländern bestehen was die umweltrechtliche altruistische Verbandsklage angeht. Allgemein versteht man im Umweltrecht unter „Verbandsklage“ die Befugnis von Umweltorganisationen gegen behördliche Maßnahmen, welche die Umwelt beeinträchtigen

---

1678 Art. 28 Abs. 2 GG.
1679 Art. 102 § Gr. Verf.

können, die vorgesehenen Rechtsbehelfe einzulegen. Der Begriff ist allerdings in Griechenland nicht geläufig.

Die gerichtliche Praxis in Griechenland hat gezeigt, dass der Staatsrat den speziellen Umweltschutzklagen einen großzügigen Begriff des *„εννόμου συμφέροντος"* zugrunde legt. Dank der Figur des ideellen kollektiven *„εννόμου συμφέροντος"* ließ sich die altruistische Verbandsklage im Umweltrecht ohne spezielle Regelung konstruieren. Es wird nämlich anerkannt, dass die juristischen Personen ein *„έννομο συμφέρον"* an der Aufhebung von umweltschutzrelevanten Verwaltungsakten haben, deren Satzung den Umweltschutz als Zweck umfasst, und zwar unabhängig von der örtlichen Beziehung zu den beeinträchtigten bzw. bedrohten Umweltgütern. Selbst dann, wenn die juristische Person nach ihrer Zielsetzung nur nebenbei mit Fragen des Umweltschutzes befasst ist, wird ihr eine Prozessführungsbefugnis eingeräumt. Auch Personenvereinigungen, die keine juristische Persönlichkeit besitzen, können ein *„έννομο συμφέρον"* an der Aufhebung eines umweltbelastenden Verwaltungsakts haben, wenn sie von der Rechtsordnung als Träger von umweltrelevanten Aktivitäten anerkannt sind. Die Möglichkeit, durch Gründung eines Verbandes bzw. eines Vereins den Schutz öffentlicher Interessen in das verwaltungsgerichtliche Verfahren einzubringen, ist mithin in Griechenland zu einem wichtigen Instrument der gerichtlichen Kontrolle der Verwaltung im Umweltbereich geworden[1680]. Es kommt, wie oben angeführt, darauf an, welchen Zielen sich der Verband bzw. der Verein in seiner Satzung verschrieben hat und seine Arbeit tatsächlich widmet. Die Bildung von Umweltschutzvereinigungen fördert mithin die Erweiterung des *„εννόμου συμφέροντος"*, indem die gerichtliche Kontrolle einer großen Anzahl von sowohl individuellen als auch normativen Verwaltungsakten ermöglicht, die ansonsten mangels eines persönlichen Interesses außerhalb dieser Kontrolle bleiben würden.

In Deutschland hingegen entsprechen die Klagerechte der Umweltverbände grundsätzlich denen von Einzelpersonen. Die altruistische Verbandsklage ist daher nur in den ausdrücklich gesetzlich bestimmten Fällen zulässig[1681]. Die meisten Landesnaturschutzgesetze sehen tatsächlich die Möglichkeit einer „Verbandsklage" vor, allerdings ausschließlich im Bereich des Naturschutzrechts, nur bei bestimmten Verwaltungsentscheidungen und lediglich zugunsten von förmlich anerkannten Umweltschutzverbänden. Dies hat dazu geführt, dass Umweltverbände den Weg der konventionellen eigentumsrechtlichen Drittschutzklage gingen und Grundstücke erworben haben, um dadurch die Prozessführungsvoraussetzungen zu schaffen (sog. Sperrgrundstück). Das BVerwG hat

1680 Vgl. z.B. unter: <http://www.ellinikietairia.gr/ee63.asp?action=read&id=14> (Artikel vom 22.01.2004, auf Griechisch) die gerichtlichen Schritte des griechischen Verbandes „Elliniki Erairia" gegen umweltrelevante Großvorhaben, die den Anlass für die aussagekräftige Rechtsprechung des Staatsrates gegeben haben.

1681 § 42 Abs. 2 Halbsatz 1 VwGO.

zunächst diese Praxis gebilligt, später jedoch klargestellt, dass die Klagebefugnis ausscheidet, denn in solchen Fällen wurde das Grundstück rechtsmissbräuchlich erworben. Durch die Novellierung des BNatSchG im Jahr 2002 wurde erstmals die Vereinsklagemöglichkeit auf Bundesebene eröffnet, allerdings unter einschränkenden Voraussetzungen.

Von der Verbandsklagebefugnis zu unterscheiden, ist eine Verletzung von Beteiligungsrechten anerkannter Naturschutzverbände. Anerkannte Naturschutzverbände waren nämlich schon nach § 29 Abs. 1 Nr. 4 BNatSchG a.F. im Rahmen von Planfeststellungsverfahren für Großprojekte beteiligungsberechtigt. Diese Partizipationsbefugnis wurde als subjektives Recht angesehen mit der Folge, dass, wenn die Verwaltung es unterlassen hat, im laufenden Verwaltungsverfahren den Verband zu beteiligen, dieser seine Mitwirkung im Wege einer allgemeinen Leistungsklage erzwingen konnte (sog. Partizipationserzwingungsklage). Darüber hinaus hatte der Verband nach Abschluss des Verwaltungsverfahrens die Möglichkeit, soweit er rechtswidrig nicht beteiligt wurde, die Sachenentscheidung nach § 42 Abs. 1 Alt. 1 VwGO anzufechten, und zwar ohne Rücksicht auf das Entscheidungsergebnis in der Sache.

Die Möglichkeiten der Umweltschutzverbände in Deutschland, den Umweltschutz gerichtlich zu fördern, bleiben damit im Vergleich unzureichend. Nichtsdestotrotz liefern gerade die Umweltschutzverbände einen kaum zu überschätzenden Beitrag zum Umweltschutz. Sie sind nämlich häufig recht aktiv und verfügen über solide Sachkenntnisse. Besonders nützlich können diese Verbände in den Fällen sein, in denen z.B. kein Nachbar beeinträchtigt ist und die Behörden ihre Aufgaben nicht wahrnehmen. Da es keine Staatsanwaltschaft bei den Verwaltungsgerichten gibt, sind es allein die Umweltschutzverbände, die die Rechtsverstöße vor die Gerichte bringen könnten. Die Einführung einer allgemeinen Umweltverbandsklage wäre in Anbetracht dessen durchaus sinnvoll.

4. TEIL: EUROPARECHTLICHE VORGABEN UND PERSPEKTIVEN FÜR DIE AUSGESTALTUNG DES GERICHTLICHEN ZUGANGS IM UMWELTRECHT

1. Europarechtliche Vorgaben für den Rechtsschutz im Umweltrecht

Der Schutz der Umwelt erweist sich als der Berührungspunkt schlechthin zwischen europäischem und innerstaatlichem öffentlichem Recht. Das nationale Umweltrecht besteht zumeist aus Normen europarechtlichen Ursprungs, die sich vor allem auf eine Änderung des materiellen Umweltrechts konzentrieren. Der Umweltschutzmechanismus der Gemeinschaft hat seine Grundlage, ähnlich wie derjenige der nationalen Rechtsordnungen, in erster Linie in der Betätigung und gegenseitigen Kontrolle der zuständigen Behörden. Als Bestandteil des öffentlichen Interesses stellt damit der Schutz der Umwelt hauptsächlich eine Aufgabe der öffentlichen Gewaltträger dar. Die bisherige Darstellung hat jedoch aufgezeigt, dass der Umweltschutz kein Interesse der Allgemeinheit ist, an dem der Einzelne nicht individuell beteiligt sein kann.

Der EG-Vertrag ist final ausgerichtet, in dem Sinne, dass seine Kompetenznormen auf die Verwirklichung bestimmter Ziele angelegt sind[1682]. Das Europarecht wird in der Regel durch die Mitgliedstaaten angewandt und vollzogen. Seine Anwendung lässt sich auch dadurch verbessern, dass einzelne Personen die gerichtliche Kontrolle der Beachtung der gemeinschaftsrechtlichen Vorgaben auslösen können[1683]. Voraussetzung dafür ist, dass ihnen entsprechende gerichtliche durchsetzbare Rechte zustehen. Der Einzelne wird dadurch zur tatsächlichen Durchsetzung des Europarechts „instrumentalisiert"[1684] und

1682 Schoch, Die Europäisierung des verwaltungsgerichtlichen Rechtsschutzes, 21 ff.; ders., Individualrechtsschutz im deutschen Umweltrecht unter dem Einfluss des Gemeinschaftsrechts, NVwZ 1999, 457 (461).

1683 Vgl. Dellis, Europäisches Umweltrecht, 263 ff. (auf Griechisch).

1684 Grundlegend dazu Masing, Die Mobilisierung des Bürgers für die Durchsetzung des Rechts, passim; vgl. auch v. Danwitz, Zur Grundlegung einer Theorie der subjektiv-öffentlichen Gemeinschaftsrechte, DÖV 1996, 481 (484); Halfmann, Entwicklungen des Verwaltungsrechtsschutzes in Deutschland, Frankreich und Europa, VerwArch 2000, 74 (82f.); Kokott, Europäisierung des Verwaltungsprozessrechts, Die Verwaltung 1998, 335 (353); Pernice, Gestaltung und Vollzug des Umweltrechts im europäischen Binnenmarkt. Europäische Impulse und Zwänge für das deutsche Umweltrecht, NVwZ 1990, 414 (424 ff.); Ruffert, Dogmatik und Praxis des subjektiv-öffentlichen Rechts unter dem Einfluss des Gemeinschaftsrechts, DVBl. 1998, 69; Schmidt –

wird insofern auch als „dezentrales Vollzugsorgan“ betrachtet. Im europäischen Umweltrecht existiert tatsächlich eine Anzahl von Regelungen, auf die sich der Einzelne berufen können muss. Die materiellen Rechtsnormen verlieren aber an Bedeutung, wenn dazu keine Bestimmungen hinzutreten, welche den Weg zur gerichtlichen Kontrolle ermöglichen. Auch was die Regelungen des gerichtlichen Zugangs angeht, mehren sich die europarechtlichen Vorgaben. Eine im Oktober 2003 vorgeschlagene Richtlinie[1685] soll z.B. die dritte Säule des Übereinkommens von Århus umsetzen und den Zugang der Öffentlichkeit zu Gerichten in Umweltangelegenheiten gewährleisten[1686].

In Ermangelung eines einheitlichen europäischen Verfahrensrechts haben gleichwohl die nationalen Gerichte bei der Ausführung des Europarechts das nationale Verfahrensrecht anzuwenden[1687]. Die Kontrolle der Verwaltung angesichts der Einhaltung der europarechtlichen Vorhaben beim indirekten Vollzug umweltrechtlicher Gemeinschaftsregelungen, wie es bei umgesetzten Richtlinien regelmäßig der Fall ist, erfolgt damit nach nationalem Prozessrecht, so dass in Deutschland § 42 Abs. 2 VwGO und in Griechenland Art. 47 des Staatsratsgesetzes zur Anwendung gelangen. Dementsprechend ist regelmäßig das Vorliegen der Klagebefugnis bzw. des *„εννόμου συμφέροντος“* zu prüfen.

Allerdings statuiert das Gemeinschaftsrecht Anforderungen an das Ergebnis dieser Prüfung und damit Mindeststandards für den Rechtsschutz im Umweltrecht[1688]. Bei der aktiven Prozessführungsbefugnis ergeben sich daher zuneh-

---

Aßmann, Deutsches und Europäisches Verwaltungsrecht, DVBl. 1993, 924 (933); Schmidt – Preuß, Gegenwart und Zukunft des Verwaltungsrechts, NVwZ 2005, 489 (492); s. schon EuGH, Slg. 1963, 1 (26) – van Gend & Loos.

1685 Abrufbar unter: <http://europa.eu.int/eur-lex/de/com/pdf/2003/com2003_0624de01.pdf>.

1686 Die Richtlinie (**COD/2003/0246**) sollte am 1. Januar 2005 in Kraft treten. Zu den Arbeiten der Institutionen s. unter: <http://www2.europarl.eu.int/oeil/file.jsp?id=237502>.

1687 EuGH, Slg. 1972, S. 1005 (1015); Slg. 1980, S. 617 (629); EuGH 16.12.1976, Rs. 33/76, REWE/Landwirtschaftskammer Saarland, Slg. 1976, S. 1989 (1998, Rn. 5); Slg. 1999, I-223; die Europäische Verfassung sieht die Entwicklung einer justiziellen Zusammenarbeit in Zivil- (Art. III-269; vgl. Art. 65 EGV) und Strafsachen (Art. III-270; vgl. Art. 31 Abs. 1 EUV) vor, es fehlt aber an einer entsprechenden Bestimmung im Verwaltungsprozessrecht; Schwarze, Europäische Rahmenbedingungen für die Verwaltungsgerichtsbarkeit, NVwZ 2000, 241 (244 ff.); Schoch, Individualrechtsschutz im deutschen Umweltrecht unter dem Einfluss des Gemeinschaftsrechts, NVwZ 1999, 457 (459); Wegener, Rechte des Einzelnen: Die Interessentenklage im europäischen Umweltrecht, 83; Winter, Individualrechtsschutz im deutschen Umweltrecht unter dem Einfluss des Gemeinschaftsrechts, NVwZ 1999, 467 (469).

1688 EuGH, Slg. 1994, I-3325 Tz. 17; Hirsch, Kompetenzverteilung zwischen EuGH und nationaler Gerichtsbarkeit, NVwZ 1998, 907 (910); Jarass, Konflikte zwischen EG-Recht und nationalem Recht vor den Gerichten der Mitgliedstaaten, DVBl. 1995, 954 (957); Winter, Rechtschutz gegen Behörden, die Umweltrichtlinien der EG nicht

mend Berührungspunkte mit dem europäischen Gemeinschaftsrecht, das weithin wie innerstaatliches Recht anzuwenden ist und zudem einen umfassenden Vorrang vor nationalem Recht besitzt[1689]. Die Rechtsprechung des Europäischen Gerichtshofes nimmt somit immer stärkeren Einfluss auf das nationale Verwaltungsrecht[1690]. Den innerstaatlichen Gerichten obliegt entsprechend dem in Art. 10 EGV ausgesprochenen Grundsatz der Mitwirkungspflicht[1691] die Aufgabe, den Rechtsschutz zu gewährleisten, der sich für die Bürger aus der unmittelbaren Wirkung[1692] des Europarechts ergibt[1693]. Der EuGH verlangt, dass sich der Einzelne auf zwingende Vorschriften berufen können müsse, soweit er von deren Missachtung nachteilig betroffen werden kann[1694]. Darüber hinaus darf das nationale Recht die Effektivität[1695] des Gemeinschaftsrechts zum einen nicht in Frage stellen bzw. praktisch unmöglich machen[1696] und zum anderen darf es gemeinschaftsrechtliche Positionen nicht schlechter behandeln als nationale (Diskriminierungsverbot[1697]). Verstößt also die Verwaltung gegen eine europarechtliche Vorschrift, die ein „individuelles Recht"[1698] verleiht, dann muss der Rechtsweg eröffnet sein[1699]. Zunächst muss festgestellt werden, dass im Gemein-

---

beachten, NuR 1991, 453 (455).

1689 Ausführlich dazu Streinz, Europarecht, 75 ff.

1690 Vgl. z.B. Erichsen/Frenz, Gemeinschaftsrecht vor deutschen Gerichten, Jura 1995, 422; Rodríguez – Iglesias, Gedanken zum Entstehen einer Europäischen Rechtsordnung, NJW 1999, 1; s. auch Schwarze (Hrsg.), Das Verwaltungsrecht unter europäischem Einfluss.

1691 Dazu Kahl, in Calliess/Ruffert, Kommentar zu EU-Vertrag und EG-Vertrag, Art. 10, Rnn. 23 ff.; s. auch Karakostas, Umwelt und Recht, 30 (auf Griechisch).

1692 Was die begriffliche Kennzeichnung angeht, so wird an Stelle von „unmittelbarer Wirkung" des EG-Rechts auch von „unmittelbarer Anwendbarkeit", aber auch von „unmittelbarer Geltung" gesprochen. Der EuGH benutzt überwiegend den Begriff der unmittelbaren Wirkung. Dazu Jarass, Voraussetzungen der innerstaatlichen Wirkung des EG-Rechts, NJW 1990, 2420 m.w.N.; s. auch Bieber/Epiney/Haag, Die Europäische Union, 104; Streinz, Europarecht, 157 ff.

1693 Vgl. EuGH, Slg. 1989, S. 2965 (2984); Slg. 1990, I-2911 (2935). Die Europäische Verfassung sieht nunmehr in Art. I – 29 § 1 Abs. 2 diese Pflicht ausdrücklich vor.

1694 EuGH, Slg. 1991, I-825 Tz. 61 ff.; I-2567 Tz. 15f.; I-2607 Tz. 19; I-4983 Tz. 14.

1695 Dazu Schoch, Die Europäisierung des verwaltungsgerichtlichen Rechtsschutzes, 21 ff.; vgl. den Überblick über die Rechtsprechung bei Wegener, Rechte des Einzelnen: Die Interessentenklage im europäischen Umweltrecht, 88 ff.; s. auch Karakostas, Umwelt und Recht, 30 (auf Griechisch).

1696 EuGH, Slg. 1976, S. 1989 (1998); Slg. 1980, S. 617 (629); Slg. 1991, I-3757 Tz. 24 m.w.N.; vgl. auch Schmidt – Aßmann, Deutsches und Europäisches Verwaltungsrecht, DVBl. 1993, 924 (933f.).

1697 St. Rspr. vgl. EuGH, Slg. 1976, S. 1989 (1998); vgl. auch Götz, Europarechtliche Vorgaben für das Verwaltungsprozessrecht, DVBl. 2002, 1.

1698 Im Folgenden wird auf den Begriff „individuelles Recht" zurückgegriffen, wenn es um klagefähige Rechtspositionen Einzelner geht, die sich aus dem Europarecht ergeben.

1699 Vgl. EuGH, Slg. 1987, S. 4097 (4117).

schaftsrecht der Begriff „subjektives öffentliches Recht" nicht geläufig ist. Die Rede ist von der Möglichkeit des Einzelnen, sich auf die betreffende gemeinschaftsrechtliche Vorschrift vor den nationalen Gerichten zu berufen und seine darauf beruhenden „Rechte" geltend zu machen[1700]. Das individuelle Recht im gemeinschaftsrechtlichen Sinne ist in dieser Hinsicht mit dem *„έννομο συμφέρον"* des griechischen Rechts vergleichbar: seine Funktion besteht darin, den Rechtsweg frei zu machen.

Der Vorrang unmittelbar anwendbaren Europarechts vor nationalem Recht sowie die Verpflichtung der Mitgliedstaaten, Widersprüche zwischen beiden Rechtsordnungen zu beseitigen, kann zu Konflikten führen, wenn z.B. europarechtliche Regelungen dem Einzelnen die Möglichkeit eröffnen, Maßnahmen der mitgliedstaatlichen Verwaltungen auch in solchen Fällen gerichtlicher Kontrolle zuzuführen, in denen nach nationaler Rechtsdogmatik die Klage als unzulässig abgewiesen werden würde[1701].

Von diesem Hintergrund ist im Folgenden zunächst den europarechtlichen Vorgaben für den Zugang zu Verwaltungsgerichten im Umweltrecht nachzugehen. Im Vorfeld der Ausführungen sei darauf hingewiesen, dass es dabei um den Vollzug bzw. die Anwendung von Europarecht geht. Für den rein innerstaatlichen Bereich existieren keine Vorgaben, denn es fehlt schon die grundsätzliche Anwendbarkeit des Gemeinschaftsrechts. In einem zweiten Schritt sollen mögliche Perspektiven für die Ausgestaltung des gerichtlichen Zugangs in Umweltangelegenheiten in den Vergleichsländern entwickelt werden, damit die nationalrechtlichen Zulässigkeitsvoraussetzungen mit den europarechtlichen Vorgaben, soweit erforderlich, in Einklang gebracht werden.

1.1 Individuelle Rechte im Europarecht

Die gemeinschaftsrechtliche Begründung individueller Rechte bzw. klagefähiger Rechtspositionen Einzelner kommt bei zwei verschiedenen Konstellationen in Betracht: einerseits können gerichtlich durchsetzbare individuelle Rechte aus der unmittelbaren Wirkung europarechtlicher Bestimmungen entstehen. Des Weiteren fragt sich, ob und inwieweit im Rahmen der Richtlinienumsetzung individuelle Rechte zu gewähren sind. In beiden Konstellationen geht es dennoch um die gleiche Frage, und zwar, ob und inwieweit dem Einzelnen aufgrund einer europarechtlichen Norm eine klagefähige Rechtposition einzuräumen ist. Die Kriterien der Begründung eines individuellen Rechts sind aus diesem Grund kongruent[1702].

1700 Triantafyllou, Zur Europäisierung des subjektiven öffentlichen Rechts, DÖV 1997, 192 (193).

1701 EuGH, Slg. 1991, I-825 (867); Slg. 1991, I-2567 (2600f); Slg. 1991, I-2607 (2631); Slg. 1991, I-4983 (5023); zurückhaltender EuGH, ZUR 1994, 195.

1702 Vgl. die ausführliche Begründung von Wegener, Rechte des Einzelnen: Die Interessen-

Bei der Frage nach den subjektiven Kriterien der Rechtsbegründung aus gemeinschaftsrechtlichen Normen herrscht jedenfalls Unsicherheit[1703]. In der deutschen Literatur stehen sich dabei drei Grundpositionen gegenüber. Die erste will den Maßstab aus dem Gemeinschaftsrecht gewinnen und greift auf die Rechtsprechung des EuGH zur unmittelbaren Wirkung von Richtlinien zurück[1704]. Eine zweite Auffassung orientiert sich an der Rechtsprechung des EuGH zur Zulässigkeit der Nichtigkeitsklage Privater nach Art. 174 Abs. 4 EGV[1705]. Die dritte Ansicht setzt dahingegen im nationalen Recht an und beantwortet die Frage nach der Gewährung der Klagebefugnis nach der Schutznormtheorie[1706].

Meines Erachtens sind dennoch die Kriterien in der europäischen Rechtsordnung zu suchen. Die deutsche Rechtsordnung weist im Vergleich zu der europäischen erhebliche strukturelle Unterschiede auf, so dass die Schutznormtheorie als Lösungsansatz nicht in Frage kommen kann. Vielmehr vermittelt die griechische Rechtsordnung dank ihrer strukturellen Gleichartigkeit fruchtbare Denkanstöße für die Diskussion um den Zugang zu Gerichten im Umweltrecht. Im Folgenden geht es jedenfalls nicht darum, sich mit den verschieden Ansichten im Einzelnen auseinanderzusetzen. Vielmehr sollen sich auf der Grundlage der umweltrelevanten Rechtsprechung des EuGH Ansätze gewinnen lassen, welche bei der Begründung gerichtlich durchsetzbare individuelle Rechte im Umweltrecht zu berücksichtigen sind.

---

tenklage im europäischen Umweltrecht, 126 ff.; **contra** aber Ruffert, Subjektive Rechte im Umweltrecht der Europäischen Gemeinschaften, 166 ff.

1703 Vgl. Pernice, Gestaltung und Vollzug des Umweltrechts im europäischen Binnenmarkt. Europäische Impulse und Zwänge für das deutsche Umweltrecht, NVwZ 1990, 414 (424); Wegener, Rechte des Einzelnen: Die Interessentenklage im europäischen Umweltrecht, 133f. m.w.N.

1704 Streinz, Europarecht, 164f.; Zuleeg, Die Rechtswirkung europäischer Richtlinien, ZGR 1980, 466 (475 ff.).

1705 Frenz, Subjektiv-öffentliche Rechte aus Gemeinschaftsrecht vor deutschen Verwaltungsgerichten, DVBl. 1995, 408 (410); Winter, Rechtschutz gegen Behörden, die Umweltrichtlinien der EG nicht beachten, NuR 1991, 453 (455).

1706 Frenz, Subjektiv-öffentliche Rechte aus Gemeinschaftsrecht vor deutschen Verwaltungsgerichten, DVBl. 1995, 408 (412); Weber/Hellmann, Das Gesetz über die Umweltverträglichkeitsprüfung (UVP-Gesetz), NJW 1990, 1625 (1632); Schoch, Die Europäisierung des verwaltungsgerichtlichen Rechtsschutzes, 34f.; Triantafyllou, Zur Europäisierung des subjektiven öffentlichen Rechts, DÖV 1997, 192 (195 ff.). Die Vertreter dieser Auffassung wollen die Bestätigung der Schutznormtheorie in der **Francovich-Entscheidung** (EuGH, Slg. 1991, I-5357, 5415 Tz. 40) des EuGH finden, indem das Gericht davon spricht, das vor einer Richtlinie vorgeschriebene Ziel müsse die Verleihung von Rechte an Einzelne beinhalten.

1.1.1 Die unmittelbare Wirkung des Europarechts

Private werden als dem Gemeinschaftsrecht unterworfene Unionsbürger ausgestattet, denen der EGV Rechte verleiht und Pflichten auferlegt[1707]. Art. 230 Abs. 4 und 232 Abs. 3 EGV eröffnen die Möglichkeit zur Erlangung originären Rechtsschutzes im Gemeinschaftsrecht. Der Einzelne wird mithin als Rechtspersönlichkeit anerkannt[1708]. Deutlich war der Generalanwalt Tesauro in den Fällen Brasserie du Pêcher und Factortame, wo er betonte, dass der Rechtsposition des Einzelnen höchste und unmittelbare Bedeutung beigemessen werde[1709]. Das Gemeinschaftsrecht soll folglich auch den Belangen des Einzelnen dienen. Zahlreiche gemeinschaftsrechtliche Rechtssätze bzw. Rechtsakte enthalten unmittelbar anwendbare Regelungen, die Einzelne begünstigen können. Dies ist vor allem bei allen Regelungen der Fall, die an die Bürger adressiert sind.

Der Begriff „Recht" als individuelles Recht wird in Verbindung mit dem Begriff der unmittelbaren Anwendbarkeit bzw. Wirkung des EG-Rechts verwendet. Das lässt sich damit erklären, dass nicht in jeder Rechtsordnung zwischen allgemeinbezogenen und individualbezogenen Verwaltungspflichten unterschieden wird, wie in Deutschland. Wie die Ausführungen hinsichtlich der rechtlichen Ausgestaltung von staatlichen Pflichten aufgezeigt haben, ist es durchaus möglich, dass mit den Pflichten der Träger öffentlicher Gewalt individuelle Rechte des Bürgers korrespondieren[1710]. Die „unmittelbare Wirkung" ist infolgedessen als solche grundsätzlich auf den Rechtsschutz des Einzelnen orientiert[1711] und darüber hinaus als unmittelbare Geltung zwingenden Gemeinschaftsrechts zu verstehen, d.h. sie verpflichtet objektiv die nationalen Behörden, selbst bei umsetzungsbedürftigem EG-Recht[1712].

1707 Art. 17 ff. EGV.

1708 Zu den konzeptionellen Aspekten der Stellung des Einzelnen in der Gemeinschaftsrechtsordnung s. Wegener, Rechte des Einzelnen: Die Interessentenklage im europäischen Umweltrecht, 59 ff.

1709 EuGH, Slg. 1996, I-1029, 1091.

1710 In der griechischen Verfassungslehre und Rechtsprechung wird z.B. akzeptiert, dass mit den staatlichen Pflichten die sozialen Rechte korrespondieren.

1711 Götz, Europäische Gesetzgebung durch Richtlinien – Zusammenwirken von Gemeinschaft und Staat, NJW 1992, 1849 (1855); Triantafyllou, Zur Europäisierung des subjektiven öffentlichen Rechts, DÖV 1997, 192 (193); vgl. auch EuGH, Slg. 1986, S. 1651 Tz. 17 ff.; Slg. 1987, S. 4097 Tz. 14f.; a.A. Masing, Die Mobilisierung des Bürgers für die Durchsetzung des Rechts, 196 ff.

1712 Art. 249 Abs. 2 und 3 EGV; vgl. EuGH, Slg. 1989, S. 1839 ff.; Epiney, Dezentrale Durchsetzungsmechanismen im gemeinschaftlichen Umweltrecht, ZUR 1996, 229 (231 ff.); Hufen, Verwaltungsprozessrecht, 276; Triantafyllou, Zur Europäisierung des subjektiven öffentlichen Rechts, DÖV 1997, 192 (193); Wegener, Rechte des Einzelnen: Die Interessentenklage im europäischen Umweltrecht, 130 ff.

Das erste Mal, dass sich der Europäische Gerichtshof mit der Frage von individuellen Rechten des Einzelnen befassen musste, war im Fall van Gend & Loos[1713]. Die niederländische Firma van Gend & Loos berief sich auf Art. 12 EWGV, um sich gegen einen nationalen Abgabenbescheid zu wehren. Das nationale Gericht legte dem EuGH die Frage vor, ob Art. 12 in dem Sinne eine unmittelbare Wirkung hat, dass die Einzelnen daraus Rechte herleiten können, die vom nationalen Recht zu beachten sind. Der Gerichtshof prüfte zunächst, ob der Vertrag solche Rechte prinzipiell vermitteln kann und stellte fest, dass die Gemeinschaft eine neue Rechtsordnung darstelle, deren Rechtssubjekte nicht nur die Mitgliedstaaten, sondern auch die Einzelnen seien[1714]. Das ist nicht nur dann der Fall, wenn der Vertrag den Einzelnen anspricht. Die Beantwortung der Frage nach der Vermittlung subjektiver Rechte bleibt der Auslegung vorbehalten.

Ein Recht des Einzelnen wird dann vom EuGH angenommen, wenn der E(W)GV objektiv unmittelbare Wirkung zugunsten des Einzelnen erzeugt. Folgerichtig begründet das Europarecht Rechte des Einzelnen, wenn einer Norm des primären bzw. des sekundären Gemeinschaftsrechts unmittelbare Wirkung zugunsten des Einzelnen zukommt. Diese zwei Voraussetzungen (unmittelbare Wirkung und Begünstigung des Einzelnen) müssen kumulativ zutreffen. Es muss sich dabei um eine „klare und unbedingte Verpflichtung" handeln, die das Gemeinschaftsrecht den Mitgliedstaaten, den Gemeinschaftsorganen oder Dritten auferlegt[1715] und die zu ihrer Durchführung oder Wirksamkeit keiner weiteren Maßnahmen der Gemeinschaftsorgane oder der Mitgliedstaaten bedarf[1716]. Dass dies z.B. für die Grundfreiheiten und Grundrechte gilt, ist unbestritten[1717]. Aber auch andere Vorschriften, denen dies nicht so ohne weiteres anzusehen ist, können unmittelbare Wirkungen in den Rechtsbeziehungen zwischen dem Mitgliedstaat und seinen Bürgern erzeugen. Die Voraussetzungen der unmittelbaren Wirkung werden vom EuGH jedenfalls äußerst großzügig angewandt. Nur allgemeinen, vagen Regelungsaufträgen wird die unmittelbare Wirkung abgesprochen[1718].

1713 EuGH, Slg. 1963, 1.

1714 Diese Rechtsprechung wurde später mehrfach bestätigt. Für Art. 28 (ex 30) EGV s. EuGH, Slg. 1977, 557, 576; für Art. 39 (ex 48) s. EuGH, Slg. 1974, 1337, 1347; für Art. 43 (ex 52) s. EuGH, Slg. 1974, 631; für Art. 49 (ex 59) s. EuGH, Slg. 1974, 1299; für Art. 81 und 82 (ex 85 und 86) s. EuGH, Slg. 1974, 51, 62.

1715 Classen, Der Einzelne als Instrument zur Durchsetzung des Gemeinschaftsrechts? Zum Problem der subjektiv-öffentlichen Rechte kraft Gemeinschaftsrechts, VerwArch 1997, 645 (649f.); Streinz, Europarecht, 135.

1716 EuGH, Slg. 1966, S. 257.

1717 Frenz, Subjektiv-öffentliche Rechte aus Gemeinschaftsrecht vor deutschen Verwaltungsgerichten, DVBl. 1995, 408 (413); Hirsch, Kompetenzverteilung zwischen EuGH und nationaler Gerichtsbarkeit, NVwZ 1998, 907 (908); Hufen, Verwaltungsprozessrecht, 276; Jarass, Konflikte zwischen EG-Recht und nationalem Recht vor den Gerichten der Mitgliedstaaten, DVBl. 1995, 954 (956).

1718 Jarass, Konflikte zwischen EG-Recht und nationalem Recht vor den Gerichten der

Ob und in welchem Umfang Einzelne sich auf gemeinschaftsrechtliche Normen berufen können, hängt damit nur vom Inhalt der in Frage stehenden Norm ab.

Was das Sekundärrecht angeht, wirft die Verordnung[1719] die geringsten Probleme auf. Schon ihrer Natur und Funktion nach erzeugt sie unmittelbare Wirkungen und ist als solche geeignet, für die Einzelnen Rechte zu begründen[1720], zu deren Schutz die nationalen Gerichte verpflichtet sind[1721]. Voraussetzung ist allerdings, dass sie klar und eindeutig ist und den mit ihrer Anwendung betrauten Stellen keinerlei Ermessensspielraum läßt[1722]. Sind Entscheidungen[1723] an den Einzelnen gerichtet, liegt eine Begünstigung des Einzelnen vor, die vergleichbar mit den Berechtigungen ist, die durch eine Verordnung bzw. durch Vertragsbestimmungen gewährt werden. An den Mitgliedstaaten gerichtete Entscheidungen stehen den Richtlinien gleich[1724]. Richtlinien müssen umgesetzt werden[1725]. Eine Richtlinie bzw. einzelne Bestimmungen einer Richtlinie können trotzdem in bestimmten Fällen eine unmittelbare Wirkung entfalten. Diese unmittelbare Wirkung ist eine Ableitung aus der Verbindlichkeit, die die Richtlinie gegenüber den Mitgliedstaaten gemäß Art. 189 Abs. 3 EGV hat. Der EuGH bejaht in ständiger Rechtsprechung diese Möglichkeit[1726]. Dem liegt die Überlegung zugrunde, dass die praktische Wirksamkeit von Richtlinien erheblich beeinträchtigt werden würde, wenn es jeder Mitgliedstaat in der Hand hätte, den Eintritt der in den Richtlinien beabsichtigten Rechtswirkungen dadurch hinauszuzögern oder ganz zu vereiteln, dass er mit der Umsetzung in innerstaatliches Recht wartet[1727]. Zu beachten ist allerdings, dass diese unmittelbare Richtlinienwirkung nur im Verhältnis Bürger – Staat und nicht zwischen Privaten gilt (keine

---

Mitgliedstaaten, DVBl. 1995, 954 (955).

1719 Dazu Bieber/Epiney/Haag, Die Europäische Union, 192f.; Streinz, Europarecht, 157f.

1720 Art. 249 Abs. 2 EGV.

1721 EuGH, Slg. 1971, S. 1039 (1049).

1722 EuGH, Slg. 1973, S. 1135 (1158); vgl. Classen, Der Einzelne als Instrument zur Durchsetzung des Gemeinschaftsrechts? Zum Problem der subjektiv-öffentlichen Rechte kraft Gemeinschaftsrechts, VerwArch 1997, 645 (650f.).

1723 Art. 249 Abs. 4 EGV; dazu Bieber/Epiney/Haag, Die Europäische Union, 196; Streinz, Europarecht, 176f.

1724 Frenz, Subjektiv-öffentliche Rechte aus Gemeinschaftsrecht vor deutschen Verwaltungsgerichten, DVBl. 1995, 408 (413).

1725 Art. 249 Abs. 3 EGV; dazu Bieber/Epiney/Haag, Die Europäische Union, 193 ff.; Streinz, Europarecht, 158 ff.

1726 Z.B. EuGH, Slg. 1974, S. 1337; Slg. 1982, S. 53, 71; Slg. 1986, S. 3855, 3875; Slg. 1999, S. 5901; EuGH, DVBl. 2000, 214. Das **BVerwG** hat diese Rechtsprechung ausdrücklich bestätigt (s. nur BVerwG, NVwZ 1998, 616; NVwZ 1999, 528). Dazu auch Götz, Europäische Gesetzgebung durch Richtlinien – Zusammenwirken von Gemeinschaft und Staat, NJW 1992, 1849 ff.; Hirsch, Kompetenzverteilung zwischen EuGH und nationaler Gerichtsbarkeit, NVwZ 1998, 907 ff.; Jarass, Voraussetzungen der innerstaatlichen Wirkung des EG-Rechts, NJW 1990, 2420 (2422 ff.).

1727 EuGH, Slg. 1982, S. 53, 71.

horizontale Wirkung)[1728]. Der Einzelne kann sich daher gegenüber den nationalen Behörden und Gerichten auf ihn begünstigende Richtlinienbestimmungen berufen, wenn (a) die Richtlinie nicht (vollständig) bzw. unzulänglich umgesetzt wurde, (b) die Umsetzungsfrist abgelaufen ist (c) die in Frage kommenden Bestimmungen inhaltlich als unbedingt und hinreichend genau erscheinen[1729]. Unbedingt ist eine Vorschrift, wenn ihre Anwendung nicht von einer Bedingung oder einer konstitutiven Entscheidung der Mitgliedstaaten abhängt[1730]. Letzteres ist der Fall, wenn die festgelegte Rechtsfolge in das Ermessen der Mitgliedstaaten gestellt ist. Hinreichend bestimmt ist eine Vorschrift immer, wenn sie unzweideutig eine Verpflichtung begründet[1731]. Wann diese Voraussetzung gegeben ist, ist Frage der Auslegung. Der EuGH verlangt, dass die Norm einer gerichtlichen Kontrolle zugänglich sein muss[1732]. Richtlinien sind demzufolge zumeist unbedingt und ausreichend bestimmt[1733]. Inhaltlich unbestimmt sind nur Regelungen, die eher ein vages Programm als eine Handlungsanweisung enthalten[1734].

Der EuGH schließt also aus der festgestellten Eindeutigkeit der Verpflichtungen, die die Mitgliedstaaten eingegangen sind, auf die Möglichkeit der Entstehung von individuellen Rechten. Die Begründung individueller Rechte ist mithin Folge der unmittelbaren Wirkung[1735]. Im Hinblick darauf stellt sich die

---

1728 EuGH, Slg. 1986, S. 723 (749); Slg. 1987, S. 3969 (3085); Slg. 1990, I-495 (525); Slg. 1994, I-3325 (3356); Slg. 1996, I-1281 (1303).

1729 EuGH, Slg. 1982, S. 53, 71; Jarass, Voraussetzungen der innerstaatlichen Wirkung des EG-Rechts, NJW 1990, 2420.

1730 EuGH, Slg. 1994, I-483, 502.

1731 EuGH, Slg. 1994, I-483, 502.

1732 EuGH, Slg. 1974, 1337 (1347); Slg. 1991, I-5357 (5408 f.).

1733 Jarass, Konflikte zwischen EG-Recht und nationalem Recht vor den Gerichten der Mitgliedstaaten, DVBl. 1995, 954 (957).

1734 EuGH, Slg. 1994, I-483, 502.

1735 EuGH, Slg. 1995, I-2189; vgl. Ruffert, Dogmatik und Praxis des subjektiv – öffentlichen Rechts unter dem Einfluss des Gemeinschaftsrechts, DVBl. 1998, 69 (71), ders., Subjektive Rechte und unmittelbare Wirkung von EG – Umweltschutzrichtlinien, ZUR 1996, 235 (236); Schoch, Individualrechtsschutz im deutschem Umweltrecht unter dem Einfluss des Gemeinschaftsrechts, NVwZ 1999, 457 (463); vgl. BVerfGE 100, 238 (242); **a.A.** Callies, Zur unmittelbaren Wirkung der EG-Richtlinie über die Umweltverträglichkeitsprüfung und ihrer Umsetzung im deutschen Immissionsschutzrecht, NVwZ 1996, 339 (340f.); Pernice, Gestaltung und Vollzug des Umweltrechts im europäischen Binnenmarkt. Europäische Impulse und Zwänge für das deutsche Umweltrecht, NVwZ 1990, 414 (424); Winter, Rechtschutz gegen Behörden, die Umweltrichtlinien der EG nicht beachten, NuR 1991, 453 (454f.): die Verankerung eines subjektiven Rechts im Inhalt einer Richtliniebestimmung ist Voraussetzung für deren unmittelbare Wirkung; ähnlich Gellermann, Auflösung von Normwidersprüchen zwischen europäischem und nationalem Recht, DÖV 1996, 433 (436); vgl. auch Dellis, Europäisches Umweltrecht, 309f. (auf Griechisch).

für das deutsche Verwaltungsprozessrecht gewichtige Frage, ob jede hinreichend genaue und unbedingte Norm des Europarechts individuelle Rechte begründet, so dass jeder Einzelne jede objektive, unmittelbar wirkende Bestimmung gerichtlich geltend machen kann oder ob die Anerkennung individueller Rechte aus Gemeinschaftsrecht zusätzliche inhaltliche Anforderungen bzw. subjektivierende Elemente verlangt. Der EuGH untersucht in der Regel nicht im Einzelnen, nach welchen subjektiven Kriterien die einschlägige Bestimmung Rechte gewährt. Das Vorliegen der zweiten Voraussetzung (Begünstigung des Einzelnen) wird also nicht ausführlich behandelt. Das Gericht geht vielmehr wie selbstverständlich von der Entstehung individueller Rechte aus, unter kurzem Hinweis auf das berührte individuelle Interesse. Der EuGH hat jedenfalls klargestellt, dass individuelle Rechte nicht unbedingt ausdrücklich gewährt werden müssen. Vielmehr genügt es, wenn aus einer Rechtsnorm klar und eindeutig eine Begünstigung Einzelner hervorgeht[1736]. Offenbar soll es demgemäß ausreichend sein, wenn die Vorschrift auch „im Interesse“ Einzelner besteht. In jedem Fall, in dem das Interesse des Einzelnen betroffen ist, ist ein entsprechendes individuelles Recht anzunehmen[1737].

1.1.2 Vorgaben für die Umsetzung von Richtlinien

Gemäß Art. 249 und 10 EGV sind die Mitgliedstaaten verpflichtet, die europäischen Richtlinien fristgerecht und korrekt in das nationale Recht umzusetzen. Wenn Richtlinien dem Einzelnen bestimmte „Rechte“ vermitteln, muss nach der Rechtsprechung des EuGH die innerstaatliche Umsetzung den Begünstigten in die Lage versetzen, von seinen Rechten Kenntnis zu erlangen und sie vor den nationalen Gerichten durchzusetzen[1738]. In diesem Zusammenhang erhebt sich die Frage, wann eine Richtlinie solche einklagbaren Rechtspositionen vermittelt, bzw. ob und wieweit im Rahmen der Umsetzung individuelle Rechte gewährt werden müssen. Dabei sind zur Sicherstellung der effektiven Anwendung der europarechtlichen Vorgaben dem Gemeinschaftsrecht gewisse Mindestanforderungen zu entnehmen.

Der EuGH hat hinsichtlich dieser Frage im Jahre 1991 eine Reihe von umweltrelevanten Entscheidungen getroffen. Dessen Ausführungen sind in den verschiedenen Urteilen im Grundsatz weitgehend parallel gelagert: Zunächst stellt der Gerichtshof fest, dass es in der jeweiligen Richtlinie um einen effektiven Schutz des betroffenen Umweltmediums gehe und die Mitgliedstaaten verpflichtet seien, unter Beachtung der Vorgaben der Richtlinien entsprechende Verbote, Genehmigungspflichten und Überprüfungsverfahren zu erlassen.

1736 St. Rspr.: s. z.B. EuGH, Slg. 1969, S. 211 Tz. 22, 23; Slg. 1982, S. 53 Tz. 27 ff.
1737 Vgl. insbesondere EuGH, Slg. 1996, I-2201.
1738 St. Rspr. z.B. EuGH, Slg. 1991, I-2567 Tz 16.

Daraus zieht der EuGH den Schluss, dass die entsprechenden Richtlinievorschriften Rechte und Pflichten des Einzelnen begründen können sollen[1739]. Teilweise weist der EuGH noch darauf hin, dass die einschlägigen Grenzwerte dem Schutz der menschlichen Gesundheit dienen sollen, und dass die „Betroffenen" im Fall einer potenziellen Gesundheitsgefährdung durch Überschreitung der vorgegebenen Grenzwerte in der Lage sein müssten, sich auf zwingende Vorschriften zu berufen, um ihre Rechte geltend machen zu können[1740]. Diese Rechtsprechung wird in einem aus dem Jahr 1996 stammenden Urteil zu zwei Süßwasserrichtlinien[1741] fortgesetzt[1742]. Der EuGH geht demnach davon aus, dass jedenfalls gesundheitspolitische Zielsetzungen den Schluss nahe legen, dass dem Einzelnen ein Klagerecht zu gewähren ist. Aus dieser Rechtsprechung könnte abzuleiten sein, dass im Zuge der Umsetzung immer dann individuelle Rechte zu gewährleisten sind, wenn die jeweilige Bestimmung auch Interessen Einzelner zu schützen bestimmt ist. Der EuGH scheint damit, ähnlich wie der griechische Staatsrat, in der allgemeinen Schutzfunktion einer umweltschützenden Norm (in dem Fall einer Richtlinienbestimmung) auch den Schutz eines individuellen Belanges zu erkennen, und zwar der menschlichen Gesundheit. Diese Feststellung bietet das notwendige aber auch genügende Kriterium für die Begründung eines gerichtlich verfolgbaren Rechts. Dennoch lassen sich dafür auf Grund der bloß punktuellen Rechtsprechung keine allgemeinen Kriterien bestimmen.

Im Übrigen müssen entsprechend dieser Rechtsprechung nur die „Betroffenen" das Recht haben, sich auf die jeweiligen zwingenden Richtlinienvorschriften zu berufen. Der Gerichtshof geht mithin vom Erfordernis einer Art Individualisierung aus[1743] – er verlangt keine Popularklage[1744]. Es stellt sich somit die Frage nach den Voraussetzungen des Vorliegens eines solchen Betroffenseins.

1739 EuGH, Slg. 1991, I-825, in Bezug auf RL 80/68 (ABl. 1980 L 20, 43).

1740 EuGH, Slg. 1991, I-2567, in Bezug auf die RL 80/779 (ABl. 1980 L 229, 30); Slg. 1991, I-2607, in Bezug auf die RL 82/884 (ABl. 1982 L 378, 15); ähnlich auch EuGH, Slg. 1991, I-4983, in Bezug auf die RL 75/440 (ABl. 1975 L 194, 34).

1741 RL 78/659 (ABl. 1978 L 222, 1); RL 79/923 (ABl. 1979 L 281, 47).

1742 EuGH, Slg. 1996, I-6755.

1743 Gellermann, Auflösung von Normwidersprüchen zwischen europäischem und nationalem Recht, DÖV 1996, 433 (436); Pernice, Gestaltung und Vollzug des Umweltrechts im europäischen Binnenmarkt. Europäische Impulse und Zwänge für das deutsche Umweltrecht, NVwZ 1990, 414 (424); Ruthig, Transformiertes Gemeinschaftsrecht und die Klagebefugnis des § 42 Abs. 2 VwGO, BayVBl. 1997, 289 (295); **a.A.** Hufen, Verwaltungsprozessrecht, 276: in der Konzeption des EuGH fehlt die Selbstbetroffenheit.

1744 Classen, Strukturunterschiede zwischen deutschem und europäischem Verwaltungsrecht – Konflikt oder Bereicherung?, NJW 1995, 2457 (2458f.); Götz, Europarechtliche Vorgaben für das Verwaltungsprozessrecht, DVBl. 2002, 1 (4); Huber, Die Europäisierung des verwaltungsgerichtlichen Rechtsschutzes, DVBl. 2001, 577 (579); Schoch,

In Anknüpfung an die Rechtsprechung lässt sich feststellen, dass die einschlägige Bestimmung den Schutz personenbezogener Rechtsgüter zum Gegenstand haben muss[1745]. Individuelle Rechte sind demzufolge immer zu begründen, wenn Ziel der Richtlinienvorschrift der Schutz solcher Güter ist, und zwar unabhängig davon, ob der Einzelne das Interesse am Schutz dieser Güter als sein eigenes hat oder es mit allen anderen Mitgliedern der Allgemeinheit teilt. Eine Unterscheidung zwischen Individual- bzw. Allgemeininteressen, wie sie in Deutschland vorgenommen wird, findet nämlich in der gemeinschaftlichen Rechtsordnung nicht statt[1746]. Der EuGH hat z.B. für bestimmte umweltrechtliche Bestimmungen entschieden, dass, soweit die Richtlinie einen präzisen Inhalt hat, sie so umgesetzt werden muss, dass die Betroffenen die entsprechenden Regelungen vor Gericht einfordern können, und zwar unabhängig davon, ob bestimmte Einzelpersonen oder die Allgemeinheit dadurch geschützt werden sollen[1747]. Insofern ist auch die im deutschen Umweltrecht vorgenommene Differenzierung zwischen Gefahrenabwehr und Risikovorsorge unerheblich. Entscheidend ist vielmehr, ob das Interesse des Einzelnen zu dem von der europarechtlichen Norm geschützten öffentlichen Teilinteresse gehört[1748]. Diese Frage ist allein auf der Grundlage der einschlägigen Bestimmung zu beantworten. Der bisherigen Rechtsprechung sind allerdings keine allgemeinen Ausle-gungskriterien hinsichtlich der Frage zu entnehmen, ob und inwieweit ein individuelles Schutzgut Teil der Zielsetzung einer europarechtlichen Bestimmung ist, denn bisher stand der Gesundheitsschutz im Vordergrund – ein unstreitig individuelles Rechtsgut.

Vor diesem Hintergrund überzeugt weder die Ansicht, dass der EuGH sich im Ergebnis für die deutsche Schutznormtheorie entschieden hat[1749] noch dass

---

Die Europäisierung des verwaltungsgerichtlichen Rechtsschutzes, 35.

1745 Ruffert, Dogmatik und Praxis des subjektiv-öffentlichen Rechts unter dem Einfluss des Gemeinschaftsrechts, DVBl. 1998, 69 (72); Wegener, Rechte des Einzelnen: Die Interessentenklage im europäischen Umweltrecht, 385f.; Winter, Individualrechtsschutz im deutschen Umweltrecht unter dem Einfluss des Gemeinschaftsrechts, NVwZ 1999, 467 (469 ff.); a.A. Classen, Der Einzelne als Instrument zur Durchsetzung des Gemeinschaftsrechts? Zum Problem der subjektiv-öffentlichen Rechte kraft Gemeinschaftsrechts, VerwArch 1997, 645 (677).

1746 EuGH, Slg. 1994, I-483: der Gerichtshof hat festgestellt, dass Art. 4 der Abfallrahmenrichtlinie a.F. (75/442/EWG) keine Rechte für den Einzelnen begründe, weil sie nicht unbedingt und hinreichend genau sei; auf den Zweck der Bestimmung ging der EuGH nicht ein; vgl. Hufen, Verwaltungsprozessrecht, 276f.

1747 EuGH, Slg. 1991, I-825 (878f.); Slg. 1991, I-2567 (2601f.); Slg. 1991, I-2607 (2631); Slg. 1991, I-4983 (5023). Ist die Richtlinie nicht (korrekt) umgesetzt worden, kann sich **jeder**, der davon **tatsächlich** nachteilig betroffen ist, auch unmittelbar auf sie berufen.

1748 Vgl. Winter, Individualrechtsschutz im deutschen Umweltrecht unter dem Einfluss des Gemeinschaftsrechts, NVwZ 1999, 467 (473).

1749 Triantafyllou, Zur Europäisierung des subjektiven öffentlichen Rechts, DÖV 1997, 192 (196).

der EuGH kaum vom deutschen Konzept des subjektiven Rechts abweiche[1750]. Die von der Rechtsprechung des EuGH verlangten Voraussetzungen für die Begründung eines individuellen Rechts und entsprechend für den Zugang zu Gerichten fallen im Gegenteil weiter aus, als das deutsche Institut des subjektiven öffentlichen Rechts[1751] und sind, wie schon erwähnt, mit denen des griechischen *„εννόμου συμφέροντος"* vergleichbar. Infolgedessen sind für den Zugang zu Gericht im Umweltrecht drei Voraussetzungen ausschlaggebend: (a) Die zu begründenden Pflichten müssen hinreichend genau sein[1752]. Entscheidend dabei ist, ob und wieweit der einschlägigen Bestimmung eine Pflicht der Mitgliedstaaten zu entnehmen ist, im innerstaatlichen Recht hinreichend bestimmte Vorschriften zu erlassen. Geht es in der Richtlinie bloß um Zielsetzungen, wie es bei der Formulierung von Umweltqualitätszielen in der Regel der Fall ist[1753], deren Verwirklichung von weiteren Entscheidungen abhängt, ist das Kriterium der hinreichenden Bestimmtheit nicht erfüllt. (b) Durch die einschlägige Bestimmung sollen auch Interesse Einzelner geschützt werden. (c) Der auf die jeweilige Richtlinienbestimmung berufende Einzelne muss konkret betroffen sein.

Im Folgenden ist der Frage nachzugehen, ob und wieweit die umweltrelevanten Bestimmungen des Europarechts geeignet sind, individuelle Rechte zu gewähren, damit der Einzelne auch Zugang zu Gericht in Umweltangelegenheiten erhält.

1.2 Klagefähige Rechtspositionen im europäischen Umweltrecht

1.2.1 Umweltschutz und Interessen des Einzelnen

Aufgabe der Gemeinschaft ist gemäß Art. 2 EGV ein hohes Maß an Umweltschutz, die Verbesserung der Umweltqualität und die Hebung der Lebenshaltung und der Lebensqualität. Zur Förderung dieser Ziele umfasst die Tätigkeit der Gemeinschaft u.a. eine Umweltpolitik (Art. 3 Abs. 1 Lit. l EGV),

---

1750 Classen, Der Einzelne als Instrument zur Durchsetzung des Gemeinschaftsrechts? Zum Problem der subjektiv-öffentlichen Rechte kraft Gemeinschaftsrechts, VerwArch 1997, 645 ff.

1751 Burgi, Deutsche Verwaltungsgerichte als Gemeinschaftsrechtsgerichte, DVBl. 1995, 772 (778f.); Krings, Die Klagbarkeit europäischer Umweltstandards im Immissionsschutzrecht, UPR 1996, 89 ff.; Pernice, Gestaltung und Vollzug des Umweltrechts im europäischen Binnenmarkt. Europäische Impulse und Zwänge für das deutsche Umweltrecht, NVwZ 1990, 414 (425); Ruffert, in Calliess/Ruffert, Kommentar zu EU-Vertrag und EG-Vertrag, Art. 249, Rnn. 33 f. m.w.N.; Schoch, Die Europäisierung des verwaltungsgerichtlichen Rechtsschutzes, 33 ff.

1752 Wegener, Rechte des Einzelnen: Die Interessentenklage im europäischen Umweltrecht, 206 ff.; Winter, Individualrechtsschutz im deutschen Umweltrecht unter dem Einfluss des Gemeinschaftsrechts, NVwZ 1999, 467 (470).

1753 Vgl. z.B. Art. 4 RL 2000/60/EG (ABl. 2000 L 327, 1).

deren Ziele in Art. 174 EGV festgelegt sind. Der Vertrag enthält zwar keine Definition des Umweltbegriffs, die weite Formulierung des Art. 174 spricht aber für einen weiten Umweltbegriff[1754]. Die am Anfang des 3. Teils der vorliegenden Untersuchung vorgenommenen Erläuterungen sind auch im europäischen Umweltrecht gültig. Auch das Europarecht dürfte daher im Ergebnis vor einer anthropozentrischen Sicht des Umweltschutzes ausgehen, denn jede positive oder negative Veränderung der natürlichen Umwelt wirkt sich auch mindestens mittelbar auf den Menschen auf[1755]. Für die Frage der inhaltlichen Präzisierung der Interessen Einzelner im vorliegenden Zusammenhang soll daher ausreichend sein, wenn das persönliche Interesse des Einzelnen von der Zielrichtung der einschlägigen europarechtlichen Bestimmung mittelbar erfasst wird. Die Betroffenheit muss allerdings nachvollziehbar sein.

Der EuGH hat sich mit dieser Problematik nicht ausführlich auseinandergesetzt. Im Fall der Umsetzung von Immissionsgrenzwerten für Fisch- und Muschelgewässer hat der Gerichtshof festgelegt, dass Ziel der Richtlinie die Überwachung der Qualität der Gewässer sei, in denen allerdings das Leben von zum menschlichen Verzehr geeigneten Fischen erhalten wird bzw. erhalten werden könnte. Es ging demzufolge mittelbar um Auswirkungen auf die menschliche Gesundheit. Unter diesen Umständen müsste die Umsetzung so erfolgen, dass in allen Fällen, in denen die mangelnde Befolgung der durch die Richtlinie vorgeschriebenen Maßnahmen die Gesundheit von Menschen gefährden könnte, den Betroffenen die Möglichkeit eingeräumt wird, sich auf die entsprechenden Bestimmungen zu berufen und ihre Rechte geltend zu machen[1756].

Angesichts der bestehenden Rechtsprechung betrifft die erste Fallgruppe umweltrechtlicher Vorschriften, die den Schutz von persönlichen Interessen des Einzelnen dienen, solche Regelungen, die zumindest auch den Schutz der menschlichen Gesundheit verfolgen[1757]. Die Verschmutzung der Umweltmedien Luft, Wasser und Boden entfaltet typischerweise Rückwirkungen auf die Gesundheit. Es ist daher davon auszugehen, dass die medienschützenden Vorschriften zumindest auch dem Gesundheitsschutz dienen. Dies kommt zudem meistens in den Zielbestimmungen der einschlägigen Rechtsakte zum Ausdruck[1758]. Die Einteilung in Gefahrenabwehr und Risikovorsorge bzw. Indivi-

---

1754 Vgl. Kloepfer, Umweltrecht, 678.

1755 Vgl. Art. 174 EGV: Ziel der Umweltpolitik der Gemeinschaft ist u.a. der Schutz der menschlichen Gesundheit.

1756 EuGH, Rs. C-298/95, Slg. 1996, I-6755, Ziff. 15f.

1757 Vgl. BVerwG, ZUR 1996, 255 (259): die gerichtliche Überprüfung der Einhaltung des Gemeinschaftsrechts muss dem Betroffenen offen stehen, wenn die gemeinschaftlichen Regelungen dem Schutz von Leben und Gesundheit dienen.

1758 Vgl. z.B. Art. 1 **RL 1999/30** (ABl. 1999 L 163) über Grenzwerte für Schwefeldioxid, Stickstoffdioxid und Stickstoffoxide, Partikel und Blei in der **Luft**: „Ziele dieser Richtlinie sind: Festlegung von **Grenzwerten** und gegebenenfalls **Alarmschwellen** für die

dualrisiko und Bevölkerungsrisiko ist allerdings der europäischen Rechtsordnung fremd. Dementsprechend verfolgen sowohl Immissions- als auch Emissionsnormen in aller Regel zumindest auch die Interessen Einzelner. Das Gleiche gilt für die Vorschriften zum Schutz von gefährlichen Tätigkeiten oder Stoffen, wie auch im Abfallrecht, zumindest in Bezug auf Normen, die den Unfang mit gefährlichen Abfällen zum Gegenstand haben.

Im Gemeinschaftsrecht findet sich eine Vielfalt artenbezogener bzw. raumbezogener Regelungen, die den Schutz der Natur als solche zum Gegenstand haben[1759]. Im Rahmen der Darstellung der deutschen Rechtsordnung wurde bereits ausgeführt, dass angenommen wird, die naturbezogenen Regelungen bezwecken nicht den Schutz des Menschen und sind deswegen nicht geeignet, individuelle Rechte zu begründen. Dennoch kann nicht bezweifelt werden, dass die Erhaltung des ökologischen Gleichgewichts auch den Menschen betrifft. Als Erholungsgebiete dienen Natur und Landschaft außerdem auch individuellen

---

Konzentrationen von Schwefeldioxid, Stickstoffdioxid und Stickstoffoxiden, Partikeln und Blei in der Luft im Hinblick auf die Vermeidung, Verhütung oder Verringerung schädlicher Auswirkungen auf die **menschliche Gesundheit** und die Umwelt insgesamt."; Art. 1 **RL 80/68/EWG** (ABl. 1980 L 20, geändert durch RL 91/692/EWG, ABl. 1991 L 377, gültig bis 22.12.2013 gemäß Art. 22 RL 2000/60/EG) über den Schutz des **Grundwassers** gegen Verschmutzung durch bestimmte gefährliche Stoffe: „Diese Richtlinie bezweckt, die Verschmutzung des Grundwassers durch Stoffe [...] zu verhüten und die Folgen seiner bisherigen Verschmutzung soweit wie möglich einzudämmen oder zu beheben. [...] Im Sinne dieser Richtlinie sind [...] (d) Verschmutzung: direkte oder indirekte Ableitung von Stoffen oder Energie durch den Menschen in das Grundwasser, wenn dadurch **die menschliche Gesundheit** oder die Wasserversorgung gefährdet, die lebenden Bestände und das Ökosystem der Gewässer geschädigt oder die sonstige rechtmäßige Nutzung der Gewässer behindert werden."; Art. 1 RL **86/278/EWG** (ABl. 1994 L 296) über den Schutz der Umwelt und insbesondere der **Böden** bei der Verwendung von Klärschlamm in der Landwirtschaft: „Zweck dieser Richtlinie ist es, die Verwendung von Klärschlamm in der Landwirtschaft so zu regeln, dass schädliche Auswirkungen auf Böden, Vegetation, Tier und **Mensch** verhindert und zugleich eine einwandfreie Verwendung von Klärschlamm gefördert werden".

1759 Vgl. z.B. Art. 1 Abs. 2 **RL 79/409** über die Erhaltung der wildlebenden Vogelarten (ABl. 1979 L 103, 1): „Diese Richtlinie betrifft die Erhaltung sämtlicher wildlebender Vogelarten [...]. Sie hat den Schutz, die Bewirtschaftung und die Regulierung dieser Arten zum Ziel und regelt die Nutzung dieser Arten."; Art. 2 **RL 92/43** zur Erhaltung der natürlichen Lebensräume sowie der wildlebenden Tiere und Pflanzen (ABl. 1992 L 206, 7): „(1) Diese Richtlinie hat zum Ziel, zur Sicherung der Artenvielfalt durch die Erhaltung der natürlichen Lebensräume sowie der wildlebenden Tiere und Pflanzen im europäischen Gebiet der Mitgliedstaaten, für das der Vertrag Geltung hat, beizutragen. (2) Die aufgrund dieser Richtlinie getroffenen Maßnahmen zielen darauf ab, einen günstigen Erhaltungszustand der natürlichen Lebensräume und wildlebenden Tier- und Pflanzenarten von gemeinschaftlichem Interesse zu bewahren oder wiederherzustellen.[...]"

Belangen, nämlich dem Interesse am Naturgenuss[1760]. Die Naturschutzvorschriften können insofern mindestens mittelbar auch dem Schutz von persönlichen Interessen des Einzelnen dienen.

Selbst wenn ein von der Zielrichtung der einschlägigen europarechtlichen Bestimmung mittelbar erfasstes persönliches Interesse des Einzelnen für die Begründung einer klagefähigen Position im Umweltrecht ausreicht, muss die Betroffenheit des sich darauf berufenden Einzelnen nachvollziehbar sein. Umwelteinwirkungen, die so langfristige Auswirkungen entfalten, dass es zweifelhaft bleibt, ob die heutigen Generationen deren Rückwirkung erleben werden, können infolgedessen im Prinzip keine persönliche Betroffenheit begründen. Es stellt sich folgerichtig die Frage, ob die europarechtlichen Umweltschutzvorschriften, die auf die Erhaltung des Klimas und den Schutz der Erdatmosphäre abzielen, vom rechtschutzsuchenden Einzelnen geltend gemacht werden können. Diese Frage erinnert an das Erfordernis der Gegenwärtigkeit für die Begründung des *„εννόμου συμφέροντος“* in der griechischen Rechtsordnung. Die Antwort des griechischen Staatsrates darauf berücksichtigt die Besonderheiten von Umweltbelastungen. In Anbetracht der Tatsache, dass der Abbau der Ozonschicht irreparabel ist und dessen Folgen schon spürbar sind, und unter Berücksichtigung des Vorsorge- bzw. Vorbeugungsprinzips[1761] sollte man großzügig mit der Anerkennung eines persönlichen Interesses in diesen Fällen verfahren. Umweltschutzmaßnahmen – und darunter sind auch die im Rahmen des gerichtlichen Rechtschutzes getroffenen Maßnahmen zu verstehen – sind am effektivsten, wenn sie vorbeugend getroffen werden. Die finale Ausrichtung des EG-Vertrags und die Instrumentalisierung des Einzelnen zur tatsächlichen Durchsetzung des Europarechts liefern noch zwei Argumente, weshalb vom starren Erfordernis eines gegenwärtiges Bertoffenseins abgewichen werden sollte, wenn es um die Vorbeugung solcher schwerwiegenden und unaufhebbaren Umwelteinwirkungen geht.

Die Mobilisierung des Einzelnen für die Durchsetzung des europäischen Umweltrechts kommt vor allem in den zahlreichen Verfahrensvorschriften zum Ausdruck, die ihm Informations- und Beteiligungsrechte an umweltrelevanten Verfahren gewährleisten. Hinsichtlich der Problematik der individualschützenden Funktion der Verfahrensvorschriften ist auf die entsprechenden Ausführungen im zweiten Teil der vorliegenden Untersuchung zu verweisen. An dieser Stelle soll die These wiederholt werden, dass, soweit der Einzelne am Verfahren zu beteiligen ist, allein diese Tatsache sein persönliches Interesse begründen dürfte, so dass er sich auch auf die entsprechenden Bestimmungen berufen können soll[1762].

1760 Vgl. Wegener, Rechte des Einzelnen: Die Interessentenklage im europäischen Umweltrecht, 186 ff.; Winter, Individualrechtsschutz im deutschem Umweltrecht unter dem Einfluss des Gemeinschaftsrechts, NVwZ 1999, 467 (474).

1761 Dazu Karakostas, Umwelt und Recht, 20 ff. ; (auf Gr.); Kloepfer, Umweltrecht, 685f.

1762 Vgl. Gellermann, Auflösung von Normwidersprüchen zwischen europäischem und

Der EuGH hat im Fall der UVP-Richtlinie[1763] dazu Stellung genommen. Im Fall „Greenpeace"[1764] hat nämlich der Gerichtshof darauf hingewiesen, dass die Richtlinie Rechte des Einzelnen enthalte, wobei der Zusammenhang dieser Aussage es nahe legt, dass damit auch das Recht auf Durchführung einer Umweltverträglichkeitsprüfung als solche gemeint ist. Die drittschutzfreundliche Rechtsprechung des EuGH zeigte sich weiter in seinem Urteil vom 16.09.1999. Das Gericht hat festgestellt[1765], dass sich Einzelne[1766] dann, wenn der Gesetzgeber oder die Verwaltung eines Mitgliedstaats das ihnen durch Art. 4 Abs. 2 und Art. 2 Abs. 1 der UVP-Richtlinie eingeräumte Ermessen (Befugnis ein alternatives Verfahren zu verwenden) überschritten haben, vor dem Gericht eines Mitgliedstaats gegenüber den nationalen Stellen auf diese Bestimmungen berufen und dadurch erreichen können, dass diese nationale Vorschriften oder Maßnahmen außer Betracht lassen, die mit diesen Bestimmungen unvereinbar sind. Den wichtigsten Beitrag zur Klärung der offenen Fragen brachte aber das EuGH-Urteil vom 07.01.2004[1767]. In diesem Fall ging es um die Erteilung einer neuen Bergbaugenehmigung ohne dass zuvor eine Umweltverträglichkeitsprüfung durchgeführt worden war. Das Gericht hat festgestellt, dass der Grundsatz der Rechtssicherheit der Begründung von Verpflichtungen für den Einzelnen durch Richtlinien entgegensteht. Gegenüber dem Einzelnen können die Bestimmungen einer Richtlinie nur Rechte begründen[1768]. Daher kann dieser sich nicht gegenüber einem Mitgliedstaat auf eine Richtlinie berufen, wenn es sich um eine Verpflichtung des Staates handelt (hier die Verpflichtung des Mitgliedstaats, eine Umweltverträglichkeitsprüfung des Betriebes des Steinbruchs von den zuständigen Behörden vornehmen zu lassen), die unmittelbar im Zusammenhang mit der Erfüllung einer anderen Verpflichtung steht, die aufgrund dieser Richtlinie einem Dritten obliegt (hier dem Eigentümer des Steinbruchs)[1769]. Dagegen rechtfertigen bloße negative Auswirkungen auf die Rechte Dritter, selbst wenn sie gewiss sind, es nicht, dem Einzelnen das Recht auf Berufung auf die Bestimmungen einer

---

nationalem Recht, DÖV 1996, 433 (438); Schoch, Die Europäisierung des verwaltungsgerichtlichen Rechtsschutzes, 37 ff.; Wegener, Rechte des Einzelnen: Die Interessentenklage im europäischen Umweltrecht, 179 ff. und 189 ff.; Winter, Individualrechtsschutz im deutschen Umweltrecht unter dem Einfluss des Gemeinschaftsrechts, NVwZ 1999, 467 (470).

1763 RL 85/337 (ABl. 1985 L 175, 40).

1764 EuGH, Rs. C-321/95 P, Slg. 1998, I-1651, Ziff. 33.

1765 EuGH, Rs. C-435/97, Slg. 1999, I-05613, Ziff. 68 ff. (71).

1766 In diesem Fall haben natürliche Personen (Anrainer des Flughafens von Bozen-St. Jakob in Südtirol – Italien) und zwei Umweltschutzverbände gegen die Genehmigung zur Umstrukturierung dieses Flughafens Anfechtungsklage erhoben.

1767 EuGH, Rs. C-201/02, Slg. 2004, I-723.

1768 Vgl. EuGH, Rs. 152/84, Slg. 1986, 723 Rn. 48.

1769 Vgl. EuGH, Rs. C-221/88, Slg. 1990, I-495; C-97/96, Slg. 1997, I-6843.

Richtlinie gegenüber dem betreffenden Mitgliedstaat zu versagen[1770]. So steht die Verpflichtung des betreffenden Mitgliedstaats, eine Umweltverträglichkeitsprüfung des Betriebes vornehmen zu lassen, nicht in unmittelbarem Zusammenhang mit der Erfüllung einer Verpflichtung, die nach der Richtlinie 85/337 den Eigentümern dieses Steinbruchs obläge. Der Umstand, dass der Bergbaubetrieb bis zum Vorliegen der Ergebnisse dieser Prüfung eingestellt werden muss, ist zwar die Folge der verspäteten Pflichterfüllung durch den Staat. Diese Folge kann jedoch nicht als umgekehrte unmittelbare Wirkung der Bestimmungen dieser Richtlinie gegenüber diesen Eigentümern angesehen werden. Der EuGH kommt daher zu dem Ergebnis, dass sich der Einzelne auf Art. 2 Abs. 1 i.V.m. den Art. 1 Abs. 2 und Art. 4 Abs. 2 der UVP-Richtlinie berufen kann.

Im Fall der Vertragsverletzung Deutschlands wegen Nicht-Umsetzung der Grundwasserrichtlinie[1771] führt das Gericht aus, dass die Verfahrensbestimmungen genaue und detaillierte Vorschriften enthalten, um den wirksamen Schutz des Grundwassers zu gewährleisten. Diese Vorschriften sollen daher Rechte und Pflichte der Einzelnen begründen[1772].

Es lässt sich damit die zur deutschen Rechtsprechung gegenüberläufige Tendenz der EuGH-Rechtsprechung erkennen, die tatsächliche Beachtung formaler europarechtlicher Vorgaben unabhängig von materiellrechtlichen Ergebniserwägungen einzufordern[1773].

Die neue Umweltinformationsrichtlinie[1774] vom 28.01.2003 erweitert den bisher aufgrund der Richtlinie 90/313/EWG gewährten Zugang zu umweltrelevanten Informationen. Gemäß ihre Präambel muss sicher gestellt werden, dass **jede** natürliche oder juristische Person **ohne** Geltendmachung eines Interesses ein Recht auf Zugang zu bei Behörden vorhandenen oder für diese bereitgehaltenen Umweltinformationen hat. Art. 3 Abs. 1 gewährleistet tatsächlich diesen Zugangsanspruch. Die Bestimmungen der Informationsrichtlinien gewährleisten

1770 Vgl. EuGH Rs. C-103/88, Slg. 1989, I-1839; C-1994/ 94, Slg. 1996, I-2201; C-201/94, Slg. 1996, I-5819; C-443/98, Slg. 2000, I-7535.

1771 RL 80/68/EWG über den Schutz des Grundwassers gegen Verschmutzung durch bestimmte gefährliche Stoffe (ABl. 1980 L 20, 43).

1772 EuGH, Slg. 1991, I-825, Ziff. 61.

1773 Vgl. Epiney, Dezentrale Durchsetzungsmechanismen im gemeinschaftlichen Umweltrecht, ZUR 1996, 229 (233); Ruffert, Subjektive Rechte und unmittelbare Wirkung von EG – Umweltschutzrichtlinien, ZUR 1996, 235; Scheidler, Rechtsschutz Dritter bei fehlender oder unterbliebener Umweltverträglichkeitsprüfung, NVwZ 2005, 863 (867f.); Schoch, Individualrechtsschutz im deutschen Umweltrecht unter dem Einfluss des Gemeinschaftsrechts, NVwZ 1999, 457 (458f.); Wegener, Rechte des Einzelnen: Die Interessentenklage im europäischen Umweltrecht, 115 ff.; Winter, Individualrechtsschutz im deutschem Umweltrecht unter dem Einfluss des Gemeinschaftsrechts NVwZ 1999, 467.

1774 RL 2003/4/EG (ABl. 2003 L 41, 26) über den Zugang der Öffentlichkeit zu Umweltinformationen und zur Aufhebung der Richtlinie 90/313/EWG.

damit ausdrücklich individuelle Rechte[1775]. Ähnliches gilt für die Öffentlichkeitsrichtlinie[1776], die der Öffentlichkeit Beteiligungsrechte bei der Ausarbeitung bestimmter umweltbezogener Pläne und Programme gewährleistet.

1.2.2 Das Erfordernis des „Betroffenseins“

Der bisherigen Darstellung zufolge sind gemeinschaftsrechtliche Bestimmungen geeignet, individuelle Rechte des Einzelne zu begründen, die auch gerichtlich durchgesetzt werden können. Es ist nun der Frage nachzugehen, wer diese Rechte geltend machen können soll. Die europäische Rechtsordnung kennt im Prinzip, wie schon erwähnt, keine actio popularis. Der EuGH geht von einer Einschränkung des Personenkreises aus, der sich auf den einschlägigen Vorschriften berufen kann, indem er auf die „Betroffenen“ abstellt.

Nennt die in Frage stehende gemeinschaftsrechtliche Bestimmung selbst den von ihr erfassten Personenkreis, ist die Ermittlung der von ihrer Missachtung Betroffenen unproblematisch. Dies ist z.B. der Fall bei der Umweltinformationsrichtlinie[1777], nach der „jeder“ Zugang zu Informationen erhalten soll (Art. 3 Abs. 1). Auch die Öffentlichkeitsrichtlinie[1778] nennt die von ihr Begünstigten, nämlich die „Öffentlichkeit“. In beiden Fällen sind letztlich alle betroffen, so dass in diesen begrenzten Fällen die Eröffnung einer Popularklage gefordert wird[1779].

In den meisten Fällen wird dennoch der Kreis der Betroffenen nicht weiter im Wortlaut präzisiert, so dass dessen Feststellung eine Frage der Auslegung bleibt. Dabei muss beachtet werden, dass der Rechtsprechung des EuGH auch keine Individualisierungskriterien zu entnehmen sind. Der Gerichtshof spricht

1775 In Art. 6 wird die Verpflichtung der Mitgliedstaaten festgelegt, sicherzustellen, dass ein Antragsteller, dessen Antrag von einer Behörde nicht beachtet, fälschlicherweise abgelehnt, unzulänglich beantwortet oder auf andere Weise nicht in Übereinstimmung mit den Richtliniebestimmungen bearbeitet worden ist, Zugang zu einem Überprüfungsverfahren hat. In Abs. 2 wird darüber hinaus die Möglichkeit des Zugangs zu Gericht gewährleistet.

1776 RL 2003/35/EG über die Beteiligung der Öffentlichkeit bei der Ausarbeitung bestimmter umweltbezogener Pläne und Programme und zur Änderung der Richtlinien 85/337/EWG und 96/61/EG in Bezug auf die Öffentlichkeitsbeteiligung und den Zugang zu Gerichten (ABl. 2003 L 156, 17); dazu Louis, Die Übergangsregelungen für das Verbandsklagerecht nach den §§ 61, 69 Abs. 7 BNatSchG vor dem Hintergrund der europarechtlichen Klagerechte für Umweltverbände auf Grund der Änderungen der IVU- und der UVP-Richtlinie zur Umsetzung des Aarhus-Übereinkommens, NuR 2004, 287.

1777 RL 2003/4/EG (ABl. 2003 L 41, 26) über den Zugang der Öffentlichkeit zu Umweltinformationen und zur Aufhebung der Richtlinie 90/313/EWG.

1778 RL 2003/4/EG (ABl. 2003 L 41, 26) über den Zugang der Öffentlichkeit zu Umweltinformationen und zur Aufhebung der Richtlinie 90/313/EWG.

1779 S. aber Art. 15a der Öffentlichkeitsrichtlinie über den Zugang zu Gerichten.

von den Betroffenen, ohne bislang präzisiert zu haben, wer darunter zu verstehen ist. Die Suche nach solchen Kriterien muss vor dem Hintergrund der finalen Ausrichtung des Gemeinschaftsrechts und der Funktionalisierung des Einzelnen für dessen Durchsetzung zustande kommen. Die Funktion der Individualklage im europäischen Gemeinschaftsrecht beschränkt sich nämlich nicht nur auf den Schutz individueller Interessen, sondern umfasst auch die Kontrolle der Beachtung des Gemeinschaftsrechts. Die griechische Rechtsordnung gelangt dabei zu vermittelnden Lösungen. Das individuelle Recht im gemeinschaftsrechtlichen Sinne ist weitgehend mit dem *„έννομο συμφέρον"* vergleichbar. Bei dessen Ermittlung wird auf die allgemeine Schutzfunktion einer zwingenden rechtlichen Bestimmung abgestellt, die auch dem Einzelnen zugute kommt. Darüber hinaus ist es nicht maßgeblich, ob der Einzelne das normativ geschützte Interesse als seines ausschließliches hat: auf die Zahl der Betroffenen kommt es dementsprechend nicht an. Es scheint insofern konsequent, eine umweltrelevante Klage nicht am Mangel an „rechtlicher" Betroffenheit scheitern zu lassen. Die Eingrenzung ist also nicht im Sinne eines zahlenmäßig begrenzten Personenkreises vorzunehmen[1780]. Aus diesem Grund muss sich der Einzelne auch auf unmittelbare faktische Beeinträchtigungen berufen können[1781]. Eine normative Bestimmung des Betroffenenkreises, wie sie in Deutschland verlangt wird, ist der Konzeptionslogik des Europarechts fremd. Es muss vielmehr einzelfallbezogen ermittelt werden, wer tatsächlich und konkret beeinträchtigt wird. Irrelevant ist dabei, wie viele andere Personen noch betroffen sein können.

Im Hinblick auf den gerichtlichen Zugang ist dementsprechend festzustellen, dass die europäische Rechtsordnung für eine Interessentenklage votiert, die konzeptionell gesehen Elemente sowohl des deutschen als auch des griechischen Rechtsschutzsystems in sich vereint. In konzeptioneller Hinsicht wird nämlich wie im deutschen Recht und im Gegensatz zu der griechischen Rechtsordnung bei der Klagelegitimation auf die Auslegung der einschlägigen Bestimmungen abgestellt[1782]. Die Auslegung der geltend gemachten Bestimmungen als Grund-

---

1780 Vgl. Classen, Der Einzelne als Instrument zur Durchsetzung des Gemeinschaftsrechts? Zum Problem der subjektiv-öffentlichen Rechte kraft Gemeinschaftsrechts, VerwArch 1997, 645 (668).

1781 Vgl. Halfmann, Entwicklungen des Verwaltungsrechtsschutzes in Deutschland, Frankreich und Europa, VerwArch 2000, 74 (82); Ruffert, Dogmatik und Praxis des subjektiv – öffentlichen Rechts unter dem Einfluss des Gemeinschaftsrechts, DVBl. 1998, 69 (72); Schoch, Individualrechtsschutz im deutschen Umweltrecht unter dem Einfluss des Gemeinschaftsrechts, NVwZ 1999, 457 (464); vgl. auch Wegener, Rechte des Einzelnen: Die Interessentenklage im europäischen Umweltrecht, 181f.: Wegener stellt darauf ab, dass der Einzelne einen persönlichen, ihm durch die Verletzung des Gemeinschaftsrechts entstandenen Nachteil geltend machen kann. Dies entspricht weitgehend der Definition des griechischen *„εννόμου συμφέροντος"*!

1782 In Griechenland ist dies insofern fremd, als es dort allein auf die mehr oder weniger intensive Betroffenheit von Interessen ankommt.

lage für die Begründung individueller Rechte orientiert sich andererseits am Interesse des Einzelnen an ihre Einhaltung. Diese müssen demgemäß auch im Interesse Einzelner bestehen, worunter allerdings auch die Allgemeinheit fallen kann.

1.2.3 Europarecht und Verbandsklage

Das Europarecht kennt noch keine allgemeine Verpflichtung der Mitgliedstaaten, im Umweltrecht altruistische Verbandsklagen zuzulassen. Hingegen können einzelnen Bestimmungen durchaus eine solche Verpflichtung entnommen werden. Gemäß Art. 3 Abs. 1 der Umweltinformationsrichtlinie[1783] steht z.B. jeder natürlichen oder juristischen Person ein Recht auf Zugang zu Umweltinformationen zu, und zwar ohne Geltendmachung eines jeglichen Interesses. Damit sind auch Umweltschutzverbände einbezogen.

Das an Interessen orientierte gemeinschaftsrechtliche Konzept des Rechtsschutzes würde sich darüber hinaus für die Konstruktion der altruistischen Verbandsklage ohne spezielle Regelung eignen. Diese Entwicklung nahm die umweltrechtliche Verbandsklage in Griechenland. Da das geschützte Interesse auch immateriell bzw. kollektiv sein kann, wäre es möglich, dass die Einhaltung umweltrechtlicher Vorgaben das Interesse eines Verbandes berühren könnte, dessen Satzung den Umweltschutz als Zweck umfasst. Hinzuweisen ist allerdings darauf, dass sich in der europäischen Ordnung bisher kein Ansatz für die Anerkennung einer Parallelität von Rechten Einzelner und Verbände verzeichnen ließ. Eine Entwicklung in diese Richtung ist nichtsdestotrotz abzuwarten.

In Anbetracht der mit der Unterzeichnung der Århus-Konvention seitens der Gemeinschaft übernommenen Verpflichtungen legte die Europäische Kommission im Oktober 2003 den Vorschlag einer Richtlinie vor[1784], welche die dritte Säule der Konvention umsetzen und den Zugang der Öffentlichkeit zu Gerichten in Umweltangelegenheiten gewährleisten soll. Diese Richtlinie enthält Bestimmungen, die „Mitgliedern der Öffentlichkeit" und „qualifizierten Einrichtungen" den Zugang zu Gerichten in Umweltangelegenheiten sichern sollen. Gemäß der Legaldefinition des Art. 2 ist/sind unter „Mitglied der Öffentlichkeit" eine oder mehrere natürliche oder juristische Person(en) sowie nach Maßgabe des innerstaatlichen Rechts die von diesen Personen gebildeten Vereinigungen, Organisationen oder Gruppen zu verstehen. Als „Qualifizierte Einrichtung" gilt jede Vereinigung, Organisation oder Gruppe, deren Ziel der Umweltschutz ist und die nach dem Verfahren des Art. 9 der Richtlinie anerkannt worden ist.

1783 RL 2003/4/EG (ABl. 2003 L 41, 26) über den Zugang der Öffentlichkeit zu Umweltinformationen und zur Aufhebung der Richtlinie 90/313/EWG.

1784 Abrufbar unter: <http://europa.eu.int/eur-lex/de/com/pdf/2003/com2003_0624de01.pdf>. Zu den Arbeiten der Institutionen s. unter: <http://www2.europarl.eu.int/oeil/file.jsp?id= 237502>.

Gemäß Art. 4 des RL-Entwurfes sollen Mitglieder der Öffentlichkeit Zugang zu Verfahren in Umweltangelegenheiten erhalten, um die verfahrens- oder materiellrechtliche Rechtmäßigkeit von Verwaltungsakten oder der Unterlassung von Verwaltungsakten, die gegen eine Umweltrechtsvorschrift verstoßen, anzufechten, soweit sie (a) ein ausreichendes Interesse haben oder (b) eine Rechtsverletzung geltend machen, wenn das nationale Verwaltungsprozessrecht dies als Vorbedingung verlangt.

Gemäß Art. 5 des RL-Entwurfes sollen demgegenüber qualifizierte Einrichtungen Zugang zu einem auch vorläufigen Rechtsschutz umfassenden Verfahren in Umweltangelegenheiten erhalten, ohne ein ausreichendes Interesse oder eine Rechtsverletzung nachweisen zu müssen, wenn der zu überprüfende Sachverhalt, zu dem ein Verfahren angestrengt wird, in den satzungsgemäßen Tätigkeitsbereich und die Überprüfung in das geografische Tätigkeitsgebiet speziell dieser Einrichtung fällt.

Damit eine Vereinigung, Organisation oder Gruppierung als qualifizierte Einrichtung anerkannt wird, muss sie die in Art. 8 festgelegten Voraussetzungen erfüllen: (a) Es muss sich um eine unabhängige Rechtsperson ohne Erwerbscharakter handeln, die den Schutz der Umwelt zum Ziel hat. (b) Sie muss organisatorisch so aufgebaut sein, dass sie eine angemessene Verfolgung ihrer satzungsgemäßen Ziele gewährleisten kann. (c) Sie muss nach geltendem Recht gegründet worden sein und während eines von dem Mitgliedstaat, in dem sie gegründet wurde, festzulegenden Zeitraums – jedoch nicht mehr als drei Jahre – entsprechend ihrer Satzung aktiv für den Umweltschutz gearbeitet haben. (d) Sie muss gemäß den Bestimmungen nach Absatz 3 ihre Jahresabschlüsse für einen von jedem Mitgliedstaat festgelegten Zeitraum von einem zugelassenen Buchprüfer prüfen lassen.

Mit der Klagerechtsrichtlinie[1785] wird nunmehr eine allgemeine Verpflichtung der Mitgliedstaaten auferlegt, im Umweltrecht altruistische Verbandsklagen gemäß Art. 5 zuzulassen. Darüber hinaus ist die Kommission mit ihrem Vorschlag auf die Aspekte der Anerkennung einer Parallelität von Rechten natürlicher und juristischer Personen bzw. Vereinigungen, aber auch Personengruppen eingegangen. Als Mitglieder der Öffentlichkeit erhalten sie nämlich gemäß Art. 4 unter den gleichen Voraussetzungen Zugang zu Gerichten. Umweltschutzverbände bzw. Vereine, die nicht als Qualifizierte Einrichtung anerkannt worden sind, müssen sich allerdings auf ein ausreichendes Interesse bzw. auf eine Rechtsverletzung berufen. Worin nun ein ausreichendes Interesse bzw. eine Rechtsverletzung besteht, ist unter Berücksichtigung des Zieles eines „möglichst umfassenden Zugangs zu Gerichten“[1786] festzulegen, so dass die gemeinschafts-

1785 Zum Begriff vgl. Ekardt/Pöhlmann, Europäische Klagebefugnis: Öffentlichkeitsrichtlinie, Klagerechtsrichtlinie und ihre Folgen, NVwZ 2005, 532.

1786 Art. 4 Abs. 2 der RL-Entwurf.

rechtlichen Kriterien für die Anerkennung individueller Rechte in Anwendung kommen[1787]. Angesichts der weiten Auslegung der Interessen Einzelner, zu denen nicht nur der Gesundheitsschutz zählt, sondern auch das Interesse am Naturgenuss zählen kann, dürfte die Einhaltung umweltrechtlicher Vorgaben folgerichtig das Interesse eines Verbandes berühren, dessen Satzung den Umweltschutz als Zweck umfasst, so dass dieser Zugang zum Gericht erhält[1788].

2. Perspektiven für die Ausgestaltung des verwaltungsgerichtlichen Zugangs im Umweltrecht

Den ausgeführten Mindestanforderungen des Europarechts für den Rechtsschutz im Umweltrecht soll in den Mitgliedsstaaten Rechnung getragen werden. Es erhebt sich folgerichtig die Frage, auf welche Weise sich die zu beachtenden europarechtlichen Vorgaben in das nationale Verwaltungsprozessrecht integrieren lassen. Auf der Grundlage der bisherigen Darstellung ist offenkundig, dass sich die europarechtlichen Rechtspositionen in das griechische Rechtsschutzsystem ohne konzeptionelle Schwierigkeiten eingliedern lassen, während in Deutschland ein Missverhältnis zwischen den dargelegten europarechtlichen Vorgaben und der nationalen Konzeption des verwaltungsgerichtlichen Rechtsschutzes besteht.

Die wichtigsten Punkte, in denen sich diese Diskrepanz niederschlägt, sind im Folgenden zusammenzufassen und den ebenfalls zusammengefassten kennzeichnenden Merkmalen des griechischen Rechtsschutzsystems gegenüberzustellen. Dadurch soll anschaulich gemacht werden, ob und inwieweit ein Anpassungsbedarf der nationalen Rechtsschutzsysteme besteht. In einem zweiten Schritt soll der Versuch unternommen werden, einige Perspektiven für die Ausgestaltung des gerichtlichen Zugangs im Umweltrecht zu entwickeln.

2.1 Anpassungsbedarf der nationalen Rechtsschutzsysteme

Unter dem Aspekt der Klagebefugnis eines Dritten stellt sich in Deutschland zunächst das Problem, inwieweit sich der auf Normen des Gemeinschaftsrechts berufende Kläger im deutschen Verwaltungsprozess im Rahmen des § 42

1787 Vgl. Ekardt/Pöhlmann, Europäische Klagebefugnis: Öffentlichkeitsrichtlinie, Klagerechtsrichtlinie und ihre Folgen, NVwZ 2005, 532 (534); Schmidt – Preuß, Gegenwart und Zukunft des Verwaltungsrechts, NVwZ 2005, 489 (495).

1788 Contra v. Danwitz, Aarhus-Konvention: Umweltinformation, Öffentlichkeitsbeteiligung, Zugang zu den Gerichten, NVwZ 2004, 272 (276): „Dieser Ausgestaltungsfreiraum der Mitgliedstaaten ist für Klagerechte von Nichtregierungsorganisationen jedoch erheblich eingeschränkt".

Abs. 2 VwGO überhaupt auf die Verletzung „seiner Rechte" berufen muss, um mit seiner Klage zugelassen zu werden. Dies ist nicht selbstverständlich[1789]. Es ist nämlich insoweit auch denkbar, dass das Gemeinschaftsrecht entsprechend § 42 Abs. 2 1. Hs VwGO gesetzlich „etwas anderes" bestimmt. Soll der Kläger sich doch auf subjektive Rechte berufen, stellt sich die Frage, ob es sich dabei um subjektive öffentliche Rechte im Sinne der deutschen Schutznormtheorie handeln muss.

Keine Besonderheiten ergeben sich, soweit dem Einzelnen zur Umsetzung des Europarechts subjektive öffentliche Rechte vom deutschen Gesetzgeber eingeräumt werden. Begründen nationale materiellrechtliche Umweltrechtsvorschriften ausdrücklich subjektive Rechte, dann kann sich der Einzelne auch auf diese Rechte berufen, selbst wenn der Gesetzgeber dabei solche subjektive Rechte gewährleistet, die im traditionellen System eher einen Fremdkörper darstellen[1790]. Die Klagebefugnis ist in diesen Fällen immer gegeben. Dies gilt z.B. für den Anspruch auf Mitteilung von Umweltinformationen. Gemäß §4 Abs. 1 UIG hat **jeder** Anspruch auf freien Zugang zu Informationen über die Umwelt. Dieser Anspruch erfüllt die Definitionsmerkmale des subjektiven öffentlichen Rechts[1791]. Bei der Prüfung der Klagebefugnis müssen folglich potentielle Interessen bzw. die verfolgten Zwecke des Antragstellers außer Betracht bleiben[1792]. Genau wie in rein nationalen Sachverhalten ist ein subjektives Recht auch dann anzunehmen, wenn eine natürliche bzw. juristische Person zur Verfolgung altruistischer Interessen gegenüber der Verwaltung ermächtigt wird. Das ist z.B. der Fall bei den subjektiven öffentlichen Beteiligungsrechten der anerkannten Naturschutzverbände.

Fehlt es an solch ausdrücklichen nationalen Normen, die subjektive Rechte auf die Einhaltung zwingender europarechtlicher Handlungsanweisungen einräumen, ist für die Bejahung der Klagebefugnis eine Auslegung der einzelnen Bestimmungen erforderlich. Damit tritt das materiellrechtliche Problem der Auslegung der Umsetzungsnorm auf. Die Schwierigkeiten mit der Schutznormtheorie im Umweltrecht resultieren daraus, dass sie zwischen den „typisierten" Belangen der Allgemeinheit und denen des Einzelnen differenziert, während für das EuGH regelmäßig die Nennung personalbezogener Rechtsgüter, wie z.B. der

---

1789 Vgl. Classen, Strukturunterschiede zwischen deutschem und europäischem Verwaltungsrecht – Konflikt oder Bereicherung?, NJW 1995, 2457 (2459); Huber, Die Europäisierung des verwaltungsgerichtlichen Rechtsschutzes, DVBl. 2001, 577 (579).

1790 Classen, Strukturunterschiede zwischen deutschem und europäischem Verwaltungsrecht – Konflikt oder Bereicherung?, NJW 1995, 2457 (2459); Ruthig, Transformiertes Gemeinschaftsrecht und die Klagebefugnis, BayVBl. 1997, 289 (293) m.w.N.

1791 BVerwG NJW 1997, 754.

1792 Dazu Kollmer, Klage auf Umweltinformation nach dem neuen Umweltinformationsgesetz (UIG), NVwZ 1995, 858 (859); Scherzberg, Freedom of Information – deutsch gewendet: Das neue Umweltinformationsgesetz, DVBl. 1994, 736.

Gesundheit, für die Bejahung einer individuellen Begünstigung und damit für die Begründung eines individuellen Rechts ausreicht. Der EuGH verknüpft zwar auch die Klagemöglichkeiten mit dem individualschützenden Charakter der Vorschrift. Der Unterschied liegt jedoch darin, dass die Rechtsprechung des EuGH diesen individualschützenden Charakter weiter interpretiert als die Schutznormtheorie. Auch der EuGH verlangt zwar eine Betroffenheit, fordert damit also keine Popularklage. Andererseits wird die Bejahung der Klagebefugnis nicht an das Vorliegen klassischer „subjektiver öffentlicher Rechte" gekoppelt. Vielmehr stellt der EuGH auf eine faktische Betroffenheit des Einzelnen im konkreten Fall ab. Mit der Volksgesundheit wird somit nach Ansicht des EuGH immer zugleich auch die Gesundheit des Einzelnen mitgeschützt[1793]. Vergleichbare Vorschriften werden aber nach herkömmlichem deutschem Verständnis so interpretiert, dass sie allein das öffentliche Interesse schützen und damit gerade die Klagebefugnis nicht begründen. In solchen Fällen würde also die Schutznormtheorie dazu führen, dass der Zugang zum Gericht in Deutschland entgegen den Anforderungen des EuGH versperrt bleibt.

Auch die gemeinschaftsrechtlichen Vorgaben für die Einführung einer allgemeinen umweltrechtlichen Verbandsklage fallen im Vergleich zu den beschränkten sektoriellen Verbandsklagemöglichkeiten in Deutschland wesentlich weiter aus. Die Frage der Verankerung einer allgemeinen Verbandsklage gehört zu einem schon sehr lange diskutierten Thema in der deutschen Umweltpolitik und Umweltwissenschaft. Vor dem Hintergrund der aufgezeigten europarechtlichen Anforderungen soll es nunmehr nicht um die Frage des „ob", sondern lediglich um die Frage gehen, **wie** eine umweltrechtliche Verbandsklage auf Bundesebene einzuführen ist.

In Griechenland hingegen ist der Rechtsschutz im Umweltrecht durch großzügige Klagezulässigkeitsbedingungen gekennzeichnet. Der Aufhebungsantragsteller kann jede objektive Rechtswidrigkeit des angefochtenen umweltrelevanten Verwaltungsaktes rügen, d.h. auch den Verstoß gegen europarechtliche Bestimmungen. Der Vorrang des Europarechts ist vollständig und kann auch gegen Gesetze geltend gemacht werden, die nach der anzuwendenden europäischen Norm ergehen. Wie im Falle des internen Rechts wird nicht danach gefragt, ob die Normen des europäischen Rechts eine Drittschutzfunktion haben. Wie sich nämlich gezeigt hat, lässt sich ein der materiellen Dimension des „subjektiven öffentlichen Rechts" vergleichbares Institut in der griechischen Rechtsordnung nicht finden. Das griechische Verwaltungsgerichtsverfahren kennt stattdessen mit dem *„έννομο συμφέρον"* ein Institut, das die Eingliederung europarechtlicher Rechtspositionen in das griechische Rechtsschutzsystem ohne konzeptionelle Schwierigkeiten ermöglicht. Insofern besteht in Griechenland im Hinblick auf den gerichtlichen Zugang Einzelner im Umweltrecht kein Anpassungsbedarf.

1793 EuGH, Slg. 1991, I-4983 Tz. 14.

Zieht man nun die Bedingungen, welche die Klagerechtsrichtlinie für die Zulassung der Verbandsklage voraussetzt, zum Vergleich mit dem ideellen kollektiven *„έννομο συμφέρον"* heran, das in Griechenland für die Zulassung des Aufhebungsantrages eines Umweltschutzverbands verlangt wird, erweist sich, dass das griechische Recht einen besseren Zugang zu Gerichten gewährleistet. Art. 47 Abs. 1 und 2 des Staatsratsgesetzes beziehen sich ausdrücklich auf die juristischen Personen. Umweltvereine müssen daher ein *„έννομο συμφέρον"* an der Aufhebung des angefochtenen Verwaltungsakts geltend machen. Die einzige Voraussetzung, die sie erfüllen müssen, damit ihnen ein *„έννομο συμφέρον"* zuerkannt wird, ist die Verankerung des Umweltschutzes in ihrer Satzung. Ansonsten müssen sie weder eine örtliche Beziehung zu den beeinträchtigten bzw. bedrohten Umweltgütern noch eine bestimmte Organisation aufweisen. Sie müssen darüber hinaus weder länger aktiv im Bereich des Umweltschutzes gewesen sein noch behördlich anerkannt werden, bevor sie Zugang zum Gericht erhalten. Nur ökologische Vereine ohne juristische Persönlichkeit müssen in Griechenland beweisen, dass sie Träger von umweltrelevanten Aktivitäten sind, bevor ihnen ein *„έννομο συμφέρον"* an der Aufhebung eines umweltrelevanten Verwaltungsakts zuerkannt wird. Nachdem aber das Gesetz Bürgerinitiativen Beteiligungsrechte am Umweltfolgenprüfungsverfahren eingeräumt hat[1794], gilt diese Voraussetzung als erfüllt, denn die Rechtsordnung anerkennt dadurch auch Vereinigungen ohne juristische Persönlichkeit als Träger von Rechten bezüglich des Umweltschutzes. Als alleinige Voraussetzung kommt damit die Verankerung des Umweltschutzes in ihrer Satzung in Betracht. Auch im Hinblick auf die Verbandsklage bedarf es demzufolge keiner Anpassung des griechischen Rechts. Die nachfolgend zu entwickelnden Perspektiven für die Ausgestaltung des Zugangs zu Gerichten werden sich infolgedessen auf die deutsche Rechtsordnung beschränken.

2.2 Perspektiven für die Ausgestaltung des verwaltungsgerichtlichen Zugangs im Umweltrecht in Deutschland

Im Vorfeld der Ausführung ist darauf hinzuweisen, dass die grundsätzliche Ausrichtung des Verwaltungsrechtsschutzes in Deutschland nicht in Frage gestellt wird. Es hat sich erwiesen, dass die Verkopplung der Klagebefugnis mit dem subjektiven öffentlichen Recht eine Ausprägung der Systementscheidung für den Individualschutz darstellt, was weiter bedeutet, dass der Verwaltungsrechtsschutz im Zusammenhang mit der Rolle zu sehen ist, der in Deutschland der Verwaltung und den Gerichten beigemessen wird. Der Verwaltungsrechtsschutz stellt sich nämlich als ein interdependentes System dar. Eine Modifizierung ist daher nicht zu bewerkstelligen, ohne gleichzeitig Rücksicht auf deren

1794 Art. 5 N. 1650/1986 und Art. 2 und 3 der K.Y.A. 75308/5512/26.10.1990.

mögliche Auswirkung insgesamt zu nehmen. Vielmehr soll aus diesem Grund danach gefragt werden, wie auf der Grundlage der prinzipiellen Konzeption des Verwaltungsrechtsschutzes in Deutschland einerseits den europarechtlichen Anforderungen entsprochen werden kann, andererseits die aus den Vergleich mit dem griechischen Rechtsschutzsystem gewonnenen Anregungen aufgenommen werden können.

Damit das deutsche Umweltrecht den europarechtlichen Anforderungen gerecht wird, ist zunächst Verbänden bzw. Nichtregierungsorganisationen, die sich für den Umweltschutz einsetzen, eine Klagebefugnis einzuräumen. Allerdings steht es den Mitgliedstaaten frei, die Klagebefugnis von gewissen Anforderungen abhängig zu machen, z.B. einer behördlichen Anerkennung. Die entsprechenden Bedingungen sollen allerdings unter Berücksichtigung des Erfordernisses eines effektiven Rechtsschutzes im Umweltrecht gestellt werden. Insofern wäre es angebracht, ein solches Anerkennungserfordernis, dessen Anforderungen im Einzelnen wie auch das Anerkennungsverfahren normativ zu regeln. Der Vorschlag in § 41 UGB-KomE erscheint insoweit überzeugend. Fraglich ist allerdings der Gegenstand einer möglichen Umweltverbandsklage. Die in § 45 UGB-KomE vorgesehene gegenständliche Begrenzung der Klagemöglichkeit genügt meines Erachtens nicht den europarechtlichen Vorgaben bzw. den Anforderungen der Århus-Konvention. Die umweltrechtliche Verbandsklage soll vielmehr gegen alle behördlichen Maßnahmen oder Unterlassungen zulässig sein. Auf diese Problematik ist dennoch im Rahmen der vorliegenden Untersuchung nicht ausführlich einzugehen, denn sie überschreitet die Thematik der aktiven Prozessführungsbefugnis.

Im Hinblick auf den gerichtlichen Zugang Einzelner stellt sich das Problem, welche Folgewirkungen eine europarechtliche Regelung im deutschen Recht hat, die dem Einzelnen die Berechtigung zuordnet, Verwaltungsmaßnahmen auch in solchen Fällen gerichtlicher Kontrolle zuzuführen, in denen nach deutscher Dogmatik eine Betroffenheit in „eigenen Rechten“ noch nicht vorliegt. Würde man an der Schutznormtheorie festhalten, wäre die praktische Wirksamkeit des Gemeinschaftsrechts abgeschwächt, wenn sich die Einzelnen vor Gericht nicht auf Rechte berufen könnten, die ihnen hätten eingeräumt werden müssen. Es erhebt sich damit die Frage, ob § 42 Abs. 2 VwGO einer Modifikation bzw. Ergänzung bedarf.

In Anbetracht der finalen Ausrichtung des Europarechts ist dabei ausschlaggebend, dass die gemeinschaftsrechtlich anerkannten individuellen Rechte auf jeden Fall praktische Wirksamkeit erlangen müssen, so dass das nationale Prozessrecht einer Ergebniskontrolle unterworfen ist[1795]. Insofern wird im Ergebnis gerade nicht zwischen Klagebefugnis und materiellem Recht unter-

1795 Ruthig, Transformiertes Gemeinschaftsrecht und die Klagebefugnis des § 42 Abs. 2 VwGO, BayVBl. 1997, 289 (291).

schieden: das Europarecht ermöglicht damit eine Entkoppelung der Einklagbarkeit vom materiellen subjektiven Recht[1796], so dass dem deutschen Recht grundsätzlich sowohl die Lösung einer Erweiterung der Klagebefugnis als auch die Lösung der Anerkennung subjektiver Rechte offen steht[1797].

Der prozessuale Ansatz stellt auf die gesetzliche Ausnahme im Sinne des § 42 Abs. 2 1 Hs. VwGO ab. Es wird nämlich die Auffassung vertreten, dass aus Sicht des deutschen Rechts keine Notwendigkeit besteht, solche „Initiativrechte" als subjektive öffentliche Rechte zu deuten[1798], weil es bei der Eröffnung der Klagebefugnis auf Grundlage unmittelbar anwendbaren Europarechts bloß darum geht, den Einzelnen im Interesse der effektiven Durchsetzung des Gemeinschaftsrechts für eine weitreichende Verwaltungskontrolle zu instrumentalisieren[1799]. Daher reicht es, dem Kläger ein bloß „formales Initiativrecht" einzuräumen, das sich in der Möglichkeit erschöpft, die mutmaßliche Rechtswidrigkeit der Verwaltungsmaßnahme vor ein Gericht zu bringen.

Folgt man dennoch dieser Auffassung, wird für die durch das europäische Gemeinschaftsrecht vorgegebenen Klagemöglichkeiten eine neue Kategorie isolierter Klagerechte geschaffen. Dagegen läßt sich allerdings anführen, dass sie schon wegen des Diskriminierungsverbots ohnehin wie ein subjektives öffentliches Recht zu behandeln wären [1800]. Es ist daher nicht ersichtlich, welchen Sinn eine neue Kategorie haben sollte[1801]. Außerdem sollen sich die europarechtlichen

1796 v. Danwitz, Zur Grundlegung einer Theorie der subjektiv-öffentlichen Gemeinschaftsrechte, DÖV 1996, 481 (484); Kokott, Europäisierung des Verwaltungsprozessrechts, Die Verwaltung 1998, 335 (356); Ruffert, Dogmatik und Praxis des subjektiv – öffentlichen Rechts unter dem Einfluss des Gemeinschaftsrechts, DVBl. 1998, 69 (83);

1797 Wegener, Rechte des Einzelnen: Die Interessentenklage im europäischen Umweltrecht, 115f.; vgl. auch Kokott, Europäisierung des Verwaltungsprozessrechts, Die Verwaltung 1998, 335 (350f.), die darauf hinweist, dass die praktischen Unterschiede einer prozessualen und materiell-rechtlichen Lösung gering sein dürften.

1798 Schmidt-Aßmann, in: Schoch/Schmidt-Aßmann/Pietzner, VwGO Kommentar, Stand 2004, Einl. Rn. 18; Wahl, ebenda Vorb. § 42 Abs. 2 Rn. 128; Wahl/Schütz, ebenda § 42 Abs. 2, Rn. 37; vgl. Classen, Strukturunterschiede zwischen deutschem und europäischem Verwaltungsrecht – Konflikt oder Bereicherung?, NJW 1995, 2457 (2463); Schwarze, Europäische Rahmenbedingungen für die Verwaltungsgerichtsbarkeit, NVwZ 2000, 241 (248).

1799 Masing, Die Mobilisierung des Bürgers für die Durchsetzung des Rechts, passim; relativierend Zuleeg, Hat das subjektive öffentliche Recht noch eine Daseinsberechtigung?, DVBl. 1976, 509 (521): die subjektive Rechte im Gemeinschaftsrecht dienen **gleichzeitig** der Durchsetzung des Gemeinschaftsrechts und dem individuellen Rechtsschutz.

1800 Huber, Die Europäisierung des verwaltungsgerichtlichen Rechtsschutzes, DVBl. 2001, 577 (582); vgl. aber Wegener, Rechte des Einzelnen: Die Interessentenklage im europäischen Umweltrecht, 273.

1801 Kritisch auch Classen, Strukturunterschiede zwischen deutschem und europäischem Verwaltungsrecht – Konflikt oder Bereicherung?, NJW 1995, 2457 (2463).

Vorgaben nicht allein bei der Beurteilung der Klagebefugnis auswirken, sondern auch den materiellen Prüfmaßstab in der Begründetheit beeinflussen[1802]. Soll also eine Richtlinienbestimmung Rechte festlegen, welche die „Betroffenen" gegenüber dem Staat geltend machen können, ist der Staat durch den Umsetzungsauftrag gefordert, subjektive Rechte im nationalen Recht zu schaffen[1803].

Dies ist zunächst auf der Grundlage einer europarechtskonformen Auslegung der einschlägigen Bestimmungen möglich[1804]. Aus der Verbindlichkeit der Richtlinien und dem Vorrang des Gemeinschaftsrechts ergibt sich, dass die nationalen Umsetzungsnormen richtlinienkonform zu interpretieren sind[1805], so dass im Ergebnis die Klagebefugnis zu bejahen ist[1806]. Das Europarecht entfaltet also norminterne Wirkung: der Begriff des „eigenen Rechts" ist nicht (nur) ausgehend von der Schutznormtheorie auszulegen, sondern gegebenenfalls auch auf Grundlage der einschlägigen europarechtlichen Vorgaben[1807]. Dabei sind insbesondere auch die Erwägungsgründe der umzusetzenden Richtlinien heranzuziehen[1808]. Soweit nun ein geschütztes öffentliches Interesse mit einem ebenfalls geschützten Privatinteresse übereinstimmt, ist die Versubjektivierung einer Vorschrift möglich. Die Unterscheidung zwischen dem „typisierten" Interesse der Allgemeinheit und der Selbstbetroffenheit des Einzelnen soll demzufolge aufgegeben

---

1802 Triantafyllou, Zur Europäisierung des subjektiven öffentlichen Rechts, DÖV 1997, 192 (194 ff.); v. Danwitz, Zur Grundlegung einer Theorie der subjektiv-öffentlichen Gemeinschaftsrechte, DÖV 1996, 481 (488f.).

1803 Classen, Der Einzelne als Instrument zur Durchsetzung des Gemeinschaftsrechts? Zum Problem der subjektiv – öffentlichen Rechte kraft Gemeinschaftsrechts, VerwArch 1997, 645 (653); v. Danwitz, Zur Grundlegung einer Theorie der subjektiv-öffentlichen Gemeinschaftsrechte, DÖV 1996, 481 (488); Halfmann, Entwicklungen des Verwaltungsrechtsschutzes in Deutschland, Frankreich und Europa, VerwArch 2000, 74 (87); Ruffert, Dogmatik und Praxis des subjektiv – öffentlichen Rechts unter dem Einfluss des Gemeinschaftsrechts, DVBl. 1998, 69 (73).

1804 EuGH, Slg. 1987, S. 3969 (3986); Slg. 1993, I-6911 Rn. 20; Slg. 1994, I-3325, 3357 Rn. 26; Epiney, Dezentrale Durchsetzungsmechanismen im gemeinschaftlichen Umweltrecht, ZUR 1996, 229 (230); Götz, Europäische Gesetzgebung durch Richtlinien – Zusammenwirken von Gemeinschaft und Staat, NJW 1992, 1849 (1855); Hufen, Verwaltungsprozessrecht, 277; Jarass, Konflikte zwischen EG-Recht und nationalem Recht vor den Gerichten der Mitgliedstaaten, DVBl. 1995, 954 (957); Kopp/Schenke, VwGO, 13. Aufl., § 42 Rn. 153; vgl. auch die Überlegungen von Generalanwalt Darmon im Fall Dekker: EuGH, Slg. I 1990, 3958f.

1805 Vgl. EuGH, Slg. 1984, 1891 Ziff. 26; Slg. 1988, 4635 Ziff. 39.

1806 Halfmann, Entwicklungen des Verwaltungsrechtsschutzes in Deutschland, Frankreich und Europa, VerwArch 2000, 74 (85).

1807 Huber, in v. Mangoldt/Klein/Starck, GG I, Art. 19 IV, Rn. 419f.; Schoch, Individualrechtsschutz im deutschen Umweltrecht unter dem Einfluss des Gemeinschaftsrechts, NVwZ 1999, 457 (465).

1808 BVerwGE 78, 40, 42f.; Frenz, Subjektiv-öffentliche Rechte aus Gemeinschaftsrecht vor deutschen Verwaltungsgerichten, DVBl. 1995, 408 (412).

werden, damit das deutsche Recht den Vorgaben des Europarechts gerecht wird[1809].

Als nächstes erhebt sich die Frage, ob diese Erweiterung nur auf europarechtlich relevante Sachverhalte beschränkt bleiben soll oder aber auch auf das ganze Umweltrecht zu übertragen ist. Es könnte sogar das gesamte Konzept des § 42 Abs. 2 VwGO hinterfragt werden, im Sinne der Einführung der Interessentenklage in das deutsche Rechtsschutzsystem.

Die zuletzt erwähnte Variante ist Gegenstand des alternativen Entwurfes eines Gesetzes zur Neuordnung des Naturschutzes und der Landschaftspflege, mit dem einige Abgeordnete und die Fraktion der PDS eine grundlegende Reform des Rechts der Klagebefugnis vorschlagen[1810]. In § 42 Abs. 2 VwGO Alt-E soll der Terminus des „eigenen Rechts" durch den Begriff des „eigenen Interesses" ersetzt werden, das allerdings „rechtlich bedeutsam" sein müsse. Ein eigenes rechtlich bedeutsames Interesse soll nach der Konkretisierung in § 42 Abs. 3 VwGO Alt-E immer dann gegeben sein, wenn es auf eine öffentlichrechtliche Vorschrift gestützt werden kann, die dazu bestimmt ist, einem eigenen Recht der klagenden Person zu dienen[1811], oder auf eine Vorschrift, die zwar nicht dem Schutz eines subjektiven Rechts im herkömmlichen Sinne zu dienen bestimmt ist, aber einem öffentlichen Interesse, welches (auch) ein Interesse der klagenden Person umfasst[1812]. Als Beispiel für den zweiten Fall werden die Grenzwerte zur Emissionsminderung genannt, die zwar auch die nähere und weitere Umgebung vor Belastungen bewahren sollen, aber nach dem allgemein üblichen Verständnis nicht dem Schutz subjektiver Rechte dienen[1813]. Nach der Begründung des Alt-E soll die Formulierung des § 42 Abs. 3 Nr. 2 VwGO Alt-E sogar über den Rechtsschutz im Umweltschutz hinaus auch für eine Anwendbarkeit auf ähnliche Interessenlagen in anderen Rechtsbereichen offen sein[1814]. Die Bewertung dieser Möglichkeit dürfte eine rechtspolitische Frage sein und kann im Rahmen der vorliegenden Untersuchung nicht geleistet werden.

Es bleibt daher die Möglichkeit einer umweltrechtlichen Interessentenklage, die sich entweder auf das gemeinschaftsrechtlich begründete Umweltrecht beschränken kann oder auch auf das sonstige nationale Umweltrecht auszu-

1809 v. Danwitz, Zur Grundlegung einer Theorie der subjektiv-öffentlichen Gemeinschaftsrechte, DÖV 1996, 481 (489); Halfmann, Entwicklungen des Verwaltungsrechtsschutzes in Deutschland, Frankreich und Europa, VerwArch 2000, 74 (87); Ruthig, Transformiertes Gemeinschaftsrecht und die Klagebefugnis des § 42 Abs. 2 VwGO, BayVBl. 1997, 289 (298); Schoch, Die Europäisierung des verwaltungsgerichtlichen Rechtsschutzes, 34f.

1810 BT-Drs. 14/5766, 42 ff.

1811 § 42 Abs. 3 Nr. 1 VwGO Alt-E.

1812 § 42 Abs. 3 Nr. 2 VwGO Alt-E.

1813 BT-Drs. 14/5766, 43f.

1814 BT-Drs. 14/5766, 45.

dehnen ist. Die erste Variante dürfte auszuschließen sein: Sie würde zwar den Mindestanforderungen des Europarechts genügen, sie brächte aber andererseits gewichtige Nachteile mit sich[1815]. Es wäre nämlich sehr schwierig – wenn überhaupt möglich – zu bestimmen, wann es sich um einen rein innerstaatlichen Sachverhalt handelt und wann ein europarechtlicher Einfluss vorliegt. Damit würde Unsicherheit in Bezug auf die Eröffnung des Rechtswegs im Umweltrecht herrschen. Andererseits scheint eine solche Zweiteilung nicht sachgerecht zu sein, wenn nämlich für vergleichbare Situationen unterschiedliche Zulassungsvoraussetzungen gesetzt werden.

Als vertretbare Alternative bleibt dementsprechend die Einführung einer umweltrechtlichen Interessentenklage. Die Einführung eines Sonderprozessrechts für den Bereich des Umweltrechts stellt sich zwar als Systembruch des Individualrechtsschutzes in Deutschland dar, der jedenfalls durch die Besonderheiten des Umweltrechts durchaus gerechtfertigt sein mag. Die Einführung einer Interessentenklage bedeutet andererseits nicht die Auflösung des Individualrechtsschutzes, sondern lediglich ein weitergehendes Verständnis dessen, was als „individualschützend" angesehen wird. Es wurde nämlich im zweiten Teil der vorliegenden Untersuchung ausführlich dargestellt, dass die auf das 19. Jahrhundert zurückgehende deutsche Schutznormtheorie erheblicher Kritik ausgesetzt ist, ob sie den heutigen Anforderungen insgesamt und insbesondere im Bereich des Umweltschutzes gerecht werden kann.

Dabei muss auch darauf hingewiesen werden, dass die Rechtsschutzgarantie des Art. 19 Abs. 4 GG für die subjektive Rechtsschutzfunktion des Verwaltungsprozesses lediglich Mindestanforderungen an den Gesetzgeber stellt. Das positive Verwaltungsprozessrecht kann dementsprechend die Initiativberechtigung auch bei der Tangierung bloßer Interessen des Einzelnen gewähren. Der Gesetzgeber ist demzufolge frei, z.B. im Rahmen einer Kodifikation des Umweltrechts, ein Sonderprozessrecht für diesen Bereich hervorzubringen. Es bleibt dann bei einem Erfordernis der Individualisierung, das jedoch durch andere Kriterien als das subjektive öffentliche Recht erfüllt werden kann, wie sich aus dem Vergleich mit dem griechischen Rechtsschutzsystem erwiesen hat.

1815 Vgl. Halfmann, Entwicklungen des Verwaltungsrechtsschutzes in Deutschland, Frankreich und Europa, VerwArch 2000, 74 (86f.); Kokott, Europäisierung des Verwaltungsprozessrechts, Die Verwaltung 1998, 335 (359f.); Sendler, Rechtsschutz im Umweltrecht, FS Feldhaus, 479 (490 ff.); Wegener, Rechte des Einzelnen: Die Interessentenklage im europäischen Umweltrecht, 305 ff.; Winter, Individualrechtsschutz im deutschem Umweltrecht unter dem Einfluss des Gemeinschaftsrechts NVwZ 1999, 467 (473); **a.A.** Ruffert, Subjektive Rechte im Umweltrecht der Europäischen Gemeinschaften, 316 ff.

Fazit

Ziel der vorliegenden Untersuchung war die Entwicklung möglicher Perspektiven für die Ausgestaltung des gerichtlichen Rechtsschutzes gegen umweltrelevante behördliche Entscheidungen in Deutschland und Griechenland, damit das nationale Recht mit den diesbezüglichen europarechtlichen Vorgaben in Einklang gebracht wird. Dabei sollte der Vergleich der zwei Rechtsordnungen fruchtbare Denkanstöße für die Diskussion vermitteln. Im Mittelpunkt stand die Frage des gerichtlichen Zugangs.

Es ging dementsprechend um die Überprüfung der Rechtmäßigkeit von Verwaltungsentscheidungen im Bereich des Umweltschutzes. Als geeigneter Rechtsbehelf gegen staatliche Maßnahmen, die sich eventuell umweltbelastend auswirken können, hat sich nach der im ersten Teil der Untersuchung erfolgten Darstellung der zur Verfügung stehenden Klageverfahren in den Vergleichsländern die Anfechtungsklage der deutschen VwGO bzw. der Aufhebungsantrag vor dem griechischen Staatsrat erwiesen. Die Entscheidung darüber, wer eine gerichtliche Kontrolle überhaupt auslösen können soll, hängt eng mit dem Ziel zusammen, das mit dem angestrengten Verfahren verfolgt wird, ob es sich nämlich um ein objektives Kontrollverfahren oder ein Verfahren des subjektiven Rechtsschutzes handelt. Im ersten Teil der Untersuchung ist aufgezeigt worden, dass die zwei Vergleichsländer unterschiedliche Systementscheidungen getroffen haben.

Der deutsche Verwaltungsrechtsschutz beruht auf dem Konzept des Individualrechtsschutzes. Im zweiten Teil der Untersuchung wurde dargestellt, dass Grundvoraussetzung für die Zulässigkeit einer verwaltungsgerichtlichen Klage stets die Klagebefugnis gemäß § 42 II VwGO ist, die die Behauptung der Verletzung eigener Rechte fordert. Durch das Erfordernis der Klagebefugnis im deutschen Recht sollen einerseits Popular- und Interessentenklagen und andererseits Verbandsklagen ausgeschlossen werden. Die dogmatische Figur, über die das geschieht, ist das „subjektive öffentliche Recht". Die Rechtsprechung hält in Deutschland bis heute daran fest, dass die Bestimmung des „eigenen Rechts" gemäß den Kriterien der Schutznormtheorie zu erfolgen hat. Es wird dementsprechend zwischen „typisierten" allgemeinen und privaten Interessen, individuellen Rechten und Rechtsreflexen, unmittelbaren und mittelbaren Beeinträchtigungen, materiell-rechtlichen und verfahrensrechtlichen Rechtspositionen unterschieden.

Was die Individualklagen angeht, gestattet demzufolge das am Individualrechtsschutz orientierte Rechtsschutzsystem keine gerichtliche Kontrolle, wenn der Einzelne zwar in einem rechtlich anerkannten Interesse beeinträchtigt ist, dieses Interesse aber nicht als sein besonderes hat, sondern mit allen anderen teilt. Der Schutz solcher allgemeiner Interessen wird nicht über die Zuerkennung subjektiver Rechte umgesetzt, sondern im objektiven Recht, und als deren Sachwalter tritt nur der Staat ein. Damit besteht freilich noch keine Gewähr, dass der Staat seiner Schutzpflicht auch stets entgegenkommt. Infolgedessen ist es durchaus denkbar, dass sich ein rechtswidriges Verwaltungsverhalten der gerichtlichen Kontrolle entzieht, obwohl dadurch die Interessen des Einzelnen nachhaltig berührt werden.

Der Umweltschutz wird in Deutschland dem allgemeinen Interesse zugeordnet. Da in der deutschen Rechtsordnung kein umfassendes subjektives Recht auf eine intakte Umwelt gewährleistet wird, wie sich im dritten Teil der Untersuchung gezeigt hat, können Umweltbelange nur als Bestandteile bzw. Voraussetzungen von sonstigen subjektiven Rechten erfasst werden. Für den Rechtsschutz ist mithin der Zusammenhang zwischen faktischer Umweltbelastung und hieraus folgender Beeinträchtigung subjektiver öffentlicher Rechte ausschlaggebend. Infolgedessen kann der Einzelne in Deutschland nicht jede mögliche Rechtswidrigkeit eines umweltrelevanten Verwaltungsakts rügen. Demgemäß wird die Frage der Klagebefugnis in Deutschland in zwei Schritten beantwortet: Zunächst ist durch Auslegung die individualschützende Funktion der angeblich verletzten umweltrechtlichen Norm zu ermitteln und im Anschluss daran der Kreis der Betroffenen, die von ihrem Schutzzweck erfasst sind.

Was die kollektive Betroffenheit angeht, entsprechen die Klagerechte der Umweltverbände in Deutschland grundsätzlich denen von Einzelpersonen. Die altruistische Verbandsklage ist daher nur in den ausdrücklich gesetzlich bestimmten Fällen zulässig. Das BNatSchG sieht tatsächlich eine Vereinsklagemöglichkeit auf Bundesebene vor, allerdings nur im Naturschutzrecht und unter einschränkenden Voraussetzungen.

Die Hürde, welche die Ausgestaltung der Anfechtungsklage als Verletztenklage dem Zugang zum Gericht in Umweltangelegenheiten in den Weg legt, ist im Hinblick auf die diesbezüglichen europarechtlichen Vorgaben teilweise als zu hoch anzusehen. Im vierten Teil der Untersuchung wurde nämlich ausgeführt, dass das europäische Umweltrecht eine zunehmende Erweiterung der Zulässigkeitsvoraussetzungen für die umweltrelevanten Klagen verlangt.

Eine Alternative zum Individualrechtsschutz bietet die griechische Rechtsordnung, die Rechtsschutz gewährt, wenn der Einzelne durch staatliches Handeln oder Unterlassen in seinen *„έννομα συμφέροντα"*, d.h. in seinen persönlichen, unmittelbaren und gegenwärtigen Interessen nachteilig betroffen ist und sich dieses Handeln oder Unterlassen als objektiv rechtswidrig darstellt. Zwar gestaltet sich die gerichtliche Kontrolle in Griechenland als objektive Rechtmäßigkeitskontrolle ohne Begrenzung auf subjektive öffentliche Rechte, aber weiterhin nur im persönlichen Interesse, denn ohne die Behauptung einer persönlichen Nachteilszufügung durch das objektiv rechtswidrige Verhalten bleibt der Rechtsschutz weiter versperrt. Wie sich im ersten Teil der Untersuchung erwiesen hat, ist auch in Griechenland die Systementscheidung für den subjektiven, und nicht für den rein objektiven Rechtsschutz gefallen. Allein die Tatsache, dass die Beziehung des Antragstellers zum angefochtenen Verwaltungsakt nicht auf subjektive öffentliche Rechte beruhen muss, macht ihn noch nicht zum Popularkläger. In Griechenland ist vielmehr der Aufhebungsantrag als Interessentenklage ausgestaltet. Der Schutzzweck der verletzten Norm bleibt damit, wie sich im zweiten Teil der Untersuchung gezeigt hat, für den Rechtsschutz irrelevant. Prozessführungsbefugt ist dementsprechend jeder, der ein persönliches, unmittelbares und gegenwärtiges Interesse nachweisen kann. Dieses Interesse kann materieller oder ideeller, faktischer oder rechtlicher, individueller oder kollektiver Natur sein.

Durch die Darstellung der Kriterien, die ein *„έννομο συμφέρον"* stützen, wurde anschaulich gemacht, dass die Aufnahme des Umweltschutzes in die aktive Prozessführungsbefugnis in Griechenland auf keine größeren Schwierigkeiten stoßen sollte. Außerdem wird die Umwelt in der griechischen Lehre und Rechtsprechung, wie die Ausführung im dritten Teil der Untersuchung aufgezeigt hat, als ein sehr eng an die Persönlichkeit gebundenes Rechtsgut betrachtet, so dass sie individualisiert werden kann. In der griechischen Verfassung wird der Umweltschutz nicht nur als Pflicht des Staates, sondern auch als ein Recht für jeden verankert. Jeder kann daher die Gefahren oder Unannehmlichkeiten geltend machen, die aufgrund eines rechtswidrigen Verwaltungshandelns für seine Umwelt entstehen können. Für die Eröffnung des Rechtsweges muss nur der Kreis der Betroffenen abgegrenzt werden. Die gerichtliche Praxis in Griechenland hat gezeigt, dass der Staatsrat den Umweltschutzklagen einen großzügigen Begriff des *„εννόμου συμφέροντος"* zugrunde legt. Dank der Figur des ideellen kollektiven *„εννόμου συμφέροντος"* ließ sich sogar die altruistische Verbandsklage im Umweltrecht ohne spezielle Regelung konstruieren. Auf diese Weise ließ sich im vierten Teil der Untersuchung feststellen, dass das griechische Rechtsschutzsystem den gemeinschaftsrechtlichen Vorgaben hinsichtlich des gerichtlichen Zugangs in Umweltangelegenheiten entspricht, und zum Teil sogar darüber hinaus geht, insbesondere in Bezug auf die Klagemöglichkeiten von Umweltschutzvereinen.

Vor diesem Hintergrund ließ sich der folgende Vorschlag für die Ausgestaltung des gerichtlichen Zugangs im Umweltrecht in Deutschland herausarbeiten: Als Alternative zum Individualrechtsschutz im Sinne der Schutznormtheorie bietet sich die Gewährung von Rechtsschutz an, wenn der Einzelne durch staatliches Handeln oder Unterlassen in individuellen Interessen nachteilig betroffen ist und sich dieses Handeln oder Unterlassen als objektiv rechtswidrig darstellt. Das System des reinen subjektiven Rechtsschutzes wäre damit zwar verlassen, aber nicht erstmals, denn auch alle Arten von Normenkontrollverfahren wie auch die Verbandsklage des BNatSchG spielen sich im Rahmen objektiven Rechtsschutzes ab.

Der Klagerahmen würde auf diese Weise nicht nur den heutigen Gegebenheiten und den Besonderheiten des Umweltschutzes, sondern darüber hinaus auch den europarechtlichen Vorgaben angepasst werden, ohne dass es zu einer völligen Umstellung des Systems von subjektivem auf objektiven Rechtsschutz käme. Der Einführung einer umweltrechtlichen Interessentenklage steht auch nicht die Rechtsschutzgarantie des Art. 19 Abs. 4 GG entgegen: damit werden nämlich lediglich Mindestanforderungen an den Gesetzgeber für die subjektive Rechtsschutzfunktion des Verwaltungsprozesses gestellt. Das positive Verwaltungsprozessrecht kann dementsprechend die Initiativberechtigung auch bei der Tangierung sonstiger Interessen des Einzelnen gewähren. Es bleibt dann bei einem Erfordernis der Individualisierung, das jedoch durch andere Kriterien als das subjektive öffentliche Recht erfüllt werden kann, wie der Vergleich mit dem griechischen Rechtsschutzsystem anschaulich gemacht hat.

Literaturverzeichnis

Deutschsprachig

ABEL G.: Die Bedeutung der Lehre von den Einrichtungsgarantien für die Auslegung des Bonner Grundgesetzes, Berlin 1964

ACHTERBERG N.: Die Klagebefugnis – eine entbehrliche Sachurteilsvoraussetzung?, DVBl. 1981, S. 278

ALEXY R.: Das Gebot der Rücksichtnahme im baurechtlichen Nachbarschutz, DÖV 1984, S. 953

ALEXY R.: Die Gewichtsformel, FS Sonnenschein 2003, S. 771

ALEXY R.: Theorie der Grundrechte, 2. Aufl., Frankfurt a.M. 1994

APPEL R.: Grundrechte als Grundlage von Rechten im Sinne des § 42 II VwGO, München 1974

ARBEITSKREIS FÜR UMWELTRECHT (Hrsg.): Grundzüge des Umweltrechts, 2. Aufl., Berlin 1997 (*Zitiert: Autor*, in: Grundzüge des Umweltrechts, *Rn.* ...)

BACHOF O.: Reflexwirkungen und subjektive Rechte im öffentlichen Recht, GS Jellinek 1955, S. 287

BADURA P.: Das Prinzip der sozialen Grundrechte und seine Verwirklichung im Recht der Bundesrepublik Deutschland, Der Staat 1975, S. 17

BADURA P.: Staatsrecht, Systematische Erläuterung des Grundgesetzes, 3. Aufl., München 2003

BALLEIS K.: Mitwirkungs- und Klagerechte anerkannter Naturschutzverbände, Frankfurt a.M. u.a. 1996

BARTLSPERGER R.: Der Rechtsanspruch auf Beachtung von Vorschriften des Verwaltungsverfahrensrechts, DVBl. 1970, S. 30

BARTLSPERGER R.: Subjektiv öffentliches Recht und störungspräventive Baunachbarklage, DVBl. 1971, S. 723

BATTIS U.: Grenzen der Einschränkung gerichtlicher Planungskontrolle, DÖV 1981, S. 433

BATTIS U./WEBER N.: Zum Mitwirkungs- und Klagerecht anerkannter Naturschutzverbände – BVerwGE 87, 63, JuS 1992, S. 1012

BAUER H.: Altes und Neues zur Schutznormtheorie, AöR 1988, S. 582

BAUER H.: Geschichtliche Grundlagen der Lehre vom subjektiven öffentlichen Recht, Berlin 1986

BAUER H.: Subjektive öffentliche Rechte des Staates, DVBl. 1986, S. 208

BAUMGÄRTEL G./RAMMOS, G. (Hrsg.): Das griechische Zivilprozessgesetzbuch mit Einführungsgesetz, Köln u.a. 1969

BECKER U.: Die Berücksichtigung des Staatzieles Umweltschutz beim Gesetzvollzug, DVBl. 1995, S. 713

BEHR B. v./HUBER L./ KIMMI A./WOLFF M. (Hrsg.): Perspektive der Menschenrechte, Frankfurt a.M. u.a. 1999 (*Zitiert: Autor*, in Behr/Huber/Kimmi/Wolff, *S.* ...)

BERNHARDT R.: Zur Anfechtung von Verwaltungsakten durch Dritte, JZ 1963, S. 302

BETHGE H.: Zwischenbilanz zum verwaltungsrechtlichen Organstreit, DVBl. 1980, S. 824

BETTERMANN K. A.: Anmerkung zu VG Sigmaringen 17.09.1962, DVBl. 1963, S. 826

BETTERMANN K. A.: Die Anfechtung von Verwaltungsakten wegen Verfahrensfehler, FS Ipsen 1977, S. 271

BETTERMANN, K. A.: Die Beschwer als Klagevoraussetzung, Tübingen 1970

BIEBER R./EPINEY, A./HAAG M.: Die Europäische Union, Europarecht und Politik, 6. Aufl., Baden-Baden 2004

BIZER J./ORMOND T./RIEDEL U.: Die Verbandsklage im Naturschutzrecht, Taunusstein 1990

BLANKENAGEL A.: Klagefähige Rechtspositionen im Umweltrecht –Vom subjektiven Recht eines Individuums zum Recht eines individualisierten Subjekts, Die Verwaltung 1993, S. 1

BLECKMANN A.: Das schutzwürdige Interesse als Bedingung der Klagebefugnis am Beispiel des französischen Verwaltungsrechts, VerwArch 1958, S. 213

BLECKMANN A.: Die Klagebefugnis im verwaltungsgerichtlichen Anfechtungsverfahren, Entwicklung der Theorie des subjektiven öffentlichen Rechts, VBlBW 1985, S. 361

BLÜMEL W.: Das Selbstgestaltungsrecht der Städte und Gemeinden, FS Ule 1987, S. 19

BOHNE E. (Hrsg.): Ansätze zur Kodifikation des Umweltrechts in der Europäischen Union: Die Wasserrahmenrichtlinie und ihre Umsetzung in nationales Recht, Berlin 2005

BOHNE E.(Hrsg.): Perspektiven für ein Umweltgesetzbuch, Berlin 2002

BONNER KOMMENTAR ZUM GRUNDGESETZ (*Zitiert: Bearbeiter* in BK, GG, *Art.* ..., *Rn.* ...)

BOTHE M./GÜNDLING L.: Neuere Tendenzen des Umweltrechts im internationalen Vergleich, Berlin 1990

BREUER R.: Ausbau des Individualschutzes gegen Umweltbelastungen als Aufgabe des öffentlichen Rechts, DVBl. 1986, S. 849

BREUER R.: Baurechtlicher Nachbarschutz, DVBl. 1983, S. 431

BREUER R.: Das baurechtliche Gebot der Rücksichtsnahme – ein Irrgarten des Richterrechts, DVBl. 1982, S. 1065

BREUER R.: Grundrechte als Anspruchsnormen, in: „Verwaltungsrecht zwischen Freiheit, Teilhabe und Bindung“ (FG aus Anlass des 25-jährigen Bestehens des Bundesverwaltungsgerichts), S. 89 (*Zitiert*: Breuer, Grundrechte als Anspruchsnormen, FG BVerwG, *S.* ...)

BREUER R.: Grundrechte als Quelle positiver Ansprüche, Jura 1979, S. 401

BRÖNNEKE T.: Umweltverfassungsrecht: Der Schutz der natürlichen Lebensgrundlagen im Grundgesetz sowie in den Landesverfassungen Brandenburgs, Niedersachsens und Sachsens, Baden-Baden 1999

BROHM W.: Verwaltungsgerichtsbarkeit im modernen Sozialstaat, DÖV 1982, S. 1

BRUNNER G.: Die Problematik der sozialen Grundrechte, Tübingen 1971

BUCHWALD K.: Der verwaltungsgerichtliche Organstreit, Berlin 1998

BÜHLER O.: Altes und Neues über Begriff und Bedeutung der subjektiven öffentlichen Rechte, GS Jellinek, 1955, S. 269

BÜHLER O.: Die subjektiven öffentlichen Rechte und ihr Schutz in der deutschen Verwaltungsrechtsprechung, Berlin u.a. 1914

BUNDESMINISTERIUM für Arbeit und Sozialordnung/MAX – PLANCK – INSTITUT für ausländisches und internationales Sozialrecht/AKADEMIE DER DIÖZESE Rottenburg Stuttgart (Hrsg.): Soziale Grundrechte in der Europäischen Union, Baden-Baden, 2000/2001 (*Zitiert*: *Autor*, in Bundesministerium für Arbeit und Sozialordnung u.a., Soziale Grundrechte in der EU, *S.* ...)

BURGI M.: Deutsche Verwaltungsgerichte als Gemeinschaftsrechtsgerichte, DVBl. 1995, S. 772

BURGI M.: Erholung in freier Natur, Berlin 1993

CALLIESS C.: Ansätze zur Subjektivierung von Gemeinwohlbelangen im Völkerrecht – Das Beispiel des Umweltschutzes, ZUR 2000, S. 246

CALLIESS C.: Die umweltrechtliche Verbandsklage nach der Novellierung des Bundesnaturschutzgesetzes. Tendenzen zu einer „Privatisierung des Gemeinwohls“ im Verwaltungsrecht?, NJW 2003, S. 97

CALLIESS C.: Zur unmittelbaren Wirkung der EG-Richtlinie über die Umweltverträglichkeitsprüfung und ihrer Umsetzung im deutschen Immissionsschutzrecht, NVwZ 1996, S. 339

CALLIESS C./RUFFERT M. (Hrsg.): Kommentar zu EU-Vertrag und EG-Vertrag, 1999 (*Zitiert: Bearbeiter*, in Calliess/Ruffert, Kommentar zu EU-Vertrag und EG-Vertrag, *Art. ...., S. ...*)

CALLIESS C./RUFFERT M.: Vom Vertrag zur EU-Verfassung? EuGRZ 2004, S. 542

CLASSEN C. D.: Der Einzelne als Instrument zur Durchsetzung des Gemeinschaftsrechts? Zum Problem der subjektiv-öffentlichen Rechte kraft Gemeinschaftsrechts, VerwArch 1997, S. 645
CLASSEN C. D.: Strukturunterschiede zwischen deutschem und europäischem Verwaltungsrecht – Konflikt oder Bereicherung?, NJW 1995, S. 2457
CLAUSING B.: Aktuelles Verwaltungsprozessrecht, JuS 1999, S. 474
CLAUSING B.: Aktuelles Verwaltungsprozessrecht, JuS 2001, S. 998
CZAJKA D.: Verfahrensfehler und Drittrechtsschutz im Anlagerecht, FS Feldhaus, Heidelberg 1999, S. 507
CZERMAK F.: Behördenverfahren und Verwaltungsprozess beim Zusammenwirken von Behörden, NJW 1963, S. 703
DANWITZ T. v.: Aarhus-Konvention: Umweltinformation, Öffentlichkeitsbeteiligung, Zugang zu den Gerichten, NVwZ 2004, S. 272
DANWITZ T. v.: Zum Anspruch auf Durchführung des „richtigen" Verwaltungsverfahrens, DVBl. 1993, S. 422
DANWITZ T. v.: Zur Grundlegung einer Theorie der subjektiv-öffentlichen Gemeinschaftsrechte, DÖV 1996, S. 481
DEGENHART C.: Präklusion im Verwaltungsprozess, FS Menger, Köln u.a. 1985, S. 621
DER BUNDESMINISTER DES INNERN / DER BUNDESMINISTER DER JUSTIZ (Hrsg.): Staatszielbestimmungen/Gesetzgebungsaufträge, Bericht der Sachverständigenkommission, Bonn 1983 (*Zitiert*: BMI/BMJ (Hrsg.), Staatszielbestimmungen/Gesetzgebungsaufträge, *Rn.* ...)
DIETLEIN J.: Die Grundrechte in den Verfassungen der neuen Bundesländer, München 1993
DOLDE K.-P.: Grundrechtschutz durch einfaches Verfahrensrecht?, NVwZ 1982, S. 65
DOLDE K.-P.: Zur Beteiligung der Naturschutzverbände im Planfeststellungsverfahren – § 29 I Nr. 4 BNatSchG ein „absolutes Verfahrensrecht"?, NVwZ 1991, S. 960
DREIER H. (Hrsg.): Grundgesetz Kommentar, Bd. I, 2. Aufl., Tübingen 2004 (*Zitiert: Bearbeiter*, in Dreier (Hrsg.), Grundgesetz Kommentar, 2. Aufl., Bd. I, *Art.* ..., *Rn.* ...)
DREIER H. (Hrsg.): Grundgesetz Kommentar, Bd. II und III, Tübingen 1998 (*Zitiert: Bearbeiter*, in Dreier (Hrsg.), Grundgesetz Kommentar, *Bd.* ..., *Art.* ..., *Rn.* ...)
DRUPSTEEN T. G.: Umweltrecht und Umweltschutz in den Niederlanden, DVBl. 1990, S. 189
DÜRR H.: Das Gebot der Rücksichtnahme – eine Generalklausel des Nachbarschutzes im öffentlichen Baurecht, NVwZ 1985, S. 719
EHLERS D.: Die Klagearten und besonderen Sachentscheidungsvoraussetzungen im Kommunalverfassungsstreitverfahren, NVwZ 1990, S. 105

EHLERS D.: Die Klagebefugnis nach deutschem, europäischem Gemeinschafts- und U.S.-amerikanischem Recht, VerwArch 1993, S. 139
EKARDT F./PÖHLMANN K.: Europäische Klagebefugnis: Öffentlichkeitsrichtlinie, Klagerechtsrichtlinie und ihre Folgen, NVwZ 2005, S. 532
EPINEY A.: Dezentrale Durchsetzungsmechanismen im gemeinschaftlichen Umweltrecht, ZUR 1996, S. 229
EPINEY A.: Gemeinschaftsrecht und Verbandsklage, NVwZ 1999, S. 485
ERBGUTH W.: Das Bundesverwaltungsgericht und die Umweltverträglichkeitsprüfung, NuR 1997, S. 261
ERBGUTH W.: Entwicklungslinien im Recht der Umweltverträglichkeitsprüfung, UPR 2003, S. 321
ERBGUTH W./WIEGARD B.: Umweltschutz im Landesverfassungsrecht. Dargestellt am Beispiel des Landes Mecklenburg – Vorpommern, DVBl. 1994, S. 1325
ERICHSEN H. U.: Die Klagebefugnis gem. § 42 Abs. 2 VwGO, Jura 1989, S. 220
ERICHSEN H. U.: Freiheit – Gleichheit – Teilhabe, DVBl. 1983, S. 289
ERICHSEN H. U.: Verfassungs- und verwaltungsgeschichtliche Grundlagen der Lehre vom fehlerhaften belastenden Verwaltungsakt und seiner Aufhebung im Prozess, Frankfurt 1971
ERICHSEN H. U./FRENZ W.: Gemeinschaftsrecht vor deutschen Gerichten, Jura 1995, S. 422
EYERMANN E. (Hrsg.): VwGO Kommentar, 11. Auflage, München 2000 (*Zitiert: Bearbeiter*, in Eyermann, VwGO Kommentar, 2000, § ..., *Rn*. ...)
FELDHAUS G.: Der Vorsorgegrundsatz des Bundes – Immissionsschutzgesetzes, DVBl. 1980, S. 133
FINKELNBURG K.: Zur Entwicklung der Abgrenzung der Verwaltungsgerichtsbarkeit im Verhältnis zu anderen Gerichtsbarkeiten durch das Merkmal der öffentlich-rechtlichen Streitigkeit, FS Menger, Köln u.a. 1985, S. 279
FRENZ W.: Subjektiv-öffentliche Rechte aus Gemeinschaftsrecht vor deutschen Verwaltungsgerichten, DVBl. 1995, S. 408
FRIAUF K. H.: Die behördliche Zustimmung zu Verwaltungsakten anderer Behörden – Verwaltungsakt oder bloßes Verwaltungsinternum, DÖV 1961, S. 666
FRIAUF K. H.: Zur Rolle der Grundrechte im Interventions- und Leistungsstaat, DVBl. 1971, S. 674
FROMM G.: Verwaltungsakte mit Doppelwirkung, VerwArch 1965, S. 26
FROMONT M.: Rechtsschutz im französischen Umweltrecht, UPR 1983, S. 186
GALLWAS H.-U.: Faktische Beeinträchtigungen im Bereich der Grundrechte, Berlin 1970

GALLWAS H.-U.: Konkurrenz von Bundes- und Landesgrundrechten, JA 1981, S. 536
GASSNER E.: Anfechtungsrechte Dritter und „Schutzgesetz", DÖV 1981 S. 615
GELLERMANN M.: Auflösung von Normwidersprüchen zwischen europäischem und nationalem Recht, DÖV 1996, S. 433
GELLERMANN M.: Das modernisierte Naturschutzrecht. Anmerkungen zur Novelle des Bundesnaturschutzgesetzes, NVwZ 2002, S. 1025
GERONTAS A.: Das griechische Verwaltungsrecht: eine Einführung unter besonderer Berücksichtigung der Rechtsprechung des Staatsrates, Kehl am Rhein u.a. 1993 (*Zitiert:* Gerontas, Das griechische Verwaltungsrecht, *S.*...)
GIERTH K.: Klagebefugnis und Popularklage, DÖV 1980, S. 893
GNEIST R. v.: Der Rechtsstaat und die Verwaltungsgerichte in Deutschland, Berlin 1879
GÖTZ V.: Europäische Gesetzgebung durch Richtlinien – Zusammenwirken von Gemeinschaft und Staat, NJW 1992, S. 1849
GÖTZ V.: Europarechtliche Vorgaben für das Verwaltungsprozessrecht, DVBl. 2002, S. 1
GRAWERT R.: Verwaltungsrechtsschutz in der Weimarer Republik, FS Menger, Köln u.a. 1985, S. 35
GRIMM D.: Verfahrensfehler als Grundrechtsverstöße, NVwZ 1985, S. 865
GURLIT E.: Die Klagebefugnis des Adressaten im Verwaltungsprozess, Die Verwaltung 1995, S. 449
HÄBERLE P.: „Wirtschaft" als Thema neuerer verfassungsrechtlicher Verfassungen, Jura 1987, S. 177
HAIN K.-E.: Der Gesetzgeber in der Klemme zwischen Übermaß- und Untermaßverbot?, DVBl. 1993, S. 982
HALFMANN R.: Entwicklungen des Verwaltungsrechtsschutzes in Deutschland, Frankreich und Europa, VerwArch 2000, S. 74
HARINGS L.: Die Stellung der anerkannten Naturschutzverbände im verwaltungsgerichtlichen Verfahren, NVwZ 1997, S. 538
HAUEISEN F.: Verwaltungsverfahren und verwaltungsgerichtliches Verfahren, DVBl. 1962, S. 881
HENKE W.: Das subjektive öffentliche Recht, Tübingen, 1968
HENKE W.: Das subjektive Recht im System des öffentlichen Rechts, DÖV 1980, S. 621
HENKE W.: Juristische Systematik der Grundrechte, DÖV 1984, S. 1
HENKE W.: Wandel der Dogmatik des öffentlichen Rechts, JZ 1992, S. 541
HENNEKE H.-G.: Der Schutz der natürlichen Lebensgrundlagen in Art. 20a GG, NuR 1995, S. 325
HERBERT A.: § 29 Abs. 1 BNatSchG: Verfahrensbeteiligung als „formelles" oder „materielles" subjektives Recht, NuR 1994, S. 218

HESSE K.: Grundzüge des Verfassungsrechts der Bundesrepublik Deutschland, Neudruck der 20. Aufl., Heidelberg 1999
HIEN E.: Die Umweltverträglichkeitsprüfung in der gerichtlichen Praxis, NVwZ 1997, S. 422
HIRSCH G.: Kompetenzverteilung zwischen EuGH und nationaler Gerichtsbarkeit, NVwZ 1998, S. 907
HOBE S.: Menschenrecht auf Umweltschutz? ZUR 1994, S. 15
HOFFMANN – BECKING M.: Zum Stand der Lehre vom Recht auf fehlerfreie Ermessenentscheidung, DVBl. 1970, S. 870
HOPPE W.: Menschenwürdegarantie und Umweltschutz, FS Kriele, München 1997, S. 219
HOPPE W./BECKMANN M./KAUCH P.: Umweltrecht, 2. Aufl., München 2000
HORN T. J. : Übersicht der Rechtsprechung zum Immissionsschutz des Bundesimmissionsschutzgesetzes, UPR 1984, S. 85
HUBER P.: Die Europäisierung des verwaltungsgerichtlichen Rechtsschutzes, DVBl. 2001, S. 577
HUBER W.: Menschenrechte: Perspektive einer menschlichen Welt, Stuttgart – Berlin 1977
HUFEN F.: Fehler im Verwaltungsverfahren, 4. Aufl., Baden-Baden 2002
HUFEN F.: Heilung und Unbeachtlichkeit grundrechtsrelevanter Verfahrensfehler? – Zur verfassungskonformen Auslegung der §§ 45 und 46 VwVfG, NJW 1982, S. 2160
HUFEN F.: Heilung und Unbeachtlichkeit von Verfahrensfehlern, JuS 1999, S. 313
HUFEN F.: Verwaltungsprozessrecht, 5. Auflage, München 2003
HUFEN F.: Zur Systematik der Folgen von Verfahrensfehlern – eine Bestandsaufnahme nach zehn Jahren VwVfG, DVBl. 1988, S. 69
IBLER M.: Rechtspflegender Rechtsschutz im Verwaltungsrecht: zur Kontrolldichte bei wertenden Behördenentscheidungen; vom Preußischen Oberverwaltungsgericht bis zum modernen Gerichtsschutz im Prüfungsrecht, Tübingen 1999 (*Zitiert*: Ibler, Rechtspflegender Rechtsschutz im Verwaltungsrecht, *S. …*)
ILIOPOULOS – STRANGAS J.: Grundrechtsschutz in Griechenland, JöR n.F. 1983, S. 395
IPSEN J.: Die Genehmigung technischer Großanlagen – Rechtliche Regelung und neuere Judikatur, AöR 1982, S. 259
ISENSEE J.: Mit blauem Auge davongekommen – das Grundgesetz – Zu Arbeit und Resultaten der Gemeinsamen Verfassungskommission, NJW 1993, S. 2583
ISENSEE J.: Verfassung ohne soziale Grundrechte, Der Staat 1980, S. 367

JAHN F.-A.: Empfehlungen der Gemeinsamen Verfassungskommission zur Änderung und Ergänzung des Grundgesetzes, DVBl. 1994, S. 177
JARASS H.: Bundes-Immissionsschutzgesetz, Kommentar, 6. Aufl., München 2005 (*Zitiert:* Jarass, BImSchG, 6. Aufl., § ..., *Rn.* ...)
JARASS H.: Der Rechtsschutz Dritter bei der Genehmigung von Anlagen – Am Beispiel des Immissionsschutzrechts, NJW 1983, S. 2844
JARASS H.: Die Gemeinde als „Drittbetroffener", DVBl. 1976, S. 732
JARASS H.: Drittschutz im Umweltrecht, FS Lukes, Köln u.a. 1989, S. 57
JARASS H.: Konflikte zwischen EG-Recht und nationalem Recht vor den Gerichten der Mitgliedstaaten, DVBl. 1995, S. 954
JARASS H.: Voraussetzungen der innerstaatlichen Wirkung des EG-Rechts, NJW 1990, S. 2420
JARASS H./PIEROTH B. (Hrsg.): Grundgesetz für die Bundesrepublik Deutschland, Kommentar, 6. Aufl., München 2002 (*Zitiert*: *Bearbeiter*, in Jarass/ Pieroth, Grundgesetz, 6. Aufl., *Art.* ....., *Rn.* ...)
JELLINEK G.: System der subjektiven öffentlichen Rechte, 2. Aufl., Tübingen 1979
KADELBACH S.: Die Europäische Verfassung und ihr Stil, FS Ress 2005, S. 527
KAPSALIS C.: Persönlichkeitsrecht und Persönlichkeitsschutz nach griechischem Privatrecht unter Berücksichtigung des deutschen Rechts, Köln 1983 (*Zitiert:* Kapsalis, Persönlichkeitsrecht, *S.* ...)
KARAKOSTAS I.: Neue Entwicklungen des Umweltschutzes im griechischen Zivilrecht, ZfU 1990, S. 295
KARAKOSTAS I.: Rechtsmittel zum Schutz der Umwelt im griechischen Recht, NuR 1993, S. 467
KIENAPFEL D.: Die Fehlerhaftigkeit mehrstufiger Verwaltungsakte nach dem Bundesbaugesetz und Bundesfernstraßengesetz, DÖV 1963, S. 96
KIRCHBERG J.-W./BOLL, M./SCHÜTZ P.: Der Rechtsschutz von Gemeinden in der Fachplanung, NVwZ 2002, S. 550
KIRCHNER H.: Abkürzungsverzeichnis der Rechtssprache, 5. Aufl., Berlin 2003
KLEIN E.: Recht auf Umweltschutz als völkerrechtliches Individualgrundrecht?, FS Simson 1983, S. 251
KLEIN E.: Grundrechtliche Schutzpflicht des Staates, NJW 1989, S. 1633
KLEIN E.: Menschenrechte und Ius cogens, FS Ress 2005, S. 151
KLEIN H.: Die grundrechtliche Schutzpflicht, DVBl. 1994, S. 489
KLEIN H.: Ein Grundrecht auf saubere Umwelt?, FS Weber, Berlin 1974, S. 643
KLEIN H.: Staatsziele im Verfassungsgesetz – Empfiehlt es sich, ein Staatsziel Umweltschutz in das Grundgesetz aufzunehmen?, DVBl. 1991, S. 729
KLOEPFER M.: Grundrechte als Entstehenssicherung und Bestandsschutz, München 1970

KLOEPFER M.: Rechtsschutz im Umweltrecht, VerwArch 1985, S. 371
KLOEPFER M.: Umweltrecht, 3 Aufl., München 2004
KLOEPFER M.: Umweltschutz als Verfassungsrecht: Zum neuen Art. 20a GG, DVBl. 1996, S. 73
KLOEPFER M.: Umweltschutz und Verfassungsrecht, DVBl. 1988, S. 305
KLOEPFER M.: Verfassungsänderung statt Verfassungsreform: zur Arbeit der Gemeinsamen Verfassungskommission, 2. Aufl., Berlin 1996
KLOEPFER M.: Zum Grundrecht auf Umweltschutz: Vortrag gehalten vor d. Berliner Jur. Ges. am 18.01.1978 (*Zitiert*: Kloepfer, Zum Grundrecht auf Umweltschutz, *S.* ...)
KOCH T.: Der Grundrechtsschutz des Drittbetroffenen, Tübingen 2000
KOKOTT J.: Europäisierung des Verwaltungsprozessrechts, Die Verwaltung 1998, S. 335
KOLLMER N.: Klage auf Umweltinformation nach dem neuen Umweltinformationsgesetz (UIG), NVwZ 1995, S. 858
KOPP F.: Mittelbare Betroffenheit im Verwaltungsverfahren und Verwaltungsprozess, DÖV 1980, S. 504
KOPP F./SCHENKE W-R.: Verwaltungsgerichtsordnung Kommentar, 13. Aufl., München 2003 (*Zitiert*: Kopp/Schenke VwGO, 13. Aufl., § ..., *Rn.* ...)
KREBS W.: Grundfragen des verwaltungsrechtlichen Organstreits, Jura 1981, S. 596
KREBS W.: Subjektiver Rechtsschutz und objektive Rechtskontrolle, FS Menger, Köln u.a. 1985, S. 191
KRIENER P. G.: Die planungsrechtliche Gemeindenachbarklage, BayVBl.1984, S. 97
KRINGS M.: Die Klagbarkeit europäischer Umweltstandards im Immissionsschutzrecht, UPR 1996, S. 89
KRÜGER H.: Volksgemeinschaft statt subjektiver Rechte, DV 1937, S. 37
KRÜGER R.: Nochmals: Zur Beteiligung der Naturschutzverbände im Planfeststellungsverfahren, NVwZ 1992, S. 552
LADEUR K.-H.: Die Schutznormtheorie – Hindernis auf dem Weg zu einer modernen Dogmatik der planerischen Abwägung?, UPR 1984, S. 1
LANGENFELD C.: Gehören soziale Grundrechte in die Grundrechtecharta?, FS Ress 2005, S. 599
LAPPE T. M.: Grenzüberschreitender Umweltschutz – Das Modell der Nordischen Umweltschutzkonvention im Vergleich mit dem deutschen Umweltrecht, NuR 1993, S. 213
LAUBINGER H.-W.: Der Verwaltungsakt mit Doppelwirkung, Göttingen 1967
LAUBINGER H.-W.: Grundrechtsschutz durch Gestaltung des Verwaltungsverfahrens, VerwArch. 1982, S. 60
LEIBHOLZ G. (Hrsg.): Strukturprobleme der modernen Demokratie, Neuausgabe der 3., erw. Aufl., Frankfurt a.M. 1974

LOEBENSTEIN E.: Soziale Grundrechte und die Frage ihre Justitiabilität, FS Floretta, Wien 1983, S. 209
LÖDEN D.: Zur Klagebefugnis von Natur- und Umweltschutzverbänden nach französischem Recht, DVBl. 1978, S. 676
LORENZ D.: Die verfassungsrechtlichen Vorgaben des Art. 19 Abs. 4 GG für das Verwaltungsprozessrecht, FS Menger, Köln u.a. 1985, S. 143
LOUIS H.-W.: Die Übergangsregelungen für das Verbandsklagerecht nach den §§ 61, 69 Abs. 7 BNatSchG vor dem Hintergrund der europarechtlichen Klagerechte für Umweltverbände auf Grund der Änderungen der IVU- und der UVP-Richtlinie zur Umsetzung des Aarhus-Übereinkommens, NuR 2004, S. 287
LÜBBE – WOLFF, G.: Die Grundrechte als Eingriffsabwehrrechte, Baden-Baden 1988
LÜCKE J.: Das Grundrecht des Einzelnen gegenüber dem Staat auf Umweltschutz, DÖV 1976, S. 289
LÜCKE J.: Das Recht des Einzelnen auf Umweltschutz als ein internationales Menschenrecht, Archiv des Völkerrechts 1975, S. 387
LÜCKE J.: Soziale Grundrechte als Staatszielbestimmungen und Gesetzgebungsaufträge, AöR 1982, S. 15
MAGER U.: Einrichtungsgarantien, Tübingen 2003
MANGOLDT H. v./KLEIN F./STARCK C. (Hrsg.): Bonner Grundgesetz Kommentar, 4. Aufl., München 2000 (*Zitiert*: *Bearbeiter*, in v. Mangoldt/ Klein/Starck, GG, *Bd....*, *Art. ...*, *Rn. ...*)
MARBURGER P.: Ausbau des Individualschutzes gegen Umweltbelastungen als Aufgabe des bürgerlichen und des öffentlichen Rechts, Gutachten zum 56. Deutschen Juristentag (Berlin 1986), München 1986
MARZIK U./WILRICH T.: Bundesnaturschutzgesetz Kommentar, Baden-Baden 2004
MASING J.: Die Mobilisierung des Bürgers für die Durchsetzung des Rechts, Berlin 1997
MASING J.: Relativierung des Rechts durch Rücknahme verwaltungsgerichtlicher Kontrolle – Eine Kritik anlässlich der Rechtsprechungsänderung zu den „Sperrgrundstücken", NVwZ 2002, S. 810
MAUNZ T.: Die Verankerung des Gemeinderechts im Grundgesetz, BayVBl. 1984, S. 417
MAURER H.: Allgemeines Verwaltungsrecht, 13. Aufl., München 2000
MENGER C.-F.: Höchstrichterliche Rechtsprechung zum Verwaltungsrecht, VerwArch 1960, S. 373
MENGER C.-F.: Höchstrichterliche Rechtsprechung zum Verwaltungsrecht, VerwArch 1964, S. 73
MENGER C.-F.: Höchstrichterliche Rechtsprechung zum Verwaltungsrecht, VerwArch 1965, S. 177

MERTEN D.: Über Staatsziele, DÖV 1993, S. 368
MÖSTL M.: Probleme der verfassungsprozessualen Geltendmachung gesetzberischer Schutzpflichten, DÖV 1998, S. 1029
MÜLLER J.-P.: Soziale Grundrechte in der Verfassung? 2. Aufl., Basel u.a. 1981
MÜLLER W.: Der Conseil d' Etat, AöR 1992, S. 337
MÜNCHENER KOMMENTAR ZUM BÜRGERLICHEN GESETZBUCH 4. Aufl., München 2001 (*Zitiert: Bearbeiter* in MuekoBGB, 4. Aufl., *Bd. ..., § ..., Rn. ...*)
MUCKEL S.: Der Nachbarschutz im öffentlichen Baurecht - Grundlagen und aktuelle Entwicklungen, JuS 2000, S. 132
MURSWIEK, D.: Staatsziel Umweltschutz (Art. 20a GG), NVwZ 1996, S. 222
MURSWIEK D.: Umweltschutz – Staatszielbestimmung oder Grundsatznorm?, ZRP 1988, S. 14
NEUMEYER D.: Die Klagebefugnis im Verwaltungsprozess, Münster 1976
NEUMEYER D.: Erfahrungen mit der Verbandsklage aus der Sicht der Verwaltungsgerichte, UPR 1987, S. 327
NOWAK M.: Was sind Solidaritätsrechte der „3. Generation“?, Teaching Human Rights 10/2001, unter: <http://www.humanrights.at/root/images/doku/nowaksolid.rechte.pdf> (letzter Aufruf am 26.07.2005)
ÖHLINGER T.: Soziale Grundrechte, FS Floretta, Wien 1983, S. 271
OLDIGES M.: Einheit der Verwaltung als Rechtsproblem, NVwZ 1987, S. 737
OSSENBÜHL F.: Kernenergie im Spiegel des Verfassungsrechts, DÖV 1981, S. 1
OSSENBÜHL F.: Zur Bedeutung von Verfahrensmängeln im Atomrecht, NJW 1981, S. 375
OSTERLOH L.: Subsidiäre Verbandsklage nach Landesrecht, JuS 1989, S. 67
PAPIER H.-J.: Recht der öffentlichen Sachen, 3. Aufl., Berlin u.a. 1998
PAPPERMANN E./LÖHR R.-P./ANDRISKE, W.: Recht der öffentlichen Sachen, München 1987
PASCAL H.: Die Europäische Verfassung: Rechtliche Möglichkeiten, falls ein Mitgliedstaat nicht ratifiziert, FS Ress 2005, S. 497
PEINE F.-J.: Allgemeines Verwaltungsrecht, 6. Aufl., Heidelberg 2002
PEINE F.-J.: Das Gebot der Rücksichtsnahme im baurechtlichen Nachbarschutz, DÖV 1984, S. 963
PEINE F.-J.: Umgehung der Bauleitplanungspflicht bei Großvorhaben, DÖV 1083, S. 909
PERNICE I.: Gestaltung und Vollzug des Umweltrechts im europäischen Binnenmarkt. Europäische Impulse und Zwänge für das deutsche Umweltrecht, NVwZ 1990, S. 414
PETERS H.-J.: Art. 20a GG – Die neue Staatszielbestimmung des Grundgesetzes, NVwZ 1995, S. 555

PETERS W.: Anmerkung zum Zwischenurteil des VG Hamburg vom 4.7.1980, DVBl. 1981, S. 271
PFORDTEN D. v. d.: Ökologische Ethik: zur Rechtfertigung menschlichen Verhaltens gegenüber der Natur, München 1994
RAUSCHING D.: Aufnahme einer Staatszielbestimmung über Umweltschutz in das Grundgesetz?, DÖV 1986, S. 489
REDEKER K./OERTZEN H.-J. v. (Hrsg.): Verwaltungsgerichtsordnung Kommentar, 14. Aufl., Stuttgart 2004 (*Zitiert*: Redeker/v.Oertzen, VwGO, 2004, § ..., *Rn.* ...)
REHBINDER E.: Die hessische Verbandsklage auf dem Prüfstand der Verwaltungsgerichtsbarkeit, NVwZ 1982, S. 666
REHBINDER E.: Grundfragen des Umweltrechts, ZRP 1970, S. 250
REHBINDER E.: Wege zu einem wirksamen Naturschutz – Aufgaben, Ziele und Instrumente des Naturschutzes, NuR 2001, S. 361
REHBINDER E./BURGBACHER H.-G./KNIEPER R: Bürgerklage im Umweltrecht, Berlin 1972
REIMER F.: Verfassungsprinzipien, Berlin 2001
RENGELING H.-W.: Die immissionsschutzrechtliche Vorsorge als Genehmigungsvoraussetzung, DVBl. 1982, S. 622
RENGELING H.-W. (Hrsg.): Handbuch zum europäischen und deutschen Umweltrecht, Bd. I, Allgemeines Umweltrecht, 2. Aufl., Köln u.a. 2003 (*Zitiert*: *Autor*, in Rengeling (Hrsg.), Handbuch zum europäischen und deutschen Umweltrecht, Bd. I, *S.* ...)
REST A.: Europäischer Menschenrechtsschutz als Katalysator für ein verbessertes Umweltrecht, NuR 1997, S. 209
RODRÍGUEZ IGLESIAS, G. C.: Gedanken zum Entstehen einer Europäischen Rechtsordnung, NJW 1999, S. 1
ROHN S./SANNWALD R.: Die Ergebnisse des Gemeinsamen Verfassungskommission, ZRP 1994, S. 65
RÜFNER W.: Verwaltungsrechtsschutz in Preußen im 18. und in der ersten Hälfte des 19. Jahrhunderts, FS Menger, Köln u.a. 1985, S. 3
RUFFERT M.: Dogmatik und Praxis des subjektiv – öffentlichen Rechts unter dem Einfluss des Gemeinschaftsrechts, DVBl. 1998, S. 69
RUFFERT M.: Perspektiven der europäischen Verfassungsgebung, ThürVBl. 2005, S. 49
RUFFERT M.: Subjektive Rechte im Umweltrecht der Europäischen Gemeinschaften, Heidelberg 1996
RUFFERT M.: Subjektive Rechte und unmittelbare Wirkung von EG – Umweltschutzrichtlinien, ZUR 1996, S. 235
RUPP H.: Ergänzung des Grundgesetzes um eine Vorschrift über den Umweltschutz?, DVBl. 1985, S. 990

RUPP H. H.: Bemerkungen zum verfahrensfehlerhaften Verwaltungsakt, FS Bachof, München 1984, S. 151
RUPP H. H.: Die verfassungsrechtliche Seite des Umweltschutzes, JZ 1971, S. 401
RUPP H. H.: Kritische Bemerkungen zur Klagebefugnis im Verwaltungsprozess, DVBl. 1982, S. 144
RUTHIG J.: Transformiertes Gemeinschaftsrecht und die Klagebefugnis des § 42 Abs. 2 VwGO, BayVBl. 1997, S. 289
SACHS M. (Hrsg.): Grundgesetz – Kommentar, 3. Aufl., München 2003 (*Zitiert: Bearbeiter*, in Sachs, GG – Kommentar, 3. Aufl., *Art. ..., Rn. ...*)
SAILER C.: Subjektives Recht und Umweltschutz, DVBl. 1976, S. 521
SARWEY O. v.: Das öffentliche Recht und die Verwaltungsrechtspflege, Tübingen 1880
SCHEIDLER A., Die Umweltverträglichkeitsprüfung bei Rodungen und Erstaufforstungen – Untersucht am Beispiel des Bayerischen Waldgesetzes, NuR 2004, S. 434
SCHEIDLER A., Rechtsschutz Dritter bei fehlerhafter oder unterbliebener Umweltverträglichkeitsprüfung, NVwZ 2005, S. 863
SCHENKE W.-R.: Verwaltungsprozessrecht, 9. Aufl., Heidelberg 2004
SCHERZBERG A.: Freedom of Information – deutsch gewendet: Das neue Umweltinformationsgesetz, DVBl. 1994, S. 736
SCHERZBERG A.: Grundlagen und Typologie des subjektiv-öffentlichen Rechts, DVBl. 1988, S. 129
SCHERZBERG A.: Objektiver Grundrechtsschutz und subjektives Grundrecht, DVBl. 1989, S. 1128
SCHEUNER U.: Staatzielbestimmungen, in FS Forsthoff, München 1972, S. 325
SCHILKEN E.: Zivilprozessrecht, 4. Aufl., Köln u.a. 2002
SCHINK A.: Die Umweltverträglichkeitsprüfung – eine Bilanz, NuR 1998, S. 173
SCHINK A.: Umweltschutz als Staatsziel, DÖV 1997, S. 221
SCHINK A.: Umweltverträglichkeitsprüfung – Verträglichkeitsprüfung – naturschutzrechtliche Eingriffsregelung – Umweltprüfung, NuR 2003, S. 647
SCHLOTTERBECK K.: Nachbarschutz im anlagebezogenen Immissionsschutzrecht, NJW 1991, S. 2669
SCHMIDT A./ZSCHIESCHE M.: Die Effizienz der naturschutzrechtlichen Verbands- oder Vereinsklage, NuR 2003, S. 16
SCHMIDT J.: Die Rechtsprechung zum Naturschutzrecht 1983 – 1987, NVwZ 1988, S. 982
SCHMIDT R.: Besonderes Verwaltungsrecht I, 9. Aufl., Bremen 2005
SCHMIDT – ASSMANN E.: Deutsches und Europäisches Verwaltungsrecht, DVBl. 1993, S. 924

SCHMIDT – ASSMANN E.: Zur Europäisierung des allgemeinen Verwaltungsrechts, FS Lerche, S. 513
SCHMIDT – BLEIBTREU B./KLEIN F.: Kommentar zum Grundgesetz, 10. Aufl., 2004 (*Zitiert*: *Bearbeiter*, in Schmidt-Bleibtreu/Klein, GG, 10. Aufl., *Art. ..., Rn. ...*)
SCHMIDT – PREUSS M.: Gegenwart und Zukunft des Verwaltungsrechts, NVwZ 2005, S. 489
SCHMITT C.: Verfassungslehre, 8. Aufl., Berlin 1993
SCHOCH F.: Individualrechtsschutz im deutschen Umweltrecht unter dem Einfluss des Gemeinschaftsrechts, NVwZ 1999, S. 457
SCHOCH F.: Die Europäisierung des verwaltungsgerichtlichen Rechtsschutzes, Berlin u.a. 2000
SCHOCH F., Zuständigkeit der Zivilgerichtsbarkeit in öffentlich-rechtlichen Streitigkeiten kraft Tradition (§ 40 Abs. 2 VwGO), FS Menger, Köln u.a. 1985, S. 305
SCHOCH F./SCHMIDT – ASSMANN E./PIETZNER R. (Hrsg.): VwGO Kommentar, Band I, München, Stand September 2004 (*Zitiert: Bearbeiter*, in Schoch/Schmidt-Aßmann/Pietzner, VwGO Kommentar, Stand 2004, § ..., *Rn. ...*)
SCHRADER C.: Das Naturschutzrecht der Länder in der Anpassung an das neue Bundesnaturschutzgesetz, NuR 2003, S. 80
SCHÜTZ P.: Artemis und Aurora vor den Schranken des Bauplanungsrechts – BVerfG, NJW 1995, 2648 –, JuS 1996, S. 498
SCHWARZE J. (Hrsg.): Das Verwaltungsrecht unter europäischem Einfluss, Baden-Baden, 1996 (*Zitiert: Autor*, in Schwarze, Das Verwaltungsrecht unter europäischem Einfluss, *S. ...*)
SCHWARZE J.: Europäische Rahmenbedingungen für die Verwaltungsgerichtsbarkeit, NVwZ 2000, S. 241
SCHWARZE J.: Grundzüge und neuere Entwicklungen des Rechtsschutzes im Recht der Europäischen Gemeinschaften, NJW 1992, S. 1065
SCHWARZE J./SCHMIDT – ASSMANN E. (Hrsg.): Das Ausmaß der gerichtlichen Kontrolle im Wirtschaftsverwaltungs- und Umweltrecht, Baden-Baden 1992 (*Zitiert*: *Autor*, in Schwarze/Schmidt-Aßmann, Das Ausmaß der gerichtlichen Kontrolle im Wirtschaftsverwaltungs- und Umweltrecht, *S. ...*)
SCHWEIZER M. (Hrsg.): Europäisches Verwaltungsrecht, Wien 1991 (*Zitiert: Autor*, in Schweizer, Europäisches Verwaltungsrecht, *S. ...*)
SEELIG R./GÜNDLING B.: Die Verbandsklage im Umweltrecht Aktuelle Entwicklungen und Zukunftsperspektiven im Hinblick auf die Novelle des Bundesnaturschutzgesetzes und supranationale und internationale rechtliche Vorgaben, NVwZ 2002, S. 1033

SELLNER D.: Bundes-Immissionsschutzgesetz und Nachbarschutz im unbeplanten Innenbereich, NJW 1976, S. 265
SELLNER D.: Zum Vorsorgegrundsatz im Bundes – Immissionsschutzgesetz, NJW 1980, S. 1255
SENDLER H.: Grundprobleme des Umweltrechts, JuS 1983, S. 255
SENDLER H.: Rechtsschutz im Umweltrecht, in FS Feldhaus, Heidelberg 1999, S. 479
SENING C.: Rettung der Umwelt durch Aufgabe der Schutznormtheorie? BayVBl. 1982, S. 428
SENING C.: Zur Verbandsklage im hessischen Naturschutzgesetz, NuR 1983, S. 146
SINANIOTIS L.: Materielle Begründung der Legitimation, FS Geimer 2002, S. 1175
SKOURIS W.: Über die Verbandsklage im Verwaltungsprozess, JuS 1982, S. 100
SKOURIS W.: Verletztenklagen und Interessentenklagen im Verwatungsprozess, Köln u.a. 1979
SODAN H./ZIEKOW J. (Hrsg.): Nomos – Kommentar zur Verwaltungsgerichtsordnung, Band I, Baden-Baden, Stand Januar 2003 (*Zitiert: Bearbeiter*, in Sodan/Ziekow, VwGO, Stand 2003, § ..., *Rn.* ...)
SOELL H.: Umweltschutz, ein Grundrecht?, NuR 1985, S. 205
SOMMERMANN K.-P.: Die Bedeutung der Rechtsvergleichung für die Fortentwicklung des Staats- und Verwaltungsrechts in Europa, DÖV 1999, S. 1017
SOMMERMANN K.-P.: Konvergenzen im Verwaltungsverfahrens- und Verwaltungsprozessrecht europäischen Staaten, DÖV 2002, S. 133
SOMMERMANN K.-P.: Staatsziele und Staatszielbestimmungen, Tübingen, 1997
SONNENBERGER H.-J./AUTEXIER C.: Einführung in das französische Recht, 3. Aufl., Heidelberg 2000
SPARWASSER R./ENGEL R./VOSSKUHLE A.: Umweltrecht, 5. Aufl., Heidelberg 2003
STARCK C. (Hrsg.): Grundgesetz und deutsche Verfassungsrechtsprechung im Spiegel ausländischer Verfassungsentwicklung, Baden-Baden 1990 (*Zitiert: Autor*, in: Starck (Hrsg.), Grundgesetz und deutsche Verfassungsrechtsprechung im Spiegel ausländischer Verfassungsentwicklung, *S.* ...)
STEINBERG R.: Grundfragen des öffentlichen Nachbarrechts, NJW 1984, S. 457
STEINBERG R.: Verfassungsrechtlicher Umweltschutz durch Grundrechte und Staatszielbestimmung, NJW 1996, S. 1985

STEINBERG R.: Verwaltungsgerichtlicher Schutz der kommunalen Planungshoheit gegenüber höherstufigen Planungsentscheidungen, DVBl. 1982, S. 13
STEINBERG R.: Chancen zur Effektuierung der Umweltverträglichkeitsprüfung durch die Gerichte?, DÖV 1996, S. 221
STEINBERG R.: Verwaltungsgerichtlicher Umweltschutz, UPR 1984, S. 350
STELKENS P./BONK H.-J./SACHS M. (Hrsg.): Verwaltungsverfahrensgesetz Kommentar, 6. Aufl., München 2001 (*Zitiert*: *Bearbeiter* in Stelkens/Bonk/Sachs, Verwaltungsverfahrensgesetz, 2001, § ..., *Rn.* ...)
STICH R.: Das neue Bundesnaturschutzgesetz – Bedeutsame Änderungen und Ergänzungen des Bundesnaturschutzrechts, UPR 2002, S. 161
STOBER R.: Umweltschutzprinzip und Umweltgrundrecht, JZ 1988, S. 426
STOLLEIS M.: Die Verwaltungsgerichtsbarkeit im Nationalsozialismus, FS Menger, Köln u.a. 1985, S. 57
STREINZ R.: Europarecht, 6. Aufl., Heidelberg 2003
STÜER B.: Die naturschutzrechtliche Vereinsbeteiligung und Vereinsklage, NuR 2002, S. 708
STÜER B./PROBSTFELD W.: Rechtsschutz der Gemeinden gegen straßenverkehrsrechtliche Anordnungen, UPR 2004, S. 121
TOMANDL T.: Der Einbau sozialer Grundrechte in das positive Recht, Tübingen 1967
TRIANTAFYLLOU D: Zur Europäisierung des subjektiven öffentlichen Rechts, DÖV 1997, S. 192
UHLE A.: Das Staatsziel „Umweltschutz“ im System der grundgesetzlichen Ordnung, DÖV 1993, S. 947
UHLE A.: Das Staatsziel „Umweltschutz“ und das Sozialprinzip im verfassungsrechtlichen Vergleich, JuS 1996, S. 96
ULE C. H.: Die geschichtliche Entwicklung des verwaltungsgerichtlichen Rechtsschutzes in der Nachkriegszeit, FS Menger, Köln u.a. 1985, S. 81
ULE C. H.: Umweltschutz im Verfassungs- und Verwaltungsrecht, DVBl. 1972, S. 437
VESTING T.: § 35 III BauGB zwischen Umweltschutz und Kunstfreiheit, NJW 1996, S. 1111
VOGEL H.-J.: Die Reform des Grundgesetzes nach der deutschen Einheit, DVBl. 1994, S. 497
WAECHTER K.: Umweltschutz als Staatsziel, NuR 1996, S. 321
WAHL R.: Der Nachbarschutz im Baurecht, JuS 1984, S. 577
WAHL R.: Die doppelte Abhängigkeit des subjektiven öffentlichen Rechts, DVBl. 1996, S. 641
WEBER A./HELLMANN U.: Das Gesetz über die Umweltverträglichkeitsprüfung (UVP-Gesetz), NJW 1990, S. 1625

WEBER W.: Umweltschutz im Verfassungs- und Verwaltungsrecht, DVBl. 1971, S. 806
WEGENER B.: Rechte des Einzelnen: Die Interessentenklage im europäischen Umweltrecht, Baden-Baden 1998
WEGENER B.: Rechtsschutz für gesetzlich geschützte Gemeinwohlbelange als Forderung des Demokratieprinzips?, (letzter Aufruf am 26.07.2005) unter: <http://www.humboldt-forum-recht.de/3-2000/Drucktext.html>
WESEL U.: Geschichte des Rechts, 2. Aufl., München 2001
WEYREUTHER F.: Die Rechtswidrigkeit eines Verwaltungsaktes und die „dadurch" bewirkte Verletzung „in [...] Rechten" (§ 113 Abs. 1 Satz 1 und Abs. 4 Satz 1 VwGO), FS Menger, Köln u.a. 1985, S. 681
WIELING H. J.: Sachenrecht, 4. Aufl., Berlin u.a. 2001
WILRICH T.: Vereinsbeteiligung und Vereinsklage im neuen Bundesnaturschutzgesetz, DVBl. 2002, S. 872
WINKELMANN C.: Die Verbandsklage im Umweltrecht im internationalen Vergleich, ZUR 1994, S. 12
WINTER G.: Individualrechtsschutz im deutschem Umweltrecht unter dem Einfluss des Gemeinschaftsrechts, NVwZ 1999, S. 467
WINTER G.: Rechtschutz gegen Behörden, die Umweltrichtlinien der EG nicht beachten, NuR 1991, S. 453
WINTERS K.-P.: Zur Entwicklung des Atom- und Strahlenschutzrechts, DÖV 1978, S. 265
WOEHRLING J.-M.: Die französische Verwaltungsgerichtsbarkeit im Vergleich mit der deutschen, NVwZ 1985, S. 21
WOEHRLING J.-M.: Rechtsschutz im Umweltrecht in Frankreich, NVwZ 1999, S. 502
WOLF R.: Gehalt und Perspektiven des Art. 20a GG, KritV 1997, S. 280
WOLF R.: Zur Entwicklung der Verbandsklage im Umweltrecht, ZUR 1994, S. 1
ZSCHIESCHE M.: Die Aarhus-Konvention – mehr Bürgerbeteiligung durch umweltrechtliche Standards?, ZUR 2001, S. 177
ZULEEG M.: Die Rechtswirkung europäischer Richtlinien, ZGR 1980, S. 466
ZULEEG M.: Hat das subjektive öffentliche Recht noch eine Daseinberechtigung?, DVBl. 1976, S. 509

Englischsprachig

DAVIS K.: Administrative law text, 3rd edition, 1972

DIJK P. van: Judicial review of governmental action and the requirement of an interest to sue, The Hague 1980

EBBESSON J.: Information, Participation and Access to Justice: the Model of the Aarhus Convention, (letzter Aufruf am 26.07.2005) <http://www.ohchr.org/english/issues/environment/environ/bp5.htm>

ENGFELDT L.-G.: Chronicle Essay, The Road from Stockholm to Johannesburg, (letzter Aufruf am 26.07.2005) <http://www.un.org/Pubs/chronicle/2002/issue3/0302p14_essay.html>

EUROPEAN COMMISSION: The attitudes of European citizens towards environment, Fieldwork November 2004, Publication April 2005, (letzter Aufruf am 26.07.2005) <http://europa.eu.int/comm/environment/barometer/report_ebenv_2005_04_22_en.pdf>

FABRA A.: The Intersection of Human Rights and Environmental Issues: A review of institutional developments at the international level, <http://www.ohchr.org/english/issues/environment/environ/bp3.htm> (letzter Aufruf am 26.07.2005)

GUNTHER G.: Constitutional law, Cases and materials, 9th edition, 1975

KERAMEUS K./KOZYRIS Ph. (Eds.): Introduction to Greek Law, Deventer 1988 (*Zitiert: Autor*, in: Kerameus/Kozyris, Introduction to Greek Law, *S. ...*)

SHELTON D.: Human Rights and Environment Issues in Multilateral Treaties Adopted between 1991 and 2001, (letzter Aufruf am 26.07.2005) <http://www.ohchr.org/english/issues/environment/environ/bp1.htm>

SHELTON D.: Human Rights and the Environment: Jurisprudence of Human Rights Bodies, (letzter Aufruf am 26.07.2005) <http://www.ohchr.org/english/issues/environment/environ/bp2.htm>

SYMONIDES J. (Ed.): Human Rights: Concept and Standards, Aldershot u.a. 2002 (*Zitiert: Autor*, in: Symonides, Human Rights: Concept and Standards, *S....*)

Französischsprachig

DUGUIT L.: Traité de Droit Constitutionnel, Tome Deuxième, Deuxième Ed., Paris 1923

Griechisch

In Klammern wird die Übersetzung des jeweiligen griechischen Titels auf Deutsch gegeben. In den Fußnoten wird die griechische Literatur in dieser Übersetzung angegeben.

ΑΛΙΒΙΖΑΤΟΣ Ν.: Η συνταγματική αναθεώρηση του 2001, Προτάσεις για μια θεσμική αποτίμηση, ΤοΣ 2001, 949
(ALIWIZATOS, Die Verfassungsrevision von 2001, Vorschläge zur institutionellen Auswertung, ToS 2001, 949)

ΑΛΙΒΙΖΑΤΟΣ Ν./ΠΑΥΛΟΠΟΥΛΟΣ Π.: Η συνταγματική προστασία των δασών και των δασικών εκτάσεων, ΝοΒ 1988, 1581
(ALIWIZATOS/PAULOPOULOS, Die verfassungsmäßige Gewährleistung des Schutzes der Wälder und der bewaldeten Flächen, NoB 1988, 1581)

ΑΝΑΓΝΩΣΤΟΥ Δ.: Το συλλογικό έννομο συμφέρον για την άσκηση αιτήσεως ακυρώσεως και το Σύνταγμα, ΤοΣ 1988, 649
(ANAGNOSTOU, Das kollektive „*έννομο συμφέρον*“ auf Aufhebungsantragstellung und die Verfassung, ToS 1988, 649)

ΑΝΤΩΝΙΟΥ Θ.: Το κοινωνικό δικαίωμα χρήσεως του περιβάλλοντος μεταξύ ελευθερίας και συμμετοχής, ΤοΣ 1987, 116
(ANTONIOU, Das soziale Recht auf Umweltbenutzung zwischen Freiheit und Teilnahme, ToS 1987, 116)

ΒΑΣΙΛΕΙΟΥ Κ.: Το δίκαιο του φυσικού περιβάλλοντος, ΕΔΔΔ 1985, 46
(WASSILIOU, Das Recht der natürlichen Umwelt, EDDD 1985, 33)

ΒΕΓΛΕΡΗΣ Φ.: Τα δικαιώματα του ανθρώπου και οι περιορισμοί τους, ΤοΣ 1979, 25
(WEGLERIS, Die Menschenrechte und ihre Einschränkungen, ToS 1979, 25)

ΒΕΝΙΖΕΛΟΣ Ε.: Η αφομοίωση της αναθεώρησης του Συντάγματος από τη Νομολογία του Συμβουλίου της Επικρατείας, Τιμ. τ. ΣτΕ-75 χρόνια, Αθήνα – Θεσσαλονίκη 2004, 133
(WENIZELOS, Die Assimilation der Verfassungsrevision an die Rechtsprechung des Staatsrates, in FS StE zum 75. Jubiläum, Athen – Thessaloniki 2004, 133)

ΒΟΥΛΗ ΤΩΝ ΕΛΛΗΝΩΝ: Ε΄ Αναθεωρητική Περίοδος Α, Σύνοδος Α Επίσημα πρακτικά των συνεδριάσεων της Βουλής, τ. Β, Συνεδριάσεις ΜΘ΄ – Π΄, 6 Μαρτίου 1975 – 27 Απριλίου 1975, Αθήνα 1975
(Amtliche Protokolle der Sitzungen des Griechischen Parlaments: Sitzungen ΜΘ΄– Π΄ vom 06.03.1975 – 27.04.1975, Athen 1975)

ΒΩΡΟΒΙΝΗΣ Β.: Η Ελλάδα «ξέχασε» τη Σύμβαση του Άαρχους, 28.03.2005, <http://www.energia.gr/indexgrgr.php?newsid=6873> (letzter Aufruf am 26.07.2005)

(WOROWINIS, Griechenland hat das Übereinkommen von Århus „vergessen“)
ΓΕΤΙΜΗΣ Π.: Η αναθεώρηση του άρθρου 24 του Συντάγματος, ΠερΔικ. 2000, 509
(GETIMIS, Die Revision von Art. 24 Gr. Verf., PerDik 2000, 509)
ΓΕΩΡΓΙΑΔΗΣ Α.: Γενικές Αρχές Αστικού Δικαίου, 2η έκδοση, Αθήνα – Κομοτηνή 1997
(GEORGIADES, Allgemeinteil ZGB, 2. Aufl., Athen – Komotini 1997)
ΓΕΩΡΓΙΑΔΗΣ Α.: Εμπράγματο Δίκαιο, Αθήνα 1991
(GEORGIADES, Sachenrecht, Athen 1991)
ΓΕΩΡΓΙΑΔΗΣ Α./ΣΤΑΘΟΠΟΥΛΟΣ Μ.: Αστικός Κώδικας, Ερμηνεία κατ' άρθρο – Νομολογία – Βιβλιογραφία, Αθήνα 1978
(GEORGIADES/STATHOPOULOS, ZGB, Kommentar – Rechtsprechung – Literatur, Athen 1978, *Zitiert: Autor*, in Georgiades/Stathopoulos, ZGB, *Bd. ..., Art. ..., S. ...*)
ΓΙΑΝΝΑΚΟΠΟΥΛΟΣ Κ.: Η συμμόρφωση της διοίκησης στις αποφάσεις της Επιτροπής Αναστολών του Συμβουλίου της Επικρατείας, Τιμ. τ. ΣτΕ 75 χρόνια, Αθήνα – Θεσσαλονίκη 2004, 525
(GIANNAKOPOULOS, Die Anpassung der Verwaltung an die Entscheidungen des Staatsrates bezüglich des Aufschubs der Vollziehung von Verwaltungsakten, in FS StE zum 75. Jubiläum, Athen – Thessaloniki 2004, 525)
ΓΙΩΤΟΠΟΥΛΟΥ – ΜΑΡΑΓΚΟΠΟΥΛΟΥ Α: Η προστασία του περιβάλλοντος: Διεθνείς και Ελληνικές εξελίξεις, Τιμ. τ. ΣτΕ – 75 χρόνια, Αθήνα – Θεσσαλονίκη 2004, 1219
(GIOTOPOULOU – MARAGKOPOULOU, Umweltschutz: Internationale und Griechische Entwicklungen, in FS StE zum 75. Jubiläum, Athen – Thessaloniki 2004, 1007)
ΔΑΓΤΟΓΛΟΥ Π.: Γενικό Διοικητικό Δίκαιο, 3η έκδοση, Αθήνα – Κομοτηνή 1992
(DAGTOGLOU, Allgemeines Verwaltungsrecht, 3. Aufl., Athen – Komotini 1992)
ΔΑΓΤΟΓΛΟΥ Π.: Δημόσιο συμφέρον και Σύνταγμα, ΤοΣ 1986, 425
(DAGTOGLOU, Öffentliches Interesse und Verfassung, ToS 1986, 425)
ΔΑΓΤΟΓΛΟΥ Π.: Διοικητικό Δικονομικό Δίκαιο, 2η έκδοση, 1994
(DAGTOGLOU, Verwaltungsprozessrecht, 2. Aufl., 1994)
ΔΑΓΤΟΓΛΟΥ Π.: Ο δικαστικός έλεγχος της συνταγματικότητας των νόμων, ΝοΒ 1988, 91
(DAGTOGLOU, Die gerichtliche Kontrolle der Verfassungsmäßigkeit von Gesetzen, NoB 1988, 721)
ΔΑΓΤΟΓΛΟΥ Π.: Συνταγματικό Δίκαιο, Ατομικά Δικαιώματα, Αθήνα – Κομοτηνή 1991

(DAGTOGLOU, Verfassungsrecht, Individuelle Rechte, Athen– Komotini 1991, *Zitiert:* Dagtoglou, Individuelle Rechte, *Bd.* ..., *S.* ...)

ΔΕΛΗΓΙΑΝΝΗΣ Γ.: Ζητήματα σχετικά με την αναθεώρηση του Συντάγματος (α) Προστασία του περιβάλλοντος (β) Οργάνωση της διοικητικής Δικαιοσύνης, ΝοΒ 2000, 1037
(DELIGIANNIS, Fragen zur Verfassungsrevision: (a) Umweltschutz (b) Verwaltungsgerichtsbarkeit, ToS 2000, 1037)

ΔΕΛΗΓΙΑΝΝΗΣ Γ.: Σκέψεις για την έννοια και τον δικαστικό έλεγχο των κανονιστικών πράξεων, Τιμ. τ. ΣτΕ Ι, 1979, 584
(DELIGIANNIS, Gedanken über die Bedeutung und die gerichtliche Kontrolle der normativen Verwaltungsakte, in FS StE I, 1979, S. 584)

ΔΕΛΛΗΣ Γ.: Κοινοτικό Δίκαιο Περιβάλλοντος, Αθήνα – Κομοτηνή 1998
(DELLIS, Europäisches Umweltrecht, Athen – Komotini 1998)

ΔΕΛΛΗΣ Γ.: Το ατομικό δικαίωμα αντιμέτωπο στο οικονομικό και το οικολογικό γενικό συμφέρον 1953 – 2003: Η συρρίκνωση της ατομικότητας, <http://www.nomosphysis.org.gr/articles.php?artid=58&lang=1&catpid=1> (letzter Aufruf am 26.07.2005)
(DELLIS, Das individuelle Recht gegen das wirtschaftliche und ökologische Allgemeininteresse 1953 – 2003: Der Rückgang der Individualität)

Ζ΄ ΑΝΑΘΕΩΡΗΤΙΚΗ ΒΟΥΛΗ ΤΩΝ ΕΛΛΗΝΩΝ: Ι΄ Περίοδος Προεδρευόμενης Δημοκρατίας, Σύνοδος Α΄, Πρακτικά των Συνεδριάσεων της Ολομέλειας της Βουλής επί των αναθεωρητέων διατάξεων του Συντάγματος, Αθήνα 2002, Συνεδρίαση ΡΗ΄, Τετάρτη 7 Φεβρουαρίου 2001 (απόγευμα)
(Amtliche Protokolle der Plenarsitzungen des Griechischen Parlaments, Sitzung PH΄ vom 07.02.2001 – Abend, Athen 2002)

Ζ΄ ΑΝΑΘΕΩΡΗΤΙΚΗ ΒΟΥΛΗ ΤΩΝ ΕΛΛΗΝΩΝ: Ι΄ Περίοδος Προεδρευόμενης Δημοκρατίας, Σύνοδος Α΄, Πρακτικά των Συνεδριάσεων της Ολομέλειας της Βουλής επί των αναθεωρητέων διατάξεων του Συντάγματος, Αθήνα 2002, Συνεδρίαση ΡΘ΄, Πέμπτη 8 Φεβρουαρίου 2001
(Amtliche Protokolle der Plenarsitzungen des Griechischen Parlaments: Sitzung PΘ΄ vom 08.02.2001, Athen 2002)

ΚΑΡΑΚΩΣΤΑΣ Ι.: Απειλούμενη συνταγματική παραβίαση του περιβαλλοντικού κεκτημένου. Το άρθρο 24 του Συντάγματος μη αναθεωρητέα διάταξη, ΠερΔικ. 2000, 464 (KARAKOSTAS, Bedrohliche verfassungsrechtliche Verletzung des Umweltbestandsschutzes: Art. 24 darf nicht geändert werden, PerDik 2000, 464)

ΚΑΡΑΚΩΣΤΑΣ Ι.: Ένδικα μέσα προστασίας των περιβαλλοντικών αγαθών, ΕΔΔΔ 1990, 177
(KARAKOSTAS, Rechtsmittel zum Schutz der Umweltgüter, EDDD 1990, 177)

ΚΑΡΑΚΩΣΤΑΣ Ι.: Περιβάλλον και Αστικό Δίκαιο, Αθήνα – Κομοτηνή 1986
(KARAKOSTAS, Umwelt und Zivilrecht, Athen – Komotini 1986)
ΚΑΡΑΚΩΣΤΑΣ Ι.: Περιβάλλον και Δίκαιο, Αθήνα – Κομοτηνή 2000
(KARAKOSTAS, Umwelt und Recht, Athen – Komotini 2000)
ΚΑΣΙΜΑΤΗΣ Γ.: Η αναθεώρηση του Συντάγματος, Σκέψεις και παρατηρήσεις, ΤοΣ 2000, 995
(KASIMATIS, Die Verfassungsrevision, Gedanken und Bemerkungen, ToS 2000, 995)
ΚΑΣΙΜΑΤΗΣ Γ./ΜΑΥΡΙΑΣ Κ. (επιμέλεια): Ερμηνεία του Συντάγματος, τ. Α, 2η έκδοση, Αθήνα – Κομοτηνή 2003
(KASIMATIS/MAURIAS (Hrsg.): Die Verfassung, Kommentar, I, 2. Aufl., Athen – Komotini 2003, *Zitiert: Bearbeiter,* in Kasimatis/Maurias (Hrsg.), Kommentar I, *Art. ... Rn. ...*)
ΚΑΣΤΑΝΑΣ, Ηλίας: Η προστασία του δικαιώματος στο περιβάλλον στο πλαίσιο της Ευρωπαϊκής Σύμβασης Δικαιωμάτων του Ανθρώπου, Νόμος και Φύση 2000, 323
(KASTANAS, Der Schutz des Rechts auf die Umwelt im Rahmen der EMRK, Nomos & Fysi 2000, 323)
ΚΟΝΤΙΑΔΗΣ Ξ.: Η σταθεροποιητική λειτουργία των κοινωνικών δικαιωμάτων: το παράδειγμα του κοινωνικού κεκτημένου, ΤοΣ 1999, 199
(KONDIADIS, Die konsolidierende Wirkung der sozialen Rechte: das Beispiel des sozialrechtlichen Bestandsschutzes, ToS 1999, 199)
ΚΟΝΤΙΑΔΗΣ Ξ.: Το κανονιστικό περιεχόμενο των κοινωνικών δικαιωμάτων κατά τη νομολογία του Συμβουλίου της Επικρατείας, Τιμ. τ. ΣτΕ 75 χρόνια, Αθήνα – Θεσσαλονίκη 2004, 267
(KONDIADIS, Der normative Inhalt der sozialen Rechte nach der Rechtsprechung des Staatsrates, in FS StE zum 75. Jubiläum, Athen – Thessaloniki 2004, 267)
ΚΟΥΡΟΓΕΝΗΣ Ε.: Η συνταγματική προστασία των ακτών, ΠερΔικ 2002, 278
(KOUROGENIS, Der verfassungsmäßige Küstenschutz, PerDik 2002, 278)
ΚΟΥΡΤΗΣ Γ.: Η συμβολή της νομολογίας του Συμβουλίου της Επικρατείας στην ερμηνεία της παρ. 1 του αρ. 3 του Συντάγματος 1975/2001, Τιμ. τ. ΣτΕ – 75 χρόνια, Αθήνα – Θεσσαλονίκη 2004, 287
(KOURTIS, Die Rechtsprechung des griechischen Staatsrates zur Auslegung des Art. 3 § 1 der griechischen Verfassung von 1975/2001, in FS StE zum 75. Jubiläum, Athen – Thessaloniki 2004, 287)
ΚΟΥΤΟΥΠΑ – ΡΕΓΚΑΚΟΥ Ε.: Δίκαιο του περιβάλλοντος, Αθήνα – Θεσσαλονίκη 2005
(KOUTOUPA – RENGAKOS, Umweltrecht, Athen – Thessaloniki 2005)
ΛΑΖΑΡΑΤΟΣ Π.: Ο παρεμπίπτων έλεγχος της νομιμότητας διοικητικών πράξεων από τα διοικητικά δικαστήρια σε περιβαλλοντικές διαφορές, Δίκη 1996, 91

(LASARATOS, Die inzidente Überprüfung der Rechtmäßigkeit der Verwaltungsakten von den Verwaltungsgerichte bei umweltrelevanten Streitigkeiten, Diki 1996, 91)
ΜΑΝΕΣΗΣ Α.: Συνταγματικά Δικαιώματα, α΄ τόμος, Ατομικές Ελευθερίες, πανεπιστημιακές παραδόσεις, 1978
(MANESIS, Verfassungsrechte, Band I, Individuelle Freiheiten, 1978)
ΜΑΝΙΤΑΚΗΣ Α.: Ιστορικά γνωρίσματα και λογικά προαπαιτούμενα του δικαστικού ελέγχου της συνταγματικότητας των νόμων στην Ελλάδα <http://tosyntagma.ant-sakkoulas.gr/theoria/item.php?id=821> (letzter Aufruf am 26.07.2005)
(MANITAKIS, Historische Merkmale und logische Voraussetzungen der gerichtlichen Kontrolle der Verfassungsmäßigkeit von Gesetzen in Griechenland)
ΜΑΝΙΤΑΚΗΣ Α.: Το υποκείμενο των συνταγματικών δικαιωμάτων : κατά το άρθρο 25 παρ. Ι του Συντάγματος, Αθήνα – Κομοτηνή 1981
(MANITAKIS, Der Träger der Verfassungsrechte nach Art. 25§1 der Verfassung, Athen – Komotini 1981)
ΜΑΤΖΟΥΡΑΝΗΣ Γ.: Το κοινωνικό δικαίωμα χρήσεως του φυσικού περιβάλλοντος. Η ελευθερία προσβάσεως στη θάλασσα, ΤοΣ 1986, 458
(MATZOURANIS, Das soziale Recht auf Nutzung der natürlichen Umwelt. Die Zugangsfreiheit zum Meer, ToS 1986, 458)
ΜΕΝΟΥΔΑΚΟΣ Κ.: Προστασία του περιβάλλοντος στο ελληνικό δημόσιο δίκαιο. Η συμβολή της νομολογίας του ΣτΕ, Νόμος και Φύση 1997, 9
(MENOUDAKOS, Umweltschutz im griechischen öffentlichen Recht. Der Beitrag der Rechtsprechung des Staatsrates, Nomos & Fysi 1997, 9)
ΟΡΦΑΝΟΥΔΑΚΗΣ Σ. Κ.: Η ικανότητα διαδίκου των ενώσεων προσώπων του Άρθρου 12 § 1 του Συντάγματος στην ακυρωτική δίκη, ΔιΔικ 1999, 838
(ORFANOUDAKIS, Die Prozessfähigkeit der Personenvereinigungen von Art. 12 § 1 Gr. Verf. am Aufhebungsantragsprozess, DiDik 1999, 838)
ΠΑΠΑΔΗΜΗΤΡΙΟΥ Γ. (επιμέλεια): Το άρθρο 24 του Συντάγματος μετά την αναθεώρησή του, Πρακτικά Ημερίδας, Αθήνα – Κομοτηνή 2002
(PAPADIMITRIOU (Hrsg.), Art. 24 der Verfassung nach seiner Revision, Athen – Komotini 2002, *Zitiert: Autor*, in Papadimitriou (Hrsg.), Art. 24 der Verfassung nach seiner Revision, *S.* ...)
ΠΑΠΑΔΗΜΗΤΡΙΟΥ Γ.: Το περιβαλλοντικό Σύνταγμα: θεμελίωση, περιεχόμενο και λειτουργία, Νόμος και Φύση 1994, 375
(PAPADIMITRIOU, Die Umweltverfassung: Begründung, Inhalt und Funktion, Nomos & Fysi 1994, 375)
ΠΑΠΑΚΩΝΣΤΑΝΤΙΝΟΥ Α.: Η θεωρία του «κοινωνικού κεκτημένου» ως απόδειξη της κανονιστικής υφής του κοινωνικού κράτους, ΤοΣ 1999, 297

(PAPAKONSTANDINOU, Die Theorie des sozialrechtlichen Bestandsschutzes als Beweis des normativen Charakters des Sozialstaates, ToS 1999, 297)
ΠΑΡΑΡΑΣ Π.: Σύνταγμα 1975 – Corpus I, Αθήνα – Κομοτηνή 1982
(PARARAS, Verfassung 1975, Corpus I, Athen – Komotini 1982, *Zitiert:* Pararas, Corpus, *Art.* ..., *Rn.* ...)
ΠΑΥΛΟΠΟΥΛΟΣ Π.: Η συνταγματική κατοχύρωση της αιτήσεως ακυρώσεως, 1982
(PAULOPOULOS, Die verfassungsmäßige Gewährleistung des Aufhebungsantrages, 1982)
ΠΟΡΤΟΛΟΥ – ΜΙΧΑΗΛ Α.: Η έννοια του περιβάλλοντος και η ανάγκη προστασίας του, ΤοΣ 1978, 268
(PORTOLOU – MICHAEL, Die Bedeutung der Umwelt und die Notwendigkeit ihres Schutzes, ToS 1978, 268)
ΡΑΪΚΟΣ Α.: Παραδόσεις συνταγματικού δικαίου, τόμος β, τα θεμελιώδη δικαιώματα, 1983
(RAIKOS, Verfassungsrecht, Band b, Grundrechte, 1983)
ΡΙΖΟΣ Σ.: Η ένταση μεταξύ κράτους δικαίου και κοινωνικού κράτους ως συνταγματικό πρόβλημα, ΤοΣ 1984, 143
(RISOS, Die Spannung zwischen Rechtsstaat und Sozialstaat als Verfassungsproblem, ToS 1984, 143)
ΡΟΥΚΟΥΝΑΣ Ε.: Διεθνές Δίκαιο, Αθήνα 1982
(ROUKOUNAS, Völkerrecht, Athen 1982)
ΡΩΤΗΣ Β.: Ανοίγματα της νομολογίας για την προστασία του περιβάλλοντος, Αθήνα – Κομοτηνή 1984
(ROTIS, Öffnungen der Rechtsprechung des Staatsrates zum Umweltschutz, Athen – Komotini 1984, *Zitiert:* Rotis, Öffnungen der Rechtsprechung, *S.* ...)
ΡΩΤΗΣ Β.: Η συνταγματική προστασία του περιβάλλοντος, Αμφιλεγόμενες νομολογιακές τάσεις ως προς την έκταση και την αποτελεσματικότητά της, ΤοΣ 1986, 553
(ROTIS, Der verfassungsrechtliche Schutz der Umwelt, umstrittene rechtswissenschaftliche Tendenzen bezüglich der Ausweitung und des Erfolges eines Umweltschutzes, ToS 1986, 553)
ΡΩΤΗΣ Ν.: Η συνταγματική κατοχύρωση της προστασίας του περιβάλλοντος, Τιμ.τ. ΣτΕ 1929 – 1979, 121
(ROTIS, Die verfassungsmäßige Gewährleistung des Umweltschutzes, FS für den Staatsrat 1929 – 1979, 121)
ΣΑΚΕΛΛΑΡΟΠΟΥΛΟΣ Α.: Σκέψεις για το πρόβλημα του περιβάλλοντος από τη νομική σκοπιά, Τιμ. τ. ΣτΕ 1929 – 1979 II, 1982, 223
(SAKELLAROPOULOS, Gedanken über das Problem der Umwelt in gerichtlicher Hinsicht, FS StE 1929 – 1979 II, 1982, 223)

ΣΙΟΥΤΗ Γ.: Αναθεώρηση και προστασία του περιβάλλοντος, ΠερΔικ. 2000, 466
(SIOUTI, Verfassungsrevision und Umweltschutz, PerDik 2000, 466)
ΣΙΟΥΤΗ Γ.: Δίκαιο Περιβάλλοντος, Γενικό Μέρος Ι Δημόσιο Δίκαιο και περιβάλλον, Αθήνα – Κομοτηνή 1993
(SIOUTI, Umweltrecht, Allgemeines Teil I Öffentliches Recht und Umwelt, Athen – Komotini 1993, *Zitiert:* Siouti, Umweltrecht, *S.* ...)
ΣΙΟΥΤΗ Γ.: Η προστασία της φύσης στη νομολογία του Συμβουλίου της Επικρατείας, Τιμ. τ. ΣτΕ – 75 χρόνια, Αθήνα – Θεσσαλονίκη 2004, 1205
(SIOUTI, Der Naturschutz in der Rechtsprechung des Staatsrates, in FS StE zum 75. Jubiläum, Athen – Thessaloniki 2004, 1205)
ΣΙΟΥΤΗ Γ.: Η συνταγματική κατοχύρωση της προστασίας του περιβάλλοντος, Αθήνα – Κομοτηνή 1985
(SIOUTI, Die verfassungsmäßige Gewährleistung des Umweltschutzes, Athen – Komotini 1985)
ΣΙΟΥΤΗ Γ.: Το έννομο συμφέρον στην αίτηση ακυρώσεως, Αθήνα – Κομοτηνή 1998
(SIOUTI, Das „*έννομο συμφέρον*“ beim Aufhebungsantrag, Athen – Komotini 1998)
ΣΙΟΥΤΗ – ΓΕΩΡΓΙΟΥ Λ.: Η συμμετοχή των πολιτών στις διαδικασίες λήψης αποφάσεων που αφορούν το περιβάλλον, ΤοΣ 1983, 123
(SIOUTI – GEORGIOU, Die Mitwirkung der Bürger bei umweltrelevanten Entscheidungsprozess, ToS 1983, 123)
ΣΙΣΙΛΙΑΝΟΣ Λ.: Η προστασία του περιβάλλοντος και η ΕΣΔΑ, Η εξέλιξη της νομολογίας ως την υπόθεση Lopez-Ostra, Νόμος και Φύση 1996, 1, 33
(SISILIANOS, Umweltschutz und EMRK, Die Entwicklung der Rechtsprechung bis zum Lopez-Ostra Fall; *Zitiert:* Sisilianos, Umweltschutz und EMRK, Nomos & Fysi 1996, 1, 33)
ΣΟΪΛΕΝΤΑΚΗΣ Ν.: Η φιλοσοφική και ιστορική θεμελίωση της διοικητικής δικαιοσύνης, ΕΔΔΔ 1991, 32
(SOILENTAKIS, Philosophische und Historische Begründung der Verwaltungsgerichtsbarkeit, EDDD 1991, 32)
ΣΟΪΛΕΝΤΑΚΗΣ Ν.: Ο σκοπός της διοικητικής δίκης, ΔιΔικ 1992, 242
(SOILENTAKIS, Der Zweck des Verwaltungsprozesses, DiDik 1992, 242)
ΣΠΗΛΙΟΤΟΠΟΥΛΟΣ Ε.: Εγχειρίδιο Διοικητικού Δικαίου, 11η έκδοση, Αθήνα–Κομοτηνή 2001
(SPILIOTOPOULOS, Griechisches Verwaltungsrecht, 11. Aufl., Athen – Komotini 2001; *Zitiert*: Spiliotopoulos, Verwaltungsrecht, *S.* ...)
ΣΠΗΛΙΟΤΟΠΟΥΛΟΣ Ε.: Η συμμόρφωση της διοίκησης προς τις δικαστικές αποφάσεις, Τιμ. τ. ΣτΕ – 75 χρόνια, Αθήνα – Θεσσαλονίκη 2004, 875
(SPILIOTOPOULOS, Die Anpassung der Verwaltung an Gerichtsentscheidungen, in FS StE zum 75. Jubiläum, Athen – Thessaloniki 2004, 875)
ΣΠΥΡΙΔΑΚΗΣ Ι.: Γενικές Αρχές, Αθήνα – Κομοτηνή 1985

(SPYRIDAKIS, Allgemein Teil ZGB, Athen – Komotini 1985)
ΤΑΧΟΣ Α.: Δίκαιο προστασίας του περιβάλλοντος, 5η έκδοση, Αθήνα – Θεσσαλονίκη 1998
(TACHOS, Umweltschutzrecht, 5. Aufl., Athen – Thessaloniki 1998)
ΤΑΧΟΣ Α.: Η περιφρόνηση του Συντάγματος. Η περίπτωση της μη προστασίας του περιβάλλοντος, Νόμος και Φύση 1998, 281
(TACHOS, Die Missachtung der Verfassung. Der Fall des Nicht – Umweltschutzes, Nomos & Fysi 1998, 281)
ΤΑΧΟΣ Α: Η προστασία του περιβάλλοντος, Αρμενόπουλος 1983, 8
(TACHOS, Umweltschutz, Arm. 1983, 8)
ΤΑΧΟΣ Α.: Η προστασία του περιβάλλοντος ως πρόβλημα νομοθετικό και διοικητικό, Αθήνα – Κομοτηνή 1983
(TACHOS, Umweltschutz als legislatives und Verwaltungsproblem, Athen-Komotini 1983)
ΤΣΑΤΣΟΣ Δ./ΒΕΝΙΖΕΛΟΣ Ε./ΚΟΝΤΙΑΔΗΣ Ξ. (επιμέλεια) : Το νέο Σύνταγμα, 2001
(TSATSOS/WENIZELOS/KONTIADIS (Hrsg.), Die neue Verfassung, 2001, *Zitiert: Autor,* in: Tsatsos/Wenizelos/Kontiadis (Hrsg.), Die neue Verfassung *S.* ...)
ΧΑΪΡΝΤΑΛΗΣ, Μ.: Η φύση υποκείμενο δικαίου; Νόμος και Φύση 1999, 687
(CHAIRNTALIS, Die Natur als Rechtsubjekt?, Nomos & Fysi 1999, 687)
ΧΑΡΟΚΟΠΟΥ Α.: Η διαδικασία της εκτιμήσεως των περιβαλλοντικών επιπτώσεων στη νομολογία του Συμβουλίου της Επικρατείας, Τιμ. τ. ΣτΕ – 75 χρόνια, Αθήνα – Θεσσαλονίκη 2004, 1219
(CHAROKOPOU, Das Umweltfolgenprüfungsverfahren in der Rechtsprechung des Staatsrates, in FS StE zum 75. Jubiläum, Athen – Thessaloniki 2004, 1219)
ΧΡΥΣΟΓΟΝΟΣ Κ.: Μια βεβαιωτική αναθεώρηση: η αναθεώρηση των διατάξεων του Συντάγματος για τα ατομικά και κοινωνικά δικαιώματα, Αθήνα – Κομοτηνή 2000
(CHRISOGONOS, Eine bestätigende Verfassungsänderung: Die Revision der Verfassungsbestimmungen über individuelle und soziale Rechte, Athen-Komotini 2000)

Anmerkung

Letzter Aufruf aller in diesem Werk verwendeten Hyperlinks am 26.07.2005.

Rechtsprechungsverzeichnis

Anmerkung:

Im folgenden Verzeichnis werden nur die in diesem Werk zitierten Gerichtsentscheidungen der griechischen Gerichte aufgestellt, die in griechischen juristischen Zeitschriften veröffentlicht wurden. Sämtliche Entscheidungen des Staatsrates der Jahre 1976 bis heute sind für die Mitglieder der Rechtsanwaltskammer Athen unter: <http://www.dsanet.gr> abrufbar (Passwortgeschützter Zugang).

AED

10/1989	DD 1989, S. 1241
39/1989	DD 1990, S. 535
1/1991	DD 1991, S. 1065
27/1997	DiDik 2000, S. 315

Areopag (AP)

625/1956	NoB 1957, S. 316
470/1963	NoB 1964, S. 195
743/1963	NoB 1964, S. 514
530/1966	NoB 1967, S. 431
630/1968	ArchN 1969, S. 144
729/1969	ArchN 1970, S. 352
776/1977	NoB 1979, S. 561

OLG (Efeteio)

OLG Athen	
10592/1995	Nomos & Fysi 1997, S. 329

LG
(Protodikio)

AG Elassona	
35/1964	ArchN 1964, S. 642

AG Athen	
7449/1964	EllDni 1964, S. 635
AG Ioannina	
42/1982	EllDni 1982, S. 543
LG Preveza	
4/1978	NoB 1978, S. 771
LG Athen	
63/1981	EllDni 1981, S. 254
LG Volos	
1097/229/1989	NoB 1990, S. 308
LG Nauplion	
163/1991	NoB 1991, S. 778 mit Anm. von Karakostas
LG Syros	
438/2001	PerDik 2002, S. 304
LG Korinthos	
2536/2001	PerDik 2002, S. 584

Staatsrat (StE)

4037/1979	ToS 1979, S. 608
2568/1981	Arm. 1982, S. 152
400/1986	ToS 1986, S. 433
3682/1986	ToS 1986, S. 461 mit Anm. von Mantzouranis
1615/1988	Arm. 1990, S. 794
1159/1989	Arm. 1990, S. 61
2890/1989	ArchN 1990, S. 176
281/1990	ToS 1990, S. 113
363/1990	ToS 1990, S. 627
664/1990	Arm. 1990, S. 274; ArchN 1990, S. 480; DD 1990, S. 303; EDDD 1990, S. 229; ToS 1990, S. 120
1127/1990	DD 1990, S. 575
1405/1990	Arm. 1990, S. 585
1157/1991	NoB 1991, S. 1144
359/1992	Arm. 1992, S. 405; EDDD 1992, S. 244; ToS 1993, S. 185; NoB 1993, S. 769
1315/1992	EllDni 34, S. 753
2281/1992	ArchN 1994, S. 699; Arm. 1992, S. 852; DD 1993, S. 94; ToS 1992, S. 593
2282/1992	ArchN 1993, S. 161; EDDD 1992, S. 562; ToS 1992, S. 600 mit Anm. von Gravaris
2586/1992	ToS 1992, S. 588
50/1993	Nomos & Fysi 1994, S. 184 mit Anm. von Siouti

55/1993	Arm. 1993, S. 175
1118/1993	Arm. 1994, S. 732
1520/1993	Arm. 1994, S. 724
2274/1993	EDDD 1993, S. 215
2772/1993	EllDni 34, S. 1582
2785/1993	ArchN 1995, S. 193
1071/1994	Arm. 1994, S. 476; DD 1994, S. 1119; NoB 1995, S. 457
1072/1994	Arm. 1994, S. 483; EDDD 1994, S. 574
2242/1994	DD 1995, S. 71; EDDD 1994, S. 533; NoB 1996, S. 269
2284/1994	DiDik 1995, S. 1283
2381/1994	Arm. 1995, S. 1065
2690/1994	ToS 1995, S. 729
2753/1994	ArchN 1995, S. 467 mit Anm. von Nikolaidis; ToS 1995, S. 409
2755/1994	DD 1995, S. 66; ToS 1995, S. 179; NoB 1996, S. 276
2756/1994	ToS 1995, S. 189; DD 1995, S. 61; Arm. 1995, S. 404
2757/1994	ToS 1995, S. 417; Nomos & Fysi 1995, S. 413
2758/1994	Arm. 1995, S. 394; NoB 1996, S. 515
2759/1994	ToS 1995, S. 166 mit Anm. von Sioras; NoB 1996, S. 528; EfDD 1995, S. 166
2760/1994	Arm. 1995, S. 241
1821/1995	ToS 1996, S. 263
2302/1995	DiDik 1996, S. 849
2304/1995	EDDD 1995, S. 546; ToS 19997, S. 417
3823/1997	DiDik 1998, S. 363
3953/1995	Nomos & Fysi 1996, S. 467
3956/1995	ToS 1996, S. 522
221/1996	DD 1996, S. 848
1182/1996	Nomos & Fysi 1997, S. 98 mit Anm. von Asimakopoulos
1474/1996	Nomos & Fysi 1997, S. 175 mit Anm. von Papadimitriou
2537/1996	Arm. 1996, S. 1043; EfDD 1996, S. 160; ToS 1996, S. 1039
3600/1996	DD 2000, S. 1016
4268/1996	DD 1998, S. 362
5235/1996	DD 1998, S. 240
5825/1996	DD 1998, S. 1358
2818/1997	Arm. 1997, S. 1072; DD 1998, S. 1558
4208/1997	DiDik 1999, S. 1285
4209/1997	DiDik 1999, S. 1285
4362/1997	DiDik 1998, S. 359
4364/1997	DiDik 1998, S. 357
4430/1997	DiDik 1999, S. 1257
4503/1997	DiDik 1998, S. 652

4633/1997	DiDik 1999, S. 1284
4634/1997	DiDik 1999, S. 1283
4664/1997	Nomos & Fysi 1998, S. 368 mit Anm. von Chrisanthakis
628/1998	DiDik 1998, S. 1444
637/1998	DiDik 1999, S. 1284; Nomos & Fysi 1998, S. 669 mit Anm. von Nikolarakou – Mauromichali
1712/1998	DiDik 1998, S. 1450
2293/1998	Nomos & Fysi 1998, S. 404
2599/1998	DiDik 1999, S. 47
2993/1998	Nomos & Fysi 1998, S. 404 mit Anm. von Papadimitriou
2998/1998	DiDik 1999, S. 346
3146/1998	Nomos & Fysi 1998, S. 619 mit Anm. von Papadimitriou
4498/1998	DiDik 2000, S. 1015; Nomos & Fysi 1999, S. 192
4577/1998	Nomos & Fysi 1999, S. 140
565/1999	DiDik 1999, S. 897
945/1999	DiDik 2001, S. 342
1482/1999	Nomos & Fysi 1999, S. 393 mit Anm. von Chrisanthakis
1790/1999	Nomos & Fysi 1999, S. 448 mit Anm. von Papadimitriou
2240/1999	Nomos & Fysi 2000, S. 138 mit Anm. von Liakouras
2500/1999	ToS 1999, S. 940
397/2000	DiDik 2001, S. 900
554/2000	ToS 2000, S. 378
975/2000	Nomos & Fysi 2000, S. 113 mit Anm. von Gogos
1500/2000	Nomos & Fysi 2000, S. 98 mit Anm. von Michalakopoulos
1573/2000	DiDik 2000, S. 1361
2274/2000	Nomos & Fysi 2000, S. 515
2423/2000	DiDik 2001, S. 115
2425/2000	ToS 2001, S. 619
2554/2000	DiDik 2001, S. 383
3193/2000	ToS 2001, S. 911
3479/2000	DiDik 2001, S. 643
3480/2000	DiDik 2001, S. 122
2669/2001	PerDik 2002, S. 537
384/2002	PerDik 2002, S. 332

Öffentliches und Internationales Recht

Herausgegeben von Udo Fink, Dieter Dörr und Rolf Schwartmann

Band 1 Tim Schönborn: Die Causa Austria. Zur Zulässigkeit bilateraler Sanktionen zwischen den Mitgliedstaaten der Europäischen Union. 2005.

Band 2 Marc Torsten Hausmann: Das Cotonou-Handelsregime und das Recht der WTO. 2006.

Band 3 Hortense Ute Demme: Hegemonialstellungen im Völkerrecht: Der ständige Sitz im Sicherheitsrat der Vereinten Nationen. 2006.

Band 4 Theofaneia Rizou: Zugang zu Gerichten im Umweltrecht. Eine vergleichende Studie des deutschen und griechischen Rechts. 2006.

www.peterlang.de